HAIYANG HUAXUE

海 洋 化 学

主编 张正斌

中国海洋大学出版社
·青岛·

图书在版编目(CIP)数据

海洋化学/张正斌主编. —青岛:中国海洋大学出版社,2004.10
ISBN 978-7-81067-647-2 (2020.8 重印)

Ⅰ.海… Ⅱ.张… Ⅲ.海洋化学 Ⅳ.P734

中国版本图书馆 CIP 数据核字(2004)第 106451 号

中国海洋大学出版社出版发行
(青岛市香港东路 23 号 邮政编码:266071)
出版人:王曙光
日照报业印刷有限公司印刷
新华书店经销
*
开本:787mm×960mm 1/16 印张:28.75 字数:532 千字
2004 年 10 月第 1 版 2020 年 8 月第 6 次印刷
印数:6 101~7 100 定价:68.00 元

前　言

本书是教育部多年名牌课程和2003年山东省精品课程(海洋化学/化学海洋学)的配套教材,适用于大学本科生的海洋化学课程教学。

本书主编虽已出版过15部著作,但大多数属专著;也出版过两部教材,但均属研究生用的。真正的大学本科生用书,本书尚属初步尝试。因此,在撰写本书过程中,主编已深感其难度远超其他著作,故费心亦大,直到校样稿时,心里还是诚惶诚恐。

撰写本书,我们遵循如下原则:①内容应深入浅出,信息量大,既给人知识,又给人智慧和一定的创新能力,是一部适合海洋化学专业为主的大学本科生用书;②撰写的内容应是比较成熟的,已经过实践检验的;③每章每节的篇幅,应与它在海洋化学发展中起的作用大小大体上成正比;④教材内容既有经典性,更要体现出与时俱进和先进性。

本书与国际上代表性的海洋化学/化学海洋学教材相比较,具有如下特色:①具有中国特色,国内外资料并重,充分考虑中国海和中国海洋化学家在海洋化学上的作用和地位;②理论与应用并重;③经典内容与近20年来的新进展并重,删去一些已过时的内容;④建立了比较系统和完整的海洋化学理论体系,主要集中在第2,9,10,11,12五章内;⑤第3～8章和第13章以海洋中存在的常量元素、气体、营养盐、微量元素、有机物和海洋同位素为主体,充分体现元素海洋生物地球化学特色。同时结合海水化学资源综合利用以及海洋环境的污染和防污,来书写海洋可持续发展的章节。本书的上述特色,在教学过程中是否有效,尚待实践来检验。

本书是"以老带青"的方式编撰而成,体现了青年作者的热情和朝气。有些读者可能会看出,本书的许多章节会呈现出主编的另一部著作《海洋化学原理和应用——中国近海的海洋化学》(教育部指定的高等学校研究生用书)的影子,这是可以理解的。相当于盖房子,共同的原材料都是砖头、木材和水泥等,但不同的建筑师可以盖出不同风格的建筑物。

本书的撰写分工如下:张正斌撰写前言、第1,9,11,12章和结束语第14章;刘莲生撰写第2,10章;刘春颖撰写第5,6章;邢磊、宫海东、谭丽菊、林彩、吴真真分别负责第3,4,7,8,13章的撰写。最后由张正斌审阅后,经再三修改,统稿定稿，编成此书，履行主编职责。在编辑过程中，对青年作者的章节，除纠正必要的错误外，尽量保留他们体现朝气蓬勃精神的内容，而不求完善；同时让他们体验“署名作者负责制”的神圣职责。如若本书经受住教学实践的考验，得到学生们的肯定，则功在各章的撰写者；如若出现不应有的纰漏和错误，则应由主编负责，并保证本书再版时改正；同时，恳请广大读者对书中的谬误和不足不吝指正。

感谢中国海洋大学出版基金资助！本书献给中国海洋大学80周年校庆！

张正斌

2004年6月写于中国海洋大学海洋化学研究所

目　　录

第1章　导　论

1.1 海洋化学的定义和范围

海洋化学与化学海洋学的定义和含义在国内外的海洋化学著作上曾是众说纷纭，兹将具有代表性的观点分述如下。

《中国大百科全书(大气科学、海洋科学、水文科学卷)》对海洋化学与化学海洋学的定义和含义为：

海洋化学(Marine Chemistry)研究海洋各部分的化学组成、物质分布、化学性质和化学过程，并研究海洋化学资源在开发利用中所涉及的化学问题，是海洋科学的一个分支；它与海洋生物学、海洋地质学和海洋物理学等有密切关系。

化学海洋学(Chemical Oceanography)是研究海洋各部分的化学组成、物质分布、化学性质和化学过程的科学，是海洋化学的主要组成部分。它一方面通过海洋调查、实验分析和理论方法，研究海洋中物质的组成、含量分布、输送通量、化学形态和各种化学过程；另一方面研究这些化学过程与海洋生物、海洋地质和海洋物理等领域中各种运动过程的关系。

根据《中国大百科全书》中的上述定义和展开的含义解释，似已明确如下几点：

(1)海洋化学与海洋生物学、海洋地质学和海洋物理学一样，都是海洋科学不可缺少的一个分支学科，各分支学科互相渗透和交织。

(2)海洋化学由化学海洋学和资源化学两部分组成。

(3)关于化学海洋学，在“海洋化学”条目中的定义与“化学海洋学”条目中的定义虽然一样，但进一步含义则不尽相同。①在“海洋化学”条目中，关于化学海洋学的研究内容写成：“由于它是从化学物质的分布变化和运移角度，来研究海洋中的化学问题，故有突出的地区特点。它既研究海洋中各种宏观化学过程，如不同水团在混合时的化学过程、海洋和大气的物质交换过程、海水和海底之间的化学通量和化学过程等，也研究海洋环境中某一微小区域内的化学过程，如表面吸附过程、络合过程、离子对的缔合过程等”；②在“化学海洋学”条目中写道，化学海洋学有海洋地球化学、海洋物理化学、海水分析化学、河口化学、海洋有机化学5个分支，同时列出6个研究重点。但内容又与“海洋化学”条目中的化学海洋学的研究内容不同，结果引起海洋化学与化学海洋学两者的混淆。

陈镇东在《海洋化学》一书中给予海洋化学和化学海洋学的定义分别是：

海洋化学主要是测量海洋里跟化学有关的一些因子，例如盐度、溶解氧量、元素组成、物理性质等，以及测量跟生物有关的一些物质，如氮、磷、硅等。这几年海洋化学趋向于研究海洋资源及海洋污染这两个部分。

化学海洋学定义根据联合国教科文组织1974年颁发的大学课程研讨会的报告是：“化学海洋学是用来研究海水的化学组成、里面包含的物质、存在形式、化学反应，物理、地质和生物的性质及反应，或是因为人类影响而就时间和空间来讲，令海洋发生的化学性质改变；海洋与其界面如大气及地壳间之化学反应，利用化学方法来研究所有有关海洋的科学；以及发展新的化学技术以解决海洋界所产生的不同的问题。”

它们的含义是：①海洋化学是研究海水或是海洋中所含物质的化学，是以化学为主；②化学海洋学是用化学的方法来研究海洋。所以两者稍有不同。通常认为化学海洋学涵盖范围比较广，而海洋化学只是专门着重于化学，而与海洋物理、生物以及地质的联系较少，因此，范围比较窄一点。

由《中国大百科全书》的定义与陈镇东《海洋化学》的定义对比可见，对于海洋化学与化学海洋学，谁的研究范围广？谁包括了谁？结论完全相反。我们认为这是由于它们的定义及其含义没有严格规定所致。这也是许多新兴的交叉学科存在的共同问题：因为发展起始的母体学科（例如化学或海洋科学）不同，经历的过程或途径不同，最后对形成的新的交叉学科的定义、含义和理解也有差异，但学科内容应基本相同。图1.1即表示海洋化学/化学海洋学的两种从不同母体学科出发的不同形成历程，因而与其他学科具有不同的关系。

本书中定义：

海洋化学研究海洋及其相邻环境中发生的一切化学过程和变化。

化学海洋学是用化学的观点、理论和方法来研究海洋。

它们的研究内容基本相同，即包括：①海水中元素和物质的含量、组成、分布和通量；②海水中元素的存在形式及其物理－化学性质，即海水化学模型及其环境生态效应；③海洋中元素和其他物质的运移变化规律，及其与物质全球变化和海洋化学资源开发相关的“海洋－生物－地球化学”过程。体系已从均相水体发展到多相界面（如海－气界面、海水－沉积物界面、悬浮体－海水界面、生物体－海水界面、河水－海水界面）等复杂体系；研究物质也从简单元素和无机物扩展到较复杂的有机物、海洋高分子化合物、固体粒子以及海洋生物及其尸体，

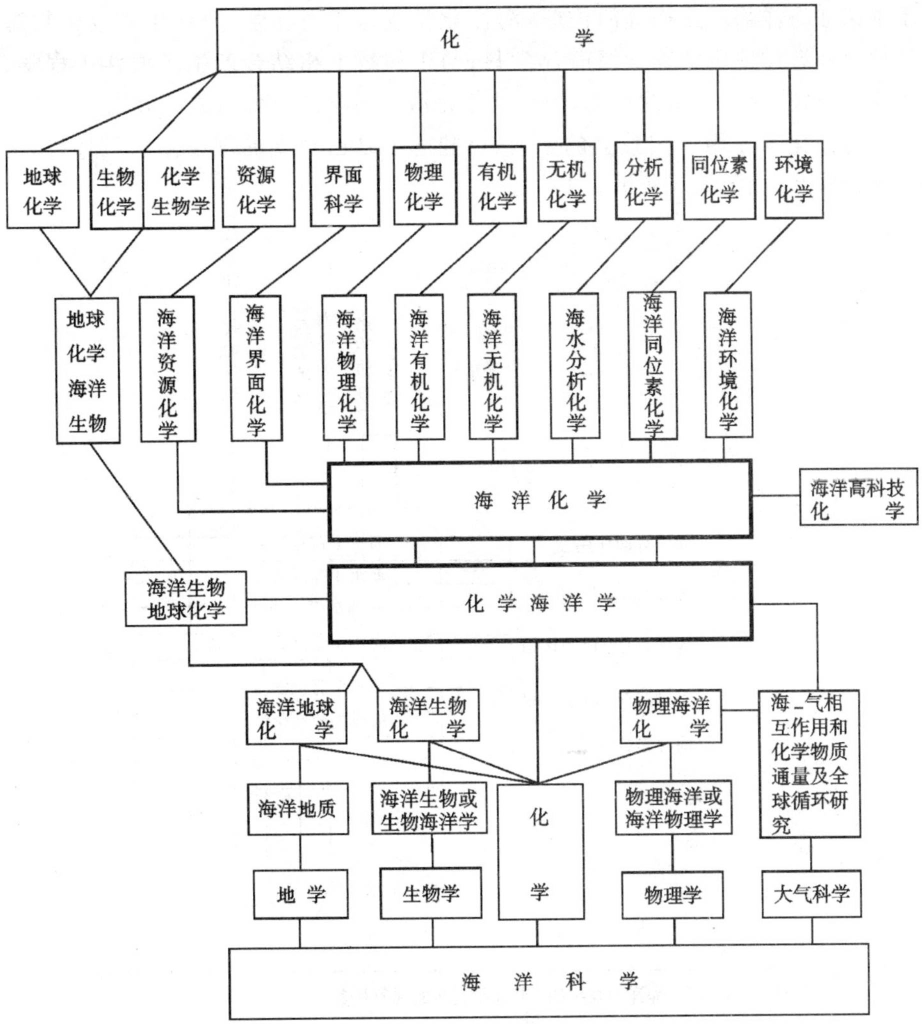

图1.1 海洋化学/化学海洋学学科体系及其与其他学科的关系图

等等。当然,由图1.2可见,它们各自所关联的学科亦有“小异”:海洋化学的特点是联系海洋资源化学,化学海洋学的特点是联系海洋生物地球化学。至于海洋界面化学与海-气通量、物质全球循环和变化的关系,只有参与研究之人才能悟出其奥秘。

总之,海洋科学是研究发生在海洋及其相邻环境中各种自然现象和过程,以及它们的性质、机制和变化规律的科学。它与数、理、化、天、地、生一起组成了自然科学的七大基础学科。海洋科学与有关一级学科交叉、渗透和结合,产生了诸如海洋物理或物理海洋学、海洋化学或化学海洋学、海洋生物或生物海洋学以及海洋地质学等二级海洋学科；与工程技术相结合产生了海洋工程学、海洋高科技，等等。由此可见，海洋化学是海洋科学的重要组成部分之一。

海洋化学作为一门独立的学科，已建立了自己独立的理论体系，即海洋化学理论体系，如图 1.2 所示。

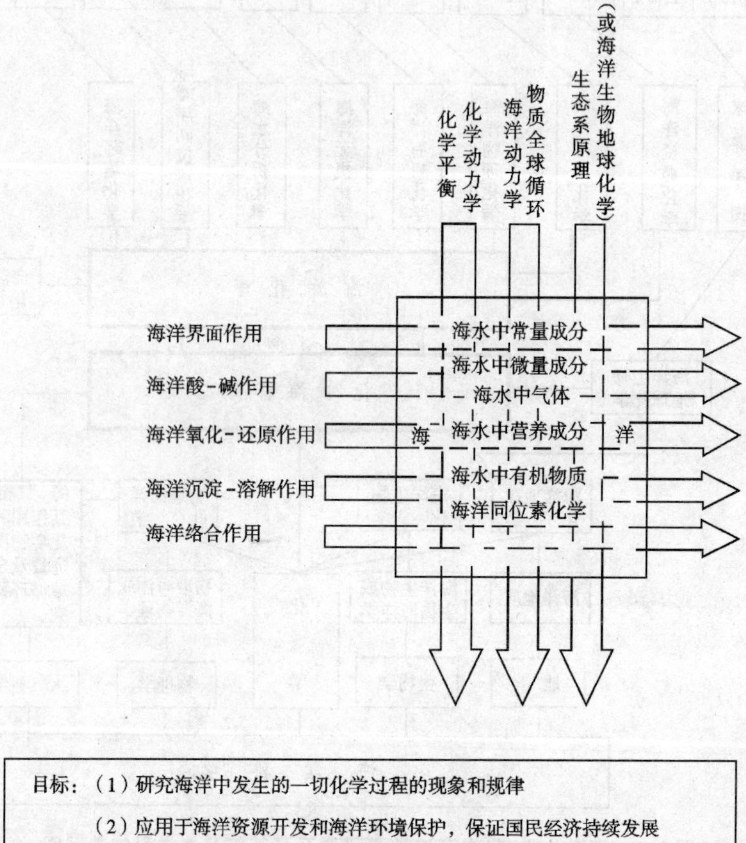

图 1.2 海洋化学理论体系

海洋化学理论体系依据《海洋物理化学》（张正斌等，1989），以海洋中的无机物和有机物为基本研究对象，由纵横两方面理论内容交叉编制而成，即以化学平衡和化学动力学理论、海洋动力学和物质全球循环原理、生态系原理（或海洋生物地球化学原理）三者为纵线，贯穿全书之始终。以海洋中基本化学作用即海洋界面作用、海洋酸－碱作用、海洋氧化－还原作用、海洋沉淀－溶解作用、海洋络合作用五者为横线，通过海洋中的具体化学物质的分布和迁移变化，交叉、渗透和结合，编写成本书。关于上述基本原理和五种理论作用的详述，请参阅《海洋物理化学》和《海洋化学原理和应用》(张正斌等，1999)。

1.2 海洋化学20世纪的发展回顾和21世纪的展望

1.2.1 海洋化学的发展简史

在我国公元前5世纪的《易经》中，已谈到作为海洋组成的水是"水为天地信，顺气而潮"，说明了水-潮汐-月亮三者的关系。古代的齐国因海水制盐而成为当时的"七强"之一。生产盐则需知海洋盐度。据文献记载，在宋仁宗年间(1023～1063)已使用莲子做比重计测定海水盐度。生产海盐直至当今仍是海洋化学的内容之一。

系统地进行海洋化学综合调查是始于1873～1876年英国"挑战者"号首次进行大西洋、太平洋和南大洋的全球性航行，航程12万km。调查内容有海洋气象要素、水温、海流、海水化学成分、海洋生物和海底沉积物等。这次采取的水样，从海面到1 500 m，可以认为此次调查对近代海洋化学的建立起了重要作用。在此之前，大约在1670年英国的R·波意耳研究了海水的含盐量和海水密度变化的关系。1770年法国的A·L·拉瓦锡测定了海水的成分。这些可看成海洋化学研究的开始。1819年，A·M·马塞特分析了大西洋、北冰洋、黑海、波罗的海等海洋的14个水样，发现Mg^{2+}，Ca^{2+}，Na^{+}，Cl^{-}，SO_4^{2-}等5种成分，在不同水样中的含量虽不相同，但它们在每一水样中的含量比值是近似守恒的，并指出海水主要溶解组成有近似恒比关系。1884年，W·迪特马尔(Dittmar)发表了他在1873～1876年间"挑战者"号采集的77个水样的研究结果，进一步证实海水中7种主要成分的含量之间具有恒比关系。这是海洋化学学科本身的第一个定律——海水中主要溶解成分的恒比定律。1893年挪威"前进"号深入北冰洋达北纬86°14′，F·南森发明颠倒采水器，沿用了70多年。1925～1927年，德国"流星"号进行海洋物理调查，研究了大洋中脊和裂谷、海洋环流和大洋热量、水量平衡的概况。1947～1948年，瑞典"信天翁"号历时15个月对赤道海洋进行调查，并使用放射性同位素测沉积物的生成年代和沉积速率等进行海洋地球化学研究。1949～1958年，苏联"勇士"号进行太平洋调查，发现了最深达11 034 m的马里亚纳海沟，并开始了深海的海洋化学研究。在海洋调整研究工作进行的同时，一系列的海洋化学研究方法相继建立。例如1900年前后，丹麦的M·克纽森(Knudsen)等建立了氯度、盐度和密度的测定方法。20世纪30年代芬兰的K·布赫(Buch)建立了海水中碳酸盐体系中各种存在形式的浓度的计算方法。英国的H·W·哈维(Harvey)在系统研究了海水中N,P,Si等元素的无机盐对浮游生物营养作用的基础上，1955年出版名著《海水的化学与肥度》(*The Chemistry and Fetility of Sea Water*)等。综上所述,直到 20 世纪中叶,海洋化学家主要从事海洋元素含量和分布的初步工作和对营养盐化学的描述性工作。海洋化学在海洋学科中只是辅助海洋物理和海洋生物学的研究。在近万年的海洋化学研究中,虽然一些科研成果已日趋成熟,如海水主要成分已经测定、海水的一些基本性质有了初步了解,但是海洋化学尚未成为一门独立的海洋科学中的重要分支学科。

海洋化学要成为一门独立的学科,必须建立自己独立的理论体系。海洋物理化学即是海洋化学理论体系之核心。在 1959 年纽约的国际海洋大会上,瑞典著名物理化学家 L·G·西伦(Sillén)作了"海水物理化学"的演讲,对海水中的沉淀-溶解作用、氧化-还原作用、酸-碱作用、络合平衡作用等各类化学平衡进行了定量研究,提出了一些新观点和新的海水化学模式。1961 年 R·M·加勒尔斯(Garrels)应用化学平衡原理和活度系数计算方法建立了海水化学模型。1972 年 A·席里诺(Zirino)等把上述方法推广到海水中微量元素的化学存在形式(chemical speciation)研究上。近年来,有机配体、固体微粒配体等的络合物生成,固-液界面"金属-有机物-固体粒子"三元络合物的生成,使海水中常量和微量元素存在形式的研究日趋完善。这些研究已成为海洋环境化学的理论核心。1958 年 E·D·戈德堡(Goldberg)应用"稳态原理"研究海水中元素的逗留时间,20 世纪 60～70 年代,W·S·布鲁克尔(Broecker)等提出箱式模型,用来讨论 CO_2 和温室效应。1974～1987 年,中国张正斌和刘莲生提出"海水中液-固界面分级离子/配位子交换理论"(获 1987 年第三届国家自然科学三等奖,国家教委科技进步一等奖),应用于研究海水中可溶性金属离子和非金属离子与固体粒子的交换吸附平衡和化学动力学问题,该理论也是海水综合利用研究中应用交换吸附法提取海水中微量物质(例如海水提 U)的理论基础。在上述研究基础上,1989 年张正斌、刘莲生的专著《海洋物理化学》的出版,是海洋化学作为一门独立学科的又一新标志。

20 世纪 50 年代后期,海洋调查研究工作进入了有领导的国际合作新阶段。1957 年成立的海洋学研究委员会(SCOR),是国际科学联合会的一个下属组织。1960 年联合国教科文组织建立了政府间海洋学委员会(IOC),组织和协调海洋考察和研究计划。例如,1971～1980 年"国际海洋调查十年规划(IDOE)",进行了"海洋断面地球化学研究"(GEOSECS)。1990～2000 年以来与海洋化学有关的其他研究计划,例如全球变化研究计划(LGBP)、全球海洋通量联合研究(JGOFS)、海岸带海陆相互作用计划(LOICZ)、全球海洋真光层计划(GOEZS)、热带海洋与全球大气(TOGA)、全球海洋生态动力学研究(GLLBEC)、全球海洋观测系统(GOOS)等,形成了国际合作的新局面。上述诸研究计划,在 20 世纪末已相继阶段性结束。例如,JGOFS在2003年春于美国华盛顿召开了会议,一方面进行了阶段性总结,另一方面对海洋元素地球化学研究进行探讨。但是,全球碳循环的研究不会中断。21世纪初开始的表面海洋-低层大气研究(Surface Ocean - Lower Atmosphere Study,即JGOFS),又可作一证明。

1.2.2 海洋化学遵循"实践—理论—再实践—再理论……"的规律,螺旋式上升发展

上述的海洋化学发展史有如下特征:

●20世纪60年代以前,主要是海洋化学的现场调查时期。

●20世纪60年代开始,L·G·西伦教授等把化学热力学、化学平衡理论引入海洋化学,使海洋化学开始走上定量化、理论化和演绎化的发展时期,初步建立了海洋物理化学的理论体系。

●20世纪70～80年代,海洋化学与海洋科学的其他分支学科,"分后又重合",即相互交叉、渗透和结合,来进行全球性综合考察,例如GEOSECS,CO_2和温室效应等。海洋化学进入再实践期。

●20世纪70～90年代初,海洋化学又一次进入理论的时期。这一时期的特征是一系列海洋化学专著的出版。例如J·P·赖利(Riley)和G·斯基罗(Skirrow)主编的《化学海洋学》(*Chemical Oceanography*),已出版10卷,E·D·戈德堡(Goldberg)等主编的多卷本《海洋》(*The Sea*),W·S·布鲁克尔(Broecker)等的《海洋中示踪物》(*Tracers in the Sea*),W·斯塔姆(Stumm)等的《水化学》(*Aquatic Chemistry*),张正斌、刘莲生著的《海洋物理化学》、此外在我国还出版了张正斌等著的《海洋化学》、顾宏堪等编著的《黄、渤、东海海洋化学》等。海洋化学理论进入成熟期。

●20世纪的最后十几年,海洋科学各分支学科的进一步交叉和渗透发展,海-陆-空全球循环,数理化天地生海的结合,出现了前述从IGBP到GOOS一系列国际合作研究,使海洋科学的实践过程达到新的高度。

●随着实践的发展,海洋化学理论也上升到新的层次。从化学海洋学角度,发展了化学物质全球循环模式、物质通量和生物地球化学模式等。从海洋化学角度,建立了海水中化学过程的介质效应、海洋微表层化学、物质海-气通量和海水中液-固界面三元络合物等理论。这一新的"实践—理论"辩证过程正在不断发展之中。

1.2.3 海洋化学沿着"深"、"广"度辩证统一地发展

●这里的"广度"是指海洋化学与海洋科学其他分支学科的渗透、交叉和结合,前述国际合作的诸著名课题皆可为例。例如海洋化学、海洋生物和地球化学等的综合发展形成目前的海洋生物地球化学这一新的分支学科。

●这里的"深度"是指向海洋化学本身深度发展。例如,海洋化学中的海洋物理化学,目前已发展成海水溶液化学、海水热力学、海水电化学、海洋界面化学、海洋化学动力学等新的分支学科。W·斯塔姆出版了名著 *Aquatic Chemistry* 之后,又陆续出版《水表面化学》(*Aquatic Surface Chemistry*)、《水化学动力学》(*Aquatic Chemical Kinetics*)等,深入发展了水化学。张正斌、刘莲生在《海洋物理化学》之后,又陆续出版了《水溶液吸附化学》、《海洋中化学过程的介质效应》、《黄河口的河口/海洋化学》、《南沙海域化学过程研究》等著作,深入发展了海洋界面化学等。

新的边缘学科,不断地以它的母体学科吸取新的观点和理论,使海洋化学既有广度又有深度地不断辩证统一地发展。

1.2.4 海洋化学是"全球海洋化学"和"区域海洋化学"相结合的互补发展

全球海洋化学在上述海洋化学发展史中已经清楚阐明,不再赘述。在此结合我国海洋化学的发展来陈述区域海洋化学。

1.2.4.1 我国近代海洋科学的发展概况

我国自古与海洋有密切关系,约18 000年前的旧石器时代,山顶洞人的遗址中挖掘出不少海洋贝壳。古人以贝肉为食物,把贝壳当成饰物。至于海水提炼食盐,则至少有2 000多年历史了。但是,我国近代海洋科学调查最早始于1860年在上海吴淞信号站建立验潮水尺,1912年安置自记验潮仪。青岛在1898年开始观测潮位,1904年建验潮井;1920年前后上海浚浦局出版一系列有关长江口、杭州湾等地的潮汐研究报告,至今仍有参考价值。海军气象台(前身是青岛观象台)1922年对山东近岸若干海域进行调查,1928年设海洋科。1929年1月起,每月在胶州湾进行一次测水温、采水样、取海底沉积物、采集海洋生物标本、编印青岛潮汐表。海洋科还主办出版《海洋半年刊》。1930年蔡元培来青筹建水族馆,1933年建成。1935年6～12月中央研究院进行山东沿海的海洋物理、化学要素和海洋生物调查,1937年出专题报告。同时,北平动物研究所对胶州湾海洋动物进行系统调查,完成系列报告和论文。20世纪30年代初,在山东大学生物系设立海洋生物课程。抗日战争胜利后,分别在山东大学、台湾大学和厦门大学成立海洋研究所,1946年厦门大学设立我国第一个海洋学系。1950～1957年创立中国科学院海洋研究所。1952年厦门大学与山东大学有关专业合并在山东大学设立海洋学系。1959年建立山东海洋学院,1988年扩建成青岛海洋大学,2002年更名为中国海洋大学。1959年山东海洋学院设立我国第一个海洋化学系,1992年青岛海洋大学建立海洋化学研究所。到1985年,各部委和各省市建立各种海洋教育、科研和调查机构约150多个。这些单位承担了目前大量的海洋调查和研究工作。

1958～1960年我国海洋科学家第一次对我国近海进行多学科的大范围的海洋普查，初步掌握了海洋水文、海洋气象、海洋化学、海洋生物和海洋地质等基本特征和变化，研究了我国近海海域中的基本海洋学问题，出版了几十册调查报告和专著，培养了一批理论联系实际的海洋科学人才。1978年以后，海洋科学进入全面发展的新时期。1981～1985年在60年代工作的基础上又进行了系统的黑潮研究，开展了中日黑潮合作调查，出版了一系列著作。在“六五”期间进行了海岸带调查，“八五”期间进行了海岛调查，获得系统的多学科资料，为海岸带和海岛资源的开发利用提供了科学依据。近些年来，利用物探技术和深钻技术，研究了中国近海的海底石油地质构造，为开发近海海底石油资源提供了宝贵资料。同时，还进行了太平洋多金属结核的调查和研究，定期进行了系统的南极考察，并还将继续进行下去。“六五”至“九五”期间，在对南海进行考察和对西沙群岛及其邻近海域调查研究的基础上，又对南沙群岛及其邻近海域进行了多学科全面和系统的考察研究，已出版几十部文集和著作，对维护我国海洋权益起了重要作用。

1.2.4.2 我国近海海洋化学发展概况

1. 海水化学调查和考察

在1958～1960年的全国海洋普查中，首次对渤海和北黄海西部进行了综合的海洋化学调查，系统地调查了溶解氧、磷酸盐、硅酸盐、酸碱度、盐度等水化学要素的时、空变化，编写了调查报告。之后又全面地对渤海、黄海、东海和南海，及其海岸带和海岛进行海洋化学考察，取得大量资料。20世纪60年代初对胶州湾、长江口、舟山渔场、九龙江口等进行了常规水化学调查，对各种存在形式的氮的分布、其他营养盐的海水化学特征和氧的最大值等作了较深入的研究。此外，对Fe的水化学和Si的河口化学也都进行了较深入的探讨。

20世纪70年代以后的海洋化学调查又有新的进展，其特征是：①对近岸海区的区域海洋化学，通过对全国海岸带的综合调查和对渤海湾、胶州湾、杭州湾、大亚湾等的重点考察，获得了有中国特色的区域海洋化学资料；②对东海陆架、黑潮流域、台湾海峡以及西沙群岛和南沙群岛等南海诸岛及邻近海域，进行了长达十几年的连续考察和研究；③走出中国邻近的海域，对南极、南大洋和太平洋特别西太平洋进行了多次较全面的海水化学调查，开始与国际上若干相关课题接轨；④近20年来，我国河口海洋化学有了长足发展，不仅我国海洋化学工作者对全国10余个主要河口进行了较全面的海洋化学要素的调查；而且在1980～1981年，1983～1985年，1986～1988年，中-美、中-法-美等先后进行国际合作，分别对黄河口和长江口进行了全面考察，其中包括海洋/河口化学的调查和研究，并出版了系列著作。除此之外，对珠江口的考察也取得了大量资料并出版了系列论文，而且与香港合作研究治理珠江口环境方面取得了令人瞩目的成果。

2. 海洋物理化学

海洋化学家在20世纪60年代，对九龙江口硅酸盐进行了胶体化学研究。1974～1989年对海水中可溶性阳离子和阴离子与固体粒子的液－固界面作用进行了全面系统的研究。先后在《中国科学》(中、英文版)上发表系列论文:《海水中无机离子交换分级平衡理论》、《S－型曲线左－右摆动规律——海水中有机物对金属在固体粒子中交换吸附的影响》、《海水中液－固界面"金属－有机物－固体粒子"三元络合物的系列研究》、《分级离子/配位子交换—静电交换的复合模型——海水中微量元素－固体粒子相互作用的盐度效应》等。出版专著《海水中液－固界面分级离子/配位子交换理论及其应用》(英文版)、《海洋中化学过程的介质效应》(英文版)等。并对上述化学过程的化学动力学和反应机制提出了模式。同时将上述理论应用到黄河口的研究上。20世纪70～80年代，提出应用微观结构参数法研究海洋化学，进而计算了海水中常量和微量组分的化学模型。海洋界面化学研究结合实际情况，对沉积物化学、悬浮物化学、环境污染和治理、石油化学等也都进行了深入研究。20世纪80年代以来，除了研究海水基本物理－化学性质，例如偏摩尔体积、密度、活度系数、表面张力等外，还对台湾海峡海洋生物地球化学、中国各主要河口的生物地球化学做了大量工作。在大量考察的基础上，提出"痕量元素均匀分布规律"等。结合物质海－气通量研究，对海洋微表层进行了深入的研究。综上所述，我国海洋物理化学的研究进入了国际先进水平行列。

3. 海洋环境化学和海洋生物地球化学

上述海水化学调查和考察是海洋环境化学和海洋生物地球化学的基础。它是环境化学中环境普查工作的主要内容。我国针对海洋的工业污染、生活污染、油污染、重金属污染、农牧养殖业污染等情况，对渤海湾、胶州湾、大亚湾等海湾和长江口、黄河口、珠江口等10余个河口进行了系统的环境污染普查。近年来特别对海水养殖、养殖生态系及环境条件对海洋水产的影响、赤潮及其生态效应、酸雨及其治理、城市污染和国民经济可持续发展等方面都已开始研究，并取得初步成效。我国的海洋生物地球化学是与海洋环境化学结合在一起发展的。

1.2.5 海洋化学在国民经济发展中的地位和应用

目前，人类正面临着资源短缺和环境恶化的严峻挑战。海洋化学在国民经济发展中的地位更加重要。

1.2.5.1 海洋资源的开发和利用

传统的海洋开发是指海盐、海运和海洋渔业。现代的海洋开发和综合利用较传统意义大为扩大和延伸，除上述经典领域外，还包括水源、能源、矿物、化工原料、生物资源和海洋空间本身利用等，其中海盐及其综合利用、海洋化工原料和精细化工、海洋油气及其化工产品，以及海水淡化等都属于海洋化学资源开发，与海水养殖、滨海旅游等一起被称为新兴的海洋产业。1980 年世界海洋开发产值为2 500亿美元左右，1985 年增至3 500亿美元，1998 年估计为5 000亿美元左右，有人预测到 2000 年将达 2 万亿美元。海洋开发产值在世界经济总产值中的比重将会进一步提高。因此，有人预言：到 21 世纪 50 年代，世界将进入海洋经济时代。在我国，海洋资源开发基本上与国际发展同步，1990 年主要海洋产业产值为 438 亿元，占国内生产总值的 1.15%，比 1979 年翻一番，2003 年全国海洋产业总值突破一万亿元大关（10 077.71 亿元），占国内生产总值可达 3.8%左右。在上述海洋资源开发利用的美好前景中，海洋化学资源开发起着举足轻重的作用。

1. 海洋石油及其化工

世界海洋石油储量约为13.5×10^{10} t，天然气约为 1.4×10^{14} m^3，分别是地球油气总储量的 45%和 50%。从海上油气实际开发情况看，1989 年世界近海已查明石油储量为 365.6×10^8 t，天然气为 30.1×10^{12} m^3；海上石油产量为7.42×10^8 t，天然气为30.8×10^{10} m^3，两者分别占世界油气总量的 25%和 20%。到 2000 年海上石油可能达 13×10^8 t，约占世界石油总消耗量的 40%。因此，从储量估计和开发趋势看，海洋油气资源的开发具有重大的战略意义。在我国近海 1.4×10^6 km^2 的大陆架上，初步估计石油储量约 250×10^8 t。在渤海、黄海、东海和南海已发现上百个油气构造，发现了若干大型油田（已投产和即将开发 10 余个）。2001 年油气工业总产值为360.53亿元，比上年增长11.6%。2003 年我国海洋油气业总产值469.37亿元，占全国海洋产业总产值的 4.7%。海洋原油产量2 437.17万 t，天然气产量 43.69×10^8 m^3。但总的来说，我国海洋石油和化工的开发和综合利用与国际水平相比尚处于初级阶段。

2. 海盐工业和海水的综合利用

海水体积约为 13.7×10^8 km^3，总质量约为 14.13×10^{17} t。其中水的储量为 13.18×10^{17} t 左右，约为地球上总水量的 97%。海水的盐度为 35 左右，即每 1 km^3 海水中含有35×10^6 t 无机物质。海盐工业产品主要是经典的食盐、碳酸钠、氯化钾、氯化镁、其他镁盐和金属镁、溴及其精细化工产品等。由海水生产的无机化学物质如表 1.1 所示。

表 1.1 由海水生产的无机化学物质及其产量(引自 Riley 等,1975)

产品	世界年产总量($\times10^4$ t)	由海水年生产量($\times10^4$ t)	质量分数(%)	每年由海水生产总值(百万美元)
食 盐	13 887.4	3 910.0	29	280.0
金属镁	20.1	12.1	60	77.0
淡 水	33 800.0	28 400.0	84	75.0
氧化镁	1 090.0	66.0	6	48.0
溴	13.2	3.6	27	20.7
总 计	48 810.7	32 391.7		500.7

由表 1.1 可见,世界海盐年产总量40×10^6 t左右。我国 1978 年产量为15.4×10^6 t,居世界首位。这一格局至今没有大的变化。2003 年海洋盐业总产值为 119.71 亿元,占全国海洋产业总产值的 1.2%。海盐生产除了沿用盐田法外,目前已应用工业高效蒸发、电渗析方法等,从总的趋势看,后者必将替代前者。随着城市人口的增加,工业用水量和农业用水量剧增,再加上一些干旱地区沙漠化现象严重,水资源缺乏已是某些地区工业化的严重挑战和制约。我国的情况亦然,例如环渤海工业带即是典型例子。从经济角度考虑,海水综合利用是必由之路。

海水综合利用既有诱人的前景,又是切实可行的。前景诱人之处,如用于国防和原子能发电的核燃料铀,海洋中储量为 42×10^8 t,比陆地上铀储量多 2 000倍;又如作为热核能源的氘和锂,海洋储量分别为23.7×10^{12} t 和 25×10^{10} t,超高温核聚变问题一旦解决,人类将可获得真正可谓取之不尽的能源。切实可行之处,如作为农业钾肥资源的钾,因应用了新的交换吸附法来替代蒸发方法,从而开辟了新的前程。又如海水提溴在我国应用生产新工艺和吹出法提溴后,又开发出溴素、溴甲烷、溴乙烷、溴丙烷、溴丁烷、溴戊烷、溴化锂、溴酸钾、六溴环十二烷、二溴磷、1,3 -溴氯丙烷、溴化钠、溴化钾等系列新的化工精细产品。

海水综合利用当然还应包括海洋天然有机物资源的开发,例如河豚毒素、阿糖核苷、沙蚕毒素、前列腺素(PG)及其衍生物等,这些物质对世界上一些疑难病症,如癌症、心血管等疾病均有奇效,遂开辟了海洋药物这一新学科。

3. 海洋矿物

世界大洋底广泛地分布着多金属结核(早期称锰结核、锰矿瘤等)矿物,据初步估计世界大洋底多金属结核资源约为 3×10^{12} t,其中约半数(1.7×10^{12} t)在太平洋。目前国际上一些国家(包括我国在内)已在太平洋某些海域进行了有关多金属结核资源的详细勘探，进而研究它们的综合利用问题。从多金属结核的4种主要元素（锰、镍、钴、铜）的需要和当今陆上储量来看，在2000年前，海底多金属结核的开发利用尚不迫切。多金属结核资源的开发不仅仅是一个单纯的经济问题，还是一个重要的政治问题，估计21世纪初可能将进行商业开采。对此，许多资源开发、综合利用和有关的环境问题，需要进行前期研究。总之，海洋矿物（包括近海金属和非金属矿物）的勘探和开发是矿物开发和综合利用的一个新领域。

论及海洋矿物，不得不介绍一种日益引人注目的新能源——可燃冰。可燃冰是天然气水合物，是深藏海底的新能源。天然气水合物只有在低温高压环境中才是稳定的，如果从海底升到水面，立即融化，放出甲烷。可燃冰在海底通常呈珊瑚状，多空结构。大量的甲烷从这些物体中释放到水面，同空气混合形成危险的爆炸物。

世界各国都开展了对可燃冰的研究工作。2000年美国拨款几十亿美元，2002年俄罗斯“流星”号考察船上俄、德、乌克兰等数十名海洋化学家、海洋物理学家、海洋生物学家和海洋地质学家前往黑海考察。黑海可燃冰储量可能居世界之首，在60～650 m深处已确定有150多处可燃冰矿藏，储量约为$(20 \sim 25) \times 10^{12} m^3$。中国和日本等也进行了这方面的研究。现已探明：加利福尼亚、北海、挪威海、鄂霍次克海、黑海和中国近海，都有可燃冰矿藏。据估算，这种未来的燃料可供人类使用6.4万年。以上仅论述了海洋化学资源的开发问题，其他如生物资源、海洋空间资源、水文物理资源等不再逐一而论了。

综上所述，在海洋化学资源开发和综合利用中，海洋化学的任务除了进行基础理论和应用基础研究外，还要解决如何在最低限度反作用于环境的前提下，充分、合理、有效和持续地开发利用海洋。

1.2.5.2 海洋环境问题

在国际上，资本主义发展和全世界现代化的进程，也伴随着人类活动对地球（包括海洋）的破坏性冲击，全球性的生态环境正经历着重大变化。全球变化研究计划（IGBP）指出，人类藉以生存的地球出现了气候变暖、海平面上升、沙漠化、森林减少、生物物种多样性锐减、海洋污染、自然灾害频繁等现象，严重威胁着人类的生存和社会的进一步发展。环境与发展问题已成为当代全世界关注的焦点。在IGBP核心计划中，有关海洋的就占8个，海洋在地球环境中占有重要地位，发挥着重要的作用。

1. 海洋环境的化学污染

由于工业的发展（特别在我国20世纪80～90年代乡镇企业的发展）和海洋资源的开发利用，导致某些近岸海域水质污染比较严重。如目前绝大部分海上油田位于水深100 m以内，由沿岸工业排污、石油开采和运输过程中每年流入海中的石油约 4×10^{6} t，这还没有包括时有所闻的石油巨轮漏入海洋的石油在内。大城市产生的大量工业污水、生活污水和垃圾排放入海，全世界每年向海洋倾泻的废物达 2×10^{10} t，其中包括了许多重金属和若干有害的有机物质，造成近海水质污染，致使近海渔场资源严重衰退。

2. 海洋生态环境问题——防止物种灭绝

由于海洋环境污染加剧、海洋质量状况恶化，海洋生态严重失衡，世界许多近海区域赤潮频繁发生。以我国长江口、珠江口等发生的赤潮为例，诱发因素除以上原因外，还与农业的化肥流失而形成的水体富营养化有关。生活在地球上的生物物种在1 000万～1 亿种之间，被人类确认的仅 140 万种，每年约有1.7万种物种消失。在海洋中，鱼类总种类减少了 70%，140 种哺乳动物面临灭绝的险境。因此，保护海洋生态环境，防止物种灭绝，也是一个重要的海洋环境保护问题。

3. 海洋在长期气候变化中的作用

海洋与温室效应是目前人们谈得最多的一个问题。其实温室效应是地球保持温度的自然现象。如果没有温室效应，地球将是冰的世界，平均气温将是 −18 ℃，而不是目前的15 ℃。造成温室效应的原因，是人所共知的使用天然气、煤及石油等矿物能源做燃料，包括工业及交通废气的排放、森林砍伐、森林火灾等。随着人类活动的增加，二氧化碳、甲烷、含氯氟烃、一氧化氮等气体排放量也不断增加。至今，人类每年向大气中排放 2.3×10^{10} t 二氧化碳，比 20 世纪初增加 25%，引起地球温度上升、海平面上升等后果。排放到大气中的二氧化碳，停留在大气中不足 50%，估计大部分为海洋所吸收。可见海洋对温室效应至关紧要。但是，海洋究竟能吸收多少二氧化碳？其吸收机制为何？尚是今后研究的课题。排入大气中的含氯氟烃、一氧化氮和甲烷等会破坏臭氧层，导致因紫外线的有害作用引起皮肤癌、眼睛受害和损伤人体免疫系统。

总之，资源和环境问题的解决，是国民经济持续发展的关键。由此可见海洋化学在我国社会主义现代化建设中具有重要的地位和广阔的应用前景。

1.2.6 海洋化学的发展预测和展望

1.2.6.1 海洋化学的深入发展和高度综合促使一系列新兴边缘学科的形成

由图 1.1 可见，由化学中的二级分支学科——物理化学、分析化学、无机化学、有机化学、同位素化学、环境化学、界面化学、资源化学、生物化学、地球化学等，与海洋科学相结合，产生一系列新的三级分支学科——海洋物理化学、海洋分析化学、海洋无机（或元素）化学、海洋有机化学、海洋同位素化学、海洋环境化学、海洋界面科学或化学、海洋资源化学、海洋生物化学、海洋地球化学等。

由海洋科学中的二级学科——海洋地质、海洋生物、海洋物理/物理海洋、海洋大气等与化学相结合也产生一系列新的三级分支学科——海洋地球化学或海洋沉积化学、海洋生物化学、物理海洋化学、海-气相互作用化学等。上述三级分支学科的发展,进一步形成一系列新的四级分支学科。

1. 海洋生物地球化学

从全球变化的角度来研究物质在海洋圈、生物圈、岩石圈和大气圈之间转移、变化和循环的过程和反应,以及全球变化的通量。这一领域的研究和新发展,不仅对海洋化学,而且对海洋资源和环境保护、中长期全球气候预测、海底热泉和矿物资源的开发利用等都具有重要的实用价值。

2. 海洋胶体物理/界面化学

目前通用的0.45 μm滤膜过滤所得的物质"溶解态"并非是真正意义上的溶解态物质,其中不少是胶体。是非均态(例如有光散射现象)的。海洋中的金属水合氧化物和黏土矿物是早已知道的无机胶体。Santchi(1997 年)分析了近 10 年来的文献,发现海洋胶体有机碳(COC)是海水中溶解有机碳(DOC)的重要组成部分,它们主要来自浮游植物、细菌、生物细胞和 POC 的分解、溶解和降解。海洋中胶体的物理化学/界面化学作用,及其对金属和二氧化碳等气体的调控能力,海洋微表层化学及液-固界面三元络合物的生成等,不仅使人对物质的海洋生物地球化学的过程和反应有了新的更深刻的认识,而且对海-气界面的物质通量计算要重新评估。可以毫不夸张地说,海洋胶体的物理化学/界面化学研究将开拓海洋化学的新天地。

3. 海洋在长期气候变化中的作用

化学动力学是二级学科物理化学下的三级学科,海洋物理化学过程的化学动力学研究又是其下的新的四级学科。它包括海洋真光层的生物化学过程动力学、海水-沉积物界面的氧化-还原过程动力学、海水中悬浮粒子液-固界面反应动力学、海洋生物的生物化学过程动力学,以及 C,N,S,P 及重金属生物地球化学过程的化学动力学等。海洋化学研究自化学平衡理论向化学动力学转化,海洋化学体系由平衡态向非平衡态理论转化,宏观方法向微观统计方法转化,将是 21 世纪海洋化学不可逆转的总趋势。

1.2.6.2 海洋/环境界面的海洋化学

它包括海洋/岩石圈界面的近海海洋化学,海洋/沉积物界面区的深层海水的海洋化学,海洋/大气界面的海洋微表层化学,以及极地海洋化学等。

1. 近岸和河口海洋化学

随着世界二极体系的解体,海洋化学发展重点也随之侧重在世界各国的近海和一些特殊海域以及河口海区等。科研成果主要为:*Estuarine and Marine*

Chemistry of Huanghe Estuary（张正斌主编，1999）；《海洋化学原理和应用——中国近海海洋化学》（张正斌等，1999）；《渤、黄、东海海洋化学》（顾宏堪主编，1991）；《闽南—台湾浅滩渔场上升流区生态系研究》（洪华生、丘书院等，1991）；《南沙群岛海域化学过程研究》（张正斌等，1996）；*Marine Chemistry of the Nansha Islands and South China Sea*（韩舞鹰等，1995）；《中国主要河口的生物地球化学研究》（张经等，1996）。

另外，还有一些海洋化学的特别研究项目，例如：河口生物地球化学之二：河口过程在全球变化中；河口生物地球化学之三：*Arctic Estuarine and Adjacent Coastal Seas*；河口生物地球化学之四：有机物和痕量元素；国际河口生物地球化学之七：*Marine Chemistry*，2003，83；地中海海洋化学之一：*Marine Chemistry*，1994，46（4）；地中海海洋化学之二：*Marine Chemistry*，1996，53(1/2)；政府间海洋委员会污染基准研究之一，1995；政府间海洋委员会污染基准研究之二，1998。

除以上文献所研究的内容外，还包括北印度洋的海洋化学、北极河口和近岸海域的海洋化学等。上述海域的显著特点是：①理论上的非平衡态或非稳态；②基本化学参量变异性大。沿海和河口集中着世界半数以上的人口，环境问题特别突出；③与大陆进行大量的能量和物质交换，是海洋生物地球化学过程十分活跃的海域，是研究海洋生产力的重要海湾，是研究物质通量和循环及其动力学过程的典型和重要的海域。总之，它们既是海洋化学与兄弟学科交叉的集中点，又是海洋化学向纵深发展的突破口。

2. 深层海洋化学

海洋深层的海洋化学是目前人们知之甚少因而十分感兴趣的领域。目前人们对之研究的注意力主要集中在三方面。一是海底热泉及其对海水组成和海洋生物地球化学过程的作用和影响。众所公认，“生命起源于海洋”。这一论断与海底热泉的联系，是目前有的生命起源研究者认为可能取得突破性进展之处。二是海底铁、锰结核生成过程研究和海底矿物资源开发。三是深层水对化学物质大洋循环所起的重大作用。如海底热泉活动提供的镁和硫酸根的通量，可能与河流通量相当，这一现象对研究海洋中主要物质的化学通量起着重大作用；只占海洋面积0.1%的上升流区，能把高深度的营养盐（达 300 $g \cdot m^{-2}$ C）带到表层（约 50 $g \cdot m^{-2}$ C），使平均初级生产力大为提高。因此上升流区海洋生物种类丰富，往往形成良好渔场。美国能源部、农业部和海军委托美国通用电气公司对此进行研究，设置一个平台，在离水面 30～50 m真光层中养殖海洋生物，其养分由取自深层的富营养水供应，深层富营养水的提取，是在平台上装置垂直管道，利用波浪、风力和太阳能等自然能源进行。经中试证实有较大经济效益。经计算,如这样的工作海面海洋生物栽培面积为 $2\times10^{14}\ m^2$,可支持200亿人口维持较高的生活水平。此外,还可利用表层和深层海水之间的温差发电。当然,务必要考虑到巨大规模人工上升流会给全球海洋物质循环带来的影响。表层水初级生产力的提高及其一系列生物地球化学过程的增强,对物质的海洋-大气界面过程及其通量,以及进而引起气候的变化(例如类似的 El Ninō 现象)的影响等一系列重要问题需事先研讨和解决。

3. 海洋微表层化学和海-气界面化学

海-气界面过程和化学反应,直接与物质全球循环和气候变化相关,已引起海洋学家们的关注。关注的重点是:①海-气界面热力学研究,例如 Gibbs 吸附、海-气界面多层模式等;②海-气界面的动力学研究和海-气界面物质通量计算;③物质在海-气界面的过程和化学反应研究、物质在海洋微表层中富集及其对海-气物质通量计算的影响、物质在海洋微表层中富集的机理和液-固界面三元络合物的生成等。

4. 海陆空多界面物质全球循环

1986年,国际科学联合会(ICSU)组织了以全球变化为核心的国际地圈生物圈计划(IGBP)。该计划包括7个核心研究计划和2个技术支撑计划。

7个核心研究计划分别为:①全球海洋通量联合研究计划(JGOFS);②国际全球大气化学计划(IGAC);③过去的全球变化计划(PAGES);④全球变化与陆地生态系统(GCTE);⑤海岸带海陆相互作用(LOICZ);⑥水循环的生物学方面(BAHC);⑦全球分析、解释和建模(GAIM)。

2个技术支撑计划:①数据信息系统(DIS);②全球变化的分析、研究和培训系统。该计划涉及海陆空多界面的物质全球循环研究,主要科学目标是:描述和了解控制整个地球系统的关键,相互作用的物理、化学和生物过程;描述和了解支撑生命的独特环境;描述和了解出现在地球系统中,由人类活动诱发的重大全球变化的影响方式。关于这个研究计划我们已在《海洋化学原理和应用》一书中作过较详细介绍。这个研究计划已基本告一段落。

上述研究计划与海洋微表层化学和海-气界面化学科学相结合,在2000年开始又启动一项国际合作研究的新计划,即"表面海洋-低层大气研究(SOLAS)"。其科学目标是:定量描述和了解海洋和大气之间的生物地球化学-物理过程和相互作用及其反馈,以及这一 SOLAS 体系对气候和环境的影响、气候和环境对之反作用而产生的变化和影响。

1.2.6.3 海洋化学不断向纵深方向发展

海洋化学的发展,从横向来看,与其他学科交叉产生新的三、四级新学科是必要的;但从根本上看,还是要靠海洋化学自身的深化和突破性进展。这不仅为海洋化学发展史所证实，而且为近20年来学科的停滞所证实。

(1)近20年来，海洋化学强调与海洋的其他分支学科相结合，并发展出来海洋生物地球化学等新的学科无疑是正确的。但由此把海洋化学当成海洋生物的附庸则是完全错误的。近20年来，海水化学模型和海洋中元素物种存在形式的研究，在化学平衡的基础上取得突破性进展后，在上述错误思想指导下，海洋化学在理论上没有重大新的突破性进展，造成了海洋化学自身发展的停滞。

(2)最近20多年海洋化学自身发展的停滞，已在海洋化学的若干基础上引起混乱，兹举例说明如下。①以30多年前海洋化学理论的主要突破口——海水中元素物种存在形式(chemical speciation)，至今主要靠计算方法确定，而在实验上无大进展，没有用实验来真正确定在海水中的元素物种存在形式。此外，在一些刊物上，还把chemical speciation与form相混淆。②在海水中物质的form研究中，"溶解态"与"非溶解态"一般按能否通过0.45 μm的过滤膜加以区分。这里人为因素很大，试想用0.35 μm的过滤膜分开行不行？"溶解态"中包括了"物质胶态"，它肯定不是化学科学的溶解态定义的物质状态，那么在海洋科学上为什么要划为"溶解态"？③化学平衡理论30多年前应用于海洋体系取得了初步成果，但是海洋是真正的平衡体系吗？海洋生物地球化学中众多的过程是平衡过程吗？与其相应的化学反应是可逆的吗？如果否定，则如何把不可逆过程或非平衡态的热力学或统计力学应用于海洋？④目前水化学已经由热力学平衡研究发展到化学动力学研究。作为水化学的重要组成部分的海水化学，也必然与之平行发展，那么如何开拓和发展海洋化学的化学动力学研究？⑤以海洋化学模拟为主，与数理模拟相结合，并将非线性方法引入，必将把海洋生物地球化学过程、反应和全球变化的研究推到新的高度。

1.2.6.4 中国海洋可持续性发展

无论是《联合国21世纪议程》还是《中国21世纪议程》都把海洋问题作为重要的国民经济可持续发展问题进行探讨。《中国海洋21世纪议程》具体阐述了中国海洋未来的可持续性发展的战略目标和行动措施。海洋是实现全球可持续性发展基本的和重要的组成部分。

1. 我国海洋资源比较丰富，对海洋经济的发展提供了一定的物质基础

据1995年统计，海洋石油地质储量为2.5×10^{10} t；海洋天然气地质储量为17×10^{10} m^3；适宜建港的海湾河口约118个，目前仅开发1/6；可开发的滨海旅游景点约1 500多处，目前仅开发1/5；适于发展水产养殖的浅海、滩涂、港湾面积约2.6×10^6 hm^2，目前利用率仅25%；此外还有海盐、海矿等资源。到2003年，海洋经济产值总数达1007.771亿元，占国民生产总值的3.8%左右；海洋原

油产量达24.37×10^6 t;2001 年海运量为 14.26×10^8 t 等。当然,我国海洋产业的结构同时也亟待优化。

但是,在我国海洋产业和国民经济进入良性发展的同时,水产品资源因捕捞过度而引起了严重衰退,且近海海域环境污染严重,水质恶化。尤其是北方环渤海经济区、上海—长江经济区、港—澳—穗—珠江经济区近年来的高速发展,已引起相邻海域环境的严重恶化。这些中国经济发展的代表性地区及其相邻海域的经济可持续性发展问题,已到了非解决不可的时刻。在此以渤海 Ω 区为例说明之。

2. 渤海及其周围的 Ω 经济带的可持续性发展

渤海及 Ω 经济带(青岛—烟台(威海)—淄博/济南—天津—秦皇岛—营口(沈阳、鞍山等)—大连诸城市形成的 Ω 形经济带)是我国北方地区的社会和经济中心。其环抱中的渤海,是我国惟一的内海,海岸线长3 784 km,面积约8×10^4 km^2,大小港口约 70 个,占全国总数 20%。海上油田与陆上的胜利、大港、辽河、中原等油田构成我国目前的第二大油区。渤海也是我国主要的渔场,素有“天然渔池”之称。但是,渤海 Ω 经济带的开发同时给渤海带来了许多灾难性的破坏。如图 1.3 所示,渤海周围的三省和京津两市,1 亿多人口在其周围生息,上万家企业的污水未经处理排入渤海达数 10×10^8 吨,污染物达 70×10^8 t。其结果是:①辽东湾油污染超标率达 75%,锦州湾油污染超标率达 100%,渤海湾无机氮、无机磷、化学耗氧量等也严重超标,莱州湾亦类同,结果赤潮频发;②周边居民已深受污染之害,渔民恶性肿瘤死亡率高于相邻区农民。山东渔洞埠村 60%的儿童肝大;③过去渤海中 600 余种海洋生物所剩无几,例如毛虾、毛蚶、三疣梭子蟹、海蛰、文蛤等急剧减少,虾、海参、鲍鱼等也基本绝迹。此外,海滩、贝壳沙等遭到人为破坏。因此,如果不及时治理,渤海将会变成死海!渤海及其周围 Ω 经济区的可持续性发展研究已势在必行。令人振奋的是,1998 年 12 月 8 日国家环保局召开了渤海环境保护工作会议,宣布“渤海碧海行动计划”正式启动。所抓的重点海域是莱州湾、渤海湾、辽东湾及 13 个重点城市的毗邻海区;重点河口是辽河、海河、黄河主要水系及大清河和五里河等河口;重点控制的污染物是氮、磷、COD 和石油类。分近期(1999~2005 年)、中期(到 2010 年)、远期(到 2030 年)三期进行,目标是最后生态基本实现良性循环,完成海域环境的综合整治。

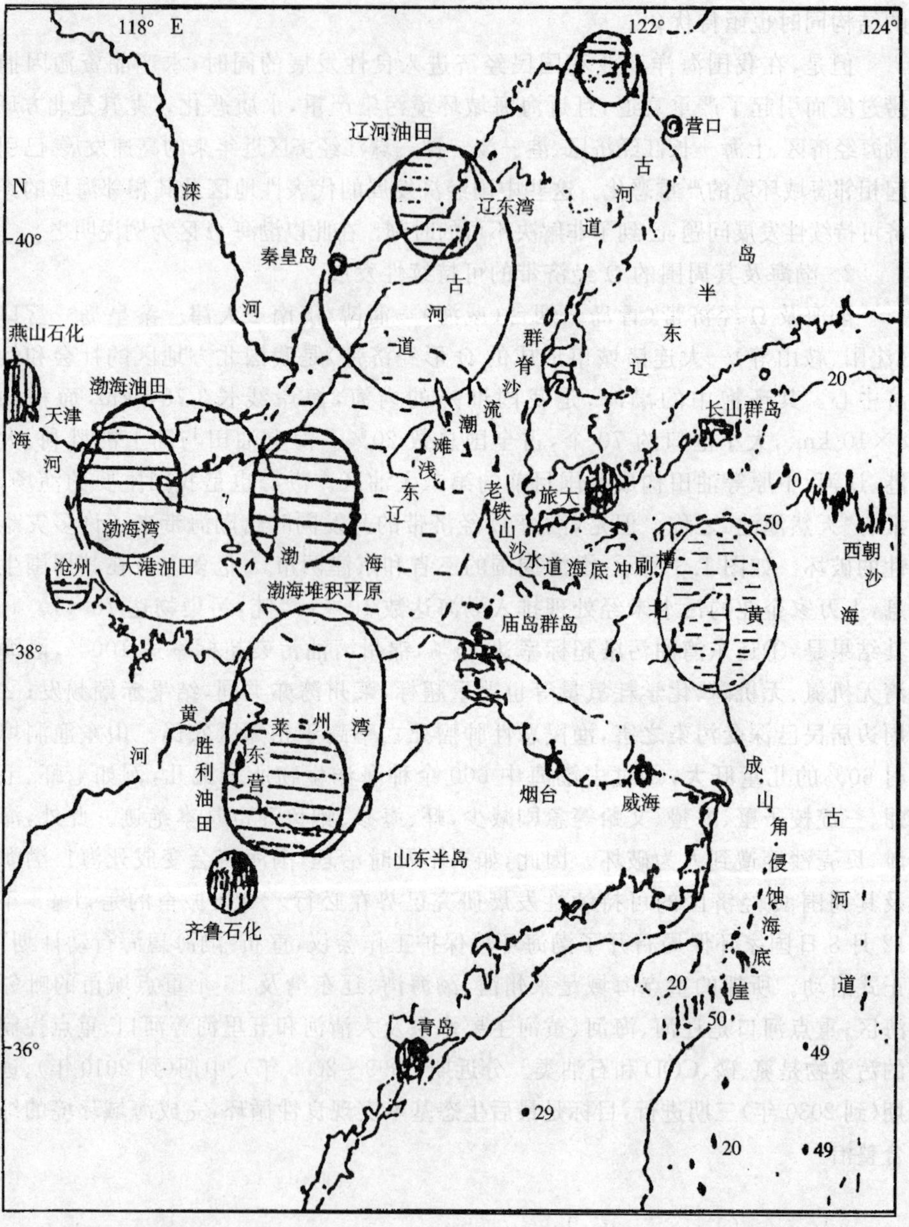

图 1.3 渤海主要油田(及主要石油企业)分布示意图

参考文献

1 陈镇东.海洋化学.台北:茂昌图书有限公司,1994.551

2 顾宏堪,等.黄渤东海海洋化学.北京:科学出版社,1991. 500

3 佩特科维茨著.平衡、非平衡和天然水.张正斌,刘莲生译.北京:海洋出版社,1994.779

4 国际全球变化研究核心计划(一).全球变化研究系列论文集.北京:气象出版社,1992

5 张正斌,陈镇东,刘莲生,等.海洋化学原理和应用——中国近海的海洋化学.北京:海洋出版社,1999

6 张正斌,顾宏堪,刘莲生,等著.海洋化学(上卷).上海:上海科学技术出版社,1984

7 张正斌,顾宏堪,刘莲生,等著.海洋化学(下卷).上海:上海科学技术出版社,1984

8 张正斌,刘莲生著.海洋物理化学.北京:科学出版社,1989

9 张正斌,等著.南沙群岛海域化学过程研究.北京:科学出版社,1996. 152

10 张经,等编,中国主要河口的生物地球化学研究.北京:海洋出版社,1996

11 中国大百科全书.海洋科学水文科学卷.北京:中国大百科全书出版社,1987

12 国家自然科学基金委员会.自然科学学科发展战略调研报告——海洋科学.北京:科学出版社,1995. 121

13 Goldberg E D, ed. Marine Chemistry, In the Sea, Vol 5. New York:Wiley-Interscience, 1974. 895

14 Global Ocean Observing System, Stauts Report on Existing Ocean Elements and Related Systems, IOC/INF-833. 1990

15 Harvey H W. The Chemistry and Fertility of Sea Water. London:Cambridge Univ. Press, 1955. 224

16 Han Wuying, *et al*, Marine Chemistry of the Nansha Islands and South China Sea. Beijing:China Ocean Press, 1995. 376

17 Morel F M M, Hering J G. Principles and Applications of Aquatic Chemistry. New York:John Wiley, Sons, Inc, 1993. 588

18 Riley J P, Skirrow G, eds. Chemical Oceanography. London:Aca-

demic Press, 1975

19 Stumm W, Morgan J J. Aquatic Chemistry. 3nd ed. New York: Wiley-Intarscience, 1996. 1 022

20 The U. S. Global Ocean Science Program, A Strategy for Understanding the Role of the Ocean in Global Change, U. S. GOSP Interagency working Group. 1987

21 UNESCO, Thermodynamics of the Carbon Dioxide System in Seawater, UNESCO Technical Papers in Marine Science 51, 1987

22 Zhang Zhengbin, eds. Estuarine and Marine Chemistry of Huanghe Estuary, Beijing: China Ocean Press, 1993

23 Zhang Zhengbin, Liu Liansheng. Medium Effect on Chemical Processes in Ocean. Beijing: China Ocean Press, 1994

第 2 章　海洋的形成和海水的组成

地球的最大特征是 71%的球面是海洋，是一个具有庞大水体的星球。研究海洋的形成就是探讨地球上水的形成。除地球外，太阳系中的其他星球物质也具有一定的含水量。

2.1 太阳系物质的含水量

从化学热力学的角度来看，宇宙中各种元素的丰度如根据相互反应的自由能变化来考虑，则反应：

$$H_2(g)+O_2(g) \rightleftharpoons 2OH(g) \tag{2.1}$$

或

$$H_2(g)+O(g) \rightleftharpoons H_2O(g) \tag{2.2}$$

的可能性应最大。已经证实：太阳表面薄层上有 OH 存在；地球表层约有 1.9×10^{24} g水存在，它们由三者组成：①海水和两极的冰共约1.45×10^{24} g；②沉积物中含水0.2×10^{24} g；③岩浆中水约0.24×10^{24} g，三者总和是1.9×10^{24}g。现有证据说明，自恒星生成初期就一直有H_2O或OH存在。

表 2.1　太阳系物质的密度及含水量

物　　体	密度(10^3 kg · m^{-3})	含水量(质量分数,%)
碳质球粒陨石(类型Ⅰ)	2.2	约 20
碳质球粒陨石(类型Ⅱ)	2.6～2.9	约 13
碳质球粒陨石(类型Ⅲ)	约 3.4	约 0.69(<0.1)
普通球粒陨石	3.2～3.6	0.27
地球(仅地壳部分)	5.52	3.2×10^{-2}($<4\times10^{-2}$)
金星(仅大气部分)	5.12	5×10^{-5}
火星(仅冰)	4.42	2×10^{-4}
月球(表层物质)	3.35	1.5×10^{-2}

由表 2.1 可见：

(1)含有大量有机物的碳质球粒陨石含水量很高，这种陨石的水主要以含水矿物(例如绿泥石或石膏)的形式存在。有些碳质球粒陨石类型Ⅰ中水的重氢浓度比地球上任何地方的都高得多,可见在这类陨石中所含的水为地球以外(即其他星球)物质所含之水。有人因此提出地球上的水也可能是地球外星体与地球碰撞而产生之说。

(2)表2.1所列陨石中水之分析值仅是从目前落下的新陨石样品测得的。众所周知,陨石穿经大气层时,摩擦发热,可能失水。然而已经证明穿过大气层降落因发热而生成的熔融表层可有效地保存陨石内部的气体,因此也可能保存水。但是,陨石落地后也可能混合一些地球上的水。

(3)表2.1中所列地壳部分的含水量,是地壳部分的含水质量除以整个地球质量而得的商,应当说是地球含水量之下限。假设地球与普通球粒陨石的单位含水量相同,则应注意:在地壳以下还存在着8倍的地壳水量。

表2.2是地球、金星、火星、水星四者的大气化学组成进行比较,可见其差异主要是含水量,其他气体则差异不大。表2.2的资料主要来自前苏联宇宙飞船1967年的Venera Ⅳ号,1969年的Venera Ⅴ和Ⅵ号,以及美国的Mariner Ⅴ号等。痕量气体的资料也选自文献。表2.2中地球含水量摘自表2.1之值。CO_2 则按假定地壳中固定碳酸盐全部以 CO_2 的形式存在于大气中而推算的。

表2.2　地球、金星、火星、水星的大气组成和球表大气压力和温度

	金　星			火　星	水　星	地　球
	Venera Ⅴ (1969)	Venera Ⅵ (1967)	其他文献			
球表压强(Pa)	13.7×10^{6}	18.1×10^{5}	9.03×10^{6}	6.867×10^{2}	9.81×10^{-11}	9.81×10^{4}
球表温度(℃)	530	270	474			0~30,16
大气组成	气体(10^{-6})g/每克(天体)		质量分数	质量分数	质量分数	气体(10^{-6})g/每克天体,质量分数
H_2O	0.5	0.037	0.05	0.10	100×10^{-6}	320,<1
O_2	<0.54	0.17	0.100×10^{-6}	0.1		0.18,21
N_2	4.0	0.43	2	0.25		0.67,78
CO_2	128	15.6	98/96	2.5/2.7		42,0.036
Ar			70×10^{-6}	95		0.93
SO_2			150×10^{-6}			0.002×10^{-6}
Kr			0.3×10^{-6}		1.1×10^{-6}	
CO			40×10^{-6}	700×10^{-6}		0.12×10^{-6}

（续表）

	金　星			火　星	水　星	地　球
	Venera Ⅴ (1969)	Venera Ⅵ (1967)	其他文献			
Xe				0.08×10^{-6}		0.087×10^{-6}
CH_4			5×10^{-6}	2.5×10^{-6}		1.5×10^{-6}
Ne						18×10^{-6}
He				0.1×10^{-6}		70×10^{-6}
O_3						0.4×10^{-6}
HCl			0.4×10^{-6}			
HF			0.01×10^{-6}			
H_2O						0.01×10^{-6}
H_2						5×10^{-6}
NH_3						0.01×10^{-6}
H_2S						0.00×10^{-6}

如何解释地球与金星的含水量相差悬殊？地球表面为何会有海水存在？有人认为可以从两种星球的含水矿物在高温条件下与次生物质结合条件的不同来解释。即金星大气外圈的温度为 527 ℃。金星的含水矿物（例如绿泥石类）在 100 ℃以上就会分解，因此与次生物质在 527 ℃下结合时，水则逸失。与之相反，地球则是在含水矿物不分解的条件下与次生物质结合为一体，结果还有相当数量的含水矿物没有分解，因此含水量高。

看表 2.2 时要注意：140 $kg\cdot cm^{-2}$ 和高温下的水，绝非是普通的水！

地球内部除含有水之外，还有各种稀有气体，例如氙（Xe）、氦（He）、氩（Ar）等。氮很特殊，能以结合态保存在岩石中。例如纯橄榄石中 N 的含量为 2×10^{-3} $g\cdot cm^{-3}$（标准温度、压力下）。又例如陨石 Sionite（Si_2N_2O）是特殊的含氮矿物，据估算原始地球曾保持过的氮量为 1.4×10^{25} $g\cdot cm^{-3}$，而现在到达地表的含氮量为 3.3×10^{24} $g\cdot cm^{-3}$，仅占 23%。

2.2 地球的形成——地球物质集积过程

地球的最大特点是有大量海水存在，地球的水或海洋的形成是与地球的形成紧紧联系在一起的，为此在本节中讨论地球的形成——地球物质集积过程。

（1）关于地球物质集积的一种观点是：在地球的物质集积过程终结时，可辨识的原始大气的存在可被忽略。我们以大气中氩（Ar）为例讨论之。

在大气中^{40}Ar 占绝大多数，^{36}Ar 和^{38}Ar 只占 0.34% 和 0.06%。大气中^{40}Ar

总量则为：

$$\text{目前大气中}^{40}\text{Ar 总量} = (\text{原始大气中}^{40}\text{Ar 的量}) + (45\text{ 亿年间脱气积存在大气中}^{40}\text{Ar 量}) \quad (2.3)$$

式中的原始大气是指构成地球的物质在聚集过程结束时，地球所保持的大气。式(2.3)假定，保持在原始大气中的^{40}Ar在整个地球历史发展过程中没有逃逸到大气圈之外。如果把式中第一项改为：

(原始大气中^{36}Ar)×(地球形成时^{40}Ar/^{36}Ar)

由前述的存在百分比可得比值为3×10^{-3}。若取大气中^{36}Ar值为2.2×10^{17} g，则式中第一项之值计算得6.6×10^{14} g。此值与等式左边值6.56×10^{19}相比，约为$1/10^5$。所以大气中^{40}Ar几乎全部由地球内部^{40}K衰变而产生的^{40}Ar脱气形成的。"挥发性物质经脱气作用，由地球内部向地表供给为主，原始大气的存在可被忽略。那在地球聚集过程中化学反应所生产的气体，少到可以忽略。"这是关于地球的物质集积过程的第一个观点。

(2)关于地球物质集积过程的第二个观点是："假定地球物质一面保持均匀的化学组成，一面进行聚集。"如上节所述，用此观点可说明地球表面存在海水的原因。

2.3 海洋的形成——地球的表层水和内部水

2.3.1 脱气作用与向地表供水

地球上的水对其"热历史"有很大影响。在聚集过程终结时，由于聚集过程重力能、放射性衰变能等的影响，地球被加热，其水合物可能会慢慢地分解，而水会向地球上方移动，开始向地表层供水，最后聚集在地球表面，形成海洋之"雏型"。

在原始地球的上层，引起橄榄岩熔融的温度约1 200 ℃。硅酸盐类物质熔融后，金属相物质不论是否熔化，都会沉降而形成地核。地核形成之后，因重力位能等的作用而使地球达到最高温度，使地球基本上以流体形式存在。在地核形成过程中及形成终结时，地球的脱气作用在地球形成史上是最为活跃的。上述金属相物质在地球生成过程中因沉降而生成地核。地核与地表的元素组成(如图2.1所示)有较大的不同。

当地球表面逐渐固化构成地壳后，脱气作用就不大活跃了。固化地壳的温度是不均匀的，于是水在低温部分冷凝和积聚，最后形成海洋。地球的固化地壳上一旦形成海洋，其温度就不会升到水的沸点以上。地壳的不均匀性对原始海洋的流动和形成具有重要作用。

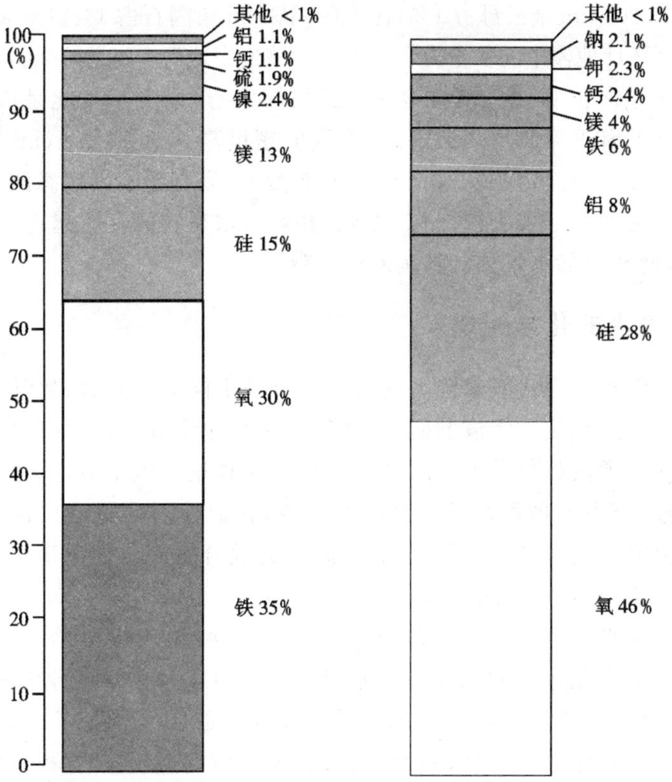

图 2.1　地球和地壳中元素(质量)相对存在量示意图(引自 Schlesinger ,1997)

2.3.2 水

地球内部的水，按地壳含水量和地幔含水量两方面进行估算。

(1)地壳含水量。假设地壳由玄武岩构成，由夏威夷外海底采集的新鲜玄武岩中，含水量约 0.3%～0.7%。如按地壳平均含有 0.5%的水来估算，其总量相当于目前海水、极冰和沉积物中水量之和的 0.6%。

(2)地幔含水量。在地幔中存在的水有两种形式：①以含水矿物的形式固定在矿物结晶中；②游离水。

地幔中存在的含水矿物有角闪石、金云母和蛇纹石等。角闪石的分子式为 $NaCa_2Mg_4Al_3Si_6O_{22}(OH)_2$，含水量为 2.2%。金云母的分子式为 $KMg_3AlSi_3O_{10}(OH)_2$，含水量为 4.3%。类似的还有 $(H_2O)_2Mg_5Si_8O_{20}(OH)_4$ 和一种含水辉石 $Mg_2SiH_4O_6$。蛇纹石仅在上地幔极浅的地方才可能存在，不会超过地幔的 10%。角闪石的存在位置不超过150 km深。金云母在三者中位置最深，但也不超过200 km。

如果在 150～200 km 金云母占 1%；在 100～150 km角闪石占 1%；100 km 以内蛇纹石占 1%，则估计地幔中的水量为 2×10^{23} g。该值为地壳中水量的 10%。

普通水在常压下，在 374 ℃温度（超临界状态）以上不可能是液体。但是，即使在 500 ℃和 250 kPa 压力下，水蒸气的密度高达 2.16 g·cm^{-3}，也比普通液态水重得多。因此，在 200 km 以下的地幔中，只有超临界状态的水才有存在的可能。其密度在1～2 kg·cm^{-3}之间，并对含水矿物的存在起着应有的作用。

总之，地球内部水量估计约为2×10^{25} g。

2.4 原始海水的化学组成

因原始海水与现代海水两者的化学组成是不同的，海水的化学组成故需分而讨论之。对海水化学组成的研究，基础方法是化学分析和对海水中主要成分的测定。基础理论是化学平衡理论和络合平衡理论。但是 Sillén 教授的氧化-还原理论——Sillén 的海水模型升颇具特色，在此作对比进行讨论。洋中脊水热流是目前海洋化学研究的热点，它与海水的混合对海水的化学组成肯定有影响，其影响也将在本章中略加讨论。

研究海水的化学组成和变迁有两种方法。一种是“以古论今”。即设想原始海水的化学物质的组成，探讨原始海水经历种种过程和进行各种变化后，是如何变成现代海水的化学组成和浓度的。另一种方法是“以今证古”。即研究现代海水的样品的化学组成，假定经历种种逆过程及相应的逆反应后，提出原始海水的化学组成和数量，证明其可行性。具体例子在氧化-还原海水模式中介绍。

“元素地球化学平衡法”——即供给海水的元素量和从海水中除去的元素量之间达到动态平衡——是研究原始海水化学组成的一种方法，它与化学平衡/络合平衡理论相比属另一类的动态平衡方法。这一方法假设地球历史之初，球面开始有了海洋时，就进行着“蒸发—凝聚”所构成的水循环；水对其接触的岩石进行风化，岩石变成碎屑，元素溶于水中，形成海水。海水中的多数阳离子组分由此而来。通过海洋生物地球化学过程，海水中又进行生成沉淀物和成岩作用等一系列二次过程。在整个海洋发育和地球化学历史中，元素就这样反复地运动着。因此，地球历史上岩石被风化、溶解，而由河川带入海洋的物质量，等于海水中溶存物质量加上沉积物（即碎屑和化学沉积物）的量，海洋处于元素地球化学的动态平衡。

2.4.1 原始海水的量

估计地球内部的水量并非易事。有人以陨石的数据作参考，估计存在于地壳和地幔中的水量约 2×10^{25} g。目前地球表面的水量约为 2×10^{24} g，即约 10%的水逸出到地表，与前述之值一致。与上面关于 Ar 的讨论类同，表 2.3 所

列的 H_2O 等挥发物质，它们都不存在于原始大气和原始海水中；而以同 Ar 一样的速度在 45 亿年间从地球内部逸出，并停留在地表，最后变成海洋。

2.4.2 挥发性物质

地球表层挥发性物质的质量如表 2.3 所示。

表 2.3　地球表层挥发性物质的质量

挥发性物质/元素	质量(10^{20} g)
H_2O	16 300～16 600
C	910～2 490
S	22～24
N	42～44
Cl	300～335
Ar,F,H,B,Br 等	13

对此表，略作如下说明：

(1)表 2.3 中 H_2O 不以氢和氧分述。高温下这些挥发性物质通过岩石间隙逸出，而且逸出速度亦大致相等。

(2)根据“元素地球化学平衡法”，就大多数元素而言，火成岩的风化和溶出者，大部分留在海洋中被次生化学沉淀掉，仅少部分留在海水中。但是，对海水中的挥发性物质如 F,Cl,Br,I,B,S,Ar 等，在海水中以阴离子形式存在，它们在海水中的含量则远比从岩石中溶出的要多，这可能是火山、洋中脊水热流(海底热泉)等作用之故。因此可得：

(整个地球历史时期被风化岩石量)＋(火山、洋中脊水热流、温(热)泉等自地球内逸出的物质量)＝(海水中的水及其溶存物质量)＋(沉积物量)＝(碎屑岩石)＋(化学沉淀物量)＋(生物物质量)＋(大气中物质量)＋(逸失到地球大气圈外的物质量)　(2.4)

(3)表 2.3 中挥发性物质通过地面从地球内逸出，经它们之间的化学平衡计算可知，结果是以 H_2O,HCl,CO_2,N_2,H_2S 和 Ar 等物种存在形式逸出。大气中 H_2 是大量的，则逸出化合物的化学物种存在形式和体积百分比如表 2.4 所示：

表 2.4　气体的化学物种存在形式和体积分数

化学物种形式	H_2	H_2O	CO	CO_2	CH_4	HCl	N_2	H_2S	SO_2
体积百分比	67.7	29.4	1.5	0.25	5×10^{-4}	1.0	0.068	0.058	7×10^{-5}

(4)表 2.5 列出几座火山喷发气体的组成，可见它们对大气中挥发性气体有一定影响。

表 2.5 气体的化学物种存在形式和体积百分比

(引自：Taran, *et al*, 1995; Dobrovolsky, 1994)

火山	H_2O	H_2	CO_2	SO_2	H_2S	HCl	HF	N_2	NH_3	O_2	Ar	CH_4
Kudyavy 俄罗斯	95.00	0.56	2.00	1.32	0.41	0.370 0	0.030	0.21	—	0.03	0.002	0.002
Nevado del Ruiz 哥伦比亚	94.90		2.91	2.74	0.80	0.005 2						
Kamchaka 俄罗斯	78.60	3.01	4.87	0.03	0.16	0.570 0	0.056	11.87	0.11	0.01	0.060	0.440

(5)作为"元素地球化学平衡法"的综合结果，地球各储圈的挥发性物质如表 2.6 所示。

表 2.6 地球表面挥发性物质的质量(10^{19} g)一览表(引自 Schlesinger, 1997)

储圈	H_2O	CO_2	C	O_2	N	S	Cl	Ar	总计
大气	1.3	0.28	—	119	387	—	—	6.6	514
海洋	135 000	19.3[a]	0.07	256[b]	2	128[c]	2 610	—	138 000
陆生植物	0.1	—	0.06	—	0.004	—	—	—	0.16
土壤	12	0.4[d]	0.15	—	0.009 5	—	—	—	12.6
淡水(包括冰和地下水)	4 850	—	—	—	—	—	—	—	4 850
沉积岩	15 000	32 400	1 560	4 745[e]	100	744[f]	500	—	55 000
总计	155 000	32 600	1 560	5 120	490	872	3 100	7	198 000

注：a. 假设以 HCO_3^- 物种存在形式； b. 氧含量中包括溶解 SO_4^{2-}；
c. 硫含量中包括 SO_4^{2-}； d. 沙漠土壤碳酸盐；
e. 包括沉积物 Fe_2O_3 和 $CaSO_4$； f. $CaSO_4$ 和 FeS 的含量。

(6)地球表面若干种挥发性物质，例如 H_2O,C,N,S,具有活跃的氧化-还原作用：呼吸作用、厌氧呼吸作用、光合作用、化学自养硝化作用等，如图 2.2 所示。

	H_2O/O	C	N	S
$\frac{H_2O}{O_2}$		光合作用 $H_2O \longrightarrow O_2$ $CO_2 \longrightarrow C$		
C	呼吸作用 $C \longrightarrow CO_2$ $O_2 \longrightarrow H_2O$		厌氧呼吸作用 $C \longrightarrow CO_2$ $NO_3 \longrightarrow N_2$ $SO_4 \longrightarrow H_2S$	
N		化学自养硝化作用 $NH_4 \longrightarrow NO_3$ $CO_2 \longrightarrow C$		
S		$S \longrightarrow SO_4$ $CO_2 \longrightarrow C$		

氧化——→还原

图 2.2　地球表面 H_2O/O,C,N,S 的氧化-还原势

2.4.3 原始海水的化学组成

讨论海水的化学组成,CO_2 体系的研究是至关紧要的。如果 CO_2 从一开始就存在于原始大气中,那么推测大气中 CO_2 分压约是 1.5 MPa,这当然与目前的状况不符。只能假定在最初大气中 CO_2 几乎不存在,目前大气中的 CO_2,是近 45 亿年间从地球内部逸出的。逸出的 CO_2 溶入海水,使海水因酸-碱平衡而以 CO_3^{2-},HCO_3^- 等化学物种形式存在。又因沉淀-溶解平衡而形成方解石沉积物及其溶解形式 Ca^{2+},CO_3^{2-} 等。CO_3^{2-} 和 HCO_3^- 又与海水中的金属发生络合作用,使金属以较稳定的溶解形式存在于海水中。这对于重金属镍、铁等尤为重要。海水中的硫如表 2.7 所示,最初的化学物种存在形式是 H_2S,受大气中氧的氧化作用而变成 SO_2,溶入海水后以 SO_4^{2-} 的化学物种形式存在。之后也因沉淀-溶解作用、氧化-还原作用、酸-碱作用、络合作用等与海水中常量组分和微(或痕)量组分反应,使原始海水组成不断变化并逐渐进化成现代海水。

在原始海水中铁等金属和硅酸盐平衡,有下述反应:

$$\left.\begin{aligned} Fe_2SiO_4 &\rightleftharpoons FeSiO_3 + \frac{1}{2}O_2 \\ H_2O &\rightleftharpoons H_2 + \frac{1}{2}O_2 \end{aligned}\right\} \tag{2.5}$$

由此两式得:$[H_2]/[H_2O] \approx 2$。这时氢分压由下述两式决定:

$$\left.\begin{aligned}&3Fe_2SiO_4+\frac{1}{2}O_2\rightleftharpoons 3FeSiO_3+Fe_3O_4\\&H_2O\rightleftharpoons H_2+\frac{1}{2}O_2\end{aligned}\right\}\qquad(2.6)$$

由此$[H_2]/[H_2O]\approx 0.01$。这说明原始地球的挥发性化学物种是还原形式。它们逸出地表后,随温度降低生成液态水。再讨论氯,由表2.7可见,氯以化学物种形式HCl存在,它易溶于水,其浓度约为8.5 mol·L^{-1}。而N_2以NH_3物种形式溶入0.5 mol·dm^{-3} HCl溶液中,经氧化而同时有NO_3^-,NO_2^-等氮的物种形式存在。0.5 mol·dm^{-3} HCl9溶液和NO_3^-,NO_2^-等,与岩石反应并溶解岩石,其中阳离子组分Na,K,Ca,Mg等同时溶入海水,原始海水通过酸-碱作用、络合作用等,逐步向现代海水变迁。

2.5 现代海水的化学组成

现代海水的化学组成参阅本书附录表1。此表说明:海水中含量最多的元素是水(氢和氧)以及氯、钠、钾、镁、钙、硫、碳、氟、硼、溴、锶,称为常量元素,分成A和B两类,其量分别>50 mmol·kg^{-1}和0.05~50 mmol·kg^{-1}。元素量在0.05~50 μmol·kg^{-1}的称作微量元素,为C类。痕量元素分成D和E两类,其量分别为0.05~50 nmol·kg^{-1}和<50 pmol·kg^{-1}。这A,B,C,D,E 5类元素详况见附录表1。在一些书中,A和B类元素通称常量元素;C,D,E类元素通称为少量元素或微量元素。

2.5.1 现代海水化学组成的特点

与原始海水相比,现代海水的特点如下:

(1)海水中常量元素占总量的99%以上。即使以钠、镁、氯、硫酸根计亦占总量的97%以上。由此,一种最简单的人工海水就是由"氯化钠+硫酸镁"配制而成。

(2)海水是电中性的。海水中正、负离子的浓度相等。

(3)海水中主要成分(Mg^{2+},Ca^{2+},Na^+,K^+,Cl^-,SO_4^{2-}等)含量比值恒定——Marcet恒比定律。后文还将详述。

(4)海水化学组成主要由下述原理调节:

1)元素全球变化和循环原理。

2)化学平衡原理和相关的五大作用,即:①酸-碱作用;②沉淀-溶解作用;③氧化-还原作用;④络合作用;⑤液-气、液-固、气-固等界面作用。

3)元素海洋生物地球化学的过程、反应和生态系原理。

(5)海水的pH值是8.0左右,近似中性。海水的主要成分H^+,Na^+,K^+,Ca^{2+},Mg^{2+},Cl^-,SO_4^{2-},PO_4^{3-},CO_3^{2-},F^-等,它们与海底沉积物中的矿物相平

衡，海水中元素的浓度由这种平衡关系所决定，同时使海水中的 pH 值为 8.0 左右。表 2.7 即是海水中主要成分及其对应的矿物种类。

表 2.7　海水中的主要成分及与其对应的矿物一览表(引自陈镇东，1994)

主要成分的离子	矿物种类
钠离子(Na^+)	Na－蒙脱石
钾离子(K^+)	K－伊利石
氯离子(Cl^-)	0.5(给定的)
硫酸根离子(SO_4^{2-})	硫酸锶、硫酸钙
钙离子(Ca^{2+})	钙十字石
镁离子(Mg^{2+})	绿泥石
磷酸根离子(PO_4^{3-})	OH－磷灰石
碳酸根(CO_3^{2-})	方解石
氟离子(F^-)	F－CO_3－磷灰石
氢离子(H^+)	H_2O 及其他

表 2.8 是表 2.7 右栏的矿物代表的反应体系和对应的常数。

表 2.8　若干矿物的反应体系和对应的平衡常数(引自陈镇东，1994)

反　应　体　系	常　　数
H－蒙脱石⟶Na－蒙脱石	$(H^+)/(Na^+)=10^{-7.4}$
H－伊利石⟶K－伊利石	$(H^+)/(K^+)=10^{-5.7}$
$Ca_2Al_4Si_8O_{24}\cdot 9H_2O$(钙十字石)$+4H^+ \rightleftharpoons 4SiO_2$(石英)$+2Al_2Si_2O_7\cdot 2H_2O$(高岭石)$+2Ca^{2+}+7H_2O$	$(Ca^{2+})/(Na^+)^2=10^{13}$
$Mg_5Al_2Si_3O_{14}\cdot 4H_2O$(绿泥石)$+10H^+ \rightleftharpoons SiO_2$(石英)$+Al_2Si_2O_7\cdot 2H_2O$(高岭石)$+7H_2O+5Mg^{2+}$	$(Mg^{2+})/(H^+)^2=10^{14.2}$
$Ca_{10}(PO_4)_6(OH)_2 \rightleftharpoons 10Ca^{2+}+6PO_4^{3-}+2OH^-$	$(Ca^{2+})^{10}(PO_4^{3-})^6(OH^-)^2=10^{-112}$
$[Na_{0.286}Ca_{9.56}][(PO_4)_{5.35}(SO_4)_{0.30}(CO_3)_{0.33}][F_{2.04}]$	常数$=10^{-103}$
$CaCO_3$(方解石)$\rightleftharpoons Ca^{2+}+CO_3^{2-}$	$(Ca^{2+})(CO_3^{2-})=10^{-8.09}$
$SrSO_4 \rightleftharpoons Sr^{2+}+SrSO_4 \rightleftharpoons SO_4^{2-}$	$(Sr^{2+})(SO_4^{2-})=10^{-6.55}$
$SrCO_3 \rightleftharpoons Sr^{2+}+CO_3^{2-}$	$(Sr^{2+})(CO_3^{2-})=10^{-9.15}$
$H_2CO_3 \rightleftharpoons H^++HCO_3^-$	$(H^+)(HCO_3^-)/(H_2CO_3)=10^{-6.52}$
$HCO_3^- \rightleftharpoons H^++CO_3^{2-}$	$(H^+)(CO_3^{2-})/(HCO_3^-)=10^{-10.6}$
$CO_2(g)+H_2O(l) \rightleftharpoons H_2CO_3$	$P_{CO_2}{}^*/(H_2CO_3)=10^{1.19}$

注：* P_{CO_2} 为 CO_2 的分压，单位为 Pa。

表 2.9 海水中溶解化学物种形式间的平衡常数(引自陈镇东，1994)

$CaHCO_3^+ = Ca^{2+} + HCO_3^-$	$10^{-1.26} = (Ca^{2+})(HCO_3^-)/(CaHCO_3^+)$
$NaCO_3^- = Na^+ + CO_3^{2-}$	$10^{-1.27} = (Na^+)(CO_3^{2-})/(NaCO_3^-)$
$CaCO_3^0 = Ca^{2+} + CO_3^{2-}$	$10^{-3.2} = (Ca^{2+})(CO_3^{2-})/(CaCO_3^0)$
$NaHCO_3^0 = Na^+ + HCO_3^-$	$10^{0.25} = (Na^+)(HCO_3^-)/(NaHCO_3^0)$
$CaSO_4^0 = Ca^{2+} + SO_4^{2-}$	$10^{-2.31} = (Ca^{2+})(SO_4^{2-})/(CaSO_4^0)$
$KSO_4^- = K^+ + SO_4^{2-}$	$10^{-0.96} = (K^+)(SO_4^{2-})/(KSO_4^-)$
$NaSO_4^- = Na^+ + SO_4^{2-}$	$10^{-0.72} = (Na^+)(SO_4^{2-})/(NaSO_4^-)$
$MgHCO_3^+ = Mg^{2+} + HCO_3^-$	$10^{-1.16} = (Mg^{2+})(HCO_3^-)/(MgHCO_3^+)$
$MgCO_3^0 = Mg^{2+} + CO_3^{2-}$	$10^{-3.4} = (Mg^{2+})(CO_3^{2-})/(MgCO_3^0)$
$MgSO_4^0 = Mg^{2+} + SO_4^{2-}$	$10^{-2.36} = (Mg^{2+})(SO_4^{2-})/(MgSO_4^0)$
$MgF^+ = Mg^{2+} + F^-$	$10^{-1.60} = (Mg^{2+})(F^-)/(MgF^+)$
$NaPO_4^{2-} = Na^+ + PO_4^{3-}$	$10^{-0.25} = (Na^+)(PO_4^{3-})/(NaPO_4^{2-})$
$NaHPO_4^- = Na^+ + HPO_4^{2-}$	$10^{-0.24} = (Na^+)(HPO_4^{2-})/(NaHPO_4^-)$
$KPO_4^{2-} = K^+ + PO_4^{3-}$	$10^{-0.20} = (K^+)(PO_4^{3-})/(KPO_4^{2-})$
$KHPO_4^- = K^+ + HPO_4^{2-}$	$10^{-0.20} = (K^+)(HPO_4^{2-})/(KHPO_4^{2-})$
$CaHPO_4^0 = Ca^{2+} + HPO_4^{2-}$	$10^{-2.20} = (Ca^{2+})(HPO_4^{2-})/(CaHPO_4^0)$
$MgHPO_4^0 = Mg^{2+} + HPO_4^{2-}$	$10^{-1.50} = (Mg^{2+})(HPO_4^{2-})/(MgHPO_4^0)$
$H_2PO_4^- = H^+ + HPO_4^{2-}$	$10^{-7.28} = (H^+)(HPO_4^{2-})/(H_2PO_4^-)$
$HPO_4^{2-} = H^+ + PO_4^{3-}$	$10^{-12.66} = (H^+)(PO_4^{3-})/(HPO_4^{2-})$
$Ca_2HPO_4CO_3^0 + H^+ = 2Ca^{2+} + HPO_4^{2-} + HCO_3^-$	$10^{-1.33} = \frac{(Ca^{2+})^2(HPO_4^{2-})(HCO_3^-)}{(Ca_2HPO_4CO_3^0)(H^+)}$
$Ca_2HPO_4CO_3^0 = H^+ + Ca_2PO_4CO_3^-$	$10^{-8.3} = \frac{(H^+)(Ca_2PO_4CO_3^-)}{(Ca_2HPO_4CO_3^0)}$
$H_2O(l) = H^+ + OH^-$	$10^{-1.473} = (H^+)(OH^-)$

表 2.9 则是海水中主要溶解的化学物种存在形式及其平衡常数值。在表 2.6～2.10中，海水中 Cl^- 的浓度在整个地质年代一定，皆为 0.5 mol · dm^{-3}。表2.7中几个离子，除 H^+ 和 Cl^- 外，又列出对应的 8 种矿物。对应的化学平衡反应和平衡常数列于表 2.8，将表 2.8 和表 2.9 中的方程联立而解之，最后得出表 2.10 中计算的海水化学组成的浓度，可见与现代观测的浓度较为一致。由上可知，海水的 pH 值近似为 8.0，是由海水的 H^+，黏土矿物诸如蒙脱石、伊利石等中的 Na^+ 和 K^+ 的离子交换平衡决定的。Sillén 曾极力推荐黏土矿物交换反应在决定海水 pH≈8.0 时的关键作用。如前所述，海水 CO_2 体系也对决定海水 pH≈8.0 起关键作用。海水中与之相关的化学平衡主要有：

$$\left.\begin{aligned}&H_2O+CO_2(aq)\rightleftharpoons H_2CO_3\rightleftharpoons H^++HCO_3^-\rightleftharpoons 2H^++CO_3^{2-}\\&Ca^{2+}+CO_3^{2-}\rightleftharpoons CaCO_3^0\\&Mg^{2+}+CO_3^{2-}\rightleftharpoons MgCO_3^0\\&Na^++CO_3^{2-}\rightleftharpoons NaCO_3^-\\&Ca^{2+}+HCO_3^-\rightleftharpoons CaHCO_3^+\\&Mg^{2+}+HCO_3^-\rightleftharpoons MgHCO_3^+\\&Na^++HCO_3^-\rightleftharpoons NaHCO_3^0\end{aligned}\right\}\quad(2.7)$$

结果也得到 pH=8.0 左右的结论。两者的结果一致。

表 2.10　计算的海水化学组分和观测现代海水化学组分的比较

离　子	计算结果	观测结果
Na^+	0.45	0.47
K^+	9.7×10^{-3}	1.0×10^{-2}
Ca^{2+}	6.1×10^{-3}	1.0×10^{-2}
Mg^{2+}	6.7×10^{-2}	5.4×10^{-2}
F^-	2.4×10^{-5}	7×10^{-5}
Cl^-	0.55(给定)	0.55(给定)
SO_4^{2-}	3.4×10^{-2}	3.8×10^{-2}
pH	7.95	7.89
碳酸碱度	4.3×10^{-3}	2.3×10^{-3}
p_{CO_2}	1.7×10^{-4}	4×10^{-4}
总 p	2.7×10^{-6}	1.5×10^{-6}
Sr^{2+}	5.5×10^{-4}	4×10^{-4}

碳酸碱度单位:$mol\cdot dm^{-3}$;离子浓度的单位:$mol\cdot dm^{-3}$。

2.5.2 古代海水向现代海水的变迁

1. 变迁过程

如前所述,原始海水的化学组成是 0.5 $mol\cdot dm^{-3}$ HCl 溶液,它与岩石接触和溶解岩石的过程,同时也是酸-碱中和过程,也是海水中金属离子增加的过程。溶解了的 Ca,Mg,K,Na,Fe,Al 等又发生中和作用,例如其中的 Fe,Al 等再以氢氧化物的形式沉淀下来。已知 Fe,Al,Mn,Si 的氢氧化物是海洋中高分散度的胶体物质,是具有十分重要作用的液-固界面交换吸附剂,它能把许多无机物(特别是痕量重金属)和有机物交换吸附或沉积到海底。这时的海水化学组成大体上如表 2.11 所示。可见 30 亿年前的海水中,Ca,Mg,K 的浓度比现代海水大。其原因可能是：①玄武岩与0.5 mol·dm^{-3} HCl 作用，溶解并变成碎屑，生成黏土矿物。足够量的黏土矿物与海水中的 Na^+，K^+，H^+ 发生交换反应，结果不仅海水的 pH 值向 8.0 变化，而且 K^+ 被交换吸附而在海水中浓度变小，Na^+ 浓度变大，向现代海水组成的趋势变化。②海水的 pH 值接近 8.0 后，大气中 CO_2 溶入海水并开始有 $CaCO_3$ 生成，同时 Mg^{2+} 也随 $CaCO_3$ 一起沉淀，结果海水中 Ca^{2+} 和 Mg^{2+} 同时减少；但 Ca^{2+} 比 Mg^{2+} 的浓度变得更小。与 K^+ 一样，Ca^{2+} 和 Mg^{2+} 都向现代海水化学组成变化。有的研究报告指出，海成黏土矿物的 K/Na 含量比和碳酸盐的 Mg/Ca 含量比，在寒武纪时越古老时代越大，与表 2.11 所示一致。1 亿～3 亿年前上述的黏土和碳酸盐中相关比值才与现代海水的资料相同。

表 2.11　30 亿年前海水化学组分与现代海水的比较

（引自：Mackenzie，1996；陈镇东，1994）

项目比较	阳离子含量(%)				
	Mg^{2+}	Ca^{2+}	Na^+	K^+	合计
约 30 亿年前海水化学组成	13～24	23～29	30～47	17	100
现代海水组成	10.7	3.2	83.1	3.0	100

2. 变迁的年代问题

例一、从贝壳的 Sr^{2+}/Ca^{2+} 含量比来看，2 亿～6 亿年来海水的主要元素浓度和 Sr^{2+}/Ca^{2+} 比值几乎相等。说明 2 亿～6 亿年前海水的化学组成与现代的已很相近。

例二、从寒武纪沉积物来看，可能 20 亿年前海水的主要化学组成的浓度与现代海水相近。

结论：综合以上讨论，可以说至少 1 亿年来海水组成（包括海水的量和其中元素的量）与现代海水相比是没有区别的。

2.6 海水化学组成变迁的 Sillén 模型

上节中我们分别以液－固界面交换吸附作用和酸－碱作用为主，结合沉淀－溶解作用和络合作用，说明海水 pH 值为何近似为 8.0 和原始海水向现代海水在化学组成上变迁的两种模型。在此，我们再应用氧化－还原的观点，解释海水化学组成的变迁——Sillén 模型。

2.6.1 Sillén 的海水模型升

1965 年 Sillén 根据 Goldschmidt（1933）和 Horn（1964）的地球质量平衡理

论，提出了与上述离子交换吸附模式相似的反应：

$$\text{火成岩} + \text{挥发性物质} = \text{海水} + \text{沉积物} + \text{空气} \tag{2.8}$$

（0.6 kg）　（1.0 kg）　（1.0 dm^3）（0.6 kg）（3 dm^3）

此外还考虑：①存在着与各种沉积物相接触的间隙水；②光解离作用：

$$2H_2O \xrightleftharpoons{hv} 2H_2 + O_2 \tag{2.9}$$

③氢损耗到外部空间；④光合反应：

$$CO_2 + H_2O \xrightleftharpoons{hv} \frac{1}{n}(CH_2O)_n + O_2 \tag{2.10}$$

⑤有机物腐烂和 O_2 的消耗（即式 2.10）之逆向反应。综上所述进而提出海水氧化-还原模型升——Sillén 海水模型升，如图 2.3 所示。

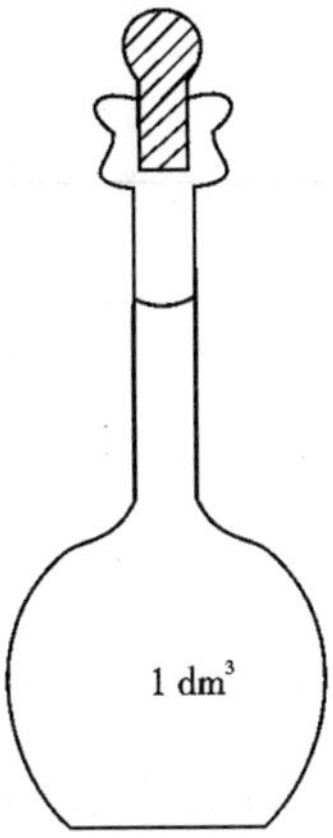

O_2-H_2O；$NO_3^- - N_2$；$MnO_2 - Mn^{2+}$；$FeOOH - Fe_3O_4$；

$SO_4^{2-} - FeS$；$N_2 - NH_4^+$；$HCO_3^- - C(s)$；$C(s) - CH_4$。

图 2.3　Sillén 海水模型升

图 2.3 中表示 H，O，C，N，Fe，S，Mn 元素的 8 对氧化一还原反应。气体 N_2，O_2 和 CO_2 的大气分压的对数分别为：

$$\left.\begin{aligned} \lg p_{N_2} &= -0.120 \\ \lg p_{O_2} &= -0.692 \\ \lg p_{CO_2} &= -3.536 \end{aligned}\right\} \tag{2.11}$$

2.6.2 海水模型升的氧化-还原滴定

Sillén 认为，目前海水是由远古还原性海水逐步氧化而成的，要恢复到初始的远古还原性海洋（即其逆过程），须加入"逃逸的 H_2"。要还原 1 dm^3 现代海水消耗的 H_2 的摩尔数如表 2.12 所示，相应的"还原滴定曲线"如图 2.4 所示。

表 2.12　滴定模型升海水的还原剂的摩尔值

还原作用	*pe* 范围(图 2.2～2.4)	H_2 的摩尔数(mol)	累　计
$O_2 \longrightarrow H_2O$	12.1～12.5	0.09	0.09
$MnO_2 \longrightarrow Mn^{2+}$	8.0	0.10	0.19
$FeOOH \longrightarrow Fe_3O_4$	3.7	0.11	0.40
$SO_4^{2-} \longrightarrow FeS_2$	−3.9～−4.1	0.21	0.61
$N_2 \longrightarrow NH_4^+$	−5.5	0.49	1.10
$HCO_3^- \longrightarrow C(s)$	−5.6	4.32	5.42
$C(s) \longrightarrow CH_4$	−6.1	8.36	13.78
$FeS_2 \longrightarrow FeS$	−7.7	0.42	14.20

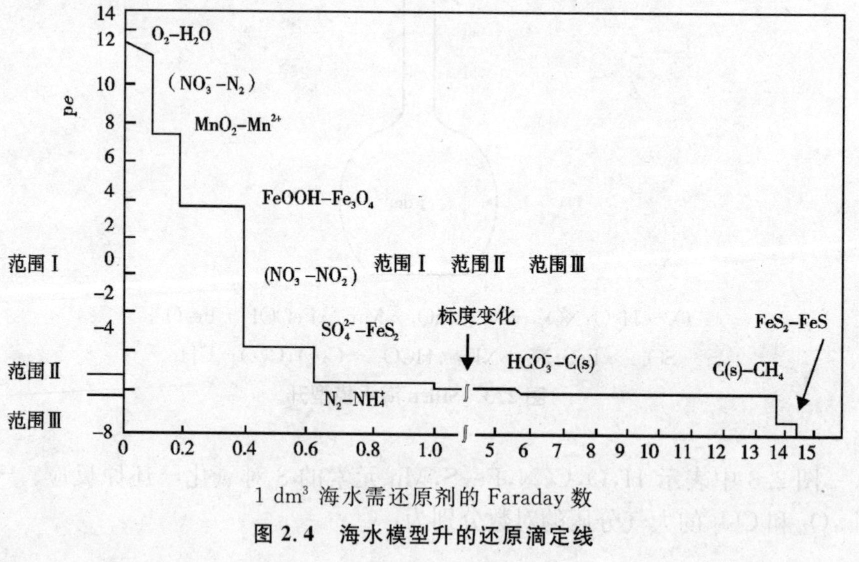

图 2.4　海水模型升的还原滴定线

由表 2.12 和图 2.4 可见，Sillén 模型升比较清晰地描述了海水中氧化-还原的大体过程，它反映了从原始海洋变成现代海洋（或其逆过程）过程中哪些物质起了主要作用、作用多大，并作了定量描述性的回答。例如，还原容量的大小顺序为：

$$C>N>Fe>S>Mn>O_2 \tag{2.12}$$

但氧化－还原过程往往比较复杂，例如表 2.12 中第 1 个反应 O_2 还原到 H_2O，有人提出机制可能是：

$$O_2 \xrightarrow{e} O_2^- \xrightarrow{H^+} HO_2 \xrightarrow{e} HO_2^- \xrightarrow{H^+} H_2O_2 \xrightarrow{e}$$
$$OH + OH^- \xrightarrow{e} 2OH^- \xrightarrow{2H^+} 2H_2O$$

不同机制，将有不同的 pe° 值。Breck 认为海水的 $pe=8.5$。而理论上限如图 2.5 所示为 12.5。Stumn 认为由含氧海水的氧化－还原组分观测的活度来计算海水的 pe，如图 2.5 所示是不同的数值。海洋是一个非平衡体系，不同的氧化－还原体系的非平衡性可能很不相同。能否制定统一的 pe 值以及怎样制定合理的 pe 值，迄今人们的观点分歧较大，尚待进一步探讨。

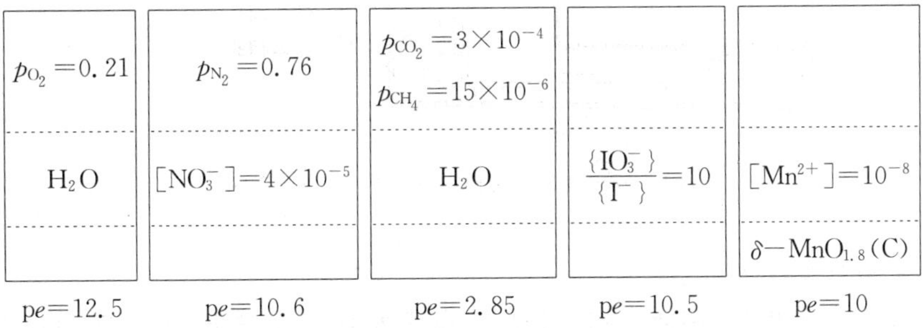

图 2.5　$t=25$ ℃，pH＝8 的条件下，由含氧海水体系（大气、海水、沉积物）氧化－还原组分的观测活度计算的不同海水 pe 值

如果说 Sillén 模型可称为风化型反应，则 Mackenzie 和 Garrels 提出的河川和海洋间化学质量平衡模型是逆风化型反应：

$$\text{X 射线无定形黏土矿物} + H_2SiO_4 + \text{阳离子} + HCO_3^- \longrightarrow \text{富阳离子铝硅酸盐} + CO_2 + H_2O \tag{2.13}$$

2.7 影响海水化学组成的因素——从海洋生物地球化学角度来讨论

影响海水化学组成的因素，如前已述可以从化学平衡和化学动力学的角度来讨论。目前许多人对从海洋生物地球化学的角度来讨论有更大的兴趣，它考虑海洋中生物的作用，以海洋为中心，同时与大陆和大气紧密联系在一起，全面地考虑“海－陆－空工厂”体系中发生的一切化学过程和规律，结果如图 2.6 和图 2.7 所示。它们表示海洋生物地球化学过程主要分成：①物质之源；②物质之汇；③联系上述两者的海洋内部的反应。

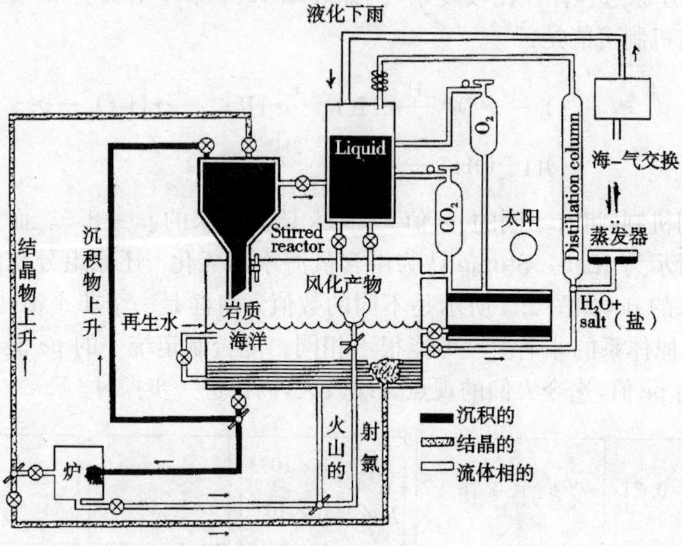

图 2.6 海洋－大陆－大气“工厂”示意图

2.7.1 物质之源(sources)

由图 2.7 可见，向海洋输入物质之源主要有三：①经由河流；②通过大气；③来自海洋底部的热液过程。

1. 河川

河川对海洋化学组成的影响十分复杂，包括对常量元素和微量元素的影响。因为世界上不同河川中溶解元素的含量各不相同，因此进入太平洋、大西洋、印度洋和北冰洋的元素量也就各不相同。河水中除元素的溶解态之外，同时存在悬浮颗粒或悬浮沉积物，表 2.13 是若干有代表性的河川向海洋排放的悬浮沉积物量，其中也包括了我国黄河和长江的资料，长江的两组数据比较一致而黄河的两组数据相差较大。表 2.14 中列出若干河川悬浮物(RPM)中一些元素的含量，可见差别很大，它们对河口海域的海水化学组成，特别是微量元素的化学组成将有一定的(甚至是较大的)影响。在今日，河流中污染物的输入对化学组成的影响日益受到人们的重视。

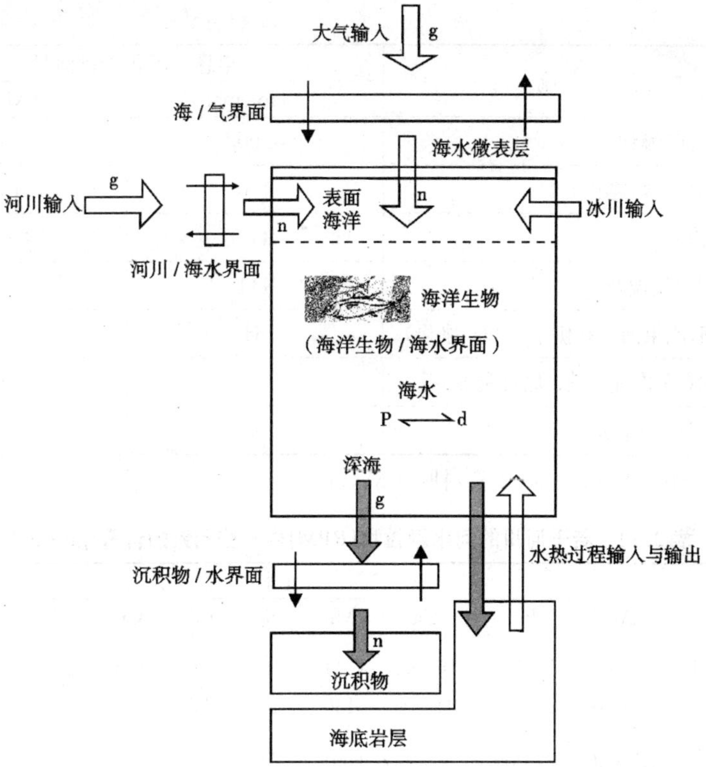

大箭头表示迁移方向，小箭头表示在界面上迁移变化

图 2.7 全球循环中"源/输入→海水内部反应→汇/输出"路线示意图

表 2.13 主要河流悬浮沉积物的排放情况

河流	年悬浮沉积物排泄量(10^6 t · a^{-1})	
	1 (Holeman)	2 (Meade)
黄河(中国)	1 890	1 080
恒河(印度、孟加拉国) 布拉马普特拉河(印度、孟加拉国)	2 180	1 670
长江(中国)	502	478
印度河(巴基斯坦)	440	100
亚马孙河(巴西)	364	900
密西西比河(美国)	349	210

（续表）

河流	年悬浮沉积物排泄量	
	1（Holeman）	2（Meade）
依洛瓦底江(缅甸)	300	265
湄公河(柬埔寨、越南)	170	160
红河(越南)	410	—
尼罗河(苏丹、埃及)	111	0
扎伊尔河(刚果河)(扎伊尔、中非、刚果)	64	43
尼日尔河(马里、尼日尔、尼日利亚)	4	40
圣劳伦斯河(加拿大)	4	4

注：1 资料取自 Holeman；2 资料取自 Meade。

表 2.14 若干河川的河水颗粒物(RPM)中一些元素的含量($\mu g \cdot g^{-1}$)

河川	元素									
	Al	Fe	Ca	Mn	Ni	Co	Cr	V	Cu	Zn
亚马孙河	115 000	55 000	16 000	1 030	105	41	193	232	266	426
科罗拉多河	43 000	23 000	34 000	430	40	17	82	—	—	—
扎伊尔河(刚果河)	117 000	71 000	8 400	1 400	74	25	175	163	—	400
恒河	77 000	37 000	26 500	1 000	80	14	71	—	30	163
卡罗尼河	118 000	58 000	19 500	1 700	33	39	255	150	51	874
麦凯齐河	78 000	36 500	35 800	600	22	14	85	—	42	126
湄公河	112 000	56 000	5 900	940	99	20	102	175	107	300
尼日尔河	156 000	92 000	3 300	650	120	40	150	180	60	—
尼罗河	98 000	108 000	40 000	—	—	—	—	—	39	93
圣劳伦斯河	78 000	48 500	23 000	700	—	—	270	—	130	350

2. 大气

物质经过大气转运到海洋是海洋中物质又一重要之源。其中通过海洋气溶胶则是一种重要的途径。为了估计各元素大气和人类的发射源的作用和影响，人们提出用大气干扰因数(AIF)即

$$AIF=(\frac{E_a}{E_n})\times 100 \tag{2.14}$$

计算其中 E_a 为元素的总人类的发射量；E_n 为总天然发射量。因此，$AIF=$

100表示人类的与天然的通量相等。具体结果参阅表2.15。可见Pb的*AIF*值最大。

表2.15 天然的和人类的大气发射源(10^8 g·a^{-1})

元素	大陆灰尘通量	火山灰尘通量	火山气体通量	工业粒子发射	化石燃料通量	总发射(工业的化石燃料的)	大气干扰因素*(%)
Al	356 500	132 750	8.4	40 000	32 000	72 000	15
Ti	23 000	12 000	—	3 600	1 600	5 200	15
Sm	32	9	—	7	5	12	29
Fe	190 000	87 750	3.7	75 000	32 000	107 000	39
Mn	4 250	1 800	2.1	3 000	160	3 160	52
Co	40	30	0.04	24	20	44	63
Cr	500	84	0.005	650	290	940	161
V	500	150	0.05	1 000	1 100	2 100	323
Ni	200	83	0.000 9	600	380	980	346
Sn	50	2.4	0.005	400	30	430	821
Cu	100	93	0.012	2 200	430	2 630	1 363
Cd	2.5	0.4	0.001	40	15	55	1 897
Zn	250	108	0.14	7 000	1 400	8 400	2 346
As	25	3	0.10	620	160	780	2 786
Se	3	1	0.13	50	90	140	3 390
Sb	9.5	0.3	0.013	200	180	380	3 878
Mo	10	1.4	0.02	100	410	510	4 474
Ag	0.5	0.1	0.000 6	40	10	50	8 333
Hg	0.3	0.1	0.001	50	60	110	27 500
Pb	50	8.7	0.012	16 000	4 300	20 300	34 583

* 大气干扰因素=总发射/[(大陆的+火山的)通量]×100

3. 海底热泉(洋中脊水热流)

洋中脊水热流是近年来海洋化学家关注的一个研究内容,它的组成不仅与标准海水的组成有明显差异,而且因其由洋底喷出后在与海水混合过程中的氧化-还原作用、酸-碱作用和物质浓度的显著变化等,已引起人们的浓厚兴趣。

洋中脊水热流与海水化学组成的差异如表2.16所示。其中Alk,H_2S,SO_4^{2-},Fe(Ⅱ),Mn(Ⅱ),Mg^{2+}等浓度差异很大。表中h是混合水中水热流组成的变量。h值为1时为水热流,h值为0时是海水。

表 2.16 洋中脊水热流和海水中主要组分的浓度

组	分	海水,l－h(2 ℃)	水热流,h(350 ℃)
主要阳离子	Na^+	466	527
	Mg^{2+}	52.7	0
	Ca^{2+}	10.3	25
	K^+	10.0	15
主要阴离子	Cl^-	542	594
	SO_4^{2-}	28.9	0
	Alk	2.45	－2.0
	Cr	2.38	9.0
沥滤存在形式	H_2SiO_3	0.16	18.0
还原存在形式	H_2S	0	8.0
	Fe(Ⅱ)	0	0.3
	Mn(Ⅱ)	0	2
氧	O_2	0.12	0

表 2.17 若干高温(约 350 ℃)热液出口处溶液的化学组成。与最后一列海水的化学组成相比,不论常量元素(例如 Mg,K,Ca 等)或微量元素都相差很大。

表 2.17 若干高温(约 350 ℃)热液出口液的化学组成

成分	4 个热液出口处				海水
	NGS	OBS	SW	HG	
Li(μmol・kg^{-1})	1 033	891	899	1 322	26
Na(mol・kg^{-1})	510	432	439	433	464
K(mol・kg^{-1})	25.8	23.2	23.2	23.9	9.79
Rb(μmol・kg^{-1})	31	28	27	33	1.3
Be(nmol・kg^{-1})	37	15	10	13	0.02
Mg(mol・kg^{-1})	0	0	0	0	52.7
Ca(mol・kg^{-1})	20.8	15.6	16.6	11.7	10.2
Sr(μmol・kg^{-1})	97	81	83	65	87
Ba(μmol・kg^{-1})	＞15	＞7	＞9	＞10	0.14
Al(μmol・kg^{-1})	4	5.2	4.7	4.5	0.005
Mn(μmol・kg^{-1})	1 002	960	699	878	＜0.001
Fe(μmol・kg^{-1})	871	1 664	750	2 429	＜0.001

(续表)

成分	4 个热液出口处				海水
	NGS	OBS	SW	HG	
Co(nmol·kg^{-1})	22	213	66	227	0.03
Cu(μmol·kg^{-1})	<0.02	35	9.7	44	0.007
Zn(μmol·kg^{-1})	40	106	89	106	0.01
Ag(nmol·kg^{-1})	<1	38	26	37	0.02
Cd(nmol·kg^{-1})	17	155	144	180	1
Pb(nmol·kg^{-1})	183	308	194	359	0.01
pH	3.8	3.4	3.6	3.3	7.8
Alk(meq)	−0.19	−0.40	−0.30	−0.50	2.3
NH_4(mmol·kg^{-1})	<0.01	<0.01	<0.01	<0.01	<0.01

* 4 个海底热液冒烟处：NGS — National Geographic Smoker; OBS — Ocean Bottom Seismometer; SW — South West; HG — Hanging Garden。

2.7.2 物质之汇(sinks)

从海洋化学角度看，海洋中物质之汇主要是：①海洋沉积物的生成；②沉积物间隙水；③成岩作用等等。它们的化学作用主要是沉淀-溶解平衡、络合平衡和液-固界面交换-吸附平衡等作用。在生物作用下，同时存在氧化-还原和酸-碱作用等。

2.7.3 海洋中的反应

海洋中的反应，是海洋化学的中心内容。它不是用短短几页能讲清楚的，在本书第 3~8 章，以海水中常量元素、海水中微量元素、海水中气体、海水中营养盐、海水中有机物和海洋同位素等物质为主体，阐述它们的特性、反应和海洋生物地球化学过程。

海洋中的反应，其理论框架是化学平衡和化学动力学。化学平衡按传统包括五大平衡，即酸-碱平衡、氧化-还原平衡、沉淀-溶解平衡、络合平衡、固-液界面交换-吸附平衡和其他界面作用。对上述五大平衡，在 W. Stumn 和 J. J. Morgan 的 *Aquatic Chemistry*(1996)中已有详述，在张正斌和刘莲生著的《海洋物理化学》中有深刻的论述，在此不再赘述。

除了上述五大平衡作用之外，讨论海洋中元素及其化合物的运移变化规律，是研究海水化学组成变化的又一重要内容。除了一般教科书中强调的海洋的流、浪、潮之外，本书的特点是总结了海洋中的若干种“泵(pumps)”，它包括物理泵、生物泵和各种化学泵，等等，如图 2.8 所示。

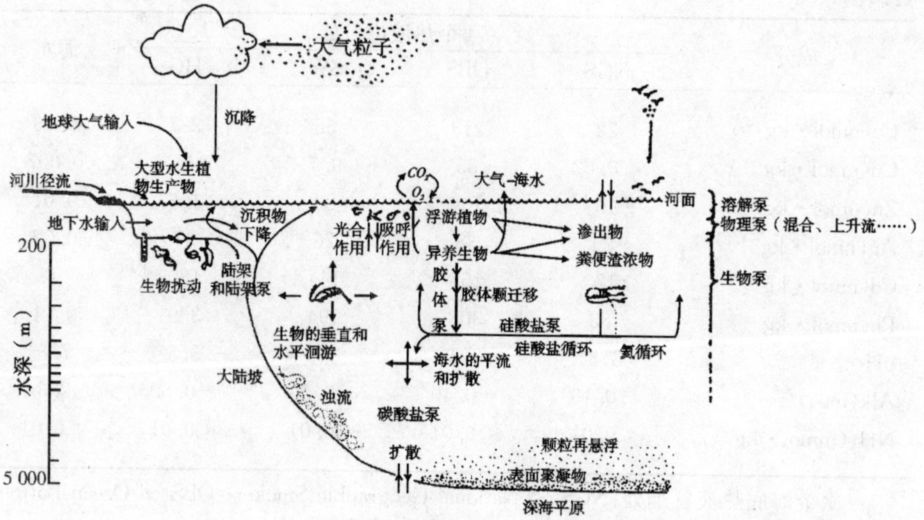

图 2.8 海洋中有机物、无机物、胶体等在海洋中的分布及其若干个“泵”的示意图

在图 2.8 中，表示海洋生物和非生物、有机物和无机物、溶解物质、非溶解物质和胶体物质的分布和化学作用、生物作用、物理作用以及地球化学作用等的总和。其中的泵包括：①物理泵；②溶解泵；③生物泵；④陆架泵；⑤胶体泵；⑥碳酸盐泵（CO_2 泵）；⑦硅酸盐泵等。上述诸泵致使海洋中发生各种各样的元素分布和物质循环，使海水化学组成时刻处于动态之中。

2.8 海水中元素的分布

海水的化学组成是不断地受时空而变的，因此，海水中元素的分布是海洋化学的重要研究内容之一。

海水中元素的分布，一般分成 3 类，即①元素的垂直分布；②元素的水平分布；③时间标度（分、时、天、月、季、年……）分布。

2.8.1 垂直分布

图 2.9 是北太平洋和大西洋中营养盐和微量金属的垂直分布示意图。图2.10～2.12 是我国南海中元素的分布图和 Whitfield－张正斌的元素分布分类图。

由图 2.10 和图 2.12 可见：

(1)由海洋中元素的垂直分布断面图可知，世界大洋的垂直分布情况与中国海基本一致。但是水平分布的状况比较复杂。在南海与图 2.11 中（1985 年）的 Cu，Pb，Zn，Cd 由广东至南海中心，其水平分布的规律性很差；但是在长江口

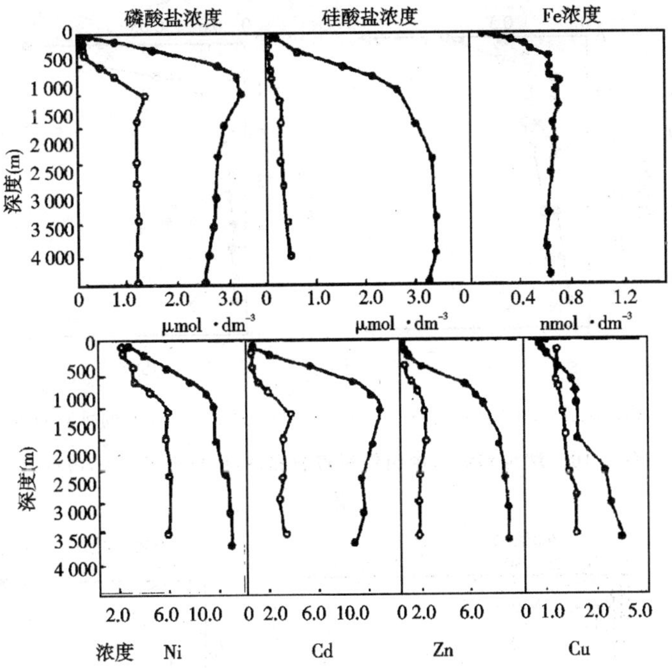

图 2.9　北太平洋(○)和北大西洋(●)中磷酸盐硅酸盐，Fe，Ni，Cd，Zn 和 Cu 的垂直断面分布图(引自：Moerl，1993；Stumm，1996)

外的东海陆架上，离岸愈远其含量愈小，大体上有线性关系，这是海水稀释作用所致。

(2)图 2.10～2.11 是世界大洋、中国邻近海和湖水中元素的垂直分布图。图 2.9 是作为微营养盐的 P，Si，硝酸盐和微量金属的垂直分布图。它们的共同特点是与海洋生物的新陈代谢作用(包括光合作用和呼吸作用以及同化作用等)密切相关，以致海水表层消耗较大，故含量较低。图 2.12 中(a)营养盐类型和(c)再循环类型中的微量金属 Cu，Cd 等，即属同一种垂直分布曲线类型。

(3)图 2.10 中的 Pb，是因为大气中 Pb^{2+} 不断地进入水的上层所致。并因逗留时间短而难于在水体中较长期贮存，结果沉入海底。逗留时间短的 Al，Mn 等胶体，亦属“清除型”。同时此类型曲线是表面浓度大，除上述原因外还可能因光化学反应和生物产生，例如 NO，$As(CH_3)_2$，DMS，H_2，NO_2 等。表层富集和深海耗竭是(d)型曲线的两个特点。

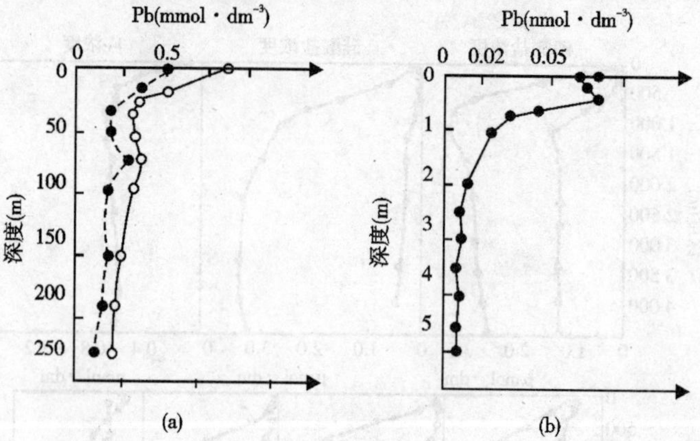

(a)Constance 湖中 Pb 的垂直分布　　(b)太平洋中 Pb 的垂直分布

图 2.10　湖水和海水中铅的垂直分布图(引自张正斌等,1999)

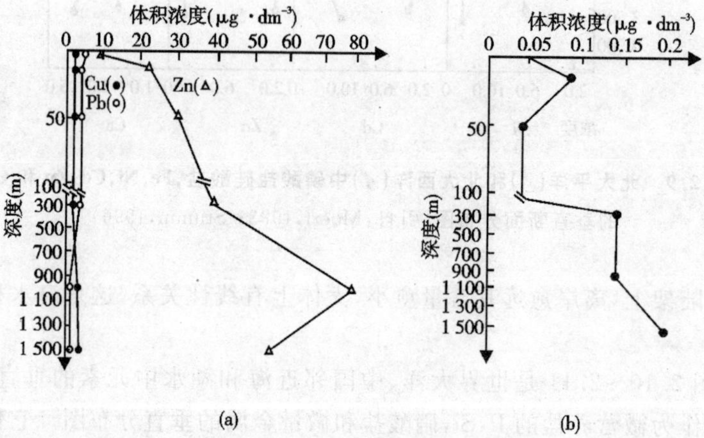

(a)Cu,Pb,Zn　　(b)Cd

图 2.11　1985 年南海 57 号站(115°E,19.5°N)Cu,Pb,Zn,Cd 的垂直分布图

(4)以离子态存在于海水中的 Na^+,K^+,Mg^{2+},Cl^-,SO_4^{2-} 等,因其逗留时间长,故呈(b)型积累于海洋中。

Whitfield 等建议通过逗留时间 τ 来对元素的垂直分布进行分类。在第 9 章中对逗留时间和元素循环的关系将有进一步的动力学讨论。例如 Fe 等其他一些元素,其垂直分布的特点是(c)和(d)型两者的混合。

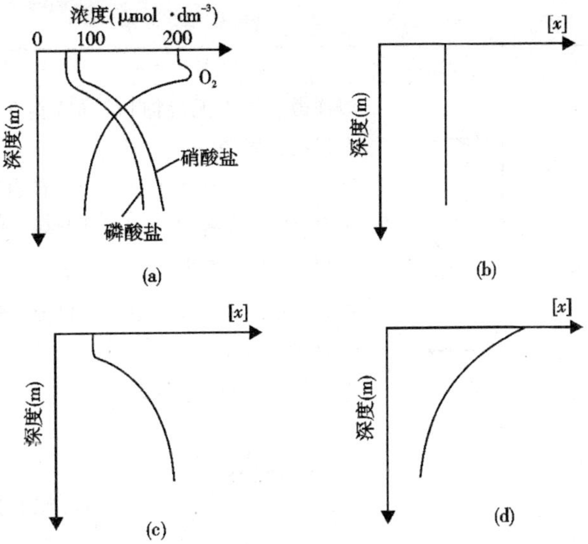

(a)氧和营养盐 (b)积聚型:逗留时间:$\tau > 10^6$ a;浓度:$10^{-8} \sim 10^{-1}$ mol·dm^{-3},例如 Na^+,K^+,Mg^{2+},Cl^-,SO_4^{2-},F^-,Br^-;盐度 S 分布类同 (c)再循环型:逗留时间 τ:$10^3 \sim 10^5$ a;浓度:$10^{-11} \sim 10^{-5}$ mol·dm^{-3},例如 Ca^{2+},Cd^{2+},Cu^{2+},Ni,Si,$\sum CO_2$,V,Zn^{2+},Se,P 等 (d)清除型:逗留时间:$\tau < 10^3$ a;浓度:$10^{-14} \sim 10^{-11}$ mol·dm^{-3},例如 Al,Co,Pb,Mn 等;特点水表面富集,例如 DMS,NO,NO_2,$As(CH_3)_2$ 等

图 2.12 海洋中元素垂直分布分类图(引自 Whitfield,1987)

(5)有最大值的曲线例如氧之外,还有因洋中脊水热流的输入,而 ^3He,Mn,CH_4,^{222}Rn,^3H 等量在3 000 m左右有极大值;Mn 和 NO_2 等在 200~1 000 m 处因发生氧化-还原作用而产生类似分布曲线。

总之,上述内容可总结 Whitfield -张正斌分布分类图,如表 2.18 所示。

表 2.18 海洋中元素垂直分布断面的类型和例举

类 型	断面图	元素例举	机 理
Ⅰ.积聚型	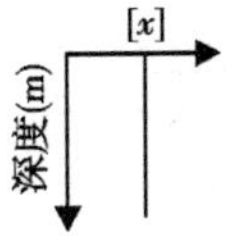	盐度 Na^+,K^+,Mg^{2+},SO_4^{2-},Cl^-,F^-,Br^-	保守性 保守性元素,十分低的反应性
Ⅱ.中间最大值型	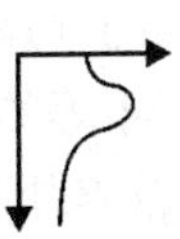	溶解氧,Mn,NO_2,^3He,Mn,CH_4,^{222}Rn,^3H	(1)元素的冬季保留等特性或氧化-还原特性 (2)洋中脊水热过程输入 (3)等密度迁移

(续表)

类　型	断面图	元素例举	机　　理
Ⅲ.中间最小值型		海洋微表层中无机物和有机物营养盐 (南大西洋 2～3 km 处，碱度和无机碳有最小值)参看Ⅴ中虚线。	(1)真正的海水微表层中,无机物和有机物都富集 (2)真光层生物作用所致
Ⅳ.表面富集和深海清除型		Pb, ^{210}Pb, ^{90}Sr, Mn, Al, Co, DMS, NO $As(CH_3)_2$, DMS, NO_2, H_2 ^{210}Pb, ^{230}Th, Cu	(1)大气层向海水输入 ——天然过程 ——污染 ——光化学反应 (2)生物过程产生 (3)粒子沉降和清除作用
Ⅴ.表面耗竭和深海富集型	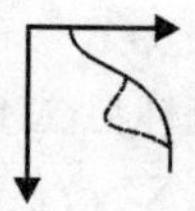	Ca, Si, $\sum CO_2$, NO_3, PO_4, Cu, Ni, Zn, ^{222}Rn, ^{228}Rs, Mn, Se	(1)真光层耗竭,生物提取 (2)再循环,沉积物的再释放

由表 2.18 可见,影响垂直分布的因素很多。①元素本身的化学特性,不同元素有不同的垂直分布断面曲线;相关的元素有可能存在类似的垂直分布曲线,存在相关性。②和海洋环境(例如海洋生物、海况和海流、大气和河川影响等)密切相关。

2.8.2 水平分布

元素的水平分布主要由海水的流、浪、潮和所处的环境(例如河川影响等)决定。图 2.13 是中国黄、渤、东海(包括台湾海峡)1997 年冬季表层海水中硝酸盐的分布图。由图可见:①黄、渤、东海不同海区具有不同特征的分布曲线。北方渤海,西部硝酸盐的浓度比东部海湾口明显地偏低;山东与江苏交界处较低,仅达 1.0 $\mu mol \cdot dm^{-3}$;东海一般浓度较高。②东海沿岸,一般近岸的含量高,离岸远则含量低。

2.8.3 时间标度分布

与上述两类分布相比,时间标度分布的变化,与生物活动的关系就更加密切,这不仅体现在昼夜变化上,而且也体现在月、季、年等的变化上。图 2.14 是典型的北温带海域(例如大亚湾海区)中浮游植物、营养盐和光照强度等参数的季节变化。

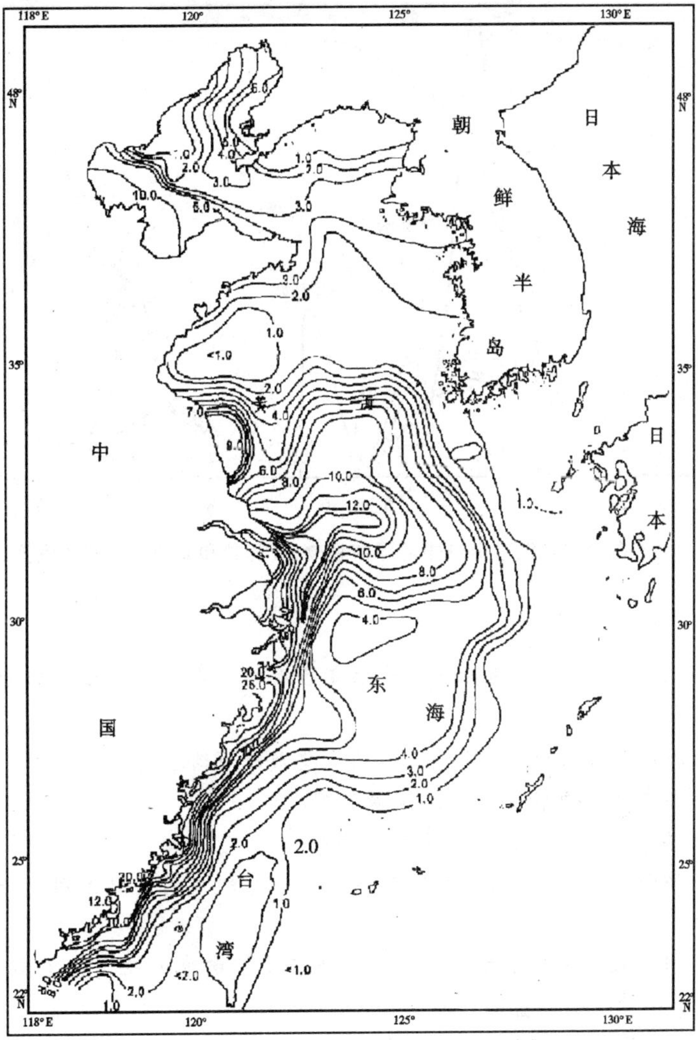

图 2.13　冬季表层硝酸盐(μmol · dm^{-3})分布图

时间标度分布的研究，在海洋近岸生态系研究中将起着十分重要的作用。至于时间标度分布定为分、定为时、定为昼夜变化、定为旬或月、定为季或年，则按研究目标而定。

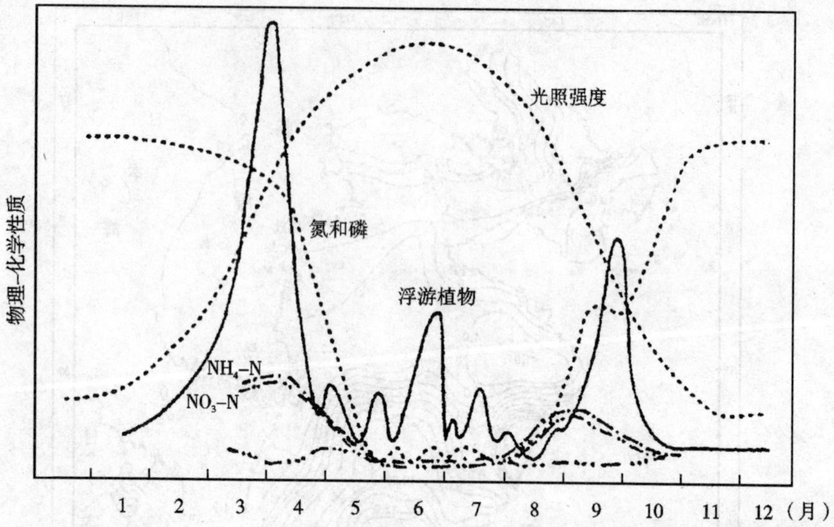

图 2.14 在典型北温带海域中的浮游植物、营养盐和光照强度的季度变化图

思考题

1. 除地球外,太阳系的其他星球上是否有水存在?请以近年来的最新科研成果举例详述之。

2. 在海洋形成过程中,其中的水的主要来源有哪些?

3. 海洋中挥发性物质的主要来源有哪些?

4. 海洋中阳离子的主要来源有哪些?

5. 原始海水的化学组成,与现代海水的化学组成的主要差别是什么?如何解释之?

6. 控制海水化学组成及其变化的因素主要是哪些?请自己查阅文献,用最新的文献资料进一步论证和说明。

7. 海水的 pH 值近于中性,约为 8.2,对它如何从化学平衡的观点来说明?是否是惟一的说明?你是否还有新的观点?

8. 何谓 Sillén 海水模型升?它实质上是何种化学原理或观点的模型?从中你能学到哪些研究问题和解决问题的方法?

9. 海洋中元素垂直分布断面图的 Whitfield – 张正斌分类图可分成几类?如何解释这些图形?请查阅最新文献资料举例证之。

10. 试以最新文献资料为例,来说明元素的水平分布和时间标度分布与海洋环境的密切关系(最好能定量说明)。

参考文献

1　陈镇东. 海洋化学. 国立编译馆主编. 台北:茂昌图书有限公司发行，1994. 551

2　张正斌,刘莲生. 海洋物理化学. 北京:科学出版社,1989

3　张正斌,顾宏堪,刘莲生,等. 海洋化学(上、下卷). 上海:上海科技出版社,1984

4　张正斌,陈镇东,刘莲生,等. 海洋化学原理和应用——中国近海的海洋化学. 北京:海洋出版社,1999

5　Butcher S S, Charlson R J, Orians G H, *et al*. Global Biogeochemical Cycles. London: Academic Press, 1992. 379

6　Bidoglio G, Stumm W. Chemistry of Aquatic Systems: Local and Global Perspectives. Dororecht: Kluwer Academic Publishers, 1994. 534

7　Chahine M T. The Hydrologic Cycle and Its Influence on Climate. Nature, 1992, 359:373～380

8　Dobrovolsky V V. Biogeochemistry of the World's Land. Boca Raton, Florida: CRC Press, 1994

9　Holland H D. The Chemical Evolution of the Atmosphere and Ocean. Princeton, New York: Princeton University Press, 1984

10　Holland H D. The Chemistry of the Atmosphere and Oceans. New York: Wiley Interscience, 1978

11　Morel F M. Principles of Aquatic Chemistry. John, Sons, 1983. 433

12　Moerl F M, Hering J G. Principles and Application of Aquatic Chemistry. New York: Wiley- Interscience, 1993. 374

13　Nozette S, Lewis J S. Venus: Chemical Weathering of Igneous Rocks and Buffering of Atmosphere Composition. Science ,1982, 216:181～183

14　Schlesinger W H. Biogeochemistry-An Analysis of Global Change. San Diego: Academic Press, 1997. 588

15　Sigg L. Metal Transfer Mechanisms in Lakes. Chemical Processes in Lakes. New York: Wiley-Interscience, 1982. 283～310

16　Stumm W, Morgan J J. Aquatic Chemistry—Chemical Equilibria and Rates in Nature Water. New York: John Wiley, Sons Inc, 1996

17　Sehaule B K, Patterson C C. Lead Concentration in the Northeast Pacific. Evidence for Global Anthropogenic Perturbations, Earth planet. Sci

Lett，1981. 54:97～101

18 Thompson G. Hydrothermal Fluxs in the ocean. In:Riley J P，Chester eds. Chemical Oceanography，Vol 8. London: Academic Press，1983. 272～338

19 Taran Y A，Hedenquist J W，Korzhinsky M A，*et al*. Geochimica et Cosmochimica Acta，1995，95:1 749～1 761

20 Whitfield M，Turner D R. The Role of Particles in Regulating the Composition of Seawater. In:Stumm W，ed. Aquatic surface Chemistry. New York:Wiley-Interscience，1987

21 Zhang Zhengbin，Liu Liansheng，Chen C T A. The Mean Oceanic Residence Time. Mar Chem，1982,11:293～295

第3章 海洋中的常量元素

3.1 海水中常量元素和 Marcet–Dittmar 恒比定律

海水中含有许多种化学物质，到目前为止，地球上100多种元素中，在海洋中已发现并经测定的有80多种。这些元素有的以离子、离子对、络合物或分子状态存在，有的则以悬浮颗粒、胶体以及气泡等形式存在于海洋中。根据各元素在海水中的含量的不同，大致可分为五类：A为常量元素（>50 mmol·kg^{-1}）；B为常量元素（0.05～50 mmol·kg^{-1}）；C为微量元素（0.05～50 μmol·kg^{-1}）；D为痕量元素（0.05～50 nmol·kg^{-1}）；E为痕量元素（<50 pmol·kg^{-1}）。

本章的常量元素即包括A和B两类。就元素而言，则是Na，Mg，Cl，B，C，O，F，S，K，Ca，Br，Sr共12种元素，按海水中溶解成分（常量离子）而言，如表3.1所示，其中元素O在溶解成分SO_4^{2-}，HCO_3^-和H_3BO_3中出现。由于这些元素在海水中的含量较大，而且性质比较稳定，基本上不受生物活动的影响，各成分浓度间的比值亦基本恒定，所以又称为保守元素。HCO_3^-和CO_3^{2-}的恒定性差，它易与Ca^{2+}形成$CaCO_3$沉淀或形成过饱和溶液被生物吸收，且受大陆径流影响较大。海水中Si的含量大于1 mg·kg^{-1}，但由于其含量受生物活动的影响较大，性质也不稳定，属于非保守元素。

表3.1 海水中主要溶解成分（S=35）

主要溶解成分	主要化学物种存在形式	含量（g·kg^{-1}）	氯度比值
Na^+	Na^+	10.76	0.555 56
Mg^{2+}	Mg^{2+}	1.294	0.066 80
Ca^{2+}	Ca^{2+}	0.411 7	0.021 25
K^+	K^+	0.399 1	0.206 0
Sr^{2+}	Sr^{2+}	0.007 9	0.000 41
Cl^-	Cl^-	19.35	0.998 94
SO_4^{2-}	SO_4^{2-}，$NaSO_4^-$	2.712	0.140 00
HCO_3^-	HCO_3^-，CO_3^{2-}，CO_2	0.142	0.007 35
Br^-	Br^-	0.067 2	0.003 74
F^-	F^-，MgF^+	0.001 30	0.000 067
H_3BO_3	$B(OH)_3$，$B(OH)_4^-$	0.025 6	0.001 32

早在1819年，Marcet就向英国皇家学会呈送一篇论文。在这篇论文中，他根据全世界各大洋不同海域的分析结果，提出“全世界所有的海水水样都含有同样种类的成分，这些成分之间具有非常接近恒定的比例关系，而这些水样之间只有含盐量总值不同的区别”。Dittmar仔细地分析和研究了英国“挑战者”号调查船在环球海洋调查航行期间从世界各大洋中不同深度所采集的77个海水水样，证实了Marcet观测的普遍真实性。这就是海洋化学上著名的Marcet－Dittmar恒比规律。表3.2证实各大洋和海域的常量成分与氯度的比值是“几乎”保持恒定的。

表3.2　各大洋和不同海域的常量组分浓度与氯度的比值(引自Piley等，1989)

大洋或海域	Na/Cl(10^{-3})	Mg/Cl(10^{-3})	K/Cl(10^{-3})
北大西洋	—	—	0.020 26
大西洋	0.554 4～0.556 7	0.066 7	0.019 53～0.026 3
北太平洋	0.555 3	0.066 32～0.066 95	0.020 96
西太平洋	0.549 7～0.556 1	0.066 27～0.067 6	0.021 25
印度洋	—		
地中海	0.531 0～0.552 8	0.067 85	0.020 08
波罗的海	0.553 6	0.066 93	—
黑　海	0.551 84	—	0.021 0
爱尔兰海	0.557 3		—
皮吉特海湾	0.549 5～0.556 2	—	0.019 1
西伯利亚海	0.548 4	—	0.021 1
南大洋			
东京湾	—	0.067 6	—
巴伦支海	—	0.067 42	—
北冰洋	—	—	—
红　海	—	—	—
日本海	—	—	—
白令海	—	—	—
亚得里亚海	—	—	—

大洋或海域	Ca/Cl(10^{-3})	Sr/Cl(10^{-3})	SO_4/Cl(10^{-3})	Br/Cl(10^{-3})
北大西洋	—	—	—	0.003 37～0.003 41
大西洋	0.021 22～0.021 26	0.000 420	0.139 3	0.003 25～0.003 8
北太平洋	0.021 54	—	0.139 6～0.139 7	0.003 48
西太平洋	0.020 58～0.021 28	0.000 413～0.000 420	0.139 9	0.003 3

（续表）

大洋或海域	Ca/Cl(10^{-3})	Sr/Cl(10^{-3})	SO_4/Cl(10^{-3})	Br/Cl(10^{-3})
印度洋	0.020 99	0.000 445	0.139 9	0.003 8
地中海	—	—	0.139 6	0.003 4～0.003 8
波罗的海	0.021 56	—	0.141 4	0.003 16～0.003 44
黑　海	—	—	—	—
爱尔兰海	—	—	0.139 7	0.003 3
皮吉特海湾	—	—	—	—
西伯利亚海	—	—	—	—
南大洋	0.021 20	0.000 467	—	0.003 47
东京湾	0.021 30	—	0.139 4	—
巴伦支海	0.020 85	—	—	—
北冰洋	—	0.000 424	—	—
红　海	—	—	0.139 5	0.004 3
日本海	—	—	—	0.003 27～0.003 47
白令海	—	—	—	0.003 41
亚得里亚海	—	—	—	0.003 41

海水组成的恒定性是海水的一个重要特征参数，对于研究海水的物理化学性质具有重要的意义。虽然，在大洋水中主要元素通常是保守的或几乎是保守的，但在某些海洋环境中的一些异常条件下，可能会发现它们与氯度的比值有相当大的变化。例如，在河口区或内陆海区（封闭海区）常会受到来自大陆径流的影响。河水中 SO_4^{2-}/Cl^-，HCO_3^-/Cl^-，K^+/Na^+，Mg^{2+}/Na^+ 和 Ca^{2+}/Mg^{2+} 的比值通常比海水高。在某些缺氧海盆的深水中组成也发生变化，如黑海的卡里亚科海沟和挪威的一些峡湾，由于从表层落下来的有机物质的分解，消耗了大量的溶解氧，引起氧化还原电位的急剧下降，使附着在沉积物上的硫酸盐还原细菌迅速繁殖。这些细菌把硫酸盐转化成硫化物，导致 SO_4^{2-}/Cl^- 比值下降。此外，碳酸盐的溶解、结冰和火山活动等都会引起海水组成比值的变化。恒比定律也不适用于少量成分，例如，营养盐（PO_4^{3-}，NO_3^- 等）、海水中微量元素（Hg，Cu，Pb，Zn，Cd 等）、海洋生物密切相关的“生命元素”（溶解气体 O_2 和 CO_2）等。影响海水主要成分恒定性的具体因素有：

（1）河流：由于河水成分与海水不一致，而使氯度值低的河口及近海水域元素-氯度比值产生较大的变化。

（2）结冰和融冰：高纬度区结冰和融冰过程，会对 Na^+ 及 SO_4^{2-} 的氯度比值产生影响。

(3)海底火山:海底火山的喷出物可能对局部海水的一些离子的氯度比值产生影响,如局部底层水中的F^-增高,可能就是这种影响的结果。

(4)生物过程:例如生物对 Ca 及 Sr 的吸收使表层水中 Ca 及 Sr 含量低于深层海水的含量。

(5)溶解度的影响:深层海水由于温度的降低及压力的增加使 $CaCO_3$ 的溶解度加大,而使深层水的 Ca 含量增加。

(6)大气交换:有些挥发性及大气降水含量高的化合物可能对表层海水中某些元素,例如 B,产生影响。

(7)盐卤水的流入:在海洋底部的某些区域,断裂层处会有高盐水流入海洋。例如红海2 000 m 深的海盆处发现有高温高盐卤水流入,其主要成分的氯度比值与大洋水完全不同。

3.1.1 常量阳离子

1. 钠

钠离子是海水中含量最高的阳离子,1 000 g 海水中平均含有 10.76 g 钠离子。由于钠离子的化学活性比较低,在水体中比较稳定,海水中保守性较好,也是在海洋中的逗留时间最长的一种阳离子。

卡尔金和考克斯对海洋中 Na 的测定结果显示,钠含量(其含义为 1 000 g 海水中,钠离子的质量(g),下同)对氯度的平均比值为0.555 5。用同一样品进行多次分析确定分析误差,得到一次分析的标准偏差为0.000 7。钠是确定了钙、镁、钾和总的阳离子含量后用差减法计算出来的。赖利和德田(1967)采用重量法,即将所有碱金属以硫酸盐形式测定,钾用四苯基硼重量法测定,而后扣除钾,就得到钠的含量。用这种方法得到的数值比0.566 7略大一些,但测定的精度相同。这两批研究者所测得的数值随深度和地理位置的变化不大。陈国珍曾测过中国标准海水的Na/Cl值,此水采自南黄海,平均值为0.561 6。对黄渤海和北黄海的水样测定,渤黄海的 Na/Cl 值为0.561 0。

2. 钾

海水中钾离子的平均含量约为 0.4×10^{-3},与钙离子的含量大致相等。陆地上岩石的风化产物是海水中钠和钾的主要来源。岩石中钠的平均含量约大于钾(约 6%)。岩石风化后的产物进入河流,河水中钾含量为钠的 36%,进入海洋后,海水中钾仅为钠的 3.6%。造成这种差别的主要原因是钾离子比钠离子更易于吸附在胶体及悬浮颗粒上,所以大部分河流带入海洋的钾随着胶体及颗粒物的沉积而转移至海底。海洋生物在生长过程也吸收海水中的钾,某些藻类有富钾的能力,有时可达到其干重的百分之几的程度。

卡尔金和考克斯以及赖利和德田都使用四苯硼酸盐重量法对钾进行测定。这两批研究者都发现钾-氯度比值为0.020 6，重复测定的标准偏差分别为0.01和0.008。并且发现，其数值大小与深度和位置无关。虽然钾的示差色谱法可得到更高的精度(±0.12%)，但在对 900 个样品系列分析中，都没发现有明显的区域性反常规象。中国标准海水钾-氯度比值为0.020 38～0.020 68，与大洋值接近。

3. 镁

海水中镁的含量约为 1.3×10^{-3}，是海水阳离子中仅低于钠含量的离子，因此海水是提取镁的一个重要资源。

海水中镁浓度的测定存在一定误差。卡尔金和考克斯测得的镁-氯度比值为(0.066 92±0.000 04)与赖利和德田(0.066 76±0.000 7)测得的并不完全一致。卡彭特和马尼拉(1973)认为，卡尔金和考克斯的方法中使用的滴定终点导致系统误差约偏高 1%，而在赖利和德田的工作中，标准品与样品之间的源地差异引起的误差为 0.57%。对这些效应进行校正，使这两批研究者测定结果降低到0.066 29，这与卡彭特和马尼拉的结果(0.066 26)靠近。文献值的分散与使用方法的精度比较起来还是大的，影响文献值分散的另一个因素是难于制备准确的标准镁溶液。

河水中 Mg/Cl 的比值较海水高，在一些受淡水影响的海水中，其 Mg/Cl 值略有升高。

4. 钙

海水中钙的平均含量为 0.41×10^{-3}。海洋中钙由于与海洋中生物圈以及与碳酸盐体系有密切关系，它的含量变化相当大。钙也是海水主要成分中阳离子逗留时间最短的一种元素。海洋表层水中，生物需摄取钙组成其硬组织，因此一般在表层水中钙的相对含量较低；在深层水中，由于上层海水中含钙物质下沉后再溶解，以及由于压力的影响使碳酸钙溶解度增加，钙的相对含量加大。另外在表层水中碳酸钙是处于过饱和状态，而在深层水中处于不饱和状态。

好几种含钙的碳酸盐固相与海水处于近平衡状态。碳酸盐体系中最重要的矿物形态是方解石和文石。尽管从热力学数据预言，在大洋水中，相对于白云石来说是过饱和的，但是，白云石($CaMgCO_3$)在海水体系中不会沉淀。钙与其他阳离子不同(锶可能是个例外)，它可能受到固相的溶解与沉淀作用的控制。

钙在海水中的含量及其分布情况，科学家曾进行了大量的研究工作，但在早期的研究中，分析方法多采用草酸盐沉淀法，分析结果受到锶的干扰，测定值实际上是表示 Ca=Ca+Sr，并不是钙的真实含量。

1959 年以后对不同海区海水的 Ca/Cl 值的测定结果列于表 3.3 中。

表 3.3 不同海区海水的 Ca/Cl 值

作 者	海 区	方法*	Ca/Cl
Culkin, Cox(1966)	世界大洋	1a	0.021 26
Fabrican 等(1967)	北大西洋	2	0.021 1
Traganza, Syabo(1967)	巴哈马浅滩	1b	0.021 13～0.020 33
Riley, Tongudai(1967)	世界大洋		0.021 28
Mocs(1968)	地中海	3	0.021 26
Billings(1969)	西北太平洋	2	0.021 18
Vagi(1969)	西北太平洋	1b	0.020 63～0.021 25
Tsunogai 等(1971)	印度洋表层	1b	0.021 04
	南大洋表层水		0.021 16
Atwood 等(1972)	西北大西洋	1d	0.020 9
Tsunogai 等(1973)	太平洋平均值	1b	0.021 23
Lebel(1976)	大西洋热带	4	0.021 20
Sen Guptu(1978)	印度洋东北部	1a	0.022 29

*:1a. EGTA 分光光度法指示终点、1b. EDTA 滴定、1c. EGTA 滴定、1d. EDTA 分光光度滴定;2. 原子吸收;3. 离子交换分离后,EDTA 滴定;4. 电位滴定。

不同研究者所测得的钙-氯度比值的平均值相当一致。卡尔金和考克斯(1966)以及赖利和德田(1967)测得的数值分别为0.021 26和0.021 28,标准偏差约为 0.25%。统计方法可以证明,在较深的水层中的钙浓度比表层水中约高 0.5%。角皆等(1968)集中在日本海的较小的区域中采取水样,测得的钙-氯度比值的平均值为0.021 31,重复测定的标准偏差为 0.1%,而表层水样与深层水样之间的差异约为 0.5%。陈国珍曾测过中国标准海水(黄海水)的 Ca/Cl 值为 0.021 88～0.021 91,平均值为0.021 89,此值包含了 Sr 的干扰。

5. 锶

锶是海水常量阳离子中含量最低的一种,平均含量约为 0.008×10^{-3}。由于钙与锶的性质相近,分离有一定的困难,早期测定结果含量都比较高,1950 年前的 Sr/Cl 值都在 0.7×10^{-3} 左右,比近期值 0.4 约高 80%。1951 年以后开始使用火焰光度法才得到较为可靠的结果,近年来使用原子吸收、中子活化及同位素稀释法,测定准确度有所提高,特别是后者。

由于核反应产物 ^{90}Sr 进入海洋,需从污染的角度及作为示踪剂来了解海洋混合过程,因此海水中锶的研究引起重视。

关于 Sr/Cl 比值,大部分结果均在 0.40～0.42 之间,但是对于 Sr/Cl 值是否恒定的问题曾有过争论。从几个不同区域 Sr/Cl 的垂直分布来看,其共同规律是表层有低值,这是由生物活动从表层吸收 Sr 所造成的。当生物体下沉分解后又重新释放出 Sr,这种情况与海水中营养盐类(P,Si,N)相类似,Sr/Cl 与相应的 P/Cl 及 Si/Cl 作图可以看出 Sr 与 P 或者 Si 在海水中含量具有线性关系。由此可以认为 Sr/Cl 值是不恒定的,变化范围大约在 0.396～0.406 之间,不恒定的主要原因是生物的影响,如某些生物有 $SrSO_4$ 的硬组织。在海水主要阳离子中,钙与锶是保守性较差的元素。

3.1.2 常量阴离子

海水中主要成分阴离子共有 6 种:Cl^-,SO_4^{2-},Br^-,F^-,HCO_3^-(CO_3^{2-})及 H_3BO_3,HCO_3^-(CO_3^{2-})将在后节碳酸盐系统中介绍。

1. 氯化物

多年来,海水中的盐含量是通过测定氯度确定的,氯度的定义我们将在后面详细解释。对于大洋水,氯化物与氯度的比值为0.998 96,总卤化物(表示为氯化物)与氯度的比值为1.000 6。

2. 硫酸盐

海水中硫酸盐的平均含量为 2.71×10^{-3}。所有大洋水中硫酸根($g\cdot kg^{-1}$)与氯度的比值都极为靠近0.140 0。目前普遍采用的测定海水硫酸根的方法,其基本步骤为生成硫酸钡沉淀,然后用重量法测定。在中国渤海和北黄海的测定结果显示 SO_4/Cl 的范围为0.139 8～0.140 5,平均为0.140 3,与大洋值基本相同。

海冰中硫酸根的含量比产生冰的水中高。北太平洋中由于结冰效应就存在硫酸根明显地在冰中富集而在水中降低的现象。硫酸根离子有一种性质——在缺氧环境中可以作为微生物的氧源,这种性质对硫酸根离子的地球化学行为产生最大的影响。一般来说,海洋沉积物仅在表层中含有氧,在表层以下,有机质的微生物氧化作用一定伴随着硫酸盐还原成硫化物。因此,在沉积物内部产生硫酸根的浓度梯度。结果,硫酸根由海水迁移到沉积物,海水中硫酸根浓度出现亏损。这一亏损由硫酸根含量高(相对于氯化物)的河流输入得到补充。由于这些过程不是区域性的,而在全球范围内出现,又由于硫酸根的停留时间比混合时间大得多,所以硫酸根对氯度比值的区域性变化影响的确非常小(变化范围小于±0.4%)。

一些海盆(例如,黑海、卡里亚科海沟、波罗的海和一些峡湾)的深层水由于水团垂直运动受到的限制,氧可能耗尽。在这类海区,硫酸盐还原细菌在水柱中出现，由于细菌作用的结果，硫酸根对氯度的比值降低。斯科平采夫等(1958)曾报道过，在黑海中部采集的水样中，这一比值减少了4%，在大多数这类情况下，这种减少量较小。这一事实以及硫酸根亏损的水体与大洋水有限的交换作用，使得这种亏损效应仅在局部海区才是重要的。

3. 溴化物

海水中溴的平均含量为0.067×10^{-3}。溴在地壳岩石中的含量较低，仅为3×10^{-6}，比海水低22倍。自然界的溴主要富集在盐湖及海洋中，因此海水是提取溴的重要资源。

溴的测定方法主要采用Kothoff等(1937)的次氯酸盐氧化容量法。此法比较方便、准确。自1942年起采用此法进行海水中溴的测定后，其氯度比值无太大变化。大洋水溴氯值在0.003 464～0.003 483之间，明显地不随深度和位置而变化。低盐度的波罗的海中溴含量比较低，可能是由于这地区的河流中溴含量低的缘故。

4. 氟化物

海水中氟化物的平均含量为1.3×10^{-6}，在卤族元素中，比氯和溴小很多，但比碘含量高出近20倍。海水中氟化物的调查资料自20世纪60年代起逐渐增多，特别是镧－茜素络合剂(氟试剂)的分光光度法用于海水分析以来，进行了广泛调查；另外氟离子选择电极也应用于海水分析，对电位测量法及电位滴定法也作了一些研究。正常海水的F/Cl比值在$(6.7\sim6.9)\times10^{-5}$之间，在某些海区的深层水中，使用格林哈尔希和赖利(1961)的镧－茜素络合酮比色法，曾发现某些大西洋深层水中氟化物对氯度的比值出现反常现象，但是，布鲁尔等使用氟离子选择性电极测定样品中F^-的相对活度证明，所有样品(包括比色测定得到反常结果的那些样品)中氟离子的活度不变；使用威尔尼斯(Wilknlss)和林宁博姆(Linnenbom，1968)的光子活化方法对反常样品的进一步分析结果表明，与比色法测得的结果差别较大。因为反常现象只是用比色方法才能观测到，当用电极方法对同一样品测定时，没有出现这一反常现象，所以这可能是比色分析的一些干扰因素造成的。

5. 硼

海水中的H_3BO_3的含量约为0.026×10^{-6}，如以B来表示为4.5×10^{-6}。硼在表层水中的含量受到大气降水及蒸发、生物影响而有变化。海水中B主要以H_3BO_3形式存在于海水中，其解离可以表示为：

$$2H_2O+H_3BO_3 \rightleftharpoons H_3O^+ + H_4BO_4^-$$

$$K'_B=\frac{[H_3O^+][H_4BO_4^-]}{[H_3BO_3]} \qquad (K'_B=1.9\times10^{-9})$$

海水 pH 值等于 8,代入上式可得到:

$$[H_4BO_4^-]/[H_3BO_3]=0.19$$

海水中硼的氯度比值 B/Cl,过去测定的变动范围为$(0.222\sim0.255)\times10^{-3}$,但近年来的一些测定值均在$(0.232\sim0.236)\times10^{-3}$之间。

每年由河流输入的溶解硼为 4×10^{11} g,大部分在通过高离子强度的海水时吸附在黏土碎屑上而被除去了。小部分硼(约为总量的 1/10)可能在硅酸盐形成过程中或含硅软泥的沉积作用从海水中迁出。含在有机物质中的硼元素在与沉积物结合之前由于分解作用重新返回到水体中。众所周知,相对于其他海水中的盐类来说,气溶胶中的硼含量较高,但大气的吸收并不表示这是硼从海水中迁出的一条途径,因为,从稳态来说,由于降雨和河流排出,大气中的硼最终还是回到大海里的。

3.2 盐度和盐度的测定方法

3.2.1 盐度的定义

海水盐度是海水中含盐量的一个标度。海水含盐量是海水的重要特性,它与温度和压力三者,都是研究海水的物理过程和化学过程的基本参数。

19 世纪末期,欧洲一些国家召开了国际海洋会议,为了统一观测资料,成立了专家小组,研究了海水的盐度、氯度和密度等有关问题。这个小组在 M·H·C·克努曾的领导下,根据北海、波罗的海、红海等海区的 9 个表层水样的测定结果,给出了盐度和氯度的定义,并给出了氯度计算盐度的经验公式。

海水盐度的定义为:1 000 g 海水中的溴和碘全部被当量的氯置换,而且所有的碳酸盐都转换成氧化物之后,其所含的无机盐的克数。以符号“$S‰$”表示之,单位为 $g\cdot kg^{-1}$。这一定义的复杂性反映了在测定盐度时所碰到的困难。测定盐度的方法挺简单,将溶液蒸发至干,然后称重残存的盐,但由于一些无机成分(特别是氯化氢)的挥发性以及结晶水很难除去而造成很大的困难,所以没有在实际上得到应用。由于实用上氯度测定比较方便,盐度的直接测定便被抛弃。

氯度的定义为:在1 000 g 海水中,若将溴和碘被当量的氯置换后所含氯的总克数,以 $Cl‰$ 表示。这样就可以通过测定海水样品的氯度,按下式计算盐度。此法使用了 65 年。

$$S‰=0.030+1.805\,0\,Cl‰$$

盐度与氯度的上述关系式是不严格的,由于海水组分不符合恒比关系导致

盐度误差可达 0.04×10^{-3},另氯度滴定技术还产生 20.03 Cl‰以上的误差;况且当时所取的水样,多数为波罗的海表层水,难以代表整个大洋水的规律。另外,关系式中的常数项 0.030,不符合大洋海水盐度变化的实际情况。1950 年以后,电导盐度计的研究和发展,使盐度的测定方法得到简化,精密度也提高,比测定氯度后计算盐度的方法,更加准确和方便。因此,1966 年联合国教科文组织(UNESCO)与英国国立海洋研究所出版了《国际海洋用表》,提出了盐度与氯度的新关系式和由电导率比计算盐度的关系式

$$S‰=1.806\,55\,Cl‰$$

$$S‰=-0.089\,96+28.297\,29\,K_{15}{}^{1}+12.808\,32\,K_{15}{}^{2}-10.678\,69\,K_{15}{}^{3}+5.986\,24\,K_{15}{}^{4}-1.323\,11\,K_{15}{}^{5}$$

式中 K_{15} 为 0.1 MPa 和 15℃条件下海水样品与 $S=35.000$ 的标准海水电导率的比值。

但上述重新定义存在如下问题:①无法保证量值溯源,缺乏严格统一的35‰盐度基准;②这一定义受海水离子组成的影响,不能精确确定海水盐度的相对变化,因而对深层海水、近岸海水及其他离子组成有明显差异的海水难以得到可靠的结果;③与此电导盐度相应的国际海洋学常用表,适用温度范围是10~31℃,因此低于 10℃就不能满足使用要求。

海洋用表与标准联合专家小组(JPOTS)决定使用标准氯化钾溶液标定标准海水,并推荐 1978 年实用盐度标度。对盐度作出如下定义:①绝对盐度:海水中溶质质量与海水质量之比,以符号 S_A 表示;②实用盐度:以温度为 15℃,0.1 MPa 下海水样品的电导率与相同温度和压力下,质量比为 $32.435\,6\times10^{-3}$ 的氯化钾溶液电导率的比值 K_{15} 来确定。当 K_{15} 精确等于 1 时,则实用盐度正好等于 35。

以如下方程确定实用盐度:

$S=a_0+a_1K_{15}{}^{0.5}+a_2K_{15}+a_3K_{15}{}^{1.5}+a_4K_{15}{}^{2}+a_5K_{15}{}^{2.5}$,其中 $a_0=0.008\,0$,$a_1=-0.169\,2$,$a_2=25.385\,1$,$a_3=14.094\,1$,$a_4=-7.026\,1$,$a_5=2.708\,1$,$\sum a_i=35.000\,0$,$2\leqslant S\leqslant42$,

$$K_{15}=\frac{c_{(S,15,0)}}{c_{KCl(32.435\,7,15,0)}}$$

实用盐度值为过去盐度值(绝对盐度)的1 000倍。联合国教科文组织(UNESCO)、国际海洋考察理事会(ICES)、海洋研究科学委员会(SCOR)和国际海洋物理科学学会(IAPSO)4 个国际组织采纳了 JPOTS 的推荐,通报建议于1982 年 1 月 1 日起采用 1978 年实用盐度标度,并出版了《国际海洋用表》,此表

中还规定了计算实用盐度的方法。

1985年发布的联合国教科文组织第45号海洋科学技术报告《海洋科学中的国际单位制(SI)IAPSO符号单位术语工作组报告》中重复了上述绝对盐度和实用盐度定义，对1978年实用盐标作如下说明：①联合国专家小组确定 $S=35.0000$ 海水的电导率标准时，取 $S=35.0000$($Cl=19.3700\times10^{-3}$)的北大西洋海水作为标准海水；② $w(KCl)=32.4356\times10^{-3}$ 标准氯化钾溶液和 $S=35.0000$ 的标准海水于相同温度 t(14 ℃$\leqslant t\leqslant$30 ℃)，1 013.25 hPa条件下，电导率比值随温度 t 的关系式为

$$\frac{c_{KCl(32.4356,t,0)}}{c_{(35,t,0)}}=1-1.464\times10^{-3}(t-15)+0.8969\times10^{-5}(t-15)^2$$

③由于海水离子组成不同，同一海水样品以氯度滴定法测定的绝对盐度 S_A 与以1978年实用盐标定义的盐度 S 关系为 $S_A=a+bS$，式中 a 和 b 为常数，依赖于海水的离子组成。对于国际标准海水，$a=0$，$b=1.00488\times10^{-3}$。

1991年联合国教科文组织又发布了第62号海洋科学技术报告《海水的盐度和密度：高盐度表(42～50)》。

关于盐度和氯度，需进行如下说明：

(1)由于钙是2价的离子，对电导率的影响要比1价的氯或钠高一点。因此高纬度的海水，若用电导率计算实用盐度的千万分之一倍，所得结果较由氯度算出的绝对盐度稍高(图3.1)。

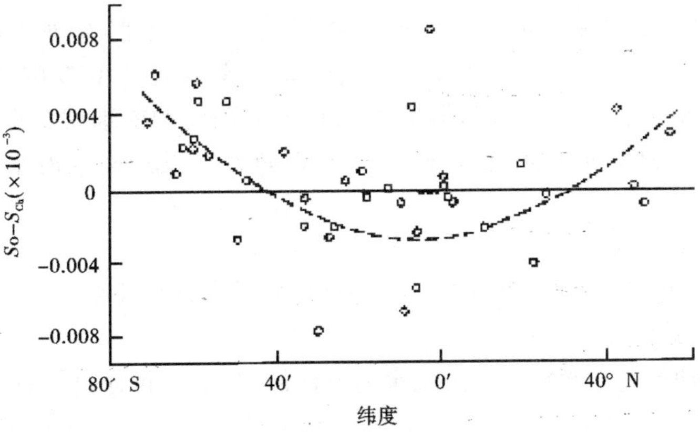

图3.1 由电导率计算的绝对盐度(S_C)与由氯度计算之绝对盐度(S_{Ch})之差与纬度的关系

(2)其他的因素也可能影响盐度。分析不同年代的IAP－SO标准海水，发

觉 pH 值能影响盐度(图 3.2)。标准海水的 pH 值愈偏离正常海水的 pH 值,由氯度求得的绝对盐度愈小于由电导率求得的值。显然,有些有机质在标准海水的储存过程中分解了,产生活化的导电离子,降低 pH 值,却增加海水的电导率,氯度却不变,才会有图 3.2 的情况发生。

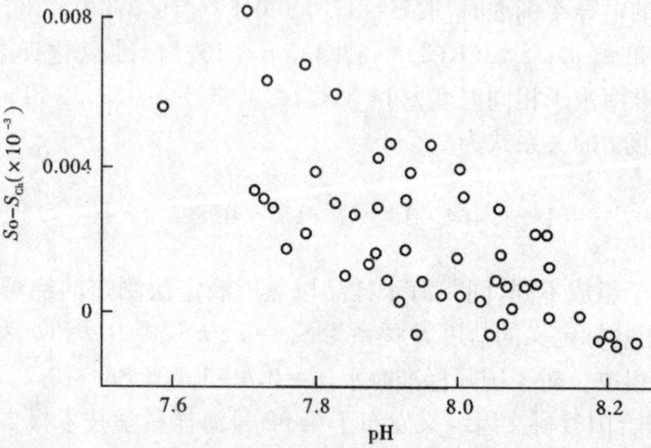

图 3.2　不同年代的 IAPSO 标准海水,由电导率和氯度计算出的绝对盐度差对应于 pH 的变化图

(3)标准海水是绝大多数海洋实验室所必需的,所以是很重要的。但是还是稍微有点问题,除了不同的 pH 影响盐度外,作者也发现标准海水彼此间仍有差异(图 3.3)。Park 最早的研究,把不同时候制造的标准海水,同时测量它们的盐度,照理说所量出的数值应该都是一样,但是,事实上相差很多,有的还差到0.017。测量盐度时,一般的要求至少是 0.003 的准确度。但假若测量标准降低到 0.017,则上述 0.003 准确度的要求就变得毫无意义。因此,所用标准海水必须记录何时出厂,以防万一发现标准海水出问题,也好修正数据。

3.2.2 盐度的测定

由于盐度与氯度、密度及电导率等物理性质有密切关系,所以可以利用这些关系来换算盐度。

(1)可通过化学滴定或电位滴定的方法测定氯度,再通过关系式换算出盐度。

(2)可利用离子选择电极测定盐度。使用这一类型电池的装置称为膜式盐度计,使用的膜分别对阴离子和阳离子具有选择性。输出电压差:

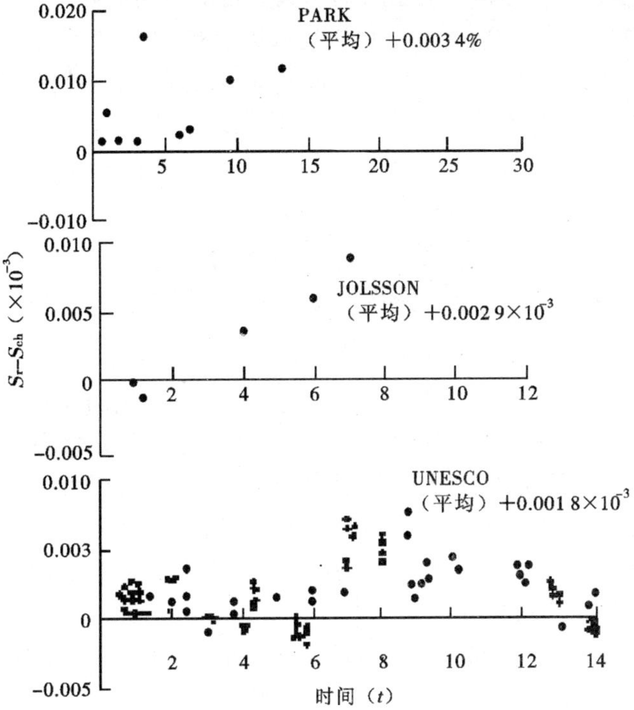

图3.3 不同年代之IAPSO标准海水，由电导率和由氯度计算出的盐度差

$$\Delta V = c\,\frac{2RT}{F} - \ln\frac{S_1}{S_2}$$

经验常数 C 可由膜选择透过性、使用盐度而不使用离子浓度以及海水是一价存在形式和两价存在形式的混合物这类因子确定。对于这一类具有代表性的传感器来说，C 值介于 0.7 和 6.8 之间，因此，盐度变化 10 倍，灵敏度变化约 90 mV。在完全恒温的实验条件下，膜传感器在常规测定中，可用来检测低于 0.000 1‰的盐度变化。这相应于电压输出变化0.1μV。但是，没有温度控制的仪器的准确度约为盐度读数的 1%；一批样品重复测定的精度约为 0.1%。因为电池的输出电压具有对数特征，在低盐度时绝对准确度较高，所以这种装置适用于河口港湾的常规调查。

$$\mathrm{Ag}\,\Big|\,\mathrm{AgCl}\ \begin{matrix}\text{标准海水}\\ \text{盐度 } S_2\end{matrix}\ \overset{A^-}{\vdots}\ \begin{matrix}\text{样品海水}\\ \text{盐度 } S_1\end{matrix}\ \overset{C^+}{\vdots}\ \begin{matrix}\text{标准海水}\\ \text{盐度 } S_2\end{matrix}\ \mathrm{AgCl}\,\Big|\,\mathrm{Ag}$$

(3)将海水的折射率与已知盐度的标准海水进行比较，也可估算海水水样的盐度。海水折射率随盐度的增大而增大。目前通用的阿贝折射仪的精度极限相当于盐度误差 0.05‰。多棱镜差示折射仪测定盐度时也只能精确到 0.015‰,其精度不及电导测定法。但折射率与密度的关系比其他用来估算盐度的任何参数更为密切,作为估算盐度的优先选用的方法,最终有可能是光学盐度计取代电导盐度计。拉斯比(1967)报道了折射率差值实验的测量结果。折射率差值与盐度的关系符合一个多项式:

$$S=35.00+5.3302\times10^{3}\Delta n+2.274\times10^{5}\Delta n^{2}+3.9\times10^{6}\Delta n^{3}+10.59\Delta n(t-20)+2.5\times10^{2}\Delta n^{2}(t-20)$$

式中 S 为盐度(‰),t 为温度(℃),Δn 为 546.227nm 时样品的折射率减去盐度为 35‰的标准海水的折射率。影响光学盐度计应用的因素有:要保证样品在测量过程中不出现污染和挥发,0.01 ℃的温差将导致 0.005‰的误差。

(4)直接比重测定法:目前普遍使用的比重计测定盐度的方法,精度很低,要达到电导测定法的精度,密度测定法的精度设计必须在 10^{-6} 左右。通过密度测定计算盐度的方法限于基础研究的应用,也可能在某些特定海区(受内陆水影响较大的海区)得到应用。

(5)海水电导是测定盐度最有效的实用参量。目前世界上已有多种型号实用化的电导盐度计,普遍应用于在实验室和现场的盐度测定。用电导法测定盐度几乎代替了化学法的氯度测定,这是因为现代盐度计快速、可靠和简单,而且这些仪器对于相当不熟练的人也能在海上操作。电导测定法是相对测量,参比标准是盐度为 35‰的标准海水,在 15 ℃时电导比1.000 00。根据测量的电导比值查国际海洋常用表计算出样品盐度。目前电导测定都采用交流电法,按照产生电流方式及电导池种类通常分为电极式和感应式,按测量电桥方法通常分为电阻式电桥和变压器电桥。

(6)现场盐度计:准确的现场电导测定,除了在实验室条件下所碰到的困难之外,还存在许多其他困难。电导率不仅是盐度的函数,而且也是温度和压力的函数;为便于补偿起见,后两个参数必须控制。由于现场盐度计可测出盐度(或电导率)、温度和深度,所以,它们通常写成 STD(或 CTD)探头。STD 具有内补偿电路,可以直接从测得的 3 个参数得到盐度值。最一般的现场仪器都要求一条悬挂电缆,在承载重量的电缆外套内,装有一条以上的导线。电线上端放置于船上,将这条电缆一端接在旋转的电缆绞车上,使得与电源和数据记录系统连接。通常使用与交流马达的集电环相类似的滑动环系统。

3.3 氯度和氯度的测定方法

3.3.1 氯度的定义

根据大洋海水主要成分的恒比关系，可以看出，对于大洋海水只要测定其中某一主要成分的含量，就可以相对地反映出溶解物质总量的大小。只要找出海水中氯度和盐度的关系式，便可由氯度计算海水的盐度。氯是海水中含量最高的元素，而氯含量（包括溴、碘）的测定，可用硝酸银标准溶液滴定，既方便又准确。因此，在 1899 年成立了一个国际委员会，专门研究盐度的替代方法。他们用许多海水水样研究海水的密度、盐度和卤化物（包括溴和碘）之间的关系。他们发现盐度和卤化物浓度之间成线性关系：$S‰ = 0.030 + 1.805\ 0\ Cl‰$。这一系统使用多年，但是，在 1900 年发现了一个缺点，即所使用的原子量不够准确。因此，每一次原子量的修订，都出现定义上的微小的改动。由于这一原因，1937 年氯度按下列方法重新定义：海水水样的氯度（以‰表示）在数值上等于刚好沉淀0.328 523 4 kg 海水水样所需的原子量银的克数。

3.3.2 氯度的测定

Mohr 法在 20 世纪初已应用于海水氯度的测定。Kundsen 结合海洋调查特点作了一些特殊的规定和改进。国际海洋学会为统一海水氯度测定方法推荐使用 Mohr－Knudsen 方法作为标准方法。其规定有：分析方法是 Mohr 银量法；测定仪器要使用海水移液管和氯度滴定管；以国际标准海水为标准；硝酸银溶液配制恰当，使用上述仪器滴定时，终点滴定管读数加一校正值，即为海水样品氯度值；使用 Knudsen 表计算结果。

化学方法测定海水氯度值，一般只能准确到 $0.01\ Cl‰$，若需更准确测定时，则要改用其他方法，如电位滴定法。电位滴定法确定终点不带主观误差，能比较准确地测定滴定终点，另外和重量法结合，只要电极处理适宜，方法准确度可以达到$0.001\ Cl‰$。关于电位滴定法已研究很多，主要区别在于所用电极系统上。有的使用石墨－钨和铂金电极，Ag，AgCl－铂电极，银－银电极等。双银电极系统的电位滴定，也就是我国标准海水氯度分析所使用的方法，方法较为简单，准确度可达$0.001\ Cl‰$。

3.4 海洋的盐度结构

海洋中发生的许多现象和过程，常与盐度的分布和变化有关，因此海洋中盐度的分布及其变化规律的研究，在海洋科学上占有重要的地位。世界各大洋表层的海水，受蒸发、降水、结冰、融冰和陆地径流的影响，盐度分布不均：两极附近、赤道区和受陆地径流影响的海区，盐度比较小；在南北纬 20 度的海区，海水的盐度则比较大。深层海水的盐度变化较小，主要受环流和湍流混合等物理过程所控制。根据大洋中盐度分布的特征，可以鉴别水团和了解其运动的情况。在研究海水中离子间的相互作用及平衡关系、探索元素在海水中迁移的规律和测定溶于海水中的某些成分时，都要考虑盐度的影响。此外，因为实际工作中往往难以在现场直接准确测定海水的密度，所以各国通常测定盐度、温度和压力，再根据海水状态方程式计算密度。

全球表面海水最引人注目的特点是赤道附近盐度最低，在纬度20°N和20°S附近盐度最高。在这两个海域带，高温和强风造成高蒸发速率因而有高表面盐度。赤道带盐度低是由于大量降雨和风速减弱之故。而在高纬度区则因降水量超过蒸发量，而使盐度下降，如图 3.4 所示。

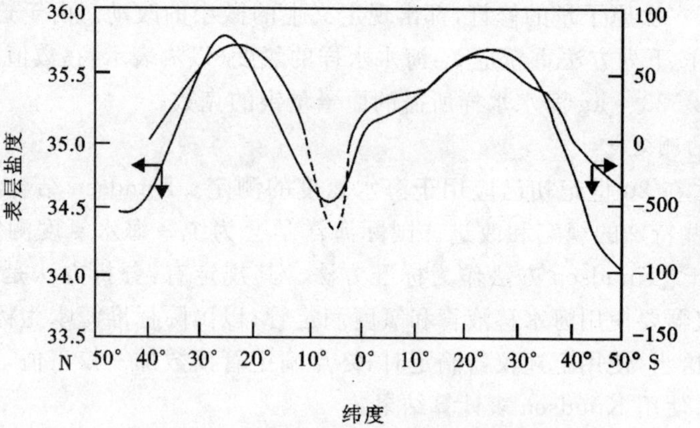

图 3.4 各大洋平均表层盐度同纬度的关系

在大多数海洋中，盐度随深度的增加而降低。图 3.5 是 23°S 附近大西洋的盐度结构断面图，可见表层水盐度较大，但在1 000 m 左右盐度值较小。

1999 年 Wong 等人在 *Nature* 上发表文章提出印度洋和太平洋中层水的盐度在持续下降。他们对 1930～1994 年印度洋和太平洋中层水盐度数据进行了对比，证明了这一点。主要原因是由于温室效应造成两极冰融化，使得北大西洋深层水盐度降低，深层水通过如图 5.10 的洋流方式到达印度洋和太平洋，造成这些海域盐度的下降。2002 年 Dickson 等人也在 *Nature* 上发表文章证实北大西洋深层水在过去 40 年中盐度在快速下降。

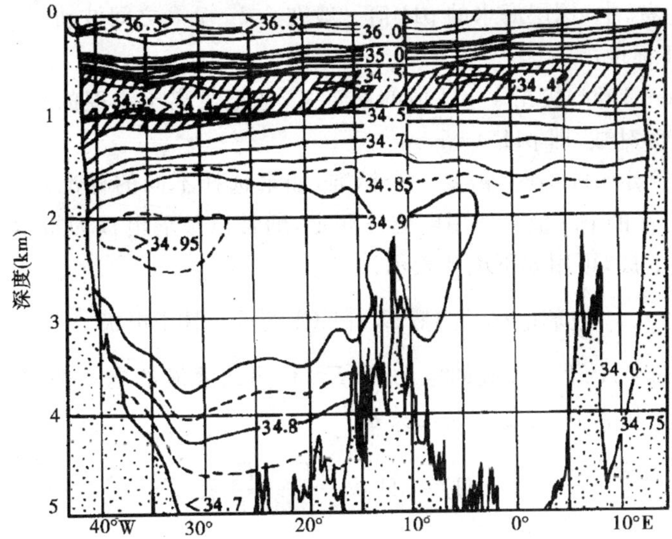

图 3.5　23°S 附近大西洋盐度结构断面图(引自 Piley 等,1975)

3.5 海水碱度和碳酸盐体系

海水中溶存着大量碳的化合物,其中无机碳的主要存在形态是 HCO_3^-,CO_3^{2-},H_2CO_3,CO_2。二氧化碳－碳酸盐体系是海洋中重要而复杂的体系,它涉及许多学科,如气象学、地质学和海洋学科。另外,它与生态学也有密切的联系。

二氧化碳－碳酸盐体系参与大气－海洋界面、海洋沉积物与海水界面以及海水介质中的化学反应,它控制着海水的 pH 值并直接影响海洋中许多化学平衡。在形成和维持生命的起源和生态环境方面,该体系也有重要作用。

多年来,由于人类大量燃烧矿物燃料,CO_2 越来越多地进入大气中。大气中 CO_2 的含量以 0.7 $mg \cdot kg^{-1} \cdot a^{-1}$ 的速率递增,CO_2 的增加所引起的所谓"温室效应"可以影响全球的气候,而海洋可作为大气 CO_2 的调节器。因此,二氧化碳－碳酸盐体系对控制 CO_2 含量有重要的作用。

3.5.1 海水的 pH 值

海水是一个多组分电解质的溶液体系,其中主要的阳离子是碱土金属阳离子,而阴离子除了强酸型阴离子外,尚有部分弱酸阴离子(HCO_3^-,CO_3^{2-},$H_2BO_3^-$ 等),由于后者的水解作用,海水呈弱碱性。海水的 pH 值变化幅度不大,大洋海水的 pH 值一般在 8.0～8.5 之间。表层海水的 pH 值则通常稳定在

8.1±0.2 左右，中、深层海水的 pH 值一般在 7.5～7.8 之间波动。

3.5.1.1 pH 标度

Sørensen(1924)提出了 pH 值的新定义，他把氢离子浓度的负对数改为氢离子活度的负对数，即 $pH=-\lg\alpha_{H^+}$。

在实际测定 pH 值时，需要一个标准，如果选择不同的标准就会得出相应的 pH 值；海水的 pH 值一般用电位法测定，通常以玻璃电极为指示电极，甘汞电极为参比电极，可用如下电池表示：

玻璃电极｜溶液(X)‖KCl 溶液｜甘汞电极

分别测定标准 pH 缓冲溶液的电动势(E_s)和测试溶液的电动势(E_x)；相应的 pH 值为 pH_s 和 pH_x，它们之间的关系为：

$$pH_x = pH_s + \frac{(E_x - E_s)}{2.303RT/F}$$

关于 pH_s 标准，美国国家标准(NBS)和英国国家标准都采用 0.05 $mol \cdot dm^{-3}$ 邻苯二甲酸氢钾溶液为标准。其 pH_s 规定为：

$$pH_s = 4.00 + \frac{1}{2}\left(\frac{t-15}{100}\right)^2$$

此外，还有其他标准缓冲溶液，使用标准缓冲溶液测定海水 pH 值，虽然可以得到较好的重现性(±0.01 pH)，但对不同电极来说，其 pH 值与液界电位有关，pH_s 标准缓冲溶液的离子强度不大于 0.1，而海水的离子强度约 0.7，以致使用 pH_s 标准溶液测定海水 pH 值时，将由液界电位引起一定的误差，因此，Hansson (1973)使用有机缓冲剂(例如三(羟甲基)胺基甲烷加其盐酸盐)，以人工海水配制标准 pH 溶液可消除液界电位的不同而引起的测定海水 pH 值的误差。

3.5.1.2 海水 pH 值的主要控制机制及影响因素

大洋海水 pH 值一般在 8.0 左右，在 7.5～8.2 范围内变化。pH 值与二氧化碳-碳酸盐体系有以下两级解离平衡关系式。对海水 pH 值起控制作用的主要是二氧化碳-碳酸盐体系。

$$K_1 = \frac{\alpha_{H^+} \cdot \alpha_{HCO_3^-}}{\alpha_{H_2CO_3}}$$

$$K_2 = \frac{\alpha_{H^+} \cdot \alpha_{CO_3^{2-}}}{\alpha_{HCO_3^-}}$$

K_1，K_2 为热力学常数，这种常数在理论研究中很方便，但在实际应用中有一定的局限性，因单独离子活度难以测定，并且还要清楚地知道离子对的平衡，因此实际应用中常采用表观解离常数(K')：

$$K'_1=\frac{\alpha_{H^+}\cdot c_{HCO_3^-}}{c_{H_2CO_3}}=K_1\frac{r_{H_2CO_3}}{r_{HCO_3^-}}$$

$$K'_2=\frac{\alpha_{H^+}\cdot c_{CO_3^{2-}}}{c_{HCO_3^-}}=K_2\frac{r_{HCO_3^-}}{r_{CO_3^{2-}}}$$

式中 r 为活度系数。K_1'，K_2'不仅与温度、压力有关，而且与溶液的浓度有关。将其取对数，得：

$$\mathrm{pH}=\mathrm{p}K'_1+\lg\frac{c_{HCO_3^-}}{c_{H_2CO_3}}$$

$$\mathrm{pH}=\mathrm{p}K'_2+\lg\frac{c_{CO_3^{2-}}}{c_{HCO_3^-}}$$

由上两式可知，在一定的温度、压力与 S 下，pH 值主要决定于 H_2CO_3 各种离解形式之间的比值(图 3.6)。当测定了海水 pH 值后，根据 $\mathrm{p}K_1'$，$\mathrm{p}K_2'$值就可以算出各种形式间的比值。从上式也可以看出，海水缓冲能力最大时的 pH 值应等于 $\mathrm{p}K_1'$或 $\mathrm{p}K_2'$。当盐度及总 CO_2 一定时，由于 $\mathrm{p}K_1'$，$\mathrm{p}K_2'$随温度及压力变化，所以海水 pH 值也随温度及压力而变。

1. pH 值与温度的关系

海水的 pH 值随温度的升高而略有降低，这是海水中弱酸的电离常数随温度升高而增大的结果。因此，如果实际测定海水 pH 值时的水温与现场温度不同，就需进行校正，其关系式如下：

$$(\mathrm{pH})_{t_2}=(\mathrm{pH})_{t_1}-\alpha(t_2-t_1)$$

其中 t_1 为测定温度(℃)，t_2 为现场温度(℃)，α 是温度效应系数。

2. pH 值与压力的关系

海水的静水压力增大，则其 pH 值降低，这是由于碳酸的离解度随压力的增大而增大，压力对 pH 值的影响可按 Culberson 等(1968)提出的校正式进行校正：

$$(\mathrm{pH})_P=(\mathrm{pH})_1-4.0\times10^{-4}p$$

式中$(\mathrm{pH})_p$ 表示在 p 压力下海水的 pH 值，$(\mathrm{pH})_1$ 是在 101 325 Pa 压力下海水的 pH 值，p 为海水的静水压力。

海水盐度增加，离子强度增大，海水中碳酸的电离度就降低，从而氢离子的活度系数及活度均减小，即海水的 pH 值增加。

夏季，由于白天表层海水光照时间长，浮游植物的光合作用强度大于生物呼吸及有机质的氧化分解强度。结果海水中出现 CO_2 的净消耗，则 pH 值逐渐上升；午后 3～4 小时内，pH 值几乎达到最大值；晚间，光合作用停止，但呼吸作用和有机质的降解作用照常进行，产生的 CO_2 逐渐积累，海水 pH 值逐渐下降。冬季由于水温低，生物的光合作用与有机质的分解速率均下降，pH 值的昼夜变化幅度比夏季小。

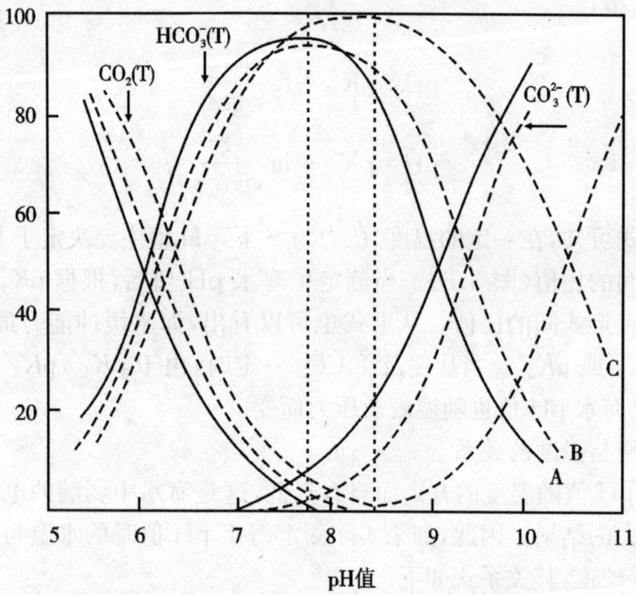

A 为 t＝25℃，Cl‰＝19.00；B 为 t＝0℃，Cl‰＝19.00；C 为 t＝25℃，Cl‰＝0

图 3.6 HCO_3^-，CO_3^{2-}，CO_2 在不同 pH 值下的分布图（引自郭锦宝，1997）

3.5.2 海水的缓冲容量

海水具有一定的缓冲能力，这种缓冲能力主要是受二氧化碳－碳酸盐系统控制。缓冲能力可以用数值来表示，称为缓冲容量（Buffer Capacity），其定义为：使 pH 值变化 1 个单位所需加入酸或碱的量（$mol \cdot dm^{-3}$），可以表示为：

$$\beta = \frac{d\ c_b}{d\ pH}$$

$$HA = H^+ + A^-$$

$$K'_a = \frac{c_{H^+} \cdot c_{A^-}}{c_{HA}}$$

$$\beta=2.303\left[\frac{K'_a(c_{A^-}+c_{HA})c_{H^+}}{(k'_a+c_{H^+})^2}+c_{H^+}+c_{OH^-}\right]$$

方括号中 c_{H^+} 及 c_{OH^-} 是在高或低 pH 值时对 β 的影响，一般可以省略。可以看出，当 $c_{H^+}=c_{HA}$ 时，$K_a{}'=c_{H^+}$，其缓冲容量最大，为

$$\beta_{maz}=\frac{2.303}{4}c_T=0.576c_T$$

$$c_T=c_{HA}+c_{A^-}$$

对于二元酸来说（海水二氧化碳系统），其 β 值为（在不考虑 H_3BO_3 的情况下）：

$$\beta=2.303\left[\sum CO_2\cdot\alpha_{H^+}\cdot K'_1\frac{\alpha_{H^+}^2+K'_1\cdot K'_2+4K'_2\cdot\alpha_{H^+}}{(\alpha_{H^+}^2+K'_1\cdot\alpha_{H^+}+K'_1\cdot K'_2)^2}+\alpha_{H^+}+\alpha_{OH^-}\right]$$

式中，α_{H^+} 及 α_{OH^-} 在海水 pH 范围内可以省略。从式中可以看出 β 值与 $\sum CO_2$ 的大小有关，当 $pH=pK_1{}'$，或 $pK_2{}'$，即 pH 接近于 6 或 9 时，海水的 β 值最大。

$$\beta_{max}=2.303\frac{\sum CO_2}{4}=0.576\sum CO_2$$

pH 值约为 8.0 的海水，并不处于最大缓冲容量的范围。当 pH 值约为 1/2 $(pK_1{}'+pK_2{}')$ 时，β 还有一个极小值（β_{min}），其表达式为：

$$\beta_{SW\ min}=\frac{4.606\sum CO_2(K'_2/K'_1)^{1/2}}{1+2(K'_2/K'_1)^{1/2}}$$

由此可见，海水的最大缓冲容量取决于海水二氧化碳的总量，而最小的缓冲容量不仅与海水总二氧化碳量有关，还与 $K_1{}'$，$K_2{}'$ 的大小有关。

海水 β 值除了与碳酸盐有关外，与 H_3BO_3 也有关，特别在高 pH 值时，有一定影响。海水 β 值比淡水及 NaCl 溶液大，主要是受离子对的影响。

3.5.3 海水碱度

3.5.3.1 海水总碱度

海水含有相当数量的 HCO_3^-，CO_3^{2-}，$H_2BO_3^-$，$H_2PO_4^-$ 和 $SiO(OH)_3^-$ 等弱酸阴离子，它们都是氢离子的接受体。这些氢离子接受体的浓度总和在海洋学上称为“碱度”或“滴定碱度”，常用符号“*Alk*”或“*A*”表示。

碱度是海水中弱酸阴离子总含量的一个量度，它的严格定义为：在温度为 20℃时，1dm³ 海水中弱酸阴离子全部被释放时所需要氢离子的毫摩尔数。采用“$mol\cdot dm^{-3}$”为单位，用公式表示为：

$$Alk=-[H^+]_T+[OH^-]_T+[HCO_3^-]_T+2[CO_3^{2-}]_T+[H_2BO_3^-]_T$$
$$+[HSiO_3^-]_T+[NH_3]_T+[HS^-]_T+2[S^{2-}]_T+[H_3PO_4]_T$$
$$+[HPO_4^{2-}]_T+2[PO_4^{3-}]_T$$

或

$$Alk=-[H^+]_T+[OH^-]_T+[HCO_3^-]_T+2[CO_3^{2-}]_T+[H_2BO_3^-]_T+[SA]$$

在一般海水中含量足以影响碱度的弱酸阴离子有 $HCO_3{}^-$，$CO_3{}^{2-}$，$H_2BO_3^-$，其他阴离子的含量都很低(剩余碱度 *SA*)，于是碱度可用下式表示：

$$Alk=-[H^+]_T+[OH^-]_T+[HCO_3^-]_T+2[CO_3^{2-}]_T+[H_2BO_3^-]_T$$

温度是 10 ℃，pH 值为 8.3 的海水中 HCO_3^-，CO_3^{2-}，$H_2BO_3^-$ 浓度分别为 2.0×10^{-3}，2.0×10^{-4}和 1.0×10^{-4} mol·dm^{-3}，而$[OH^-]-[H^+]$仅约为 2×10^{-6} mol·dm^{-3}，可忽略不计。所以上式还可简写成：

$$Alk=[HCO_3^-]_T+2[CO_3^{2-}]_T+[H_2BO_3^-]_T$$

对缺氧的海水，因其中硫化物、氨和磷酸盐的影响较大，剩余碱度不能再忽略。同理，一些河口和工业污染严重的水，也都有不可忽略的剩余碱度。

碱度也可根据海水中正负离子电荷平衡相等的原理，从正离子电荷总浓度扣去强酸型阴离子电荷总浓度求得，即

$$Alk=[Na^+]+[K^+]+2[Ca^{2+}]+2[Mg^{2+}]+\cdots$$
$$-[Cl]-2[SO_4^{2-}]-[Br^-]-\cdots$$

大洋海水的 *Alk* 与 *Cl* 的比值称为"比碱度"、"碱氯系数"或"碱氯比"，它和海水中主要成分浓度之间的比值一样呈现近似恒定，其定义为：

$$\text{比碱度}=\frac{Alk\times10^3}{Cl‰}$$

Koczy(1956)对大西洋、印度洋和太平洋的调查结果表明：对大部分大洋海水，碱氯系数约为0.126，虽然也出现很大的变化，但变化范围在0.119～0.130之间。不同海区、不同深度，碱氯系数有所不同。表层水的碱氯系数略低，在深层水中(尤其是在海底附近)，$CaCO_3$ 从海底沉积物溶解出来，碱氯系数因而较高。太平洋的碱氯系数比大西洋高，而印度洋介于两者之间。在大洋水中的不同水团，碱氯系数也有一定差异。在河口滨海区，因受大陆径流的稀释，碱氯系数一般比大洋海水高。因此，碱氯系数可作为划分水团和作为河口海区水系混合的一项良好指标。

3.5.3.2 海水碳酸碱度

海水的碳酸氢根和两倍的碳酸根离子摩尔浓度的总和称为海水的碳酸碱度(CA),单位 mol·dm^{-3}。

$$CA = c_{HCO_3^-} + 2c_{CO_3^{2-}} = Alk - BA$$
$$= Alk - [H_2BO_3^-]$$

$$H_3BO_3 = H^+ + H_2BO_3^-$$

$$K'_B = \frac{\alpha_{H^+} \cdot c_{H_2BO_3^-}}{c_{H_2BO_3}}$$

$$c_{H_2BO_3^-} = \frac{K'_B \cdot c_{H_3BO_3}}{\alpha_{H^+}}$$

式中,K_B'为硼酸的一级表观解离常数。整理可得

$$c_{H_2BO_3^-} = \frac{K'_B \cdot c_{H_3BO_3}}{\alpha_{H^+}}$$

$$\sum B = c_{H_3BO_3} + c_{H_2BO_3^-}$$

$$c_{H_2BO_3^-} = \sum B - c_{H_3BO_3}$$

则得

$$c_{H_2BO_3^-} = \frac{K'_B \cdot \sum B}{\alpha_{H^+} + K'_B}$$

由于海水恒定组成,$\sum B$ 可由测定海水 Cl 求出。当 K_B'已知时,可计算出 $c_{H_2BO_3^-}$。CA 为

$$CA = Alk - \frac{K'_B \cdot \sum B}{\alpha_{H^+} + K'_B}$$

3.5.3.3 海水总二氧化碳

海水中总二氧化碳($\sum CO_2$)定义为:

$$\sum CO_2 = c_{CO_2} + c_{H_2CO_3} + c_{HCO_3^-} + c_{CO_3^{2-}}$$
$$= c_{CO_2(T)} + c_{HCO_3^-} + c_{CO_3^{2-}}$$

在海水中,$c_{CO_2} + c_{H_2CO_3}$ 仅占 $\sum CO_2$ 的 1%,而 $c_{H_2CO_3}$ 则为 c_{CO_2} 的 0.2%左右,因此,$\sum CO_2$ 可近似表示为:

$$\sum CO_2 = c_{HCO_3^-} + c_{CO_3^{2-}}$$

通常测定 Alk,CA 及 $\sum CO_2$ 都是在 0.1 MPa 下进行的,对深层的现场值则需要考虑压力的影响,这种影响有二:一是由于海水的压力,使体积变小;二是由于压力对 H_2CO_3 及 HCO_3^- 解离常数的影响,会改变 $c_{CO_3^{2-}}$,$c_{HCO_3^-}$ 的值。

3.5.4 海水碳酸盐体系化学平衡

3.5.4.1 海水中二氧化碳的溶解平衡

海水中二氧化碳和溶解氧相似,大部分从大气溶入。此外,一部分来自海洋动物的呼吸、生物残骸的腐解和海底沉积物中有机质的分解。CO_2 在海水中的平衡溶解度仍然服从亨利定律,但与亨利定律的偏差比 N_2,O_2 或 Ar 大得多。其原因是 CO_2 与 N_2,O_2 等其他气体不同,对水溶液来说,它在化学上不是惰性的。也就是说,除了通常的水合作用(如下式)外,

$$CO_2(g) \xrightleftharpoons{-H_2O} CO_2(aq)$$

还同水反应生成碳酸,即

$$CO_2(aq) + H_2O \rightleftharpoons H_2CO_3$$

$$K = \frac{\alpha_{H_2CO_3}}{\alpha_{CO_2(aq)} \cdot \alpha_{H_2O}}$$

K 值约为 2×10^{-3}。虽然 CO_2 的平衡溶解度并不严格遵守亨利定律,但在海洋学的研究范围内,它还是基本上符合亨利定律的。因此,CO_2 的平衡溶解度 $c_{CO_2(T)}$ 与 CO_2 的平衡分压 p_{CO_2} 之间的线性关系可表示为:

$$c_{CO_2(T)} = \alpha_s \cdot p_{CO_2}$$

式中的 α_s 是溶解度系数,为一定温度、盐度下,p_{CO_2} 为 101 325 Pa 时,海水中 CO_2 的溶解度。

Murray(1971)等测定的 α_s 值,Weiss(1974)经非理想气体性质的校正得出 α_s 值与温度、盐度的关系式为:

$$\ln \alpha_s = -46.5820 + 90.5069(100/T) + 22.2940 \ln(T/100) + [0.027766 - 0.025888(T/100) + 0.005078(T/100)^2]S \quad (1)$$

式中,T 为绝对温度;S 为盐度;α_s 单位为 $mol \cdot dm^{-3} \cdot Pa^{-1}$ 按(1)式计算的结果列于表 3.4 中。

如果 CO_2 的溶解度值 α_s',单位为 $mol \cdot dm^{-3} \cdot Pa^{-1}$,那么 α_s' 可由下述方程得出,即:

$$\ln \alpha'_s = -48.728\,0 + 93.451\,7(100/T) + 23.358\,5\ln(T/100)$$
$$+[0.023\,517 - 0.023\,656(T/100) + 0.004\,7036(T/100)^2]S \quad (2)$$

按式(2)计算的 CO_2 溶解度值列于表 3.5 中。

CO_2 的溶解度随温度及盐度的升高而降低。CO_2 比大气 N_2 及 O_2 的溶解度大许多倍，大气中 CO_2 的分压为 32.4 Pa，N_2 ∶ O_2 ∶ CO_2 的分压比为 2 400 ∶ 630 ∶ 1，而它们在海水中浓度比则为 28 ∶ 19 ∶ 1。海水（$Cl‰=19$）中 CO_2 与大气平衡时的摩尔比在 0℃和 25℃分别是 15 和 0.70。

表 3.4　CO_2 在纯水及海水中溶解度（$\times 10^3$ mol · dm^{-3} · Pa^{-1}）（Weiss，1974）

温度(℃) \ 盐度	0	10	20	30	34	35	36	38	40
−1	—	—	7.158	6.739	6.579	6.539	6.500	6.422	6.345
0	7.758	7.305	6.880	6.479	6.325	6.287	6.249	6.175	6.101
1	7.458	7.024	6.616	6.232	6.085	6.048	6.012	5.941	5.870
2	7.174	6.758	6.367	5.999	5.857	5.822	5.788	5.719	5.651
3	6.904	6.506	6.131	5.777	5.642	5.608	5.575	5.509	5.444
4	6.649	6.267	5.907	5.568	5.438	5.405	5.374	5.310	5.248
5	6.407	6.040	5.695	5.369	5.244	5.213	5.188	5.122	5.062
6	6.177	5.825	5.493	5.180	5.060	5.031	5.001	4.943	4.885
8	5.752	5.427	5.120	4.831	4.720	4.693	4.666	4.612	4.588
10	5.367	5.067	4.784	4.516	4.413	4.388	4.363	4.313	4.263
12	5.019	4.741	4.479	4.231	4.136	4.112	4.089	4.042	3.997
14	4.703	4.446	4.202	3.972	3.884	3.862	3.840	3.797	3.755
16	4.416	4.177	3.951	3.738	3.665	3.635	3.615	3.575	3.536
18	4.155	3.933	3.723	3.524	3.448	3.429	3.410	3.373	3.336
20	3.916	3.710	3.515	3.330	3.258	3.241	3.223	3.189	3.154
22	3.699	3.507	3.325	3.152	3.086	3.069	3.053	3.021	2.989
24	3.499	3.321	3.131	2.990	2.928	2.912	2.897	2.867	2.837
26	3.317	3.150	2.992	2.841	2.783	2.769	2.775	2.727	2.699
28	3.149	2.994	2.846	2.705	2.651	2.638	2.624	2.598	2.572
30	2.995	2.580	2.712	2.850	2.530	2.517	2.505	2.480	2.455
32	2.854	2.718	2.589	2.466	2.418	2.406	2.395	2.372	2.349
34	2.723	2.596	2.476	2.360	2.316	2.309	2.294	2.272	2.250
36	2.603	2.484	2.371	2.263	2.221	2.211	2.201	2.180	2.160
38	2.492	2.381	2.271	2.174	2.134	2.125	2.115	2.096	2.077
40	2.389	2.285	2.186	2.091	2.054	2.045	2.036	2.018	2.000

表 3.5　CO_2 在纯水及海水中溶解度($\times 10^3$ mol · dm^{-3} · Pa^{-1})(Weiss,1974)

温度(℃)＼盐度	0	10	20	30	34	35	36	38	40
			7.273	6.903	6.760	6.724	6.689	6.620	6.551
−1	7.758	7.364	6.990	6.635	6.498	6.465	6.431	6.364	6.288
0	7.458	7.081	6.723	6.382	6.251	6.219	6.187	6.123	6.060
1	7.714	6.813	6.469	6.143	6.017	5.986	5.955	5.894	5.833
2	6.905	6.558	6.229	5.916	5.795	5.766	5.736	5.677	5.619
34	6.650	6.317	6.001	5.701	5.585	5.557	5.528	5.472	5.416
5	6.408	6.088	5.785	5.497	5.386	5.358	5.331	5.277	5.223
6	6.178	5.871	5.580	5.303	5.196	5.170	5.144	5.092	5.040
8	5.751	5.469	5.200	4.945	4.846	4.822	4.797	4.749	4.702
10	5.366	5.105	4.857	4.621	4.529	4.507	4.485	4.440	4.396
12	5.017	4.776	4.546	4.327	4.243	4.222	4.201	4.160	4.119
14	4.700	4.477	4.264	4.062	3.983	3.964	3.945	3.906	3.869
16	4.412	4.205	4.008	3.820	3.747	3.129	3.712	3.676	3.641
18	4.149	3.958	3.775	3.600	3.533	3.516	3.499	3.466	3.434
20	3.910	3.732	3.562	3.400	3.337	3.322	3.306	3.275	3.245
22	3.691	3.526	3.368	3.217	3.158	3.144	3.130	3.101	3.013
24	3.491	3.337	3.190	3.050	2.995	2.982	2.968	2.942	2.915
26	3.307	3.164	3.027	2.897	2.846	2.833	2.821	2.796	2.771
28	3.138	3.005	2.878	2.756	2.704	2.697	2.685	2.662	2.639
30	2.983	2.859	2.741	2.627	2.583	2.572	2.561	2.540	2.518
32	2.840	2.725	2.615	2.509	2.468	2.457	2.447	2.427	2.407
34	2.708	2.601	2.498	2.400	2.361	2.352	2.342	2.323	2.305
36	2.587	2.487	2.391	2.299	2.263	2.254	2.246	2.228	2.211
38	2.474	2.382	2.292	2.207	2.173	2.165	2.157	2.140	2.124
40	2.370	2.284	2.201	2.121	2.090	2.082	2.074	2.059	2.044

3.5.4.2 海水中碳酸盐体系的电离平衡

1. 海水中碳酸体系电离常数的定义

如上所述,二氧化碳溶解在海水中,除了水合作用外,还同水反应生成 H_2CO_3。然后,H_2CO_3 分两步电离,即

$$H_2CO_3 \rightleftharpoons H^+ + HCO_3^- \quad K_1 = \frac{\alpha_{H^+} \cdot \alpha_{HCO_3^-(T)}}{\alpha_{H_2CO_3(T)}}$$

$$HCO_3^- \rightleftharpoons H^+ + CO_3^{2-} \quad K_2 = \frac{\alpha_{H^+} \cdot \alpha_{CO_3^{2-}(T)}}{\alpha_{HCO_3^-(T)}}$$

式中 K_1,K_2 为热力学常数,为了在实用上方便,海洋学上一般采用表观电离常数 K_1'和 K_2',即

$$K'_1 = \frac{a_{H^+} \cdot c_{HCO_3^-}}{c_{H_2CO_3}} = K_1 \frac{r_{H_2CO_3}}{r_{HCO_3^-}}$$

$$K'_2 = \frac{a_{H^+} \cdot c_{CO_3^{2-}}}{c_{HCO_3^-}} = K_2 \frac{r_{HCO_3^-}}{r_{CO_3^{2-}}}$$

二氧化碳溶解阶段,进行较为缓慢,而电离阶段,进行得很迅速。因为在海水中 CO_2(aq)和 H_2CO_3 是无法区分的,所以用游离 CO_2 这个概念表示两者的总和。因此,通常合并为

$$CO_2(aq) + H_2O \rightleftharpoons H^+ + HCO_3^-$$

$$K = \frac{a_{H^+} \cdot a_{HCO_3^-(T)}}{a_{CO_2} \cdot a_{H_2O}}$$

碳酸的第一和第二表观电离常数先后有许多海洋学者进行过研究。但是由于测定的方法和技术不同,因此,各个学者所得常数的数值就不完全一样。在此,仅介绍海洋化学上常用的几组常数值,即 Buch(1951),Lyman(1956)和 Hansson(1973)等。为了便于区分,分别以 K_{1B}',K_{1L}'和 K_{1H}'表示,则三种 K_1' 值的定义如下:

$$\text{Buch:}\ K'_{1B} = \frac{\alpha_{H^+} \cdot c_{HCO_3^-(T)}}{\alpha_{CO_2} \cdot \alpha_{H_2O}} = \frac{\alpha_{H^+} \cdot c_{HCO_3^-(T)}}{\alpha_s \cdot p_{CO_2} \cdot \alpha_{H_2O}}$$

$$\text{Lyman:}\ K'_{1L} = \frac{\alpha_{H^+} \cdot c_{HCO_3^-(T)}}{c_{CO_2(T)}} = \frac{\alpha_{H^+} \cdot c_{HCO_3^-(T)}}{\alpha_s \cdot p_{CO_2}}$$

$$\text{Hansson:}\ K'_{1H} = \frac{c_{H^+(T)} \cdot c_{HCO_3^-(T)}}{c_{CO_2(T)}} = \frac{c_{H^+(T)} \cdot c_{HCO_3^-(T)}}{\alpha_s \cdot p_{CO_2}}$$

$$K'_{1L}=K'_{1B}\cdot(\frac{\alpha_0}{\alpha_s})\cdot(\frac{p_{SW}}{p_0})$$

由以上式子可看出，就 K_1'的定义而言，三者是不同的。而且在测定 pH 值时，三者使用了不同的 pH 标度：Buch 使用的是 Sϕrensen 的 pH 标度，Lyman 使用的是 NBS 的 pH 标度（苯二甲酸氢钾标准溶液，pH＝4.008，25℃），而 Hansson 使用的则是 Hansson 海水的 pH 标度。

由于 Buch 和 Lyman 所使用的 pH 标度不同，两者间的差值为：

$$\text{pH(Sϕrensen 标度)}=\text{pH(NBS 标度)}-x\Delta\text{pH}$$

式中 $x\Delta$pH 值随温度变化的情况如下：

t(℃)	12	20	25	30	35
$x\Delta$pH	0.034	0.036	0.034	0.028	0.023

碳酸的第二表现电离常数 K_2'，三者采用同一表达形式，即

$$K'_2=\frac{\alpha_{H^+}\cdot c_{CO_3^{2-}(T)}}{c_{HCO_3^-(T)}}$$

但是三者所采用的 pH 标度仍然不同。

硼酸的解离常数为

$$K'_B=\frac{\alpha_{H^+}\cdot c_{H_2BO_3^-}}{c_{H_3BO_3}}$$

2. 海水中碳酸体系电离常数与 t,Cl‰的关系

根据上述碳酸表观电离常数的定义，以及温度、压力、盐度和离子组成对其的影响，现将几位学者测定的 K_1'，K_2'和 K_B'分述如下：

(1)Buch 值(1951)

$$pK'_1=6.47-0.118\,Cl^{1/3}\quad(20℃)$$
$$pK'_2=10.38-0.510\,Cl^{1/3}\quad(20℃)$$
$$pK'_B=9.92-0.0086\,Cl-0.123\,Cl^{1/3}$$

温度校正值：

$$\Delta pK'_1=\begin{cases}-0.008\,4\Delta t & (10\sim15℃,\ Cl=19\times10^{-3})\\ -0.008\,0\Delta t & (15\sim20℃,\ Cl=19\times10^{-3})\\ -0.006\,4\Delta t & (20\sim25℃,\ Cl=19\times10^{-3})\end{cases}$$

$$\Delta pK'_2=\begin{cases}-0.001\,2\Delta t & (5℃\text{左右},\ Cl=19\times10^{-3})\\ -0.001\,1\Delta t & (20℃\text{左右},\ Cl=19\times10^{-3})\end{cases}$$

(2)Lyman 值(1956)

$$pK'_{1L}=6.34-0.01\ Cl-(0.008-0.000\,08\ t)t$$

$$\Delta pK'_2=9.78-0.02\ Cl-0.012\ t$$

$$\Delta pK'_B=9.26-0.016\ Cl-0.010\ t$$

$$0℃\leqslant t\leqslant25℃\qquad 16\leqslant Cl\leqslant21(\times10^{-3})$$

(3)Edmond 及 Gieskes(1970)值

Edmond 等(1970)将 Buch 测定值换算成 Lyman 的条件(pH 标度及 K_{1L}' 形式),然后与 Lyman 值对比,并且与已测定的热力学常数及在 NaCl 溶液中测定值相互进行比较,并提出 K' 与温度、盐度的函数关系如下:

$$pK'_1=3\,404.71/T+0.032\,786T-14.712\,2-0.191\,78\ Cl^{\frac{1}{3}}$$

$$pK'_2=2\,902.39/T+0.023\,79T-6.471\,0-0.469\,3\ Cl^{\frac{1}{3}}$$

$$pK'_B=2\,291.90/T+0.0175\,6T-3.385\,0-0.320\,51\ Cl^{\frac{1}{3}}$$

式中 T 为绝对温度;Cl 为氯度。

(4)Hansson(1973)值

$$pK'_{1H}=841/T+3.272-0.010\,1\ S+0.000\,1\ S^2$$

$$pK'_{2H}=1373/T+4.854-0.019\,35\ S+0.000\,135\ S^2$$

$$pK'_{BH}=1026/T+5.527-0.015\,8\ S+0.000\,16\ S^2$$

式中 T 为绝对温度;S 为盐度。

3. 压力对平衡常数的影响

一般在凝固相的物理化学研究过程中,往往对压力的效应可略而不计。但由于海洋深度如此之大,平均深度达3 800 m。致使不同水层承受压力差别较大。在10 000 m 深度海水体积由于压缩可变化近 4%,这样就使离子浓度稍有增加。压力不仅对海水体积有影响,而且对溶液中的平衡常数亦有影响。因此,压力对化学平衡的效应是不可忽视的。压力对平衡常数的影响关系可以表示为:

$$\frac{\partial \ln K'_1}{\partial P} TC = \frac{-\Delta V}{RT}$$

Edmond 及 Gieskes(1970)将 ΔV 表示为：

$$K'_1 \quad \Delta V'_1 = -(24.2 - 0.085t)\,\mathrm{cm^3 \cdot mol^{-1}}$$

$$K'_2 \quad \Delta V'_2 = -(16.4 - 0.040t)\,\mathrm{cm^3 \cdot mol^{-1}}$$

$$K'_B \quad \Delta V'_B = -(27.5 - 0.095t)\,\mathrm{cm^3 \cdot mol^{-1}}$$

式中 t 为温度，以℃表示。

Culberson 及 Pytkowicz 等所求得的压力对 $\Delta pK'$ 的影响，得出如下公式：

$$S=34.8 \quad \Delta pK'_{1L} = 0.013 + 1.319 \times 10^{-3} P - 3.061 \times 10^{-6} P \cdot T - 0.161 \times 10^{-6} T^2 - 0.020 \times 10^{-6} P^2$$

$$\Delta pK'_2 = -0.015 + 0.839 \times 10^{-3} P - 1.908 \times 10^{-6} P \cdot T + 0.182 \times 10^{-6} T^2$$

$$\Delta pK'_B = 1.809 \times 10^{-3} P - 4.515 \times 10^{-6} P \cdot T - 0.169 \times 10^{-6} P^2 + 1.759 \times 10^{-12} P^2 \cdot T^2$$

$$S=38.5 \quad \Delta pK'_{1L} = 0.467 \times 10^{-3} P - 4.4 \times 10^{-8} P^2$$

$$\Delta pK'_2 = 0.280 \times 10^{-3} P$$

$$\Delta pK'_B = 0.492 \times 10^{-3} P - 1.4 \times 10^{-8} P^2$$

式中 P 为大气压，T 为绝对温度。

3.5.5 海水中碳酸钙的沉淀与溶解平衡

海水中二氧化碳体系的化学性质是复杂的，包括了水圈同大气圈、岩石圈和生物圈之间的相互作用。本节我们将要讨论的是固相与海水界面的平衡，即碳酸钙的沉淀与溶解平衡。

有关调查表明：世界大洋表层海水 $CaCO_3$ 是处于过饱和状态的，而深层海水 $CaCO_3$ 则不饱和，由表层的过饱状态过渡到深层的不饱和状态，其间必有一个饱和层，此深度称为 $CaCO_3$ 的饱和深度。在大于饱和深度的某一范围，$CaCO_3$ 的溶解速率突然增加，称之为 $CaCO_3$ 的溶跃层。在溶跃层稍下一点的某深度上，$CaCO_3$ 的沉积速率和溶解速率相等，该深度称之为 $CaCO_3$ 的补偿深度。不同大洋的饱和深度及补偿深度也各不相同，饱和深度一般在几百至几千米之间，补偿深度常常位于饱和深度以下 2 000 m 或更深处。

海洋生物由表层吸收 Ca^{2+} 及 CO_3^{2-} 形成 $CaCO_3$，然后下沉至深层。这些碳酸钙部分溶解于水，部分沉积于海底，因此生物过程是把 $CaCO_3$ 由表层向深层及海底的转移过程。河流每年向海洋输送一定数量的Ca^{2+}，如海洋处于稳定状态，则每年进入海洋的钙量应等于沉积于海底的量。

$CaCO_3$的形成与溶解过程，不仅会影响海水$\sum CO_2$，Alk和钙的含量分布，而且与海洋生物活动有着密切的关系。尤其重要的是，它控制着海水的pH值，因此，$CaCO_3$的形成与溶解平衡是海洋中碳和钙循环的一个主要课题之一。

3.5.5.1 方解石和文石的溶度积

天然的$CaCO_3$主要存在有3种晶型，即方解石、文石和球文石。其中球文石不普遍，无一般意义，故通常只讨论方解石和文石。图3.7表示方解石和文石具有明显不同的晶型。它们具有不同的生成自由能，具有不同的溶度积。

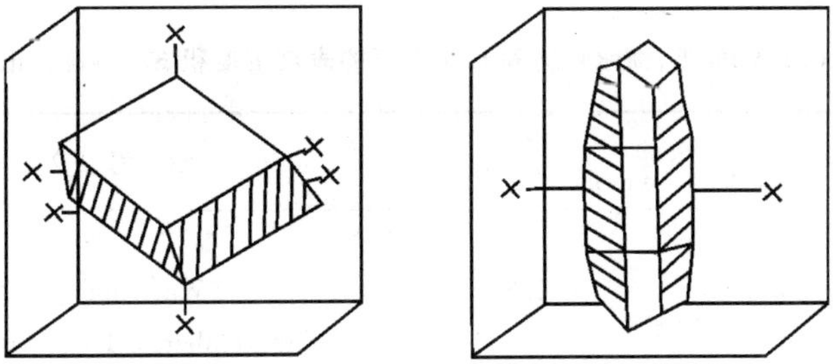

图3.7　方解石和文石的晶型结构

$$CaCO_3(固,方解石) \rightleftharpoons Ca^{2+} + CO_3^{2-} \quad K_{so(C)} = \{Ca^{2+}\}\{CO_3^{2-}\}$$
$$CaCO_3(固,文石) \rightleftharpoons Ca^{2+} + CO_3^{2-} \quad K_{so(A)} = \{Ca^{2+}\}\{CO_3^{2-}\}$$
$$CaCO_3(固,文石) \rightleftharpoons CaCO_3(固,方解石)$$

在温度为25℃和盐度为36.00的海水中，方解石的表观溶度积约为文石的一半，方解石较稳定，反应式向右进行。故在海洋中这两种晶型虽都有发现，但方解石更重要些。

对碳酸钙的溶解－沉淀平衡，按热力学有

$$\mu_{CaCO_3(s)} = \mu_{Ca^{2+}} + \mu_{CO_3^{2-}}$$

式中μ_{CaCO_3}，$\mu_{Ca^{2+}}$，$\mu_{CO_3^{2-}}$分别是$CaCO_3$，Ca^{2+}，CO_3^{2-}的化学势，因

$$\left.\begin{aligned} \mu_{Ca^{2+}} &= \mu^{\circ}{}_{Ca}(P,T) + RT\ln\alpha_{Ca^{2+}} \\ \mu_{CO_3^{2-}} &= \mu^{\circ}{}_{CO_3^{2-}}(P,T) + RT\ln\alpha_{CO_3^{2-}} \end{aligned}\right\}$$

故得：

$$K_{so(CaCO_3)}=\{Ca^{2+}\}\{CO_3^{2-}\}=\exp\left[\frac{\mu^{\circ}_{CaCO_3(s)}-(\mu^{\circ}_{Ca^{2+}}+\mu^{\circ}_{CO_3^{2-}})}{RT}\right]$$

在 0.1 MPa 下海水中方解石和文石的表观溶度积见表 3.6。

更精确的计算可参阅第 4 章中各种海水活度系数的公式。

压力对 Ks 的影响在海水条件下可写成

$$\ln\frac{(K_S)_P}{(K_S)_1}=-\frac{\Delta\overline{V'}}{RT}(P-1)$$

$$\Delta\overline{V'}=\Delta\overline{V}^{\circ}\frac{RT}{(P-1)}\ln\frac{(\gamma_{\pm CaCO_3})_1}{(\gamma_{\pm CaCO_3})_P}$$

表 3.6　在 0.1 MPa 下，海水中方解石和文石的表观溶度积 *Ks*(引自张正斌等，1989)

t (℃)	S (盐度)	Ks $(mol^2\cdot kg^{-2})\times10^7$	参 考 文 献
方解石			
20	34.51	4.24	(Wattenberg, 1936)
25	31.72	3.55	(Wattenberg, Timmerman, 1936)
30	31.72	3.07	(Wattenberg, Timmerman, 1936)
35	31.72	2.69	(Wattenberg, Timmerman, 1936)
15	33.15	4.62	(Hindman, 1943)
25	34.34	5.17	(Hindman, 1943)
30	33.28	4.65	(Hindman, 1943)
15	36.31	5.31	(Park, 1961)
25	36.31	4.91	(Park, 1961)
0	34.32	5.78	(MacIntyre, 1965)
5	34.32	5.14	(MacIntyre, 1965)
10	34.32	5.00	(MacIntyre, 1965)
15	34.32	5.41	(MacIntyre, 1965)
20	34.32	4.82	(MacIntyre, 1965)
25	34.32	5.03	(MacIntyre, 1965)
30	34.32	4.55	(MacIntyre, 1965)
35	34.32	4.03	(MacIntyre, 1965)
2	43.00	5.27	(Ingle, 1975)
13	43.00	5.29	(Ingle, 1975)
35	43.00	5.34	(Ingle, 1975)
2	35.00	4.34	(Ingle, *et al*, 1975)

（续表）

t (℃)	S (盐度)	Ks $(mol^2\cdot kg^{-2})\times10^7$	参考文献
13	35.00	4.46	(Ingle, *et al*, 1975)
35	35.00	4.59	(Ingle, *et al*, 1975)
2	27.00	3.05	(Ingle, 1975)
13	27.00	3.01	(Ingle, 1975)
35	27.00	3.25*	(Ingle, 1975)
5		7.98*	(Berner, 1976)
25		5.94*	(Berner, 1976)
25		4.39	(Morse, *et al*, 1980)
5	18.29	2.84	(Plath, 1979; Plath, *et al*, 1980)
5	24.45	3.52	(Plath, 1979; Plath, *et al*, 1980)
5	34.57	4.79	(Plath, 1979; Plath, *et al*, 1980)
10	18.29	2.49	(Plath, 1979; Plath, *et al*, 1980)
10	24.45	3.40	(Plath, 1979; Plath, et al, 1980)
10	34.57	4.70	(Plath, 1979; Plath, *et al*, 1980)
15	18.29	2.37	(Plath, 1979; Plath, *et al*, 1980)
15	24.45	3.15	(Plath, 1979; Plath, *et al*, 1980)
15	34.57	4.73	(Plath, 1979; Plath, *et al*, 1980)
25	18.29	2.23	(Plath, 1979; Plath, *et al*, 1980)
25	24.45	3.10	(Plath, 1979; Plath, *et al*, 1980)
25	34.57	4.70	(Plath, 1979; Plath, *et al*, 1980)
文石			
5	34.32	8.9*	(MacIntyre, 1965)
25	34.32	10.6*	(MacIntyre, 1965)
5		11.4*	(Berner, 1976)
25		8.76*	(Berner, 1976)
25		6.65*	(Morse, *et al*, 1980)
25	32.00	8.69*	(Plath, 1979) (Plath, *et al*, 1980)

3.5.5.2 其他碳酸盐的溶度积

碳酸钙在海水条件下有时呈过饱和状态。此外，例如太平洋水对羟基磷灰石和氟磷灰石磷酸盐在所有温度下亦稍微过饱和。然而大多数其他金属碳酸盐在天然海水中是未饱和的，如表 3.7 所示。由表 3.7 可见，金属碳酸盐的不饱和程度与逗留时间有一定的关系。在具体使用表 3.7 时务必注意,当实测条件与天然海水不同时,考虑到 CO_3^{2-} 浓度随之亦变,应按具体实验条件下的 CO_3^{2-} 浓度来估计金属碳酸盐沉淀是否生成。表 3.8 列出某些金属碳酸盐的热力学溶度积值,以供与表 3.7 对比和补充。

表 3.7 海水中金属碳酸盐的溶度积和海洋中的实际浓度

金属	难溶化合物	溶度积	饱和溶液中的浓度 计算值 $(mg \cdot dm^{-3})$	饱和溶液中的浓度 实测值 $(mg \cdot dm^{-3})$	海洋中实际浓度 $(mg \cdot dm^{-3})$	$\gamma=\frac{实测饱和浓度}{海洋中实际浓度}$	逗留时间 (a)
Pb	$PbCO_3$	1.5×10^{-13}	0.01	0.3～0.7	0.000 03	4 000～10 000	2.0×10^3
Ni	$Ni(OH)_2$	1.6×10^{-16}	150	20～450	0.002	10 000～225 000	1.8×10^4
Co	$CoCO_3$	8×10^{-13}	0.02	25～200	0.000 5	50 000～400 000	1.8×10^4
Cu	$CuCO_3$	2.5×10^{-10}	5.7	0.4～0.8	0.003	133～266	5.0×10^4
Ba	$BaSO_4$	1×10^{-10}	0.03	0.11	0.03	3.7	8.4×10^4
Zn	$ZnCO_3$	2×10^{-10}	4.6	1.2～2.5	0.01	120～250	1.8×10^5
Cd	$Cd(OH)Cl$	3.2×10^{-11}	105	4～1 000	0.000 1	40 000～10 000 000	5.0×10^5
Ca	$CaCO_3$	5×10^{-9}	70	100～480	400	0.25～1.2	8.0×10^6
Sr	$SrCO_3$	$(3～16)\times10^{-10}$	9～44	22	8	2.75	1.9×10^7
Mg	$MgCO_3 \cdot H_2O$	1×10^{-5}	84 000	36 000	1 350	27	4.5×10^7

表 3.8 某些金属碳酸盐的热力学溶度积

难溶化合物	$K_{so}(mol^2 \cdot dm^{-6})$	难溶化合物	$K_{so}(mol^2 \cdot dm^{-6})$
$MgCO_3 \cdot H_2O$	2.88×10^{-5}	$MnCO_3$	5.01×10^{-10}
$MgCO_3 \cdot 3H_2O$	2.13×10^{-5}	$FeCO_3$	2.09×10^{-11}
$MgCO_3$	3.47×10^{-8}	$CoCO_3$	1.05×10^{-10}
$SrCO_3$	9.32×10^{-10}	$CuCO_3$	2.34×10^{-10}
$BaCO_3$	6.01×10^{-9}	$ZnCO_3$	1.0×10^{-10}
$Y_2(CO_3)_3$	2.51×10^{-31}	$CdCO_3$	1.82×10^{-14}
$La_2(CO_3)_3$	3.98×10^{-34}		

3.5.5.3 海洋中钙、方解石和文石的分布

海洋中 Ca 的分布与方解石和文石的分布密切相关,此外也与生物圈作用密切相关。图 3.8 是太平洋中马尾藻海沿 170°W 的 345 个样品中,Ca^{2+} 含量断面图。其分布特点是 Ca 的含量表层低、深层高。

由图 3.9 知,与海水接触的任何盐类(例如方解石和文石等),当其溶解时

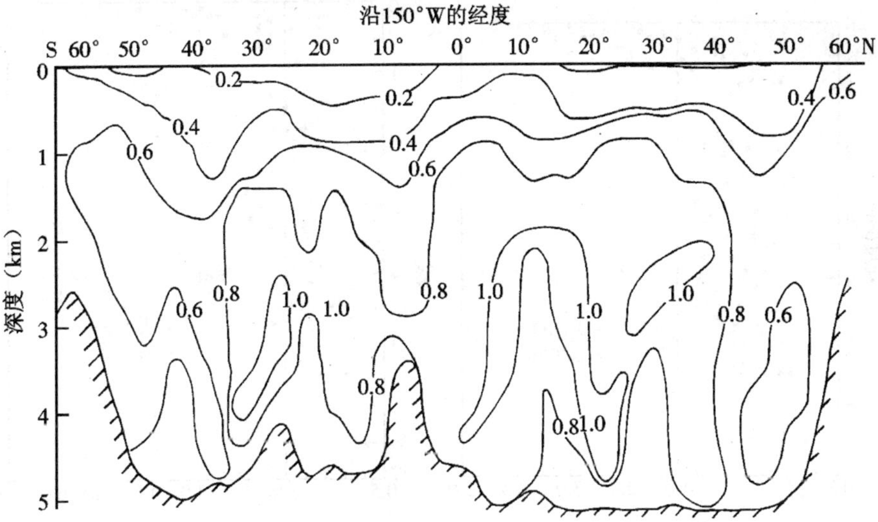

以百分偏差表示，样品取自马尾藻海

图 3.8　沿 170°W 经度 Ca 含量变化断面图

所生成的各离子的浓度积达到一极限值时，该溶液对此盐类而言就成为饱和。例如 $CaCO_3$ 溶解时，生成 Ca^{2+} 和 CO_3^{2-}，其饱和度 D 可表示为

$$D=\frac{([Ca^{2+}][CO_3^{2-}]_{海水})}{([Ca^{2+}][CO_3^{2-}]_{方解石所饱和的海水})}$$

如果 $D=1$，海水恰好饱和；如 $D>1$，海水为过饱和；如果 $D<1$，海水就是未饱和。由于如上所述海水中 Ca 含量随盐类组分的变化仅约 1%，可近似认为不变。这样 D 可近似表达成：

$$D=\frac{[CO_3^{2-}]_{海水}}{[CO_3^{2-}]_{方解石所饱和的海水}}$$

由此，D 值是随温度、压力的变化及矿石是方解石还是文石等而变化。

一般而言，如图 3.9 所示，方解石或文石在大洋深层是不饱和的，其原因可能是温度降低和压力升高及有机物氧化等所致。太平洋沉积物中 $CaCO_3$ 含量较少，但是，因海底地壳的活动，如图 3.10 所示，新形成的地壳从图中峰顶移走，使越来越多的沉积物堆积，离洋中脊顶愈远，沉积物也愈厚。结果 $CaCO_3$ 的沉积也随之变化。

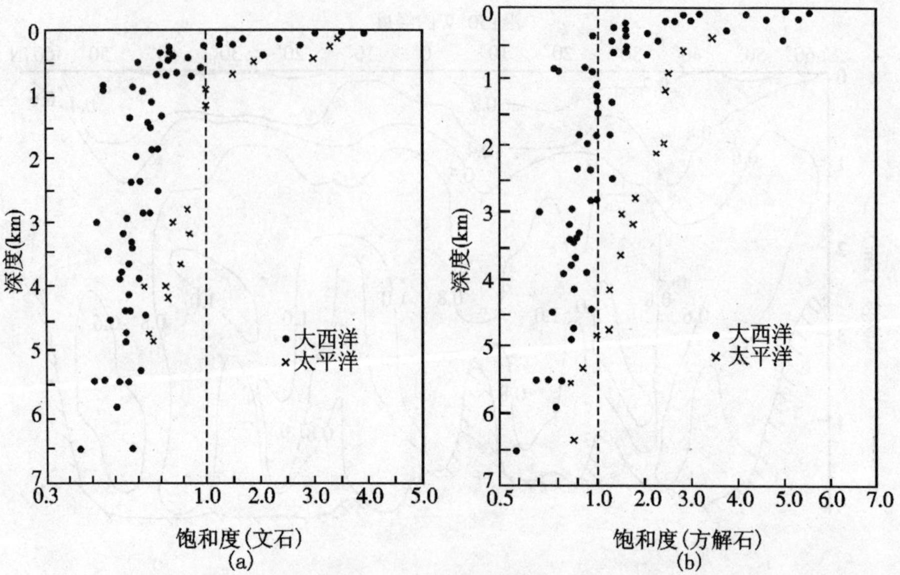

图 3.9 在大西洋和太平洋中文石(a)和方解石(b)的饱和度与水深的关系图

(引自 Pytkowicz,1983)

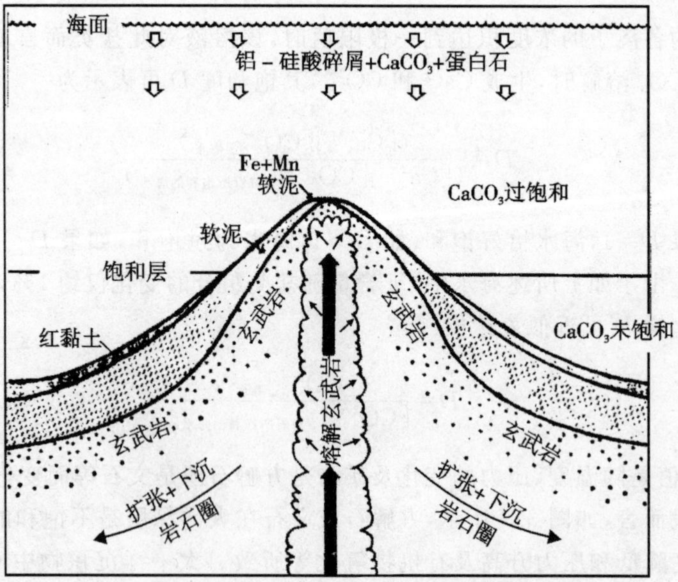

图 3.10 因庞大的岩石圈板块自洋中脊顶移开而堆积的沉积物类型的层序图

(引自 Holland,1978)

最先沉积的沉积物为火山产物，即Fe+Mn的氧化物，离脊顶数千米处，沉积物不再得到火山物质，而以来自海面的$CaCO_3$为主。离脊顶数百千米处，板块下沉到方解石饱和层下，不再堆积$CaCO_3$。再向外，沉积物以陆源碎屑或蛋白石为主。透过脊顶都为红黏土的沉积物岩心，在进入下伏玄武岩（基岩）以前，必定要先碰到被掩埋的$CaCO_3$和随后富集的Fe+Mn的沉积物薄层。

思考题

1. 海水中常量元素、微量元素和痕量元素是如何划分的？
2. 何谓海洋中的Marcet－Dittman恒比定律？它主要应用在什么场合？在什么场合下其应用受到较大的影响？如何估价它在海洋化学上的地位？
3. 海水盐度和氯度的定义？两者之间的关系？
4. 1978年实用盐度标度与绝对盐度的区别？为什么要定义实用盐度标度？
5. 盐度的测定方法有哪些？
6. 概述海洋的盐度结构。
7. 影响海水pH值和碱度的因素主要有哪些？
8. 海洋中的碳酸盐体系是海洋中最重要的平衡体系之一，为什么？
9. 何谓海洋中的沉淀－溶解作用？怎样评估它在海洋化学上的重要性（以$CaCO_3$为例）？

参考文献

1 郭锦宝. 化学海洋学. 厦门：厦门大学出版社，1997

2 张正斌，陈镇东，刘莲生，等. 海洋化学原理和应用——中国近海的海洋化学. 北京：海洋出版社，1999

3 张正斌，顾宏堪，刘莲生，等. 海洋化学（下卷）. 上海：上海科学技术出版社，1984. 68～182

4 张正斌，刘莲生. 海洋物理化学. 北京：科学出版社，1989

5 Butler J N. Carbon Dioxid Equilibria and Their Applications. Addison－Wesley Publishing Company, 1982. 259

6 Chang Chenping. Estuarine and Marine Chemistry of Huanghe Estuary. Beijing: China Ocean Press, 1994. 457

7 Holland H D. The Chemistry of the Atmosphere and Ocean. New York: Wiley-Interscience, 1978. 351

8 Morse J W, Berner R A. Chemistry of Calcium Carbonate in the Dee-

poceans. In: Jenne E A, ed. Chemical Modeling in Aqueous System, ACS Symposium Series 93. Amer. Chem Soc, 1979. 499 ～ 536

9 Morel F M M, Hering J G. Principles and Applications of Aquatic Chemistry. New York: John Wiley, Sons, Inc, 1993. 236～318

10 Pytkowicz R M. Equilibria, Nonequilibria and Natural water, Vol 2. New York: John Wiley, Sons, Inc, 1983. 353

11 Piley J P, Skirrow G, eds. Chemical Oceanography, Vol 1. London: Academic Press, 1975. 606

12 Stumm W, Morgon J J. Aquatic Chemistry. 3rd ed. New York: John Wiley, Sons, Inc, 1996. 349～424

13 Riley J P, Skirrow G. Chemical Oceanography, Vol 4. London: Acadimic Press, 1975. 363

第4章 海水中的气体和中国近海碳化学

海水中除含有大量的无机物和有机物以外，还溶解一些气体，如 O_2，CO_2，N_2 等。研究这些溶解气体的来源和分布对了解海洋中各种物理和化学过程起着重要作用。氧是海洋学中研究得最早、最广泛的一种气体，它在深海中的分布与海水运动有关，通过氧的分布特征可以了解海水的物理过程，如水团的划分和年龄以及运动速度等。同时，海水中溶解氧的含量与海洋生物的活动有关，海洋植物的光合作用放出氧气，呼吸作用消耗氧气。因此，根据氧的含量可推测生物活动的情况。海洋中除氧气和二氧化碳会参与海水中的化学和生物反应以外，还有一些气体不参与海水的化学和生物反应，人们把这些气体称为“保守气体”或非活性气体，如氮、氩和其他惰性气体。这一类气体在海洋中的行为和分布有助于深入了解空－海界面的物理过程，以及深入了解氦经由海底的放射核素输入的过程。海水中存在的一些微量气体，如甲烷和一氧化碳等，可以帮助估算这些气体的全球性循环过程。除此之外，海水中还溶有一些放射性气体，如 ^{3}H，^{222}Rn，^{3}He，它们可用来研究海－空界面的气体交换，同时它们也是海水运动中有用的气体指示剂。

海水中所溶解的气体主要来自大气、海底火山活动、海水中发生的化学反应和其他过程（例如生物过程特别是光合作用和呼吸作用、有机物的分解和放射性蜕变，以及地球化学过程等）。水循环、风化作用、光合作用、生物的腐败分解、波浪和海流等很多海洋学和海洋化学过程都与大气有关。大气与海洋相比有相似之处，例如两者都是流体，它们的大多数成分的逗留时间比地球寿命短等。

4.1 大气的化学组成和温室气体

4.1.1 大气的化学组成

海洋的上方是大气，海水的表面与大气紧密接触，大气中的气体与海水中的气体不断地进行交换，表层海水与大气通常处于平衡或接近平衡状态。因此，海水中的溶解气体与大气的组成有关。大气中存在的气体可分成非可变成分和可变成分。非可变成分包括大气中的主要气体（如氧、氮）和一些微量气体,(如氖、氦和氩等)。可变成分包括水蒸气,CO,NO_2,CH_4 和 NH_3。水蒸气是大气中最易变化的成分。而 CO,NO_2,CH_4 和 NH_3 是由生物过程和人类活动所产生的,这些可变的微量气体的含量将随着它们的来源和分解而变化。

从外观上看,大气似乎是一个成分和含量固定的稳定体系,其实它是一个十分活跃的流动体系。一方面,内部的各种化学反应、生物活动、水活动、放射性衰变及工业活动等不断产生气体投放至大气中;另一方面,又因化学变化、生物活动、物理过程及海洋、陆地的吸收而不断迁出大气,这就构成一个循环体系。气体组分在大气中的平均逗留时间少则几小时,多则百年以上,这与组分在大气中的贮存以及迁出或循环的过程有密切关系。近年来海洋与大气之间的交换问题受到关注,有些气体既可以被海洋吸收也可以被海洋释放,例如 CO_2;而有些气体可能是由海洋向大气输送,例如 CO 等。因此只有较好地掌握了海洋交换的机制、交换速率等问题,才能正确了解气体在地球上的循环过程。这方面须更加注意的是一些污染气体在海空之间交换,如有机氯及有机氯化物等,同时可以利用它们在海洋中的分布解决海水的运动问题。现将近地面大气的化学组成总结于表 4.1 中。

表 4.1 地球表面大气的组成*

成　分	地面浓度($\times 10^{-6}$b**,体积比)	逗留时间
惰性气体		
氦(He)	5.24±0.04	2×10^6 a 逸出
氖(Ne)	18.18±0.04	大量积累
氩(Ar)	9340±10	大量积累
氪(Kr)	1.14±0.01	大量积累
氙(Xe)	0.087±0.001	大量积累
碳化合物		
二氧化碳(CO_2)	320	生物圈中循环一次约 10 a
一氧化碳(CO)	0.06～0.2	0.5 a
甲　烷(CH_4)	1.4	2.6～8 a
甲　醛(CH_2O)	0～0.1	
$CFCl_3$	130×10	45～68 a
CF_2Cl_2	230×10	45～68 a
CCl_4	100×10～250×10	
CH_3Cl	500×10	
氧、氢和它们的化合物		
氢(H_2)	0.55	4～7 a
水(H_2O)	40～40 000	

（续表）

成　分	地面浓度（$\times 10^{-6}$ b**，体积比）	逗留时间
氧(O_2)	$(20.946\pm0.002)\times10^4$	生物圈中循环一次 6 000 a
臭氧(O_3)	0.01～0.03	
氮及其他合物		
氮(N_2)	$(78.084\pm0.004)\times10^4$	经由沉积物循环一次 4×10^8 a
一氧化二氮(N_2O)	0.33 ± 0.01	5～50 a
一氧化氮(NO) 二氧化氮(NO_2)	0.001	<1 个月
氨(NH_3)	0.006～0.020	约 1 d
硫化合物		
二氧化硫(SO_2)	0.001～0.004	几小时到几周
硫化氢(H_2S)	≤0.000 2	<1 d
二甲硫($(CH_3)_2S$)		

注：* 引自：Rasmussen，1977a；Hahn，Junge，1977；Rasmussen，1977b；Wofsy，1975；Wilkniss，1975；Schmidet，1974；Seiler，1974；Lowelock，1974；Judge，*et al*，1973；Candle，1973；Ehhalt，1973；McElroy，*et al*，1973；Hill，1973；Robbins1968；Robinson，1963；Judge1963；Nicolet，1960。

** 表中 b 表示：大气本底，未受局部地区污染。

4.1.2 温室气体

4.1.2.1 温室气体和温室效应

近几年来温室气体渐渐成为人们研究的一个热点。如果增加大气中 CO_2 浓度，就可阻止地球热量的散失，使地球发生可感觉到的气温升高，这就是有名的“温室效应”。因此，破坏大气层与地面间红外辐射正常关系，吸收地球释放出来的远红外辐射，就像“温室”一样，促使地球气温升高的气体称为温室气体。二氧化碳是数量最多的温室气体，约占大气总容量的 0.03%，许多其他痕量气体也会产生温室效应，其中有的温室效应性能还比二氧化碳强。表 4.2 列出大气中的一些温室气体。从 20 世纪 70 年代末起又查明除二氧化碳外，氟里昂等也具有温室效应。到 20 世纪 80 年代有人提出了精密的气候预测模型，预计到 2030 年前后，大气中温室气体的浓度相当于目前二氧化碳浓度的两倍。因此，全球变暖问题的特点和 10 年前有所不同，过去主要考虑二氧化碳问题，而现在除二氧化碳外还应该考虑各种具有温室效应的其他气体及气溶胶。

通过对变暖现象的观测，已发现地表大气的平均温度在不断变化中也趋于上升，20 世纪以前，平均每一世纪升温 0.3～0.7 ℃，特别是 1980 年记录了观测史上的最高温度。近 100 年来，海平面上升了 100～200 mm，其原因可能是由于海水温度的上升而使海水膨胀以及陆地、冰川融化等。尽管当前国际上对全球气候变暖问题还未取得一致意见,但有关这方面的国际研究活动相当活跃,对全球气候变化的机制正进行广泛的研究中。

目前研究还表明,温室效应引起的气候变暖在全球有明显的地域差异。例如,若全球大气平均气温升高 2 ℃,则赤道地区至多上升 1.5 ℃,但在高纬和极地地区,竟能上升 6 ℃以上,这样高纬和低纬地区间的温差将大大减小,从而使全球大气环流形态发生变化。一般认为,温室效应对北半球影响更为严重,30 年后,北极的平均温度可能将提高 2 ℃,而南极要 60 年后才会有此结果。45 年后欧亚和北美国家的平均温度要比目前提高 2 ℃,是南半球的两倍多。所以,人类应对温室气体和温室效应给予更多的关注。

表 4.2 大气中的温室气体

气 体	大气中浓度($\times10^{-6}$,体积比)	年平均增长率(%)
二氧化碳	344 000	0.4
甲 烷	1 650	1.0
一氧化二氮	304	0.25
三氯乙烷	0.13	7.0
臭 氧	不定	—
CFC11	0.23	5.0
CFC12	0.4	5.0
四氯化碳	0.125	1.0
一氧化碳	不定	0.2

4.1.2.2 海洋碳库

海洋是重要的 CO_2 汇,其碳储量高达 38 000 Gt。根据测算,在平均每年由人为释放的(5.5±0.5) Gt C 中,有(3.2±0.2) Gt C 被留在大气中,有(2.0±0.8) Gt C 被海洋吸收,约占 40%。根据人为释放的 CO_2 会使海水溶解态无机碳$^{13}C/^{12}C$比率减小的原理测算,1970~1990 年海洋平均每年的吸收值为(2.1±1.5) Gt C,根据人为释放的 CO_2 造成 O_2/N_2 比率变化的原理测算,1989~1994 年海洋平均每年的吸收值为(1.9±0.5) Gt C,普遍的认识是海洋平均每年的吸收值为(1.5~2.5) Gt C。

在海洋里,CO_2 溶解于水,并通过整个海洋表面不断与大气进行交换,其每年交换量达 90 Gt C,尤其当波浪破碎时这种交换更为充分。在海洋表层 100 m 左右的海水中,CO_2 交换较为迅速,但与更深层海水的交换十分缓慢(CO_2 从海洋表层进入深层深海需要几百年到几千年的时间),因此海洋并不像根据大气-海洋 CO_2 交换模式所揭示的,能为增加的大气 CO_2 即刻提供吸收汇。就短期变化而言，只有表层海水在碳循环中起主要作用。CO_2 在海水-大气界面的交换是一个双向动力学过程，其定量计算目前普遍采用双扩散模型，即 CO_2 在海水-大气界面的交换与其分压差成正比：

$$F=K_W \cdot S \cdot (P_{CO_2}-P'_{CO_2})=K\Delta P_{CO_2} \tag{4.1}$$

式中，F 为 CO_2 在海-气界面的净通量，正值表示大气向海洋输入 CO_2，负值表示海洋向大气释放 CO_2，K_W 为风速系数，S 为 CO_2 在海水中的溶解度，p_{CO_2} 为大气 CO_2 分压，p'_{CO_2} 为海水 CO_2 分压，K 为风速和溶解度对海-气界面 CO_2 通量的交换系数。交换系数 K 与风速的关系相当复杂，实际上除了风速外，K 还与温度、涡动、扩散和湍流有关。不同学者设计了各种 K 与风速的模式，但计算结果相差很大。其中张正斌等提出物质海-气通量计算的新建议是：

$$F=K \cdot c_{L(suf)} \tag{4.2}$$

式中 $c_{L(suf)}$ 是物质在海水微表层中的平均浓度。此公式为研究海-气通量提供了非常好的思路和方法。

由于海洋 CO_2 的观测资料较少且精度较差，很难得到海洋吸收人为 CO_2 的区域分布图。Trans，Keeling 等从不同的角度计算了海洋不同纬度带的海洋吸收值，但二者数值有较大出入。Toggweiler，金心等对两人的数值进行了分析、模拟与比较后指出：海洋碳的吸收与释放有明显的纬度特征，分别在赤道（释放）和南北半球的中纬地区（吸收）存在极大值；在大气中碳由南向北输送，在海洋中碳由北向南输送。Keeling 的计算结果表明：全球海洋年吸收碳 2.3 Gt，其中 15°N 以北海域每年吸收 2.3 Gt C，15.6°S～15°N 之间海域每年释放1.1 Gt C，15°～50°S 之间海域每年吸收 1.1 Gt C，50°S 以南海域释放吸收平衡。以上说明在北半球海洋是一个主要的碳汇。在北半球的碳吸收主要一部分是大气 CO_2 通过温盐环流进入深层海底，参与全球碳循环，在输送到南半球的过程中被海洋吸收转化。

4.2 气体在海水中的溶解度

在现场大气压为 101.325 kPa 时，一定温度和盐度的海水中，某一气体的饱和含量称为该温度、盐度下该种气体的溶解度。

自 20 世纪 60 年代以来，为了得到气体在海水中溶解度的准确值，研究者们已做了很多工作。溶解度的数据非常重要，因为大洋水中的气体的偏离与大气气体的平衡为各种过程提供了有关资料。例如，保守气体如氦、氩的过饱和状态可能与俘获的空气泡在气体交换中所引起的作用有关系。与保守气体平衡的水中，氧的过饱和可以反映光合作用所产生的过量的氧。研究上述的这些过程都要求可靠的溶解度数据。气体在海水的溶解度除了与海水的温度和盐度有关外，主要与气体本身的性质有关系：气体的溶解度一般随分子量的增加而增大。例如，氦的原子量只有 4，溶解度最低，而 Xe(原子量为 131)溶解度最高。但也有例外，如 CO_2 虽然原子量低，但却是溶解度很高的气体。

对于大气中各种气体，道尔顿分压定律可表达如下：

$$p_{总} = p_{N_2} + p_{O_2} + p_{Ar} + p_{H_2O} + \cdots \quad (4.3)$$

假定它们为理想气体，则各种气体的分压为：

$$p_G = \frac{n_G RT}{V} \quad (4.4)$$

式中 n_G 是体积为 V 的容器中所含气体 G 的摩尔数，R 为气体常数，T 是热力学温度。假定它们为非理想气体，则用 Vander Waals 状态方程近似地表达为：

$$\left(p_G + \frac{n_G^2 a}{V^2}\right)(V - n_G b) = n_G RT \quad (4.5)$$

式中 a 是与分子间引力有关的常数，b 与分子的本身体积和压缩系数有关。在接近标准温度和压力的条件下，此方程至少达 0.1%的精确度。在 0 ℃，0.1 MPa 的条件下，大气各气体的摩尔体积，与理想气体的摩尔体积(22.414 $dm^3 \cdot mol^{-1}$)相偏离，对 He 为 0.1%，对 Xe 为 −0.6%，因此，除非常准确的研究外，都可假定它们是理想气体。

气体在海水中的溶解作用可用 Henry(亨利)定律表达为：

$$p_G = K_G c_G \quad (4.6)$$

式中 K_G 是 Henry 定律常数。这一常数的大小与溶液的性质、温度、所研究的总压力和选用的分压单位(hPa)以及浓度单位(如摩尔分数等)有关。当某一气体在大气和海水中的分压相等即 $P_G = p_G$ 时，气体在两相之间达到平衡。把 Henry 定律与平衡条件结合起来，则某气体 G 在海水中溶解度 S_G 为：

$$S_G = \frac{1}{K_G} p_G \quad (4.7)$$

Weiss(1970，1971)提出若干气体在海水中的溶解度 S_G 与温度和盐度的关系：

$$\ln S_G = A_1 + A_2\left(\frac{100}{T}\right) + A_3 \ln\left(\frac{T}{100}\right) + A_4\left(\frac{T}{100}\right)$$
$$+ S\left[B_1 + B_2\left(\frac{T}{100}\right) + B_3\left(\frac{T}{100}\right)^2\right] \quad (4.8)$$

表 4.3　大气中 N_2，O_2，Ar，Ne 和 He 在盐度为 35 的海水中的溶解度(引自 Riley 等，1975)

t(℃)	$\mu mol \cdot kg^{-1}$		nmol · kg^{-1}		
	S_{N_2}	S_{O_2}	S_{Ar}	S_{Ne}	S_{He}
0	616.4	349.5	16.98	7.88	1.77
5	549.6	308.1	15.01	7.55	1.73
10	495.6	274.8	13.42	7.26	1.70
15	451.3	247.7	12.11	7.00	1.68
20	414.4	225.2	11.03	6.77	1.66
25	383.4	206.3	10.11	6.56	1.65
30	356.8	190.3	9.33	6.36	1.64

4.3 气体在海-空界面间的交换

大气和海洋之间的气体交换是一种动力学过程。当气体分子以同样的速率进入或离开每一相时，这时大气与海洋处于平衡状态，气体在液相中达到了饱和。通常的情况是大气与海洋不是处于平衡状态，也就是说，如果气体在一种介质中的分压比在另一种介质中的分压高，那么气体就从高的那一相流入另一相。

海-气界面上的气体交换模式有很多种，常用的有薄层模型和双膜模型。

4.3.1 气体交换薄层模型

气体交换薄层模型示意如图 4.1 所示。这一理论模型包括三个区域：①湍流大气相，这一区域中气体分压 p_G 是相同的；②湍流本体液相，在这一区域中 P_G 也是相同的；③层流薄层，在上述两相之间，其平均厚度为 Z。按这一模型，气体交换速率的决定步骤是气体通过这一薄层的分子扩散。令这一薄层上界面(点 A)和下界面(点 B)的气体分压分别为 p_G 和 P_G，而薄层内分压的变化梯度是线性的。

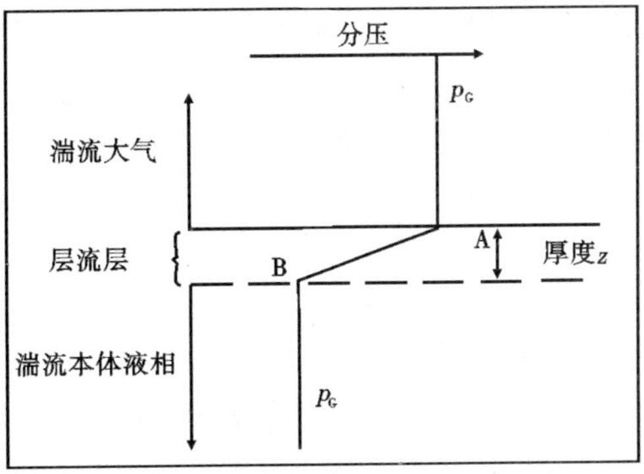

图 4.1　气体交换薄层模型示意图(引自 Riley 等，1975)

4.3.2 海-气交换的双膜模型

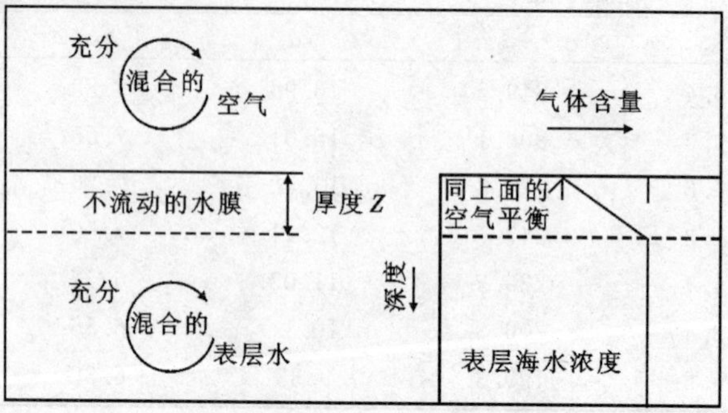

图 4.2　气体交换模型(引自 Broecker 等,1982)

该模型中,"不流动"的薄水膜将海面上均匀混合的大气与膜下面均匀混合的表层水隔开。气体在空气与水之间的迁移是靠分子扩散通过这一水膜进行的。水膜内气体的浓度分布是不均匀的,由相应于水膜上面的与大气平衡时的浓度值逐渐过渡到水膜底下的表层海水中的浓度值。水膜厚度与空气-水体界面的扰动程度成反比。在海洋中,这一水膜的平均厚度为数十微米。

Broecker 和 Peng 提出图 4.2 的交换模型。此模型假定:①海洋上层的有关气体充分混合,故分布均匀;②海面下表层水柱也做了同样假定;③上述两充分混合层之间被"不流动"的水膜所隔开。气体是通过扩散(单个气体分子的混乱运动)而穿过这一界面水膜。虽然单气体分子的扩散运动并无方向性,如果存在浓度梯度,混乱运动将导致物质由高浓度区向低浓度区的净迁移,如图 4.2 的右图所示。因此,如果水中气体浓度与空气中气体浓度不同,即未达平衡时,气体就会通过不流动水膜进行迁移。显然,迁移速率与水膜厚度、气体分子通过膜的扩散速率(水温高运动快)和气-海相中浓度梯度三者有关。

4.3.3 界面层厚度 Z

按 Fick 扩散定律,任何扩散物质的通量都正比于浓度梯度(比例常数称为分子扩散系数 D)。如果将界面层顶部的气体浓度([气体]$_{顶}$)减去底部的气体浓度([气体]$_{底}$),并除以界面层厚度 Z,即得浓度梯度,则有

$$F = D\frac{[\text{气体}]_{顶} - [\text{气体}]_{底}}{Z} \tag{4.9}$$

表 4.4 列出水中各种气体的 D 值,可见 D 值随扩散分子量的增大而减少。界面层厚度 Z 与风压无关;海水表层湍动越剧烈,水膜越薄。一般求界面层厚度 Z 的方法有^{14}C 法和 Rn 法(见图 4.3),这里不作详解。

表 4.4　水中各种气体的分子扩散速率 D(引自 Broecker 等,1974)

气　体	分子量(g・mol⁻¹)	扩散系数(×10⁻³ cm²・s⁻¹)	
		0℃	24℃
H_2	2	2.0	4.9
He	4	3.0	5.8
Ne	20	1.4	2.8
N_2	28	1.1	2.1
O_2	32	1.2	2.3
Ar	40	0.8	1.5
CO_2	44	1.0	1.9
Rn	222	0.7	1.4
CO_2,N_2O	44,44	1.0,1.0	1.9,2.0

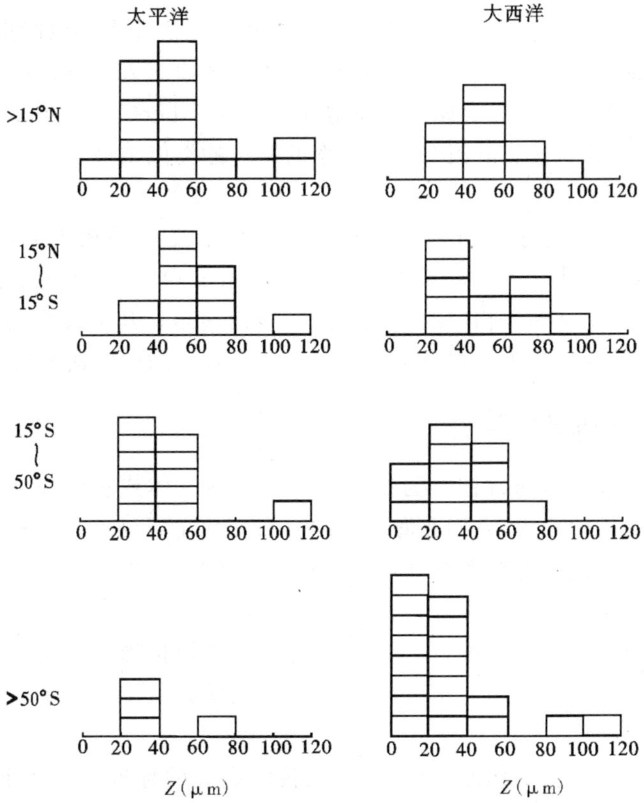

图 4.3　**Rn** 测量法计算的界面膜厚度的矩形图(引自 Broecker, Peng, 1982)

4.3.4 影响气体交换的因素

大气与海洋之间气体交换的影响因素主要有：温度、气体溶解度、风速和季节等影响因素。

1. 温度的影响

大气与海洋间的气体交换主要决定于气体在两相中的分压差。当海水温度升高或降低都会使水体中气体的分压发生变化，因而引起气体在两相间的交换。Downing 等人（1955）发现：CO_2 的交换速率随温度的升高而直线增加，25 ℃海水的交换速率大约是 5 ℃的两倍。

2. 气体溶解度的影响

不同气体在海水中的溶解度各不相同。因此，对于某一恒定的分压差，各种气体进入海洋的扩散通量相差悬殊，例如 O_2，CO_2 和 N_2 的通量比率是 2∶70∶1。

3. 风速的影响

Downing 等人（1955）研究了空气和水之间的交换速率。他们指出：风速在 0～3m·s^{-1}时，交换速率几乎保持恒定（在液体表面上方 5 cm 处测量的）。而风速在 3～13 米/秒时，交换速率迅速增加。Kanwisher（1963）重复了 Downing 等人的实验，得到风速和波浪对交换速率的影响的类似结果。

4. 季节的影响

进入或逸出海洋表层气体的体积随季节性的变化是相当大的。Redfield（1948）曾估计，在秋季和冬季平均约有 30×10^4 cm^3 O_2 进入美国缅因湾的海洋表层，在春季和夏季却以相应的体积从海洋表面逸出。其中大约 2/5 是光合作用产生的氧，其余的是由于在温暖的水中氧的溶解度降低而逸出的。

4.4 海洋中非活性气体

惰性气体和氮气通常被认为是海洋中非活性气体或称保守气体。由于它们的化学性质比较稳定，它们在海洋中的分布变化主要受物理过程的影响。这样就可以根据它们在海洋中的分布来了解水体的物理过程。相反，氧在海洋中的分布却受到生物过程及物理过程的影响。根据这两类气体的分布情况可估计生化过程对氧分布的影响，因此，研究这类气体是相当有意义的。色谱法和质谱法等高灵敏分析技术的应用，将使该领域的研究工作不断深入。

4.4.1 影响非活性气体的过程

表示非活性气体变化的方法，是运用传统定义的标准大气压下（总压力为 1 013.25 hPa 和相对湿度 100%）的溶解度。通常，气体浓度的测定值或通过饱和度 σ_G 或通过饱和度异常 Δ_G（二者都表示为百分数）与它们的溶解度联系起

来，即

$$\left.\begin{aligned}\sigma_{G} &= \frac{c_{G}}{S_{G}^{*}} \times 100 \\ \Delta_{G} &= \frac{c_{G} - S_{G}^{*}}{S_{G}^{*}} \times 100\end{aligned}\right\} \tag{4.10}$$

S_{G}^{*} 是气体在海水中的溶解度(参阅公式 4.7)，c_{G} 是气体在海水中的浓度测定值。影响 S_{G}^{*} 的物理过程主要有：①平衡时与标准大气压的偏离；②不同温度水团的混合；③空气泡的部分溶解和完全溶解；④与气体交换及其热变化；⑤He 的放射补充或原生补充等等。

4.4.2 海水中的氮和惰性气体

惰性气体由于化学性能稳定，在水体中可以看做是不参加化学反应，又称为保守气体。它们在海洋中的变化主要是受物理过程的影响，因此可以根据其在海洋中的分布情况了解水体的物理过程。但是惰性气体在海洋中的应用受到分析方法的限制，要准确地进行分析比较困难，因此其在海洋中的分布情况并不是很清楚。另外，一些惰性气体在海水中的溶解度由于测定方法的不同存在差异。虽然目前使用的方法可以测定出海水中惰性气体的微小变化，但是对这些变化的机制并不完全了解，因此需要进一步进行这方面的研究工作。表 4.5和表 4.6 分别列出了太平洋海水中惰性气体的浓度和标准状态下海水中氮的溶解度。

表 4.5　太平洋海水中惰性气体的含量($cm^3 \cdot dm^{-3}$)(引自 Holland，1978)

温度(℃)	深度(m)	He	Ne	Ar	Kr	Xe
23.4	6	4.17×10^{-5}	1.65×10^{-4}	2.64×10^{-1}	5.8×10^{-5}	7.7×10^{-6}
23.4	45	4.10	1.64	2.62	5.7	
17.4	244	4.32	1.74	2.98	6.6	
4.2	981	4.60	1.87	3.60	8.5	4.4×10^{-6}
3.0	1 477	4.58	1.91	3.78	9.0	3.7×10^{-6}
2.2	1 978	4.57	1.93	3.76	9.0	12.5×10^{-6}
2.1	2 021	4.60	1.91	3.92	9.6	
1.8	2 520	4.07	1.67	3.38	8.2	
1.8	3 517	4.55	1.93	3.90	9.7	11.0×10^{-6}

表 4.6 标准状态下海水中氮的溶解度 $N_2/H_2O(cm^3 \cdot cm^{-3})$

温度(℃)	氯度						
	15	16	17	18	19	20	21
0	0.019 31	0.019 04	0.018 77	0.018 50	0.018 24	0.017 97	0.017 70
1	0.018 66	0.018 60	0.018 35	0.018 09	0.017 83	0.017 58	0.017 32
2	0.018 45	0.018 20	0.017 95	0.017 70	0.017 45	0.017 20	0.016 96
3	0.018 04	0.017 80	0.017 56	0.017 32	0.017 08	0.016 84	0.016 60
4	0.017 66	0.017 42	0.017 19	0.016 96	0.016 73	0.016 50	0.016 26
5	0.017 27	0.017 05	0.016 83	0.016 61	0.016 39	0.016 16	0.015 94
6	0.016 91	0.016 69	0.016 48	0.016 27	0.016 06	0.015 84	0.015 63
7	0.016 56	0.016 35	0.016 15	0.015 95	0.015 74	0.015 54	0.015 33
8	0.016 22	0.016 02	0.015 82	0.015 62	0.015 42	0.015 22	0.015 02
9	0.015 87	0.015 68	0.015 49	0.015 30	0.015 11	0.014 92	0.014 73
10	0.015 54	0.015 36	0.015 18	0.015 00	0.014 81	0.014 63	0.014 45
11	0.015 23	0.015 06	0.014 88	0.014 71	0.014 53	0.014 36	0.014 18
12	0.014 96	0.014 78	0.014 61	0.014 44	0.014 26	0.014 09	0.013 92
13	0.014 69	0.014 52	0.014 35	0.014 18	0.014 01	0.013 84	0.013 67
14	0.014 40	0.014 24	0.014 08	0.013 92	0.013 76	0.013 60	0.013 44
15	0.014 19	0.014 03	0.013 86	0.013 70	0.013 54	0.013 38	0.013 21
16	0.013 96	0.013 80	0.013 63	0.013 46	0.013 29	0.013 12	0.012 95
17	0.013 73	0.013 57	0.013 41	0.013 25	0.013 09	0.012 93	0.012 77
18	0.013 51	0.013 35	0.013 19	0.013 03	0.012 87	0.012 71	0.012 55
19	0.013 29	0.013 14	0.012 98	0.012 82	0.012 66	0.012 50	0.012 35
20	0.013 09	0.012 93	0.012 78	0.012 63	0.012 48	0.013 32	0.012 17
21	0.012 88	0.012 73	0.012 59	0.012 44	0.012 29	0.012 14	0.011 99
22	0.012 68	0.012 54	0.012 40	0.012 26	0.012 11	0.011 97	0.011 83
23	0.012 49	0.012 35	0.012 22	0.012 08	0.011 94	0.011 80	0.011 66
24	0.012 31	0.012 18	0.012 05	0.011 92	0.011 79	0.011 65	0.011 52
25	0.012 14	0.012 02	0.011 89	0.011 76	0.011 64	0.011 51	0.011 38
26	0.011 99	0.011 87	0.011 74	0.011 62	0.011 50	0.011 37	0.011 25
27	0.011 85	0.011 73	0.011 60	0.011 48	0.011 36	0.011 24	0.011 12
28	0.011 73	0.011 60	0.011 48	0.011 36	0.011 24	0.011 12	0.011 00
29	0.011 59	0.011 47	0.011 35	0.011 24	0.011 12	0.011 01	0.010 89
30	0.011 46	0.011 34	0.011 23	0.011 11	0.011 00	0.010 88	0.010 77

4.5 海洋中的微量活性气体

海洋中，除了含有 O_2，CO_2，N_2 和 Ar 以外，还含有一些微量气体，如 N_2O，CO 和 CH_4 等。这些微量气体的含量会由于人类的活动或其他活动而受影响，因此把它们称为微量活性气体或非保守气体。这些气体的含量虽然非常小，但是在海洋研究中却具有非常重要的意义。根据它们与保守气体之间的差值，可用来研究海水中一些有关的过程、如海流及涡动的混合过程，海－空之间的气体交换等。

4.5.1 一氧化二氮(N_2O)

由于 N_2O 的含量与大规模的混合过程有关，因此对海洋中 N_2O 的研究大多数是为了调查 N_2O 在海洋中的分布而进行的。南太平洋 N_2O 的含量为 7～12 $nmol \cdot kg^{-1}$，北大西洋约为 11 $nmol \cdot kg^{-1}$，几乎是与大气 N_2O 分压平衡的量的两倍。在北大西洋东部热带海水中 N_2O 的分布与大西洋相似，N_2O 的最大值都出现在温跃层的下面并与氧最小层相当。但是在氧最小层处，有时也出现第二个 N_2O 低值，这是由于发生 N_2O 的消耗所致。由于 N_2O 都处于过饱和状态，因此可以认为海洋是向大气输送的一个源地。根据计算，北大西洋每年的输送量为 1×10^{13} g。

4.5.2 甲烷(CH_4)

热带北纬的表层水中，CH_4 含量比较恒定，约为 1.8 $nmol \cdot kg^{-1}$ 与大气分压接近平衡。关于海水中甲烷的垂直分布，Swinneton 等人(1967)在墨西哥湾的 30～100 m 深处发现 CH_4 的最大值随着深度的增加而降低，一直降至很低的浓度。在上升流地区，CH_4 含量较低。但在受到污染的沿岸水和缺氧的海洋环境中，CH_4 的含量比与大气平衡的相应含量高得多。在 Potomac 河(美国) CH_4 的浓度高达 90～360 $nmol \cdot kg^{-1}$，这是由于污染造成的。在这个地区的空气中，CH_4 的含量是海洋大气含量的两倍。海水中 CH_4 主要是细菌分解有机物的产物，在缺氧条件下，细菌可能把 CO 及 CO_2 还原成 CH_4，所以在缺氧的水中 CH_4 的含量较高。

4.5.3 一氧化碳(CO)

最近几年，CO 的大气化学和海洋化学受到人们的高度重视。因为它与人类的活动紧密相关。在 20 世纪 60 年代后期，估计人类活动所产生的 CO 约为 26×10^{11} $kg \cdot a^{-1}$。北半球的大气对流层 CO 的分压值比南半球的高，这与人类活动的影响结果是相一致的。此外，海洋表层水中的 CO 处于过饱和状态，推测海洋表层水可能是大气中 CO 的另一来源。但研究表明，大气中的 CO 的含量还没有出现全球性的增加。可以推测，为了平衡人类和海洋输入的 CO，大气中可能存在一个吸收CO的过程。

在西北大西洋测量上层空气中和表层水中CO的含量中发现，表层水中CO的浓度超过大气中通常存在的分压所建立的平衡值。因此，海洋可能是CO的一种天然来源。在热带北大西洋和太平洋的表层水中观测到CO的浓度昼间增加5～6倍，在下午出现最大值。在40 m上面的水柱中所产生的CO看来是最重要的。从海水中溶解的有机碳可通过光化学作用产生CO。但是可以肯定的是：生物化学产生的CO是更重要的，并且生物化学反应对光强度是高度灵敏的，在多云和阴天的条件下比太阳光直接照射来得低。所以说，表层水可能是大气CO的一种来源而不是大气CO的收纳处。

在CO的循环中，有大气对流层、海洋和人类活动所产生的CO，以及在大气对流层消失的CO。有的学者认为对流层中，天然来源的CO每年有5×10^{12} kg，比人为来源的高20倍，比海洋来源的高60倍，而且它与放射碳0.1 a的停留时间相一致。

4.6 海洋中的溶解氧

氧除了在海洋与大气之间的交换外，在海洋中由于生物过程、有机物分解、物理过程等都会影响海水中氧的含量。这些过程相互交错是一个比较复杂的问题，现分述如下。

4.6.1 氧的来源

海洋中的溶解氧主要来源于大气和海洋中的光合作用。

1. 大气

由于海洋表面与大气紧密接触，大气中的氧通过海-空界面的交换进入海洋的表层，而后通过移流和涡动扩散，把表层的富氧水带到深层。所以大气中的氧是海洋中氧的来源之一。

2. 海洋中的光合作用

在海洋的上层(0～80 m)，阳光充足，浮游植物的光合作用占优势。在光合作用过程中释放的氧气，是海洋中氧的另一来源。海洋植物进行光合作用大致按下面的方程式进行：

$$xCO_2 + xH_2O \underset{\text{呼吸作用}}{\overset{\text{光合作用}}{\rightleftharpoons}} (CH_2O)_x + xO_2 \qquad (4.11)$$

式中的$(CH_2O)_x$代表碳水化合物。

光合作用只能在真光层内进行。在80～200 m内由于光线减弱，因而在80 m以下的光合作用已不再是主要的。在许多海区(特别是近岸区域)，由于生物的活动，在近表层水中常常出现氧的最大值，其饱和度可达120%以上。

4.6.2 溶解氧的消耗过程

溶解氧的消耗过程主要由植物的呼吸作用、有机物的分解和无机物的氧化作用等控制。

1. 植物的呼吸作用

植物的光合作用和呼吸作用是相反的竞争过程。在真光层以下，由于光线减弱，海洋动植物和细菌的呼吸作用占主导地位，此时，式(4.11)向左方向进行，消耗了氧气。随着深度的增加，光合作用逐渐减弱，而呼吸作用加强，在某一深度处，当溶解氧的产生量恰好等于消耗量时，此深度称为补偿深度。在这一深度上的光强是仅能维持植物的生存但不能繁殖的最低光强。

补偿深度随地理、季节、光照时间、气候及水文等条件的变化而变化，因而不同海区的补偿深度并不同。一般来说，大洋的补偿深度大些，近岸透明度小则补偿深度小些。补偿深度一般在20 m以内，有的区域在1～2 m，在马尾藻海8月份最大补偿深度可达100 m。

2. 有机物的分解

在补偿深度以下，除了动植物的呼吸作用消耗氧气以外，有机物的分解也消耗大量的氧气。有机物的分解过程可能与氧的含量、温度、细菌情况及有机物质的性质有关。氧的消耗量主要决定于有机物的含量。

3. 无机物的氧化作用

海水中含有一些还原态的无机物，如Fe^{2+}和Mn^{2+}等。这些物质在充氧水中会被氧化至高价态。但氧化过程所消耗的氧气量与有机物的分解量相比是非常小的。

关于氧在海水中的消耗速率，有关研究人员曾做了不少的工作，有的把海水样品装在样品瓶中存放在现场的温度下，测定放置过程中耗氧量随时间的变化。除此之外，也可根据现场的实际观测来估计氧的消耗速率。

4.6.3 生物需氧量(BOD)和化学耗氧量(COD)

生物需氧量(BOD)是指在需氧条件下，水中有机物由于微生物的作用所消耗的氧量，通常使用单位为$mg \cdot dm^{-3}$。要使水体中的有机物全部分解，时间很长(多达100多天)。因此，一般采用20 ℃时在含氧的条件下培养5天，称为5天生化需氧量，用BOD_5来表示。因此BOD可作为水体受到有机物污染的一个指标。

化学耗氧量(COD)是指在一定条件下，1 dm^3水中还原物质被氧化所消耗氧的毫克数。COD的测定方法是：向一定量的水样中加入氧化剂(如$KMnO_4$，$K_2Cr_2O_7$或KIO_3)，氧化后，把所消耗氧化剂的量换算成O_2的毫克数。COD在一定程度上近似反应出还原物质的含量。这种方法简单、快速，因此可以作为一种快速测定氧消耗量的方法。COD已成为我国海洋污染检测的一项指标。

化学耗氧量数值取决于氧化剂的种类、有机化合物的成分及实验条件、操作等。

测定化学耗氧量，所采用的氧化剂有 $KMnO_4$，K_2CrO_7，KIO_3 等，通常依据氧化剂的不同而分为高锰酸钾耗氧量、重铬酸钾耗氧量及碘酸钾耗氧量。后两者氧化剂的氧化能力较强，可以将水体中绝大多数有机物氧化，如将有机碳转化为碳酸、氮转化为硝酸、硫转化为硫酸等，但操作繁琐，不如高锰酸钾耗氧量法简便快速。但是高锰酸钾法仅限于未严重污染的水体，若用于测定污水或工业废水，则效果不够理想，因为这些水中含有许多复杂的有机物质，不能被高锰酸钾氧化。因此，测定污染严重水区时重铬酸钾法好。尽管重铬酸钾的氧化能力强，又是在强酸性介质中加热回流 2 h，能将大部分有机物质氧化，但直链烃、芳香烃、苯等有机物仍不能被氧化。若加入 Ag_2SO_4 做催化剂，直链化合物也可以被氧化，但对芳香烃无效。

对于一般被污染的水样，多使用高锰酸钾耗氧量法，但必须指出此法不能定量氧化水样中有机物质，而仅是部分氧化，因此所测定的耗氧量并不和水体中有机物质含量成正比，所以说高锰酸钾耗氧量法并没有完全测定出水体受有机物污染的程度。尽管如此，因高锰酸钾法具有简便快速的优点，在某种程度上能相对测出水体污染程度，因此，仍被视为衡量水体污染程度的常用方法之一。

由于测定化学耗氧量有不同的方法，在选择时，需要考虑各方面的因素，来决定所采用的方法，通常须注意以下几点：

(1)要了解有机物含量的相对比值，不必要求氧化率很高，宜采用操作简便而重现性好的方法。

(2)要了解有机物总量，必须选择氧化率尽量高的方法。

(3)对含有悬浮有机物进行定量时，要使其氧化，必须选择强的氧化条件。

高锰酸钾法虽然氧化率较低，但操作简便，上述(1)的情况可以采用。重铬酸钾法氧化率高、再现性好，适于(2)，(3)的情况。

用高锰酸钾法测定耗氧量时，必须严格控制实验条件，因为化学耗氧量还取决于所用的高锰酸钾浓度、介质酸度、氧化温度及时间等。因此分析水样时，必须严格控制相同的实验条件，才有比较价值。

用高锰酸钾氧化时，随水体中氯离子含量的不同，选择条件也不相同。天然水中氯离子含量小于 300 $mg \cdot dm^{-3}$时，可以在酸性介质中氧化：取一定量水样，用硫酸酸化，加入过量高锰酸钾，氧化水样中有机物质，余下的高锰酸钾用草酸钠溶液还原，最后用高锰酸钾溶液回滴剩余的草酸钠溶液，即可计算出需氧量。但是分析海水样品时，由于氯离子的含量远远大于 300 $mg \cdot dm^{-3}$，如采用酸性介质氧化，此时不仅有机物质被氧化，另外氯离子也就被高锰酸钾氧化而析出游离氯，消耗过多的高锰酸钾。因此，在分析海水样品时，一般采用碱性高锰酸钾法。具体方法为：取一定量水样，一般为 100 cm^3，在碱性条件下，加入一定量的高锰酸钾溶液，准确煮沸 10 min，氧化水样中有机物质，然后冷却至室温，加入硫酸和碘化钾，还原未反应的高锰酸钾和中间生成的四价锰，并析出与之等摩尔数的碘。再以淀粉为指示剂，用 $Na_2S_2O_3$ 溶液滴定游离碘。用消耗的 $Na_2S_2O_3$ 量计算水样的 COD，其中的反应为：

$$MnO_4^- + 2H_2O = MnO_2 \downarrow + 4OH^-$$
$$MnO_2 + 2KI + 2H_2SO_4 \rightarrow MnSO_4 + I_2 + K_2SO_4 + 2H_2O$$
$$2KMnO_4 + 10KI + 8H_2SO_4 \rightarrow 2MnSO_4 + 5I_2 + 6K_2SO_4 + 8H_2O$$
$$2Na_2S_2O_3 + I_2 \rightarrow Na_2S_4O_6 + 2NaI$$

重铬酸钾法主要是利用 $K_2Cr_2O_7$ 在酸性溶液中表现出很强的氧化能力，下列反应：

$$Cr_2O_7^{2-} + 14H^+ + 6e = 2Cr^{3+} + 7H_2O$$

在酸性介质的水样中，加入一定量的重铬酸钾，经加热回流 2 h，水样中的还原性物质被氧化，然后用试亚铁灵做指示剂，用硫酸亚铁铵滴定未反应的 $Cr_2O_7{}^{2-}$：

$$6Fe^{2+} + Cr_2O_7^{2-} + 14H^+ \rightarrow 6Fe^{3+} + 2Cr^{3+} + 7H_2O$$

求出 $Cr_2O_7^{2-}$ 与水样中还原性物质发生反应的量，根据 $K_2Cr_2O_7$ 的浓度和用量计算水样中的还原物质。为保证水样中直链有机物被氧化，可加入催化剂 Ag_2SO_4。若样品中 Cl^- 浓度高于 30 mg · dm^{-3}，会消耗重铬酸钾，因此必须排除氯离子的影响，须加入 $HgSO_4$，它与氯离子结合成可溶性氯化汞络合物而将氯除去。重铬酸钾法氧化效率远比高锰酸钾法高，而且重现性好，误差小。因此，在分析水样受污染程度时，一般采用这种方法。

4.6.4 溶解氧的分布

海洋中溶解氧的浓度对海洋生物意义重大。溶解氧的垂直分布的一般规律可用图 4.4 表达。它大体上分成 4 个区：①表层水，氧浓度均匀，氧浓度的数值趋近于在大气压力及其周围温度条件下通过海－气界面氧交换平衡所确定的饱和值。②光合带，由于光合作用产生氧而可能出现氧最大值。③光合带下深水层因有机物氧化等因素，使溶解氧含量降低，或可能出现氧最小值。④在极深海区将可能是无氧生命区，但大洋底层潜流着极区下沉来的巨大水团，因此氧浓度不一定随水深而连续降低，反而可能经最小值后又上升。

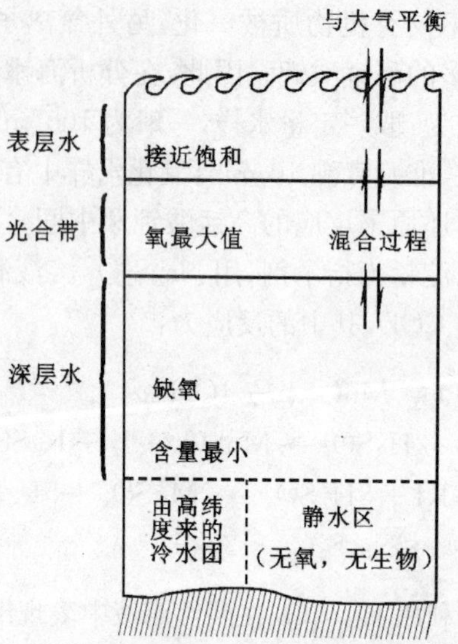

图 4.4　各种条件下溶解氧含量的图解

中国海所处的地理范围很广，从热带到温带，环流情况不同，情况也非常复杂。近年来有关海洋学家对中国近海作了很多调查，得到了大量详尽而可靠的数据。现以中国近海中溶解氧的垂直分布（图 4.5）为例进行分析，可以得出：有溶解氧垂直分布最大值这一突出现象，并可用其是由冬季保持而来的作为解释。溶解氧垂直分布最大值现象是中国近海中较普遍的现象，中国海洋化学家对之作了较长期的研究。

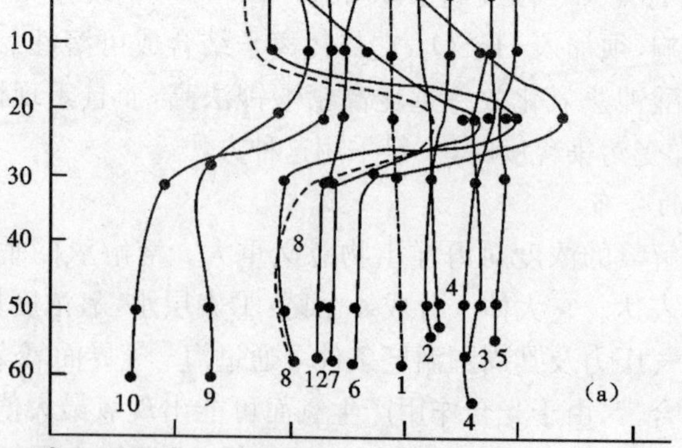

图 4.5　中国近海溶解氧的垂直分布（引自顾宏堪等，1991）

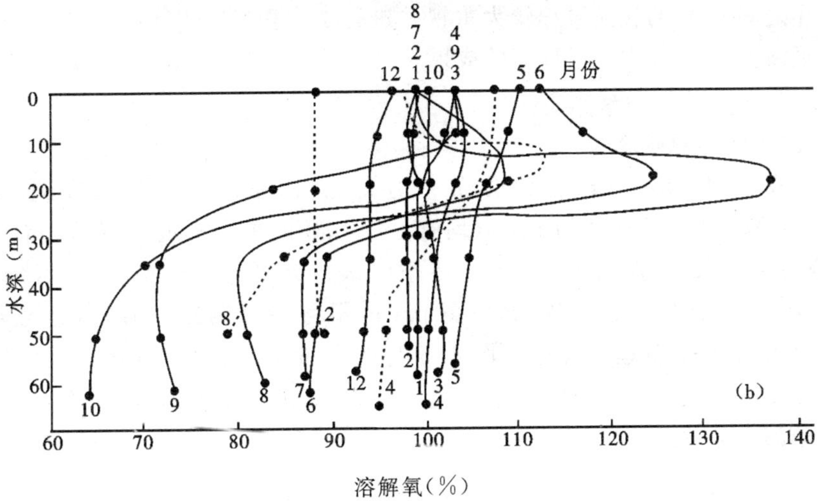

图 4.5 （续）

4.6.5 影响氧分布的各种过程

影响海洋中氧分布的主要因素是生物消耗和水文物理过程。1962 年 K. Wyrtki 在研究氧含量最小水域时，提出解决各种水文物理和生物过程对氧垂直分布影响的定量方法，即“垂直移流－涡动扩散模型”。此模型认为：氧的稳态分布是由垂直移流、垂直涡动扩散和现场耗氧速率 R 决定的；现场耗氧速率随深度 Z 指数下降，即

$$A_Z \frac{\partial C_{O_2}^2}{\partial Z^2} - w \frac{\partial C_{O_2}}{\partial Z} = R = R_0 e^{-\alpha z} \tag{4.12}$$

式中，A_Z 是垂直扩散系数，与深度 Z 假定无关。ω 是垂直移流速度，R_0 是这一模型的上界面层的耗氧速率，α 是 R 随深度按指数下降的速率。

4.7 中国近海的 CO_2 和碳化学

海水中溶解有大量碳的化合物，其中无机碳的主要形式为 HCO_3^-，CO_3^{2-}，H_2CO_3 及 CO_2，其中 CO_2 的循环过程较为复杂。海洋表面的 CO_2 与大气中 CO_2 进行交换：

$$CO_2(\text{溶液}) \Longleftrightarrow CO_2(\text{大气})$$

这种交换过程起着调节大气中 CO_2 含量的作用。多年来由于工业生产矿物燃料消耗量逐渐增加，释放出大量 CO_2 至大气中，使大气中 CO_2 浓度逐渐上升，产生所谓的“温室效应”而影响地球上的气候。近年来，海洋科学家对大气

与海洋之间 CO_2 的交换过程较为重视并进行了许多研究工作。本节主要介绍中国近海的 CO_2 和碳化学研究的成果。

4.7.1 东海的 CO_2 和碳化学

4.7.1.1 pH 和总碱度

夏季，表层水的 pH 值的分布有南高北低、东高西低的趋势，参阅图 4.6。台湾海峡、黑潮区的 pH 值均有大于 8.3 的高值出现；而黄海、渤海的 pH 值基本在 8.1 左右。图4.7是冬季时表层水的 pH 分布，黑潮区的 pH 值大于 8.2，较大陆架区高，这一高 pH 值讯号一直到对马海峡，这与东海的盐度和温度分布趋势类似。图 4.5 与图 4.6 对比，最大的区别是大陆架区夏季的 pH 值比冬季的高，这可能与冬季长江水量的减少对海水 pH 值的影响减弱有关。

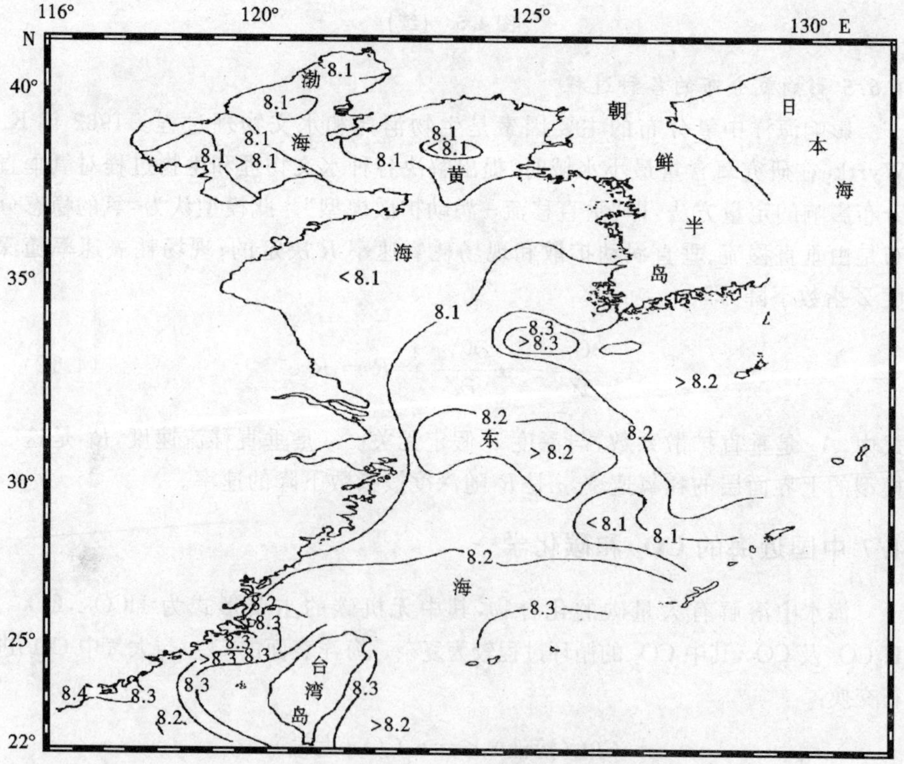

图 4.6 夏季表层水的 pH 值分布(1997)

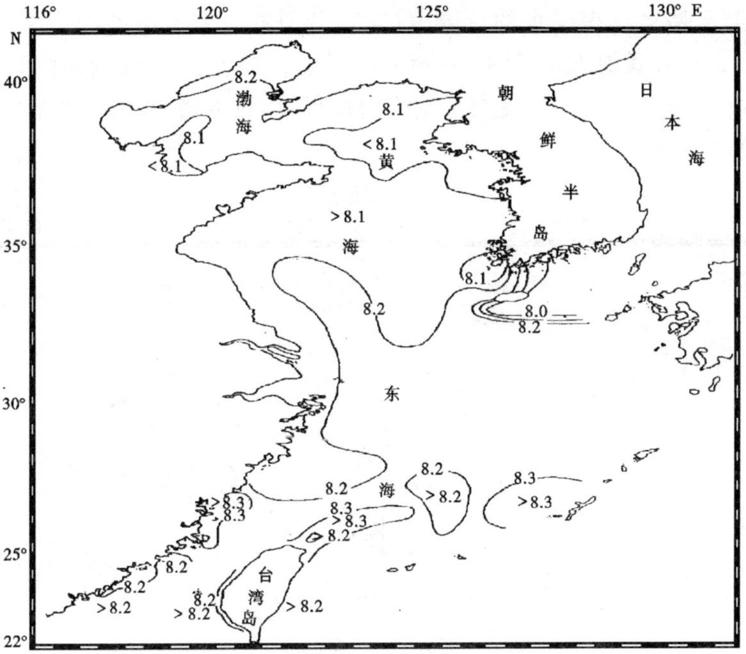

图 4.7　冬季表层水的 pH 值分布(1996)

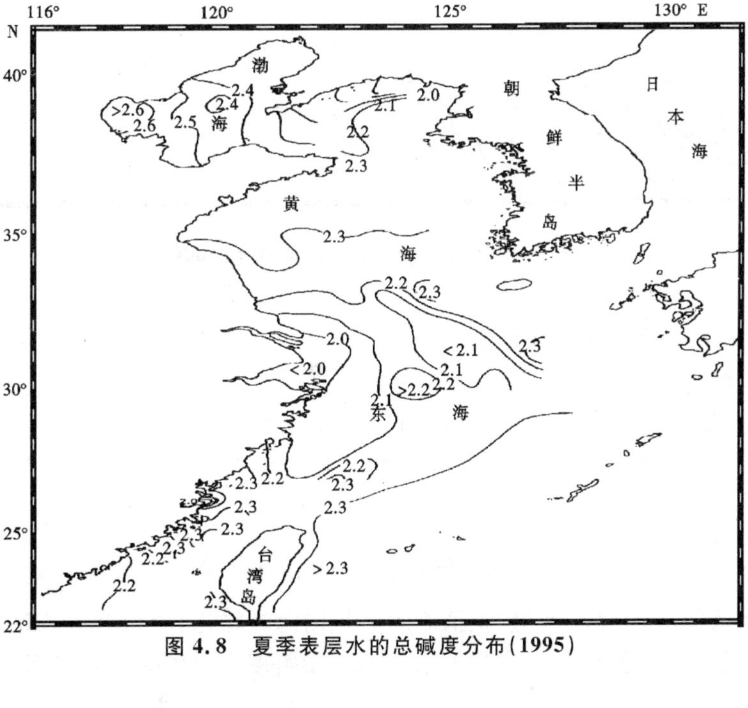

图 4.8　夏季表层水的总碱度分布(1995)

图 4.8 是夏季表层水的总碱度(TA)的分布。东海碱度约为 2.1~2.3 mmol·kg^{-1},比黄海碱度 2.3 mmol·kg^{-1}略低(受黄河水影响时,碱度高达 2.6 mmol·kg^{-1})。图 4.9 是冬季时东海的碱度,可见略为降低,可能与黑潮水入侵有关。

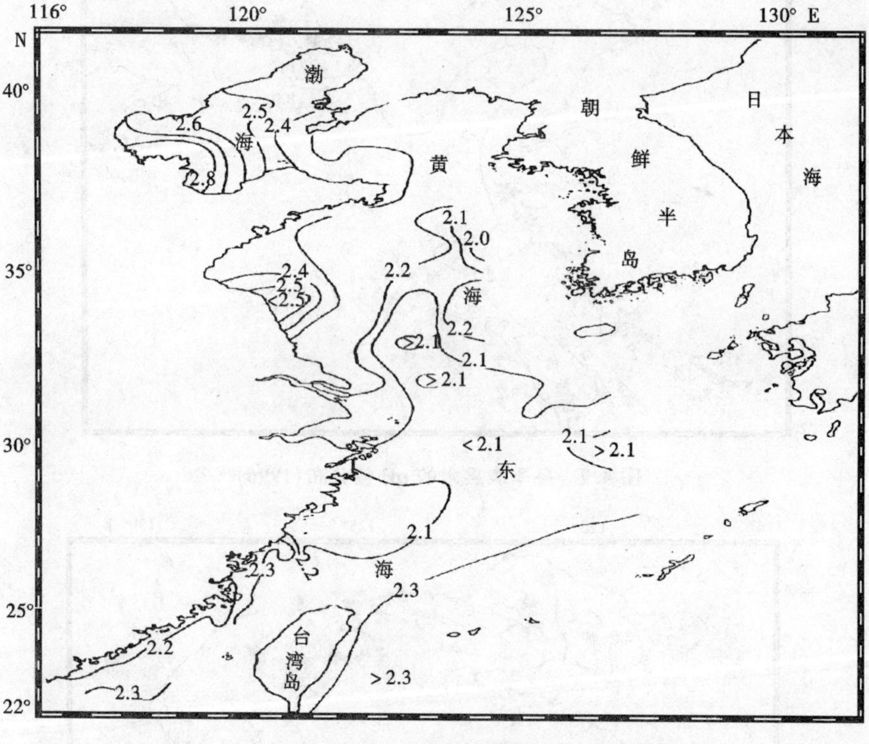

图 4.9 冬季表层水的总碱度分布(1995)

4.7.1.2 东海 CO_2 的循环和通量

1. 海-气 CO_2 通量

东海陆架是否为大气过量 CO_2 的汇?如果是,又出现东海陆架能吸收多大量以及这部分对东海陆架碳的收支平衡又会产生多大影响等一系列问题。海-气 CO_2 通量难以直接用仪器测定,但可用下式求算:

$$F = K_W \times S_{CO_2}(p_{CO_2(汽)} - p_{CO_2(海)}) = K \times \Delta p_{CO_2} \qquad (4.13)$$

式中,F 为海-气 CO_2 通量,正值表示大气向海洋输送,单位为 g·m^{-2}·a^{-1};Kw 为气体传递速度;S_{CO_2} 为 CO_2 在海水中溶解度。温度对 Kw 和 S_{CO_2} 的影响大致互相抵消，因此以 K 代替 Kw 和 S_{CO_2}，则可不考虑温度对通量的影响。其实 Kw 与风速、海水粘度、扩散系数和界面扰动程度等都相关。虽然 Kw 不仅取决于风速，但 Kw 与风速关系的研究还是不少，现将东海陆架区海－气 CO_2 通量列于表 4.7 中。

表 4.7　东海陆架区海－气 CO_2 通量（引自：Tsunogai 等；Chen，1992）

季　节	Δp_{CO_2} (×0.1 Pa)	风速 ($m \cdot s^{-1}$)	K ($mol \cdot m^{-2} \cdot d^{-1}$)		F(通量) ($g \cdot m^{-2} \cdot a^{-1}$)	
			上限	下限	上限	下限
春	3.7	7	175	89	28.3	14.4
夏	3.7	6	131	49	21.2	7.9
秋	3.4	8	219	99	32.6	14.8
冬	3.4	9	263	156	47.2	27.9

2. 东海的碳循环模式。

如图 4.10 所示，东海的碳循环模式包括溶解无机碳（DIC）、溶解有机碳（DOC）、颗粒有机碳（POC）和颗粒无机碳（PIC）4 种存在形式。按照质量和水量平衡原则和稳态原理，得出进出东海陆架的碳是保持平衡的。

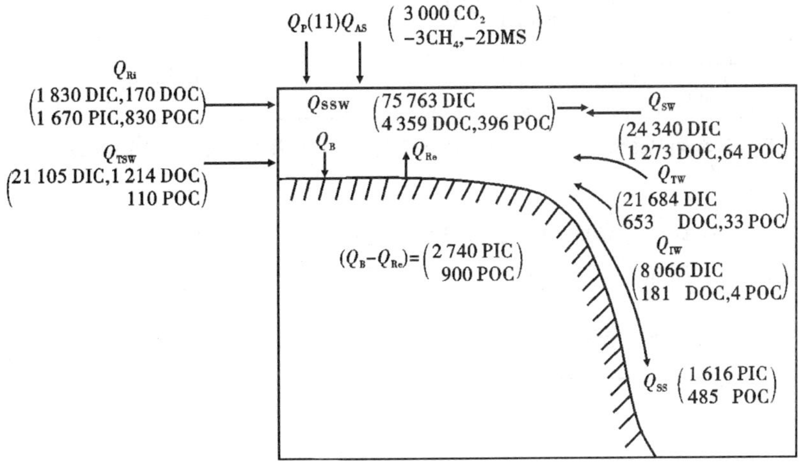

图 4.10　东海碳(10^9 $mol \cdot a^{-1}$)循环示意图（图中括号内是通量数值）

4.7.2 南海碳化学

4.7.2.1 南海海水的 pH 值和总碱度。

南海东北部表层水的 pH 值在 8.23～8.27 之间，pH 随深度增加而递减，图 4.11 说明了这一点。图 4.12 是西菲律宾至南海东北角沿 21°45′N 侧线的总碱度(NTA)的值。

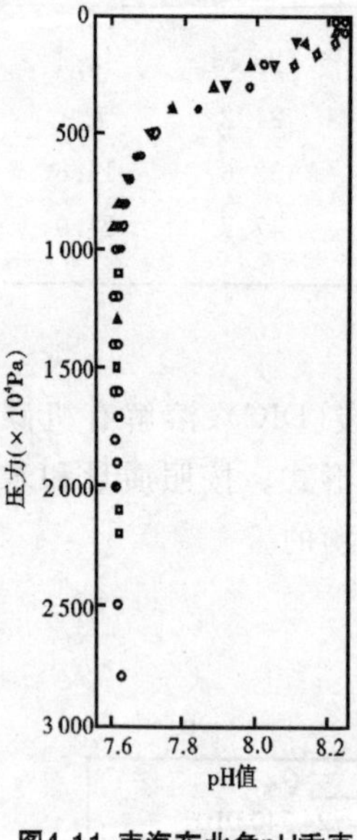

图4.11 南海东北角pH垂直分布图

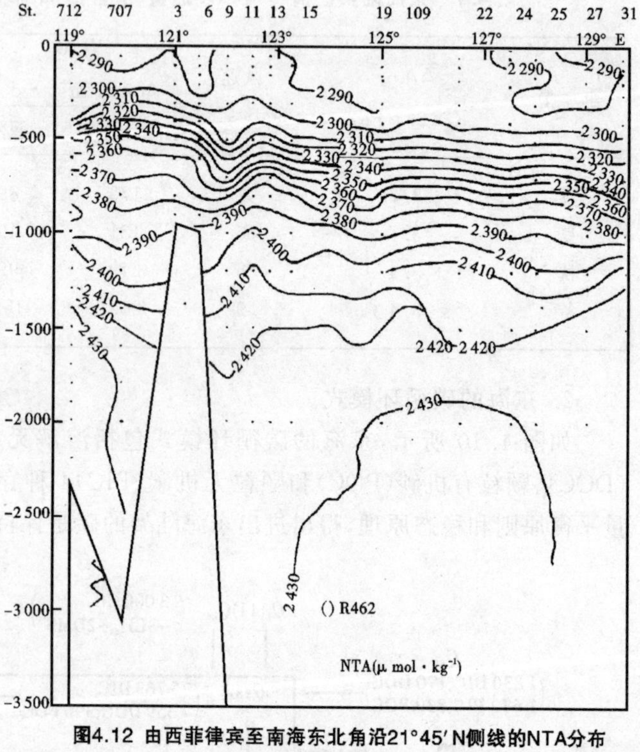

图4.12 由西菲律宾至南海东北角沿21°45′N侧线的NTA分布

4.7.2.2 南海海－气界面的二氧化碳交换速率

如表 4.8 所示，负值表示气体通量方向是由海面向大气。

表 4.8　南海海－气界面二氧化碳交换速率($mol \cdot cm^{-2} \cdot h^{-1}$)

海　区	最小值	最大值	平均值
北　部	2.7×10^{-4}	2.6×10^{-2}	1.1×10^{-3}
中　部	1.6×10^{-4}	-4.4×10^{-4}	-1.3×10^{-4}
南　部	-0.64×10^{-5}	3.96×10^{-4}	1.88×10^{-4}

4.7.2.3 南海海水二氧化碳分压

南海的 P_{CO_2} 实测值过程相当复杂，往往同一作者测得的 P_{CO_2} 值可得出完全不同的结果。例如陈镇东等在 121°E 以西海区测得 P_{CO_2} 平均为(35.6±0.5) Pa，高出大气 1.2 Pa；但同一航次在高屏峡谷测站的平均值为(31.5±1.5)Pa，低于大气 2.9 Pa。X. L. Li 等根据南海 195 个表层水样的 pH 值和 *TA* 值，计算出南海的 P_{CO_2} 平均值为 35.8 Pa，高于大气。韩舞鹰和林洪瑛曾报道 CO_2 交换量是大气向海洋，平均值是 1.88×10^{-4}(mol·m^{-2}·h^{-1})。

思考题

1. 简述大气的化学组成。
2. 什么是温室效应？哪些是温室气体？举例说明它们。
3. 简述你所知道的海洋碳库。
4. 哪些方法可以计算气体在海水中的溶解度？
5. 简述气体在海-气界面进行气体交换的诸多模型。
6. 海水中的非活性气体和微量活性气体有哪些？试述其性质。
7. 什么是生物需氧量(BOD)和化学耗氧量(COD)？
8. 简述中国近海的 CO_2 和碳化学。

参考文献

1 顾宏堪主编. 黄渤东海海洋化学. 北京：科学出版社，1991. 500

2 张正斌，等. 海洋化学原理和应用. 北京：海洋出版社，1999，71～114

3 Broecker W S, Peng T H. Tracers in the Sea. New York: Eldigio press, 1982. 690

4 Broecker W S, Peng T H. Gas Exchange Rates between Air and Sea. Tellus, 1974, 26:21～35

5 Chen D X. The Atlas of Marine Hydrology. Beijing: China Ocean Press, 1992. 530

6 Holland H D. The Chemistry of the Atmosphere and Ocean. New York: Wiley Interscience, 1978, 351

7 Nicolet M. The Properties and Constitution of the Upper Atmosphere, in "physics of the upper atmosphere". Ratcliffe J A, ed. New York, 1960

8 Riley J P, Skirrow G, ed. Chemical Oceanography, Vol 1. 2nd ed. London: Academic Press, 1975. 606

9 Tsunogai S, Watababe S, Nakahashi J, *et al*. A Preliminary Study of the Carbon System in the East China Sea. J. Oceanogr, 1997, 53:9～17

第5章 海洋中的营养盐及其生物地球化学

20世纪初期，德国人布兰特发现海洋中磷、氮循环和营养盐的季节变化，都与细菌和浮游植物的活动有关。1923年，英国人H·W·哈维和W·R·G·阿特金斯，系统地研究了英吉利海峡的营养盐在海水中的分布和季节变化与水文状况的关系，并研究了它的存在对海水生产力的影响。德国的"流星"号和英国的"发现"号考察船，在20世纪20年代也分别测定了南大西洋和南大洋的一些海域中某些营养盐的含量。中国学者如伍献文和唐世凤等，曾在20世纪30年代对海水营养盐的含量进行过观测，后来朱树屏长期研究了海水中营养盐与海洋生物生产力的关系。从20世纪初以来，海水营养盐一直是化学海洋学的一项重要的研究内容。

广义地说，海水中的主要成分和微量金属也是营养成分，但传统上在海洋化学中一般只指氮、磷、硅元素的盐类为海水营养盐，也称为生源要素或生物制约要素。海水营养盐的来源，主要为大陆径流带来的岩石风化物质、有机物腐解的产物及排入河川中的废弃物。此外，海洋生物的腐败与分解、海中风化、极区冰川作用、火山及海底热泉，甚至大气中的灰尘，也都为海水提供营养元素。

海水中无机氮、磷、硅是海洋生物繁殖生长不可缺少的成分，是海洋初级生产力和食物链的基础。反过来，营养盐在海水中的含量分布明显地受到海洋生物活动的影响。浮游植物的生长和繁殖需要不断地吸收营养盐，浮游植物又被浮游动物所吞食，它们代谢过程中的排泄物和生物残骸经分解又重新溶入海水，由于这些元素参与了生物生命活动的整个过程，它们的存在形式和分布受到生物的制约，营养盐的分布同时受到化学、地质和水文因素的影响，它们在海水中的含量和分布并不均匀也不恒定，有着明显的季节性和区域性变化。

对于大洋水来说，营养盐的分布可分成四层：①表层，营养盐含量低，分布比较均匀；②次层，营养盐含量随深度的增加而迅速增加；③次深层，500～1 500 m，营养盐含量出现最大值；④深层，厚度虽大，但磷酸盐和硝酸盐的含量变化很小，硅酸盐含量随深度的增加而略为增加。就区域分布而言，由于海流的搬运和生物的活动，加上各海域的特点，海水营养盐在不同海域中有不同的分布。近岸的浅海和河口区与大洋不同，海水营养盐的含量分布，不但受浮游植物的生长消亡和季节变化的影响，而且和大陆径流的变化、温跃层的消长等水文状况，有很大的关系。

海水营养盐含量的分布和变化，除有以上一般性规律之外，还因营养盐的种类不同而不同。下面分别叙述海水中氮、磷和硅的存在形式、分布变化及生物地球化学循环的特点。

5.1 氮

5.1.1 氮在海水中的存在形式

海水中的氮包括广泛的无机和有机氮化合物，可能存在形式有：NO_3^-（+Ⅴ），NO_2^-（+Ⅲ），N_2O（+Ⅰ），NO（+Ⅱ），N_2（0），NH_3（－Ⅲ），NH_4^+（－Ⅲ），RNH_2（－Ⅲ）。海水中氮气几乎处于饱和状态，但氮气不能被绝大多数的植物所利用，它只有转化为氮的化合物后，才能被植物利用。通过固氮作用氮气可变成结合态氮，雷电或宇宙射线的电离作用，也可使氮气变为化合态氮。除氮气外，海水中主要有 NH_4^+（NH_3），NO_2^-，NO_3^-（即三氮）3 种无机化合氮。海水中无机氮化合物是海洋植物最重要的营养物质。海水中有机氮主要为蛋白质、氨基酸、脲和甲胺等一系列含氮有机化合物。此外，海洋中含有活着的生物和不溶于海水的颗粒氮。一般把能通过孔径0.45 μm微孔滤膜的有机氮称为溶解有机氮，把不能通过的称为颗粒态有机氮。这些氮化合物处在不断的相互转化和循环之中。

5.1.2 氮在海水中的相互转化和循环

海洋中的氮是处于不断转化和循环过程中的（见图 5.1），此过程受到了化学、生物和物理各种因素的影响。

无机氮被海洋生物吸收组成有机氮（主要是蛋白质），这些有机体经过化学及细菌作用分解成无机氮。蛋白质首先通过化学及细菌作用生成氨基酸（$R-CHNH_2-COOH$），而后分解成为无机氮（NH_3）。蛋白质除分解氨基酸外，还可能分解为一些小分子的胺，如甲基胺等。

海水中氨主要以 NH_4^+ 形式存在。氨在海水中可被氧化生成 NO_2^- 和 NO_3^-，是在亚硝酸菌和硝酸菌作用下完成的，这种作用称为硝化作用。

$$2NH_4^+ + 3O_2 \xrightarrow[\text{专性、自养}]{\text{亚硝酸菌}} 2NO_2^- + 2H_2O + 4H^+$$

$$NO_2^- + 1/2O_2 \xrightarrow[\text{兼性、自养}]{\text{硝酸菌}} NO_3^-$$

据研究，NH_4^+ 被氧化为 NO_2^- 的反应有 3 种：①光化学氧化作用；②化学氧

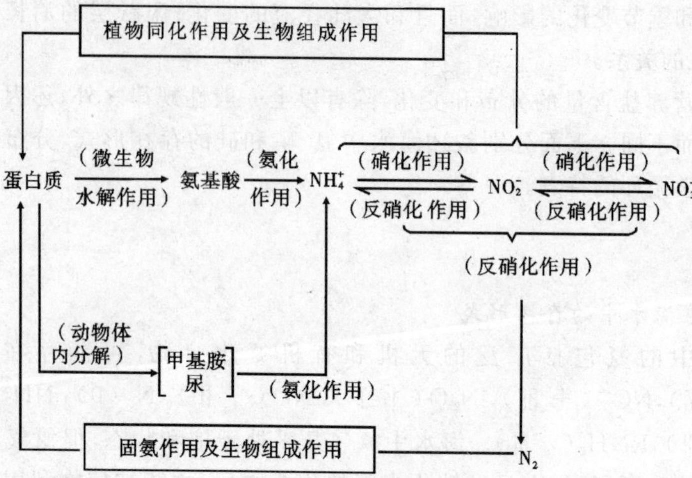

图 5.1 海水中氮化合物循环示意图(引自张正斌等,1999)

化作用;③微生物氧化作用。海水中主要是后两种作用。由于海水吸收紫外线,故在海面以下的光化学氧化作用不明显。化学氧化作用亦主要在表层海水中进行。微生物氧化作用可由自养菌或异养菌来进行。在 NH_4^+ 氧化为 NO_2^- 的过程中,存在着中间体 $NH_4^+ \rightarrow NH_2OH \rightarrow H_2N_2O_2 \rightarrow NO_2^-$。通过对 NO_2^- 氧化为 NO_3^- 的反应中 $NO_2^- + \frac{1}{2}O_2 = NO_3^-$ 的平衡常数的计算,得出两者在海水中的活度关系为 $\alpha_{NO_3^-} = 3.1 \times 10^{12}\alpha_{NO_2^-}$,因而在平衡条件下,海水中的 NO_2^- 的浓度极小。NO_2^- 还可以进一步被氧化生成 NO_3^-,NO_3^- 和 NO_2^- 在反硝化作用下可还原为 NH_4^+ 和 N_2。

曾有人在实验室做过以上的模拟实验(见图 5.2)。将含有硅藻的海水储存于暗处,开始有一定量的颗粒有机氮,而 NH_4^+ 含量接近于零,放置一段时间粒状 N 含量减少,NH_4^+ 含量随着粒状 N 的减少而增加;至一定阶段粒状 N 的减少非常缓慢,而 NH_4^+ 含量达到最大值;开始出现 NO_2^-,NO_2^- 随 NH_4^+ 减少而增加;当 NH_4^+ 减至 0 时 NO_2^- 达到最大值。此时出现 NO_3^-,NO_3^- 随 NO_2^- 减少而增加。从图可见,硅藻死亡后其颗粒状有机氮分解为 NH_4^+,并转化为 NO_2^- 和 NO_3^-,约需 3 个月时间。但是,由于有机质的性质不同,影响反应速率的因素如温度、催化剂等不同,有机氨的分解速率也不同。在有机氮的分解过程中,微生物及酶的催化作用是极为重要的,不同的分解过程,有不同的微生物及酶参与。经研究证明,有机氮转化为 NH_4^+ 的过程,属于一级反应。

当放在暗处的水中 NH_4^+ 含量达到最高值时,放在明处使其见光,则硅藻开

始吸收 NH_4^+，NH_4^+ 减少而粒状 N 增加。综上所述，光化学氧化、化学氧化和微生物的作用，尤其是海洋细菌的作用，在海洋中氮的转化和循环中起着重要的作用。

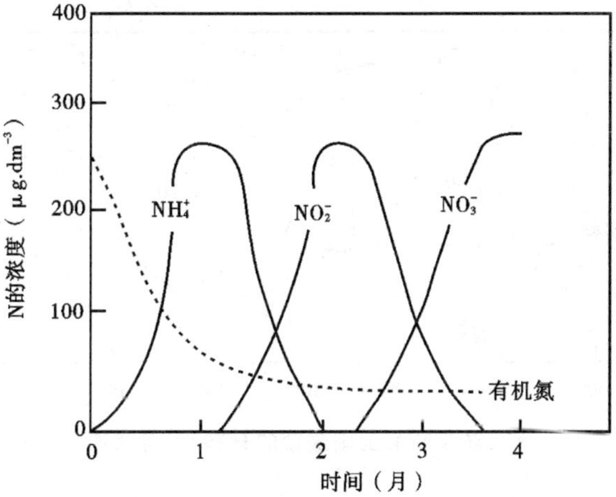

图 5.2　保存在黑暗处通气海水中浮游植物分解产生氮化合物的情况(引自郭锦宝，1997)

这个循环并不是完全封闭的，海洋每年从雨水和河流中接受了一定量的化合氮，雨水每年给每平方米海面带入大约 4 000～17 000 $\mu mol \cdot dm^{-3}$ NH_4^+ －N 和2 000 $\mu mol \cdot dm^{-3}$ 的 NO_3^- －N，江河也向海洋中不断输入 NO_3^- －N 和 NH_4^+ －N。

5.1.3 海水中无机氮的含量分布与变化

营养盐含量的一般分布规律是：①随着纬度的增加而增加；②随着深度的增加而增加；③在太平洋、印度洋的含量大于大西洋的含量；④近岸浅海海域的含量一般比大洋水的含量高。

大洋海水中无机氮含量的变化范围一般是：NO_3^- －N：0.1～43 $\mu mol \cdot dm^{-3}$，NO_2^- －N：0.1～3.5 $\mu mol \cdot dm^{-3}$，NH_4^+ －N：0.35～3.5 $\mu mol \cdot dm^{-3}$。在海水中 NO_3^- －N的含量比 NO_2^- －N，NH_4^+ －N 高得多。在大洋深层水，几乎所有的无机氮都以硝酸盐的形式存在，它的分布一般与磷酸盐的分布趋势相似。

1. 水平分布

一般大洋水中硝酸盐的含量随着纬度的增加而增加，即使在同一纬度上各处也会由于生物活动和水文条件的不同而有相当大的差异。图 5.3 是大西洋一个南北断面的分布图，由图可以看出，南极海水中硝酸盐含量很高，北大西洋硝酸盐的含量约为南大西洋的一半。在大西洋深层水中，几乎所有无机氮都以硝酸盐形式存在。其最高含量处在高纬区约 800 m 深度的水层。随着大西洋深层水的向南流动，直到南极，硝酸盐的含量增大两倍以上，这是由于深层水在南移的过程中，北大西洋深层水中约有 250 mg·m^{-3}可溶有机氮缓慢分解所致。

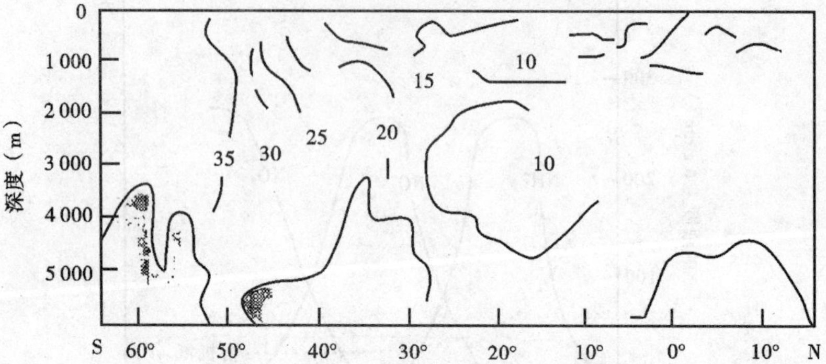

图 5.3 大西洋某断面上硝酸盐的分布(引自郭锦宝,1997)

2. 垂直分布

铵盐在真光层中为植物所利用，但在深层中则受细菌作用，硝化而生成亚硝酸盐以至硝酸盐。因此，在大洋的真光层以下的海水中，铵盐和亚硝酸盐的含量通常甚微，而且后者的含量低于前者，它们的最大值常出现在温度跃层内或其上方水层之中。一般大洋海水中硝酸盐的含量，在垂直分布上是随着深度的增加而增加，在深层水中，由于氮化合物不断氧化的结果，积存着相当丰富的硝酸盐。三大洋的 NO_3^- －N 的垂直分布，可以看出三大洋硝酸盐的含量为：印度洋＞太平洋＞大西洋，表层硝酸盐被浮游植物所消耗，其含量较低，甚至达到分析零值，在 500～800 m 处含量随深度急剧增加，在 500～1 000 m 有最大值，最大值以下的含量随深度的变化很小。

3. 季节变化

海水中无机化合氮和磷酸盐一样，与生物活动息息相关。因此海水中尤其是北温带或河口区，其含量分布有着明显的季节变化。图 5.5 是英吉利海峡一个站位表层和底层海水中的 NH_4^+ －N，NO_2^- －N 和 NO_3^- －N 的季节变化，当生物生长繁殖旺盛的暖季，3 种无机氮含量下降达到最低值，NO_3^- －N 含量甚至可以减少至零值，这种趋势在表层水更为明显。而冬季由于生物尸骸的氧化分解和海水剧烈的上、下对流，使得 3 种氮含量回升达到最高值，且 NH_4^+ －N 和 NO_2^- －N 先于 NO_3^- －N 回升。在温带浅海水域中，铵盐的含量在冬末很低，春季逐渐增加，有时成为海水中无机氮的主要形式，入秋之后，含量降低。故在秋冬两季，硝酸盐成为温带浅海中无机氮的主要溶解态的存在形式。

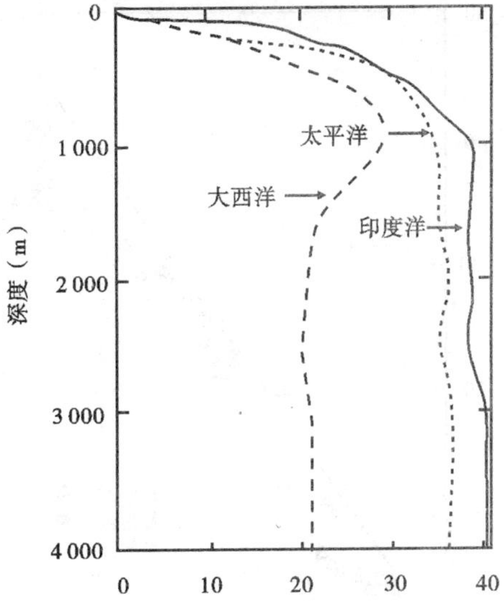

图 5.4　硝酸盐在大西洋、太平洋和印度洋的垂直分布（引自中国大百科全书，1987）

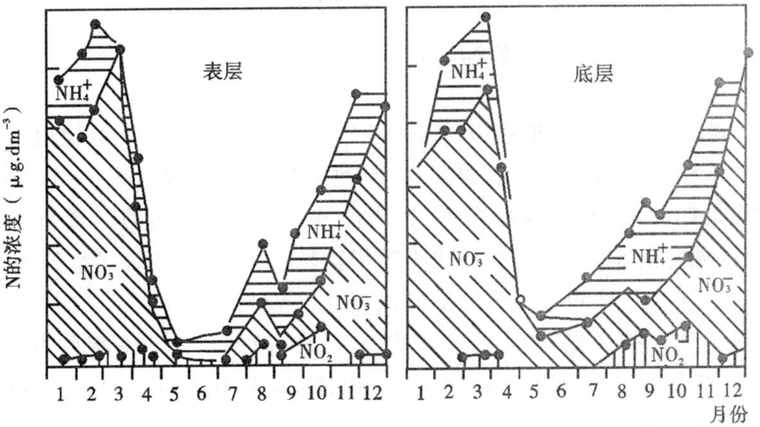

图 5.5　英吉利海峡一个站位表层和底层海水中的 NH_4^+ − N，NO_2^- − N，NO_3^- − N 的季节变化

（引自郭锦宝，1997）

4. N/P

从硝酸盐、磷酸盐的季节变化可以看出，这些盐类和含量与海洋植物的活动有密切关系。如果其含量很低，则会限制生物活动，被称为生物生长限制因素。生物在吸收这些盐类时一般是按比例进行的，由于生物作用的影响，一定存在固定的关系；根据大洋中磷酸盐分布情况大致相近，可以断定这两种盐类在大

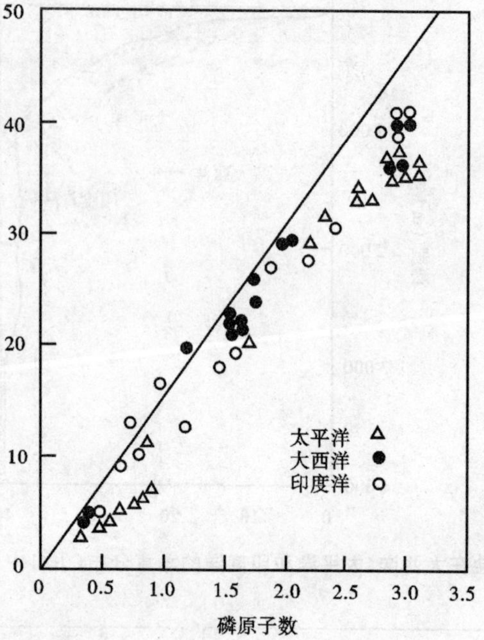

图 5.6 三大洋的 N/P 比值(引自 Stumm, Morgan, 1996)

洋中的含量之间有着一定的比值,称为 N/P 比值。三大洋的 N/P 比值见图 5.6,从调查结果来看,这个值是近似恒定的,即 N/P=16(原子数),N/P=7(质量)。

大洋是如此,近海和浅海区 N/P 比值并不恒定,不同的区域有不同的比值,有些区域随着季节还有变化,如美国华盛顿州 Friday 港表层水的 N/P 比值在 12~14 之间,并且随着季节的不同而变化。胶州湾 1991 年以前,年 N/P 比值平均值为 10~31,夏季为 9~18,基本正常。1991~1994 年则升高到 24,1998 年夏季由于大量降水升高到 240。由此,N/P 升高导致 P 的供给相对不足,成为浮游植物生长的限制因子。

5.1.4 我国近海无机氮的分布

我国长江口(上海附近水域)硝酸盐含量高达 65 $\mu mol \cdot dm^{-3}$,居世界之冠。东海陆架水夏季大致在 125°E 以西水域(1987 年 7 月和 8 月)0 m 层的硝酸盐含量小于 0.07 $\mu mol \cdot dm^{-3}$,最低值达分析零值,向东逐渐增至 2.14 $\mu mol \cdot dm^{-3}$,75 m 水层大致为 3.57 $\mu mol \cdot dm^{-3}$,底层含量为 7.14~12.14 $\mu mol \cdot dm^{-3}$,在 27°~30°N,126°~128°E 范围内,则大于 12.14 $\mu mol \cdot dm^{-3}$。长江口海水中 NO_2^- 的含量约为2 $\mu mol \cdot dm^{-3}$,向外逐渐下降至0.4 $\mu mol \cdot dm^{-3}$左右。

南海海水中硝酸盐的含量在痕量到 43 μmol · dm^{-3}之间。在水平分布上是近岸海水中含量高，随着离岸距离的增加，含量急剧下降。南海开阔海区表层硝酸盐含量极低，但是在上升流区，如台湾海峡南部，发现有硝酸盐的高含量区。南海硝酸盐的垂直分布，在混合层硝酸盐含量极低或为零，在跃层急剧增加，一般是随着深度的增加而增大。南海夏季近岸表层水中 NH_4^+ 的平均含量为 0.9 μmol · dm^{-3}左右，底层水可达 3 μmol · dm^{-3}以上；远离大陆海区的含量在 0.36～1.3 μmol · dm^{-3}之间，个别地区的 NH_4^+ 含量甚低或接近于零。NH_4^+ 的垂直分布，远岸水则与近岸水相反，即表层含量较高，随深度增加而减少。

南海中部水体中 NH_4^+ –N 的垂直分布趋势没有明显的规律性。南海海水中 NO_2^- 的含量在 0.1～3 μmol · dm^{-3}。南海中部水体中 NO_2^- –N 的垂直分布曲线都是从分析零值或接近于零开始，在 50 m 层浓度迅速增大，并在 75 m 或 100 m 层达到最大值后，从 100 m 以下又恢复到接近分析零值(见图 5.7)。

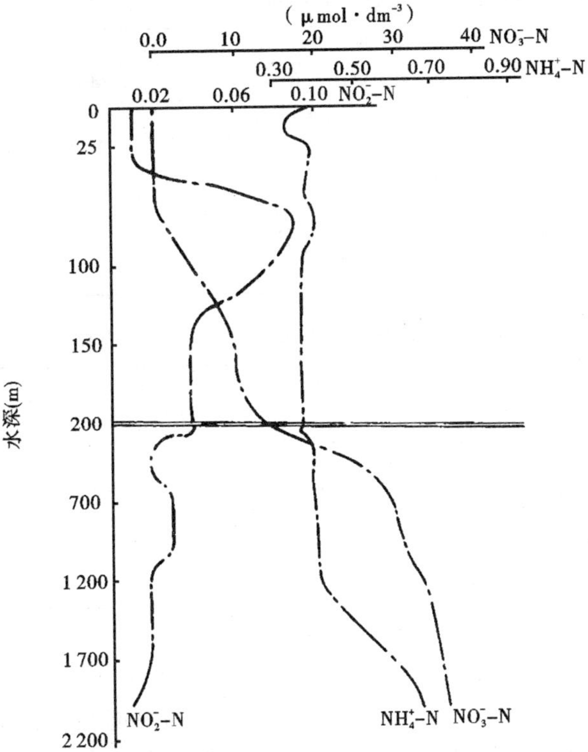

图 5.7　南海中部水体中三氮的垂直分布(夏季)(引自张正斌等，1999)

台湾海峡西部海域三氮的水平分布呈现近岸高、逐渐向海峡中部降低的趋势，而且在闽江口、九龙江口和东山外海常出现高值区。从表5.1可看出，三氮总浓度从春天开始，夏季出现全年最低值，秋季明显增高，冬季达到全年最高值。而南海中部水体三氮含量的季节变化幅度较小（表5.2）。NH_4^+ －N呈现春季最高、夏秋季逐渐降低、冬季略有回升的变化趋势；NO_2^- －N表现为冬高春低、夏秋大致相等的规律。NO_3^- －N除表层反映出冬高春低的特征外，其他各层的变化趋势是春、冬最高，夏季最低，秋季开始回升。

表5.1　台湾海峡西部海域三氮（$mmol \cdot dm^{-3}$）的变化特征（引自张正斌等，1999）

季节	春(1984.05)	夏(1984.08)	秋(1984.11)	冬(1985.02)
范围	0.08～10.7	0.58～11.6	0.60～21.4	1.07～20.5
平均值	4.26	3.47	8.34	10.9

表5.2　南海中部水体中三氮（$mmol \cdot dm)^{-3}$的季节变化（引自张正斌等，1999）

层次	春			夏			秋			冬		
	NO_3^--N	NO_2^--N	NH_4^+-N	NO_3^--N	NO_2^--N	NH_4^+-N	NO_3^--N	NO_2^--N	NH_4^+-N	NO_3^--N	NO_2^--N	NH_4^+-N
表层	0.03	0	0.51	0.12	0.02	0.37	0.10	0.02	0.41	0.26	0.04	0.39
次表层	9.54	0.05	0.50	7.52	0.06	0.38	9.63	0.06	0.33	11.9	0.08	0.36
中层	28.2	0.01	0.47	22.9	0.03	0.39	24.8	0.03	0.30	28.2	0.05	0.34
深层	40.3	0.01	0.66	34.8	0.02	0.51	35.2	0.02	0.30	39.2	0.02	0.31

表5.3　胶州湾的无机氮的含量（$\mu mol \cdot dm^{-3}$）（引自任玲等，2000）

年月		NH_4^+ －N	NO_3^- －N	NO_2^- －N
1997.10	表层	2.30～15.6	0.54～3.68	0.55～2.05
	底层	2.38～17.30	0.83～6.84	0.64～2.36
1998.04	表层	5.75～17.13	2.90～7.15	0.56～2.01
	底层	3.71～9.89	2.72～5.30	0.63～0.82

胶州湾海水中8月份和12月份硝酸氮含量较高，中间10月份则相对较低，之后4月和6月则逐渐降低。8月份出现高值可能有几个原因：①降水引起的河流径流量增大带来丰富的营养盐，使湾内的营养盐浓度有所增加；②由于沿岸的工农业废水及生活污水的排放；③由于湾内区域的各种水产养殖投饵及收获造成的。12月份的高值是由于冬季温度降低，湾内浮游生物量减

少，生物活性下降，对营养盐的利用减少，因而使营养盐有所积累。10月份的低值可能是由于湾内浮游植物的吸收和利用造成。4月份和6月份湾内气温升高，光照增强，浮游植物迅速繁殖，消耗大量的营养盐，同时各河流处于枯水期，营养盐的外部来源大大降低，因而浓度下降。并且随着生物的生长，6月份的值比4月份更低。8月份氨氮测量值略高。因为8月份降水量较大，河流径流量较大，而河流输入中氨的量占较大比例，补充了水体中的氨。另外，浮游动物代谢是氨再生的一个有效途径，其代谢溶出物中75%是氨，同时细菌也是氨氮再生的途径之一。8月份浮游动物和细菌的含量较高，繁殖较快，再加上海水温度高，加快了这些过程的进行，从而使氨的再生速率较快，以上两个原因使胶州湾夏季水体中氨氮的含量维持较高水平。冬季由于浮游植物生物量低，生长缓慢，对氨的吸收减少，使氨氮的含量有所积累，因此12月份的值较高。之后随着温度和光照的增加，浮游植物的生长繁殖逐渐旺盛，对氨氮的吸收逐渐增加，因此，4月和6月份含量逐渐降低。总之，NO_3^--N和NH_4^+-N总的趋势是春季的值最低，最高值在8～10月份，冬季相对春季稍高。氨氮是胶州湾氮营养盐的主要形式，占总氮的70%～80%，硝酸氮占10%～20%。

5.2 磷

5.2.1 磷在海水中的存在形态

磷是海洋生物必需的营养要素之一。磷以不同的形态存在于海洋水体、海洋生物体、海洋沉积物和海洋悬浮物中。海水中磷的化合物有多种形式，如溶解态无机磷酸盐、溶解态有机磷化合物、颗粒态有机磷物质和吸附在悬浮物上的磷化合物。通常以溶解的无机磷酸盐为主要形态，用PO_4-P表示。

海洋中各种磷的化合物也会由于生物、化学、地质和水文过程而进行着各种变化。例如颗粒磷可以通过细菌和化学作用，而转化为无机磷酸盐和溶解有机磷化合物。这两种磷化合物都可被浮游植物直接吸收，但以无机磷酸盐为主。

海水中无机磷酸盐存在以下的平衡：

$$H_3PO_4 \rightleftharpoons H^+ + H_2PO_4^- \rightleftharpoons 2H^+ + HPO_4^{2-} \rightleftharpoons 3H^+ + PO_4^{3-}$$

由于海水中无机磷酸盐的浓度很低（约$10^{-6}\,mol \cdot kg^{-1}$），直接测定其解离常数比较困难。Kester等（1967）用测定pH值的方法，对人工海水和$0.68\,mol \cdot dm^{-3}$ NaCl溶液测定了磷酸的三级表观电离常数，测定结果如下：

表 5.4　在 20℃时，人工海水和 0.68 mol·dm^{-3} NaCl 的解离常数

介　质	K'_1（$\times10^{-2}$）	K'_2（$\times10^{-6}$）	K'_3（$\times10^{-9}$）
0.68mol·dm^{-3} NaCl 溶液	2.83±0.08	0.41±0.04	0.010±0.001
人工海水（S=33.0）	2.35±0.15	0.88±0.06	1.37±0.15

根据这些常数，可计算在不同 pH 值时，3 种磷酸盐阴离子 $H_2PO_4^-$，HPO_4^{2-} 和 PO_4^{3-} 所占总磷量的百分比（如图 5.8）。

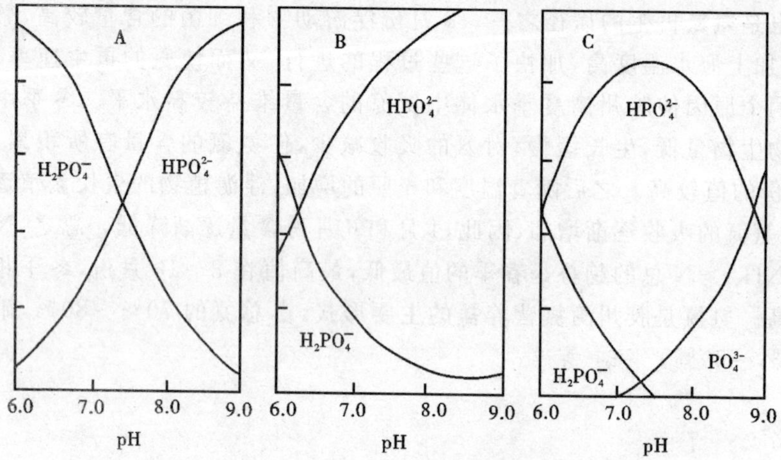

A. 纯水　B. 0.68 mol·dm^{-3} NaCl 溶液　C. 人工海水（S=33.0）

图 5.8　各种形式的磷酸盐在不同 pH 值下的分布情况（20℃）（引自郭锦宝，1997）

由图 5.8 可看出，海水中无机磷酸盐各种离子的量与纯水及 NaCl 溶液不同，在正常海水 pH=8 的情况下，主要以 HPO_4^{2-} 的形式存在，约占 87%，而 PO_4^{3-} 占 12%，$H_2PO_4^-$ 仅占 1%。在同一 pH 下，磷酸盐阴离子在海水、NaCl 溶液和纯水中的含量不同，这是由于海水中 Ca^{2+} 和 Mg^{2+} 等常量阴离子与磷酸盐阴离子的缔合作用引起的。Kester 等指出：由于缔合作用的结果，海水中有 96% 的 PO_4^{3-} 和 44% 的 HPO_4^{2-} 可能与钙和镁离子形成离子对。

5.2.2 磷在海水中的相互转化和循环

磷元素在整个海洋中进行着大范围的迁移和循环。浮游植物通过光合作用吸收海水中的无机磷和溶解有机磷。实验结果表明：当海水中磷酸根含量小于 16 mg·m^{-3} 时，浮游植物生长就要受到限制。浮游植物为浮游动物所吞食，其中一部分成为动物组织，再经代谢作用还原为无机磷释放到海水中。未被动物完全消化的那一部分，有些经植物细胞的磷酸酶的作用而还原为无机磷，有些则分解为可溶性有机磷，有些则形成难溶颗粒状磷。所有这些过程都通过动物的排泄释放到海水中。溶解有机磷和颗粒磷再经细菌的吸收代谢而还原为无机磷。但也有一部分磷在生物尸体的沉降过程中，没有完全得到再生，而随同生物残骸沉积于海底，在沉积层中经细菌的作用，逐步得到再生而成为无机磷，如在中等深度海区的海底，一些贝壳含有 0.3%的磷。Arrhenius 发现，在太平洋海底沉积物的表层，平均每年每平方米约聚积 0.5～4.0 mg 磷，这些在沉积层中和底层水中的无机磷又会由于上升流、涡动混合和垂直对流等水体运动被输送到表层海水，再次参加光合作用。海水中的磷由于沉积作用而损失的量，可从河水的磷酸盐得到补充，大陆径流每年为海洋增添的溶解态磷约为 2.2×10^{12} g · a^{-1}，颗粒态磷为 12×10^{12} g · a^{-1}。因此，海洋中的磷存在着一个复杂循环体系(如图 5.9)。

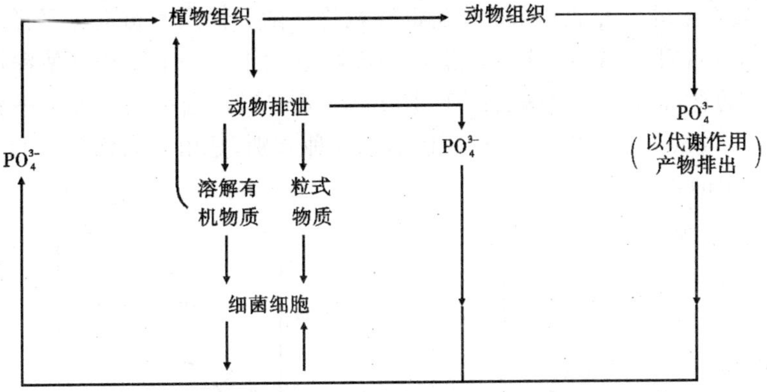

图 5.9　磷的循环(引自张正斌等，1999)

这个循环受到各种因素的控制，这些因素包括海洋生物化学作用、海水运动以及沉积作用等，要真正解决和掌握其分布规律就必须完全了解这些因素的影响作用。但这是非常困难的事情，目前仅能就几方面定性地来描述其分布的状况。

5.2.3 海水中磷酸盐的含量分布与变化

海洋中磷酸盐含量随海区和季节的不同而变化，一般在河口和封闭海区，沿岸水和上升流区的磷酸盐含量较高，而在开阔的大洋表层含量较低。近海水域磷酸盐含量一般冬季较高，夏季较低。在河口及沿岸浅海区磷酸盐的垂直方向上分布比较均匀，而在深海和大洋中，则有明显分层。

1. 水平分布

大洋海水中无机磷酸盐的浓度是在不断变化的，但许多地区最大浓度变化范围都不超过 0.5～1.0 μmol · dm^{-3}。在热海洋表层水中，生物生产力大，因而这里磷的浓度最低，通常在 0.1～0.2 μmol · dm^{-3}。在太平洋、大西洋和印度洋的南部，由于彼此相通，磷酸盐的分布及含量大致相同。而在大西洋与太平洋的北部，磷酸盐的分布则有着明显的差别。大西洋北部磷含量较低，南部的含量几乎等于南北的差值。太平洋北部磷含量几乎是南部海区的两倍。而太平洋断面和大西洋断面磷的含量则有明显的差别。之所以形成这种差别，是与这些大洋的环流有关。这种情况与溶解氧的分布类似，一般规律是磷含量高，氧含量低，如大西洋氧的最小层处，也是磷含量最高的地方，达到 2 μmol·dm^{-3}以上。

磷酸盐之所以由大西洋深层水向北太平洋深层水方向富集是由于这些大洋深海的环流方向为低温、高盐和营养元素含量低的大西洋表层水在大西洋北端的挪威海沉降，成为大西洋深层水，越过格陵兰至英国诸岛的海脊往南流。在这期间，含磷颗粒从表层沉降到深海的过程中不断被氧化腐解而释放出营养盐，这些被再生的营养盐和未被腐解的颗粒物质随着深层水流向太平洋方向迁移，一直到北太平洋深处，这个富集过程不断继续下去（图 5.10），使深层水中PO_4^{3-}-P 的含量从大西洋深层的 1.2 μmol·dm^{-3}，逐渐提高到北太平洋深层的 3 μmol·dm^{-3}。由此可见，之所以形成这种差别，是由于大洋环流和生物循环相互作用的结果。

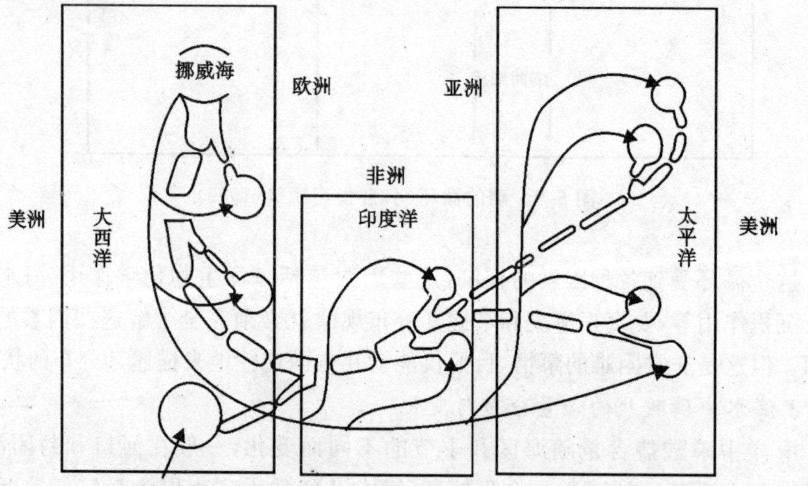

1. 小圆圈表示分散上升流　2. 箭头表示深水流方向
3. 虚线表示表层回流　4. 大圆圈表示下降流区

图 5.10　深水流（黑线）与表水流（虚线）的流动模型（引自郭锦宝，1997）

2. 垂直分布

图 5.11 表示了三大洋水中磷酸盐的垂直分布情况。它大体反映出三大洋

水中磷酸盐含量分布变化的一般规律：在大洋的表层，由于生物活动吸收磷酸盐，使磷的含量很低，甚至降到零值。在 500～800 m 深水层内，含磷颗粒在重力的作用下下沉或被动物一直带到深海，由于细菌的分解氧化，不断地把磷酸盐释放回海水，从而使磷的含量随深度的增加而迅速增加，一直达到最大值（1 000 m左右）。1 000 m 以下的深层水，磷几乎都以溶解的磷酸盐的形式存在。由于垂直涡动扩散，使来源于不同水层的磷酸盐浓度趋于均等。磷酸盐的含量通常是固定不变的，或者可以说它的浓度随深度的增加变化很小。

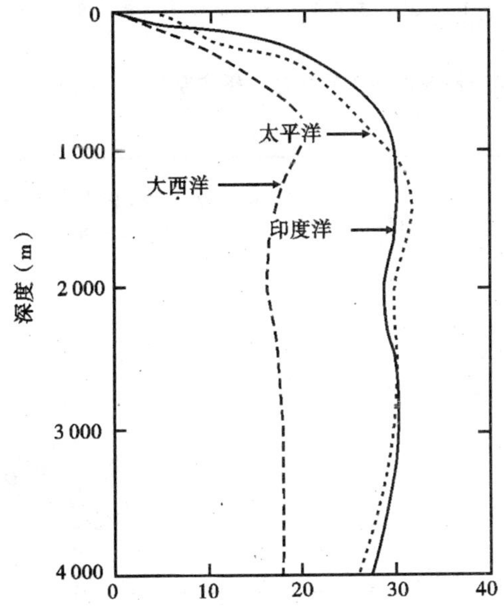

图 5.11　磷酸盐在大西洋、太平洋和印度洋的垂直分布

（引自中国大百科全书，1987）

3. 季节变化

海水中磷的含量还由于受生物活动规律及其他因素的影响而存在着季节的变化。尤其是在温带（中纬度）海区的表层水和近岸浅海中，磷酸盐的含量分布具有规律性的季节变化。

夏季，表层海水由于光合作用强烈，生物活动旺盛，摄取磷的量多。而从深层水来的磷补给不足，就会使表层水磷的含量降低，以致减为零值。在冬季由于生物死亡，尸骸和排泄物腐解，磷重新释放返回海水中，同时由于冬季海水对流混合剧烈，使底部的磷酸盐补充到表层，使其含量达全年最高值。Cooper 等在英吉利海峡一个站位，曾经进行磷酸盐季节变化的多年按月观测。其结果

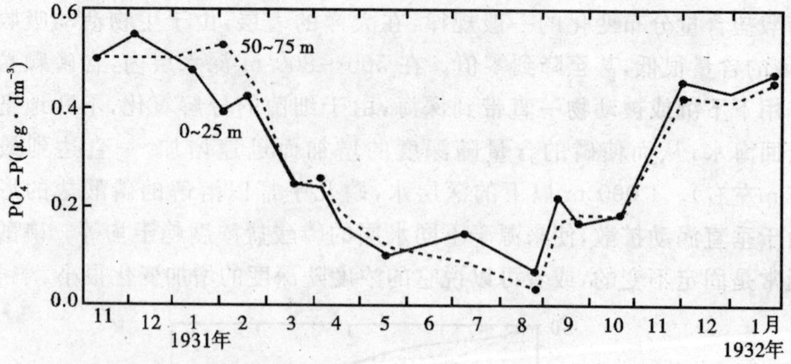

图 5.12 英吉利海峡海水磷酸盐的季节变化(Riley, Skirrow, 1975)

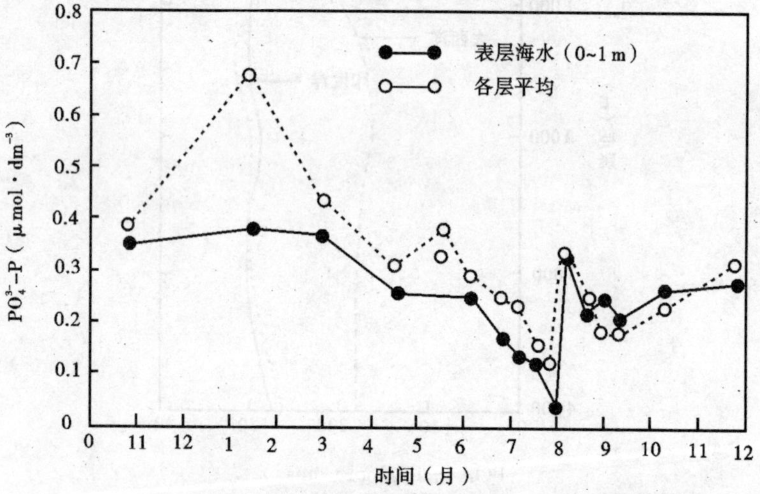

图 5.13 山东胶州湾某站海水磷酸盐季节变化(引自郭锦宝,1997)

是:最高值在冬季,磷含量在 21.5～100 mg·m^{-3}之间变化,有些年份的最低值可低到0.5 mg·m^{-3}(图 5.12)。我们通过胶州湾磷的季节变化图(图 5.13)就可直观地看出其变动的情况。但是,从图看到:在 8 月份,胶州湾的磷含量突然增加,这是由于降雨使大陆排水量突增,大陆水从陆地带了大量磷,因而使 8 月份磷含量又有所增加。近年来,有些海区由于人为排污等原因致使营养盐富集,引起浮游生物的过度繁殖,即所谓的“赤潮”。

4. 河口磷酸盐的缓冲现象

这种现象是 Stefansson 和 Richards 最初在哥伦比亚河口发现的。此后海洋科学家发现,在世界许多重要河流(包括我国的长江、黄河和珠江)的河口也存在这种缓冲现象。产生缓冲现象的原因，是由于磷酸盐与悬浮颗粒物发生了液-固界面的吸附-解吸作用，即河口悬浮颗粒物能从富含磷酸盐的水体吸附磷酸盐，而后又能在低浓度水中释放出磷酸盐，这样就使水体的磷酸盐浓度保持在一个相对恒定的范围。

5.2.4 我国近海磷酸盐的分布

在黄海、渤海 0～100 m 深的海区里，磷酸盐含量冬季为 0.3～1.3 μmol·dm^{-3}，夏季为0.6～0.8 μmol·dm^{-3}。长江下游，秋季平均值为 0.83 μmol·dm^{-3}。东海海区表层水的磷酸盐含量为0.30～0.48 μmol·dm^{-3}，底层水平均约为1.50 μmol·dm^{-3}，垂直分布与大洋水相似。南海的近岸河口区磷酸盐含量为 0～1.1 μmol·dm^{-3}，表层一般为 0～0.5 μmol·dm^{-3}，底层为 0.3～1.1 μmol·dm^{-3}。在南海开阔海区，垂直方向的磷含量为 0～2.5 μmol·dm^{-3}，具有大洋水的垂直分布特征，水平方向上的分布则比较均匀。

我国近海水域，磷酸盐含量的季节变化特征明显，基本呈现春、夏、秋、冬依次递增的规律。例如福建海岸带，磷酸盐平均含量的季节变化见表 5.5。台湾海峡西部海域磷酸盐的平面分布（表 5.6）呈现近岸高、向海峡中部逐渐降低的趋势，而且在闽江口、九江口和东山外海常出现高值区，但是整个海区保持较低水平的磷酸盐含量的季节变化仍然是春、夏、秋、冬依次递增。我国广东的大鹏澳和珠江口的深圳湾，磷酸盐季节变化也表现相同的特征（表 5.7）。从表5.5、表5.6和表5.7还可以看出，广东沿岸的磷酸盐含量远比福建沿岸高得多。由大亚湾西南部海区磷酸盐的月均值（表 5.8）看出，磷酸盐的周年变化最低值是在春季的 4 月份，而最高值则在冬季的 12 月份。

表 5.5　福建海岸带海水磷酸盐平均含量的季节变化（μmol·dm^{-3}）（引自张正斌等，1999）

季　节	春(1984.05)	夏(1984.08)	秋(1984.11)	冬(1985.02)
表　层	0.10	0.14	0.39	0.40
底　层	0.13	0.19	0.39	0.52

表 5.6　台湾海峡西部海域磷酸盐的季节变化（μmol·dm^{-3}）（引自张正斌等，1999）

季　节	春(1984.05)	夏(1984.08)	秋(1984.11)	冬(1985.02)
范　围	0～0.48	0～0.90	0～0.75	0～0.92
平均值	0.10	0.16	0.34	0.45

表 5.7 大鹏澳、深圳湾磷酸盐的季节变化(μmol·dm⁻³)(引自张正斌等,1999)

海区	层次	春(1985.04)	夏(1985.07)	秋(1984.10)	冬(1985.01)	平均
大鹏湾	表	0.37	0.52	0.79	2.89	1.14
	底	0.50	0.88	0.81	2.25	1.11
深圳湾	表	0.44	0.92	2.49	7.26	2.76
	底	0.52	1.12	2.15	6.51	2.58

表 5.8 大亚湾西南部海区磷酸盐的月均值(μmol·dm⁻³)(引自张正斌等,1999)

月份	1	2	3	4	5	6	7	8	9	10	11	12
表层	0.50	0.38	0.41	0.14	0.22	0.17	0.36	0.29	0.19	0.32	0.21	0.48
底层	0.48	0.50	0.45	0.28	0.30	0.35	0.60	0.33	0.28	0.49	0.27	0.53

南海中部海域磷酸盐的平面分布,由图 5.14 表明:该海域的表层和 100 m 层磷酸盐的含量分布,具有从东南向西北浓度逐渐降低,即东南高西北低的特点。而南海东沙群岛的西南冷涡中,100 m 层磷酸盐含量的平面分布,呈现在东沙群岛西南部存在一个磷酸盐含量的高值区,中心的含量比周围要高 1～3 倍(图 5.15)。但是,从图 5.16 看出,南海中部海区各层次的磷酸盐含量,周日变化均不显著。南海中部海区磷酸盐的垂直分布特征见图 5.17,从接近于零的表层水开始,在 500 m 范围内急剧增加,至 800 m 左右达到最大值,再往深处仅有较小的变化。从图 5.17 可以看出,南海中部海区磷酸盐的垂直变化曲线与世界主要大洋的垂直变化曲线很相似,而与太平洋的变化曲线几乎重叠,说明南海中部水体属太平洋水体。

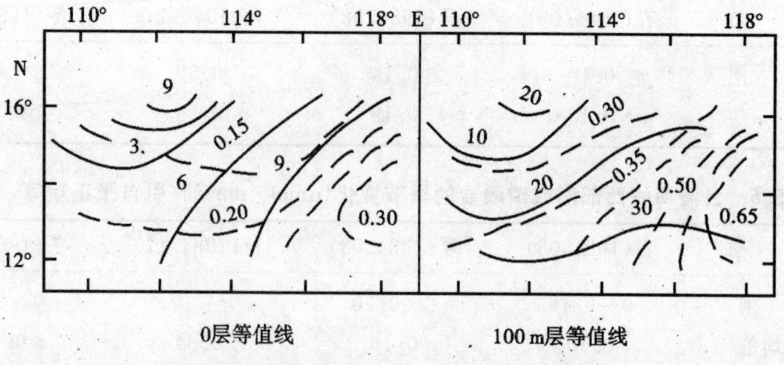

图 5.14 南海中部表层和 100 m 层 P,Si 含量的水平变化(1978 年 6 月)
(引自张正斌等,1999)

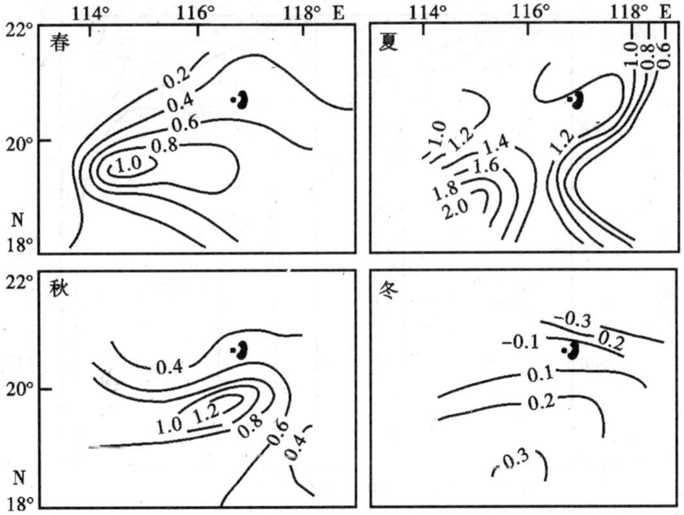

图 5.15　100 m 层磷酸盐的水平分布(μmol・dm^{-3})(引自张正斌等,1999)

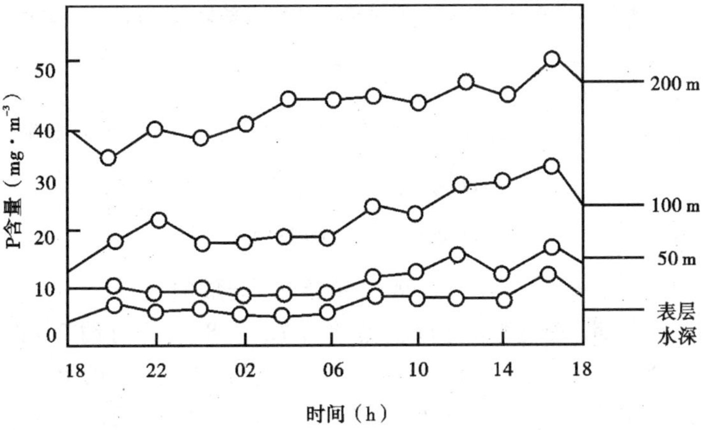

图 5.16　南海中部磷酸盐的周日变化(引自张正斌等,1999)

5.3 硅

5.3.1 海水中硅的化学行为

1. 硅在海水中的存在形态

海水中硅的存在形态颇多,有可溶性的硅酸盐、胶体状态的硅化合物、悬浮硅和作为海洋生物组织一部分的硅等。其中以可溶性硅酸盐和悬浮二氧化硅两种为主。海洋中可溶性硅的平均浓度为 36 μmol・dm^{-3},在大洋深水中可达

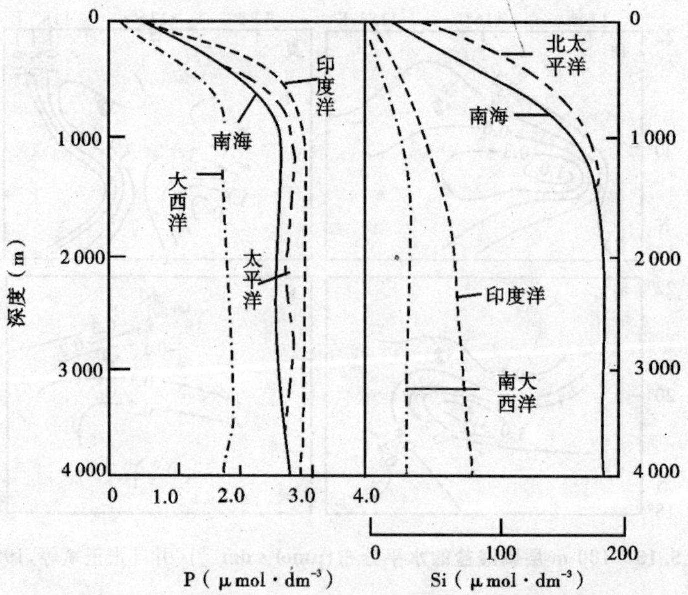

图 5.17　南海与太平洋、大西洋、印度洋中 P 和 Si 的比较(引自张正斌等,1999)

100～200 μmol·dm^{-3}。

硅酸(H_4SiO_4 或 $Si(OH)_4$)是一种弱酸,它在水中存在如下平衡:

$$H_4SiO_4 \rightleftharpoons H_3SiO_4^- + H^+$$

$$H_3SiO_4^- \rightleftharpoons H_2SiO_4^{2-} + H^+$$

在 25 ℃,0.5 mol·dm^{-3} 的 NaCl 溶液中,硅酸的 $K_1=3.9\times10^{-10}$,$K_2=1.95\times10^{-13}$。因此,在海水的 pH 值通常为 7.7～8.3,只有约 5% 的溶解硅以离子形态 $H_3SiO_4^-$ 存在。溶解硅主要是以单分子硅 H_4SiO_4 的形态存在。通常把可通过超过滤器(滤膜孔径为 0.1～0.5 μm 的硝化纤维膜)并且可用硅钼黄络合比色法测定的低聚合度的溶解硅酸和单分子硅酸总称为“活性硅酸盐”,它容易被硅藻吸收。

2. 海水中电解质对硅酸的凝聚作用

硅酸容易形成以下反应类型的聚合物,即

$$4H_4SiO_4 \rightleftharpoons Si_4O_8(OH)_3^{2-} + 2H^+ + 6H_2O$$

在 25 ℃下,该反应的平衡常数为 $10^{-13.5}$。有人指出,当海水的 pH 值为 8.0时,硅酸的平均浓度为 10^{-4} mol·dm^{-3}。而这种聚合态 $Si_4O_8(OH)_2^{2-}$ 的浓度仅为 $10^{-13.5}$ mol·dm^{-3},这表明海水中这种硅酸的聚合态将迅速地解聚。这是由于海水中强电解质的作用，致使硅酸的电离常数提高。因此，不仅不能使单分子硅酸聚合，反而会促进高分子硅胶降解。

3. 硅酸在海水中的溶解度

在 25 ℃时，SiO_2 在纯水中的溶解度为 180 μmol · dm^{-3}（以含硅量表示，下同），而在 0 ℃时，则为 79 μmol · dm^{-3}。所以，天然海水中硅酸盐是处于不饱和状态，在海水中不可能出现 SiO_2 自行沉淀析出现象，而只能是继续溶解。

4. 海洋中硅的生物学和地球化学因素的控制

Lisitsin 发现印度洋中悬浮的黏土中含有 70％以上粒径小于 10^{-3}cm 的含硅粒子，这些相当数量的含硅物质是由大陆径流带入海洋的。

Mackenzic 等(1967)指出：河流带进海洋的悬浮矿物质将是决定海洋中硅含量高低的主要因素。

海水中去除硅酸的主要途径是由于硅不可逆地进入硅质生物体中，使大量的硅迁入沉积物中，如硅藻、有孔虫和硅海绵对硅有很高的富集作用。然而，许多海洋学者研究发现沿岸通常呈现低盐度而高硅量的现象（图 5.18），认为这是进行着硅酸的非生物移出的过程，即化学沉析过程。李法西等研究认为：这是由于河水中溶解的 Fe，Al，Mn 等在河口与海水混合过程中所形成的 pH 值，*E*h

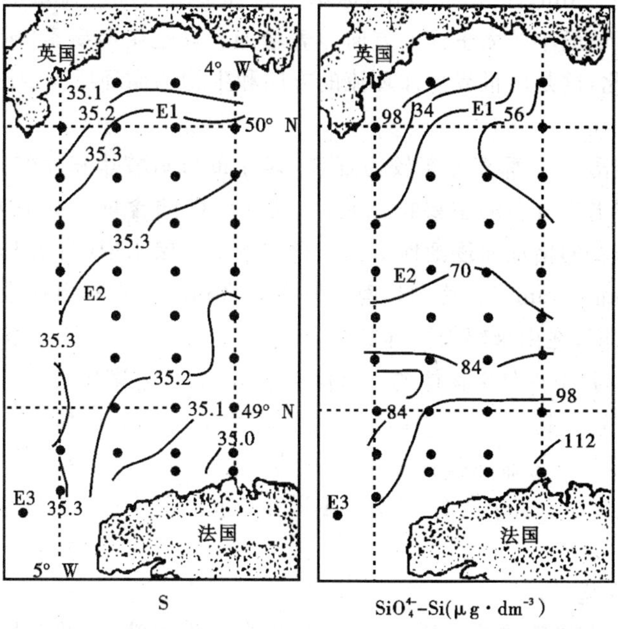

图 5.18　西英吉利海峡表层水盐度和硅酸盐的含量(2 月份)(引自郭锦宝，1997)

值和电解质浓度条件下，能生成水合氧化物及其胶体沉淀（$Al(OH)_3Fe(OH)_3$）所致。这些新生物质化学吸附海水中活性硅，形成铁、铝硅酸盐，成为多相矿粒，然后沉积到海底。

5.3.2 海水中硅酸盐的含量分布与变化

硅在海洋中的含量分布规律与氮、磷元素相似，海洋中硅酸盐含量随着海区和季节的不同而变化。但硅是海洋中浓度变化最大的元素，无论是丰度还是浓度，变化幅度都比 N，P 元素来得大。因此，它在海水中的分布规律有它的特别之处。

1. 水平分布

大洋表层水中，因有硅藻等浮游植物的生长繁殖，硅酸盐被消耗而使硅的含量大为降低。如 SiO_2，有时可低于 0.02 $\mu mol \cdot dm^{-3}$，南极和印度洋深层水中 SiO_2 的含量都约为 4.3 $\mu mol \cdot dm^{-3}$，西北太平洋深层水中 SiO_2 的含量则高达 6.1 $\mu mol \cdot dm^{-3}$。大西洋南部（不包括高纬度区）在水深 1 000 m 到海底的水层中硅含量约为 20～57 $\mu mol \cdot dm^{-3}$，印度洋为 40～78 $\mu mol \cdot dm^{-3}$，而太平洋北部和东北部约为 170 $\mu mol \cdot dm^{-3}$。海水中硅的最大浓度在白令海东部与太平洋毗邻的海区，这里底层水含硅量为 180～200 $\mu mol \cdot dm^{-3}$，有时甚至高达 220 $\mu mol \cdot dm^{-3}$。由此看出，深水中硅含量由大陆径流量最大的大西洋朝着大陆径流量最小的太平洋的方向显著增加。其他生源要素（硝酸盐和磷酸盐等）也是如此，这是由世界大洋环流的方向和生物的循环所决定的。

2. 垂直分布

海水中硅酸盐的垂直分布较为复杂，其分布与硝酸盐和磷酸盐有所不同。硅酸盐在大洋水中分布的主要特点是：中间水层硅的含量没有最大层，硅酸盐的含量是随深度的增加而逐渐地增加。在太平洋底层水中（图 5.19），硅含量有时高达 270 $\mu mol \cdot dm^{-3}$。特别是南极海洋的冰和深层水都出现很高的磷酸盐和硝酸盐的浓度，在南极辐聚区硅的含量高达5 200 $\mu g \cdot dm^{-3}$。深层水中硅酸盐含量如此之高，不仅与生物体的下沉溶解有关，而且与底质表层硅酸盐矿物质的直接溶解有关。但是，海洋中硅的浓度随深度的增加而增加并不总是有规律的，在某些海区如深海盆地和海沟水域中，其垂直分布出现最大值。其次，三大洋水中硅的垂直分布也有很大的不同，太平洋和印度洋深层水中含硅量要比大西洋深层水中高得多。

3. 季节变化

硅同磷酸盐和硝酸盐一样，由于生物生命过程的消长，其含量分布具有显著的季节变化。在春季，因硅藻等浮游植物繁殖旺盛，使海水中硅酸盐含量大

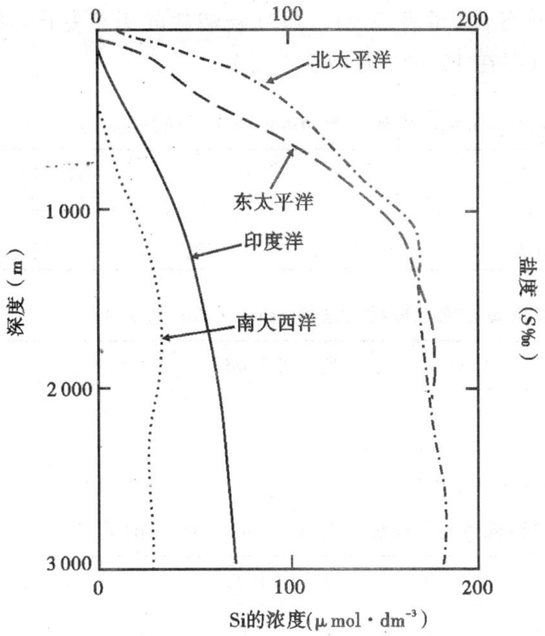

图 5.19 硅酸盐在大西洋、太平洋和印度洋的垂直分布（引自中国大百科全书，1987）

为减少，但由于含有大量硅酸盐的河水径流入海，生物活动减少的硅酸盐不像磷酸盐和硝酸盐那样可消耗至零。夏季，由于表层水温升高，硅藻生长受到抑制，硅含量又有一定程度的回升。在冬季生物死亡，其尸体下沉腐解使硅又重新溶解于海水中，海水中硅酸盐含量迅速提高。但硅和氮、磷在循环过程中是不同的，氮和磷的再生必须在细菌作用下才能从有机质中释放出来，而硅质残骸主要是靠海水对它的溶解作用。

5.3.3 我国近海硅酸盐的分布

我国黄、渤海中硅酸盐的含量在 5～55 μmol·dm^{-3}，东海表层溶解态硅酸盐的含量为 5～13.2 μmol·dm^{-3}，底层比表层略高。北黄海我国大鹿岛海域的硅酸盐变化呈现表层高，中、底层低的特征（见表 5.9）。我国近岸水域硅酸盐含量的季节变化各地有所不同。福建海岸带硅酸盐平均含量呈现冬、秋、春、夏依次递减的特征（见表 5.10）。而台湾海峡西部海域的硅酸盐水平分布呈现近岸高远岸低的趋势，而且在闽江口、九龙江口和东山外海经常出现高值区。但是硅酸盐的季节变化仍呈冬、秋、春、夏依次递减的特征（见表 5.11）。夏季，海峡中部的硅酸盐含量几乎低到检测不出。但是，广东沿岸的大鹏湾和深圳湾的硅酸盐含量的季节变化，呈现冬春低、夏秋高的特征（见表 5.12）；而大亚湾西南部则是春夏低、秋冬高(见表5.13),而且硅酸盐的周年变化,最低值出现在3～4月份,最高值出现在10～12月份。

表5.9 大鹿岛海域硅酸盐含量($\mu mol\cdot dm^{-3}$)的变化(引自张正斌等,1999)

	层次	表层	中层	底层	平均
SiO_3-Si	范围	1.92～49.90	0.57～9.60	0.22～22.27	
	平均值	23.02	3.78	8.15	11.65

表5.10 福建海岸带海水硅酸盐含量($\mu mol\cdot dm^{-3}$)的变化(引自张正斌等,1999)

季节	春(1984.05)	夏(1984.08)	秋(1984.11)	冬(1985.02)
表层	17.1	9.6	24.9	26.2
底层	12.6	8.9	21.8	23.6

表5.11 台湾海峡西部海域的硅酸盐含量($\mu mol\cdot dm^{-3}$)的季节变化(引自张正斌等,1999)

季节	春(1984.05)	夏(1984.08)	秋(1984.11)	冬(1985.02)
范围	0～83.9	0～58.6	0～46.4	0～78.2
平均值	11.8	7.8	19.9	21.0

表5.12 大鹏湾和深圳湾的硅酸盐含量($\mu mol\cdot dm^{-3}$)的季节变化(引自张正斌等,1999)

海区	层次	春(1985.04)	夏(1985.07)	秋(1984.10)	冬(1985.01)	平均
大鹏湾	表	10.6	25.7	42.7	15.5	23.6
	底	11.3	49.1	60.3	18.2	34.7
深圳湾	表	52.4	107.8	106.7	26.1	73.3
	底	70.2	93.0	94.9	28.6	71.7

表5.13 大亚湾西南部海区硅酸盐($\mu mol\cdot dm^{-3}$)月均值(引自张正斌等,1999)

月份		1	2	3	4	5	6	7	8	9	10	11	12
SiO_3-Si	表层	25.94	19.56	9.65	10.78	17.86	13.42	20.96	19.87	17.63	29.17	23.84	29.28
	底层	28.14	20.86	10.10	12.76	16.10	20.00	30.21	17.47	21.96	32.38	25.24	30.84

南海表层、河口及沿岸水中硅酸盐含量最高,约在3～100 $\mu mol\cdot dm^{-3}$。南海东北部至中部海域表层硅酸盐含量低,深层则含量高,约在0～180 $\mu mol\cdot dm^{-3}$。南海中部海域硅酸盐含量的水平分布,表层和100 m层

硅酸盐与磷酸盐含量等值线变化趋势是一致的，均为从东南向西北逐渐降低。但是，在东沙群岛西南的冷涡的 100 m 层，硅酸盐含量在春、夏、秋、冬均存在一个高值区，中心区含量比周围高 1～3 倍（图 5.20）。南海中部海区硅酸盐的周日变化亦不明显（图 5.21）。

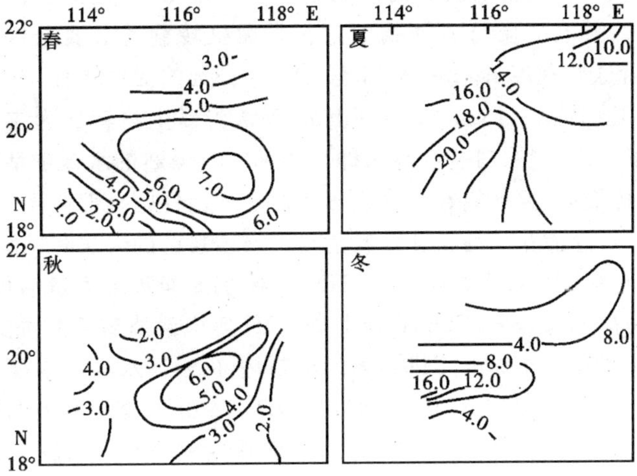

图 5.20　东沙群西南的冷涡的 100 m 层硅酸盐（μmol・dm^{-3}）的水平分布

（引自张正斌等，1999）

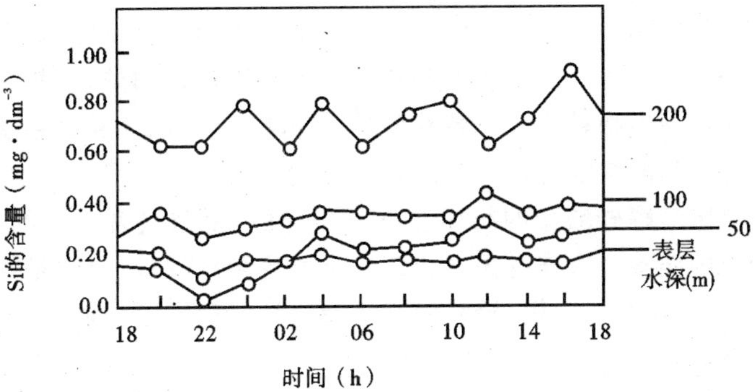

图 5.21　南海中部硅酸盐的周日变化（引自张正斌等，1999）

5.3.4 硅酸盐的河口化学

河水中硅酸盐含量较海水高得多。在河口区域海水和淡水的混合过程中，溶解硅酸盐是否有一部分转移到非溶解相？若存在转移，是以生物吸收转移为主还是以无机化学转移为主？转移的物质最终归到何处？如何循环等问题一直是海洋化学家所关注的。河口硅酸盐的物理化学，与硅在海洋中的地球化学、河口与近岸海底沉积的形成和性质、港湾的淤积和变迁、河口海域各种污染物质的分布转移机制等均具有相当大的关系。可见河口化学物质的转移十分繁杂。以生物转移为主和以无机化学转移为主的两种见解从 20 世纪 50 年代开始一直未有定论。

1985 年 Bien 根据密西西比河的调查和实验结果，指出活性硅有明显的无机化学转移，认为电解质与悬浮物的存在是无机转移的必要条件。Liss 等和 Burton 等支持这个观点，即硅一般都有 10%～13%的活性转移。

Wollast，De Broeu，Fanning 和 Pilson 等认为以生物转移为主。其实验依据是较低盐度水样的“黑白瓶实验”，即与光和空气隔断的水样中活性硅的含量在 26 天后变化很小，但暴露在光和空气中的水样活性则全部耗光。

我国学者对硅酸盐的河口化学行为也提出了自己的看法和见解：

(1)在海水中，$Al(OH)_3$ 和 $Fe(OH)_3$ 胶体沉淀能吸附大量活性硅，吸附后在海水中不易被 NaCl，Na_2SO_4，$MgCl_2$，NaOH 等电解质溶液所洗脱，说明这种吸附可能是化学吸附。提出无机转移的机制是：由于河水与海水混合后，pH 值提高，使 Fe^{3+}，Al^{3+} 形成 $Al(OH)_3$ 和 $Fe(OH)_3$。由于盐度增大而促使生成的胶体沉淀，从而化学吸附海水中的活性硅，转化为铁、铝硅酸盐化合物，也可能附着在其他悬浮颗粒表面上成为多相矿粒而沉入海底。

(2)根据世界上一些河口区所观测到的活性硅与氯度的关系曲线，说明河口区活性硅的转移是经常出现的，有时高达 20%～30%。

(3)九龙江河口海域悬浮物质中悬浮有机硅(基本上反映硅藻等浮游生物体中的硅)含量同“次生”无机硅(可基本上反映无机转移的硅)含量的比值大多在 1∶4 左右，说明生物转移占总转移量的 20%左右，无机转移起主要作用。顾宏堪等对黄河水与海水混合过程中溶解硅酸盐的行为作过研究。他们认为夏、秋季黄河河口区溶解硅酸盐的行为基本是保守的，夏季呈现一定的转移，可能是与大量繁殖的硅藻吸收硅有关。长江口未发现转移现象，原因是长江径流量大，河水在河口区逗留时间短，转移尚来不及进行；其次，也可能由于水质浑浊，悬浮物含量高，不利于浮游植物的大量繁殖，由生物吸收引起的转移较少。珠江口(伶仃洋)的溶解硅酸盐与盐度呈显著负相关(除 1988 年 2 月航次外)，溶解硅酸盐呈保守性。

5.4 中国近海营养盐的生物地球化学

生物地球化学是海洋化学的一门崭新的学科，它既是海洋生物化学的一个分支，又是地球化学的一个分支。营养盐的生物地球化学是研究海洋生物的活动与海洋中营养元素的地球化学过程的关系。生态学上，从群落与系统生态角度也重视生物地球化学循环，但更侧重于研究生物所需要的化学元素在生物体与外界环境之间的运转过程。

海洋中氮、磷等营养元素的海洋生物地球化学循环见图 5.22。从图可见，在氮、磷的再生与循环中，生物过程起着主导作用。在营养盐的再生和循环过程中，常伴随着氧的消耗和产生。研究海水中溶解氧和营养盐的含量及其分布变化的关系，可估算上层水域的初级生产力或阐明深水层水团混合运动的状况。

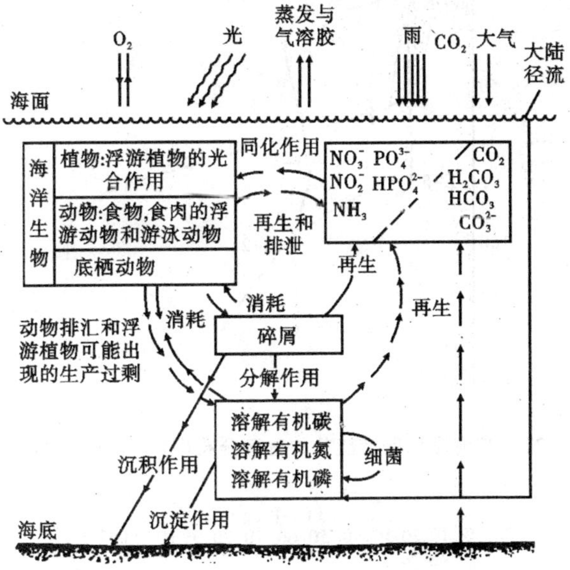

图 5.22　海洋中氮、磷等营养元素的海洋生物地球化学循环（引自张正斌等，1999）

顾宏堪等研究我国长江口氮、磷元素与浮游植物的关系，发现该海区虽然营养盐大量增加而浮游植物数量并不大，而且浮游植物密集区并不在营养盐最丰富的长江口而是在离河口较远的海区。长江口浮游植物数量却很少，说明长江口存在着对浮游植物生长的某种限制因素，水体浑浊很可能是长江口浮游植物生长的重要限制因素。

东海磷酸盐的垂直分布随深度变化较大（见图 5.23），主要是真光层以内植物的光合作用超过动物的呼吸作用，从而形成有机物的净增值。浮游植物大量吸收磷酸盐，特别是春夏季节，由于生物的消耗作用，有的海区的磷酸盐含量降到零。在真光层以下，随着深度的增加，下沉的浮游植物死亡后由于细菌的作用而分解，而磷酸盐被生物吸收后，主要构成生物的原生质，因而分解速率较快，磷酸盐含量随深度的增加而增加。在深层水中，磷几乎全部以溶解的磷酸盐形式存在。浮游植物与其他高一级的动物以较快的速度排泄磷酸盐也是磷再生的重要途径。结果导致海洋中磷化合物向海底下移。而深水区磷酸盐的垂直分布曲线(图 5.24)与世界主要大洋比较相似。

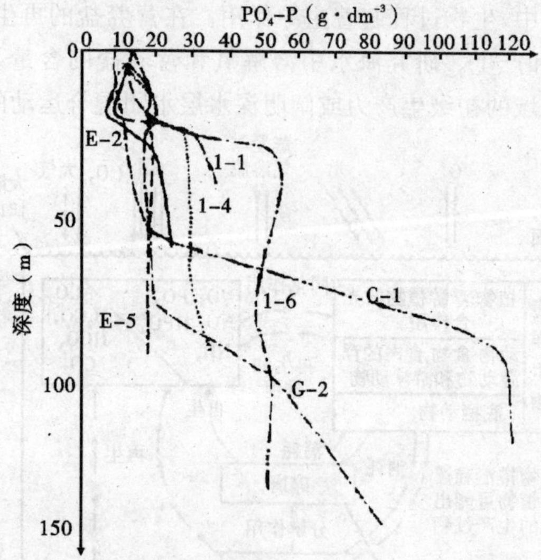

图 5.23 东海浅水区磷酸盐的垂直分布(引自张正斌等,1999)

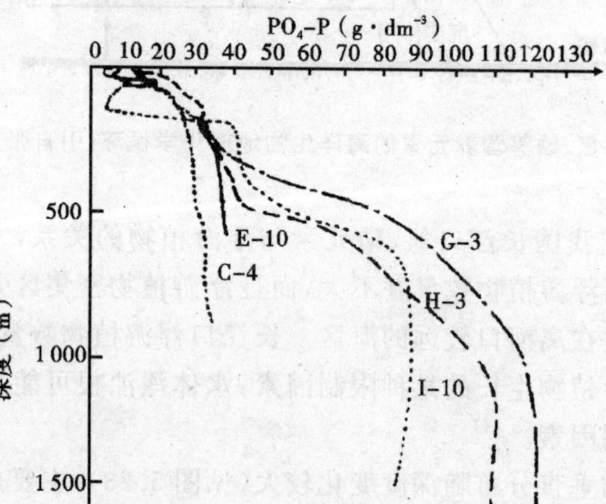

图 5.24 东海深水区磷酸盐的垂直分布

(引自张正斌等,1999)

通常硅酸盐的垂直分布是十分复杂的，各海区都有自己的特征。东海硅酸盐的垂直分布见图5.25和5.26。夏季由于地表径流急增，即使硅藻吸收利用，表层硅酸盐的含量仍较高，随着海水深度的增加，浮游植物死亡沉降过程中硅的再溶解，硅酸盐的浓度有所增加，但是由于硅酸盐被生物吸收后主要构成细胞壁和骨骼，不能很快分解，其溶解过程十分缓慢。

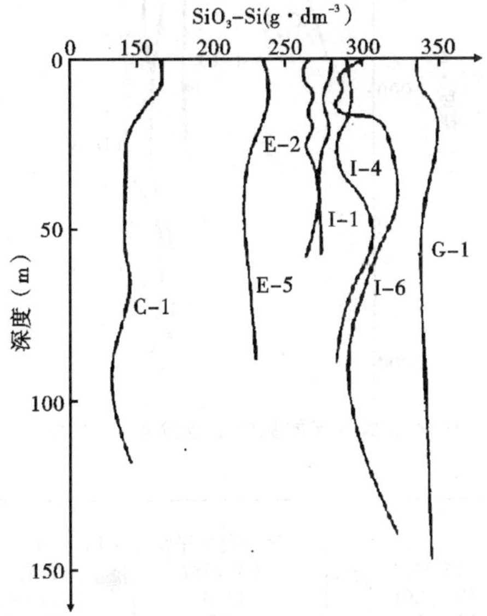

图5.25　东海浅水区硅酸盐的垂直分布（引自张正斌等，1999）

东海陆架水平分布趋势是NH_4^+－N由东向西增加，NO_3－N则相反。这是与西部水域浮游生物量大有关，因为浮游植物消耗N及浮游动物排泄NH_4^+－N。在75 m水层，NO_3－N百分含量增加至50%～80%，其高值中心区正是浮游植物数量最小的水域；而NH_4^+－N相应下降为20%～40%，这应与浮游生物量少及无机氮氧化相关，底层硝酸氮含量更大。

河口对海洋环境的影响是很重要的。研究表明，每年由陆地进入海洋的物质有85%都要通过河口。图5.27是我国珠江口水域的N，P，Si的生物地球化学的初步研究。

5.5 富营养化与赤潮

5.5.1 富营养化

富营养化是水体老化的一种现象。由于地表径流的冲刷和淋溶，雨水对大气的淋洗，以及废水、污水带有一定的营养物质向湖泊和近海水域汇集，使得水

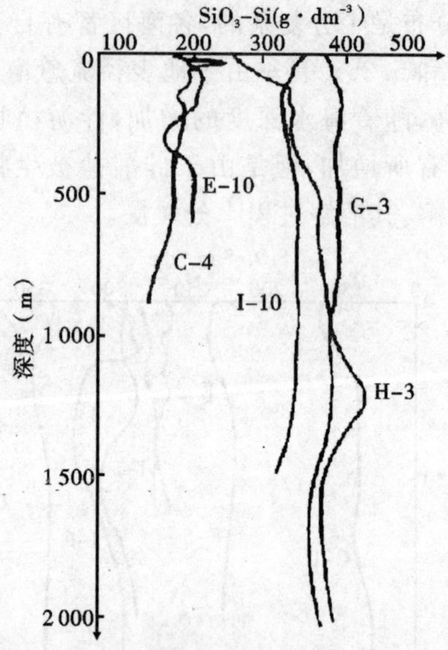

图 5.26 东海深水区硅酸盐的垂直分布(引自张正斌等,1999)

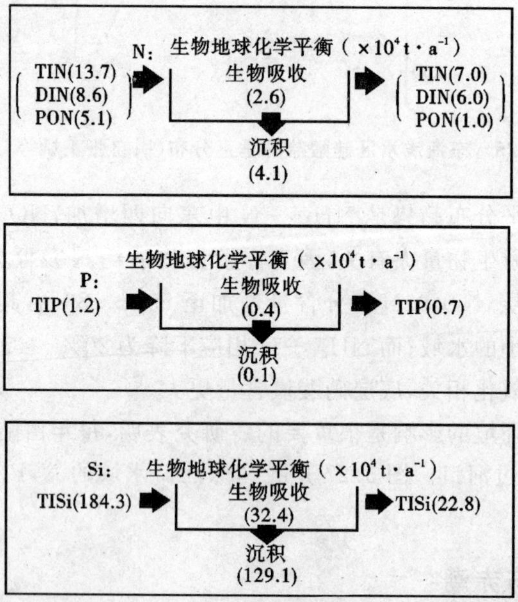

图 5.27 N,P,Si 的生物地球化学循环模式(引自张正斌等,1999)

体的沿岸带扩大,沉积物增加,N,P 等营养元素数量大大增加,造成水体的富营养化。富营养化现象在人为污染水域或自然状态水域均有发生。

引起富营养化的物质，主要是浮游生物增殖所必需的元素，有C,N,P,S,Si,Mg,K等20余种，其中N,P最为重要。一般认为N,P是浮游生物生长的制约因子。氮主要来源于大量使用化肥的农业排水和含有粪便等有机物的生活污水。磷主要来自含合成洗涤剂的生活污水。工业废水对N,P的输入也起着重要作用。微量元素Fe和Mn有促进浮游生物繁殖的功能。维生素B_{12}是多数浮游生物成长和繁殖不可缺少的要素。

不同学者对富营养化的特征与水域营养状态有不同的表示方法，表5.14是日本学者提出的海域营养等级区分。

表5.14 海域营养阶段的区分及其特征(引自张正斌等，1999)

特征	腐水域	过营养水域	富营养水域	贫营养水域
水质、生产量				
透明度(m)	<3	<3	3～10	>10
水色	带黑色	黄、黄绿、赤褐等颜色	在短期内有时看到局部有颜色	看不到颜色
COD($mg\cdot dm^{-3}$)	>10	3～10	1～3	<1
BOD($mg\cdot dm^{-3}$)	>10	3～10	1～3	<1
无机氮化合物($\mu g\cdot dm^{-3}$)	>100	10～100	2～10	<2
溶解氧	表层处于低氧或无氧状态	表层为饱和状态底层为无(低)氧状态	表中层为过饱和状态，数米以下的底层为不饱和状态	表中底层为过饱和状态
硫化氢	接近表层处有	在底层有	无	无
浮游植物的最大成层情况	—	3 m以上，有时0.5 m以上，也有在中层或低氧区成层	形成数米至10多米层	形成数米层
叶绿素($g\cdot dm^{-3}$)	—	10～200	1～10	<1
叶绿素($g\cdot m^{-2}$)	—	0.1～1	0.05～0.1	<0.05
基础生产量(C)($g\cdot dm^{-3}\cdot h^{-1}$)	—	10～200	1～10	<1
基础生产量(C)($g\cdot m^{-2}\cdot h^{-1}$)	—	1～10	0.3～1.0	<0.3

(续表)

特　征	腐水域	过营养水域	富营养水域	贫营养水域
底质				
泥色	黑色、表层没有褐色的氧化层	黑色、无氧化层(下层)稍带有黑色氧化层(上层)	有时带黑色,有氧化层	无黑色,有氧化层
硫化物($mg \cdot g^{-1}$)	>1.0	0.3～3.0	0.03～0.3	<0.03
COD($mg \cdot g^{-1}$)	—	>30	5～30	<5
微生物细菌(细胞数·cm^{-3})	$>10^5$	$10^3 \sim 10^5$	$10^2 \sim 10^4$	$<10^2$
浮游植物(细胞数·cm^{-3})	$<10^3$,种类少	$10^3 \sim 10^5$,种类少	$10 \sim 10^3$,种类多	<10,种类多
原生动物	数量多	数量稍多	数量少	数量少
浮游动物(甲壳类)	—	数量少种类少(也有数量多的时候)	数量多,种类多	数量少,种类多
底栖生物				
多毛类	数量少,种类少	数量少,种类少	数量多,种类多	数量少,种类少
甲壳类	—	数量少,种类少	数量多,种类多	数量少,种类少
举例	河口、污水排放水域	内湾里部、半咸水湖、湾口非常狭窄的内湾	内湾,水深 30 m 以上的沿岸海域、近海海域的涨潮域	水深为 30 m 以上的沿岸海域和近海海域

富营养化的指标大致分物理、化学和生物学三类,具体见表 5.15。富营养化的评价方法有:

(1)单项指标法:采用富营养化阈值进行评价,主要特征参数的临界值为 COD=1～3 $mg \cdot dm^{-3}$,DIP=0.045 $mg \cdot dm^{-3}$,DIN=0.2～0.3 $mg \cdot dm^{-3}$,此外 Chl. a(1～10 $mg \cdot dm^{-3}$)、初级生产力(1～10 $mg \cdot dm^{-3} \cdot h^{-1}$)等也可作为指标。

(2)综合指标法(营养状态指数法):$E=(COD \times DIN \times DIP \times 10^6)/4\,500$,$E \geqslant 1$ 为富营养化。

(3)营养状态质量指数法(NQI 法):

$$NQI = \frac{c_{\mathrm{COD}}}{c_{\mathrm{S(COD)}}} + \frac{c_{\mathrm{TN}}}{c_{\mathrm{S(TN)}}} + \frac{c_{\mathrm{PO_4-P}}}{c_{\mathrm{S(PO_4-P)}}} + \frac{c_{\mathrm{Phyt.}}\ \text{或}\ c_{\mathrm{Chl.\,a}}}{c_{\mathrm{S(Phyt.)}}\ \text{或}\ c_{\mathrm{S(Chl.\,a)}}}$$

公式中分子项为监测浓度，分母项为营养状况评价标准。当 NQI≥3 时，即为富营养化水平。

水体富营养化为水生植物（主要是浮游植物）的生长繁殖提供了大量营养物质，并往往导致赤潮的发生。世界上多数临海国家的近海海域富营养化加剧，赤潮发生十分频繁。

表 5.15　富营养化的指标（引自张正斌等，1999）

区　分		指　标
显在能力的评价指标	藻类现存量的测定	COD，TOC，TOD，N，P，Chl-a，SS，微生物种等
	由于藻类增殖而使水质变化量的测定	pH，碱度，CO，DO，透明度，色度等
潜在能力的评价指标	藻类所必需的物质的量的测定	P，N，TOC，T－C 微量金属等
	藻类所必需的物理量的测定	气温、水温、照度、辐射量、停留时间等
	潜在能力的测定	AGP，DI 等

5.5.2 赤潮

赤潮在国际上也称有害藻类（HAB），是指在一定的环境条件下，海洋中的浮游微藻、原生动物或细菌等在短时间内突发性链式增殖和聚集，导致海洋生态系严重破坏或引起水色变化的灾害性海洋生态异常现象。

赤潮对环境的危害主要表现在以下几个方面：影响水体的酸碱度和光照度；竞争性消耗水体中的营养物质，并分泌一些抑制其他生物生长的物质，造成水体中生物量增加，但种类数量减少；许多赤潮生物含有毒素，这些毒素可使海洋生物生理失调或死亡；赤潮藻也可使海洋动物呼吸和滤食活动受损，导致大量的海洋动物机械性窒息死亡；处在消失期的赤潮生物大量死亡分解，水体中溶解氧大量被消耗，导致其他生物死亡。赤潮不仅严重破坏了海洋生态平衡，恶化了海洋环境，危害了海洋水产资源，危及海洋生物，甚至威胁着人类的健康和生命安全。

近年来，赤潮的全球蔓延引起了各国政府及科学界的高度关注，各国相继制定了赤潮研究规划。1998 年 10 月联合国政府间海委会（IOC）和国际海洋研究委员会（SCOR）共同发起组织了“全球有害赤潮的生态学和海洋学研究计划”，旨在通过先进的监测系统支持，利用化学海洋学、物理海洋学、生物海洋学和海洋生态学的交叉，确定有害赤潮发生的生态学和海洋学机制，最后达到预测和控制赤潮的目的。我国的赤潮研究自1990年跨入了一个新的发展阶段，通过对赤潮生消过程的监测，取得了若干宝贵的第一手现场观测资料；初步对赤潮生物物种作了鉴别并进行了室内培养；对它们的生理、生态学特性和生活史作了研究；对它们有直接关系的营养动力学作了初步研究；绘制出我国首张赤潮藻毒分布图；研究了某些藻种藻毒素的分析方法和产毒的初步机制；进行了赤潮模型研究；初步建立了黏土治理赤潮的方法等。但离解决赤潮机制和预报、控制赤潮的目的还有一定距离。

我国古代和西方圣经早就有关于赤潮的记录。赤潮大多发生在内海、河口、港湾或有上升流的水域。赤潮一般发生在春、夏季，这与水温有关。赤潮是一种复杂的生态异常现象，涉及水文、气象、物理、化学和生态环境的多学科交叉的海洋学问题。多数学者认为，富营养化是形成赤潮的主要原因，但不惟一。温度、盐度、pH值、光照、海流、风速、细菌量和微量元素等条件都有影响，见图5.28。不同海域，赤潮爆发的成因也不同。已知的赤潮生物有4 000多种，40属，主要是甲藻和硅藻。赤潮研究主要从物理水文、生物学和化学三方面进行。赤潮的治理大都利用化学手段，如直接灭杀法使用 $CuSO_3$，$NaClO_3$，O_3 和过碳酸钠等无机物。此外，目前研究较多的是有机除藻剂，利用胶体性质的凝聚法，如氧化铝溶胶聚合体的无机凝聚剂，高分子凝聚剂以及天然黏土矿物助凝剂等。预防水体富营养化是预防赤潮的重要手段。

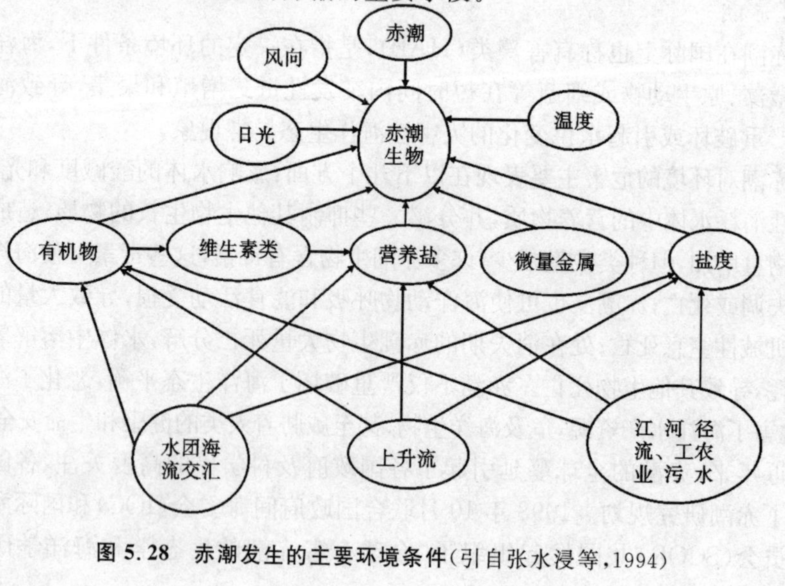

图5.28 赤潮发生的主要环境条件(引自张水浸等，1994)

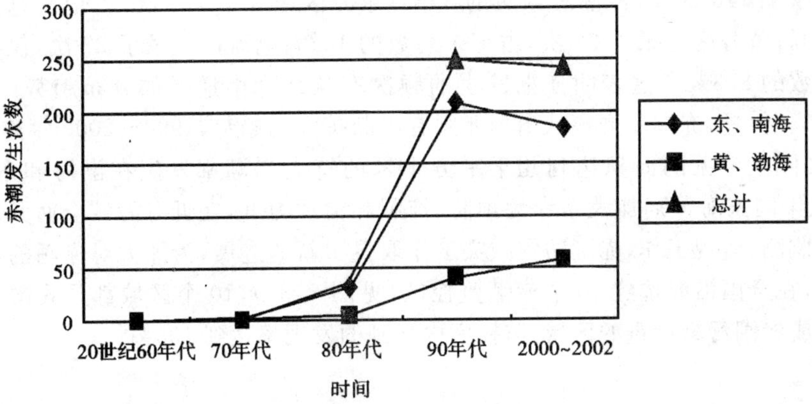

图5.29 我国沿海赤潮的发生情况(1961～2002)(引自中国海洋灾害公报,2002)

图5.30 2002年赤潮监控区分布示意图(引自中国海洋灾害公报,2002)

我国赤潮记录总的来说东海和南海多于黄渤海，20世纪50～90年代，南海共记录了145次，占赤潮总频次的45%；东海区记录了118次，占记录总数的36.3%；黄海区记录了32次，占记录总数的10%；渤海区记录了27次，仅占赤潮总数的8.3%。这表明赤潮发生的频次有从北到南递增的分布趋势（见图5.29）。但是，赤潮的规模从南到北则有不断扩大的趋势，1998～2000年连续3年，国际上罕见的面积达到几千平方千米的特大赤潮都发生在渤海和东海。2002年国家海洋局加大了赤潮预防、控制和治理力度，在近海海域全面开展了赤潮监测、监视工作，赤潮防灾减灾工作取得了新的进展，为加大对赤潮的监控力度，在全国沿海选建10个赤潮监控区（见图5.30），10个区域都是我国赤潮频发或赤潮污染严重的区域，监控区内赤潮的发现率达到100%。

思考题

1. 何谓海水中的营养盐？它在海洋学上的重要性如何？主要体现在海洋化学的哪些分支领域？
2. 海洋中的氮循环有何特征？
3. 硝酸盐在世界各主要大洋中的垂直分布有何规律和特征？中国海的硝酸盐分布与世界大洋的分布，有何异同之处？
4. 以中国海的南、北两处具体描述海水中三氮（NO_3 －N，NO_2^- －N，NH_4^+ －N）季节变化的一般规律。
5. 举例说明海水中有机氮与无机氮之间有何关联？
6. 磷酸盐在世界各主要大洋中的垂直分布有何规律和特征？对比讨论中国海的磷酸盐分布与世界大洋的分布。
7. 海洋中磷循环如何描述？其特征是什么？
8. 何谓海水中营养盐的氮磷比？世界主要大洋的氮磷值是多少？通常如何作图表达？它在海洋化学的哪些领域上应用？试举两例表述中国近海的氮磷比。
9. 试举二三例说明氮磷比在海洋化学上的应用。
10. 硅酸盐在世界各主要大洋中的垂直分布有何规律和特征？对比讨论中国海的硅酸盐分布与世界大洋硅酸盐分布的异同之处。
11. 试综合表述氮、磷、硅三种营养盐的元素生物地球化学过程和循环。
12. 何谓赤潮？何谓富营养化？两者有什么关系？你个人对之有何看法？并举一二例说明之。
13. 你对赤潮的引发原因，在查阅国内外资料后，谈谈个人的看法。
14. 试谈海洋赤潮治理的化学方法。
15. 海水富营养化如何评价？可否定量表达？

参考文献

1 陈镇东. 海洋化学. 台北:茂昌图书有限公司,1994. 551

2 郭锦宝. 化学海洋学. 厦门:厦门大学出版社,1997. 398

3 任玲,张曼平,李铁,等. 胶州湾内外营养盐的分布. 中国海洋大学学报(自然科学版),2000,29(4):692~698

4 中国大百科全书. 海洋科学水文科学卷. 北京:中国大百科全书出版社,1987. 923

5 张正斌,陈镇东,刘莲生,等. 海洋化学原理和应用——中国近海的海洋化学. 北京:海洋出版社,1999. 504

6 张正斌,顾宏堪,刘莲生,等著. 海洋化学(上卷). 上海:上海科学技术出版社,1984. 395

7 张正斌,顾宏堪,刘莲生,等著. 海洋化学(下卷). 上海:上海科学技术出版社,1984. 375

8 陈镇东. 海洋化学. 台北:茂昌图书有限公司,1994. 551

9 张水浸,杨清良,丘辉煌,等. 赤潮及其防治对策. 北京:海洋出版社,1994

10 Goldberg E D, ed. Marine Chemistry, In the Sea, Vol 5. New York:Wiley-Interscience, 1974. 895

11 Stumm W, Morgan J J. Aquatic Chemistry. 2nd ed. New York:Wiley Intarscience, 1981. 780

12 Riley J P, Skirrow, eds. Chemical Oceanography, Vol 1. London: Academic Press, 1975. 606

13 Riley J P, Skirrow, eds. Chemical Oceanography, Vol 2. London: Academic Press, 1975. 648

14 Riley J P, Skirrow, eds. Chemical Oceanography, Vol 3. London: Academic Press, 1975. 564

15 Riley J P, Skirrow, eds. Chemical Oceanography, Vol 4. London: Academic Press, 1975. 363

16 Riley J P, Skirrow, eds. Chemical Oceanography, Vol 5. London: Academic Press, 1976. 401

17 Riley J P, Skirrow, eds. Chemical Oceanography, Vol 6. London: Academic Press, 1976. 414

18 Riley J P, Skirrow, eds. Chemical Oceanography, Vol 7. London:

Academic Press，1978. 508

19 Riley J P，Skirrow，eds. Chemical Oceanography，Vol 8. London：Academic Press，1983. 298

20 Riley J P，Skirrow，eds. Chemical Oceanography，Vol 9. London：Academic Press，1989. 425

21 Riley J P，Skirrow，eds. Chemical Oceanography，Vol 10. London：Academic Press，1989. 404

第6章　海水中微量元素和海洋重金属污染

微量元素(或痕量元素)是相对常量元素而言的。海水中常量元素占溶解成分总量的99.9%,浓度大于1 mg·dm^{-3}的组分有11种,即Na^+,K^+,Ca^{2+},Mg^{2+},Sr^{2+},Cl^-,SO_4^{2-},Br^-,HCO_3^-(或CO_3^{2-}),F^-和H_3BO_3,其余元素的含量都低于1 mg·dm^{-3},称为微量元素或痕量元素。所以说,除11种常量组分和N,P,Si营养元素以外的其他元素都属于这一类。它们在海水中的含量非常低,仅占海水总含盐量的0.1%,但其种类却比常量组分多得多。所谓重金属,一般是指密度大于4.0 g·dm^{-3}的金属元素,例如铜、铅、锌、镉、汞、铬、锡等。这些金属大多具有较强的地球化学活性和生物活性,是海洋化学研究的热点之一。重金属元素具有"两性":一方面它们是生物体生长发育所必需的元素,如作为催化剂可激发或增强生物体中酶的活性;另一方面,这些必需元素一旦过量会对生物体产生毒性效应。

我们已经知道,海水中的常量元素含量高、性质稳定,而且它们之间具有恒比关系。在各大海区这种恒比关系恒定,已基本上成为定论。然而,痕量元素却不同,它们含量虽少,却参与了各种物理过程、化学过程和生物过程。它们在海底沉积物、固体悬浮粒子和海洋生物体中高度富集,广泛地参与海洋的生物化学循环和地球化学循环,并且参与海洋环境各相界面的交换过程。研究各种过程中痕量元素的含量、分布变化及它们的存在形态,不仅有理论意义,还有实际意义,对解决海洋污染、研究海水运动及海底矿物成因等都起着重要作用。痕量元素,特别是生物所必需的痕量元素的研究将大大地丰富和推动海洋生物地球化学的发展。从微量元素的研究中发现新问题,将推动海洋化学向新的领域拓展。

6.1 海水中微量元素的含量和分布

6.1.1 海水中微量元素分析方法的改进

对微量元素的研究首先要进行分析测定。从1975年以来,重新测量的痕量元素的浓度已被证实比以前公认的浓度低10～100倍(1～2个数量级),并发现这些痕量元素的垂直分布图与海洋中已知的生物过程、物理过程和地质过程相一致。通过对许多痕量元素这种"海洋学上一致"的确定,即建立海水中痕量元素的基线值,并在研究这些痕量元素的化学行为与分布的控制因素时,已发现以前(1975 年以前)发表的许多文献和数据已不能用了。

随着环境问题和其他生物效应研究的深入,微量元素的研究在国际上日益受到重视。海洋化学家对痕量元素含量及分布的知识发生新变革,主要在于对痕量元素的测定进行了两大改进:①仪器分析和分析化学取得重要进展;②在取样、贮存和分析过程中污染的消除和控制。

近年来,高灵敏度、高准确度的仪器和新的测定方法有了相当大的发展。例如,石墨炉原子吸收光谱、感应偶合等离子发射光谱、差分脉冲阳极溶出伏安法、气相色谱和高效液相色谱法、同位素稀释质谱法、X 射线荧光光谱法等。由于这些高灵敏度和高科技方法的应用,并采用预先富集的方法,例如,用螯合剂二硫代氨基甲酸盐、8-羟基喹啉和双硫腙的液-液萃取法、用 Chelex-100 树脂、Amberlite XAD 树脂螯合离子交换法、用钴-吡咯烷二硫代氨基甲酸盐做为载体的共沉淀法进行预先富集,使灵敏度大大提高并降低了检测极限。其次,在采样、贮存、分析期间使用各种无污染的采水器,减少、改善并控制污染,防止和消除来自试剂、器皿的污染。在超净实验室进行测定,并确定一系列避免污染的程序或规范,使污染消除或缩小。这样能够测出更加准确的、可靠的分析数据。在 20 世纪 50 年代期间,海水中被承认的铅的浓度下降了 3 个数量级,这并不是铅的浓度在 50 年中真正下降了这么多,而是在取样、贮存和分析期间污染的程度逐步得到改进和控制的结果。第三是各实验室互相验证,如对同一水样采用不同的采水系统、不同的分析方法、不同的贮样器皿,然后把分析的结果进行比较,从而得到比较准确、可靠的数据。

6.1.2 海水中微量元素的来源与清除

6.1.2.1 来源

海水中痕量元素主要有两种外部来源:①大气或河流把陆地岩石风化的产物输入到海洋中;②在海脊顶部扩张中心处,通过高温热液的活动,海水与新形成的洋壳玄武岩的相互作用以及低温下与新形成的地壳的相互作用而引入。

此外还有:①热液活动,海底高温的热液活动把痕量元素引入海水中;②伴随中、深层颗粒物质的氧化分解及浮游生物外壳骨骼的溶解而发生的再生过程;③海底沉积物的重新溶解而发生的再生过程。有关河流和大气的输入研究较多。

表 6.1　海水中微量元素的含量和可能存在的化学形式(引自张正斌等,1999)

元素	化学形式	总浓度 $mol\cdot dm^{-3}$	总浓度 $\mu g\cdot dm^{-3}$
He	He(气体)	1.7×10^{-9}	6.8×10^{-5}
Li	Li^+	2.6×10^{-5}	180
Be	$BeOH^+$	6.3×10^{-10}	5.6×10^{-3}
N	N_2, NO_3^-, NO_2^-, NH_4^+	1.07×10^{-2}	1.5×10^{5}
Ne	Ne(气体)	7×10^{-9}	1.2×10^{-1}
Al	$Al(OH)_4^-$	7.4×10^{-8}	2
Si	$Si(OH)_4$	7.1×10^{-5}	2×10^{6}
P	HPO_4^{2-}, PO_4^{3-}, $H_2PO_4^-$	2×10^{-6}	60
Ar	Ar(气体)	1.1×10^{-7}	4.3
Se	$Se(OH)_3^0$	1.3×10^{-11}	6×10^{-4}
Ti	$Ti(OH)_4^0$	2×10^{-8}	1
V	$H_2VO_4^-$, HVO_4^{2-}	5×10^{-8}	2.5
Cr	$Cr(OH)_3^0$, CrO_4^{2-}	5.7×10^{-9}	0.3
Mn	Mn^{2+}, $MnCl^+$	3.6×10^{-9}	0.2
Fe	$Fe(OH)_2^+$, $Fe(OH)_4^-$	3.5×10^{-8}	2
Co	Co^{2+}	8×10^{-10}	0.05
Ni	Ni^{2+}	2.8×10^{-8}	1.7
Cu	$CuCO_3^0$, $CuOH^+$	8×10^{-9}	0.5
Zn	$ZnOH^+$, Zn^{2+}, $ZnCO_3^0$	7.6×10^{-8}	4.9
Ga	$Ga(OH)_4^-$	4.3×10^{-10}	0.03
Ge	$Ge(OH)_4^0$	6.9×10^{-10}	0.05
As	$HAsO_4^{2-}$, $H_2AsO_4^-$	5×10^{-8}	3.7
Se	SeO_3^{2-}	2.5×10^{-9}	0.2
Kr	Kr(气体)	2.4×10^{-9}	0.2
Rb	Rb^+	1.4×10^{-6}	120
Y	$Y(OH)_3^0$	1.5×10^{-11}	1.3×10^{-3}
Zr	$Zr(OH)_4^0$	3.3×10^{-10}	3×10^{-2}
Nb		1×10^{-10}	1×10^{-2}
Mo	MoO_4^{2-}	1×10^{-7}	10
Ag	$AgCl_4^{2-}$	4×10^{-10}	0.04
Cd	$CdCl_2^0$	1×10^{-9}	0.1
In	$In(OH)_2^+$	0.8×10^{-12}	1×10^{-4}
Sn	$SnO(OH)_3^-$	8.4×10^{-11}	1×10^{-2}
Sb	$Sb(OH)_4^-$	2×10^{-9}	0.24
Te	$HTeO_3^-$		

（续表）

元素	化学形式	总浓度 mol·dm⁻³	总浓度 μg·dm⁻³
I	IO_3^-，I^-	5×10^{-7}	60
Xe	Xe（气体）	3.8×10^{-10}	5×10^{-1}
Cs	Cs^+	3×10^{-9}	0.4
Ba	Ba^{2+}	1.5×10^{-7}	2
La	$La(OH)_3^0$	2×10^{-11}	3×10^{-3}
Ce	$Ce(OH)_3^0$	1×10^{-10}	1×10^{-3}
Pr	$Pr(OH)_3^0$	4×10^{-12}	6×10^{-4}
Nd	$Nd(OH)_3^0$	1.9×10^{-11}	3×10^{-3}
Pm	$Pm(OH)_3^0$		
Sm	$Sm(OH)_3^0$	3×10^{-12}	0.5×10^{-4}
Eu	$Eu(OH)_3^0$	9×10^{-13}	0.1×10^{-4}
Gd	$Gd(OH)_3^0$	4×10^{-12}	7×10^{-4}
Tb	$Tb(OH)_3^0$	9×10^{-13}	1×10^{-4}
Dy	$Dy(OH)_3^0$	6×10^{-12}	9×10^{-4}
Ho	$Ho(OH)_3^0$	1×10^{-12}	2×10^{-4}
Er	$Er(OH)_3^0$	4×10^{-12}	8×10^{-4}
Tm	$Tm(OH)_3^0$	8×10^{-13}	2×10^{-4}
Yb	$Yb(OH)_3^0$	5×10^{-12}	8×10^{-4}
Lu	$Lu(OH)_3^0$	9×10^{-13}	2×10^{-4}
Hf		4×10^{-11}	7×10^{-3}
Ta		1×10^{-11}	2×10^{-3}
W	WO_4^{2-}	5×10^{-10}	0.1
Re	ReO_4^-	2×10^{-11}	4×10^{-3}
Au	$AuCl_2^-$	2×10^{-11}	4×10^{-3}
Hg	$HgCl_4^{2-}$，$HgCl_2^0$	1.5×10^{-10}	3×10^{-2}
Tl	Tl^+	5×10^{-11}	1×10^{-2}
Pb	$PbCO_3^0$，$Pb(CO_3)_2^{2-}$	2×10^{-10}	3×10^{-2}
Bi	BiO^+，$Bi(OH)_2$	1×10^{-10}	2×10^{-2}
Po	PoO_3^{2-}，$PoO(OH)_2^0$		
Rn	Rn（气体）	2.7×10^{-21}	6×10^{-13}
Ra	Ra^{2+}	3×10^{-16}	7×10^{-8}
Th	$Th(OH)_4^0$	4×10^{-11}	1×10^{-2}
Pa		2×10^{-16}	5×10^{-8}
U	$UO_2(OH)_3^-$ $UO_2(CO_3)_3^{4-}$	1.4×10^{-8}	3.2

注：化学形式栏中，“0”表示离子对，例如：$CuCO_3^0$。

1. 河流的输入

陆地上尤其是河流流域岩石的风化产物大都经雨水冲刷等自然作用进入河流。在河流的搬运过程中，有一部分迁移到河流沉积物中未能进入海洋，其余则汇集在海洋中。加勒尔斯和麦肯齐曾出色地评述了已知的风化物质的质量通量。他们估计过，每年加入海洋的物质约为 2.5×10^{16} g，其中 90%是由江河输入的，江河每年输入的物质中 0.42×10^{16} g 为溶解状态，而 1.83×10^{16} g 为固态。其余由冰输入的通量为 $0.2\times10^{16}\ \mathrm{g\cdot a^{-1}}$，其中 90%来自南极大陆；由大气尘埃输入的通量仅约为 $0.0006\times10^{16}\ \mathrm{g\cdot a^{-1}}$。应当注意到，江河颗粒输入量的分布显著地随地理位置和时间这两个因素的变化而变化；在短暂的洪水期内，江河带进海洋的物质数量远远超过正常时期的输送量，东南亚的各条江河（例如湄公河）每年所输入的颗粒量约占全球总量的 80%，而它们所输入的溶解物质仅占全球总量的 38%。

溶解态痕量元素在河口的混合过程在化学上并非是保守的。河口区微量元素的含量与分布比大洋复杂得多，其生物、化学、物理、地质等过程具有其特殊性。在河水中溶解的痕量金属有一部分与胶体发生絮凝作用和（或）吸附作用，使金属元素由溶解态变为颗粒态，而盐度变化也会影响痕量金属元素的移出程度。研究发现，Fe 在河口的移出几乎是完全的。而在不同河口区，Cu，Ni，Cd 等金属元素的移出程度有不同的报道。痕量元素由河口或沿岸沉积物的成岩再迁移也可能是进入大洋的一个重要来源，即发生成岩作用时，这些颗粒物和沉积物上的元素可能再生而进入大洋。

表 6.2 列出我国主要河流中悬浮颗粒物上重金属的平均浓度。我国主要河口的溶解态微量元素的分布特点见表 6.3。我国黄河口的溶解态微量元素的分布呈非保守性：①随黄河水量、含沙量的变化，溶解态元素的浓度将出现显著的差异，变化幅度为 10%～20%（如 As，Cd，Pb），最大变幅达到 5～6 倍（如 Al，Fe）；②在河水－海水混合过程中，基本上均呈现出不同程度的非保守性，其中元素从颗粒物的释放是主要的过程；③水团滞留时间过长，也在某种程度上影响痕量元素的分布模式。

表 6.2　我国主要河流中悬浮颗粒物上重金属的平均浓度（$\mu g\cdot g^{-1}$，Fe 以%计）

（引自郭锦宝，1997）

河　流	Cd	Cr	Cu	Fe	Ni	Pb
辽河	—	93.0	50.7	5.17	171	144
海河	0.94	—	89.0	—	51.9	77.5
黄河	0.18	76.9	26.7	3.72	40.3	16.4
长江	0.32	122.5	62.3	5.20	124.0	50.1
钱塘江	0.30	161.8	89.3	—	92.6	76.0
珠江	0.65	49.0	5.77	56.7		

自工业革命以来，大规模的资源开发和工业发展使越来越多的金属元素向海洋输送。这种输送速率一旦超过了海洋的自净能力，就会破坏生态平衡和生物资源，给人类带来危害，如日本的水俣病。

表 6.3 我国主要河口的溶解态微量元素的分布特点(引自张正斌等，1999)

河流	Cd	Co	Cu	Fe	Mn	Ni	Pb	Zn	Al	As
黄河	溶出		溶出	溶出	溶出		准保守/溶出		溶出	保守或溶出
长江	溶出		保守或不保守	清除	溶出	溶出	准保守			准保守
闽江	溶出		保守				溶出/保守			
九龙江	溶出	保守	保守	清除		溶出	保守	保守	保守	

2. 大气的输入

大气与悬浮在其中的固体和液体微粒共同组成的多项体系称为大气气溶胶。岩石、土壤的风化产物以沙尘等形式扩散到大气中，与工业、农业、生活排放的粉尘、燃烧产物、水蒸气等物质便组成一个多相体系。陆源的重金属元素通过这个体系，经过长距离输送沉降于海洋中。北太平洋深海沉积物中矿物纪录表明，其矿物组成主要由陆地经长距离输送而沉降于海洋的各种矿物颗粒决定，与矿物颗粒结合在一起的某些微量元素对海洋生物过程起着重要作用。

表 6.4 渤、黄海气溶胶中重金属含量($mg \cdot dm^{-3}$)(引自郭锦宝，1997)

	Al	Cu	Fe	Mn	Pb	Ti	Zn
渤海	1.08	0.014	0.732	0.019	0.046	0.044 9	0.137
黄海	0.652	0.013	0.776	0.011	0.050	0.029 6	0.098

6.1.2.2 清除

海水中微量元素的迁移和清除途径有：①通过浮游生物的吸收、浮游生物的粪便或尸体向海底的沉降，可将痕量元素从海水中迁出；②有机颗粒物质的吸附和清除作用；③水合氧化物和黏土矿物吸附并沉降至海底，成为沉积物的一部分；④结合到铁锰结核上。根据直接的化学分析，锰铁结核吸收的相应顺序可能是Co>Ni>Cu>Zn>Ba>Sr>Ca>Mg。

6.1.3 影响海水中微量元素的含量和分布的各种过程

1. 生物过程

海洋生物在生长过程中所需要的全部元素都取自海水，其中有些元素，如C,K,S等，在海水中的含量，大大地超过生物的需要量。还有一些N,P,Si等，仅能满足生物的需要，而又是海洋生物必不可少的，称为营养元素。浮游植物通过光合作用和呼吸作用控制着营养元素的分布及变化。有些微量元素在海水中的分布，与某种营养元素十分相似，如Cu和Cd的分布与N和P的分布相似，而Ba，Zn，Cr的分布与Si相似。这都说明生物过程很可能是控制海水中Cu，Cd，Ba，Zn，Cr等元素分布的因素之一。

2. 吸附过程

悬浮在海水中的黏土矿物、铁和锰的氧化物、腐殖质等颗粒在下沉过程中，大量吸收海水中各种微量元素，将它们带至海底进入沉积相，这也是影响微量元素在海水中浓度的因素。

3. 海-气交换过程

有几种微量元素在表层海水中的浓度高，在深层海水中的浓度低。如铅在表层海水中浓度最大，在1 000 m以下的海水中浓度随深度的增加而迅速降低，这是受到海-气交换过程所控制。

4. 热液过程

海底地壳内部的热液，常常通过地壳裂缝注入深层的海水中，形成海底热泉，它含有大量的微量元素，因而使附近深海区的海水组成发生很大变化。如红海中央裂缝区域、东太平洋的加拉帕戈斯裂缝，这些热液的输入过程，很可能是断裂带区的海水微量元素组成的一种控制机制。

5. 海水-沉积物界面交换过程

在海洋沉积物间隙水中，Ba，Mn，Ca等微量元素的浓度高于上覆的海水。浓度的差异，促进这些元素从间隙水向上覆水中扩散。因此，即使在远离海底热泉的深层海域，这些微量元素的浓度，具有随深度的增加而升高的垂直分布。

6.1.4 痕量元素的分布类型

1983年Bruland提出痕量元素垂直分布的7种基本类型。

1. 保守型

这类痕量元素在海水中比较稳定，反应活性低，其浓度与盐度的比值恒定，从表层到底层均匀分布，与主要成分一样可视为保守型元素。属于这一类分布的痕量元素有水合阳离子Rb^+和Cs^+以及钼酸根阴离子（MoO_4^{2-}）。

2. 营养盐型

这类元素的垂直分布类似于营养盐的分布，因为营养盐参与生物地球化学循环，致使营养盐的垂直分布呈现表层耗尽而深层富集。这是由于浮游植物从表层吸收这些元素，通过生物过程转化成颗粒物质，当这些生物碎屑的颗粒物质逐渐变大时就产生沉降，把这些痕量元素从表层迁移走。当沉入中层和深层的这些颗粒物质被氧化并重新溶解时，这些营养元素就再生进入深层水中。因此，呈现表层低而深层高的分布。

营养盐型的分布又可再分为磷酸盐型（或硝酸盐型）、硅酸盐型及铜型。①磷酸盐（或硝酸盐）型分布可在中层深度观测到最大值，这是由于在浅水再生循环引起的，属于这类分布的痕量元素如 Cd 和 As(Ⅴ)；②硅酸盐型分布可在深层观测到最大值，这是由于深层水再生循环引起的。属于这类分布的痕量元素是 Ba，Zn 和 Ge；③从一些痕量元素的分布，例如 Ni 和 Se 的分布，推断出有浅水和深层水相结合的再生循环。铜型是属营养盐型，但是，它是从中层向底层浓度增加的元素。

3. 表层富集而深层耗尽型

这类痕量元素首先是由供给源输送给表层水，而后迅速并永久地从海水中迁移走。这些元素在海洋中的停留时间相对于海洋混合时间是较短的。引起表层富集的过程有以下三种：①主要由大气输送到海洋表层，紧接着在整个水体中被清除。例如 Pb 和^{210}Pb 就属于这种分布类型；②主要由河流输送或由陆架沉积物中释放出来，通过水平混合进入表层水，从而引起表层的最大值，Mn 和^{228}Ra 属于这种情况；③在表层水内由于生物的调解还原过程与整个水体的氧化还原平衡结合起来，使得某些元素的氧化态或颗粒态在表层得到富集，例如 Cr(Ⅲ)，As(Ⅲ)。

4. 中层深度有最小值型

中层深度最小值是由表层输入，在海底或海底附近再生，或在整个水体中被清除而造成的。已报道 Al 和 Cu 呈现这种类型的分布。

5. 中层深度最大值型

中层深度最大值是由于热液活动引起的，Mn 和^{3}He 是呈现这种分布的最典型例子。

6. 少氧化层具有中层深度最大值或最小值型

在东部热带太平洋和北印度洋发现有典型的少氧化层的广泛分布。由于水柱或在邻近陆坡沉积物中还原过程的存在，在这种区域能够出现痕量元素的最大值或最小值。①如果元素的还原形式与它的氧化形式比较，相对来说是易溶的，就出现最大值，例如 Mn(Ⅱ)和 Fe(Ⅱ)；②当元素的还原形式相对来说是比较难溶的，或易于与固相结合的，就出现最小值，例如 Cr(Ⅲ)。

7. 与缺氧水体有关的最大值或最小值型

在水的循环受限制的区域，例如卡里亚科海沟和萨亚尼茨海湾。由于 $SO_4^{2-}-H_2S$ 氧化还原电对的产生而缺氧并产生还原条件：①当痕量元素的还原形式比在氧化条件下存在的形式更为易溶时就出现最大值，例如 Mn(Ⅱ)和 Fe(Ⅱ)；②当还原形式相对来说是比较难溶的，或易于与固相结合的，就出现最小值，例如 Cr(Ⅲ)。

表 6.5　Bruland 提出的痕量元素垂直分布的 7 种基本类型(引自郭锦宝，1997)

(1)保守成分型	Rb^+，Cs，MoO_4^{2-}
(2)营养盐型	
(a)磷酸型	Cd，As(V)
(b)硅酸型	Ba，Zn，Ge
(c)其他特殊型	Ni，Se(浅水和深水混合再生循环)
(3)表层富集深层耗尽型	
(a)大气输送的表层富集型	Pb，^{210}Pb
(b)河流输送和陆架沉积物释放的表层富集型	Mn，^{228}Ra
(c)生物调解还原过程与水体氧化还原平衡相结合的表层富集型	Cr(Ⅲ)
(4)中层最小值的分布	Al，Ca
(5)中层最大值的分布	Mn，^3He
(6)中层最大值或亚氧层的最小值分布	
(a)最大值	Mn(Ⅰ)，Fe(Ⅱ)
(b)最小值	Cr(Ⅲ)
(7)与缺氧有关的最大值与最小值	
(a)最大值	Mn(Ⅰ)，Fe(Ⅱ)
(b)最小值	Cr(Ⅲ)

6.2 海洋重金属污染与对策

随着工农业生产的发展，重金属的用途越来越多，需要量日益增加，对海洋造成的污染也日益严重。世界著名的“公害病”水俣病和骨痛病就是由汞和镉的污染引起的。由于人类活动将重金属导入海洋而造成的污染称为海洋重金属污染。目前污染海洋的重金属元素主要有 Hg，Cd，Pb，Zn，Cr，Cu 等。

6.2.1 重金属污染的来源

海洋的重金属既有天然的来源，又有人为的来源。天然来源包括地壳岩石风化、海底火山喷发和陆地水土流失，将大量的重金属通过河流、大气和直接注入海中，构成海洋重金属的本底值。人为来源主要是工业污水、矿山废水的排放及重金属农药的流失，煤和石油在燃烧中释放出的重金属经大气的搬运进入海洋。据估计，全世界每年由于矿物燃烧而进入海洋中的汞有3 000多吨。此外，含汞的矿渣和矿浆，也将一部分汞释入海洋。由此，全世界每年因人类活动而进入海洋中的汞达 1×10^4 t 左右，与目前世界汞的年产量相当。自 1924 年开始使用四乙基铅做为汽油抗爆剂以来,大气中铅的浓度急速地增大。大气输送是铅污染海洋的重要途径,经气溶胶带入开阔大洋中的铅、锌、镉、汞和硒较陆地输入总量还多50%。

6.2.2 重金属污染的危害

某些微量金属是生物体的必需元素,但是,超过一定含量就会产生危害作用。海洋中的重金属一般是通过食用海产品的途径进入人体的。甲基汞能引起水俣病,Cd,Pb,Cr等亦能引起机体中毒,有致癌或致畸等作用。其他重金属超过一定限度对人和其他生物都会产生危害。重金属对生物体的危害程度,不仅与金属的性质、浓度和存在形式有关,而且也取决于生物的种类和发育阶段。对生物体的危害一般是 $Hg>Pb>Cd>Zn>Cu$,有机汞高于无机汞,六价铬高于三价铬。一般海洋生物的种苗和幼体对重金属污染较之成体更为敏感。此外,两种以上的重金属共同作用于生物体时,比单一重金属的作用要复杂得多,归纳起来有三种形式:①重金属的混合毒性等于各种重金属单独毒性之和时,称为相加作用;②若重金属的混合毒性大于单独毒性之和则为相乘作用或协同作用;③若重金属的混合毒性低于各单独毒性之和则为拮抗作用。两种以上重金属的混合毒性不仅取决于重金属的种类组成,且与其浓度组合及温度、pH值等条件有关。一般来说,Cd和Cu有相加或相乘的作用,Se对Hg有拮抗作用。生物体对摄入体内的重金属有一定的解毒功能,如体内的巯醛蛋白与重金属结合成金属巯基排出体外。当摄入的重金属剂量超出巯基蛋白的结合能力时,会出现中毒症状。

6.2.3 重金属的迁移转化

进入海洋的重金属,一般要经过物理、化学及生物等迁移转化过程。

重金属污染在海洋中物理迁移过程主要指,海－气界面重金属的交换及在海流、波浪、潮汐的作用下,随海水的运动而经历的稀释、扩散过程。由于这些作用的能量极大,故能将重金属迁移到很远的地方。

重金属污染在海洋中化学迁移过程主要指,重金属元素在富氧和缺氧条件下发生电子得失的氧化还原反应及其化学价态、活性及毒性等变化过程。重金属在海水中的溶解度增大,已经进入底质的重金属在此过程中可能重新进入水体,造成二次污染。此外,重金属在海水中经水解反应生成氢氧化物,或被水中胶体吸附而易在河口或排污口附近沉积,故在这些海区的底质中,常蓄积着较多的重金属。

重金属污染在海洋中的生物迁移过程,主要指海洋生物通过吸附、吸收或摄食而将重金属富集在体内外,并随生物的运动而产生水平和垂直方向的迁移。或经由浮游植物、浮游动物、鱼类等食物链(网)而逐级放大,致使鱼类等主营养阶的生物体内富集着较高浓度的重金属，从而危害生物本身或由于人类取食而损害人体健康。此外，海洋中微生物能将某些重金属转化为毒性更强的化合物，如无机汞在微生物的作用下能转化为毒性更强的甲基汞。

由于重金属污染来源和迁移转化的特点，一般认为重金属污染物在海洋环境中的分布规律如下：①河口及沿岸水域高于外海；②底质高于水体；③高营养阶生物高于低营养阶生物；④北半球高于南半球。

6.2.4 重金属对海洋的污染

1. Hg对海洋的污染

普遍认为，Hg是通过体表（皮肤和鳃）的渗透或摄入含Hg的食物进入生物体的。对于海鸟及某些陆栖海兽来说，还通过吸入蒸发的Hg而进入体内。Hg对生物的影响不仅取决于它的浓度，而且与Hg的化学形态以及生物本身的特征有密切的关系。研究表明，有机汞化合物对生物的毒性比无机汞化合物大得多。甲基汞化合物对海洋生物的毒害最明显。由人类活动进入海洋中的Hg，一部分为甲基汞，一部分则是无机汞化合物。后者在微生物的作用下大都可转化为甲基汞。在缺氧条件下，这一转化过程更加迅速。浮游植物中的Hg主要是通过体表渗透（或吸附）的。海水的Hg污染能抑制浮游植物的光合作用和生长速度，甚至达到致死的程度。当海水中含0.6 $\mu g \cdot dm^{-3}$乙基汞磷酸盐时，浮游植物的光合作用即被抑制。一些有机汞灭菌剂在海中的浓度仅为0.1 $\mu g \cdot dm^{-3}$时，就能抑制某些种类的浮游植物的光合作用和生长速度。各类汞的化合物对浮游植物的致死浓度为0.9～60 $\mu g \cdot dm^{-3}$。

Hg进入鱼、贝体内的主要途径是通过饵料的摄食以及体表的渗透和鳃黏膜的吸附。但是Hg对鱼、贝的生理机能有何影响，目前尚不清楚。至今没有见到鱼类在自然条件下因Hg中毒而死亡的报道。但体内蓄积了大量汞的鱼、贝，对人类却是一个严重的威胁。

2. Cd对海洋的污染

在天然淡水中，Cd的含量大约为0.01～3 $\mu g \cdot dm^{-3}$，中值为0.1 $\mu g \cdot dm^{-3}$，主要同有机物以络合状态存在。海水中Cd的平均含量为0.11 $\mu g \cdot dm^{-3}$，主要以$CdCl_2$的胶体状态存在。此外，还有Cd的胶态有机络合物类腐殖酸盐与Cu，Hg，Pb，Sb，Zn的类腐殖酸盐共存。在厌氧条件下，细菌可利用维生素B_{12}使Cd甲基化，形成具有挥发性的甲基化衍生物。在海洋或江河中，还发现一些Cd的低分子量有机络合物，与有机碳混合存在。工业废水的排放使近海海水和浮游生物体内的Cd含量高于远海；电镀工业排放的废水中Cd含量是很低的，而由硫铁矿石制取H_2SO_4和由磷矿石制取磷肥时排出的废水中含Cd较高，1 dm^3废水中镉的含量可达数十至数百微克。

研究发现,海洋生物能将 Cd 富集于体内,鱼、贝类及海洋哺乳动物的内脏中镉的含量比较高。Cd 在鱼体中干扰 Fe 代谢,使肠道对 Fe 的吸收减低,破坏血红细胞,从而引起贫血症。Cd 在其他脊椎动物体中也有类似的危害作用。人们长期食用被 Cd 严重污染的海产品,就会引起骨痛病。

3. Pb 对海洋的污染

海水中 Pb 的浓度一般为 0.01～0.3 $\mu g \cdot dm^{-3}$,海水中溶解铅的形态是 $PbCO_3$ 离子对和极细的胶体颗粒,分布极不均匀。一般说来,近岸海区浓度较高,随着离岸距离的增加,浓度逐渐降低。海水中的 Pb 主要来源于工业废水的排入和大气的沉降。由汽车排气而进入大气中的胶体状 Pb 的数量相当大,目前世界上已有 2 亿多辆汽车,每年排出的总铅量达 40×10^4 t,成为 Pb 的主要污染源。

日本东京湾的虾虎鱼含 Pb 量高达 0.6～2.8 $mg \cdot kg^{-1}$,这种鱼生活的海水 Pb 浓度小于 0.1 $\mu g \cdot dm^{-3}$,即虾虎鱼对 Pb 的浓缩系数为 6～28。实验表明,在鱼体内肌肉中的含 Pb 量最低,皮肤和鳞片中的含 Pb 量最高。Pb 对鱼类的致死浓度为 0.1～10 $\mu g \cdot dm^{-3}$。Pb 对各种海洋生物的毒性,现在还没有很多资料可查。但有人指出,某些动物在 Pb 的浓度超过 1 $\mu g \cdot dm^{-3}$ 的海水中暴露很短时间即可中毒。

4. Zn 对海洋的污染

在正常海水中,Zn 的浓度为 5 $\mu g \cdot dm^{-3}$ 左右。近岸被污染的海水中,Zn 的浓度比大洋水高 5～10 倍,主要来自工业废水。据估计,全世界每年通过河流注入海洋的 Zn 达 39.3×10^5 t。在近岸海区的沉积物中,Zn 的含量特别高。海洋生物对 Zn 的富集能力很强,其中贝类的含 Zn 量特别高,例如牡蛎肉中 Zn 的含量可高达2 500～3 000 $mg \cdot kg^{-1}$(干重)。Zn 对牡蛎的生长影响很明显。在 Zn 的浓度为0.3 $mg \cdot dm^{-3}$时,牡蛎幼体的生长速度显著降低。当 Zn 的浓度达到0.5 $\mu g \cdot dm^{-3}$时,幼体或者死亡,或者不能发育。Zn 对牡蛎幼体的这一危害早就引起了养殖学家的注意。Zn 对鱼类和其他水生生物的毒性比对人和温血动物要大许多倍。

5. Cu 对海洋的污染

Cu 是生命所必需的微量元素,但过量的 Cu 对人和动植物都有害。正常海水中,Cu 的浓度为 1.0～10.0 $\mu g \cdot dm^{-3}$。据估计,通过污水、煤的燃烧和风化等各种途径每年进入海洋中 Cu 的总量可能超过 25×10^4 t。含 Cu 污水进入海洋之后,除污染海水之外,有一部分沉于海底,使底质遭到严重污染。Cu 对水生生物的毒性很大,有人认为 Cu 对鱼类毒性浓度始于 0.002 $\mu g \cdot dm^{-3}$,但一般认为水体中 Cu 的浓度为 0.01 $\mu g \cdot dm^{-3}$对鱼类还是安全的。

当海水中Cu的浓度为0.13 μg·dm^{-3}时,可使生活在其中的牡蛎着绿色。Cu和Zn对牡蛎的协同作用要比单一的影响大得多。调查表明,海水中Cu的浓度为0.02～0.1 μg·dm^{-3},Zn的浓度为0.1～0.4 μg·dm^{-3}就足以使牡蛎着绿色。只有在Cu和Zn的浓度都很低的条件下,即Cu浓度低于0.01 μg·dm^{-3},Zn浓度低于0.05 μg·dm^{-3}时,才不会产生绿色牡蛎。在绿色牡蛎肉中,Cu和Zn的含量比正常牡蛎高10～20倍。各种海洋生物对Cu的富集能力不同,但一般说来都很强,牡蛎就是属于具有这种富集能力的动物之一。根据日本人的测定,市场上出售的几种海产品的Cu含量依次为:咸乌贼＞牡蛎＞鱿鱼＞裙带菜＞咸松鱼＞鱼糕＞鲽鱼。

6. Cr对海洋的污染

Cr的毒性与As相类似。海洋中的Cr主要来自工业废水。Cr在海水中的正常浓度为0.05 μg·dm^{-3}。通过河流输送入海的铬会沉于海底。三价铬和六价铬对水生生物都有致死作用,Cr能在鱼体内蓄积。三价铬对鱼类的毒性比六价铬高。Cr是人和动物所必需的一种微量元素,躯体缺Cr可引起动脉粥样硬化症。Cr对植物生长有刺激作用,可提高收获量。但如含Cr过多,对人和动植物都是有害的。

6.2.5 我国近海重金属污染状况

从1972年以来,我国学者先后对近海水域的重金属污染进行了较为系统和深入的研究,现归纳于表6.6。胶州湾的污染状况与迁移规律如下。

胶州湾大面积调查及专题调查结果表明,胶州湾东北部娄山河口及海泊河水体和底质都受到铬的污染,东部沿岸海域也受到铬污染的影响;铅、锌除海泊河口受到污染外,其他仅近岸区受到了影响;海水中铬、汞、砷含量范围与未受污染的海水的含量相当。

1. 铬

污染源排放的铬在入海前被废水中还原性物质(硫化物、单宁酸)还原,其还原量约80%,还原所形成的Cr(Ⅲ)一部分与碱性废水作用形成氢氧化铬,一部分被悬浮物质吸附。最终进入娄山河口海域铬的形态有溶解态铬(Ⅳ)及铬(Ⅲ)、悬浮态Cr(Ⅲ)和聚凝的$Cr(OH)_3$,而以悬浮态Cr(Ⅲ)和$Cr(OH)_3$为主。排放入海,故Cr(Ⅵ)一部分继续被排放入海的还原性物质还原,另一部分随潮流迁移至湾外;排放入海和还原所形成的可溶性Cr(Ⅲ)与海水相遇,由于pH变化,大部分(约90%)形成胶态$Cr(OH)_3$,所形成的胶态$Cr(OH)_3$及剩余的Cr(Ⅲ)进一步发生聚凝、吸附等而沉降于海底,成为底质中铬(酸溶性部分)。未还原的部分Cr(Ⅲ)以及部分溶解态Cr(Ⅲ)、胶态$Cr(OH)_3$和悬浮态Cr(Ⅲ)随海水潮流向湾外迁移。

表 6.6 我国近海的重金属含量(水体 $mg \cdot dm^{-3}$，底质 $mg \cdot kg^{-1}$)(引自张正斌等，1999)

海域	Hg	Cd	Pb	Zn	Cu	Mn	Cr	As
锦州湾								
水体	0.04～21.40	0～129	0.8～40.2	40～2 368	0.8～35			
底质	0.06～183.5	0.2～107.1	8.4～3 126.2	85～27 000	16.4～7 796.9			
渤海湾								
水体	痕量～0.049	0.02～0.40	0.02～0.18	1.3～30	0.28～1.55		痕量～1.63	
底质	0.005～0.560	0.04～0.54	11.6～41.2	35.3～51.2	7.8～36.2		26.7～66.7	
黄河口								
水体		0.003 5～0.005	0.037 3～0.039 5		0.866～1.248	4.2～0.31		
底质			16～44	41～105	9～32	330～700	35～71	
胶州湾内								
水体	0.02～0.22	0.04～1.39					0.1～10.9	0.6～11.4
底质	0.040～1.003	0.07～3.13					29.3～554.6	4.23～18.7
胶州湾外								
水体	0.02～0.04	0.08～0.88					0.15～0.06	1.0～0.66
底质	0.058～0.283	0.21～1.18					30.5～118	4.8～30.6
长江口								
水体		0.060 0	2.23	43.7	6.75			
底质		0.1	17.5	77.7	21.2			

（续表）

海域	Hg	Cd	Pb	Zn	Cu	Mn	Cr	As
杭州湾								
水体								
底质		0.09	14.4	73.5	21.7			
闽江口								
水体	0.006～0.112	0.009～0.174	0.26～24.2	0.42～98.2	0.30～22.3			
底质	0.002～0.138	0.001～0.10	0.12～36.6	0.3～146	0.06～29.6			
厦门港								
水体	0.012～0.015	0.03～0.04	2.0～3.2	6.4～10.0	1.3～1.6			
底质	0.070～0.300	0.004～0.125	28.5～52.1	78～143	12.1～32.7			
珠江口								
水体	0.03～0.04	0.8～1.2	30～40	30～50	4～7		0.4～1.6	
底质	0.20～0.30	0.2～1.0	10～30	80～100	20～40		60～120	
南海中部								
水体	0.007～0.113	1.9～7.4	0.5～2.0	5.4～23.9				
底质	0.010～0.046	1.2～5.3	0.5～2.9	1.7～18.3				
南沙海域								
水体	0.002～0.056		0.6～7.7	5.0～35.9				
底质	0.049	4.5	37.7	103.8	16.2			

2. 铅、锌

由河流排入海水中的铅和锌，随着水体中有机物质、铁及其他物质的沉积而部分进入底质。河口区主要以有机物沉积为主，离岸后逐渐随铁沉积而进入底质。河口区水体中铅转移至底质中的速率比锌快，主要与水体中两种金属的形态有关，颗粒态铅的相对含量大于颗粒态锌的相对含量。另外水体中50％以上的铅是与有机油结合在一起，这可能是造成迁移速率差异的原因。

3. 镉

由河流或排污口进入胶州湾海域海水中的镉不为悬浮物所吸附，可与腐殖质、不溶性碳酸盐等产生絮凝、吸附、络合等作用而部分进入底质。从水体转移至底质中的镉的量与废水中和河口海域絮凝的腐殖质的量呈正相关，进入底质中的镉在与未污染海水充分接触后会有部分镉溶出而进入水体。

4. 汞

随废水排入海的汞，部分可被海水中浮游植物吸附，成为悬浮态汞而进入底质，部分与沉积物结合形成可溶性有机汞。

5. 砷

近岸表层海水中的砷主要以悬浮态砷存在。

6.2.6 重金属污染的防治

海域受到重金属污染后治理困难，应以预防为主。控制污染源、改进生产工艺、防止重金属流失、回收三废中的重金属以及切实执行有关环境保护法规、经常对海域进行监测和监视，是防止海域受污染的几项重要措施。

重金属的处理方法可分为两类：①使溶解态的重金属转变成不溶性重金属化合物或单质，从废水中去除重属含量，可应用中和沉淀法、硫化物沉淀法、上浮分离法、离子浮选法、电解沉淀或电解上浮法、隔膜电解法等；②将重金属在不改变其化学形态的条件下从废水中进行浓缩和分离，可应用反渗透法、电渗透、蒸发法、离子交换法等。

6.3 海洋微量元素的生物地球化学

微量元素（或重金属元素）的生物地球化学研究是近年来海洋化学的学科前沿，尤其是铁。虽然大部分溶解态的重金属元素，最终要从海水中转移到海洋沉积物中，但在它们最后移出之前，可能要经历不同程度的内部再循环——生物地球化学过程。这种再循环过程可能涉及重金属为颗粒物质所捕集，而当此种颗粒物质被氧化和（或）溶解时，重金属元素就再生（释放）出来。重金属的这种再生作用可能发生在水柱中，亦可能发生在表层沉积物中，随后又扩散回到水柱中。

6.3.1 生物地球化学过程的控制因素

海洋中痕量元素的生物地球化学过程是相当复杂的。根据痕量元素的来源和迁移过程，由大气和河流输入到海洋的痕量元素，其地球化学平衡过程主要由下面四个过程控制：①与颗粒物质的作用；②在水合氧化物胶体上的吸附作用；③与生物体的相互作用；④与有机物配位体的相互作用——形成金属有机络合物。

1. 与颗粒物质的作用

颗粒物质通过其形成过程和沉降过程能吸附一些痕量元素，并从水体中迁移走这些痕量元素。这些颗粒主要产生在透光层。浮游植物通过光合作用从海水中摄取一些痕量元素，成为浮游植物体的组成部分，这些浮游植物大多数被浮游动物所摄食。一些未被消化的残渣被包裹在粪便中排出，形成颗粒物质。颗粒物在沉降过程中也会吸附一些痕量元素，最后沉降到海底，成为沉积物的一部分。因此，这些颗粒物质的产生、沉降和分解是控制海水中痕量元素分布的重要因素。许多研究者利用大体积抽吸系统和沉积物收集器对颗粒物质的通量以及在深海中沉降颗粒的吸附性质进行研究，提供在水体中所发生的痕量元素的吸附过程和溶解过程的资料。

2. 在水合氧化物胶体上的吸附作用

水合氧化物胶体能从海水中吸附一些痕量元素，致使这些痕量元素从海水中迁移走。Sholkovitz(1978)提出一种模型定性地预言痕量元素在河口的反应能力。他假设：①在河水中，有一部分溶解的痕量元素以胶体存在，这种胶体在物理化学上与胶体腐殖酸和水合氧化物有关系；②由于这些胶体的絮凝对腐殖酸和水合氧化铁絮凝物发生吸附作用，从而引起痕量元素的迁移；③在河口的混合期间，痕量元素的迁移程度和盐度的关系，将由在海水阳离子的存在下，通过痕量元素对海水中的阴离子、腐殖酸和水合氧化铁的相对亲和力来确定。因此，Sholkovitz(1978)利用过滤的 Scottish 河水做“产物模型”混合实验，发现由于 Fe－腐殖酸胶体牢固缔合的絮凝作用，Fe 几乎完全被迁移。Cu 和 Ni 也发生明显的迁移(40%)。因为 Cu 和 Ni 对腐殖酸和水合氧化铁的亲和力是跟海水阳离子对腐殖酸和水合氧化铁的亲和力进行“竞争”的，而 Cd 和 Co 仅迁移 5%和 10%，是由于 Cd 和 Co 在海水中形成很牢固的氯络合物。Sholkovitz 等人(1981)指出，痕量元素通过絮凝作用，从河口转移的程度是不同的，Fe(80%)和 Cu(40%)最明显，Ni 和 Cd(15%)中等，而 Mn 和 Co 基本上没有转移。当然各个河口转移程度各不相同，不能一概而论。

3. 与生物体的相互作用

除了吸附过程，痕量元素在逆光层被浮游植物摄取也是控制痕量元素的因素之一。在海洋中被初级生产者摄取的某些痕量元素，如 V,Cr,Mn,Fe,Co,Ni,Cu,Zn 和 Mo 是作为生物体的微量营养元素被吸收的。这类痕量元素在生物需求金属系统和活化金属酶系统起着重要的作用，这些系统是促进糖解、光合作用、蛋白质的代谢作用的主要阶段。Jckson 和 Morgan(1978)指出：由于在细胞－溶液界面、金属－细胞的反应速率和机制、在细胞层的金属－蛋白质、金属－金属的相互作用还不知道。

4. 与有机物配位体的相互作用

海水中的一些痕量金属如过渡金属元素(Cu,Fe,Ni,Zn 等)不但能与许多无机配位体(Cl^-,CO_3^{2-},OH^- 等)形成稳定的络合物，而且能与有机配位体形成稳定的络合物。已证实在蛋白质的活性中心含有这些金属元素，在其酶作用中起着重要的作用。痕量金属与有机配位体形成络合物是重要的生物地球化学过程，它控制着海水中这些痕量元素的浓度。

6.3.2 重金属的再循环

大多数溶解的痕量元素最终从海水储库中转移到海洋沉积物中。但是，在它们最后转移之前，在海洋内部可能遭受到不同程度的再循环，这种再循环过程包括痕量元素被颗粒相吸附，紧接着颗粒载体相遭受到氧化作用或溶解作用而再生。痕量元素的再生作用可在中、深层水体中发生，也可在沉积物内部或表层发生，随着沉积物的溶解、扩散返回到水体中。

1. 颗粒的再生作用

颗粒物的产生、沉降和分解是控制大洋中微量元素分布的重要因素。近年来，水柱中颗粒物质通量研究受到很大的关注。这在很大程度上受 Mecave(1975)的陆标模拟研究所推动，他指出，沉降快的少量大颗粒物对物质大量地向深海迁移起作用，而不是沉降慢的大量的小颗粒物在起作用。近来用大体积抽吸系统和悬浮颗粒物捕获器所进行的研究，证明了大颗粒物对垂直方向上的质量通量的重要性。这些研究结果有助于了解微量元素发生在水柱中的吸附过程和溶解过程。Goldberg(1954)最早提出，下沉颗粒物上的吸附作用是限制大洋中某些微量元素浓度的重要控制因素之一，并将此过程称为“清除”。除了吸附过程之外，在真光层微量元素为浮游植物的捕获也是重要的。

2. 海底通量及再生过程

在海水－底质之间的再生作用是元素通过海洋再循环的主要过程之一。在间隙水化学研究方面，Froelich 等(1979)和 Klinkhammer(1980)作出了重要的贡献，前者研究了有机物氧化剂的成带现象和缺氧成岩作用中反应的化学计量关系，后者得到了间隙水中微量元素可再现的地球化学上一致的和有启发性的剖面。应用沉积物采集器，新得到的微量元素在海底上沉积速率的资料，证实这些元素在海底上借氧化-溶解反应再生而回到水体中。

3. 清除和再循环模型

通常用箱式模型来描述微量元素的海洋生物地球化学循环，其中假定因生物活动而由表层水清除掉的微量元素以颗粒物的形式被转移到深层水，在那里有一部分微量元素重新溶解（并且通过混合作用最后又回到表层），其余部分以颗粒物形式转移出水体被埋在沉积物中。这种向沉积物的输出，可由河流、大气和热液源的输入所平衡。Broecker(1974)对Ba提出这样一种箱式模型的例子。

克雷格(1974)从开始就运用具有一定清除移出率的一维垂直-平流模型，对若干微量元素的深水剖面进行描述。此外，还提出了包括清除项的一维水平扩散-平流模型。野崎等(Nozaki, *et al*, 1976)根据这类模型解释了太平洋表层水中^{210}Pb的分布。Spencer等(1981)考核了横断北大西洋的一个断面上^{210}Pb的二维扩散-平流模型。这种模型将更有用，因为对某些元素来说，可以得到一组合适的"海洋学上一致的"数据。

6.3.3 我国近海的重金属的生物地球化学研究

1. 长江口

我国近十几年在近海的河口、港湾开展大量的有关微量元素（包括重金属）的生物地球化学研究，取得了一些可喜的进展。例如在长江口的化学元素循环的生物地球化学过程研究中，张经等(1997)归纳了长江口颗粒态重金属的生物地球化学特点：①准同步的采样和分析表明，悬浮物中的重金属浓度变动为10%～20%；②这些变动是由于粒度与矿物学组成的差异引起的；③底质沉积物中的重金属元素的分布显示出长江携带的陆源物质在陆架区的迁移；④柱状样中重金属的分布模式表明，人文活动尚未显著地改变长江中颗粒态重金属的输送格局。

2. 闽江口

胡明辉等(1997)总结了近10年来闽江口的地球化学研究，指出：闽江口的溶解态重金属同有机腐殖质络合或螯合，絮凝加入悬浮物中，然后沉降进入底质沉积物；而且除Cd外，重金属的河口地球化学迁移过程尚受悬浮物的吸附作用所控制。

3. 珠江口

唐永銮(1983)、郑建禄等(1982,1985)较系统地研究了珠江口重金属的迁移扩散和转化规律。珠江口海区重金属迁移的化学模式：重金属首先与腐殖酸等有机质胶体表面进行交换、吸附、共沉淀和凝聚，使有毒害的重金属能变为无毒害的不稳定的有机物结合态而进行转移，即河口的初级化学净化过程。继而在河口海域同氢氧化铁、氢氧化铝等胶体发生交换和络合作用，形成稳定结合态无机胶体或络合物，进入海洋，形成第二次化学净化过程。这种河口化学图像的设想，能更进一步阐明重金属在河口向海洋转移的化学过程，并能明确指出其迁移的化学形态含量分布与盐度动态变化的密切关系的机制，符合珠江口重金属污染的实际情况和有关理论计算的结果。

6.3.4 铁的生物地球化学

尽管在地壳中铁的含量排位第四，但是由于热力学性质稳定的Fe(Ⅲ)的水解作用，以及因此形成难溶氢氧化物和氧化物等原因，它在海洋中的浓度极低。Fe(Ⅲ)还容易被吸附在颗粒物表面，并易被浮游生物吸收。这样，它很容易地被沉积物从海水中提取出来。由于输入速率和颗粒物移动在空间和时间的巨大差异，表层大洋水中铁的浓度也不同。在东赤道太平洋表层水包括溶解铁(可通过 0.4 μm 滤膜)浓度只有0.02 $nmol \cdot dm^{-3}$，颗粒物浓度为0.1～0.2 $nmol \cdot dm^{-3}$，但是在阿拉伯海的表层水中，从附近沙漠获得大量沙尘输入，可观测到高得多的溶解铁(0.4～2.9 $nmol \cdot dm^{-3}$)。在从大洋到近岸水的横断面上，铁的浓度显著增加，由于陆源河流、地下水、大陆沙尘和陆架沉积物的输入，入海河流中可溶性铁的浓度为3～25 $\mu m \cdot dm^{-3}$。但是由于盐效应的絮凝和沉积作用，相当多的胶态铁被有效地迁移至河口和近岸水，因此进入大洋中的大部分铁来源于干旱地区沙尘的干沉降。

海洋中铁的浓度和主要营养盐(N 和 P)密切相关，表明这两种要素都是由普通的生物吸收和再生循环所控制。在这些循环中铁和其他营养盐(N,P,Si,Zn)在真光层被浮游植物和细菌吸收，被浮游生物和生物颗粒转移下沉，随铁在无光的深度通过微生物的再矿化作用又返回水体。当铁被上升流和涡流的混合作用带回真光层时，循环就结束了。由于生物的吸收和沉积作用，真光层内铁和其他营养盐的浓度通常很低，直到 600～1 000 m 深时才又增加。和主要的营养盐一样，被浮游生物吸收的大部分铁，通过相互联系的生物过程在真光层内的再循环，例如放牧、排泄、滤过性毒菌的消散和细菌再矿化作用。在铁匮乏的近北极太平洋水中，在吸收“溶解”铁的生物中，真核微藻占大约 50%，而自养菌和异养菌约占 30%和 20%。

这些微生物被浮游动物摄食，细胞中的大部分铁又被释放回海水中。这种再循环的铁在真光层内被微生物吸收铁中占较大比例。在近北极太平洋稳定循环模型中，估计被微生物吸收的 85%的铁都来自生物再生作用，而其余部分由外部来源所支持，主要是干沉降。在近北极太平洋，估计回到溶解铁的循环时间约为 10 天，比浮游生物群落的循环时间(7 天)稍长一点。然而在赤道太平洋地区所观测到的循环则快得多，估计回到溶解铁的循环时间仅为 7 h，而浮游生物群落为 1.6 天。后者的快速循环与溶解铁的低浓度(仅 26 $pmol \cdot dm^{-3}$)

有关。在这些系统中大部分新生铁以生物螯合物形式存在，例如细胞色素，它向海水中的释放会对铁的化学存在形式产生重要影响。

海水中(包括表面海水)浮游植物生长必需的营养盐是硝酸盐、磷酸盐和硅酸盐。在大多数海洋海水中起限制作用的营养盐是硝酸盐。但是超过10%的世界海洋表面海水，包括北太平洋、赤道太平洋和南极附近太平洋的表面海水，主要的植物生长营养盐(硝酸盐、磷酸盐和硅酸盐)以及光是充足的；但浮游植物却是低的，呈现"高营养盐-低生产力"现象。低生产力也意味着低叶绿素，故这样的海区也成为"高营养盐-低叶绿素"(简写"HNLC")海区。北太平洋、赤道太平洋和南极附近，这些海区限制浮游植物的生长已引起海洋学界的浓厚兴趣和激烈争论。特别在 HNLC 海区植物生长能从大气中移去大量的 CO_2，更激发了人们对这个命题的兴趣。

金属对浮游植物生长的限制，可通过测定在海水中和在浮游植物中金属与磷酸盐相对浓度的比率来确定。如图 6.1 所示：铁在浮游植物中浓度明显大于大洋水中浓度，表示限制浮游植物的生长。Zn，Mn，Cu 等则影响不显著。因为铁是电子迁移和酶体系中基本的痕量元素，Martin 提出铁假设："在世界海洋'高营养盐-低叶绿素(生产力)'的海区，铁的可利用性限制浮游植物生长的比率(单位生长率)。"铁假设有两个必然结果：①铁的可利用性限制了浮游植物对营养盐和碳酸盐的摄入；②因为铁限制、控制了浮游植物的生长，而从大气中移出 CO_2；大气 CO_2 的水平则随铁输送到海表面而变化。

铁假设已得到下述研究的支持：①在开阔海洋得铁的浓度十分低，以皮摩尔(picomolar，即 10^{-12} mol · dm^{-3})计，不能满足维持浮游植物在最大生长速率时之需要；②在 HNLC 海域不受污染的海水中加入 Fe，可见能促进浮游植物的生长，例如对硅藻，图 6.2 证明，在北太平洋(阿拉斯加)、南太平洋(南极)和赤道太平洋采集的水样中，加入或不加入铁，以对比浮游植物生长的增代时间，即可证明加入 Fe 对浮游植物的生长有利，起促进作用；③实验室的实验也证明，低水平的铁能限制浮游植物的生长。沿岸浮游植物 Fe : P 最佳比为 10^{-2}～10^{-3}，大多数海洋物种小于 10^{-4}。在开阔海岸中一般采纳低水平的铁；④萤光测定也证明加入 10^{-9}mol 铁对浮游植物光化学能量转化效率有大的提高，有利于浮游植物的生长。

以上实验都证明：①铁的可利用性，提出了补充和调整 HNLC 海区中海洋生产力不足的方法；②图 6.3 再次证明：CO_2 历史记录、尘土沉积和 Vostok 冰核中非海盐大气沉积物等历史记录支持低水平铁加入到海洋可引起海洋生产力的增加和减低大气中 CO_2 的浓度。

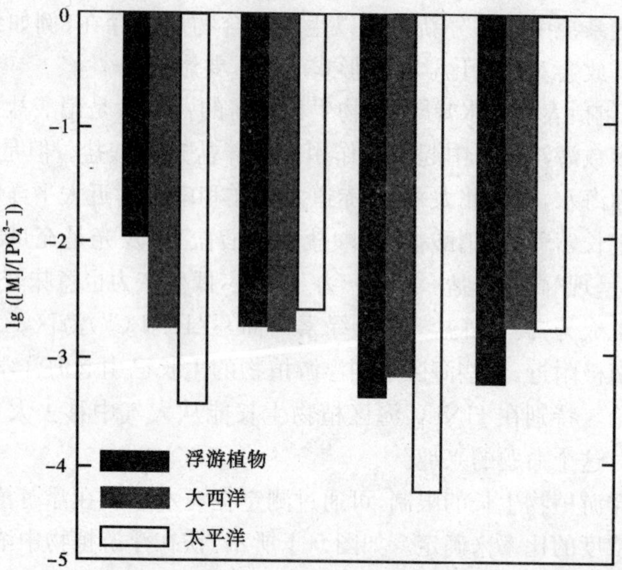

图 6.1 浮游植物和大洋水中金属与磷酸盐相对浓度比较图(引自 Millero，1996)

进一步的有关试验如“IRONEX Ⅰ”，“IRONEX Ⅱ”，“IMBARI”等也都确证了上述结论，并预示其他痕量元素(痕量金属和硅等)也可能起着与铁类似的作用。海水中微量元素的生物地球化学研究，将是21世纪海洋化学研究的又一新的发展前沿。

6.4 金属的腐蚀和防腐

金属在海水中受化学、物理和生物的作用而发生腐蚀。金属结构腐蚀结果使材料变薄、强度降低，有时发生局部穿孔或断裂，甚至使结构破坏。腐蚀造成的损失是惊人的，全世界每年生产的钢铁产品，大约有1/10因腐蚀而报废。据统计地球每年因腐蚀造成的经济损失约7 000亿美元，占各国国民生产总值(GDP)的2%～4%。腐蚀损失为综合自然灾害损失，即地震、台风、水灾等损失总量的6倍。我国1995年统计腐蚀经济损失高达1 500亿元人民币，约占国民生产总值(GDP)的4%。20世纪70年代，英国、法国、德国和荷兰等国为了开发北海的石油和天然气，协作研究了近海钢结构的腐蚀问题，特别是腐蚀疲劳问题。随着社会经济的迅速发展和科学技术水平的逐渐提高，我国的海洋开发事业有了突飞猛进的发展，海洋构造物也越来越多。大多数常用的结构金属和合金受海水或海洋大气侵蚀。海洋石油的开发，建造了大量的海上固定采油平台和辅助平台，铺设了许多海底油气管线；海上运输和旅游观光业的发展，建造

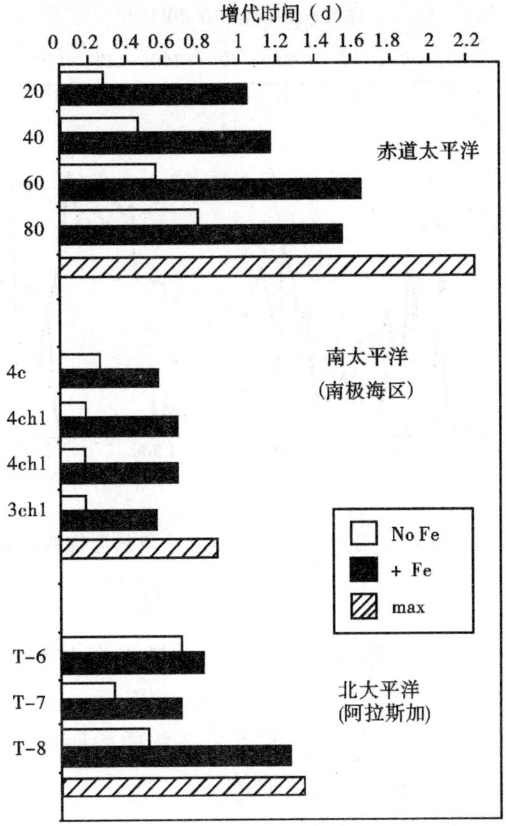

图 6.2　在北太平洋、赤道太平洋和南太平洋中加入的 Fe 对浮游植物生长的增代时间的影响示意图(引自 Millero，1996)

了大量的船舶码头和栈桥；这些设施大都是由金属材料，特别是钢铁建造而成。显然金属在海水中的腐蚀，是海洋开发的工程设施存在的亟待解决的化学问题，是海洋化学的研究内容之一。

6.4.1 腐蚀原理

浸入海水中的金属，表面会出现稳定的电极电势。由于金属有晶界存在，物理性质不均一；实际的金属材料中总含有些杂质，化学性质也不均一；加上海水是一个中等强度的电解质溶液，海水中溶解氧的浓度和海水的温度等，可能分布不均匀，因此金属表面上各部位的电势不同，形成了局部的腐蚀电池或微电池。

如铁在海水中被腐蚀时，发生铁的氧化反应。例如镁被海水腐蚀时，镁作为阳极而被溶解，阴极处释放出氢气。当电势不同的两种金属在海水中接触

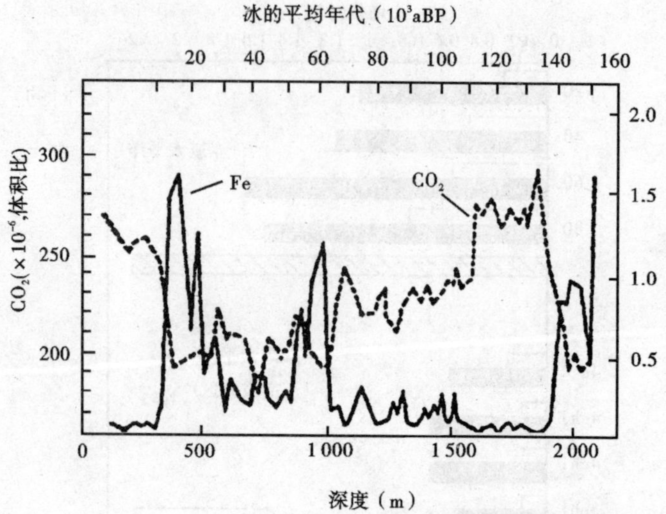

图 6.3 大气 CO_2、尘土沉积和非海盐大气悬浮物的历史纪录

（引自 Tuener, Hunter, 2001）

时，也形成腐蚀电池，发生接触腐蚀。例如锌和铁在海水中接触时，因锌的电势较低，腐蚀加快；铁的电势较高，腐蚀变慢，甚至停止。工业用的大多数金属状态不稳定，在海水中有转变成化合物或离子态物质的倾向。但是，金和铂等贵金属，金属状态稳定，在海水中不发生腐蚀。

6.4.2 海洋环境对金属腐蚀的影响

金属在海水中的腐蚀，影响因素很多，包括化学、物理和生物等因素。

化学因素有：①溶解氧。海水中溶解氧的含量越多，金属的腐蚀速度越快。但对于铝和不锈钢一类金属，当其被氧化时，表面形成一薄层氧化膜，保护金属不再被腐蚀，即保持了钝态。此外，在没有溶解氧的海水中，Cu 和 Fe 几乎不受腐蚀。②盐度。海水含盐量较高，其中所含的 Ca^{2+} 和 Mg^{2+}，能够在金属表面析出碳酸钙和氢氧化镁的沉淀，对金属有一定的保护作用。河口区海水的盐度低，Ca 和 Mg 的含量较小，金属的腐蚀性增加。海水中的 Cl^- 能破坏金属表面的氧化膜，并能与金属离子形成络合物，后者在水解时产生氢离子，使海水的酸度增大，使金属的局部腐蚀加强。③pH 值。海水的 pH 值通常变化甚小，对金属的腐蚀几乎没有直接影响。但在河口区或当海水被污染时，pH 值可能有所改变，因而对腐蚀有一定的影响。

物理因素有：①流速。海水对金属的相对流速增大时，溶解氧向阴极扩散得更快，使金属的腐蚀速度增加。特别是当海水流速很大，或者它对金属的冲击很强时，海水中产生气流，就发生空泡腐蚀，其破坏性更强。船舶螺旋推进器的叶片，往往因空泡腐蚀而损坏，参见图 6.4 和图 6.5。②潮汐。海水中裸钢桩的腐蚀，可表明潮水涨落的影响(详见图 6.6 和图 6.7)。靠近海面的大气中，有大量的水分和盐分，又有充足的 O_2，对金属的腐蚀性比较强。因此，在平均高潮线上面海水浪花飞溅到的地方(飞溅区)，金属表面经常处于潮湿且多 O_2 的环境里，腐蚀最为严重。在平均高潮线和平均低潮线之间为潮差区，金属的腐蚀性差别很大，由高潮线向下，腐蚀速度逐渐下降。③温度。水温升高，会使腐蚀加速。但是温度升高，氧在海水中的溶解度降低，使腐蚀减轻。这两方面的效果相反。

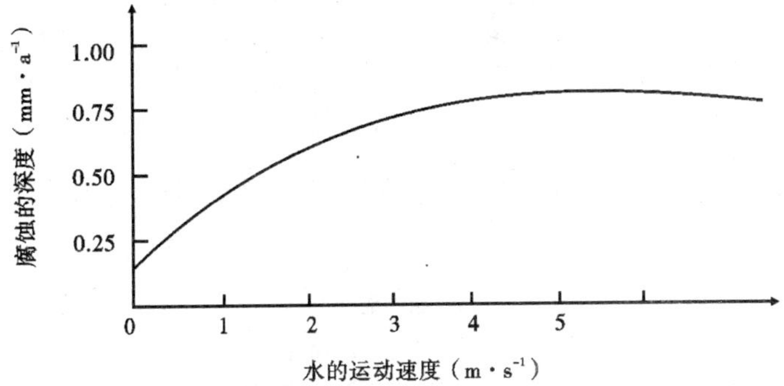

图 6.4　海水的运动速度对于低碳钢的影响(引自张正斌等，1999)

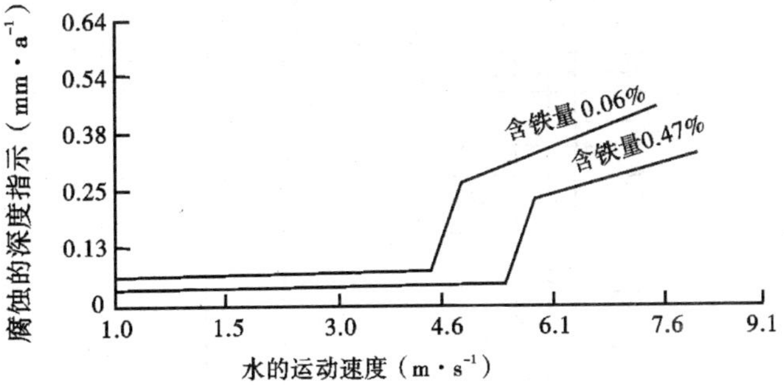

图 6.5　海水的运动速度对于 70/30 镍青铜破坏的影响(引自张正斌等，1999)

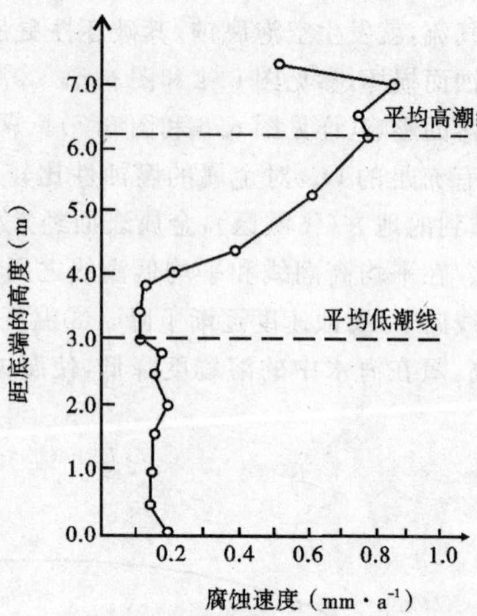

图 6.6　碳钢桩在中国广西北海市海滨被腐蚀的情况(引自张正斌等,1999)

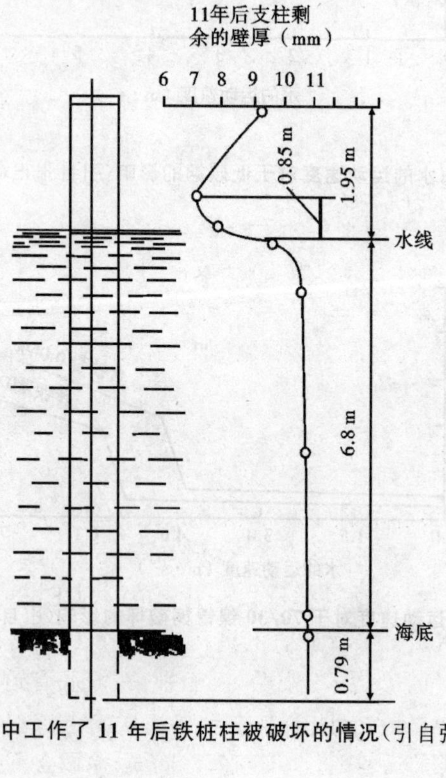

图 6.7　在里海中工作了 11 年后铁桩柱被破坏的情况(引自张正斌等,1999)

生物因素有：许多海洋生物常常附着在海水中的金属表面上。钙质附着物对金属有一定的保护作用，但是附着的生物的代谢物和尸体分解物，有硫化氢等酸性成分，却能加剧金属腐蚀。另外，藤壶等附着生物在金属表面形成缝隙，这时隙内水溶液的含氧量比隙外海水少，构成了氧的浓差电池，使隙内的金属受腐蚀，这就是金属的缝隙腐蚀。铜及其合金被腐蚀时，放出有毒的铜离子，能够阻止海洋生物在金属表面附着生殖，从而免受进一步的腐蚀。此外，存在于海水中和淤泥中的硫酸盐还原菌，能将硫酸盐还原成硫化物，后者对金属有腐蚀作用。

6.4.3 金属的防腐

常用的海洋防腐技术主要有：①金属选材：根据不同的环境和使用条件，选用合适的金属材料和非金属材料；②阴极保护：利用金属电化学腐蚀原理将被保护金属设备进行外加阴极极化以降低或防止金属腐蚀；③添加缓蚀剂：在海水或其他介质中添加少量能阻止或减缓金属腐蚀的物质以保护金属，主要用于海洋管线防腐；④金属表面覆盖层：在金属（主要为钢铁）表面喷、衬、渗、镀、涂上一层耐蚀性较好的金属或非金属物质使被保护金属表面与海洋环境机械隔离以降低金属腐蚀。

为了提高用于海洋环境的钢结构的耐蚀性，在钢中添加少量的 Cr，Ni，P，Cu，Al，Mo，Mn 等，有的还加入稀土元素，组成耐海水钢，常见的有马丽尼钢和 APS20A 钢等。这种钢材在飞溅区和海洋大气中的腐蚀速度比碳钢小得多。这是因为添加的成分，在金属被腐蚀时能增加锈层的致密性，对金属起保护作用。但是，浸入海水中的低合金钢，会出现局部腐蚀，在拉应力和腐蚀性介质同时作用下，钢材会发生应力腐蚀破裂；在波浪或其他周期性力作用下，金属结构会发生腐蚀疲劳而破坏，特别是焊接点，这种效应更加严重。因此，在特殊的场合，往往采用其他的耐腐蚀的金属材料，如不锈钢、铜及其合金、镍铜合金、铝及其合金、钛及其合金等等。

阴极防蚀法适用于海水浸渍部位，效果最好并且经济。阴极防蚀法包括外部电源法和动电阳极法两种。阴极防蚀法通常多适用于裸露在外部的钢材。良好的阴极防腐作用，是在钢材表面形成优质的电解被覆，因为被覆的作用在于降低电流。在日本近海所需的电流密度，通常海水中 100 $mA \cdot m^{-2}$，底质中 20 $mA \cdot m^{-2}$ 是适宜的，钢结构体则以 −700 mV（SCE：以氯化亚汞为基准）为防蚀单位。不过海水被污染较显著的港湾，通常要求有基准 1.2～2 倍左右的防蚀电流密度。为了延长码头、舰船、海上平台、海底管道等海洋结构的寿命，除了选用适当的结构材料之外，通常在金属表面涂上或包上防腐蚀的覆盖层。例如涂以环氧树脂类的涂料，将金属与海水隔离；涂以含 $CuHO_2$ 或 HgO_2 等有毒物质的防污漆，防止海洋生物的污损；在潮差区还可以包上中国研制的脂肪酸盐绷带或蒙乃尔400合金板，进行保护。

采用锌合金或铝合金保护钢铁结构时，由于这类合金在海水中的电势比钢铁低，成为腐蚀电池的阳极，钢铁则成为阴极，依靠阳极材料的溶解牺牲，保护了钢铁不受腐蚀，延长了海洋钢铁结构的寿命。这是阴极保护法中的一种。另一种阴极保护法是外加电流。如果联合采用涂料和阴极保护，可取得优良的效果。

在使用海水作为循环冷却水时，可在海水中添加亚硝酸钠或磷酸二氢钠等缓蚀剂，防止碳钢腐蚀。海洋中金属的腐蚀，特别是局部腐蚀，是工业和国防事业的一个重要问题，必须研制更好的耐腐蚀的合金和防腐材料，并建立起对金属腐蚀的控制和监测系统。

思考题

1. 海水中微量元素有哪些？试举二三例说明它在海洋化学中的地位和作用。
2. 何谓海洋的重金属污染？你知道它的"来龙去脉"吗？
3. 影响海水中重金属含量的因素有哪些？
4. 我国近海重金属污染状况如何？如何防止？
5. 试简述海洋重金属的生物地球化学过程和循环。
6. 简述金属腐蚀的原理，并用示意图表达之。
7. 概述影响海水中金属腐蚀的诸因素。海水中金属腐蚀的防蚀方法主要有哪些？试举一二例详述之。

参考文献

1 陈镇东. 海洋化学. 台北：茂昌图书有限公司，1994. 551

2 郭锦宝. 化学海洋学. 厦门：厦门大学出版社，1997. 398

3 中国大百科全书. 海洋科学水文科学卷. 北京：中国大百科全书出版社，1987. 923

4 张正斌，陈镇东，刘莲生，等. 海洋化学原理和应用——中国近海的海洋化学. 北京：海洋出版社，1999. 504

5 张正斌，顾宏堪，刘莲生，等著. 海洋化学(上卷). 上海：上海科学技术出版社，1984. 395

6 张正斌，顾宏堪，刘莲生，等著. 海洋化学(下卷). 上海：上海科学技术出版社，1984. 375

7　张正斌，刘莲生著. 海洋物理化学. 北京：科学出版社，1989. 823

8　张水浸，杨清良，丘辉煌，等. 赤潮及其防治对策. 北京：海洋出版社，1994

9　Goldberg E D, ed. Marine Chemistry, In the Sea, Vol 5. New York: Wiley-Interscience, 1974. 895

10　Millero F J. Chemical Oceanography. Boca Rapon: CRC Press, 1996

11　Riley J P, Skirrow G, eds. Chemical Oceanography, Vol 1. London: Academic Press, 1975. 606

12　Riley J P, Skirrow G, eds. Chemical Oceanography, Vol 2. London: Academic Press, 1975. 648

13　Riley J P, Skirrow G, eds. Chemical Oceanography, Vol 3. London: Academic Press, 1975. 564

14　Riley J P, Skirrow G, eds. Chemical Oceanography, Vol 4. London: Academic Press, 1975. 363

15　Riley J P, Skirrow G, eds. Chemical Oceanography, Vol 5. London: Academic Press, 1976. 401

16　Riley J P, Skirrow G, eds. Chemical Oceanography, Vol 6. London: Academic Press, 1976. 414

17　Riley J P, Skirrow G, eds. Chemical Oceanography, Vol 7. London: Academic Press, 1978. 508

18　Riley J P, Skirrow G, eds. Chemical Oceanography, Vol 8. London: Academic Press, 1983. 298

19　Riley J P, Skirrow G, eds. Chemical Oceanography, Vol 9. London: Academic Press, 1989. 425

20　Riley J P, Skirrow G, eds. Chemical Oceanography, Vol 10. London: Academic Press, 1989. 404

21　Stumm W, Morgan J J. Aquatic Chemistry. 2nd ed. New York: Wiley Intarscience, 1981. 780

22　Tuener D R, Hunter K A. The Biogeochemistry of Iron in Seawater. John Wiley, Sons Ltd. Chichester. 2001. 396

第7章 海洋有机物和海洋生产力

7.1 引言

海洋化学所研究的有机物，主要是海水中海洋生物的代谢物、分解物、残骸和碎屑等，它们是海洋本身所产生的；还有一部分是陆源有机物，包括人类生活和生产活动所产生的有机物质和有机污染物质，通过大气或河流带入海洋中。

海洋中有机物质的含量虽然很低，但它参与海洋中许多化学变化和生物地球化学作用，研究水体有机物是海洋化学、海洋生物学和海洋有机地球化学共同关心的重要研究内容，对认识海洋环境中所发生的各种过程具有重要意义。

19世纪末 Natterer，Pütter 开始了溶解有机物的研究工作，但当时的研究受到分析方法的严重限制。研究海水有机化学的真正起点是在20世纪30年代，当时出现了 Krogh 的精细工作，以及随后 Datsko 关于海水的溶解有机碳含量和 Redfield 关于溶解有机磷的工作，使海洋有机化学在广度和深度上有了新的进展。在这些初始工作之后，直至20世纪50年代后期，都未取得太大的进展。后来海洋科学家开始研究设计对海水中溶解有机碳、氮、磷做半常规分析的方法，以及海水中个别化合物（例如维生素）和分解作用的中间物（例如糖和氨基酸）的分析方法。后来，由于不断了解人类活动对环境的影响，开始了测定大洋中的诸如烃和氯代烃等化合物的浓度和分布的工作。到20世纪60年代由于分析测试技术有了一定进展，不仅对海洋中一些有机物作了鉴定，而且开始用海洋生物地球化学观点对海洋有机物的分布作初步研究。20世纪70～80年代，尤其在1976年，美国爱丁堡“海洋有机化学概念”讨论会之后，海洋科学工作者逐步认识到海洋有机物质与海洋生命起源、生物活动、元素的化学物种溶存形式和运移规律、水团运动、沉积/成岩作用等都有密切关系。20世纪90年代，随着溶解有机碳（DOC）各种分析方法的建立和完善，对海水中有机物的研究蓬勃发展起来。同时，由于切向超滤技术的发展，胶体有机碳（COC）也被从传统意义上的 DOC 中分离出来，作为单独的一部分进行研究。目前，有机物质在海洋中的重要性已得到公认并引起广泛的关注。

7.1.1 海水中有机物的组成和含量

海水中的有机物种类繁多，大部分的有机物成分尚未被鉴定出来，只有大约 25% 的有机物成分得以确定。海水中具体有机物的研究主要是从对海洋中化学过程的重要性、海洋生物学上的意义和环境污染等角度进行的，并结合国内外研究状况，分述如下。

1. 氨基酸类

氨基酸类包括各种酸性的、中性的和碱性的氨基酸。它们在大洋水中的总含量为 5～90 $\mu g \cdot dm^{-3}$，但在近海或生物生产力高的海域，总含量可高达 400 $\mu g \cdot dm^{-3}$。它们在海水中通常以肽的形式存在，主要由动物蛋白和植物蛋白降解而来。海水中的溶解氨基酸大部分是结合氨基酸，以肽的形式或较高分子量化合物的形式存在，颗粒态氨基酸主要由活体浮游植物及其分解碎屑组成。海水中氨基酸类化合物，无论是游离的或结合的，都以甘氨酸、丝氨酸、丙氨酸、鸟氨酸等的含量居多。海水中的氨基酸种类如表 7.1 所示。

表 7.1　蛋白质中的普通氨基酸(引自郭锦宝，1997)

中性氨基酸	
甘氨酸	$CH_2(NH_2)COOH$
丙氨酸	$CH_3CH(NH_2)COOH$
缬氨酸	$(CH_3)_2CHCH(NH_2)COOH$
亮氨酸	$(CH_3)_2CHCH_2CH(NH_2)COOH$
异亮氨酸	$CH_3CH_2CH(CH_3)CH(NH_2)COOH$
丝氨酸	$HOCH_2CH(NH_2)COOH$
半胱氨酸	$HSCH_2CH(NH_2)COOH$
胱氨酸	$HOOC(H_2N)H_2CS—SCH_2CH(NH_2)COOH$
蛋氨酸	$CH_3SCH_2CH_2CH(NH_2)COOH$
酸性氨基酸	
天冬氨酸	$HOOCCH_2CH(NH_2)COOH$
谷氨酸	$HOOCCH_2CH_2CH(NH_2)COOH$
碱性氨基酸	
精氨酸	$H_2NC(=NH)NHCH_2CH_2CH_2(NH_2)COOH$
赖氨酸	$H_2NCH_2CH_2CH_2CH_2CH(NH_2)COOH$

2. 碳水化合物

海水中溶解态碳水化合物主要来自表层水中的浮游植物。种类包括单糖和多糖，在海水的碳水化合物中，多糖的含量通常较高。大洋中的糖类，已确定的有葡萄糖、半乳糖和甘露糖等各种已糖，鼠李糖、木糖和阿拉伯糖等戊糖，还有糖醛酸等。糖的总含量为 200～600 $\mu g \cdot dm^{-3}$。个别糖的含量只有几个到几十微克/立方分米。

3. 腐殖质

腐殖质是地球表面分布最广的天然有机物质之一，它广泛存在于土壤、煤炭、沉积物和天然水中，是一类结构复杂的高分子聚合物。组分中重要的活性基团有羧基、羰基、羟基、酚羟基、氨基和醌基等，它们赋予腐殖质特有的反应活性。海水中的腐殖质是海洋有机物的主要组成部分，由于会赋予海水以黄色而被称为"黄色物质(Gelbstoff)"，对海洋中生物学、环境化学和地球化学的变化过程具有重要影响。沉向海底的腐殖质对生物降解和生化氧化相当稳定，而对难溶的金属盐则具有较强的溶解性，所以在沉积物的地球化学史中起着重要的作用。它是海洋中浮游生物排泄的 OM(有机物质)和它的残体经转化、分解和合成的不易再分解的产物，其最后的结构在很大程度上取决于微生物的活动，在海水有机物中占有的比例为 60%～80%。

腐殖质一般分成：①腐殖酸(Humic acid，简写为 HA，又名黑腐酸)，它是一种从海洋沉积物、土壤、煤炭等中提取出的不溶于稀酸而溶于碱的深色物质；②富里酸(Fulvic acid，简写为 FA，又名黄腐酸)，是用酸化除去 HA 后留在溶液中的有色物质；③吉马多美朗酸(Hymatomelanic acid，简写为 BHA，又名棕腐酸)，它是 HA 的可溶于醇的部分。

4. 烃和氯代烃

烃和氯代烃在海水中以溶解态和颗粒态存在，包括饱和脂肪烃、不饱和脂肪烃、饱和脂环烃、不饱和脂环烃、芳香烃等，种类繁多，结构复杂。它们通常是海洋有机物循环过程中的最终稳定产物，海水中具有代表性的烃如表 7.2 所示。海水中的烃主要来自海洋浮游植物和浮游动物以及细菌，少量来自河流和大气的输入。除近岸和污染区之外，所测得的溶解烃和颗粒烃的浓度值，大多数都在 1～50 $\mu g \cdot dm^{-3}$ 的范围内，在整个海洋范围内分布不均匀，在表面附近特别是在表微层中其浓度上升，较高的浓度位于沿岸和生产力高的近岸水中。

5. 维生素类

已定量测定过的有维生素 B_{12}、维生素 B_1 和生物素，它们在深度为 0～100 m 的大洋水中的平均含量分别为 0.1，0.8 和 1.8 $\mu g \cdot dm^{-3}$，在近岸海水中的含量较高。维生素类主要由细菌产生，还会来源于浮游植物和某些生长期的藻类，其种类比较复杂，如维生素 B_{12} 的结构如图 7.1 所示。

海水中已测定的有机物，有类脂化合物、尿素、核苷酸、三磷酸腺苷和其他含氮、含硫、含卤化合物，还有微量的生物体的次级代谢物，如激素和化学传讯物质等，随着近代工业和农业的发展，海水中还带入了相当量的有机污染物。海水中的有机物组成和含量如表 7.3 所示。

表 7.2　海水中有代表性的烃(引自郭锦宝，1997)

饱和烃	$CH_3(CH_2)_{16}CH_3$	正十八(碳)烷
单不饱和烃	$CH(CH_2)_{12}CH_3{=}CH_3CH_2CH$	十七(碳)烯－〔3〕
多不饱和烃	$CH_3(CH_2CH{=}CH)_5CH_2CH_3$	十九(碳)五烯－〔3,6,9,12,15〕
	$CH_3(CH_2CH{=}CH)_6CH_2CH_3$	廿一(碳)六烯－〔3,6,9,12,15,18〕
支链烃	$CH_3\underset{\underset{CH_3}{\vert}}{C}H(CH_2)_{13}CH_3$	2－甲基十六(碳)烷
类异戊二烯烃	$CH_3(\underset{\underset{CH_3}{\vert}}{C}HCH_2CH_2CH_2)_3-\underset{\underset{CH_3}{\vert}}{C}HCH_3$	2,6,10,14－四甲基十五烷(朴日斯烷)
	$CH_3(\underset{\underset{CH_3}{\vert}}{C}HCH_2CH_2CH_2)_3-\underset{\underset{CH_3}{\vert}}{C}HCH_2CH_3$	2,6,10,14－四甲基十六烷(植烷)
	$CH_3(\underset{\underset{CH_3}{\vert}}{C}{=}CHCH_2CH_2)_3(CH{=}\underset{\underset{CH_3}{\vert}}{C}CH_2CH_2CH_2)_2CH{=}\underset{\underset{CH_3}{\vert}}{C}CH_3$	角鲨烯

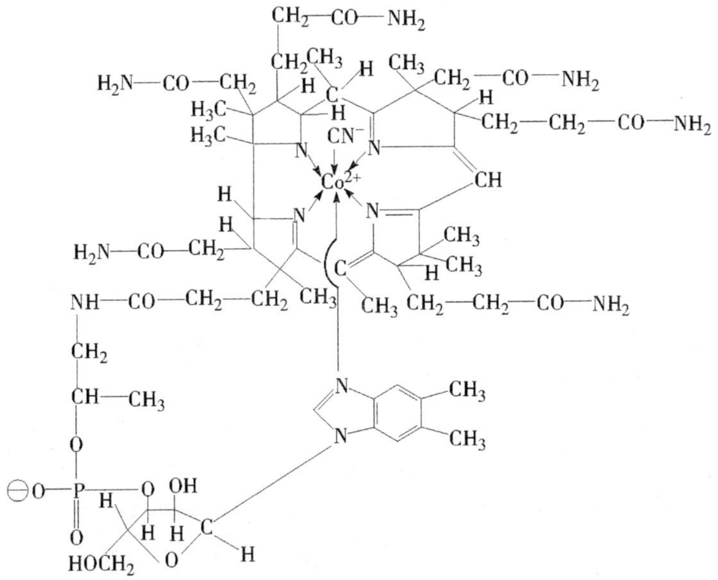

图 7.1　维生素 B_{12} 的结构图(引自郭锦宝，1997)

表 7.3 表面和深层大洋中溶解有机物的组成(引自张正斌等,1999)

化合物分类(单位)	大洋表层		大洋深层	
	浓度	DOC－C(%)	浓度	DOC－C(%)
DOC($\mu g \cdot dm^{-3}$)	400～2 500		400～1 600	
总游离氨基酸(TFAA)(nmol)	50～500	0.4～1.8	25～40	0.3～0.4
总水解氨基酸(THAA)(nmol)	50～1 600	0.4～5.9	50～200	0.6～2.4
己糖胺(Hexosamines)(nmol)	10～30	0.1～0.2		
尿素(Urea,脲;NH_2CONH_2)(nmol)	30～1 700	0.05～1.4	＜70	＜0.17
总游离单糖(TFMS)(nmol)	90～1 700	1.0～8.7	51～120	0.8～1.8
总水解单糖(THMS)(nmol)	600～4 700	6.5～24	1 000～1 400	15～21
复合糖醛酸(Combined Uronic acids)(nmol)	75～260	0.8～1.3		
总水解脂肪酸(THFA)(nmol)	19～190	0.5～2.5	37～80	1.4～3.0
叶绿素(Chlorophyll)($ng \cdot dm^{-3}$)	10～2 000	0.001～0.1	＜100	＜0.02
吲哚(Indoles)($\mu g \cdot dm^{-3}$)	1	0.1		
甘氨酸(Glycollic acid)(nmol)	260～520	0.9		
苯酚(Phenols)($\mu g \cdot dm^{-3}$)	1～2	0.2		
核酸(nucleic acid)($\mu g \cdot dm^{-3}$)	13～80	1.8～5.0		
甾醇(Sterols)($\mu g \cdot dm^{-3}$)	0.2～0.4	0.02		
烃(Hydrocarbon)($\mu g \cdot dm^{-3}$)	0.3～30	0.04～2.0	0～4	0～0.8
维生素 B_{12}(Vilamin B_{12})($ng \cdot dm^{-3}$)	0.1～6.0		1	
硫胺素(Thiamine)($ng \cdot dm^{-3}$)	8.0～100			
维生素 H(Biotin H)($ng \cdot dm^{-3}$)	1.6～4.6			
未鉴定化合物		46～87		70～82

7.1.2 海水中有机物对海水性质的影响

海水中有机物在海水中的含量虽低,但它和海水的物理化学性质,却有很大的关系,且对海洋生物的生长繁殖有重要的作用,主要表现在以下六个方面。

(1)对多价金属离子的络合作用。溶解有机物中的氨基酸和腐殖质等物质,含有多种活性官能团,能通过共价键或配位键与多价金属离子发生络合作用,形成有机金属络合物。例如:使铜离子等有毒的重金属离子的毒性降低,甚至转化成无毒的物质;阻碍磷酸盐和硅酸盐等物质沉淀,延长它们在水体中的停留时间,更好地被生物利用,从而对海洋生态系统有重要的意义。海水中的许多重金属,都是由河流带来的。当河水流入河口海区时,形成的金属有机络合物,因水体的酸碱度和盐度发生急速的变化而逐渐沉淀下来。从这一点来说,河口区对重金属污染物有自然的净化能力。

(2)改变一些成分在海水中的溶解度。由于有些有机物是很好的天然配体,能够与一些离子形成溶解络合物而增加了难溶盐的溶解度。而且,有机物还可以附着在一些沉积物表面的生长点上,从而阻碍了沉积物的形成。

(3)对生物过程和化学过程的影响。无机悬浮物上所吸附的有机物,能进一步吸附和浓缩细菌,在颗粒表面上进行生物化学过程,使被吸附的有机物降解和转化。另外,有机物的氧化还原作用,影响海洋环境的氧化还原电位,也影响着海水中的生物过程和化学过程。

(4)对海-气交换的影响。海水的微表层富含某些有机物,有的有机物在微表层中的含量是海水中含量的10～1 000倍,有促使微表层起泡沫的性能,且能降低海-气交换的速度。溶解有机物与气泡作用,可使表层水中颗粒有机物的含量增加;反过来,颗粒有机物也可分解而生成溶解有机物。两者之间相互转化并达到平衡。

(5)对水色的影响。有机物被无机悬浮物吸附后,增加了悬浮物的稳定性,从而影响海水的颜色和透明度。

(6)对海洋生物生理过程的作用。近岸底栖的褐藻,分泌出大量的多酚化合物,根据其在海水中含量的多少,对生物的生长有促进或抑制作用。在溶解有机物中,有微量的化学传讯物质,它们是一些海洋生物所分泌的、能支配生物的交配、洄游、识别、告警、逃避等种内的和异种之间的各种生物过程的成分。

7.1.3 海水中有机物的特点

(1)含量低:大洋表层水溶解有机碳浓度为90 $\mu mol \cdot dm^{-3}C$ 左右,深层平均含量不到50 $\mu mol \cdot dm^{-3}C$,与无机物相比,浓度要低得多。

(2)组成复杂:到目前为止,尚未完全搞清海洋有机物的组成,大部分溶解有机物的组成、结构尚未确定下来,只有大约25%的有机物的结构得到确定。

(3)在海洋空间分布不均匀:受来源和去除的影响,海洋有机物在海洋中呈现明显的时间性和区域性,属于非保守参数。

容易形成金属-有机络合物:海洋中存在有机-无机相互作用,其中所观察到的是形成金属有机络合物，如含 Co^{2+} 的氰钴胺素（VB_{12}）和含镁的叶绿素 a，已作了结构鉴定。有的在实践中观察到形成金属有机络合物，如抑制金属对海藻的毒性，往往加入有机络合剂（EDTA 或柠檬酸等）。

7.2 海水中的有机碳

海洋中有机物质大致可分为：溶解有机物质、颗粒有机物质（碎屑）、浮游植物、浮游动物和细菌。它们的相对数量如图 7.2 所示。

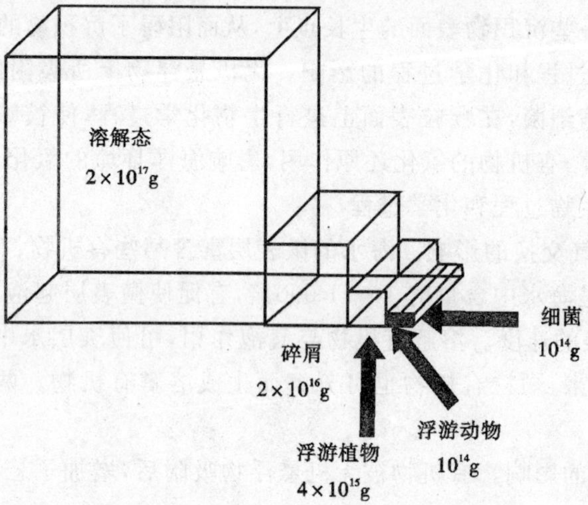

图 7.2　大洋中有机碳的含量分布图（引自张正斌，1999）

在表征海水中有机物的含量时，不可能逐一测定有机物的含量然后求和，而是用有机物中的一种元素，通常是碳元素的含量来表示有机物含量的高低。有机碳又根据物理性质的不同，概括地分为溶解有机碳（DOC）、颗粒有机碳（POC）和挥发有机碳（VOC）3 种形式。VOC 因含量低、易挥发，未找到统一可靠的取样、分离、保存等方法，因而未得到广泛深入的研究。相比之下，前两者得到了普遍关注。判断这两部分的依据为能否通过一定孔径的微孔滤膜。大洋水中 DOC 和 POC 的含量相差较大，DOC 占有机物总量的 90%左右，POC 仅占 10%。

7.2.1 溶解有机碳（DOC）

存在于水体中的 DOC 对碳的整个地球化学循环起着重要的作用。DOC 在操作上的定义为：通过一定孔径玻璃纤维滤膜（0.7 μm）或银滤器（0.45 μm）的海水中所含有机物中碳的数量。DOC 是表征水体中有机物含量和生物活动水平的重要参数之一。DOC 的研究对于化学海洋学和生物海洋学的研究具有重要意义：可对海洋生产力、海洋化学的研究提供基本的参数；在研究总有机碳的通量、分布、作用和循环中占重要的部分；海水中DOC还是一种关于污染和生物活动水平的综合指标。因此，海水中DOC的研究是生物地球化学的重要内容，在全球海洋通量研究(JGOFS)中，对于了解海洋对大气中CO_2的吸收、转移和垂直迁移碳的能力，是一个重要的环节。因此，研究DOC对于研究整个海洋有机物具有重要的意义。

7.2.1.1 海洋中DOC的来源和去除

对无机化合物，陆地的输入可能是其收支的重要部分。但对有机物来说，来自外部的总输入通常占的比例较小。近年来由于人类活动的影响，外部输入所起的作用有增大的趋势。按照有机物的来源通常分为两部分来讨论。

1. 外部来源

外部来源主要有三种输入源，即河流、大气和海洋底质。来自大洋底质的有机物较少，河流和大气的输入是主要的外部来源。

(1)大气输入：目前已有充分的证据说明，有机物质经大气进入海洋是一种重要的输入途径。由降水带入海洋的溶解有机物质为2.2×10^{14} g·a^{-1} C，此值可与河流的输入量相比，相当于净初级生产量总和的1%左右。

由大气输入海洋的有机物质，最突出的例子是含氯农药，如DDT及其衍生物。

(2)河流输入：河流输入也是向海洋输送有机物的一个重要途径。河水在输送过程中，将陆地和河水中产生的有机物携带入海。另外，河流还携带部分农药入海，如氯代烃。据估计，河流向海洋输入的有机物总量约为1.8×10^{14} g·a^{-1} C。

2. 内部来源

海洋中有机物质主要由海洋内部生物过程和化学过程产生的。最根本的过程是浮游植物的光合作用，在海洋中称为初级生产力(在第5节详细讨论)。有机物最主要的来源；藻类细胞释放的光合产物；浮游植物和浮游动物将溶解有机物作为排泄物释放出来；浮游动物摄食时可导致藻细胞受损，从而使细胞的可溶组分漏入环境中；浮游生物死亡后，其尸体的自溶和腐解过程将导致可溶性化合物的生成。

3. 移出

尽管河流、大气和生物作用不断向海洋补充有机物质，而海水中的有机物浓度却很低，这表明多数生源有机碳均能自海水中移去，而且移去的速度与生产的速率相当。生源化合物的分布反映着生产和消耗之间的这种平衡。有机物可通过3种主要机制而从海水中移出：①由于物理形态改变而导致的移出；

②化学移出;③生物学移出。

(1)物理移出:海水中的溶解有机物可通过转变为气相或固相而从海洋水体中去除。DOM 可在生产过程、发生化学分解或生物学分解过程中产生挥发有机物,并通过海气界面逸入大气中;DOM 可通过转化为 POM 而移出。另外,这三者之间还可相互转化,造成不同状态有机物浓度的增加或降低。在颗粒物表面上的吸附作用,是海洋中有机物质发生周转的一个重要步骤,例如蛋白质和多糖类能非常有力地吸附于天然碎屑表面上,随碎屑的沉降从海水中迁出。

(2)化学移出:有机物所参与的单纯的化学反应很少,生化产物的化学分解通常是缓慢的,只有表层的光化学分解可能起到一定作用。

(3)生物学移出:海水中有机物移出主要为微生物将其氧化为二氧化碳而移出或形成 POM 被生物体利用。细菌是海洋系统的初级消耗者,它可以消耗光合作用碳固定量的 20%～40%或更多,对海洋中有机物的稳定和平衡起到关键作用。在有机物的生物学移出中,呼吸作用稳定持久,是光合作用的逆过程,是有机物移出途径中最重要的一环。

呼吸作用是海洋生物将光合作用的复杂分子先氧化成低分子的化合物,最后转变为 CO_2,由此获得生长代谢所需的能量。反应式为:

$$(CH_2O)+O_2 \longrightarrow CO_2+H_2O$$

据估计,每年通过光合作用固定的碳有99.95%被呼吸作用氧化,只有0.05%避免了氧化而埋藏到沉积物中。大部分埋入的碳在矿化作用和沉积物隆起后,也作为化石碳而经受风化并最终被氧化为无机碳。

7.2.1.2 海水中 DOC 的时空分布

受其来源的影响,DOC 在整个大洋空间分布不均匀,而且随着季节的变化,DOC 浓度也有变化,整体分布比较复杂。

1. 空间分布

DOC 的垂直分布规律大致为:在上层 100 m 以内的浓度比深水高 30%～50%,在 65～91 $\mu mol \cdot dm^{-3}$ C 范围内。在 100 m 左右,有一个大的浓度跃层,跃层以下,浓度缓慢降低,到 500 m 以下,浓度较低且相对恒定,在 40～50 $\mu mol \cdot dm^{-3}$ C 之间,不同海区略有差别,图 7.3 和图 7.4 分别为大洋和中国南沙群岛海区 DOC 的垂直分布图。就海区与陆地距离的远近看,近岸海区 DOC 浓度较高,而远海和大洋海区浓度较低。

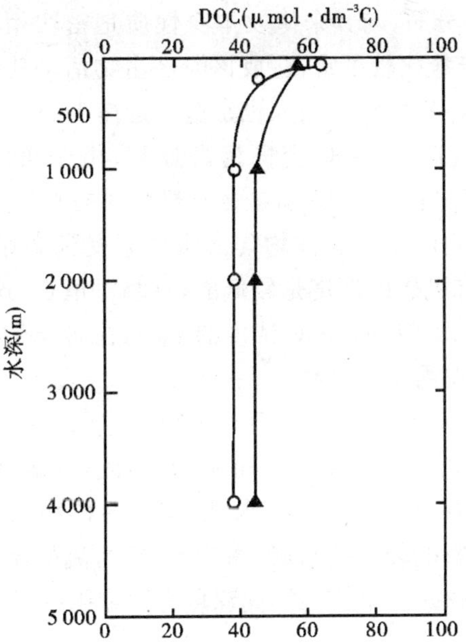

▲为实验室高温燃烧法测定,○为船上高温燃烧法测定

图 7.3　赤道太平洋(140°W,0°)DOC 的分布图(B ϕrsheim,1999)

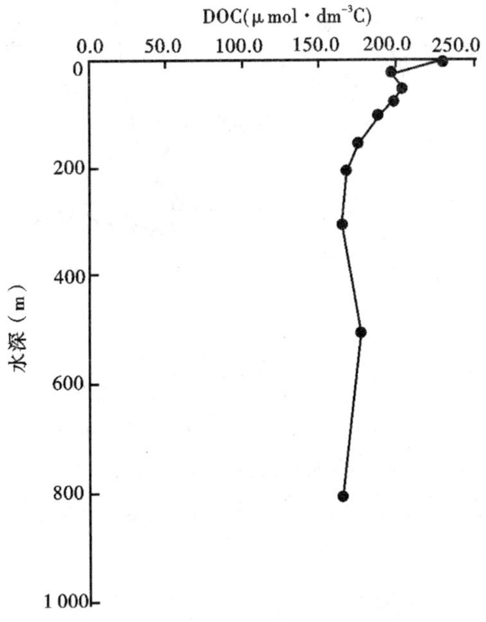

图 7.4　我国南沙群岛海域中 DOC 的典型垂直分布图(引自张正斌,1999)

DOC 的这种空间分布，与其来源及本身性质是密切相关的。近岸，由于受人类活动的影响，营养盐比较丰富，造成该海区生物活动比较旺盛，且人类活动也向海水排放大量有机物。河流输入也是造成近岸 DOC 浓度较高的一个重要原因。由于平流作用，近岸 DOC 会向远海迁移；由于沉降和涡动扩散作用，DOC 又会由表层向深层转移。因此，造成有机物质的平均浓度随离海岸输入源的距离和水深的增加而降低。除非均匀海水体系受到微结构的影响，否则，当深度大于 500 m 时，有机碳的浓度是较低的，且相对恒定，这当然还有有机物分解的原因。考虑到近岸对海水 DOC 浓度的影响，在研究全球碳循环时，一般将大陆架和大陆坡考虑在内。

2. 时间分布

由于海水中的有机物主要来自浮游植物，因此，一般认为有机物的季节变化与浮游植物的盛衰有关。对于大洋水，随着浮游植物的大量繁殖，有机物含量增高。对于受陆地影响较大的水域，季节不同，河流的流量不同，也会造成海水中有机物浓度的变化。图 7.5 为不同深度海水中 DOC 浓度随着时间变化而变化的曲线。

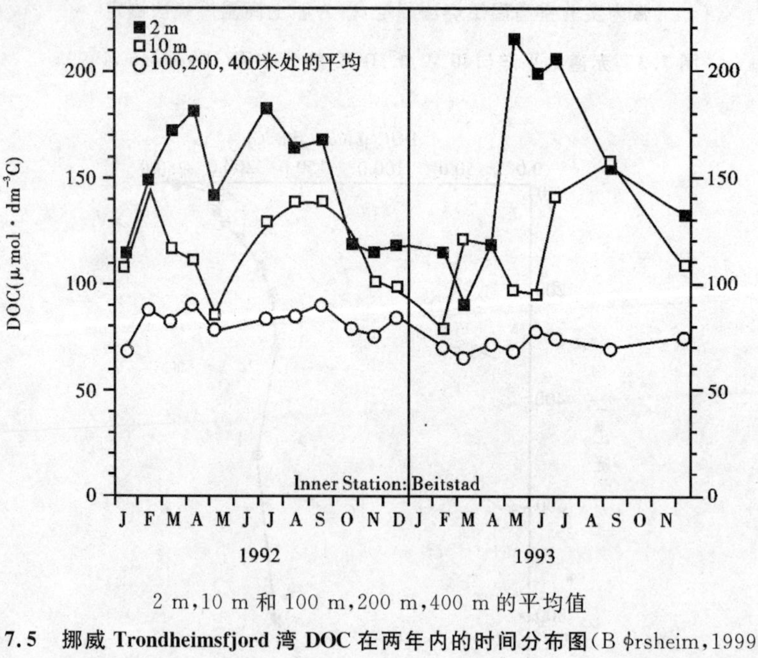

2 m，10 m 和 100 m，200 m，400 m 的平均值

图 7.5 挪威 Trondheimsfjord 湾 DOC 在两年内的时间分布图(B ϕrsheim，1999)

7.2.1.3 海洋中 DOC 的测定方法

海水中溶解有机物总含量的测定，是海洋化学家长期关心的问题，目前已

经基本得到解决。一般而言，不可能直接分析海水中总溶解有机物本身，而是使有机物质氧化，通过测定它的一种组成元素，通常是C、N和P，然后将结果表示为有机碳、有机氮和有机磷。其中，最广泛应用于DOC。在此，简单介绍DOC的测定方法。

100年前(1892～1894)，Netterer对希腊外海海水中DOC的测定，拉开了测定海水中DOC的序幕。由于海水中大量氯化物的存在，在其后的几十年里都缺乏可靠的DOC的分析法，直到20世纪60年代中期，才用氧化剂氧化和酸碱中和法测定DOC，其后大多数研究者都依据这个基本原理，改进氧化条件和检测手段，努力提高准确度，降低分析空白和简化分析程序，便于现场使用。经过多年的发展，到今天，DOC的测定方法已经比较成熟，但仍存在一些问题，如氧化效率、空白、污染等。

海水中DOC的测定通常由三大步骤组成：①海水样品的预处理，包括海水样品过滤、酸化和除去无机碳，通常需要向水样加入磷酸，使pH值在2～3之间，通高纯氮气驱赶CO_2；②海水中DOC的氧化，产物为易于检测的CO_2，或继续将CO_2还原为CH_4，检测生成CH_4的浓度。通常根据不同的氧化原理，分成若干方法；③氧化或还原产物的检测，DOC氧化产生的二氧化碳检测方法较多，多用非色散红外气体分析仪检测，还原产物CH_4用火焰离子化检测器(FID)检测。根据不同的氧化原理，通常将DOC的测定方法分为三种。

(1)过硫酸钾法是20世纪60～80年代最为常用的测定海水中溶解有机碳的方法。这种方法最早由Menzel和Vaccaro在1964年提出，Sharp在1973年对其进行了一些改进。具体步骤为：将除去无机碳的水样，用过硫酸钾做氧化剂，在密封的玻璃安瓿瓶中，在130℃下加热，将DOC氧化，产生的CO_2由非色散红外分析仪测定，根据标准和样品的峰高或峰面积计算样品的DOC浓度。该方法设备简单，容易实施，作为一种传统方法目前仍在使用，而且已经有利用该原理制成的DOC自动分析仪。

(2)紫外/过硫酸钾法是指在氧化剂过硫酸钾的存在下，用高强度紫外光照射水样使其中的有机碳分解是另一类广泛采用的湿式氧化法。该法经过多次的改进，已经成为一种比较成熟的测定DOC的方法。该法的最大优点是易于自动分析，产生的CO_2可通过非色散红外分析仪测定，也可采用电导法和连续光电法测定。

(3)高温燃烧法(HTC)亦称高温催化氧化法(HTCO)，由Suzuki等1985年首先提出。具体方法为：将100～200 μL除去无机碳的海水样品，用微量注射器注射入垂直放置的石英燃烧管中，管中放有浸渍了Pt的Al_2O_3催化剂。海水中有机碳在催化剂的表面定量氧化为CO_2，燃烧产生的杂质气体，如硫氯化物被氧化铜和硫卤吸附剂吸收除去，剩余的 CO_2 和水蒸气经冷凝、干燥后由非色散红外分析仪测定。此法有自动分析仪器，是目前采用最多的方法。

过硫酸钾法、紫外/过硫酸钾法和高温燃烧法是按先后顺序发展起来的。每一种新方法的建立初期，测定的结果都比较高，但随着方法的逐步完善，这些方法测得的结果有越来越接近的趋势。有文献报道，在对实验条件仔细控制和合理扣除空白的条件下，这 3 种方法测定的结果差别不大。

7.2.2 颗粒有机碳(POC)

海洋中颗粒有机碳一般是指直径大于 0.45 μm 的有机碳，包括海洋中有生命和无生命的悬浮颗粒和沉积物颗粒。在表层海水中颗粒有机物主要由(死亡生物体)生物碎屑、浮游植物、浮游动物和鱼类组成，它们的总碳量分别约为 125，20，2.0，0.020 $\mu g \cdot dm^{-3}$。如图 7.2 所示，颗粒有机碳仅是溶解有机碳量的 1/8 左右。在总颗粒有机物中，碎屑 POC 的含量占较大比例，除了近表层水中大规模的浮游植物大量繁殖期之外，碎屑 POC 的含量常常比浮游植物碳高 10 倍或 10 倍以上。POC 中活体物质主要是浮游植物，它可用(叶绿素 $a \times f$)估测，因此有

$$\text{POC(总量)} - \text{a(叶绿素)} \times f = \text{POC(碎屑)} \tag{7.1}$$

除了浮游植物之外，POC 可能还包含相当量的其他活体物质，如细菌菌团等，它们不能用叶绿素 a 来表示，可以用测定 ATP(三磷酸腺苷)含量的方法来测定。由于 ATP 会随生物的死亡而迅速破坏，所以可以认为 ATP 与 POC 是成比例的，根据不同生物体的大量分析值，用做这种转换的平均比例常数为 250。在此，仅讨论浮游植物以外的 POC。

颗粒有机碳在全球碳循环与海洋碳通量中起着关键的作用。因为碳由溶解态转化为颗粒态，由小颗粒态转化为大颗粒，然后发生沉降的过程，主要以颗粒有机碳形式来完成的。另外，颗粒有机碳对于研究海洋生态系统结构与功能、正确估计海域生产力是必需的。因此，科学界越来越重视 POC 的研究。

海洋中的颗粒有机碳通常是与大量无机物质相结合着的。在大洋水中，无机物质占总 POC 量的 40%～70%。在有大量径流进入的沿岸环境中，无机物质主要由地区性的陆源矿物所组成，其灼烧后的优势组分为二氧化硅、氧化铁、氧化铝和碳酸钙。

同溶解有机物类似，POC 中也含有与生命息息相关的有机物，如碳水化合物、蛋白质和叶绿素等。随着深度的增加，这些物质的性质是不相同的。有研究指出，随着深度的增加，浮游植物碳水化合物中的水溶性部分将随之消失，以至在 300～1 000 m 的深度，只剩下非水溶性的碳水化合物。其他组成有类似

的分布规律。

7.2.2.1 海洋中 POC 的来源和去除

POC 的陆地和大气输入：由河流输入的 POC 中的 C 为 10^{13}～10^{14} g·a^{-1}，在某些河口区，外来碎屑的输入可成为 POC 的主要来源。在海水中检出的具有河流输入物特征的物质包括：木纤维、树叶碎片、花粉粒、无机微粒（如黏土）以及与附近家庭和工业流出物有关的各种特殊物质。大气输入 POC 中的 C 约为 2.2×10^{14} g·a^{-1}，然而由气泡破裂而返入大气可能形成再循环。POC 的主要来源不是通过陆地和大气，而是源于海洋本身。

海洋环境中的自生物质：陆源 POC 的输入主要限于近岸环境，而大洋中的 POC 大部分都是在海洋环境中自生的，主要包括：①碎屑（粪粒、碎片等）的直接形成；②细菌的吸附和凝聚；③有机分子的聚集；④在无机矿物颗粒上吸附和胶体絮凝。图 7.6 为由生源物质缩聚成 POC 的示意图。

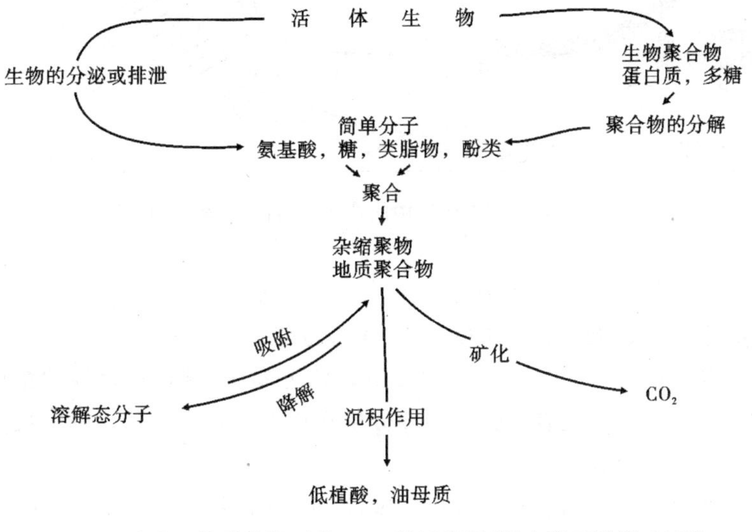

图 7.6　由生源物质缩聚形成 POC 的示意图（引自张正斌等，1999）

海洋中形成 POC 的另一途径，是通过 DOC⇔POC 的复杂平衡过程而形成 POC。DOC 可以通过细菌活动或吸附在有机颗粒表面而形成 POC，而 POC 本身能通过分解和溶解过程去影响 DOC 的浓度。

7.2.2.2 POC 的海洋迁移

海洋中 POC 的迁移包括在水体中的扩散和循环，伴随着浮游植物、浮游动物和细菌的产生、生长和死亡，POC 在沉降运移过程中被氧化和转化或降解，浮游植物和浮游动物的分解,水解和腐殖化,以及沉降和再悬浮等。

颗粒有机物水解之后,可生成各种氨基酸、叶绿素、糖类、类脂化合物和三磷酸腺苷等。从三磷酸腺苷的分析值,可推知颗粒有机碳中,约有3%属于活的生物体。颗粒有机物为食物链的重要的一环,它从浅层逐渐下沉,直至海底,为底栖动物所捕食,大部分都进入沉积层。碎屑在海水中的循环如图7.7所示。

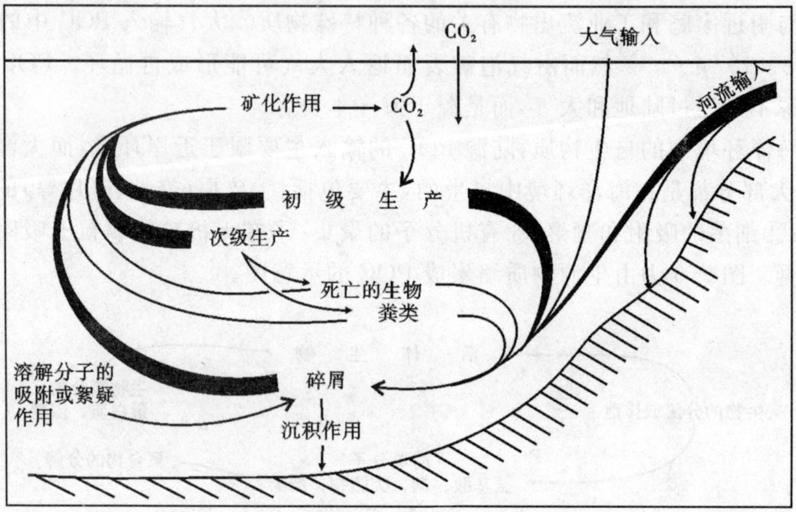

图7.7 碎屑在碳循环中的位置(引自张正斌等,1999)

7.2.2.3 海洋中POC的分布特点

受其来源的影响,海洋中POC的分布与陆地输入和初级生产密切相关。在生产力高的海区和季节或受陆地影响大的近岸区,颗粒有机碳的浓度高,反之浓度低。垂直浓度随着光合作用和分解作用的变化而变化。随深度的增加,POC有如下的分布规律:

真光层:由于光照充足,光合作用强,POC的浓度极高,为深水层浓度的10倍,活体量多,并且绝大部分的有机碳活性高,处于迅速的再循环中,估测得到浮游植物对深水有机碳的输入量仅相当于生产量的10%。

深水层:由于光合作用减弱,呼吸作用增强,POC的浓度随深度的增加而缓慢降低,到达某一深度后浓度近于恒定。此时POC的主要组成为活性低的有机物。此时POC的变化主要为与DOC的相互转化。

沉积物-水界面:海底有一部分沉降下来的POC,它们逐渐向上覆水溶解,形成水体中的POC。

有人指出,POC随深度(或时间)分布的一般概括,即在0～100 m的深度区间，总 POC 随深度的增加呈指数减少，公式为：

$$c = c_0 e^{-k(Z-Z_0)} \tag{7.2}$$

7.2 式中，c 为在深度 Z 处的碳浓度，c_0 为在深度 Z_0 处的最大浓度。Z_0 在 0～30 m 之间变化；k 值区间为 0.019～0.039，k 的最高值与 c_0 的最大浓度相关。POC 随深度增加而减少，归因于浮游动物的摄食（约占 30%）和包括细菌分解作用在内的降解过程。

7.2.2.4 海洋中 POC 的测定方法

1. 分离方法

要测定 POC，首要的是将其从海水中分离出来，分离方法主要有：

(1)离心法：主要用于大体积水样的化学分析，由于分离不完全，应用较少，但此法可使回收率提高了 30%。

(2)过滤法：用滤器过滤的方法是普遍采用的方法。为了防止有机物污染，一般采用玻璃滤器，也有采用聚四氟乙烯滤器的，但后者成本高。滤膜通常为玻璃纤维滤膜和银滤膜。其中，最常用的是 GF/F 玻璃纤维滤膜，其孔径为 0.7 μm。在使用之前，滤膜要在 450 ℃下灼烧，以除去任何本底碳。由于海水中物质的吸附性质，滤膜上可能同时收集到许多胶体物质和溶解物质，而使表观 POC 含量增加。还有一种用荷电离子轰击而产生孔洞的膜滤器，有助于更好地确定滤器的阻留孔径，但成本较高。

另外，在通量研究中，目前常使用沉积物捕捉器，它能收集到过滤法不能得到的大颗粒物质，对沉积速率及季节变化的研究很有利。尽管此法在技术上还有很多困难，但它是一种很有前途的方法。

2. 测定方法

海水中 POC 的一些最早的浓度值，是将过滤收集的颗粒物质在马弗炉中灰化，从灰化前后的重量之差值测得的，这种方法需要相对大量的水样。能用于测定微克量级的一种较为灵敏的方法主要有两种：

(1)湿式氧化法：向水样中加入氧化剂——硫酸/重铬酸盐溶液，并且利用银做催化剂或者通过紫外光照射，将其中的有机物氧化成二氧化碳，再定量检测二氧化碳的浓度，或者再将二氧化碳还原成 CH_4，再检测 CH_4 的浓度。由于此法具有氧化不充分等缺点，应用较少。

(2)干式燃烧法：即将样品干燥并除去无机碳之后，直接用 CHN 元素分析仪分析样品中的碳，或将干燥的样品在高温下燃烧后再用专用的二氧化碳分析仪分析释放出的二氧化碳。干式燃烧法快速、准确，是目前广泛应用的方法。

除 POC 的化学测定之外，其他的方法包括颗粒计数和粒度分析，它们都已用于现场和实验室研究。特别是 Coulter Counter 计数器,已广泛应用于海洋中颗粒性物质的研究。虽然这种仪器测定的是全部颗粒而不仅是有机颗粒,但已证实所得数据与化学上测得的 POC 之间有一定可靠的相互关系。另外,还有一些直接测定方法,如测定水的紫外吸光度等,但这些方法与化学分析结果相差较大,只能相对测定 POC 浓度的高低。

7.2.3 胶体有机碳(COC)

在溶解有机物中,含有一部分分子量较高的大分子化合物,粒径通常在 1 nm～1 μm之间,这部分称为胶体有机物。胶体在海水中是普遍存在的,天然水体中胶体的相当大的部分是以有机态存在的。近年来,胶体有机物在海洋中的作用引起了越来越广泛的关注,这不仅因为它占有海洋中总还原态碳的相当比例,还因为它有较强的动力学活性。首先,胶体有机物具有较大的比表面积,且含有多种有机配体,可与痕量金属发生吸附或络合作用,从而影响痕量金属元素在水体中的迁移、毒性和生物利用性。其次,大部分胶体物质在水体中的逗留时间短,它可通过絮凝作用转化为大颗粒,而后者可参与生物和地质过程,因此,COC 在有机碳的生物地球化学循环中具有重要作用。此外,COC 存在于溶解态和颗粒态之间,是两者进行迁移转化的重要介质。对此,有人提出 COC 对其自身和痕量金属的转移是通过"胶体泵"过程来实现的。"胶体泵"可以两种方式起作用,一种是 COC 和真溶解态痕量元素通过胶体转化为大颗粒而从水相中除去,另一种是将胶体絮凝物和大颗粒物通过胶体转化为溶解相而进入水体。由此可见,胶体有机物在水体中元素的迁移转化过程中起到重要的作用。因此,将胶体有机物从通常意义上的溶解态中分离出来作为单独的一相来研究是必要的。

7.2.3.1 海洋中 COC 的来源和去除

1. 来源

同 DOC 类似,COC 的来源同样包含外部来源和内部来源。外部来源包括陆地河流的输入和海底沉积物的溶解。研究表明,COC 的浓度及其占总 DOC 的质量分数随盐度的增加而迅速降低,说明河流输入的 COC 的量很小,这不仅是稀释的原因,还由于在由淡水向高盐海水中转化时,其中的 COC 絮凝成大颗粒,而导致有机物沉积,从而不能到达开阔海洋。随着海洋深度的增加,COC 和 POC 的浓度梯度趋于一致,表明海底沉积物的再悬浮是深海 COC 的重要来源。

内部来源主要为生物过程并与初级生产有关。COC 的一个重要的来源为 DOC 通过物理化学作用絮凝转化为 COC 和 POC 通过非生命过程(破碎)和生物过程(细菌降解)转化为 COC。

2. 去除

由胶体物质的特性可知，胶体分散系具有动力学上的稳定性，胶体物质一般不能从水柱中沉降出去。COC 主要通过 3 种途径从水体中迁出：①溶解变成真溶解态(DOC)，此过程可通过光分解、化学溶解和生物降解来实现；②凝聚成大的颗粒物自水柱中沉降出去，这是河口中 COC 的主要去除途径。③被浮游生物吸收同化。

7.2.3.2 海洋中 COC 的分布特点

受其来源和去除途径的影响，在河口区，低盐度水体中 COC 的浓度高，占总 DOC 的质量分数大。在深层水中浓度低，占的质量分数小。但其浓度的总体分布情况同 DOC 类似。关于 COC 浓度及其在总 DOC 中所占的比例，见表 7.4。

表 7.4　胶体有机碳浓度和其在 DOC 中所占百分数的结果比较(引自谭丽菊，1999)

作者及年代	超滤系统	相对分子质量	研究水域	COC (μmol · dm^{-3})	COC/DOC(%)
Sharp(1973)	Amicon	50 000	大西洋	/	8～16
Zsolnay(1979)	Amicon,UM20	20 000	近岸水	12	11
Maurer(1976)	Amicon,TC2F10	1 000		4～11.3	10～15
	Amicon,TC2F10	10 000	墨西哥湾	4～7.5	<10
	Amicon,TC2F10	100 000		2～3.8	5
Carlson(1985)	Amicon,UM2	1 000	海水	15.3～142.5	34(10～64)
	Amicon,PM30	30 000	海水	2.7～25.1	6
	Amicon,XM30	100 000	海水	0.45～4.19	1
Whitehouse(1989)	Osmonics,Inc.	10 000	Mackenzie 河	97±5.7	19
Ogawa(1992)	Amicon,YM2	1 000	西北太平洋	21.1～32.4	30～37
	Amicon,YM10	10 000	西北太平洋	2.7～4.3	3.8～4.9
Benner(1992)	Amicon S10N1	1 000	太平洋	8.4～27.1	22～33
Brownawell(1991)	Amicon,H1P5	5 000	海水	14.2～35.6	18
Benner(1993)	Amicon,S10N1	1 000	亚马孙河	204.4～575.8	76
Guo(1994)	Amicon,S10N1	1 000	墨西哥湾	20～69	40～53
	Amicon,H10P10	10 000	墨西哥湾	4.2～16	8～14
Sempere(1995)	Homemade	500 000	Krka 河	32～79	22～54
Martin(1995)	Millipore Corp.	10 000	Venice (咸水)湖	33.4	10.4～26.0
Dai(1995)	Millipore Corp.	10 000	Rhone 三角洲	7.42～43.75	8～30
Guo(1996)	Amicon,S10N1	1 000	近岸水	47.2～53.1	59
	Amicon,H10P10	10 000	近岸水	2.7～10.8	3～12
Guo(1996)	Amicon,S10N1	1 000	太平洋	22	35
			墨西哥湾	90	55
Buessler(1996)	Different systems	1 000	Woods Hole	14～54	33
			夏威夷	13～22	31～54
王江涛(1998)	Minnitan Ⅱ	1 000	河水及近岸水	46.7～197.8	44.2～81.7

7.2.3.3 海洋中 COC 的测定方法

1. 分离方法

要测定海水中的 COC,首先和最重要的就是将它从海水中分离出来,然后再用测定 DOC 的方法来测定其浓度。

目前在海洋化学研究中,分离胶体的最有效的手段是切向超滤(cross-flow ultrafiltration,即 CFF)技术。该技术具有其他分离方法无法比拟的优点:①切向超滤中的切向流动避免了胶体浓度在膜表面的增加,最大限度地降低了胶体物质在膜表面的吸附,从而不会引起胶体物质的丢失,也不会引起由粒子累积所导致的膜孔径变小;②分离出的胶体粒子被浓缩到小体积溶液中,而不是附着在滤膜上,因此,胶体粒子还是分散的,较好地保持了其胶体特性。另外,根据需要,选用不同的超滤膜包,可分离不同粒径的胶体粒子,还可以处理大体积样品(10～1 000 dm^3)。

与传统的垂直于滤膜加压(或减压)的过滤方式不同,在切向超滤中,预过滤溶液切向流过膜表面,流体在外加的切向压力下将部分真溶液压过超滤膜包。而胶体粒子仍随着流体的流动被带走,这样预滤液便被分成两部分,其中,透过超滤膜包的超滤液脱离系统,截流部分则在系统中循环超滤。如此经过多次循环,高分子部分不断浓缩,最终将水样分离为超滤液(即真溶解部分)和截留液(包括高分子和真溶解部分)。

其流程如图 7.8 所示:

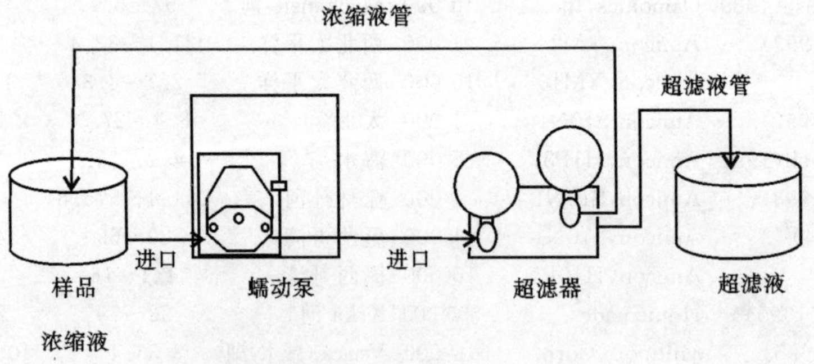

图 7.8 切向超滤的工作流程图(引自李丽,1999)

2. 测定方法

预滤液在用切向超滤系统分为截留液和超滤液后,应对此两部分分别进行有机碳浓度的测定,测定方法同 DOC 的测定一致。据下列公式计算预滤液中 COC 的浓度:

$$c_{COC} = (c_R - c_U)/cF$$

其中，c_R 为截留液中有机碳的浓度，c_U 为超滤液中有机碳的浓度，CF 为浓缩因子，其计算公式为：CF＝预滤液体积/截留液体积。

7.2.4 海洋中有机物的迁移变化

由各种形式有机碳的来源、去除及迁移变化可以看出，海洋中有多种作用和过程控制了有机物在整个海洋环境中的分布，关于有机物在海洋中的来源与去除途径以及迁移变化如图 7.9 所示。

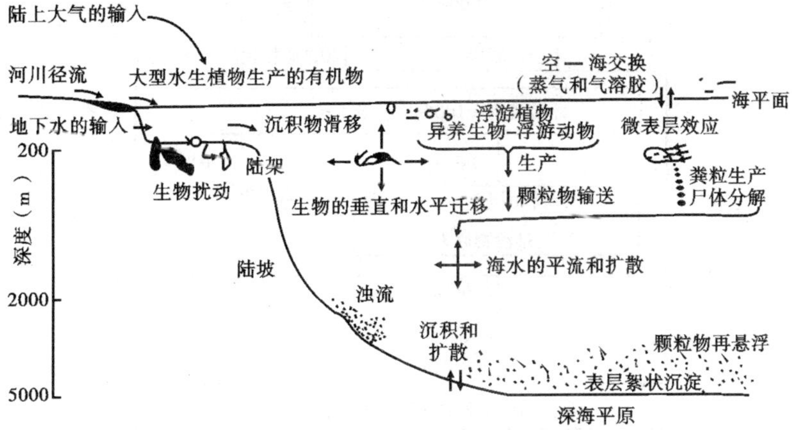

图 7.9　控制海水中有机物分布的一些可能的迁移过程示意图(引自张正斌等，1999)

图 7.10 以海洋环境中的天然烃为例，说明了有机物在海洋环境中的循环。

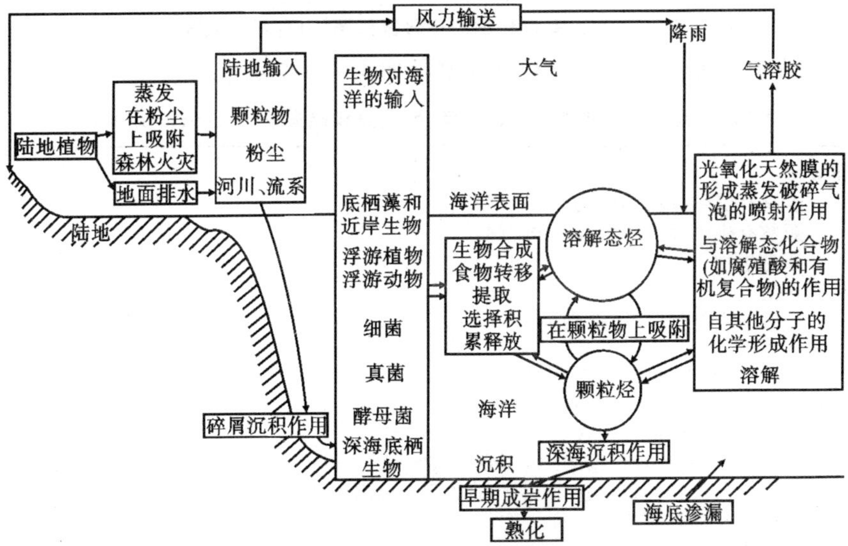

图 7.10　海洋环境中天然烃循环的有关过程(引自张正斌等，1999)

图 7.11 表示海洋中有机物质的运移概算图。图中反映海洋中有机碳来源主要有:初级生产力(C)约 200×10^{14} g·a^{-1} 和河川等引入陆地物质(C)2×10^{14} g·a^{-1}。埋藏总汇(C)1×10^{14} g·a^{-1},再矿化(C)为 200×10^{14} g·a^{-1},占总量 99%以上。

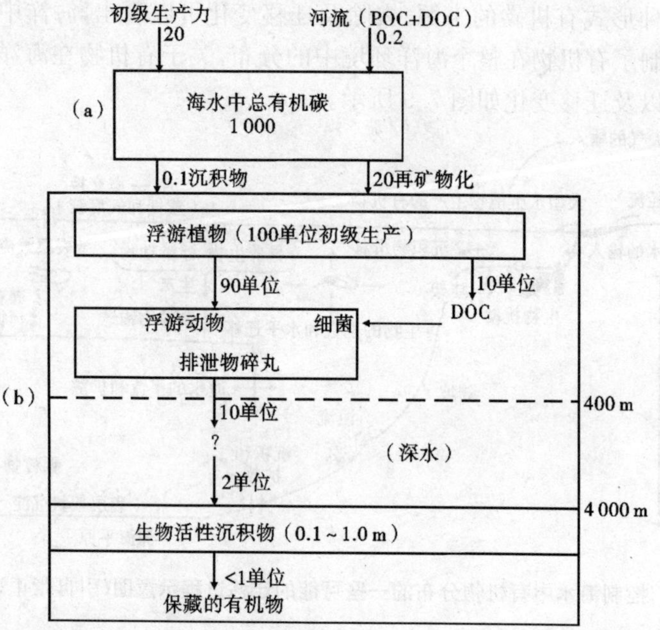

(a)海洋中 C 概算(单位:10^{15} g(荷重),10^{15} g·a^{-1}(通量)) (b)粗近的观点

图 7.11 海洋中有机物质的运移概算图(引自张正斌等,1999)

海水中有机物的输入、输出和储藏量如表 7.5 所示。

表 7.5 海洋中有机物质的输入量、储藏量和损失量(引自张正斌,1999)

储藏量	
溶解有机碳(取 C 700 μg·dm^{-3})	1×10^{18} g C
颗粒有机碳(取 C 20 μg·dm^{-3})	3×10^{16} g C
浮游生物	5×10^{14} g C
年输入量	
初级净生产量(取固碳量为 100 g·m^{-2}·a^{-1})	3.6×10^{16} g C
降雨(取 C 1μg·dm^{-3})	2.2×10^{14} g C
河流(取 C 5μg·dm^{-3})	1.8×10^{14} g C
溶解有机物质的可能年输入量	
浮游植物排泄(生产量的 10%,见正文)	3.6×10^{15} g C
来自浮游植物的稳定物质(生产量的 5%,见正文)	1.8×10^{15} g C
沉积造成的年损失量	
近岸沉积	2.7×10^{12} g C
远洋沉积	9.2×10^{13} g C

海水中不同形态的有机物可以相互转化，并在整个海洋范围内参与碳元素的地球化学循环，图7.12即为海洋系统中有机物质的循环。

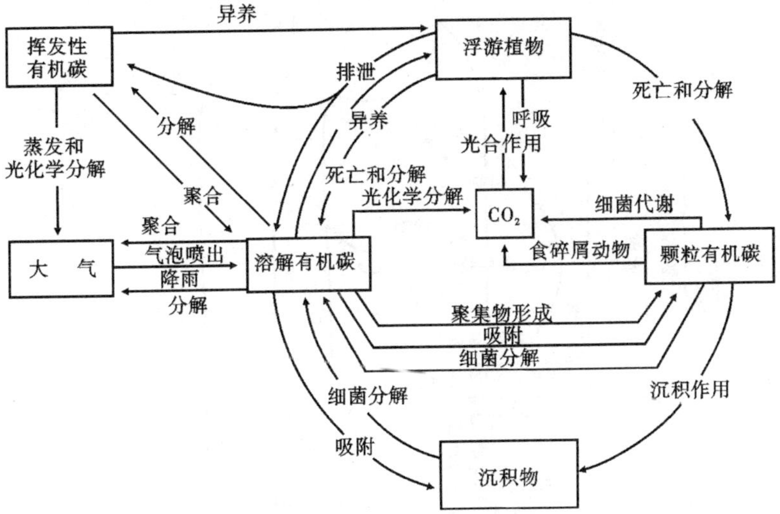

图7.12 海洋系统中有机物质的循环(引自德马斯等主编，纪明侯等译，1992)

另外，作为自然界碳化合物的一部分，海洋中的有机碳参与整个地球范围内碳的有机地球化学循环，范围包括大气圈、水圈、岩石和生物圈，碳循环在地壳中循环变化的途径如图7.13所示。

从图7.13可以看出，碳化合物是以CO_2和甲烷为起点，借助光合作用而产生植物，动物是异养生物，以植物或其他动物为食物。动、植物死亡后，经过微生物的分解而成为有机碎屑，埋藏入沉积物后，首先转化成腐殖酸、腐殖质，而后在时间、地热及压力的作用下，成为古老沉积岩中的干酪根和其他可溶有机物质，如烃类等。

沉积岩中的干酪根，可因地壳上升和风化作用被氧化，亦可因地壳运动、热力作用而成为石墨，从而转化为无机碳，然后再通过生物作用转化为有机碳，如此循环往复，这个循环以生物为中心，通过光合作用、呼吸作用、有机物分解和地壳运动来实现。

7.3 海水中的有机磷和有机氮

有机物除了含有碳元素之外，还含有生源要素氮、磷和硅，以及一些微量营养元素。其中，氮和磷在有机物中普遍存在且浓度较高，由于其在海洋生态系统中具有重要作用，近年来研究较多，本节讨论有机氮和有机磷。

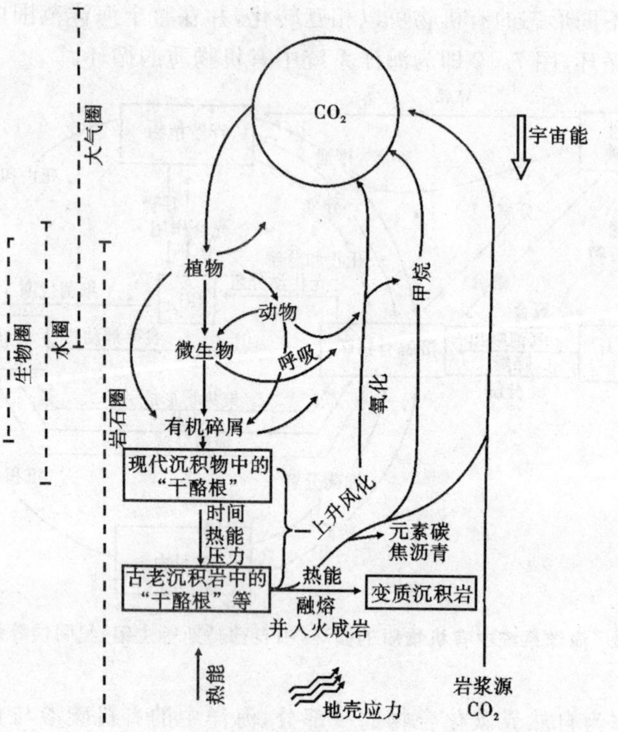

图 7.13　自然界碳化合物循环途径(引自德马斯等主编,纪明侯等译,1992)

7.3.1 海水中的有机磷

7.3.1.1 有机磷的重要性

近一二十年来,海洋环境科学研究重点转向近岸浅水生态系统,磷的生物地球化学循环问题在海洋生态系统研究中日益引起重视。随着对磷的生物地球化学循环研究的深入,科学家们发现,当水环境中溶解态活性磷被生物耗尽时,溶解有机磷(DOP)也可被浮游生物利用。作为溶解态总磷(DTP)的一部分,其浓度常常大于溶解态活性磷酸盐,而成为浮游生态系中磷的重要来源。另外,有机磷对海洋环境中总磷储库的贡献不容忽视,其含量有时占到总磷的46%。因此,有机磷在磷的生物地球化学循环和海洋初级生产过程中起着十分重要的作用。

7.3.1.2 有机磷的分析方法

由于有机磷在海洋生物地球化学循环具有重要作用,有机磷的分析测定方法随之成为海洋环境科学研究中的一个重要问题。在此,以 DOP 为例来看一下有机磷的测定方法。

通常将溶解有机磷定义为溶解总磷扣除溶解活性磷后的那部分，即

$$DOP = DTP - DRP \tag{7.3}$$

这一定义可能带来的问题是：①DOP中的易分解部分会在DRP的测定过程中显色，此时DRP高于DTP，从而使DOP测定值偏低；②同样，若测定DTP过程中无机多聚磷酸盐解聚并显色，则会导致DOP测定值偏高。因此，海水中DOP并不是一个严格的定义，而只是一个可操作的定义。尽管如此，这一定义还是为人们普遍接受。绝大多数测定DOP的方法都依据这一定义，首先测定DRP，之后通过不同方法将DTP分解为可以用磷钼蓝法显色活性磷，用测定DRP的方法测定DTP含量，则两者测定之差值即为DOP，因此，将DTP定量转化为正磷酸盐就成为DOP分析的关键问题。

分解DTP的方法有硫酸和过氧化氢消化法、高氯酸消化法、硫酸镁高温氧化法、紫外线光化学氧化法和过二硫酸盐化学氧化法及两种方法的结合（记为UV－$K_2S_2O_8$法），硝酸盐氧化法、氢化物－气相色谱法等。其中，UV－$K_2S_2O_8$法由于结果准确、适于自动分析而被普遍采用。

7.3.2 海水中的有机氮

海水中的有机氮通常以溶解有机氮（尿素、游离氨基酸、酰胺和维生素等）和颗粒有机氮（有机氮碎屑、细菌和浮游植物成分）的形式存在。通常把能通过滤膜的有机氮称为溶解有机氮（DON），把不能通过滤膜的称为颗粒有机氮（PON），主要是生物体以及残骸碎屑中的含氮化合物。

7.3.2.1 有机氮的重要性

有机氮和其他氮化物均是浮游生物的主要营养要素，在生物活动中起着重要作用，是浮游植物生长的三大要素之一，与海洋初级生产力有着密切的关系。当它作为浮游植物的养分而被吸收时转变为有机氮，而当浮游动物在排泄或死亡分解时，有机氮又以各种形式释放出来，经过细菌的分解作用，又转化为无机氮。因此有机氮是海洋氮循环的一个重要环节。

7.3.2.2 有机氮的测定方法

与测定DOC类似，测定DON需要先将有机物氧化，然后测定无机氮的总量。氧化方法同样有紫外（UV）光氧化法、过硫酸钾氧化法和高温燃烧法。几种方法测定的结果略有区别。20世纪末，有关科研人员开始尝试在测定DOC的同时测定DON，具体方法为：用同一个进样管进样，在有催化剂存在并在高温下将有机物氧化，然后用不同的检测方法分别分析生成的无机氮和无机碳，最后计算出DOC和DON的含量。

目前应用较多的方法是消化法，即往水样中加入过硫酸盐氧化剂，在高温

高压下将水样中的有机氮氧化为无机氮，然后测定水样中的总氮(以 TN 表示)，减去预先测定的无机氮之后得到有机氮的浓度。

7.4 海洋的初级生产力

7.4.1 光合作用和呼吸作用

浮游植物进行光合作用是海水中有机物的主要来源，也是海洋生物进行生命活动的最初物质来源，它指的是浮游植物利用光能，将二氧化碳和水合成高能量的有机物的过程。以这种方式固定的有机碳，又被更高营养水平的生物消耗掉。而浮游植物本身则把高能的有机物分解成低能量的化合物，从而获得其成长所需要的能量，这便是呼吸作用。海洋光合作用合成有机碳在大时空尺度上调节大气的 CO_2 和地球气候，在全球碳循环中有很重要的作用。据统计，海洋固碳量约为 $50\times10^{16}\sim10\times10^{16}$ $g\cdot a^{-1}$，与陆地固碳量相当。

光合作用大致分成三个阶段：

(1)光子被叶绿素细胞中光合色素吸收。

(2)激发态电子的部分能量，经下述反应产生高能量的 ATP 细胞色素。

$$\underset{\text{(腺苷二磷酸)}}{ADP} + \underset{\text{(正磷酸盐离子)}}{P} \longrightarrow \underset{\text{(腺苷三磷酸)}}{ATP} \tag{7.4}$$

激发态电子残余的能量则又用于如下反应中：

$$\underset{\text{(菸酰胺腺嘌呤二核甘磷酸盐)}}{2NADP} + 2H_2O + 2ADP + 2P \xrightarrow[e]{hv} \underset{\text{(菸酰胺腺嘌呤二核苷磷酸)}}{4NADPH} + O_2 + 2ATP \tag{7.5}$$

(3)在晚间 CO_2 通过 NADPH 的还原作用和 ATP 的磷酸酯化作用而生成醣类：

$$CO_2 + 4NADPH + ATP \longrightarrow (CH_2O) + H_2O + 4NADP + ADP + P \tag{7.6}$$

综合以上三式即得光合作用公式：

$$CO_2 + H_2O \xrightarrow{hv(470.4\ kJ)} (CH_2O) + O_2 \tag{7.7}$$

关于公式 7.7 的几点说明：①(CH_2O)是一近似实验式；②除浮游植物外还可以有微型藻或大型海藻；③浮游植物的光合速率主要决定于光合细胞物质的

量和活性、光强、二氧化碳浓度以及温度等。

呼吸作用是藻类将光合作用产生的复杂分子先氧化成低分子水平的化合物，最后转变为二氧化碳，由此获得生长代谢所需的能量。反应式为：

$$(CH_2O)+O_2 \longrightarrow CO_2+H_2O \qquad (7.8)$$

生物在白天和黑夜都进行呼吸作用。

植物发生光合作用和呼吸作用的具体描述如图7.14所示：

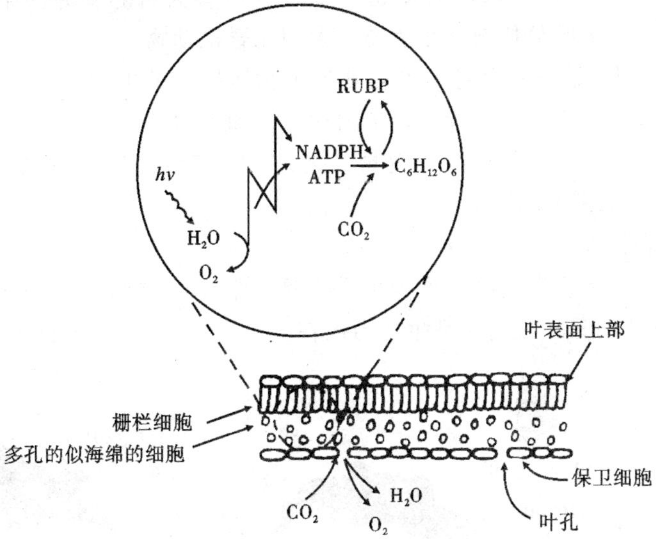

（在细胞的上面栅栏层发生光合作用，保卫细胞控制了通过下层细胞叶孔而CO_2（入）和H_2O与O_2（出）的扩散）

图7.14 植物叶面上的光合作用和呼吸作用（引自张正斌等，1999）

7.4.2 海洋的初级生产力

7.4.2.1 定义

海洋生产力是海洋中生物通过同化作用生成有机物的能力。它是海洋生态系的基本功能之一，通常以单位时间（年或天）内单位面积（或体积）中所生产的有机物的质量来计算。

海洋净生产力是指单位时间内单位面积（或体积）中所同化有机物总量扣除消费之后的余额。大多数情况下，净生产力不到总生产力的一半。

海洋生物同化有机物，一般需经初级生产、二级生产、三级甚至四级生产，达到终级生产等不同环节，才能转化为人类食用的各种水产品。

海洋初级生产力是浮游植物、底栖植物(包括定生海藻、红树、海藻等)以及自养细菌等,通过光合作用,将无机营养盐和无机碳转化成有机物的能力,也称原始生产力或基础生产力。

海洋次级生产力,或称二级生产力,是以植物和细菌等初级生产者为营养来源的生物生产能力,是初级生产者与三级生产者的中间环节。二级生产者主要指浮游动物、大部分底栖动物和植食性游泳动物诸如幼鱼、小虾等。

海洋三级生产力,是以浮游动物等二级生产者为营养来源的生物生产能力。三级生产者主要包括肉食性鱼类和大型无脊椎动物。

终级生产力,是一些自身不再被其他生物所摄食的生物生产力,它处于海洋食物链的末端。终级生产者主要指凶猛鱼类和大型动物。

海洋动物生产力是包括海洋生物二级、三级、四级(三者合称次级生产力)……直到动物的终级生产力。

7.4.2.2 海洋生产力

(1)图 7.15 是海洋初级生产力的分布图,图 7.16 是世界海洋净生产力的分布图,可见两图是一致的。高生产力区在上升流带,与表 7.6 的结果相同。

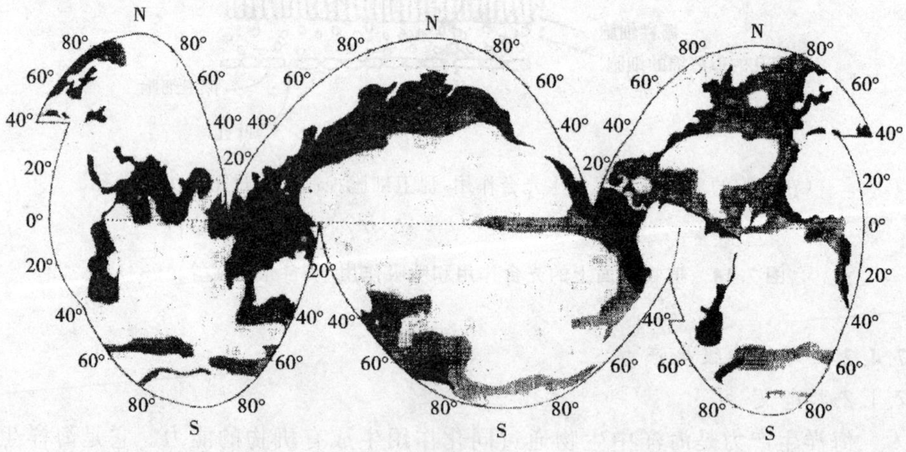

图中明暗度表示生产力的大小,明亮部分为<50 $g\cdot m^{-2}\cdot a^{-1}$;
暗黑部分为>100 $g\cdot m^{-2}\cdot a^{-1}$;中间部分为 50～100 $g\cdot m^{-2}\cdot a^{-1}$

图 7.15　海洋初级生产力的全球分布图($g\cdot m^{-2}\cdot a^{-1}$)

(引自张正斌等,1999)

表 7.6　海洋生产力的分布(引自张正斌,1999)

生态系统类型	面积(10^6 km^2)	总净初级生产量(C)(10^9 t·a^{-1})	总植物碳量(10^9 t)
陆地生态系统	149	52.8	826.5
开阔大洋	332.0	18.7	0.45
上升流区	0.4	0.1	0.004
大陆架	26.6	4.3	0.12
海藻床和礁石	0.6	0.7	0.54
河口	1.4	1.0	0.63
海洋生态系(总)	361.0	24.8	1.74

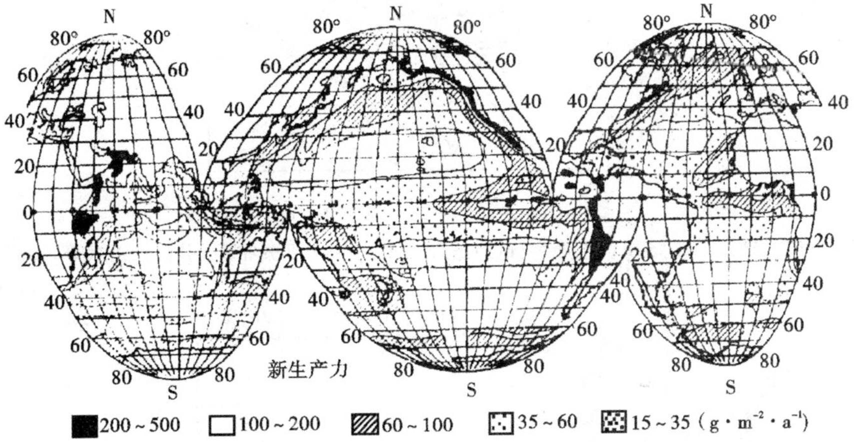

图 7.16　世界海洋的净初级生产力分布图(g·m^{-2}·a^{-1})(引自张正斌等,1999)

图 7.17 和图 7.18 是中国珠江口初级生产力和新生产力的分布情况。

(2)自养生物是能由 CO_2 合成本身有机成分的生物,包括浮游植物、微型底栖植物、大型水生植物。它们的净生产量依次是:世界海洋中净初级生产力的 75%,碳为 16～226 g·m^{-2}·a^{-1},100～2 000 g·m^{-2}·d^{-1}。

异养生物是依靠已形成的有机物质做能源和生长的生物,包括浮游动物、底栖动物和鱼类。它们的生产碳量估计依次为:1×10^{15}～2×10^{15} g,0.532×10^{15} g,0.24×10^{15} g。

7.4.2.3 影响海洋生产力的因素

海洋初级生产力是经过光合作用完成的。光合作用需利用太阳能,因而与光透过水面的状况密切相关,也就是与海水深度 Z 有关。图 7.19 为光合作用与深度关系的塔林模式。其中(a)是光穿透,可见随着深度的增加呈指数减少:

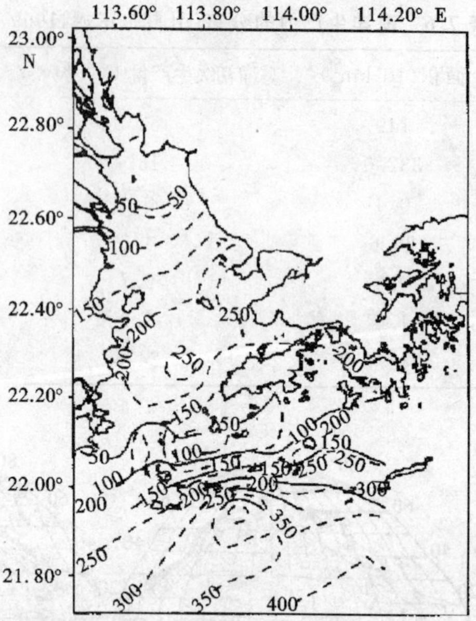

——1996 年 12 月，－－－1997 年 8 月

图 7.17　珠江口现场初级生产力($mg \cdot m^{-2} \cdot d^{-1}$)的水平分布图(引自张正斌等，1999)

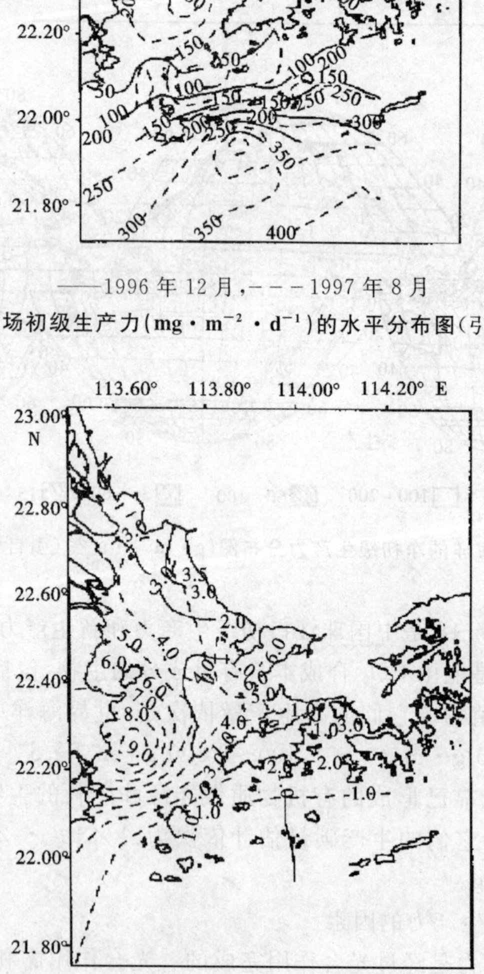

——1996 年 12 月，－－－1997 年 8 月

图 7.18　珠江口新生产力($mg \cdot m^{-3} \cdot h^{-1}$)的表层分布图(引自张正斌等，1999)

$$I_Z = I_0 \exp(-K_e Z) \tag{7.9}$$

式中，I_0 是透过水表面的光强，I_Z 是深度 Z 处光强，K_e 是垂直消光系数。由图 7.19 可见，(b)是光合作用随 Z 的变化，特点是有一光合作用(P)最大值，之后呈指数降低。(c)是上述两关系的对数图。测定初级生产力的目的，是要得到单位时间内在单位水表面下水柱中完全的光合作用值。这可由光合作用-深度曲线面积积分而得。塔林(Talling)提出用式 7.10 计算光合作用：

$$\sum P = \frac{nP_{最大}}{K_e} \ln \frac{I_0}{0.5 I_K} \tag{7.10}$$

式中，n 为浮游植物种群密度。

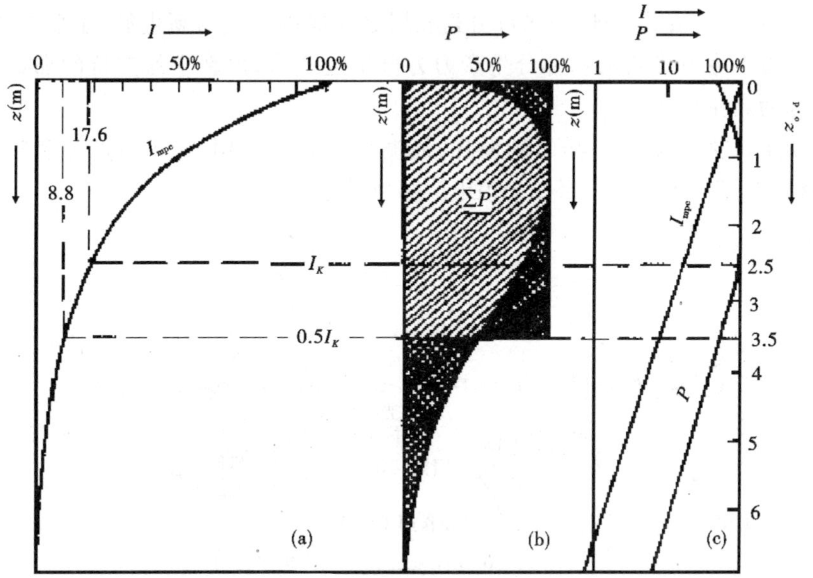

(a)光穿透　(b)光合作用　(c)光穿透和光合作用对光的深度以对数作图

图 7.19　光合作用与深度关系的塔林模式，经罗德修改以考虑到光抑制作用，假定 $0.5I_k$ 与 I_{mpc}(穿透最大的光波之强度)＝满额表面照度的 8.8% 相对应，它相当于 $Z_{o.d}=3.5$

(引自张正斌等，1999)

7.4.3 新生产力

新生产力(NP)定义为从河流、上升流递送的营养盐所证实的那部分净初级生产力(NPP)分数。其中 NPP＝GPP(总初级生产力)－R_P(植物呼吸)。就全球而言，NP 为 NPP 的 20%。由表 7.7 可见，东海的 NP 也大体相同。但冷的上升流区可能所占分数较大。

表 7.7　海洋生产力的分布(引自张正斌,1999)

区　域	面　积 (×10^6 km^2)	平均生产力(C) $g \cdot m^{-2} \cdot a^{-1}$	总生产力(C) (×10^{15} $g \cdot a^{-1}$)	新生产力(C) ($g \cdot m^{-2} \cdot a^{-1}$)	全球新生产力(C) (×10^{15} $g \cdot a^{-1}$)
开阔大洋	326	50(130)	16.3(42)	18	5.9
海岸带	36	100(250)	3.6(90)	42	1.5
上升流区	0.36	300(420)	0.1(10.15)	85	0.09
东　海		73～1 011.1		5.47～500	
总　计			20(51)		7.4

“新生产力”的概念是在 1967 年由 Dugdale 和 Georing 提出的。他们认为进入初级生产者细胞内部的任何一种元素可划分为再循环和新结合两类,把初级生产力分为再生生产力和新生产力两部分。他们提出:在真光层,再循环的氮为再生氮(主要是NH_4^- －N);由真光层之外提供的氮为新生氮(主要是 NO_3^+ －N)。由再生氮支持的那部分生产力为再生生产力,由新生氮支持的那部分生产力称为新生产力。

新生产力在研究海洋的碳循环、氮循环和光合作用、初级生产力和呼吸作用过程中,是一个重要的环节,如图 7.20 所示。

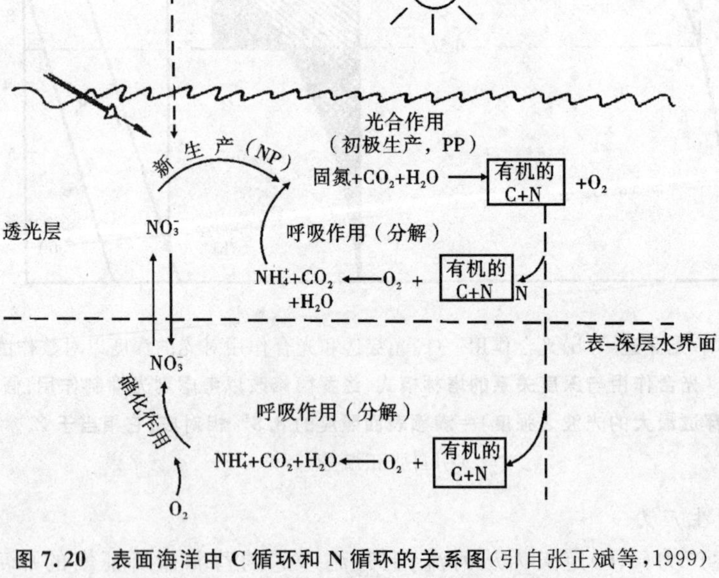

图 7.20　表面海洋中 C 循环和 N 循环的关系图(引自张正斌等,1999)

7.4.4 Redfield 模型

Redfield 认为,光合作用就是 CO_2 加 H_2O 加营养盐反应成初级生产物,即

$$106CO_2+16NO_3^-+HPO_4^{2-}+122H_2O+18H^+(\text{重金属、维生素})+112kJ$$
$$=(CH_2O)_{106}(NH)_{16}(H_3PO_4)+138O_2 \quad (7.11)$$

初级生产物$(CH_2O)_{106}(NH)_{16}(H_3PO_4)+138O_2$中，C∶N∶P＝106∶16∶1的关系称为Redfield比率。因为存在如下反应：

$$CH_2O+O_2=CO_2+H_2O \quad (7.12)$$
$$NH_3+2O_2=HNO_3+H_2O \quad (7.13)$$

总结为每一个P原子氧化时共用氧原子数为：

$$(2\times106\ \text{原子 C})+(4\times16\ \text{原子 N})=276\ \text{原子 O} \quad (7.14)$$

表7.8为世界上一些海洋的POC/PON值，在4.8～18.5之间变化，其原因比较复杂，除受海区化学和生物组成的影响外，还受环境（水文、地质）的影响。

另外，硫也是有机物中的重要组成元素，由表7.9可见，沉降性颗粒有机物中S也占到了相当比例。根据Redfield N∶P＝16∶1，以及上述表中POC/PON，POC/POS，PON/POC等比值，可将式(7.11)修正为：

$$136CO_2+16NO_3^-+HPO_4^{2-}+0.5SO_4^{2-}+85H_2O+19H^++\text{能量}$$
$$=C_{136}H_{190}O_{37}N_{16}PS_{0.5}+188O_2 \quad (7.15)$$

表7.8　海洋中的POC/PON比值(引自张正斌，1999)

海　域	深　度(m)	POC/PON	海　域	深　度(m)	POC/PON
印度洋		5.5	中部太平洋	0～100	7.6
南大洋		5.5		100～500	8.7
赤道大西洋		6.0		500～1 000	8.0
赤道太平洋		4.8		1 000～2000	10.5
渤海		7.5～9.0	南大西洋	10	5.7
黄海		7.5～9.2		100	7.2
东海		7.8～8.5		500	10.0
南海		5.5～7.2		2 500	16.0
台湾东北海域		8～16	地中海	0～100	6.0
				150～2 000	6.4
北部太平洋	10	5.7	马尾藻海	0～100	7.7
	100	7.2	(北大西洋一部分)	100～500	8.9
	500	10.0		500～1 000	18.0
	2 500	16.0		1 000～2 000	18.5

表 7.9 南加利福尼亚湾沉降性颗粒有机 C,N,S 的比值(引自张正斌,1999)

沉积物收集器编号	深度(m)	POC/PON	POC/POS	PON/POS	沉积物收集器编号	深度(m)	POC/PON	POC/POS	PON/POS
A	100	5.4	246	48.4	B	850	8.8	197	20.4
	500	11.1	106	9.0	C	200	3.7	51	19.1
	700	9.0	99	11.0		350	4.7	27	9.1
B	100	7.2	77	8.5		500	5.5	107	16.4
	350	7.5	77	11.4		700	7.2	104	16.6
	500	8.1	217	13.0		800	8.3	104	117
	700	8.6	192	13.1	平均		6.5	119	15.8

7.5 海洋中的有机物污染

随着我国工农业的发展和经济开发能力的加强,大量工业废水和民用污水排放入海,使近海河口区的水域受到污染,渔业资源和近海水产养殖受到很大威胁。通常排放到海洋中去的毒性有机物主要是农药。据统计,到目前为止,全世界的化学农药已超过1 000种,常用的有 300 种。这 300 多种中最有代表性的是有机氯农药,全世界有机氯农药年总产量约为$(20\sim30)\times10^4$ t,由于有机氯农药中的滴滴涕(DDT)的产量最高,使用范围也最广,因此对环境和海洋造成危害的程度也最严重。目前,世界已禁止制造和使用滴滴涕。另外,一些重金属排放到海洋中后,会与海水中的有机物形成络合物,从而增加了其毒性,如甲基汞是一种剧毒的络合物,曾经造成日本著名的“水俣病”。而且,每年向海洋排放的大量的塑料,也是重要的有机污染物。

7.5.1 *石油污染*

在海洋各种污染物中,石油污染是最普遍和最严重的一种。石油主要来自海上运输和海底开发等海洋直接污染。入海的石油在风平浪静的海面,迅速地扩散铺展成很薄的油膜,厚度一般在零点几到几个微米,这种油膜的存在对海空界面上物质和能量交换的通量影响较大。

海洋中的石油在不同的水文、气象、化学和生物的条件下进一步发生分散、乳化、吸附和降解等过程。石油在海洋环境中的迁移、转化和氧化降解的循环过程如图 7.21 所示:

从图 7.21 看出转化主要决定于油层的厚度、油水混合情况、水温、光辐射强度等,在强烈的光辐射下,可以有<1%的油被氧化成水溶性物质溶到水中。此外,微生物的作用是十分重要的。特别是在沉积层中的通气降解更为重要。

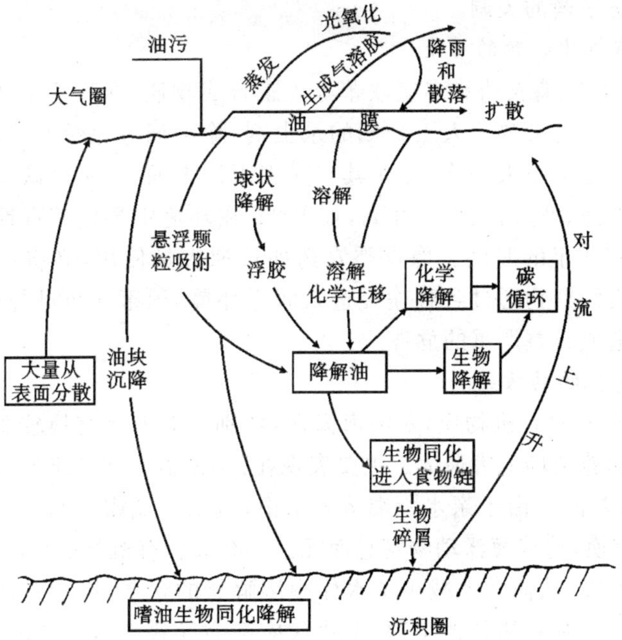

图 7.21　海洋中油污染的迁移循环图(引自吴瑜端,1982)

留在海面上的石油,因光照条件(光催化、自动氧化)、温度、氧化微生物的含量和水文气象条件的不同,其在海洋中的残留时间可在几周到几十年之间变动。

石油的危害,最明显的是使蓝色海洋的感观性状恶化。海水的气味改变了,颜色也不同了。与此同时,人类关切的是对海洋水生资源的影响和破坏。许多经济鱼类具有浮游性卵和浮游性幼鱼,它们在海洋表层的数量是很大的。石油污染对它们的影响也是海洋生物资源的一个重要问题。

海水中含油浓度≥0.01 mg·dm^{-3}时,水体就会发臭,在这污染海区中生活 24 小时以上的鱼贝就会沾上油味,因此把该数值视为鱼贝体着臭的"临界浓度"。海水含油浓度为 0.1 mg·dm^{-3}时,所有孵出的幼鱼都有缺陷,并只能活 1～2 天。对大海虾的幼体来说,其"半致使浓度"(即 24 小时内杀死半数的极限浓度)约为 1 mg·dm^{-3}。这种毒性限度随不同生物种属而异。当海面飘浮着大片油膜时,降低了表层水的日光辐射,妨碍了浮游植物的繁殖,而浮游植物是海洋食物链的最低一环,其生产力为海洋总生产力的 90%左右,它的数量减少,势必引起食物链高环节上生物数量的减少,从而导致整个海洋生物群落的衰退。同时浮游植物光合作用所释放出来的氧,也是地球上氧的主要来源之一,因而浮游生物数量的较少,将影响海空氧的交换和海水中氧的含量,最终也会导致海洋生态平衡的失调。

7.5.2 合成有机化合物的污染

有机氯、有机磷农药和多氯联苯等人工合成物质,在环境中和石油一样是不易降解的一类污染物。人工合成的杀虫剂、除草剂等化学农药已有成千种,它们在农业上起了很大的作用,尤其在除害灭病方面,是不可缺少的。但这些农药多半毒性强、残效长、稳定性高,如 DDT 在环境中要使其毒性成分减低一半,需经 10~50 年的时间。像这类农药如长期大量使用,必将给环境带来污染。这些有机污染物通过各种途径进入海洋环境,积蓄在鱼贝虾蟹体内,对海洋水产资源造成日益严重的危害。

7.5.3 一般有机物的污染

进入海洋中的有机物质,对沿海海区,特别是对海水交换较弱的半封闭性浅海区渔场和养殖场危害最大。主要表现在:①覆盖。如纤维素等极性有机大分子,有亲水基团。由于亲水一端溶入水中,疏水一端露出水面,覆盖力很强,阻碍海-气交换,造成海洋动物窒息而死。②夺氧。有机物的分解,需消耗大量水体中的溶解氧,从而大大减少了水体中溶解氧的含量,影响海洋生物的正常呼吸。③致毒。遮光和其他生理、生化效应都会导致大量生物的死亡。总之,一般有机物污染对海洋生物资源的破坏是严重的。

另外,进入海洋的某些有机物质(如食品工业的废渣、酵母、蛋白质、人类粪便、农业废水、生活污水和造纸工业的纤维残留物木质素等),一部分可直接被动物摄取,而大部分在细菌作用下分解成 CO_2 和氮、磷化合物,从而对水体造成富营养化而引起赤潮。

7.5.4 有机污染指标

海洋化学上除了用测定有机物浓度来表示有机物的污染程度外,通常还用到两个参数,即化学耗氧量和生化耗氧量。关于这两个概念,前面已详述,这里不再赘述。

7.6 中国近海及其主要河口的有机物质

河口区的初级生产力可达 500~1 000 $g \cdot m^{-2} \cdot a^{-1}$,比陆架区的平均值 100 $g \cdot m^{-2} \cdot a^{-1}$大,更比大洋水大得多,因此引起海洋化学工作者的重视。我国 20 世纪 70 年代末开始调查海水中人造有机污染物的分布,从 20 世纪 80 年代开始海水中天然有机物质的研究。自 20 世纪 80 年代初在北方胶州湾开始对天然有机物质的分布调查以来,陆续对渤海湾、黄河口、长江口、东海、浙江沿海、厦门港、珠江口、南沙群岛海域以及大亚湾等海湾和附近海域中天然的和人造的有机物质的分布展开了调查研究。本节对我国的工作进行简单介绍。

至今，我国已经进行研究的天然有机物质项目有：

(1)溶解有机物质：DOC、溶解游离氨基酸(DFAA)、溶解结合氨基酸(DCAA)、溶解碳水化合物(CARB)、总有机氮(TON)、腐殖质(HS)、腐殖酸(HA)、富里酸(FA)、乙醇可溶物(ES)等。

(2)颗粒有机物质(POM)：POC、颗粒氨基酸(PAA)和颗粒有机氮(PON)。

(3)人工有机污染物：多环芳烃(PAH)、有机氯农药、阴离子表面活性剂、石油等。

7.6.1 中国河口和沿岸的有机物质

7.6.1.1 DOC，POC，TON

受来源的影响，中国近海各海区DOC浓度不同。如珠江口海域的DOC含量范围为56.7～820.0 μmol·dm^{-3}C，平均含量为275 μmol·dm^{-3}C；大亚湾的DOC含量范围为85.8～329.2 μmol·dm^{-3}C，平均值为192.5 μmol·dm^{-3}C；长江口附近由于河流携带的营养盐丰富，初级生产力高，导致DOC含量较高，而南沙海区营养盐不足，导致DOC含量较低。部分海区DOC的平均浓度如表7.10所示，浓度高低与各海区生产力和河流直接输入有关，另外，测定方法的不同也可导致数据的差异。

表7.10 各海区DOC的平均含量(μmol·dm^{-3}C)

海区	珠江口	大亚湾	南沙	胶州湾	东海东北部	太平洋
DOC的平均含量	275.0	191.7	130.8	123.3	79.2	58.3

对各海区POC和TON也进行了调查，分布趋势与DOC类似，只是各海区浓度有所不同，如长江口海域的DOC，POC和TON含量如表7.11所示。

表7.11 长江海域表层水中DOC，POC和TON的含量范围

月份	长江河口段			长江海口		
	TON (μmol·dm^{-3}C)	DOC (mg·dm^{-3}C)	POC (mg·dm^{-3}C)	TON (μmol·dm^{-3}C)	DOC (mg·dm^{-3}C)	POC (mg·dm^{-3}C)
1985.8	546.1～928.2	3.10～5.50	1.28～1.63	49.9～948.6	2.20～3.45	0.32～1.16
1985.11	230.5～40.47	3.17～5.20	1.03～1.18	31.7～724.4	1.28～3.10	0.54～0.95
1986.1	108.2～238.1	2.88～5.10	1.05～1.26	23.6～907.9	1.10～2.25	0.35～1.08
1986.5	207.6～454.1	3.10～5.50	1.10～1.53	54.4～960.2	1.21～2.80	0.32～1.27

7.6.1.2 碳水化合物

可溶态碳水化合物在大亚湾中的含量在0.16～2.34 mg·dm^{-3}(葡萄糖计),年平均值为0.71 mg·dm^{-3},夏季较高。春季表层在北部稍高,其他地区较均匀。夏季表层也是北部较高,中部靠湾口较低。秋季北部及东北角较高,西南部较低。冬季东北部较高,其垂直分布较均匀,表、底层的含量基本相似。溶解碳水化合物平均占总DOC的14%左右。

7.6.1.3 腐殖酸

我国对多个海区进行了腐殖酸的调查,如胶州湾、黄河口、东海与长江口、浙江沿海等,结果表明各站腐殖酸含量并不相同。如1981年11月对胶州湾13个站位表层水中的腐殖酸进行调查,结果显示:HA含量在21.4～35.9 μg·dm^{-3}之间,FA含量在192.6～323.1 μg·dm^{-3}之间。湾内东北部和近岸处含量较高,这与该水域靠近工业区和河口,又接近蛤蜊大量繁殖场所,浮游生物群落繁茂有关。

7.6.1.4 颗粒氨基酸(PAA)

我国对胶州湾、渤海湾、黄河口、东海与长江口、浙江沿海等海区进行了PAA的调查工作。如20世纪80年代对长江口附近海域进行了几次调查,发现在江口站位的表层水中总颗粒氨基酸含量较高,远海含量低。如1983年10月的结果为:江口约100～200 μg·dm^{-3},远离江口的水域中含量降低至约90 μg·dm^{-3}。这种趋势与DOC和POC的分布基本一致。再向外海则逐渐减至30～40 μg·dm^{-3}。

7.6.1.5 烷烃

1986年夏季和冬季,长江口水体中正构烷烃含量季节变化如表7.12所示,可见冬季高于夏季。这显然与夏季微生物活动能力强,使部分烷烃降解所致。

表7.12 1986年正构烷烃含量的季节变化(μg·dm^{-3})(引自张正斌,1999)

站位	R_1	R_3	1	C_1	C_2	C_3	8
冬季	2.91	9.10	4.60	2.59	3.62	7.60	2.19
夏季	0.19	2.54	2.24	1.89	0.98	3.92	2.06

7.6.2 中国近海的有机物污染

自20世纪80年代以来,我国对某些海区的有机污染物进行了调查,主要包括以下几种。

7.6.2.1 油污染

石油污染源情况见表7.13。

表 7.13　石油污染情况(引自张正斌,1999)

污染源	数量($t \cdot a^{-1}$)	质量分数(%)	污染源	数量($t \cdot a^{-1}$)	质量分数(%)
河流	172 258	80.8	海上油田	2 620	1.23
直接排泄	13 247	6.20	总计	213 077	99.9
港口和船	24 953	11.7			

沿岸各省油排泄的状况见表 7.14。由表 7.15 可见,河流载油污染 80%,而长江又占 59%,珠江占 30%。

表 7.14　沿岸各省油排泄、港口和船、工业废水污染状况(引自张正斌,1999)

省市	油排泄		港口和船排泄的油污染		工业废水油污染	
	数量($t \cdot a^{-1}$)	质量分数(%)	数量($t \cdot a^{-1}$)	质量分数(%)	数量($t \cdot a^{-1}$)	质量分数(%)
辽宁	8 150.7	17.05	877	3.51	7 273.5	38.3
河北	1 991.3	4.16	522	2.09	145	0.8
天津	2 555.9	5.35	10	0.04	1 250	6.6
山东	3 852.2	8.06	1 055	4.23	2 786	14.7
江苏	663.3	1.39	614	2.46	49	0.3
总计	17 213	36.0	3 074	12.33	1	
上海	6 488.0	13.57	1 801	7.22	4 687	24.7
浙江	2 875.0	6.01	2 471	9.90	404	2.0
福建	2 403.5	5.03	1 731	6.93	672	3.5
总计	11 766	24.61	6 617	24.05		
广东	18 560.5	38.82	15 628	62.63	1 712	9.0
广西	271.6	0.57	244	0.97	20	0.09
总计	18 832.1	39.39	15 872	68.60	19 002	99.9

表 7.15　河流的污染物量(引自张正斌,1999)

河流和海域	数量($t \cdot a^{-1}$)	质量分数(%)
辽河等(辽宁)	3 579	2.08
滦河等(河北)	115	0.07
黄河等(山东)	1 615	0.94
灌河等(江苏)	1 986	1.15
进入渤海和黄海总计	7 295	4.23
长江等(上海)	101 635	59.01
钱塘江等(浙江)	7 149	4.15
闽江等(福建)	3 519	2.04
进入东海总计	112 303	65.20
珠江等(广东)	52 224	30.31
钦江等(广西)	435	0.25
进入南海总计	172 257	30.56

近海油田主要在渤海，即辽河油田、大港油田和胜利油田，分别排泄入辽东湾油 394 $t \cdot a^{-1}$、渤海湾 569 $t \cdot a^{-1}$、莱州湾2 117 $t \cdot a^{-1}$。总之，进入中国近海油污染物达到216 000 $t \cdot a^{-1}$。河流载油 65％入东海，油田污染主要在渤海，港口和船污染主要在南海。

中国沿岸海水中油污染的分布如图 7.22 所示。

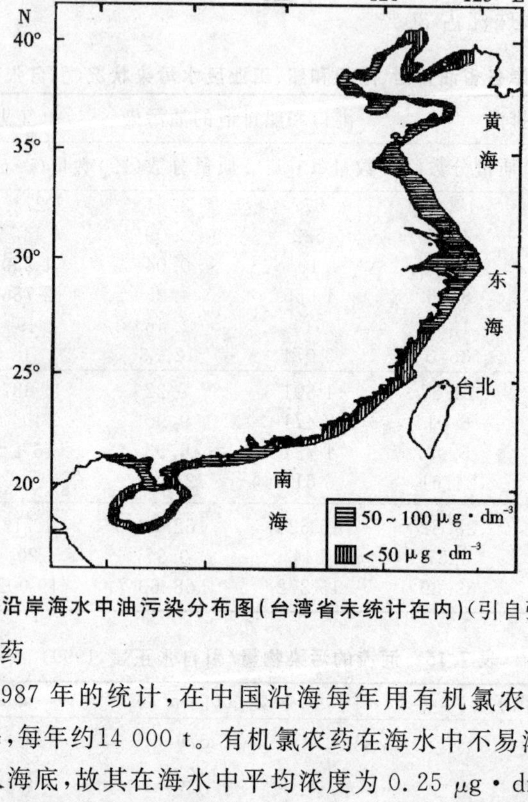

图 7.22　中国沿岸海水中油污染分布图(台湾省未统计在内)(引自张正斌等，1999)

7.6.2.2 有机农药

据 1980～1987 年的统计，在中国沿海每年用有机氯农药约17 000 t，其85％由河流至海，每年约14 000 t。有机氯农药在海水中不易溶解，而易被悬浮颗粒吸附而沉入海底，故其在海水中平均浓度为 0.25 $\mu g \cdot dm^{-3}$，低于中国水质Ⅰ级标准(海水水质标准)(参阅图 7.23，7.24)。图 7.25 和图 7.26 是中国沿海沉积物中 DDT 和 HCH

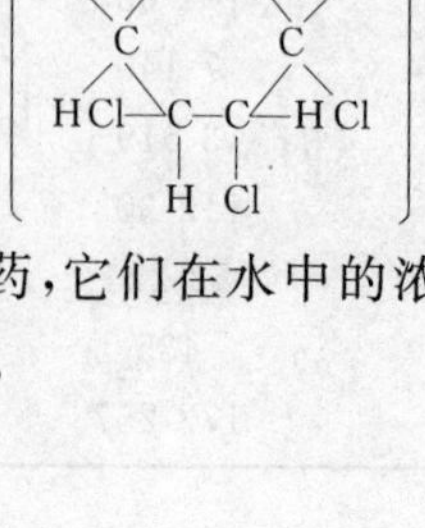

的分布图。自 1980 年以来我国已停止生产和使用有机氯农药，它们在水中的浓度已逐年下降。未来的注意力将放在有机磷农药的污染上。

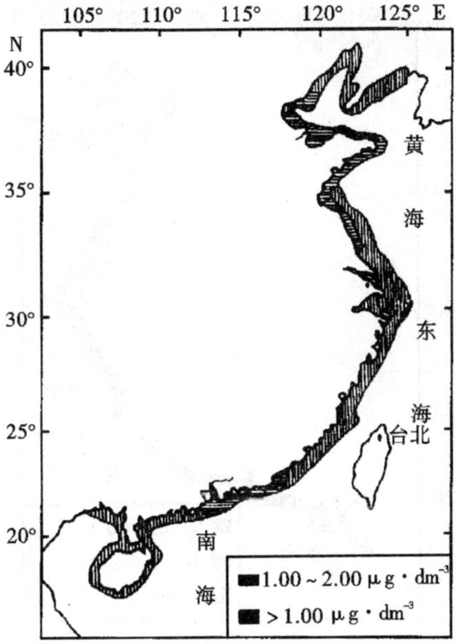

图 7.23 中国沿海有机氯农药的分布图(台湾省未统计在内)

(引自张正斌等,1999)

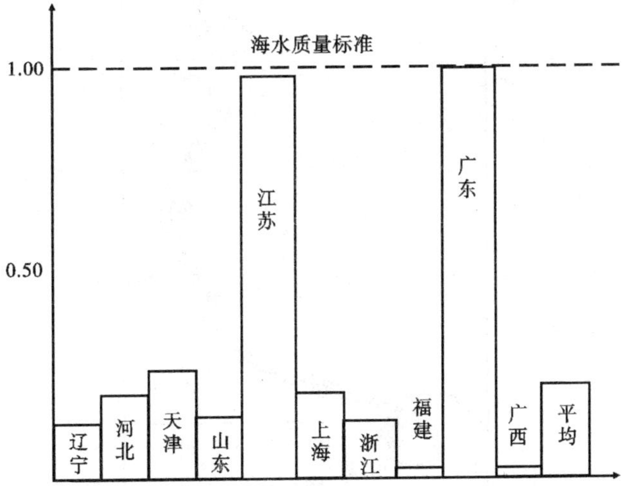

图 7.24 中国沿海各省海水中有机氯农药的浓度分布图(台湾省未统计在内)

(引自张正斌等,1999)

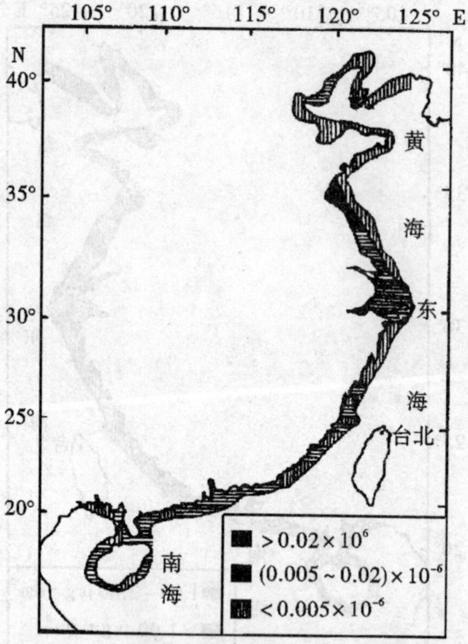

图 7.25 中国沿海沉积物中 DDT 的分布图(台湾省未统计在内)

(引自张正斌等,1999)

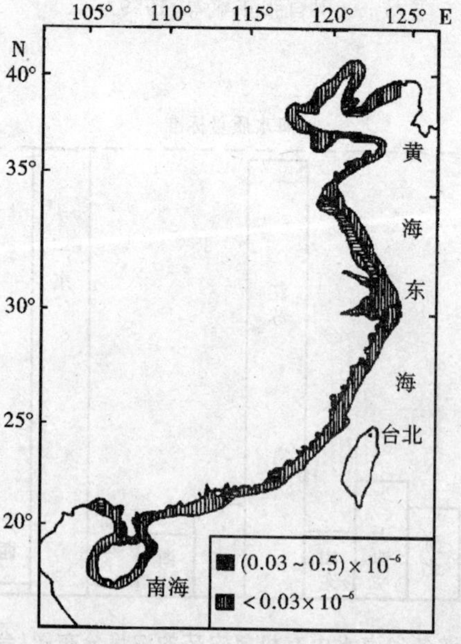

图 7.26 中国沿海沉积物中 HCH 的分布图(台湾省未统计在内)

(引自张正斌等,1999)

7.6.2.3 多环芳烃

多环芳烃主要来自人类活动，如化石燃料(煤和石油等)的不完全燃烧和石油溢出等。多环芳烃对人类健康造成潜在危险，芘的致癌性和诱导性早已引起人们的警惕。由表 7.16 可见，长江口外冬季是夏季的 2～4 倍，长江口内是口外(冬季)的 15～25 倍。可见长江口多环芳烃主要受季风影响自陆地上空带入的。另外，夏季光对多环芳烃的降解也起一定的作用。

表 7.16　冬夏季气溶胶中多环芳烃浓度以及与国外比较

国家或地区	多环芳烃浓度($ng \cdot m^{-3}$)	长江口		多环芳烃浓度($ng \cdot m^{-3}$)
挪威	1.0～52.7	冬季	长江口内	30.2～101.5
瑞典	0.5～92.4		长江口外	2.1～3.9
纽约	100			
洛杉矶	5.0～26.0	夏季	长江口外	0～1.0
象牙海岸	0.5～1.1			
Ivory 海岸森林	6.0			

1986 年 8 月检测了长江径流排入江口海域的有机氯农药六六六和 DDT 在表层水中的含量。结果表明，它们的含量均很低，其分布趋势与上述其他天然有机物相类似，也是近岸含量高，外海含量低。两种农药的最高含量分别为 20.55 $ng \cdot dm^{-3}$ 和 2.63 $ng \cdot dm^{-3}$，最低含量分别为 2.53 $ng \cdot dm^{-3}$ 和0.11 $ng \cdot dm^{-3}$。

通过对我国河口和近岸海区的有机物含量进行调查，得到如下结论：

(1)所调查的海湾如渤海湾、胶州湾、大亚湾等都是靠近河口，径流向湾中排出含有丰富的有机物质如 DOM，POM，PAA，HS 等，这些物质与浮游生物的生长繁殖有密切关系，构成当地海洋生物量增长的基础。

(2)黄河内沙泥多，有机物含量相对少，但流入海后，随着泥沙的沉降，有机物含量大增，是当地生物生长发育的良好营养物质，形成鱼虾群体的栖息、索饵、繁殖等的优良场所。在长江和珠江的下游含大量有机物质，入海后有机物质逐渐向外海搬运而递减，直至与外海的有机物质含量相接近。

(3)随着我国工农业的飞速发展，在各领域中将大量使用农药及各种工业产品，这些产品经河流最后排入大海。渤海湾、黄河水域、长江口水域都已受到不同程度的污染，虽然尚未达到严重地步，也应积极采取有效措施进行治理，以防近海海洋生物资源受到破坏而大量减产，并防止海洋污染对人类生存环境构成威胁。

思考题

1. 海洋中的有机物主要有哪几类?

2. 有机物对海水有什么影响?

3. 海水有机物有什么特点?

4. 为什么生物不断产生有机物,而海水中的有机物浓度却不增加?

5. 测定 DOC 有什么方法?

6. 海水中 DOC 的空间、时间分布情况是怎样的? 为什么会有这样的分布特征?

7. DOP 和 DON 对海洋生态系有什么作用?

8. 什么是初级生产力、二级生产力?

9. 怎样将 COC 从水样中分离出来?

10. 有机磷和有机氮对海洋生态系有作用?

11. 怎样测定有机氮和有机磷?

12. 什么是化学耗氧量?

13. 测定化学耗氧量有哪几种方法?

14. 什么是生化需氧量? 怎样测定?

15. 海水中最主要的有机物污染是什么? 还有什么对海洋的影响较大?

16. 中国近海的有机污染物主要是什么?

参考文献

1 陈镇东. 海洋化学. 台北:茂昌图书有限公司,1994. 551

2 (荷)德斯马(Duursma E K),(德)道 森(Dawson R)主编. 海洋有机化学. 纪明侯,钱佐国,等译. 北京:海洋出版社,1992. 669

3 顾宏堪主编. 渤黄东海海洋化学. 北京:科学出版社,1991. 500

4 郭锦宝. 化学海洋学. 厦门:厦门大学出版社,1997. 398

5 李丽. 海水中纳米粒子的生物——化学研究:[博士论文]. 青岛:中国海洋大学,1999

6 刘文臣,王荣. 海水中颗粒有机碳研究简述. 海洋科学,1996. 5:21～23

7 谭丽菊,等. 海水中胶体有机碳研究简介. 海洋科学,1999. 4:27～29

8 吴瑜端. 海洋环境化学. 科学出版社,北京:1982

9 王江涛,等. 海水中溶解有机碳测定方法评述. 海洋科学,1999. 2:26～28

10 中国科学院地球化学研究所编著. 有机地球化学. 北京:科学出版社,1982

11 张正斌,陈镇东,刘莲生著.海洋化学原理和应用——中国近海的海洋化学.北京:海洋出版社,1999

12 张正斌,顾宏堪,刘莲生,等著.海洋化学(上、下卷).上海:上海科学技术出版社,1984

13 Bϕrsheim K Y, *et al*. Monthly Frofiles of DOC, Mono-and Polysaccharides at Two Locations in the Trondheimsfjord (Norway) during Two Years. Marine Chemistry. 1996,6

14 Riley J P, Skirrow, eds. Chemical Oceanography, Vol 1. London: Academic Press, 1975. 606

15 Riley J P, Skirrow, eds. Chemical Oceanography, Vol 2. London: Academic Press, 1975. 648

16 Riley J P, Skirrow, eds. Chemical Oceanography, Vol 3. London: Academic Press, 1975. 564

17 Riley J P, Skirrow, eds. Chemical Oceanography, Vol 4. London: Academic Press, 1975. 363

18 Riley J P, Skirrow, eds. Chemical Oceanography, Vol 5. London: Academic Press, 1976. 401

19 Riley J P, Skirrow, eds. Chemical Oceanography, Vol 6. London: Academic Press, 1976. 414

20 Riley J P, Skirrow, eds. Chemical Oceanography, Vol 7. London: Academic Press, 1978. 508

21 Riley J P, Skirrow, eds. Chemical Oceanography, Vol 8. London: Academic Press, 1983. 298

22 Riley J P, Skirrow, eds. Chemical Oceanography, Vol 9. London: Academic Press, 1989. 425

23 Riley J P, Skirrow, eds. Chemical Oceanography, Vol 10. London: Academic Press, 1989. 404

24 Stumm W, Morgan J J. Aquatic Chemistry 2nd ed. New York: Wiley Intarscience, 1981. 780

第8章　海洋同位素化学*

海洋同位素化学是研究海洋的各储圈中同位素(或核素(nuclides),包括天然放射性同位素、人工放射性同位素和稳定同位素)的来源、含量、分布、存在形式、迁移变化规律及其在海洋学中的应用。海洋中含有多种稳定同位素(如氢的同位素^{1}H和^{2}H;氧的同位素^{16}O,^{17}O和^{18}O等)和放射性同位素(如^{40}K,^{87}Sr,^{238}Cl,^{235}Cl,^{232}Th,^{230}Th等)。虽然不同同位素例如氧的同位素^{16}O,^{17}O和^{18}O是同一种元素,丰度很低且相对比值恒定,但是由于它们在质量上的差异使得它们的物理性质稍微不同。当这些同位素在生物地球化学循环中,通过各种物理、化学和生物阶段时,它们的丰度比会发生微小却明显的变化。同位素的这种性质,可用来作为水团的特征参数,通过它来研究水团和海流的运动规律,确定水团垂直混合的性质和速率。放射性核素具有特征的半衰期,因此,通过它可获得各种海洋过程的资料,既可用来研究海洋中海水循环的体系,又可用来研究不同水团之间、海洋与大气、海洋与沉积物之间所进行的各种交换,一些半衰期较长的核素还可用来描述海洋沉积物的年代。由于同位素在海洋学上的广泛应用,使得近20年来,有关同位素的研究得到很大的发展。本章着重介绍一些海洋中较重要的稳定同位素和放射性同位素以及它们在海洋化学中的应用。

8.1 海洋中的稳定同位素

8.1.1 海水中的稳定同位素

海水的主要成分是水,在水分子中除含有一般的^{1}H和^{16}O外,还含有较重的同位素氘(^{2}H,即D)、^{17}O和^{18}O。在海水中,每6 410个水分子中就有一个H被D所替代。因此,水的主要形态是$H_2{}^{16}O$,HDO和$H_2{}^{18}O$。由于这些同位素的相对比值低($D:H=1.56\times10^{-4}$;$^{17}O:{}^{18}O=0.000\,4$;$^{18}O:{}^{16}O=0.002$),所以在平衡时,重的水分子只是少量,当$H_2{}^{16}O=10^{6}$ mg时,HDO =2 000 mg,$H_2{}^{18}O=320$ mg。它们的质量比为$H_2{}^{16}O:HDO:H_2{}^{18}O=10^{6}:2\,000:320$,

* 本章中的图表引自《海洋化学原理和应用——中国近海的海洋化学》(张正斌等,1999)和《化学海洋学》(郭锦宝,1997)。

几乎没有含两个或两个以上重原子的水分子。除此之外,海水中还含有^{12}C和^{13}C,^{3}He和^{4}He,^{10}B和^{11}B,^{14}N和^{15}N,^{32}S和^{34}S,^{86}Sr和^{87}Sr,^{204}Pb、^{206}Pb、^{207}Pb和^{208}Pb等稳定同位素。它们的相对天然丰度见表 8.1。

表 8.1　海水中同一种元素的稳定同位素的相对天然丰度

同位素	^{1}H	^{2}H(即 D)	^{3}He	^{4}He	^{10}B	^{11}B	^{12}C	^{13}C	^{14}N
相对天然丰度(%)	99.985	0.015 6	0.000 14	99.999 86	19.90	80.10	98.90	1.10	99.63
同位素	^{15}N	^{16}O	^{17}O	^{18}O	^{32}S	^{33}S	^{34}S	^{86}Sr	^{87}Sr
相对天然丰度(%)	0.37	99.762	0.038	0.200	95.02	0.75	4.21	9.86	7.00

8.1.2 大洋水中氧氢同位素的变化

大洋水中 D/H 和$^{18}O/^{16}O$的变化几乎是完全通过与大气循环的相互作用引起的。因为海水在蒸发和凝结时,含有^{18}O同位素的水分子与含^{16}O的水分子发生明显的分离,这种现象即称为分馏作用。含^{18}O的水分子,其蒸发速度不如含^{16}O的水分子快,所以从大洋逸出的水汽中,^{18}O同位素的比例约减少0.8%。即逃离海洋的水汽,其水分子中的^{18}O要比产生该水汽的同数目的表层水分子中的^{18}O少了 0.8%。当这个过程倒转过来时,水汽变成雨或雪降落下来,这种分馏作用也倒转过来,即云中所形成的水滴,相对于产生水滴的水汽含有更多的^{18}O。

现在让我们来研究表层水中$^{18}O/^{16}O$的变化。逸离海面的水汽平均 $\delta(^{18}O/^{16}O)$值为-8×10^{-3}。携带着此水汽的气团因上升而变冷,当到达露点(−20 ℃)时就生成雨。第一批雨滴在它形成之时经历了与蒸发时刚好相反的分馏。相对于$H_2{}^{16}O$来说,有更多的$H_2{}^{18}O$分子凝结下来,因此第一批雨应当同产生该水汽的海水有相同的同位素组成。剩下的水汽中,^{18}O含量减少。如果气团随后向极地方向移动,从而变得更冷,又要形成雨。该雨水的^{18}O含量必定比平均海水来得少。气团越向极地方向移动,就越发变冷。这样,气团的水汽含量就要相应降低,而残余水汽中的^{18}O就更少(温度每降低 1℃,就减少 8%),降下来的雨中^{18}O的含量也相应减少。降水中的^{18}O含量向极地方向减少的净结果,造成了低纬度海水^{18}O含量的富集,以及高纬度海水中^{18}O含量的减少。图 8.1 表示太平洋表层水^{18}O与盐度的关系,同时也给出太平洋深层水的数值。图中箭头指示纬度升高的方向。从图中看出,高纬度水样的盐度和^{18}O的含量都比赤道区的水样低。这里反映了两个事实:高纬度的雨水缺少^{18}O;水汽通过大气有一个向北净迁移的过程。

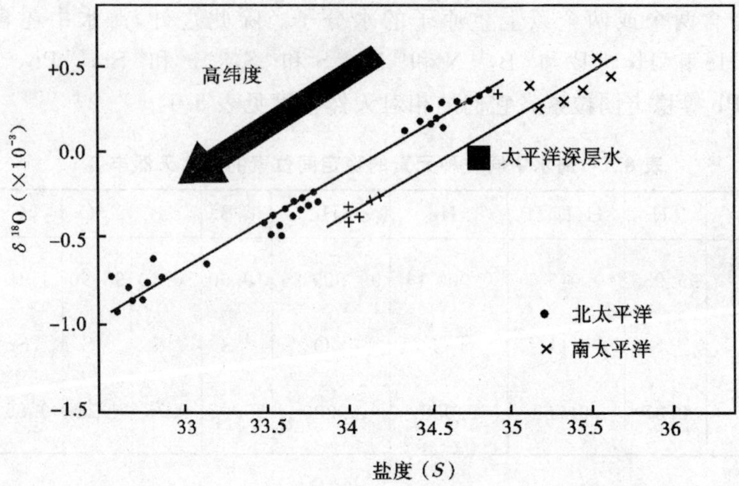

图 8.1 整个太平洋表层水样的 $\delta^{18}O$ 与盐度的关系图

8.1.3 稳定同位素在海洋学上的应用

8.1.3.1 作为水团的示踪剂

从太平洋表层水 $\delta^{18}O$ 与盐度的关系图(图 8.1)中看出,代表太平洋深层水的那一点,既不落在北太平洋或南太平洋表层水的线上,也不落在两条线之间,即太平洋深层水的同位素组成与表层水不同。也就是说,太平洋中任一表层水样或由这些水样的混合都不会生成太平洋深层水。那么,太平洋深层水可能来源于哪个水源呢?从北大西洋深层水、两极底层水和太平洋深层水等的 ^{18}O 含量与盐度之间的关系(图 8.2)中可以看出,太平洋深层水、北大西洋深层水和南极底层水的点几乎都在一条直线上,说明太平洋深层水可能是由北大西洋深层水和南极底层水混合而成的。虽然太平洋深层水并未完全落在北大西洋深层水和南极底层水的连线上,但沿南极海岸其他地方所形成的另一些水源(其盐度低却有着与南极底层水相同的 ^{18}O)可以解释这个偏差。因此,两种已知水源——挪威海下沉的水和沿南极海岸下沉的水及其有关的水体,每一种都有和太平洋深层水相一致的同位素组成和盐度关系。这两个水源的等量混合物大概会与太平洋深层水相同。

从图 8.2 中也可以看出从威德尔海(南极沿岸,对着南大西洋)收集的水在 $\delta^{18}O$-S 关系图上沿水平线分布的情况。这是由于冬季结冰,盐被留在剩余的水中,水的盐度升高。但结冰时几乎不存在氧同位素分馏,海水中 $^{18}O/^{16}O$ 比值几乎与结冰前的水的 $^{18}O/^{16}O$ 比值相同。也就是说,结冰过程只增加剩余水的盐度而不改变 ^{18}O 的含量。结冰过程产生的水的密度比该海洋中其他一切水体都高。这种高密度的水沿南极边缘下沉到极深海盆,并流向大西洋,形成了南极底层水团。所以图 8.2 中代表南极底层水的点沿威尔德尔海延长线分布。从图中也可看出,北大西洋深层水的点落在北大西洋表层水的直线上,从而得出北大西洋深层水必定几乎全部由北大西洋表层水所组成。

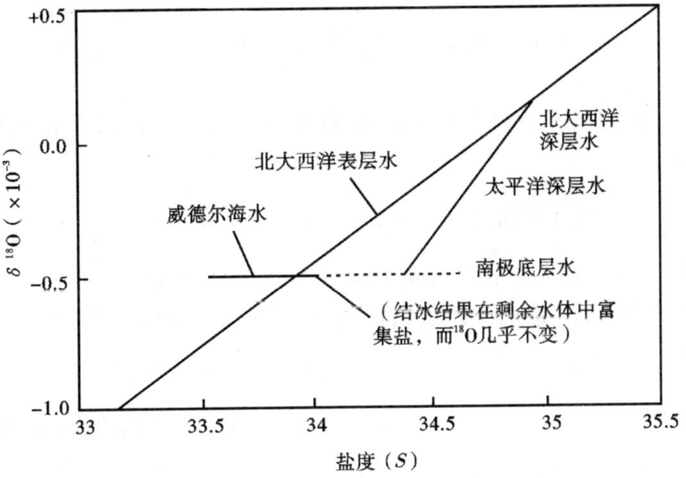

图 8.2　北大西洋深层水、南极底层水和太平洋深层水的^{18}O含量与盐度的关系图

8.1.3.2 古地理环境的研究

已知淡水和海水中重碳酸根离子中碳的同位素比值,因大气－海洋间的分馏而有差别,故在重碳酸盐沉淀形成的石灰岩中,这个比值也不一样。在陆生生物和海生生物之间,有机碳的同位素比值也不同。这样,根据沉积物的碳酸盐或生物有机碳中碳同位素组成的变化,可帮助确定古海岸线和古三角洲的位置、古盆地的形状、海进或海退的变迁和沉积物的来源等有关问题。

8.1.3.3 $^{18}O/^{16}O$ 法测定海水的古温度

当含有氧同位素的碳酸钙沉淀与海水处于平衡时,只要水体中的氧同位素组成已知,就可用来测定古温度(Paleotemperatures)。当碳酸钙从海水中沉淀出来(进入生物壳体)时,相互间发生同位素交换反应,反应方程式为:

$$\frac{1}{3}CaC^{16}O_3 + H_2{}^{18}O \Leftrightarrow \frac{1}{3}CaC^{18}O_3 + H_2{}^{16}O$$

$$K=\frac{[CaC^{18}O_3]^{\frac{1}{3}}[H_2{}^{16}O]}{[CaC^{16}O_3]^{\frac{1}{3}}[H_2{}^{18}O]}=\frac{[CaC^{18}O_3]^{\frac{1}{3}}/[CaC^{16}O_3]^{\frac{1}{3}}}{[H_2{}^{18}O]/[H_2{}^{16}O]}$$

当反应到达平衡时,其平衡常数与温度间有确定的关系,即碳酸钙的氧同位素组成是温度的函数。当温度升高时，相对较轻的^{16}O由于有较高的活性，易于迁移，在同位素交换反应中将优先被吸收进入生物壳体中，致使^{18}O含量相对减少，$\delta^{18}O$值随温度的上升而下降，把上式中$[H_2{}^{18}O]/[H_2{}^{16}O]$比值当成为一个常数，用$\delta^{18}O$表示，

$$\delta^{18}O(\times 10^{-3})=\left[\frac{(^{18}O/^{16}O)_{\text{样品}}}{(^{18}O/^{16}O)_{\text{标准}}}-1\right]\times 1\,000$$

Epstein 等人(1953)首先根据软体动物贝壳得出标定海水古温度与$\delta^{18}O$有如下关系：

$$t(℃)=16.5-4.3(\delta S-\delta W)+0.14(\delta S-\delta W)^2$$

式中符号δ指样品与标准样品氧同位素比值间偏差的千分率，δS是生物壳体中氧同位素值，δW是水体的氧同位素值。1965 年 Craig 稍加修改得出：

$$t(℃)=16.9-4.2(\delta S-\delta W)+0.13(\delta S-\delta W)^2$$

O′Neil 等人(1969)测定了在接近平衡条件下无机沉淀的方解石的氧同位素值，得出该比值与水温的关系。Shackleton(1974)将 O′Neil 等人所得的关系式改成类似于 Epstein 等人上述公式的形式：

$$t(℃)=16.9-4.4(\delta S-\delta W)+0.10(\delta S-\delta W)^2$$

目前上述公式在古海洋学中使用得最为广泛。

伊米利阿米根据从加勒比海和赤道大西洋海底不同层次的沉积物岩心中分离的浮游有孔虫的$\delta^{18}O$的变化而绘成的古温度曲线(见图 8.3)，说明在过去 40 万年内经历了冰期、间冰期交替出现的 8 个主要气候循环。

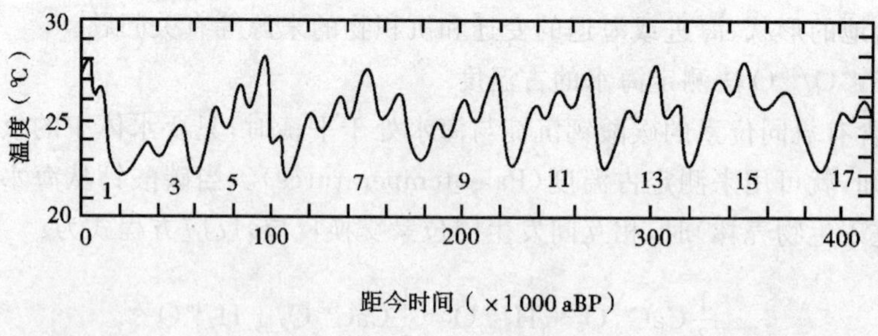

根据浮游有孔虫中$\delta^{18}O$的变化得出的，图中的数字代表各个气候时期

图 8.3 加勒比海表层水的温度曲线图

8.1.3.4 ^{15}N在海洋食物链各环节中的变化

测定北大西洋西部各种含N物质（N，NH_3，硝酸盐，溶解有机氮和各种生物体中N）中^{15}N与^{14}N的丰度比，随着海洋中食物链的增长而增大。例如溶解在海水中的N的$\delta^{15}N$值即

$$\delta^{15}N(\times10^{-3})=\frac{(\frac{^{15}N}{^{14}N})_{试样}-(\frac{^{15}N}{^{14}N})_{标准}}{(\frac{^{15}N}{^{14}N})_{标准}}$$

对于大气的$\delta^{15}N$为0.9×10^{-3}，这是海-气界面发生核素分馏的结果。对于硝酸盐、浮游植物和海藻中$\delta^{15}N$平均为7×10^{-3}；在浮游动物和鱼类中的$\delta^{15}N$分别为10×10^{-3}和15×10^{-3}。上述$\delta^{15}N$从简单物质到复杂物质，生物物种从低级到高级逐步增长的趋势表明：沿着海洋中食物链的增长，核素分级分离效应增大。至于NH_3，其$\delta^{15}N$对表层水为-3.5×10^{-3}，对深层水为$+7\times10^{-3}$。

8.1.3.5 $\delta^{13}C$在古海洋研究中的重要作用

1. 有孔虫的$\delta^{13}C$的应用

同位素分馏作用及其影响因素是利用同位素进行古海洋研究的理论基础。现已证明，$CaCO_3$质浮游有孔虫壳的$\delta^{13}C$值是海水中总溶解无机碳（$\sum CO_2$）$\delta^{13}C$（即海水同位素背景值）的函数。有孔虫的$\delta^{13}C$的应用举例如下：

（1）底栖有孔虫$\delta^{13}C$反映森林植被面积。Shackleton（1977）提出，陆地生物圈碳贮库的变化会影响海水中总溶解CO_2的$\delta^{13}C$组成。冰期时由于热带雨林等植被被冰席破坏而缩小，大量的^{12}C转移到大气中，通过海水与大气及海洋内部的水交换，造成冰期时的海水平均$\delta^{13}C$变轻。底层水不存在光合作用引起的$\delta^{13}C$分馏，故底栖有孔虫记录了平均大洋水总溶解CO_2的$\delta^{13}C$变化。因此，冰期时底栖有孔虫记录$\delta^{13}C$轻值，间冰期时底栖有孔虫记录$\delta^{13}C$重值。

（2）指示冰期-间冰期过渡时期大量冰融水的注入。浮游有孔虫的$\delta^{13}C$的变化可能是受上升流的影响，也可能是冰期-间冰期过渡时期大量冰融水的注入的结果。原因是淡水比海水具有更轻的$\sum CO_2$的$\delta^{13}C$值，当海水由于有较轻$\delta^{13}C$的淡水混入而使$\sum CO_2$的$\delta^{13}C$变轻时，浮游有孔虫的$\delta^{13}C$也变轻。钱建兴（1999）通过对东海255A岩芯浮游有孔虫记录与海平面变化曲线的对比，识别出了冰融水的注入事件。

（3）底栖与浮游有孔虫$\delta^{13}C$的差值$\Delta\delta^{13}C_{B-P}$反映的古生产力。光合作用合成有机质的$\delta^{13}C$约为-20×10^{-3}，故使表层海水$\delta^{13}C_{\Sigma CO_2}$升高；而深层水因为有机质（富$^{12}C$）的降解，故$\delta^{13}C_{\Sigma CO_2}$降低。这样浮游有孔虫的$\delta^{13}C_P$要重于底

栖有孔虫的 $\delta^{13}C_B$ 值。当冰期浮游生物生产力高(即有机质产量高)时,浮游有孔虫壳体的 $\delta^{13}C$ 必然偏重,而同期底栖有孔虫由于大量的有机质的降解而记录轻值。间冰期浮游生产力低时,两者的变化则相反。另外,从上面提到的森林植被面积效应来看,冰期时底栖有孔虫记录 $\delta^{13}C$ 轻值,间冰期底栖有孔虫记录 $\delta^{13}C$ 重值。因此,浮游有孔虫与底栖有孔虫 $\delta^{13}C$ 总是呈现相反的变化趋势,古生产力越高,$\Delta\delta^{13}C_{B-P}$绝对差值越大,因此,其变化在指示古生产力上很灵敏。

(4)底栖有孔虫碳同位素示踪深层水演化。$\delta^{13}C$ 值的地理分布格局,实际上是深水环流模式及其演变历史的反映,故根据深层水的 $\delta^{13}C_{\Sigma CO_2}$ 可以对深层水的滞留时间进行示踪。其基本原理是:深层水团在运移过程中会接收较多由有机碳降解所产生的 CO_2,由于有机碳降解所产生的 CO_2 具有轻的 $\delta^{13}C$,所以老的深层水 $\delta^{13}C_{\Sigma CO_2}$ 具有相对新水要轻的值。

2. 有机碳同位素 $\delta^{13}C_{org}$ 的应用

有机碳同位素 $\delta^{13}C_{org}$ 作为沉积记录中的有机物整体参数之一,在区分海洋与大陆有机物的来源方面具有重要作用。$\delta^{13}C_{org}$ 主要反映了光合作用、碳同化作用以及碳源的同位素组成。绝大多数陆地植物的光合作用主要通过 C_3 Calvin 途径,称为 C_3 植物。另外一些植物如甘蔗、玉米、高粱的光合作用主要通过 C_4 Hatch-Slack 途径,称为 C_4 植物。此外还有一些肉质植物通过 CAM 途径,由于其对海洋的有机质贡献很小,因此可以忽略。陆地植物通过 C_3 途径把大气 CO_2($\delta^{13}C \approx -7\times10^{-3}$)合成有机质,其 $\delta^{13}C$ 为 -27×10^{-3},而 C_4 植物的 $\delta^{13}C$则是 -14×10^{-3};对于海洋藻类来说,其有机碳的 $\delta^{13}C$ 值通常是$(-20\sim-22)\times10^{-3}$。故在陆源 C_3 植物与海洋藻类之间同位素差值大约为 7×10^{-3},这成了区分有机质来源的良好标志。

3. 单体分子碳同位素的应用

单体化合物的碳同位素分析为古环境研究开辟了新的途径。这种将色谱分离与同位素分析结合在一起的方法在探索有机物质来源、古环境信息等方面有着有机质整体的 $\delta^{13}C$ 和传统生物标志物不可替代的优点。这突出地表现在两点:不同生物有机体合成相同的生物标志物常常具有不同的碳同位素分馏,因而单体碳同位素值有来源方面的特异性;另外,只要该化合物碳骨架能完整保存,单体生物标志化合物 $\delta^{13}C$ 组成不像总有机质 $\delta^{13}C$ 那样会受降解作用的影响。

几乎所有的脉管植物都合成长链正构烷烃。应用 *n*-正构烷烃的碳同位素组成可以使原先不具特异性的正构烷烃具有特异性。大陆气候的变化可导致陆地植物类型变化,从而导致正构烷烃同位素的差异。植物运用不同的固碳途径，其产生的正构烷烃有着不同的碳同位素分馏值。例如，陆地上占绝对优势的 C_3 植物和 C_4 植物以及 CAM 植物，无论是其类脂物还是总有机物，都有着完全不同的 $\delta^{13}C$ 值。Bird 等(1995)应用这种不同植物间正构烷烃不同的碳同位素组成，追溯了澳大利亚北昆士兰约翰其通(Johnstone)河流域 C_3 和 C_4 植物数量的变化历史。由于该地区 19 世纪后期森林被砍伐并代之以种植甘蔗和作为牧场，$\delta^{13}C$ 同位素表现出 $+3\times10^{-3}$ 的偏移，而 6 000 年前 $+1\times10^{-3}$ 的偏移则表示向干旱气候的过渡或者是由于土著人对森林的砍伐和农业地燃烧的结果。Rieley 等(1991)比较了英格兰埃尔斯米尔(Ellesmere)湖沉积物中 n-C_{25} ～ n-C_{29} 正构烷烃的 $\delta^{13}C$ 值与附近树叶类脂物 $\delta^{13}C$ 组成，结果发现柳树叶是沉积物 n-正构烷烃的主要来源。Schoell 等(1994)发现，自早中新世到新中新世，藻类标志物和微生物标志物的同位素组成的差异增加是由于中新世加利福尼亚沿岸上升流加强的结果。沉积物中由浮游植物而来的 C_{27} 甾烷 $\delta^{13}C$ 几乎是常数 -25.4×10^{-3}，其值与该地区现代 C_{27} 甾醇的 -26.4×10^{-3} 非常接近。与此相对照，指示细菌的 C_{35} 藿烷的 $\delta^{13}C$ 却由早中新世的 -25×10^{-3} 降低至中中新生世的 -30.5×10^{-3}，记录了由于上升流作用加强，导致海洋上层冷而富含 CO_2 水增多的历史。

稳定同位素在海洋学上除了有上述应用外，还有其他一些应用。例如利用初生的 ^3He 作为水团的示踪剂；根据海水中硫酸盐的 $\delta^{34}S$ 值变化的趋势，可判断蒸发岩的沉积年代；可以利用 ^{13}C 和 ^{18}O 测定古海水的盐度等等。这一切表明，稳定性核素的测定，虽必须借助于质谱仪，但却能从另一角度研究海洋学的不少问题。

8.1.4 稳定同位素的其他应用

除了在海洋学上的应用外，稳定同位素在化学、生物化学、药理学、临床应用、农业研究以及环境科学中都有广泛应用。例如，在化学研究上，^{13}C，^{15}N 等对反应机制的研究提供便利；在生物化学中，稳定同位素研究法对阐明青霉素和头孢霉素的生物合成，曾起过显著的作用；在药理学中，稳定同位素可以作为示踪物来鉴定代谢物，作为生物液体中药物测定的内标，还可以用来研究药物的生物有效性等等。

8.2 海洋中的放射性核素(或放射性同位素)

8.2.1 海洋中 3 种放射性核素的简单介绍

海洋中的放射性核素可分为 3 类：①原生放射性核素及其子核素，这种核素从元素生成以来就已经存在，寿命很短；②宇宙射线产生的放射性核素，它是在宇宙射线物质的连续冲击下生成的，半衰期比较短；③人工放射性核素，它是由人类活动所产生的。例如,核武器的裂变产物和原子能发电站的废物。

海水中的放射性核素主要是由^{40}K,^{87}Rb和U产生的,其余所有放射性核素的浓度都很低。只在近10年中,随着核辐射测量技术的发展才有可能详细地研究天然环境中这些核素的浓度。

现在,就上述的3种放射性核素简单介绍如下。

8.2.1.1 原生放射性核素

海水总放射性主要是由^{40}K,^{87}Rb和U产生的,其他放射性核素的浓度很低,其中90%以上是由^{40}K(半衰期1.29×10^9 a)产生的,^{40}K仅占天然钾成分的0.011 8%。这种核素通过β衰变和K电子俘获两个途径分别产生两种稳定的核素^{40}Ar和^{40}Ca。

海水中Rb的含量为1.4μmol·dm^{-3},其中^{87}Rb(半衰期4.8×10^8 a)占27.85%,它所产生的放射性少于1%。这种核素通过β衰变产生^{87}Sr。

从海洋科学的观点出发,认为更重要的是铀、钍和锕铀衰变系列的成员。海水和表层沉积物中,这些天然放射性核素的浓度,见表8.2。

表8.2 海水和表层沉积物中天然放射性核素的浓度和半衰期

同位素	半衰期	衰变型	海水中的浓度 (g·dm^{-3})	表层沉积物的浓度 (g·dm^{-3})
^{238}U	4.51×10^9 a	α	3.2×10^{-6}	1×10^{-6}
^{235}U	7.1×10^4 a	α	2.1×10^{-8}	7×10^{-9}
^{234}U	2.47×10^5 a	α	1.6×10^{-10}	8×10^{-11}
^{234}Pa	1.175 min	β	1.4×10^{-19}	4.7×10^{-20}
^{234}Pa	3.25×10^1 a	α	5×10^{-10}	1×10^{-11}
^{234}Th	24.10 d	β	4.3×10^{-17}	1.4×10^{-17}
^{232}Th	1.41×10^{10} a	α	1×10^{-9}	5×10^{-6}
^{231}Th	25.52 h	β	8.6×10^{-20}	2.9×10^{-30}
^{230}Th	8.0×10^1 a	α	2×10^{-11}	1×10^{-9}
^{228}Th	1.910	α	4×10^{-14}	7×10^{-15}
^{227}Th	18.2 d		$<7\times10^{-20}$	1.3×10^{-17}
^{228}Ac	6.13 h	β	1.5×10^{-21}	2.4×10^{-10}
^{227}Ac	21.6 a	β,α	$<1\times10^{-15}$	5.9×10^{-15}
^{228}Ra	6.7 a	β	1.4×10^{-17}	2.3×10^{-15}

（续表）

同位素	半衰期	衰变型	海水中的浓度 $(g\cdot dm^{-3})$	表层沉积物的浓度 $(g\cdot dm^{-3})$
^{226}Ra	1.602 a	α	1.0×10^{-13}	4.0×10^{-12}
^{224}Ra	3.64 a	α	2.1×10^{-20}	3.4×10^{-18}
^{223}Ra	11.435 d	α	$<4.1\times10^{-20}$	8.5×10^{-18}
^{223}Fr	22 min	β	$<7\times10^{-24}$	1.4×10^{-21}
^{222}Rn	3.8229 d	α	6×10^{-19}	2.5×10^{-17}
^{220}Rn	55.3 s	α	3×10^{-24}	5.4×10^{-22}
^{219}Rn	4.00 s	α	$<2\times10^{-30}$	3.1×10^{-23}
^{218}Po	3.05 s	α	3×10^{-22}	1.4×10^{-20}
^{216}Po	0.145 s	α	1×10^{-26}	1.7×10^{-24}
^{215}Po	1.778×10^{-3} s	α	$<8\times10^{-30}$	1.4×10^{-26}
^{214}Po	1.64×10^{-1} s	α	3×10^{-28}	1.1×10^{-27}
^{212}Po	3.04×10^{-7} s	α	1×10^{-32}	2.4×10^{-29}
^{211}Po	0.52 s	α	$<7\times10^{-29}$	1.2×10^{-26}
^{210}Po	138.40 d	α	2×10^{-17}	8.8×10^{-16}
^{214}Bi	19.7 min	β	2×10^{-21}	8.8×10^{-20}
^{212}Bi	60.60 min	β,α	2×10^{-22}	3.7×10^{-24}
^{211}Bi	2.16 min	α,β	$<5\times10^{-24}$	1.0×10^{-21}
^{210}Bi	5.013 d	β	7×10^{-19}	3.1×10^{-17}
^{214}Pb	26.8 min	β	3×10^{-21}	1.2×10^{-19}
^{212}Pb	10.64 h	β	2×10^{-21}	3.9×10^{-19}
^{211}Pb	36.1 min	β	$<9\times10^{-23}$	1.6×10^{-20}
^{210}Pb	20.4 a	β	1×10^{-15}	4.5×10^{-14}
^{208}Tl	4.19 min	β	4×10^{-24}	6.7×10^{-22}
^{207}Tl	4.79 min	β	$<1\times10^{-23}$	2.1×10^{-21}

（引自堀部纯男，1975）

3 个主要的衰变系列如下：

1. 铀系列

$$^{238}U \xrightarrow[4.49\times10^{9}\ a]{\alpha} {}^{234}Th \xrightarrow[24.10\ d]{\beta^-} {}^{234}Pa \xrightarrow[1.18\ min]{\beta^-} {}^{234}U \xrightarrow[2.48\times10^{5}\ a]{\alpha} {}^{230}Th \xrightarrow[7.5\times10^{4}\ a]{\alpha}$$

（占 U 的 99.27%）　　　　（占 U 的 0.005 6%）

$$^{226}Ra \xrightarrow[1\,622a]{\alpha} {}^{222}Rn \xrightarrow[3.83d]{\alpha} {}^{218}Po \xrightarrow[3.05min]{} \text{短寿命子体} \rightarrow {}^{210}Pb \rightarrow {}^{206}Pb$$

（稳定铅同位素）

2. 钍系列

$$^{232}Th \xrightarrow[1.39\times10^{10}a]{\alpha} {}^{228}Ra \xrightarrow[6.7a]{\beta^-} {}^{228}Ac \xrightarrow[6.13h]{\beta^-} {}^{228}Th \xrightarrow[1.91a]{\alpha} \cdots {}^{208}Pb$$

（100％Th）　　　　（稳定铅同位素）

3. 锕铀系列

$$^{235}U \xrightarrow[7.1\times10^{8}a]{\alpha} {}^{231}Th \xrightarrow[25.6h]{\beta^-} {}^{231}Pa \xrightarrow[3.43\times10^{4}a]{\alpha} {}^{227}Ac \xrightarrow[21.8a]{\beta^-} {}^{227}Th \xrightarrow[18.4d]{} \cdots {}^{207}Pb$$

（占U的0.72％）　　　　（稳定铅同位素）

这些系列所包括的元素，具有各种各样的生物地球化学行为。因此，这些放射性核素在海洋中不是处于永久平衡状态，特别是Th和Pa能很快地从海水中消失而进入沉积物中。这就使得这些元素的同位素浓度与U的浓度比值比平衡值低得多（见表8.2）。^{230}Th和^{238}U及^{231}Pa和^{235}U之间是最不平衡的，它们的比值分别只有平衡值的0.05％～0.2％。上述的数据表明：这些核素在海洋中的停留时间约100年。

这3个衰变系列分别起始于^{238}U，^{235}U和^{232}Th，终止于^{206}Pb，^{207}Pb和^{208}Pb。海洋中这3个放射系的核素，主要来源于大陆。海水中U的3种天然同位素^{238}U，^{235}U和^{234}U，主要以$UO_2(OH)_3^-$和$UO_2(CO_3)_3^{2-}$两种络合阴离子形式存在，故分布比较均匀，平均含量约为3 $\mu m \cdot dm^{-3}$，而且$^{234}U/^{238}U$一般为1.14。在海洋沉积物中，铀的分布从近岸向外洋递减，近岸处的含量大约3.0 $\mu m \cdot dm^{-3}$，陆架区约2.5 $\mu m \cdot dm^{-3}$，外洋约1.4 $\mu m \cdot dm^{-3}$。在富有磷酸盐和有机物的缺氧沉积物中，含U量通常较高。

Th在海水中多以颗粒状态存在，分布不均匀，极易与悬浮物质结合而沉积到海底。由于U和Th的存在状态的差异，海水中的Th/U值大约为岩石圈的1/300。中国沿海的海水中，U和Th的含量分别为3 $mg \cdot dm^{-3}$和0.001～0.015 $mg \cdot dm^{-3}$。而在海水中，^{226}Ra和其母体^{230}Th恰恰相反，容易从沉积物中溶解出来。因此，Ra的浓度随深度增加而增加（图8.4）。在所有的深度，Ra的浓度比根据与溶解的^{230}Th（^{226}Ra的母体）平衡所算出的浓度大得多。Ra的这种分布和不平衡是由于从沉积物中扩散进入海水所引起的。然而，从表层下沉的骨骼及其在深水中重新溶解也可能起作用。在海底中部附近地区的海水，^{222}Rn的含量有明显的增加。这是由于沉积物中^{226}Ra衰变的结果。

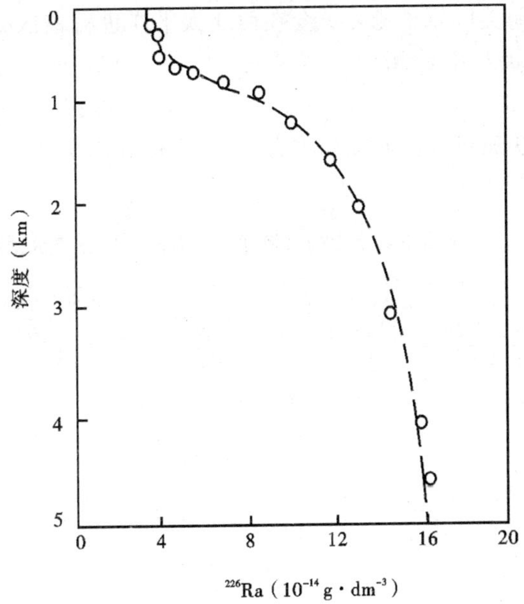

图 8.4　东北太平洋镭的分布图

8.2.1.2 宇宙射线产生的放射性核素

宇宙射线是由宇宙空间射到地球上的高能粒子流。当这些宇宙射线微粒到达地球表面时，相当一部分的微粒具有超过一些原子核结合能的能量。这些微粒的能量大部分被大气中一些气体（如氧、氮和氢）的原子所吸收，从而使吸收能量的气体分裂成稳定的和不稳定的比母体轻的原子核。中子俘获反应也产生一些核素。所有这些宇宙射线产生的核素逐渐地分布在大气的底层、海洋和陆地。这些核素的半衰期从几分之几秒到 10^6 年以上。到目前为止，已检测到 20 多种。但其中只有几种有足够长的半衰期，对海洋的研究有一定价值（见表 8.3）。在各种储库中，这些核素的放射性浓度都很低，要测定它们较为困难。通常，在用先进的低本底计数装置测量之前，需要从大量的水样中分离和浓缩这些核素。

在海洋学上应用比较多的宇宙射线产生的核素是 ^{14}C 和氚（即 ^{3}H）。这两种核素在核武器爆炸时也会产生。它们已用来作为测定混合过程速率的示踪剂。

氚是氢的放射性同位素。它是由空气中某些分子的散裂以及次级中子与氮的相互作用所产生的。除此之外，来自太阳的射线中也有 ^{3}H 直接射入大气中。氚生成以后，大多数被氧化并随着降雨或降雪落在海洋中。氢弹爆炸也会产生氚。如在 1952 年表层海水中氚的含量仅 0.2 TU（氚单位*），但 1954 年 3

* 1 氚单位：以每 10^{18} 个氢原子中含 1 个氚定为 1 氚单位（tritium unit）。

月1日至5月中旬美国原子能委员会在西北太平洋进行核试验后，1968～1972年在北太平洋表层水中检测到氚含量为(2～15)TU，南太平洋表层海水中(0.4～2)TU。氚的半衰期比较短(12.3年)，这就限制了它在海洋学上的应用。但对海洋上一些快速过程的研究如垂直混合、表层和深层水体的交换等可用氚作为示踪剂。

表 8.3 宇宙射线产生的对海洋研究有意义的核素的数据

放射性核素	半衰期(a)	大气产生的总速率($atoms\cdot cm^{-2}\cdot s^{-1}$)	海水中的平均比度		在各种储库中，放射性核素的相对比例				
			$dpm\cdot tom^{-1}$水	$dpm\cdot g^{-1}$元素	平流层	对流层	混合大洋层	深海大洋层	海洋沉积物
^{7}Be	0.146	8.1×10^{-2}	—	—	0.60	0.11	0.28	3×10^{-3}	0
$^{3}H_b$	12.3	0.25	36	3.3×10^{-4}	0.8×10^{-2}	4×10^{-2}	0.506	0.43	0
^{39}Ar	270	5.6×10^{-3}	2.9×10^{-3}	5.0×10^{-3}	0.16	0.83	5×10^{-4}	3×10^{-3}	0
^{32}Si	500	1.6×10^{-4}	2.4×10^{-2}	8.0×10^{-3}	1.9×10^{-3}	1.1×10^{-4}	5×10^{-2}	0.95	4×10^{-2}
$^{14}C_e$	5 730	2.5	260	10	3×10^{-3}	6×10^{-3}	2.3×10^{-2}	0.91	10^{-2}
^{36}Cl	3.1×10^{6}	1.1×10^{-3}	0.56	3×10^{-5}	10^{-4}	6×10^{-8}	2×10^{-2}	0.98	0
^{26}Al	7.4×10^{6}	1.4×10^{-4}	1.2×10^{-5}	1.2×10^{-3}	1.3×10^{-6}	7.7×10^{-8}	2×10^{-2}	10^{-4}	0.999
^{10}Be	2.6×10^{6}	4.5×10^{-2}	10^{-3}	1.6×10^{-3}	3.7×10^{-7}	2.3×10^{-8}	8×10^{-6}	1.4×10^{-4}	0.999

a. 用衰变数/分(dpm)表示；b. 包括存在于大陆圈的^{2}H；c. 包括存在于生物圈和腐殖质的^{14}C。

^{14}C是通过上层大气中的氮俘获中子而产生的，并立即氧化CO_2，最后参与海洋中的CO_2的循环。^{14}C的寿命较长(半衰期5 730年)，可用来研究深水环流模式，确定大洋水团的绝对年龄。除此之外，^{14}C的测量为研究深海沉积物的沉积速率提供了一种非常有用的方法。

到目前为止，除了氚和^{14}C以外，宇宙射线产生的其他核素浓度都很低，在海洋学上的价值比较小。

8.2.1.3. 人工放射性核素

在核武器爆炸或从原子能发电站释放核能时，产生多种放射性核素。这些核素通过两条途径进入海洋，一是直接的途径，例如在海面下进行核武器试验。二是间接途径，即核武器爆炸后产生的这些核素经由大气以放射性散落物落入海中，构成了存在于海洋中的人工放射性核素的主要来源。此外，某些核能发电站把一些低放射性的废物排入沿岸水中；或把一些密封的高放射性的废物倾泻入深海中；或核潜艇发生偶然事故等。这些都是海洋人工放射性核素的来源。

核武器爆炸所产生的200多种核素，原子序的范围从30(Zn)到66(Dy)，而且核裂变以后就产生核反应从而产生一些新的核素，例如^{3}H，^{24}Na，^{65}Zn，^{59}Fe，

^{14}C, ^{31}Si, ^{35}S, ^{54}Mn 和 ^{60}Co。如果核裂变是在海水中进行，那么诱生核反应就更容易发生。因为海水中含有许多元素，例如威力为 100×10^4 t 的原子弹在海水中爆炸时的诱生核素列于表8.4中。这些核素的寿命大多数是很短的，对海洋长期的放射性没有贡献。在爆炸以后的最初几个星期，大部分的核裂变产物的放射性是由半衰期短的核素例如 ^{143}Pr(13.7天)，^{140}Ba(12.8天)和 ^{117}Nd(11.3天)所造成的。但是，1年以后，^{144}Ce 和 ^{95}Zr 及它们的子体 ^{144}Pr 和 ^{95}Nb 大约占总放射性的75%。20年以后，90%以上的放射性是由 ^{90}Sr(28年)，^{137}Cr(30年)和它们的子体产生的。对半衰期长的和有潜在危害性的核素在海洋中的分布，已进行了一些研究。这些研究表明，在试验区的西北太平洋的表层水中，^{90}Sr 和 ^{137}Cs 的含量 $(80\sim480)\times10^{-12}$ Ci $^{137}Cs\cdot dm^{-3}$ 比东太平洋和北大西洋表层水中的含量 $(5\sim23)\times10^{-12}$ Ci $^{137}Cs\cdot dm^{-3}$ 要高得多。

表8.4 威力 100×10^4 t 的原子弹在海水中爆炸时的诱生核素

元素	核素	$T_{1/2}$	诱生放射性(Cl)		
			刚生成时	24小时后	10天后
Na	^{24}Na	14.97h	4.4×10^8	1.5×10^8	0.7×10^4
K	^{42}K	12.44h	2.8×10^7	7.3×10^5	0.6×10^3
Ca	^{40}Ca	163d	4.7×10^4	4.7×10^4	4.5×10^4
Mg	^{27}Mg	9.4min	5.1×10^{10}	0.0	0.0
Cl	^{38}Cl	37.3min	1.4×10^{10}	0.03	0.0
Br	^{80}Br	4.54h	5.4×10^6	1.4×10^5	6.9×10^4
S	^{35}S	87.1d	1.0×10^5	1.0×10^5	1.0×10^4

由于原先表层海水中基本上没有这些人工放射性核素，因此，这些核素的引入，为表层与深层水混合速率的研究提供一种有用的方法。

8.2.2 放射性核素在海洋中的应用

8.2.2.1 作为海流运动的示踪剂

人工放射性核素可用作海流运动的示踪剂，判别海流的方向并测定其流速。例如1954年3月1日中至5月中旬，美国原子能委员会在太平洋中的比基尼和叶尼威特克环礁进行一系列的核爆炸试验(称为城堡试验)，并对放射性进行观测，他们用硫酸钡和氢氧化铁把核裂变产物从海水中共沉淀下来，然后测定裂变产物β射线的强度。主要结果如下：①海水表层的放射性水平分布如图8.5所示。可见放射性物质大部分自环礁向西北方向输送，可能是西南方向有一部分逆流。由放射性物质的流动推测北赤道海流的平均流速为 $0.7\ m\cdot s^{-1}$。

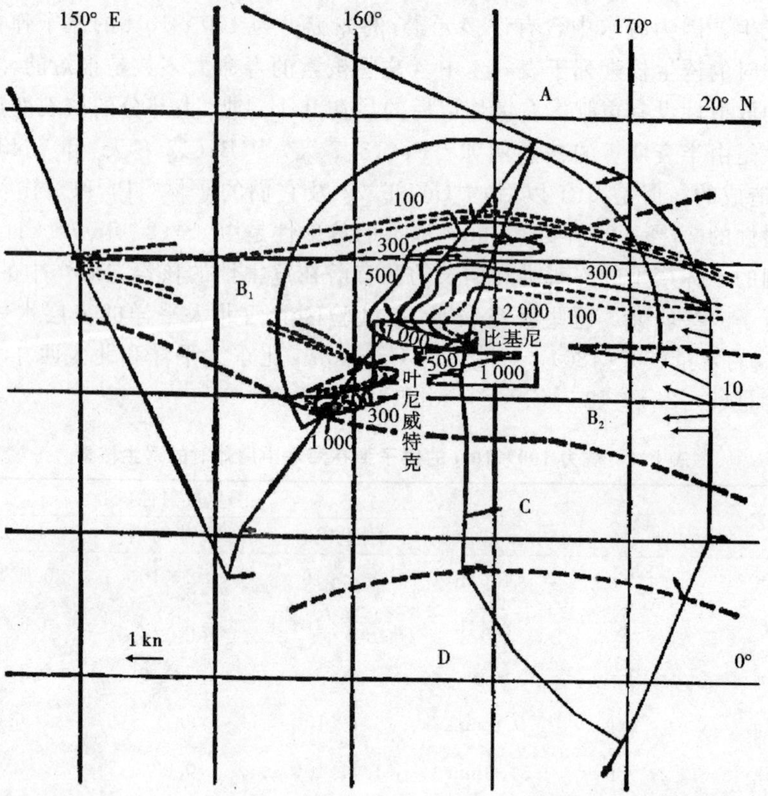

图中数字表示放射强度，也表示水系、流速的分布及观测线编号

图 8.5　海水放射性的水平分布图(表面)

沿两个环礁形成不太明显的不连续线，而逆流向东延伸达1 000 km多。放射性物质之所以有分支可能就是因为存在此不连续线之故。②核试验结束1个月后，在比基尼以西450 km处的表层海水中检测到最高的放射性，其强度为9.1 $\times 10^4$ dpm·dm^{-3}，计算其流速为17.36 cm·s^{-1}。③4个月后，放射性裂变产物发生大规模的平移和扩散，在比基尼西北偏西2 000 km处的海域检测到放射性强度为1 000 dpm·dm^{-3}，并沿着北赤道流而扩散着。在浮游生物中检验出最高的放射性为8×10^5 dpm·g^{-1}(鲜重)。根据4个月和2 000 km可计算海流流速约为20 cm·s^{-1}。④9个月后，美国原子能委员会在斯克普斯海洋研究所(加利福尼亚大学)和华盛顿大学应用水产系的共同工作下，继续进行调查，在海水中检测到的最高值为570 dpm·dm^{-3}，污染海域已移动到菲律宾的吕宋岛。

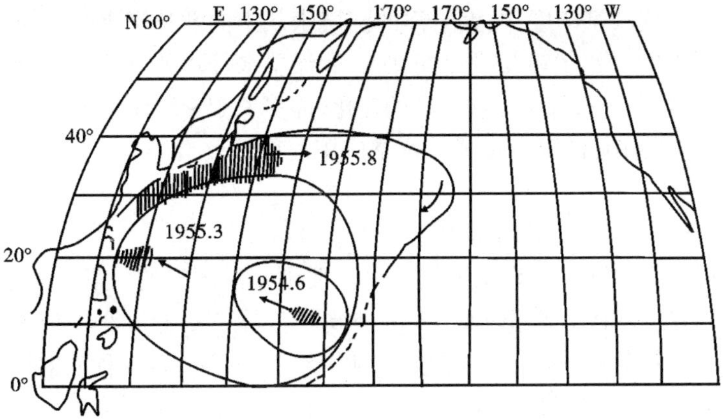

图 8.6　北太平洋区放射性污染分布图(阴影部分为污染中心)

这说明,放射性物质随北赤道流向西运动。⑤1955 年夏,该委员会与加拿大、日本和美国合作,对太平洋进行了观测(NORPAC)。研究结果(见图 8.6)表明,放射性物质在北太平洋西部广大地区扩散着,最高放射性沿日本列岛成带状扩展。也就是说,在日本沿岸流域的黑潮流观察到最大的放射性。这说明北赤道海流和黑潮流是连接着的。

综上所述,利用人工放射性核素的时、空分布,跟踪海流运动,就可摸清流系,弄清流向并估算其流速。

8.2.2.2 海水年龄的测定

某水分子从表层迁移到深层所经历的时间,称为“海水的年龄”。要确定海水的年龄,有一种方法是利用^{14}C作为海水示踪剂,这是因为海水中^{14}C的活度取决于所研究的水体的年龄及该水体与^{14}C的活度不同的各种水团的混合程度。故可用所测水体样品相对于标准平均大洋水(SMOW)的^{14}C富集的千分率$\delta^{14}C$表示此水体的年龄。

$$\delta^{14}C=\left[\frac{(^{14}C/^{12}C)_{样品}}{(^{14}C/^{12}C)_{SMOW}}-1\right]\times 1\,000$$

$\delta^{14}C$的值越大,水体的年龄就越大,反之亦然。例如,根据测定的结果,印度洋和太平洋的表层水的$\delta^{14}C$在$(-100\sim10)\times10^{-3}$的范围内,而在深于3 000 m 的大洋水中,$\delta^{14}C$的平均纬度变化为:大西洋的$\delta^{14}C$由北向南减小,从北纬40°的$-90\times10^{-3}$降到南纬 40°的$-140\times10^{-3}$,说明北大西洋深层水在向南移动的过程中逐渐老化;与此相反,印度洋的$\delta^{14}C$从南纬 45°的-140×10^{-3}降到北纬 8°附近的-220×10^{-3},太平洋从南纬 45°的-180×10^{-3}降到北纬 45°附近的

-240×10^{-3}，反映了印度洋、太平洋的深层水从南向北逐渐老化。可见在世界大洋的深层水中，最“年轻”的是北大西洋的深层水，最“老”的是北太平洋的深层水。上述 $\delta^{14}C$ 的分布随深度和纬度的变化，证实了 H·施托梅尔在 1959 年提出的大洋深层水大循环的理论模式。这是应用放射性核素研究大洋环流的一大成就。

8.2.2.3 沉积物的沉积速率的测定

海洋沉积物的沉积速率是根据 3 种主要测年法测定的。第 1 种是 ^{14}C 测年法。第 2 种方法是利用 ^{230}Th 和 ^{231}Pa 两种放射性同位素，这两种同位素是由溶解于海水内的铀衰变而成的。第 3 种方法利用放射性 ^{40}K。这 3 种放射性同位素都用于测定深海沉积物的年龄，而且也可同时测定沉积物的沉积速率。

$$N=N_0e^{\lambda t}$$
$$\ln N=\ln N_0-\lambda t$$

设沉积深度为 D，沉积速率为 S_r，那么 $t=\dfrac{D}{S_r}$

$$\ln N=\ln N_0-\lambda\frac{D}{S_r}$$

由 $\ln N$ 对 D 作图，由斜率 $=-\dfrac{\lambda}{S_r}$ 就可求沉积速率 S_r。

8.2.2.4 研究大尺度的海洋混合过程

同位素示踪剂提供了一种研究海洋内发生的混合过程的方法。为了利用 ^{14}C 在海水中的分布以及计算各种水团的平均逗留时间，通常假设海洋-大气体系由一系列彼此分开而内部很好混合的贮池所组成。已提出这类箱式模型有最简单的两层模型和比较复杂的八箱模型等。以某种模型为基础，研究 ^{14}C 在海洋-大气界面的交换及其在海洋中的混合，可算出海水的逗留时间，还可算出二氧化碳的海-气交换速率及其在各层海水之间的交换速率。一般的结论是：太平洋深层水的逗留时间为1 000～1 600年；大西洋深层水的逗留时间约为太平洋深层水的一半，表层水的逗留时间仅有 10～20 年。

宇宙射线产生的天然放射性同位素（^{14}C 及 ^{32}Si）和 U 及 Th 衰变而成的天然放射性同位素（^{226}Ra，^{228}Ra 与 ^{222}Rn）可用来确定海中扩散混合和移流混合的绝对速率。人工放射性同位素（^{14}C，^{3}H，^{90}Sr 及 ^{137}Cs）则提供了主温跃层内发生的混合过程的强有力示踪物。虽然这些同位素的潜力是很清楚的，有关它们的测定方法也是有效的，但大规模地调查它们的丰度只是最近才开始进行。待到这些调查完成后，我们将可以作意义深远的解释：放射性同位素分布应当说明海中有关的混合过程。

此外,还可利用^{14}C研究气体在海洋和大气之间的交换速率和深层水的上升规律;利用^{228}Ra研究表层水在水平方向的混合速率;利用^{32}Si研究近岸水的混合过程;用$^{3}H-^{3}He$法测定深层水的年龄;利用$^{40}K-^{40}Ar$法测定洋盆的年代,验证海底扩张学说。

8.2.3 放射性同位素的其他应用

除了在海洋学上的应用外,还可利用放射性同位素衰变时发射出的射线(即所谓核辐射)与海水介质相互作用如吸收或散射的原理,对含沙量进行测量,即同位素测沙法。目前各种同位素测沙仪不仅可用于测量河水含沙量,还可以与压力传感器相配合测量海水水深(即压力-密度法测量水深),又可与电磁流速仪等仪器相配合测量悬移质断面输沙率。只要改变一下探头的结构,就可以测量工业过程中的物料浓度(矿浆浓度),并与电磁流量计相配合测量质流率。还可用于沉降分析中,测定泥沙(或物料)的颗粒级配曲线。

8.3 新生产力的估算

新生产力是新的可利用 N,如 $NO_3^- -N$ 相关联的初级生产力。它被定义为从河流上升流递送的营养盐所证实的那部分净初级生产力。为表示方便,常给出其占初级生产力的百分数,f。估算生产力的方法很多,具体见表 8.5。

表 8.5　世界各海域新生产力的估算值

研究海域	研究季节	新生产力 ($mmol \cdot m^{-2} \cdot d^{-1}$)	估算方法	研　究　者
赤道太平洋 (12°N～12°S)	春、秋	1～7	$^{234}Th/^{238}U$ 不平衡 三维模型	Buesseler, *et al*, 1995
赤道太平洋	春	2	$^{234}Th/^{238}U$ 不平衡	Bacon, *et al*, 1995
赤道太平洋 140°W 断面	春	17	$^{228}Ra-NO_3^-$ 法	Ku, *et al*, 1994
赤道太平洋 140°W 断面	春、秋	10～20	^{15}N 同位素	McCarthy, 1995
赤道太平洋 中部及东部海域	冬	39	NO_3^- 的物理过程输送计算	Chavez, Barber, 1987
		27	^{14}C 吸收	Chavez, Barber, 1987
赤道太平洋	春	5～12	$^{15}NO_3^-$ 吸收法	Murray, *et al*, 1994
		3.8	沉积物捕集器	Murray, *et al*, 1994
		2.4	$^{230}Th/^{238}U$ 不平衡	Murray, *et al*, 1994

(续表)

研究海域	研究季节	新生产力 (mmol·m^{-2}·d^{-1})	估算方法	研 究 者
		1.0～2.1	$^{230}Th/^{238}U$ 法	Luo, *et al*, 1995
		70	O_2 净生产速率法	Bender, *et al*, 1994
百慕大附近海域 2 年时间序列		9.3～12.3	^{3}He 法	Jenkins, Wallace, 1987
赤道太平洋	夏	1.5～17.5	$^{234}Th/^{238}U$ 不平衡	Murray, *et al*, 1989
北大西洋	春	5.0～1.0	$^{234}Th/^{238}U$ 不平衡,非稳态	Buesseler, *et al*, 1992
南沙海域	秋、冬	2.9～28.7 3.8～32.4	$^{234}Th/^{238}U$ 不平衡	陈敏,黄奕普等,1996

思考题

1. 概述海洋同位素在海洋科学上的作用。
2. 大洋水中氢、氧同位素的变化情况如何?
3. 试述同位素(稳定的和放射的)在海洋中的应用,举两例详细叙述。

参考文献

1 郭锦宝. 化学海洋学. 厦门:厦门大学出版社,1997

2 张正斌,陈镇东,刘莲生,等. 海洋化学原理和应用——中国近海的海洋化学. 北京:海洋出版社,1999

第9章　海洋学和化学的若干原理和理论

根据第1章导论中的图1.1海洋化学理论体系，纵横交织示意图的“横”向理论和原理，例如海洋界面作用、海洋酸-碱作用、海洋氧化-还原作用、海洋沉淀-溶解作用和海洋络合作用已在本书前几章中论述。本章至第12章主要论述“纵”向的海洋学和化学特有的基本原理、理论和模式，以及图1.1中的三大“纵向”理论和原理：化学平衡和化学动力学理论、生态系和海洋生物地球化学原理和物质全球循环原理。

9.1 海水中主要溶解成分的恒比定律

18世纪以来，人们对海水中的主要溶解成分进行了许多分析和研究。1819年A·M·马赛特(Marcet)分析了取自大西洋、北冰洋、波罗的海、黑海等海区的14个水样，发现虽然Mg^{2+}，Ca^{2+}，Na^{+}，Cl^{-}，SO_4^{2-}等5种成分在不同水样中的含量各不相同，但上述主要成分含量的比值是处处相同。1884年Anaersonian大学的W·迪特马尔(Dittmar)分析了1873～1876年间“H·M·S·挑战者”号航程(12×10^4 km)在世界主要大洋和海区的不同深度采样的77个水样，根据($Cl^{-}+Br^{-}$)，SO_4^{2-}，CO_3^{2-}，K^{+}，Na^{+}，Ca^{2+}，Mg^{2+}等7种成分的含量，证实了海水主要溶解成分的恒比关系。恒比定律表示：Mg^{2+}或Ca^{2+}在A点上的含量可能是1.294或0.411 7 g·kg^{-1}，在B点上的含量可能是1.281或0.410 6 g·kg^{-1}，则在A点Mg/Cl比值为0.066 80，在B点也一定是0.066 80。对恒比定律应作如下几点说明：

(1)引论1：相对于海水混合速度而言，河流带入海洋中主要成分的速度是慢的。但在河口区往往不遵循这一规律。一般来说，河水的溶解成分及其含量与大洋水不同，例如海水中溶解成分含量：$Na^{+}>Mg^{2+}>Ca^{2+}$；$Cl^{-}>SO_4^{2-}>HCO_3^{-}$(包括$CO_3^{2-}$)。世界河水中溶解成分的平均含量：$Ca^{2+}>Na^{+}>Mg^{2+}$，以及$HCO_3^{-}$(包括$CO_3^{2-}$)$>SO_4^{2-}>Cl^{-}$。因此河口区海水受河水的影响，$Mg^{2+}/Cl^{-}$，$Ca^{2+}/Cl^{-}$，$Na^{+}/HCO_3^{-}$(包括$CO_3^{2-}$)比值等都不可能遵循恒比定律。

(2)引论 2：主要组分的浓度对区域性生物和地球化学过程不敏感。这也往往有若干例外：①生物的影响。上层海水中生物在生长繁殖过程中吸收 Ca^{2+} 和 Sr^{2+} 等溶解成分，其残骸在下沉和分解过程中将 Ca^{2+} 和 Sr^{2+} 释放于水中，其循环与海水营养盐类似。因此在深层和中层水中，Ca^{2+}/Cl^- 或 Sr^{2+}/Cl^- 比值大于表层水。②结冰和融冰的影响。例如海水在高纬度区结冰时，Na_2SO_4 会进入冰晶之中，故结冰后海水的氯度比值降低，融冰时则相反。③海底热泉的影响。海底热泉的含盐量很高，例如在红海海盆中心区 2 000 m 深处的热泉，水温 45～48℃，盐度 255～326，使附近海水中溶解成分的氯度比值与一般海水有很大差别。

(3)恒比定律不适用于少量（或微量或痕量）成分。例如营养盐（PO_4^{3-}，NO_3^- 等）、海水中微量元素（Hg，Cu，Pb，Zn，Cd 等）、海洋生物密切相关的“生命元素”（溶解气体 O_2 和 CO_2）等。

(4)恒比定律并非指海水之过去和未来都有相同的比值。例如未来 100 年中，由于大量燃烧矿物燃料而使 CO_2 排入大气，也有一部分被分布入海水，总无机碳对氯度的比值可能会增大。恒比定律亦随溶解氧的影响，在缺氧或无氧海区，由于硫酸盐还原菌滋生，将 SO_4^{2-} 还原成 H_2S，使 SO_4^{2-} 与氯度的比值变小。例如黑海表层水中，SO_4^{2-} 的氯度比值为0.140 0，在2 000 m 的水层中，降低为 0.136 1。

(5)恒比定律表明，即使海洋多处的化学、生物、地质和水文状况各不相同，但其主要成分的含量变化很小，这就是称海洋中主要成分的浓度为保守性质的原因。然而这么说并非指这些成分未经化学反应，而是说它们的浓度大到足以掩蔽海洋过程效应而未产生动摇恒比定律的后果。

9.2 海水状态方程式

海水，同任何单相热力学体系一样，可用表征海水体系定量面貌的一些物理量来描述其特性，这些量称为参数。对海水而言，状态参数主要指质量、容积、密度（比重或比容）、压力、温度和盐度等。前面几个是力学参数，温度是热力学参数，而与电导相关的盐度是物理化学参数。海水状态方程式是联系海水的上述状态参数关系数学方程式。应用海水状态方程式，不仅可由一般海洋调查观测的温度、盐度和压力等资料，计算出海洋现场难以精确测得的海水密度和比容。还可进一步求得许多重要的热力学函数。例如海水压缩系数和热膨胀系数，等温压缩系数又可用于计算高压海水声速和海水垂直稳定度（布伦特-维赛拉频率），热膨胀系数在绝热温度梯度的计算中是必需的。由海水状态方程式所导出的精密度很高的比容资料有助于分析大洋水团的运动和分层现象，还可用来确定作为温度、压力和盐度函数的偏摩尔体积。偏摩尔体积在化学平衡压力效应的计算中是至关重要的。由上可见海水状态方程式是海洋化学最基本的理论方程式，并具有重要的应用价值。

在《海洋物理化学》专著中已对海水状态参数和海水状态方程式作了详述，本书只介绍 UNESCO 推荐使用的海水状态方程式。

UNESCO 高压状态方程式为

$$\frac{PV_{\mathrm{STO}}}{V_{\mathrm{STO}}-V_{\mathrm{STP}}}=K^0+AP+BP^2=K \tag{9.1}$$

或

$$\rho_{\mathrm{STP}}=\rho_{\mathrm{STO}}\left(1-\frac{P}{K^0+AP+BP^2}\right) \tag{9.2}$$

式中，P 为压力，K 和 K^0 为压力 P 和 0.1 MPa 下的正割体积弹性模量，ρ_{STP} 和 ρ_{STO} 为现场(压力为 P)和 0.1 MPa 下的海水密度。

其中

$$\rho_{\mathrm{STO}}=P_{\mathrm{W}}+bS=cS^{3/2}+d_0S^2$$

$$\left.\begin{aligned}&K^0+K_{\mathrm{W}}+fS+gS^{3/2}\\&A=A_{\mathrm{W}}+iS+j_0S^{3/2}\\&B=B_{\mathrm{W}}+mS\end{aligned}\right\} \tag{9.3}$$

下角 W 代表纯水，式中 $K_{\mathrm{W}}, A_{\mathrm{W}}, B_{\mathrm{W}}, \rho_{\mathrm{W}}, b, c, f, g, i, m$ 都是与温度有关的系数；d_0, j_0 为常数，如下：

$$\left.\begin{aligned}&K_{\mathrm{W}}=e_0+e_1t+e_2t^2+e_3t^3+e_4t^4\\&e_0=19\ 652.21\\&e_1=148.420\ 6\\&e_2=-2.327\ 105\\&e_3=1.360\ 477\times10^{-2}\\&e_4=-5.155\ 288\times10^{-5}\end{aligned}\right\} \tag{9.4}$$

$$\left.\begin{aligned}&A_{\mathrm{W}}=h_0+h_1t+h_2t^2+h_3t^3\\&h_0=3.239\ 908\\&h_1=1.437\ 13\times10^{-3}\\&h_2=1.160\ 92\times10^{-4}\\&h_3=-5.779\ 05\times10^{-7}\end{aligned}\right\} \tag{9.5}$$

$$\left.\begin{aligned}&B_W=k_0+k_1t+k_2t^2\\&k_0=8.509\ 35\times10^{-5}\\&k_1=-6.122\ 93\times10^{-6}\\&k_2=5.278\ 7\times10^{-8}\end{aligned}\right\}\tag{9.6}$$

$$\left.\begin{aligned}&\rho_W=a_0+a_1t+a_2t^2+a_3t^3+a_4t^4+a_5t^5\\&a_0=999.842\ 594\\&a_1=6.793\ 952\times10^{-2}\\&a_2=-9.095\ 290\times10^{-3}\\&a_3=1.001\ 685\times10^{-4}\\&a_4=-1.120\ 083\times10^{-6}\\&a_5=6.536\ 332\times10^{-9}\end{aligned}\right\}\tag{9.7}$$

$$\left.\begin{aligned}&b=b_0+b_1t+b_2t^2+b_3t^3+b_4t^4\\&b_0=8.244\ 93\times10^{-1}\\&b_1=-4.089\times10^{-3}\\&b_2=7.643\ 8\times10^{-5}\\&b_3=-8.246\ 7\times10^{-7}\\&b_4=5.387\ 5\times10^{-9}\end{aligned}\right\}\tag{9.8}$$

$$\left.\begin{aligned}&c=c_0+c_1t+c_2t^2\\&c_0=-5.724\ 66\times10^{-3}\\&c_1=1.022\ 7\times10^{-4}\\&c_2=-1.654\ 6\times10^{-6}\end{aligned}\right\}\tag{9.9}$$

$$d_0=4.8314\times10^{-4}\tag{9.10}$$

$$\left.\begin{aligned}&f=f_0+f_1t+f_2t^2+f_3t^3\\&f_0=54.674\ 6\\&f_1=-0.603\ 459\\&f_2=1.099\ 87\times10^{-2}\\&f_3=-6.167\ 0\times10^{-5}\end{aligned}\right\}\tag{9.11}$$

$$\left.\begin{aligned}&g=g_0+g_1t+g_2t^2\\&g_0=7.944\times10^{-2}\\&g_1=1.648\ 3\times10^{-2}\\&g_2=-5.300\ 9\times10^{-4}\end{aligned}\right\}\tag{9.12}$$

$$\left.\begin{aligned}&i=i_0+i_1t+i_2t^2\\&i_0=2.2838\times10^{-3}\\&i_1=-1.0981\times10^{-5}\\&i_2=-1.6078\times10^{-6}\end{aligned}\right\}\tag{9.13}$$

$$j_0=1.91075\times10^{-4}\tag{9.14}$$

$$\left.\begin{aligned}&m=m_0+m_1t+m_2t^2\\&m_0=-9.9348\times10^{-7}\\&m_1=2.0816\times10^{-8}\\&m_2=9.1697\times10^{-10}\end{aligned}\right\}\tag{9.15}$$

式中，S 为盐度，t 为温度。应用公式(9.1)～(9.15)计算，准确度相当高，适用范围为：温度(t)为－2～40 ℃，压力(P)为 0～1 000 hPa，盐度(S)为 0～42。

UNESCO 推荐的上述海水状态方程式有如下优点：①用 1 908 个实验数据验证，标准误差为 9×10^{-6} $cm^3\cdot g^{-1}$；对大洋水计算的标准误差为 5.0×10^{-6} $cm^3\cdot g^{-1}$，结果很好。②可应用于高压深海。③上述方程式结构比较简明，能清晰地划分出决定海水体积弹性模量的"纯水项"、"标准大气压项"、"压力项"、"盐度项"和"温度项"，这给理论研究和实验计算带来很大方便。

9.3 海水运动的基本方程

影响海水中溶解物质和悬浮物质的物理过程主要是移流过程和扩散过程。移流过程出现大规模的海水运动，同时伴随着溶解物质和悬浮物质的运移，它包括大洋表层流、深海流和任一深度的海流，以及水团上升或下沉的垂直运动。扩散过程不发生水的总体迁移，是由范围较广的垂直方向和水平方向上的涡动混合产生的若干性质的交换。分子扩散通常比涡动混合慢得多，除了在海－气界面上的气体交换外，其影响常被忽略。本书中仅讨论移流－扩散方程及其应用。

1942 年斯韦尔德鲁普(H. U. Sverdrup)推导出移流－扩散方程。在无限小的固定于海中某区域一个体积元中保守性质 X，取直角坐标，用 ox，oy 和 oz 表示，ox 和 oy 在水平面上，但注意 oz 垂直向下。设 u，v，w 代表平行于这些坐标的水质点运动的速度分量。现在讨论 X 随时间变化的分布特征。X 的湍流迁移可看成是涡动扩散过程。例如在通过垂直于 oz 的平面时，每单位面积的迁移速度可用下式表示：

$$T_z=-\rho A_z\frac{\partial X}{\partial z}\tag{9.16}$$

式中 ρ 为水的密度，A_z 是垂直方向上的涡动扩散系数。对通过分别垂直于 ox 和 oy 平面时的湍流迁移系数 A_x 和 A_y，可作同样定义。一般说来，A_x，A_y 和 A_z 三个系数是有差别的，随位置、运动类型和稳定度的不同而变化。其值比分子扩散系数大，A_x，A_y 和 A_z 的范围通常分别为 $0.1\sim10^3$，10^4 和 10^8 $cm\cdot s^{-1}$或 $cm^2\cdot s^{-1}$。而水中分子扩散系数通常为 2×10^{-5} $cm^2\cdot s^{-1}$。此时，一般的移动-扩散方程可写成

$$\frac{\partial X}{\partial t}+u\frac{\partial X}{\partial x}+v\frac{\partial X}{\partial y}+w\frac{\partial X}{\partial z}=\frac{\partial}{\partial x}(A_x\frac{\partial X}{\partial x})+\frac{\partial}{\partial y}(A_y\frac{\partial X}{\partial x})+\frac{\partial}{\partial z}(A_z\frac{\partial X}{\partial z})+R_1+R_2+R_3 \tag{9.17}$$

上式左边的二、三、四项是移流作用(例如对流，平流等)，等式右边一、二、三项是湍流混合或涡流扩散作用。R_1 表示该点周围小体积内 X 因化学反应而产生(或消失)的速度。例如 X 是氧含量，若因光合作用的净结果产生氧，R_1 为正；若因呼吸和氧化过程，净结果消耗了氧，则 R_1 为负。又例如放射性物质衰变，则 $R_1=-\lambda X=-\lambda C$，$C$ 为浓度。对盐度等保守性质，$R_1=0$。R_2 表示 X 因非化学反应而产生或消失的速度项。R_3 表示 X 因生物作用而产生或消失的速度项。可见一般的移动-扩散方程不可能求得一般解。下面简述在特殊问题中给出的特殊解。

9.3.1 稳态解

稳态解，即 X 分布情况不随时间而变化，则$\frac{\partial X}{\partial t}=0$。

(1)水平流和垂直混合作用：假定海流在 ox 方向流动，湍流混合仅在 oz 方向进行。X 属保守性质，如盐度 S，则 $R_1=0$，并 $R_2=R_3=0$，则式(9.17)变为

$$u\frac{dS}{dx}=\frac{\partial}{\partial z}(A_z\frac{\partial S}{\partial z}) \tag{9.18}$$

于是

$$\frac{\partial}{\partial z}(A_z\frac{\partial S}{\partial z})=A_z\frac{\partial^2 S}{\partial z^2}+\frac{\partial^2 A_z}{\partial z^2}+\frac{\partial A_z \partial S}{\partial z\,\partial z} \tag{9.19}$$

若假定 A_Z 不随 Z 变，则式(9.18)便成为

$$u\frac{\partial S}{\partial x}=A_z\frac{\partial^2 S}{\partial z^2} \tag{9.20}$$

对应于给定的边界条件即可求出一个分析解。

(2)水平流和横向混合作用：如果沿 ox 方向流动，而混合方向是在 oy 方向(横向)进行。此时方程为

$$u\frac{\partial S}{\partial x}=\frac{\partial}{\partial y}(A_y\frac{\partial S}{\partial y}) \tag{9.21}$$

应用于像赤道逆流这样的海流。上述方程与式(9.18)在数学上相似，只是用 y 轴代替了 z 轴，并所得之解亦类似。用这一方法求得大西洋赤道逆流的 A_y 值为 $3\times10^7\ cm^2\cdot s^{-1}$，比一般的 A_z(例如 $4\ cm^2\cdot s^{-1}$)大得多。阿伦斯等(Arons, *et al*, 1967)应用这一模式解释了北大西洋2 000 m 下深水中溶解氧和放射性碳的分布。

(3)放射性衰变和垂直混合作用：如果海洋中某一放射性物质的浓度为 C，其衰变常数为 λ，则式(9.17)中 $R_1=-\lambda C, R_2=R_3=0$。若垂直混合是影响分布的惟一过程并保持稳态，则

$$\frac{\partial}{\partial z}\left(A_z\frac{\partial C}{\partial z}\right)-\lambda C=0 \tag{9.22}$$

若 A_z 与深度无关，则有

$$A_z\frac{\partial^2 C}{\partial z^2}-\lambda C=0 \tag{9.23}$$

如果底层浓度为 C_0，数值最大；离底层愈远，降得愈小。则上式可理解为

$$\left.\begin{aligned}&C=C_0e^{-\alpha z}\\&\alpha=(\lambda/A_z)^{1/2}\end{aligned}\right\} \tag{9.24}$$

Z 是由底层向上测得的距离。这样，通过底层的放射性碳的通量 f 为

$$f=(A_z)^{1/2}C_0 \tag{9.25}$$

科奇(Koczy)将式(9.22)直接应用于几个大洋站位的 Ra 的分布，估算了不同深度的 A_z 值。

(4)垂直流和垂直混合作用：假定水平方向流动和扩散过程与垂直方向的过程比较可被忽略，如果垂直涡动扩散系数与深度无关，保留衰变项，则式(9.17)变成

$$w\frac{dX}{dz}=A_z\frac{d^2X}{dz^2}+R_1 \tag{9.26}$$

此式被蒙克(Munk,1996)应用来分析盐度、^{14}C 和 ^{226}Ra 的分布。

9.3.2 包含时间变量的解

(1)只有垂直混合的情况，此时，式(9.17)成为

$$\frac{\partial X}{\partial t}=\frac{\partial}{\partial z}\left(A_z\frac{\partial X}{\partial Z}\right) \tag{9.27}$$

若 A_z 与 Z 无关，则

$$\frac{\partial X}{\partial t}=A_z\frac{\partial^2 X}{\partial Z^2} \tag{9.28}$$

其实此即一维空间的热传导方程，确定了起始和边界条件后，就可求得解。在周期为 T 的振动情况下，求得解为

$$\left.\begin{aligned}X&=X_0+X_1\mathrm{e}^{-az}\cos\left(\frac{2\pi t}{T}-az\right)\\a&=(\pi A_z/T)^{1/2}\end{aligned}\right\} \tag{9.29}$$

在 $Z=0$ 时，$X=X_0+X_1\cos\left(\frac{2\pi t}{T}\right)$。此解应用于如由于降雨和蒸发作用的季节性变化而引起盐度之变化等等。

(2) 通过水平扩散引起斑点扩展：现在讨论在水平湍流的作用下，某些污染物质的斑点发生扩散的情况。我们假定：湍流效应各向相同，并且斑点是径向对称。用 r 表示任一点离中心的距离，设 $A_x=A_y=A_z$，则扩散方程为

$$\frac{\partial X}{\partial t}=\frac{1}{r}\frac{\partial}{\partial r}\left(A_r\frac{\partial X}{\partial r}\right) \tag{9.30}$$

若 A_r 是常数，上式的解是

$$X(r,t)=\frac{X_0}{4\pi A_r t}\mathrm{e}^{-r^2/4A_r^t} \tag{9.31}$$

若 $X(r,t)=C(r,t)$，即是在时间 t 时与中心距离 r 处的浓度。若 A_r 与 r 成正比，即 $A_r=pr$，则得

$$C(r,t)=\frac{C_0}{\alpha\pi pt^2}\mathrm{e}^{-r/pt} \tag{9.32}$$

上述模式应用于处理诸如放射性物质等污染物的河流排放水的扩展问题。小洼(Okubo,1962)对各种水平扩散理论和应用作了评论。

9.3.3 扩散和切变的综合效应

所谓切变是水平海流的垂直切变和垂直混合相互作用的结果。

应生切变的基本过程如图 9.1 所示。海水的水深 H，水平流速 U 受深度的影响呈线性减少。污染物质如图 9.1(a)所示的垂直柱体 AB 形式引入。在以后(a)至(d)各阶段中切变效应和扩散效应交替进行。切变使水柱变成斜面 AC，如图 9.1(b)所示，切变时间为 r。切变之后瞬间的垂直混合作用立即使物质在长 $2\overline{U}\tau$ 的整个 $ABCD$ 单元中均匀分布，$t=0$。当 $\bar{t}=\tau$，设 $\overline{U}$ 为深度的平均

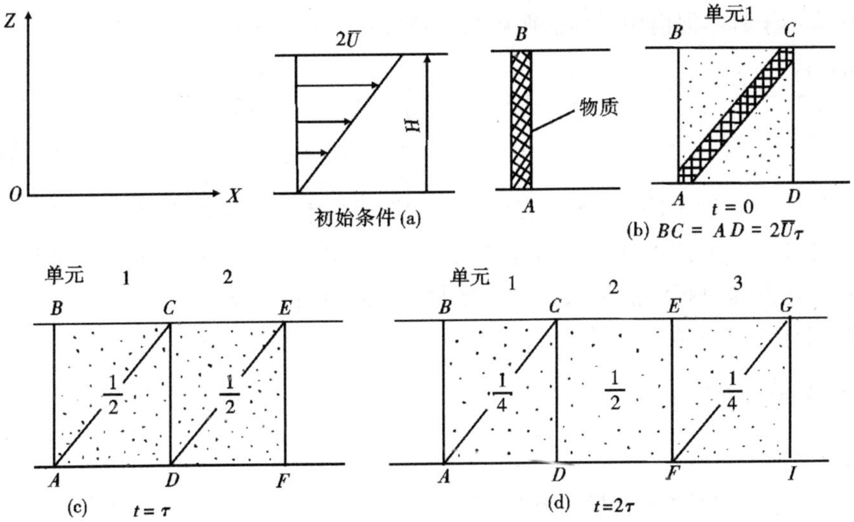

图 9.1　"切变效应"引起的物质纵向分散作用

速度，又开始新一轮的切变效应，矩形的斑点 $ABCD$ 变成平行四边形 $ACED$（图 9.1(c)）。接着混合作用使物质在两个单元 1 和 2 中均匀混合。这样混合扩散—切变—混合扩散—切变交替进行下去，即由图 9.1(c)—(d)，结果物质纵向分散。τ 与垂直涡动扩散系数 A_z 的关系为

$$\tau = H^2/\pi^2 A_z \tag{9.34}$$

由此可得污染物质在时间 $t=\tau$ 时的纵向分布趋于高斯分布，而此分布的有效纵向扩散系数 A_x 为

$$A_x = \overline{U^2} H^2/NA_z \tag{9.34}$$

式中，N 开始取值 20，后来取值 30。一般来说，速度梯度不一定是线性，非线性时垂直涡动扩散系数 A_z 可随深度而变。式(9.34)说明 A_x 与 A_z 成反比，纵向与垂直的两扩散系数成反比，即使 A_z 减小的稳定分层作用使有效纵向扩散系数增大。这一效应在河口港湾研究污染物的纵向分散作用时是重要的。式(9.34)又表明，A_z 减小，τ 变大，使得某一深度放出的污染物在整个深度范围内均匀混合将需更长时间。

总而言之，移动－扩散方程式(9.17) 在研究海洋中物质运移变化规律时是十分重要的。特别与箱式模型(Box model)相结合，在研究海洋同位素分布乃至目前 JGOFS 中碳通量的研究中都起着十分关键的作用。堀江毅将公式(9.17)

具体应用于日本海湾中营养盐循环及污染物净化预测的研究上，计算方程为

$$\frac{\partial X_i D_i}{\partial t}=\frac{\partial}{\partial x}(X_i u_i D_i)-\frac{\partial}{\partial y}(X_i v_i D_i)+\frac{\partial}{\partial x}\left(A\cdot D_i\cdot\frac{\partial X_i}{\partial x}\right)+\frac{\partial}{\partial y}\left(A\cdot D_i\frac{\partial X_i}{\partial y}\right)$$
$$+T_{VA}+T_{VD}+T_G+T_B+T_S+T_R+T_L+T_C+T_E \qquad (9.35)$$

式中，X_i 为 i 层中物质的浓度、D_i 为第 i 层的厚度、T_{VA} 为垂直移流项、T_{VD} 为垂直扩散项、T_G 为产生项、T_B 为分解项、T_S 为沉降项、T_R 为溶出项、T_L 为流入负荷项、T_c 为沉积底泥消耗项、T_E 为与大气交换项，在文献中对它们均有详述，可供类似计算时参考。

9.4 化学平衡

9.4.1 化学平衡

关于化学热力学的基本原理，除参阅一般的《物理化学》(傅献彩，1987)教科书外，还可参阅张正斌、刘莲生的《海洋物理化学》。本书不赘述。

如一化学反应可表达为

$$v_A A+v_B B+\cdots=v_C C+v_D D+\cdots \qquad (9.36)$$

式中，A，B…和 C，D…代表反应物和产物，v 是反应中反应物和生成产物的化学计量系数。上式可简明地写成

$$\sum_i v_i M_i=0 \qquad (9.37)$$

式中，v_i 对生成物为正，对反应物为负。

发生化学反应的体系中反应的自由能变化为

$$\Delta G=\sum_i v_i\mu_i \qquad (9.38)$$

式中，μ_i 是化学势，用温度表示则为

$$\mu_i=\mu_i^0+RT\ln a_i \qquad (9.39)$$

在平衡时，则

$$\Delta G=\sum_i v_i\mu_i=0 \qquad (9.40)$$

将式(9.39)代入式(9.38)，则得

$$\Delta G=\sum_i v_i\mu_i^0+RT\sum_i v_i\ln a_i \qquad (9.41)$$

或

$$\left.\begin{aligned}\Delta G &= \Delta G^0 + RT\ln\prod_i a_i^{v_i} \\ \Delta G^0 &= \sum_i v_i\mu_i^0\end{aligned}\right\} \tag{9.42}$$

G^0 为该反应的标准自由能。按反应式(9.36)、式(9.42)亦可表示成

$$\Delta G=\Delta G^0+RT\ln\frac{a_C^{v_C}a_D^{v_D}\cdots}{a_A^{v_A}a_B^{v_B}\cdots} \tag{9.43}$$

定义反应商 Q 为

$$Q=\prod_i a_i^{v_i}=\frac{a_C^{v_C}a_D^{v_D}\cdots}{a_A^{v_A}a_B^{v_B}\cdots} \tag{9.44}$$

则得

$$\Delta G=\Delta G^0+RT\ln Q \tag{9.45}$$

在平衡时，$\Delta G=0$，则有

$$\left.\begin{aligned}&\Delta G^0=-RT\ln K \\ &K=Q_{eq}=\left[\frac{a_C^{v_C}a_D^{v_D}\cdots}{a_A^{v_A}a_B^{v_B}\cdots}\right]_{eq}\end{aligned}\right\} \tag{9.46}$$

把式(9.46)与式(9.45)结合，则

$$\Delta G=RT\ln\frac{Q}{K} \tag{9.47}$$

比较 Q 体系的实际组成和 K 值时的平衡组成，可作为对平衡的检验，即平衡时 $\Delta G=0$；反应自发进行 $\Delta G<0$；$\Delta G>0$ 时反应不可能进行。因此，ΔG 是化学变化推动的一般描述。由 $\Delta G=\Delta H+T\Delta S$，化学变化的推动力亦与 ΔH 值，ΔS 值和温度密切相关。

9.4.2 温度对平衡的影响

基本关系式是

$$\frac{d\ln K}{dT}=\frac{\Delta H^0}{RT^2} \tag{9.48}$$

$$\ln\frac{K_2}{K_1}=\int_{T_1}^{T_2}\frac{\Delta H^0}{RT^2}dT \tag{9.49}$$

当 ΔH^0 与温度无关时，则

$$\ln\frac{K_2}{K_1}=\frac{\Delta H^0}{R}\left(\frac{1}{T_1}-\frac{1}{T_2}\right) \tag{9.50}$$

当反应的热容 $\Delta C_{\mathrm{p}}^{0}$ 与温度无关时，即 $\Delta H_{2}^{0}=\Delta H_{1}^{0}+\Delta C_{\mathrm{p}}^{0}(T_{2}-T_{1})$，则

$$\ln\frac{K_{2}}{K_{1}}=\frac{\Delta H_{1}^{0}}{R}\left(\frac{1}{T_{1}}-\frac{1}{T_{2}}\right)+\frac{\Delta C_{p}^{0}}{R}\left(\frac{T_{1}}{T_{2}}-1-\ln\frac{T_{1}}{T_{2}}\right) \tag{9.51}$$

或

$$\ln K=B-\frac{\Delta H_{0}}{RT}+\frac{\Delta C_{p}^{0}}{R}\ln T \tag{9.52}$$

式中，ΔH^{0} 和 B 都是常数。

如果反应物和生成物的 $\Delta C_{\mathrm{p}}^{0}$ 可由下述公式表达

$$C_{p}^{0}=a_{i}+b_{i}T+c_{i}T^{2} \tag{9.53}$$

则

$$\frac{\mathrm{d}\Delta H^{0}}{\mathrm{d}T}=\Delta C_{p}^{0}=\Delta a+\Delta bT+\Delta cT^{2} \tag{9.54}$$

积分得

$$\ln K=B-\frac{\Delta H_{0}}{R\mathrm{T}}+\frac{\Delta a}{R}\ln T+\frac{\Delta b}{2R}T+\frac{\Delta c}{6R}T^{2} \tag{9.55}$$

式中，B，H_{0} 是常数，$\Delta a=\sum_{i}v_{i}a_{i}$，$\Delta b$，$\Delta c$ 依此类推。

9.4.3 压力对平衡的影响

海洋的特点之一是压力对海水中的酸-碱平衡、氧化-还原平衡、沉淀-溶解平衡、络合平衡和界面化学平衡的重大影响。例如，深海沉积物中间隙水的化学平衡和组成就有强的压力效应。压力效应的基本关系式是

$$\left(\frac{\partial\ln K}{\partial P}\right)_{T}=-\frac{\Delta V^{0}}{RT} \tag{9.56}$$

式中，ΔV^{0} 和 ΔV 是标准状态和真实条件下反应的体积变化。

$$\left.\begin{aligned}\Delta V&=\sum_{i}v_{i}\overline{V_{i}}\\ \Delta V^{0}&=\sum_{i}v_{i}\overline{V_{i}^{0}}\end{aligned}\right\} \tag{9.57}$$

$\overline{V_{i}}$和$\overline{V_{i}^{0}}$分别是真实条件和标准状态下物质 i 的偏摩尔体积。当 ΔV^{0} 和 Δk_{i}^{0} 与压力无关时，则得

$$\ln\frac{K_{p}}{K_{1}}=\frac{1}{RT}\left[-\Delta V(P-1)+\Delta k^{0}(P-1)^{2}\right] \tag{9.58}$$

式中，$\Delta k^{0}=\sum_{\mathrm{i}}v_{i}k_{i}^{0}$，$k_{i}^{0}=\left(-\frac{\partial V_{i}^{0}}{\partial P}\right)_{T}$

当 Δk^0 是压力函数时，例如在最简单情况下则有

$$RT\ln\frac{K_p}{K_1}=-\Delta V^0(P-1)+\Delta k^0(B+1)(P-1)-(B+1)^2\ln(\frac{B+P}{B+1}) \tag{9.59}$$

式中，B 与温度有关而与压力无关。当然，精确计算时应当使用精确的海水状态方程式，这对深海海洋化学十分重要，但计算却十分繁杂。

本书中讨论的化学平衡主要包括酸－碱平衡、离子对和络合物平衡、溶解－沉淀平衡、氧化－还原平衡和界面化学平衡（例如液－固界面、河口界面、海－气界面等）。

9.5 化学动力学的稳态原理和逗留时间

关于化学动力学的一般原理和基本公式在《物理化学》教科书中已有介绍，在此不赘述。本书重点介绍化学动力学的稳态原理和逗留时间。

9.5.1 稳态原理

对化学动力学中最简单的下述连续反应

$$\mathrm{A}\xrightarrow{k_1}\mathrm{B}\xrightarrow{k_2}\mathrm{P} \tag{9.60}$$

反应物 A 的减少速率如遵循最简单的一级反应动力学为

$$\frac{\mathrm{d}c_\mathrm{A}}{\mathrm{d}t}=k_1c_\mathrm{A} \tag{9.61}$$

同时，产物 P 的生成速率与中间物质 B 的浓度之间也遵循一级反应动力学

$$\frac{\mathrm{d}c_\mathrm{P}}{\mathrm{d}t}=k_2c_\mathrm{B} \tag{9.62}$$

则 B 的生成速率 $\mathrm{d}c_\mathrm{B}/\mathrm{d}t$ 为

$$\frac{\mathrm{d}c_\mathrm{B}}{\mathrm{d}t}=k_1c_\mathrm{A}-k_2c_\mathrm{B} \tag{9.63}$$

当在稳定时，则

$$\left.\begin{aligned}\frac{\mathrm{d}c_\mathrm{B}}{\mathrm{d}t}&=0\\ k_1c_\mathrm{A}&=k_2c_\mathrm{B}\end{aligned}\right\} \tag{9.64}$$

即稳态时，在连续反应中，反应物的减少速率与产物 P 的生成速率相等或生成 B 的速率和减少的速率相等。因此 c_B 的浓度不随时间而变。

由式(9.64)得出 B 的稳态浓度 c_B^{SS} 为

$$c_B^{SS}=\frac{k_1}{k_2}c_A \tag{9.65}$$

容易推导得

$$c_B^t=c_A^0\left[\frac{k_1}{k_2-k_1}\right]\left[\exp(-k_1t)-\exp(-k_2t)\right] \tag{9.66}$$

式中，$c_A{}^0$ 是体系初始反应物 A 的浓度，按质量守恒 $c_A{}^0=c_A{}^t+c_B{}^t+c_P{}^t$，$c_A{}^t$，$c_B{}^t$ 和 $c_P{}^t$ 是任一时间 t 时，A，B 和 P 的浓度。对比式(9.65)和式(9.66)可见，当 $k_2>k_1$，$c_A\approx c_A{}^0$ 和 $t=1/k_2$ 时，$c_B{}^t\approx c_B{}^{SS}$。

以上讨论可用图 9.2 示意，并可判断化学平衡与稳态之差别。

9.5.2 稳态与平衡

如图 9.2 所示，假定海水中有化学反应

$$\mathrm{A}\rightleftharpoons\mathrm{B} \tag{9.67}$$

静态热力学模式要求体系是封闭的，若 C_A 和 C_B 是平衡浓度，K_{AB} 为平衡常数，$C_A{}^0$ 是体系总浓度，则有

$$\left.\begin{aligned}c_A^0&=c_A+c_B\\K_{AB}&=\frac{c_B}{c_A}\end{aligned}\right\} \tag{9.68}$$

解上述方程，结果是

$$\left.\begin{aligned}c_A&=\frac{c_A^0}{1+K_{AB}}\\c_B&=c_A^0-c_A\end{aligned}\right\} \tag{9.69}$$

对开放体系，由化学动力学

$$\mathrm{A}\underset{k_2}{\overset{k_1}{\rightleftharpoons}}\mathrm{B} \tag{9.70}$$

$$\left.\begin{aligned}v_1&=k_1c_A\\v_2&=k_2c_B\end{aligned}\right\} \tag{9.71}$$

k_1 和 k_2 分别是正和逆反应的速度常数。在反应进行过程中，则

$$\left.\begin{aligned}\frac{dc_A}{dt}&=-k_1c_A+k_2c_B\\\frac{dc_B}{dt}&=k_1c_A-k_2c_B\end{aligned}\right\} \tag{9.72}$$

对开放体系，物料平衡数据包括：进入体系，每单位容积中A和B的稳态摩尔通量$\overline{rc_A{}^0}$和$\overline{rc_B{}^0}$，$\overline{c_A{}^0}$和$\overline{c_B{}^0}$分别是A和B的流入体系的浓度，$r=Q/v$是体系(海水)的迁移速率常数(Q为流量，v为容积)。在稳态时，流入和流出的速度相等，即

$$\frac{dc_A}{dt}=\frac{dc_B}{dt}=0$$

则有

$$\frac{dc_A}{dt}=r\bar{c}_A^0-k_1c_A+k_2c_B-rc_A=0 \tag{9.73}$$

$$\frac{dc_B}{dt}=r\bar{c}_B^0+k_1c_A-k_2c_B-rc_B=0 \tag{9.74}$$

反应以化学计量进行，由质量守恒得

$$c_A+c_B=\bar{c}_A^0+\bar{c}_B^0 \tag{9.75}$$

解上述公式得

$$c_A=\frac{\overline{rc}_A^0+k_2(\bar{c}_A^0+\bar{c}_B^0)}{k_1+k_2+r} \tag{9.76}$$

$$c_B=\frac{\overline{rc}_B^0+k_1(\bar{c}_A^0+\bar{c}_B^0)}{k_1+k_2+r} \tag{9.77}$$

对比式(9.69)和式(9.76)可见：

(1)对平衡态：①平衡态是不随时间而变化的状态(对封闭体系)；②为确定c_A(平衡组成)，必须已知$c_A{}^0$和K_{AB}。

(2)对稳态：①稳态的开放体系是流入和流出相等的体系，c_A不随时间而变的状态；②为确定c_A(稳态组成)，必须已知$k_1,k_2,r,c_A{}^0$和$c_B{}^0$，相对而言比平衡的数据较贫乏。

9.5.3 逗留时间

衡量元素在海洋中迁移变化快慢的一个重要参数是海洋中元素的平均逗留时间。海洋中元素的逗留时间示意由图9.2所示。1952年Barth利用河川流入海洋的ΔQ；1958年Goldberg和Arrhenius利用向海底沉积的量$\Delta Q'$，定义元素(A)的逗留时间τ为：海洋中元素的总量A除以ΔQ或aQ'。即

$$\begin{aligned}\tau&=A/\Delta Q\\ \tau&=A/\Delta Q'\end{aligned} \tag{9.78}$$

对τ的定义曾经有过错误的表达，他们定义海洋中元素总量为A，每年进入

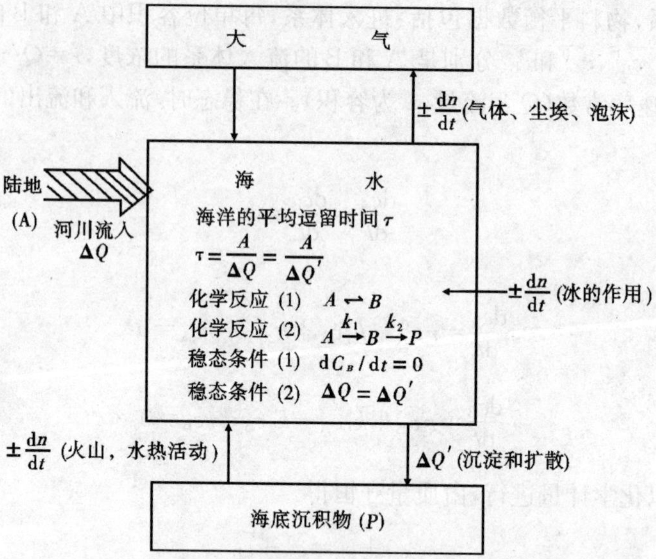

图 9.2 海水体系的稳态条件和逗留时间示意图

海洋的元素是 dA/dt，迁出量为 dA'/dt，则 τ 为

$$\tau=\frac{A}{dA/dt}=\frac{A}{dA'/dt} \tag{9.79}$$

逗留时间概念只是在稳态状态下成立，按稳态 $dA/dt=dA'/dt=0$，结果对所有元素其在海洋中的逗留时间都是 $\tau=A/dA/dt=A/\ dA'/dt=\infty$。这显然是不对的。而且也与逗留时间 τ 的原始定义："海洋中该元素 A 的现有总量 A，除以单位时间内(每年)河川补充的量(ΔQ)或沉积为沉积物的量($\Delta Q'$)"不一致的。

Barth 引入的 ΔQ 或 $\Delta Q'$ 是线性速率概念，即

$$\left.\begin{aligned}\Delta Q&=k_{AB}A\\ \Delta Q'&=k_{BP}B\end{aligned}\right\} \tag{9.80}$$

则得

$$\tau=1/k_{AB}=1/k_{BP} \tag{9.81}$$

这是从一个方面来体会逗留时间 τ 的物理-化学意义。我们还可从另一方面来体会逗留时间的物理-化学意义：

$$\left.\begin{aligned}\tau&=kc_{浓缩比}\\ \tau&=k'/c_{被消除率}\end{aligned}\right\} \tag{9.82}$$

式中 k 和 k' 为比例系数，$c_{(浓缩比)}$ 和 $c_{(被清除率)}$ 可由文献查得，其物理意义皆直接与元素在海洋中的稳定性相关。

9.5.4 海洋是平衡或稳态的吗

(1)海洋是平衡的吗？L. G. Sillén 教授首先建议将化学平衡应用到海洋化学，并不断推广到沉淀-溶解平衡、离子对或络合物生成平衡、氧化-还原平衡。海洋平衡的观点已为广大的海洋学家和水化学家所接受。但其时空观是从地质年代和整体大洋来说的。局部海域、污染水域，洋底水热活动区，和近期观测结果有可能不很遵循平衡计算的结果。

(2)海洋是稳态的吗？稳态假设可使用于海洋，如上所示通过元素逗留时间来描述海水化学组成随时间的变化。已知海洋的最短年龄 3.9×10^9 年，由《海洋物理化学》一书中的附表可见，海洋中元素的逗留时间都小于或远小于此值，由此，海洋是处于稳态的，但涉及钙和 CO_2 时有可能是例外。

9.6 海水活度系数的理论和计算

一般性的活度系数理论和计算，我们在《海洋物理化学》已作系统评论。本书主要讨论海水的活度系数及其主要理论和计算公式。

9.6.1 电解质的浓度标度、活度和活度系数

9.6.1.1 不同的浓度标度

在海洋物理化学的各种定量计算中，溶液的组成一般用下述不同的浓度标度来表达。

①摩尔分数 x_i：
$$x_i=\frac{N_i}{N_W+N_i} \tag{9.83}$$

②体积摩尔浓度 c：
$$c=\frac{1\,000N_i}{V} \tag{9.84}$$

③重量摩尔浓度 m：
$$m=\frac{1\,000N_i}{N_W M_W} \tag{9.85}$$

④摩卡 k：
$$k=\frac{1\,000N_i}{N_W M_W+N_i M_W} \tag{9.86}$$

式中 W 表示溶剂水，i 为溶质。又假设 V 体积内有 N_W 摩尔溶剂，N_i 摩尔溶质，ρ_w 和 ρ 为水和溶液密度，M_w 和 M_i 是水和溶质的相对分子质量，于是得

$$\rho V=N_W M_W+N_i M_i \tag{9.87}$$

由上述 5 个公式进而可得 x_i，c，m，k 的相互关联公式。

以浓度表示的理想溶液定律往往并不符合实际溶液的性质。因此，下面我们采用活度 a_i 来代表 x_i，c，m，k。

9.6.1.2 活度和活度系数

浓度、活度和活度系数的关系式定义为

$$a_i = f x_i = \gamma m = y c = v k \tag{9.88}$$

三者的关系如表 9.1 所示。f,γ,y 和 v 四种活度系数的关系式亦不难推得。

表 9.1 不同标度的浓度、活度和活度系数

标度名称	符 号	单 位	注 释
体积摩尔标度	浓度 c 活度系数 y 活度 a 或 a_c	$mol \cdot dm^{-3}$	此标度不依赖于 T 和 P，因此不适用于海洋学，但 Debye-Hückel 理论使用这一标度
质量摩尔标度	浓度 m 活度系数 γ 活度 a 或 a_m	$mol \cdot kg^{-1}$(水)	此标度不依赖于 T 和 P，一般物理化学中使用这一标度。不少海洋化学家使用这一标度
摩尔分数标度	浓度 x 活度系数 f 活度 a 或 a_x	$\frac{\text{摩尔数}}{\text{总摩尔数}}$	此标度不依赖于 T 和 P，适合理论工作。但海洋化学上不普遍应用
摩卡标度	浓度 k 活度系数 v 活度 a 或 a_k	$mol \cdot kg^{-1}$(海水)	此标度不依赖于 T 和 P，是海洋化学上专用的。它虽受经验的海洋化学家的欣赏，但一般的物理化学家对其应用尚有争论

电解质 $M_{v_1}X_{v_2}$ 解离为 v_1 个正离子和 v_1 个负离子：

$$M_{v_1}X_{v_2} = v_1 M + v_2 X$$

它们的活度一般采用电解质平均活度 $a_\pm$ 和离子活度 a_1 和 a_2。相应的化学势为 μ_i，μ_1 和 μ_2，则有

$$\left.\begin{aligned} \mu_1 &= \mu_1^0 + RT\ln a_1 \\ \mu_2 &= \mu_2^0 + RT\ln a_2 \end{aligned}\right\} \tag{9.89}$$

$$\mu_i = v_1\mu_1 + v_2\mu_2 = (v_1\mu_1^0 + v_2\mu_2^0) + RT(v_1\ln a_1 + v_2\ln a_2) \tag{9.90}$$

若

$$\begin{aligned} \mu_i^0 &= v_1\mu_1^0 + v_2\mu_2^0 \\ v_1\ln a_1 + v_2\ln a_2 &= v\ln a_\pm \\ v &= v_1 + v_2 \end{aligned} \tag{9.91}$$

则

$$\left.\begin{aligned} a_{\pm} &= a_1^{v_1} a_2^{v_2} \\ \mu_i &= \mu_i^0 + vRT\ln a_{\pm} \end{aligned}\right\} \tag{9.92}$$

注意，$a_{\pm}$ 可以由实验测定，有实际意义。对四种标度，电解质的平均活度系数为

$$\left.\begin{aligned} f_{\pm} &= a_{\pm}(x_i)/x_{\pm} = (f_1^{\nu_1} f_2^{\nu_2})^{1/\nu} \\ \gamma_{\pm} &= a_{\pm}(m)/m_{\pm} = (\gamma_1^{\nu_1} \gamma_2^{\nu_2})^{1/\nu} \\ y_{\pm} &= a_{\pm}(c)/c_{\pm} = (y_1^{\nu_1} y_2^{\nu_2})^{1/\nu} \\ v &= a_{\pm}(k)/k_{\pm} = (v_1^{\nu_1} v_2^{\nu_2})^{1/\nu} \end{aligned}\right\} \tag{9.93}$$

渗透系数是除活度系数外的又一种衡量溶液非理想性的尺度。它有合理渗透系数和实用渗透系数两种，后者定义为实用渗透系数 Φ

$$\Phi = \frac{-(\mu_{\mathrm{W}} - \mu_{\mathrm{W}}^0)}{RT\nu M_{\mathrm{W}}/1\ 000} \tag{9.94}$$

渗透系数 Φ 与活度系数关系为

$$\Phi = 1 + \frac{1}{m_i}\int_0^{m_i} m_i\ \mathrm{d}\ln\gamma_{\pm} \tag{9.95}$$

9.6.2 Debye – Hückel 离子氛理论

9.6.2.1 Debye – Hückel 理论的基本假设

(1)任何浓度的电解质完全解离为正负离子，离子间的相互作用为库仑力，离子是带电小球，电荷不极化，离子电场呈球形对称。

(2)任一离子周围都包围着一层异电荷组成的离子氛，这是静电作用的结果。将离子氛和中心离子作为一个整体看是电中性。平均统计来看，离子氛是球形对称的。

(3)离子氛中离子浓度分布遵循 Maxwell – Boltzmann 分布，平均电荷密度 (ρ) 公式为

$$\rho = \sum_i n_i z_i e_0 \mathrm{e}^{-\frac{z_i e_0 \psi}{kT}} \tag{9.96}$$

式中 ψ 是中心离子和离子氛相互作用的电位，其他符号代表意义与一般物理学上相同。计算 ψ 的步骤如图 9.3 所示。

9.6.2.2 Debye – Hückel 活度系数公式

按图 9.3 示意图，可推导出计算活度系数公式

Poisson 方程式

$$\rho_r = -\frac{D}{4\pi}\left[\frac{1}{r^2}\frac{d}{dr}\left(r^2\frac{d\psi}{dr}\right)\right]$$

Boltzmann 方程式

$$\rho_r = \sum_i n_i Z_i e_0 \exp\left(-\frac{z_i e_0 \psi}{kT}\right)$$

↓

线型 Boltzmann 方程式

$$\rho_r = \sum_i n_i Z_i e_0 - \sum_i \frac{n_i z_i^2 e_0^2 \psi}{kT}$$

电中性原则

$$\sum_i n_i z_i e_0 = 0$$

↓

$$\rho_r = -\sum_i \frac{n_i z_i^2 e_0^2 \psi}{kT}$$

↓

线性 Poisson-Boltzmann 方程式

$$\frac{1}{r^2}\frac{d}{dr}\left(r^2\frac{d\psi}{dr}\right) = \left[\frac{4\pi}{DkT}\sum_i n_i z_i^2 e_0^2\right]\psi \qquad k^2 = \frac{4\pi}{DkT}\sum_i n_i z_i^2 e_0^2$$

↓

$$\frac{1}{r^2}\frac{d}{dr}\left[r^2\frac{d\psi}{dr}\right] = k^2\psi$$

↓ 求解

$$\psi = \frac{Ae^{-kr}}{r} + \frac{Be^{kr}}{r}$$

边界条件 I

当 $r \to \infty, \psi = 0$

↓

$$\psi = \frac{Ae^{kr}}{r}$$

↓

边界条件 Ⅱ，当 $n_i \to 0, k = 0$

对一定大小电荷，由对下式积分：$\int_a^\infty 4\pi r^2 \rho dr = -z_i e$

(1) $\psi = \dfrac{A}{r}$；(2) $\psi = \psi_{点电荷} = \dfrac{z_i e_0}{D_r}$

得：$A = \dfrac{z_i e_0}{D}\dfrac{e^{ka}}{1+ka}$

故 $A = \dfrac{z_i e_0}{D_r}$

↓

中心离子和离子氛相互作用在 r 距离上产生电位：

$$\psi = \frac{z_i e_0}{D}\frac{e^{ka}}{1+ka}\frac{e^{-ka}}{r} \qquad \psi = \frac{z_i e_0}{D_r}\frac{e^{-ka}}{r}$$

↓

ψ 由两部分组成：

(1) j 在 r 处电位

$$\psi = \frac{z_i e_0}{D_r} + \Phi(r)$$

(2)离子氛在同一点引起电位

↓ 1mol 的 j 离子互吸作用能 $\Delta\mu$(电)

$$\Delta\mu(电) = \frac{z_i^2 e_0^2 N}{D} \cdot \frac{k}{1+ka}$$

$$\left[\begin{aligned} \mu_j &= \mu(理想) + \Delta\mu(电) \\ \mu_j &= \mu_j^0 + RT\ln x_j + RT\ln f_i \\ RT\ln f_i &= \Delta\mu(电) \end{aligned}\right]$$

↓

$$\ln f_\pm = -\frac{|z_1 z_2| e_0^2}{2DkT}\frac{k}{1+ka} \quad 或 \quad \lg f_\pm = -\frac{A|z_1 z_2|\sqrt{I}}{1+B\dot{a}\sqrt{I}}$$

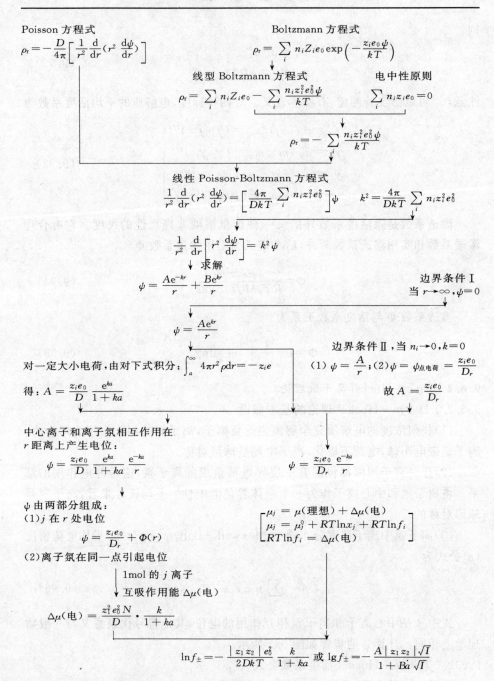

图 9.3 Debye－Hückel 理论活度系数的公式推导示意图

(1)Debye－Hückel 公式(DH 公式)为

$$\lg f_{\pm}=-\frac{A\,|\,z_1 z_2\,|\sqrt{I}}{1+B\mathring{a}\sqrt{I}} \tag{9.97}$$

式中

$$A=\frac{1}{2.303}\frac{e_0^2}{2DkT}\left(\frac{8\pi Ne_0^2}{1\,000DkT}\right)^{1/2}=\frac{e_0^3}{2.303k^{3/2}}\left(\frac{2\pi N}{1\,000}\right)^{1/2}\frac{1}{(DT)^{3/2}}$$

$$B=10^{-8}\left(\frac{8\pi Ne_0^2}{1\,000k}\right)^{1/2}\frac{1}{(DT)^{1/2}}$$

B 和 A 的具体值可参见张正斌、刘莲生《海洋物理化学》。

(2)极限的 DH 公式:在高度稀释的溶液中 $B\mathring{a}\sqrt{I}\ll 1$,式中(9.97)简化成

$$\lg f_{\pm}=-A\,|\,z_1 z_2\,|\sqrt{I}\equiv -DH \tag{9.98}$$

式(9.97)与式(9.98)极限公式相比多$(1+B\mathring{a}I^{1/2})^{-1}$项,通过二项式展开

$$\frac{1}{1+B\mathring{a}I^{1/2}}=1-B\mathring{a}I^{1/2}+\frac{(B\mathring{a})^2 I}{2!}-\cdots$$

故有

$$\lg f_{\pm}=-DH[1-B\mathring{a}I^{1/2}]+\frac{(B\mathring{a})^2 I}{2!}-\cdots \tag{9.99}$$

(3)以 DH 为基础的其他计算活度系数公式

1) Davies 公式为

$$\lg\gamma_{\pm}=-\frac{A\,|\,z_1 z_2\,|\,I^{1/2}}{1+I^{1-2}}+A\,|\,z_1 z_2\,|\,\mathscr{B}\mathrm{I} \tag{9.100}$$

这是一个经验公式,$\mathscr{B}$ 是一个可调参数,1938 年令 $\mathscr{B}=0.2$;1962 年按新的实验资料改令 $\mathscr{B}=0.3$。这一公式在络合物化学上早就有较广泛的应用,1972 年 Zirino 和 Yamamoto 在研究海水中微量元素的存在形式时也应用了这一公式计算活度系数。

2) 离子缔合理论的系数公式:DH 活度系数极限公式,在浓度稍高时就会出现偏差。如果实验数据对极限公式有正的偏差,则用公式(9.99)、(9.100)的办法来纠正偏差;如果是负误差,则用离子缔合概念解释之。其活度系数公式为

$$\lg f_{\pm}=-\frac{A\,|\,z_1 z_2\,|\,\sqrt{\alpha c}}{1+Bq\sqrt{\alpha c}} \tag{9.101}$$

$$\frac{1-\alpha}{\alpha^2}=f_{\pm}\frac{4\pi N_C}{1\ 000}\left(\frac{|z_iz_j|c_0^2}{DkT}\right)^3Q(b) \tag{9.102}$$

式中，a 是电解质的解离度，$Q(b)=\int_2^b y^{-4}e^y dy$，$b=\frac{|z_iz_j|e_0^2}{DkTa}$，$Q(b)$值可从书上查得。式(9.102)中 a 值使用逐步近似法由式(9.101)和式(9.102)求得。

应用离子缔合理论的公式是计算海水活度系数目前最常用的方法之一。离子缔合概念与统计力学的 Mayer 理论和 Rasaiah-Friedman 理论互相关联，离子缔合平衡的 Bjerrum 结果也可用统计力学推导出来。

3）活度系数的离子水化理论：Stokes 和 Robinson 考虑了离子和水分子的相互作用将对溶液活度系数有重大影响，其结果将在 DH 公式基础上再附加有 h 摩尔水的水化作用项。

活度系数的离子水化理论公式有多种表达式，本书介绍下述公式：

$$\begin{aligned}\ln\gamma_{\pm}=&\ln\gamma_{\pm}{}^{d}+\frac{r}{\nu}\frac{0.018m(r+h-\nu)}{1+0.018mr}-\frac{h}{\nu}\ln(1-0.018mh)\\&+\left(\frac{h-\nu}{\nu}\right)\ln(1+0.018mr)-\frac{r-r^0}{\nu}+\ln\frac{r+h}{r^0+h}\\&-\frac{m}{\nu}\frac{dr}{dm}\frac{(r+h-\nu)}{(r+h)}\frac{(1-0.018mh)}{(1+0.018mr)}\end{aligned} \tag{9.103}$$

式中，$r=\varphi_v/v_v^0$（水化电解质和水的偏摩尔体积之比），其他符号意义都是已知的。

$\ln\gamma_{\pm}{}^{d}=\frac{A|z_1z_2|I^{1/2}}{1+B\mathring{a}I^{1/2}}$。此时虽项目较多，但只有一个参数 h，易于计算。

将水化理论推广到多组分电解质溶液体系，则得

$$\ln\gamma_{J(m)}=|z_J^+z_J^-|\ln\gamma_{J(m)}{}^{d}+\frac{h_J}{\nu_J}(L_A-L_B)-L_A \tag{9.104}$$

式中

$$\left.\begin{aligned}\ln\gamma_{J(m)}^{d}&=-\frac{A|z_1z_2|I^{1/2}}{1+B\mathring{a}I^{1/2}}\\L_A&=\ln\left[1-0.018\sum_n(h_N-\nu_N)m_N\right]\\L_B&=\ln\left[1-0.018\sum_n(h_Nm_N)\right]\end{aligned}\right\} \tag{9.105}$$

选线性项，整理后得

$$\left.\begin{aligned}\ln\gamma_{J(m)}&=|z_J^+z_J^-|\ln\gamma_{J(m)}{}^{d}+\frac{l_J}{2\nu_J}\sum_k\nu_km_k+0.5\sum_k l_km_k\\l_k&=0.018(2h_k-\nu_k)\end{aligned}\right\} \tag{9.106}$$

静电作用是长程力。在 Debye-Hückel 理论之后，在基本概念上有创新的理论，主要是离子缔合理论和水化理论。活度系数理论，在长程力理论领域内基本成熟，并在海洋化学上得到应用。

9.6.3 活度系数的"远程力＋近程力"综合理论——Brφnsted－Guggenheim-Pitzer 理论

9.6.3.1 Brφnsted－Guggenheim 特殊相互作用模型

活度系数的特殊相互作用模型是 1922 年 Brφnsted 提出、1935 年 Guggenheim 使之完善的一种电解质溶液理论。这一理论认为，中等浓度的电解质溶液的性质主要由不同电荷之间的相互作用所支配，作为一级近似，相同电荷离子之间的相互作用可被忽略，或可认为它们的效应被合并在静电方程式中。但是，该理论假定正常的活度系数由两部分组成：①一部分与远程静电相互作用相联系，可用前述推广的 DH 公式及其类似公式描述，为 γ_{EL}。②另一部分与近程相互作用相联系，为 $\gamma_S \cdot \lg\gamma_S$ 可用一线性主项的浓度多项式函数来描述，表征近程范围内离子间的特殊相互作用。故这一理论及其活度系数的计算公式称为 Brφnsted－Guggenheim 理论。1973 年 Whitfield 将此应用到海水体系，计算了海水中主要成分的活度系数和渗透系数，以建立和讨论海水中主要成分的化学模型。

特殊相互作用理论的实验基础是多而广的。例如，图 9.4 即为一例证。证明$\lg(\frac{\gamma_A}{\gamma^0})$与 m 呈线性关系，即

$$\lg\gamma_A - \lg\gamma^0 = B^* m \tag{9.107}$$

特殊相互作用理论亦可由著名的 Harned 规则简化为 Åkerlof-Thomas 规则

$$\left.\begin{aligned}\lg\left(\frac{\gamma_A}{\gamma^0}\right) &= \alpha m \\ \phi_A - \phi^0 &= 0.5\,\alpha m\end{aligned}\right\} \tag{9.108}$$

式中 α 为特性参数。关于特殊相互作用理论和活度系数公式在《海洋物理化学》一书中已有详细推导。本书中只介绍应用于海水体系的活度系数的计算公式。

(1)单离子活度系数(组分 A 的离子 M 和 X)：

$$\lg\gamma_M = \left|\frac{z_M}{z_X}\right| \lg\gamma_{EL} + \sum_X B_{MX^*}[X]_T^* \tag{9.109}$$

$$\lg\gamma_X = \left|\frac{z_X}{z_M}\right| \lg\gamma_{EL} + \sum_M B_{M^*X}[X]_T^* \tag{9.110}$$

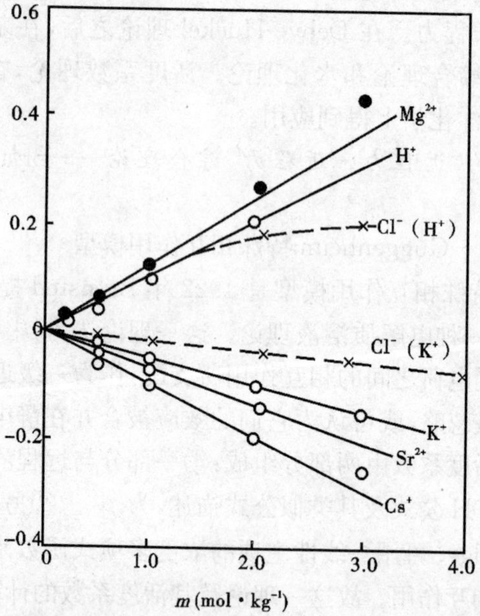

对单价阳离子 γ_{Na^+} 用作 γ^0，两价阳离子 $\gamma_{Ca^{2+}}$ 用作 γ^0，单价阴离子 γ_{Cl^-} 用作 γ^0

图 9.4　$\lg(\gamma_A/\gamma^0)$与 m 的线性关系

其中$[M]_T$，$[X]_T$ 是组成 M，X 等的化学计量浓度。

(2)平均活度系数(组分 A 或 MX)：

$$\lg\gamma_{\pm MX} = \lg\gamma_{EL} + \left(\frac{\nu_M}{\nu}\right)\sum_X B_{MX^*}[X]_T^* + \left(\frac{\nu_X}{\nu}\right)\sum_M B_{M^*X}[M]_T^* \tag{9.111}$$

其中 $\nu = \nu_M + \nu_X$。符号右上角的 * 号的量在加合时是变化的。B_{MX^*}，B_{M^*X} 等是描述特殊相互作用的参数。表 9.2 列出适用海水体系之值。

表 9.2　海水体系中特殊相互作用理论计算的若干参数

	Na^+	K^+	Mg^{2+}	Ca^{2+}	Cl^-	SO_4^{2-}
质量摩尔浓度(m_t)	0.469 9	0.010 1	0.053 6	0.010 4	0.551 8	0.028 1
粒子数分数(x_i)	0.864	0.019	0.098	0.019	0.951	0.049
$\dot{a}$ 值	0.428	0.290	0.060	0.618	0.29	0.40
	0.45	0.30	0.80	0.60	0.30	0.40
$B_{M\text{-}Cl}$	0.096 3	0.005 5	0.693 8	0.575 0		
$B_{M\text{-}SO_4}$	−0.310 9	−0.431 5	−0.087 3	−0.087 3		

公式(9.109)～(9.111)应用到海水体系可得到与实验一致的结果。其实这些公式对大多数电解质的特殊相互作用参数 B_{jk}，电解质浓度高达 2 mol·dm^{-3} 或以上时，仍可满足计算要求，在一些场合下可应用到高达 4 mol·dm^{-3} 的体系，电解质浓度指标远远超过海水体系。

9.6.3.2 Pitzer 理论

(1)Pitzer 理论基本假设：在 Brϕnsted-Guggenheim 特殊相互作用基础上，Pitzer 将近程相互作用具体用硬球动力效应来描述，这是 Pitzer 在物理概念上的创见。在数学上，Pitzer 把径向分布函数 $g_{ij}(r)$ 展开成级数：

$$\left.\begin{aligned} g_{ij}(r) &= \mathrm{e}^{-q_{ij}(r)} \\ \mathrm{e}^{-q_{ij}(r)} &= 1 - q_{ij}(r) + \frac{1}{2!}q_{ij}^2(r) - \frac{1}{3!}q_{ij}^3(r) + \cdots \end{aligned}\right\} \tag{9.112}$$

在 Debye-Hückel 理论中只取 $g_{ij}(r)=1-q_{ij}(r)$；但在 Pitzer 理论中他采用三项式，即

$$\left.\begin{aligned} g_{ij}(r) &= 1 - q_{ij}(r) + \frac{1}{2}q_{ij}^2(r) \\ q_{ij}(r) &= \frac{z_i z_j \mathrm{e}^2}{DkT} \cdot \frac{\mathrm{e}^{kr}}{1+ka} \cdot \frac{\mathrm{e}^{-kr}}{r} \end{aligned}\right\} \tag{9.113}$$

式中符号意义参见张正斌、刘莲生《海洋物理化学》和 Pitzer 原文，本文不再赘述。其结果使最后活度系数公式比 Brϕnsted-Guggenheim 公式(9.109)～(9.112)多出一大项，从而也使计算结果和应用范围大为改善。

Pitzer 在建立活度系数的普遍方程式时，综合考虑的近程力和远程力有如下三种：①一对离子间的远程静电位能；②近程的“硬心效应”位能（主要是排斥能，考虑硬心动力效应的结果）；③三离子相互作用能。主要特点是引进硬心（球）动力效应。因此，Pitzer 理论是增加了第二 Virial 系数的特殊相互作用理论，是可应用到真正的电解质浓溶液的理论。它不仅适用于一般海水体系，而且成功地应用于死海海水中常量离子活度系数的计算。

(2)海水体系的 Pitzer 公式：Pitzer 公式应用到海水体系，计算海水中常量组分和微量组分的活度系数，以及渗透系数。

1)单离子活度系数：

$$\ln\gamma_{\mathrm{M}} = \frac{z_{\mathrm{M}}}{z_{\mathrm{X}}}\ln\gamma'_{EL} + 2\sum_a m_a x_a + \sum_c \sum_a m_c m_a (z_{\mathrm{M}}^2 B_{ca} + 2z_{\mathrm{M}} c_{ca}) \tag{9.114}$$

$$\ln\gamma_X = \frac{z_X}{z_M}\ln\gamma'_{EL} + 2\sum_c m_c x_c + \sum_c \sum_a m_c m_a (z_X^2 B'_{ca} + 2z_X c_{ca})$$

(9.115)

2)电解质 MA 活度系数:

$$\ln\gamma_{MX} = \ln\gamma'_{El} + \frac{2\nu_M}{\nu}\sum_a m_a X_a + \frac{2\nu_x}{\nu}\sum_a m_c X_c + \sum_c \sum_a m_c m_a X_{ca}$$

(9.116)

3)渗透系数:

$$\varphi = 1 + (\sum_i m_i)^{-1}[-0.784 I^{3/2} \mid z_{M^z x} \mid /(1+1.2I^{1/2})$$

$$+ 2\sum_c \sum_a m_c m_a B_{ca}^{\varphi} + (\sum_c m_c z_c) c_{ca}^{\varphi} \mid z_c z_a \mid^{1/2}] \quad (9.117)$$

其中

$$\ln\gamma'_{EL} = -0.392 \mid z_M z_X \mid \left[\frac{I^{1/2}}{(1+1.2I^{1/2})} + 1.666\,7\ln(1.2I^{1/2})\right]$$

(9.118)

$$X_a = B_{Ma} + (\sum_c m_c z_c) c_{Ma} \quad (9.119)$$

$$X_c = B_{CX} + (\sum_c m_c z_c) c_{CX} \quad (9.120)$$

$$B_{MX} = \beta_{MX}^{(0)} + (2\beta_{MX}^{(0)}/\alpha_1^2) f_1(\alpha_1) + (2\beta_{MX}^{(2)}/\alpha_2^2 I) f_1(\alpha_1) \quad (9.121)$$

$$B'_{MX} = (2\beta_{MX}^{(1)}/\alpha_1^2 I^2) f_2(\alpha_1) + (2\beta_{MX}^{(2)}/\alpha_2^2 I^2) f_2(\alpha_2) \quad (9.122)$$

$$f_1(\alpha_n) = 1 - (1+\alpha_n I^{1/2})\exp(-\alpha_n I^{1/2}) \quad (9.123)$$

$$f_2(\alpha_n) = (1+\alpha_n I^{1/2}) + 0.5\alpha_n^2 I \exp(-\alpha_n I^{1/2}) - 1 \quad (9.124)$$

$$c_{ca} = c_{ca}^{\Phi}/21 z_{M^z x} I^{1/2} \quad (9.125)$$

式中符号的意义见 Whitfield(1996)原文。公式(9.114)~(9.117)中使用的相互作用参数可参阅表 9.3,并注意 $\beta_{MX}=\frac{2.303B_{MX}}{2}$等各参数的关系式。

9.6.3.3 海水活度系数

将上述各活度系数理论具体应用到海水体系,计算所得的数据列于表 9.4。它是海水中常量组分的活度系数,表 9.5 是不同离子强度下海水主要组分的平均活度系数,表中的模型 a 与 c 符合得较好。由表 9.4 的数据可见,表中所列各法例如离子缔合、特殊相互作用和 Pitzer 公式都可得到与实验一致的结果。对平均活度系数簇展开理论的计算结果亦佳。

表 9.3　方程式(9.114)～(9.117)计算中使用的相互作用参数(引自张正斌等,1984)

盐	$\beta^{(0)}$	$\beta^{(1)}$	$\beta^{(2)}$	C^{ϕ}_{MX}
HCl	0.177 5	0.294 5	—	0.000 8
HBr	0.196 0	0.356 4	—	0.008 27
HI	0.236 2	0.392	—	0.001 1
NaF	0.021 5	0.210 7	—	—
NaCl	0.076 5	0.266 4	—	0.001 27
NaBr	0.097 3	0.271 9	—	0.001 16
NaI	0.119 5	0.343 9	—	0.001 8
NaOH	0.086 4	0.253	—	0.004 4
$NaNO_2$	0.064 1	0.101 5	—	−0.004 9
$NaNO_3$	0.006 8	0.178 3	—	−0.000 72
NaH_2PO_4	−0.053 3	0.039 6	—	0.007 95
KF	0.080 89	0.202 1	—	0.000 93
KCl	0.048 35	0.212 2	—	−0.000 84
KBr	0.056 9	0.221 2	—	−0.001 8
KI	0.074 6	0.251 7	—	−0.004 14
KOH	0.129 8	0.320	—	0.004 1
KNO_2	0.015 1	0.015	—	0.000 7
KNO_3	−0.081 6	0.049 4	—	0.006 6
KH_2PO_4	−0.067 8	−0.104 2	—	—
NH_4Cl	0.052 2	0.191 8	—	−0.003 01
NH_4Br	0.062 4	0.194 7	—	−0.004 36
NH_4NO_3	−0.015 4	0.112 0	—	−0.000 03
$MgCl_2$	0.035 24	1.681 5	—	0.005 19
$MgBr_2$	0.432 7	1.752 8	—	0.003 12
MgI_2	0.490 2	1.804 1	—	0.007 93
$Mg(NO_3)_2$	0.367 1	1.584 8	—	−0.020 63
$CaCl_2$	0.315 9	1.614 0	—	−0.000 34
$CaBr_2$	0.381 6	1.613 3	—	−0.002 57
CaI_2	0.437 9	1.806 8	—	−0.000 84
$Ca(NO_3)_2$	0.201 8	1.409 3	—	−0.020 14
SrI_2	0.285 8	1.667 3	—	−0.001 31
$SrBr_2$	0.331 1	1.711 5	—	0.001 23
SrI_2	0.401 3	1.860	—	0.002 66
$Sr(NO_3)_2$	0.134 6	1.38	—	−0.019 93
$BaCl_2$	0.262 8	1.496 3	—	−0.019 38
$BaBr_2$	0.314 6	1.569 8	—	−0.015 96

（续表）

盐	$\beta^{(0)}$	$\beta^{(1)}$	$\beta^{(2)}$	C^{ϕ}_{MX}
$BaCl_2$	0.421 9	1.686 8	—	−0.017 43
$Ba(NO_3)_2$	−0.032 25	0.802 5	—	—
$MnCl_2$	0.327 2	1.550 3	—	0.020 50
$FeCl_2$	0.335 9	1.532 3	—	−0.008 61
$CoCl_2$	0.364 3	1.475 3	—	−0.015 22
$CoBr_2$	0.427 0	1.659 8	—	−0.000 67
CoI_2	0.521 3	1.672 5	—	−0.004 67
$Co(NO_3)_2$	0.311 9	1.690 5	—	−0.007 62
$NiCl_2$	0.347 9	1.581	—	−0.003 72
$CuCl_2$	0.308 0	1.376 3	—	−0.040 43
$Cu(NO_3)_2$	0.316 8	1.430 3	—	−0.021 94
$ZnCl_2$	0.260 2	1.642 5	—	−0.087 98
$ZnBr_2$	0.466 0	1.634 3	—	−0.107 92
ZnI_2	0.482 1	1.945 5	—	−0.014 27
$Zn(NO_3)_2$	0.348 1	1.691 3	—	−0.015 67
UO_2Cl_2	0.427 4	1.644	—	−0.036 86
$UO_2(NO_3)_2$	0.460 7	1.613 3	—	−0.031 54
Na_2SO_4	0.019 58	1.113	—	0.005 70
Na_2CO_3	0.189 8	0.846	—	−0.048 03
Na_2HPO_4	0.058 28	1.465 5	—	0.029 38
K_2HPO_4	0.049 95	0.779 3	—	—
$(NH_4)_2SO_4$	0.024 75	1.274 3	—	0.016 39
Na_3PO_4	0.040 88	0.686 5	—	−0.001 16
K_3PO_4	0.178 1	3.851 3	—	−0.051 54
$MnSO_4$	0.372 9	3.972	—	−0.086 80
$NiSO_4$	0.221 0	3.343	−37.23	0.025
$CuSO_4$	0.170 2	2.907	−40.06	0.036 6
$ZnSO_4$	0.235 8	2.485	−47.35	−0.001 2
$CdSO_4$	0.194 9	2.883	−32.81	0.029
$CoSO_4$	0.205 3	2.617	−48.07	0.011 4
$CaSO_4$	0.2	2.70	−30.7	—
$BeSO_4$	0.2	2.65	−55.7	—
$MgSO_4$	0.317	2.914	—	0.006 2
UO_2SO_4	0.201	2.980	—	0.018 2
	0.322	1.827	—	−0.017 6

表 9.4　在 25 ℃和标准大气压时(I=0.7 mol·dm^{-3},S=35)不同电解质溶液理论计算的活度系数

(引自张正斌等,1984)

	盐	模型									实验值
		离子缔合				特殊相互作用		Pitzer 公式	族积分展开		
		G－T	B	V	J－T	W	L	P－W	W	R－W	
平均活度系数	NaCl	0.694	0.666	0.662	0.666	0.668	0.666	0.668	0.667	0.669	0.668±0.003 0.672±0.001
	KCl	0.637	0.627	0.625	0.634	0.681* 0.650	0.681* 0.644	0.648	0.682* 0.664	0.684* 0.639	0.690±0.1* 0.645±0.008
	$MgCl_2$	0.504	0.464	0.465	0.471	0.467	0.466	0.473	0.460	0.467	
	$CaCl_2$	0.471	0.455	0.449	0.461	0.457	0.453	0.463	0.448	—	
	Na_2SO_4	0.333	0.323	0.352	0.340	0.372	0.368	0.373	0.381	0.366	0378±0.016
	K_2SO_4	0.297	0.299	0.326	0.318	0.406* 0.360	0.392 0.355	0.353	0.412 0.364	0.399* 0.345	0.405±0.016 0.352±0.018
	$MgSO_4$	0.143	0.131	0.151	0.144	0.163	0.151	0.167	0.165	0.158	
	$CaSO_4$	0.129	0.127	0.143	0.140	0.157	—	0.161	0.159	—	

（续表）

	离子	模型									实验值	
		离子缔合				特殊相互作用		Pitzer公式	静电模型**			
		G－T	B	V	J－T	W	L	P－W	K	D		
平均活度系数	Na^+	0.752	0.695	0.682	0.703	0.650	0.680	0.643	0.690	0.74	0.67	0.70
	K^+	0.634	0.620	0.630	0.624	0.617	0.630	0.607	0.644	0.74	0.61	0.60
	Mg^{2+}	0.313	0.254	0.257	0.252	0.217	0.234	0.222	0.350	0.34	0.26	
	Ca^{2+}	0.255	0.228	0.241	0.237	0.203	0.214	0.208	0.277	0.34	0.20	0.21
	Cl^-	0.640	0.630	0.637	0.630	0.686	0.658	0.691		0.74	0.68	
	SO_4^{2-}	0.650	0.090	0.081	0.068	0.122	0.108	0.125	0.209	0.34	0.11	
	CO_3^{2-}	0.018							0.227	0.34	0.019	0.024
	HCO_3^-	0.47							0.690	0.74	0.36	0.561
	络阳离子	0.68**							0.690	0.74		
	络阴离子	0.68**							0.690	0.74		
	中性络合物	1.13							1.0	1.0		
	OH^-								0.661	0.74	0.22	

注：①表中G－T,B,V,J－T,…皆指所引数据的作者,以其第一个字母表示

②＊＝0.5mol·dm^{-3}；＊＊不是总的单离子活度系数

表9.5　海水组分的平均活度系数与离子强度的关系(298 K,0.1 MPa)(引自张正斌等,1984)

离子强度		NaCl	KCl	$MgCl_2$	$CaCl_2$	Na_2SO_4	K_2SO_4	$MgSO_4$	$CaSO_4$
0.4	a	0.691	0.678	0.478	0.487	0.427	0.416	0.193	0.198
	b	0.694	0.679	0.490	0.488	0.433	0.421	0.203	0.202
	c	—	—	—	—	—	—	—	—
0.5	a	0.681	0.668	0.481	0.473	0.406	0.395	0.186	0.181
	b	0.682	0.665	0.477	0.471	0.412	0.399	0.188	0.184
	c	0.684	0.661	0.483	—	0.399	0.381	0.181	—
0.6	a	0.668	0.652	0.470	0.460	0.379	0.367	0.173	0.164
	b	0.673	0.654	0.466	0.459	0.395	0.380	0.175	0.170
	c	0.675	0.649	0.474		0.381	0.361	0.168	—
0.7	a	0.666	0.649	0.464	0.453	0.372	0.359	0.161	0.156
	b	0.667	0.644	0.460	0.448	0.381	0.364	0.165	0.159
	c	0.669	0.639	0.467	—	0.366	0.345	0.158	—
0.8	a	0.661	0.643	0.458	0.448	0.359	0.345	0.152	0.147
	b	0.661	0.638	0.455	0.446	0.369	0.352	0.158	0.153
	c	0.664	0.631	0.464	—	0.354	0.331	0.151	—
0.9	a	0.657	0.636	0.455	0.442	0.348	0.334	0.146	0.140
	b	—	—	—	—	—	—	—	—
	c	0.660	0.624	0.463	—	0.344	0.319	0.146	—
1.0	a	0.655	0.633	0.452	0.384	0.342	0.327	0.142	0.136
	b	0.654	0.627	0.448	0.437	0.350	0.331	0.145	0.140
	c	0.657	0.618	0.462	—	0.334	0.308	0.141	—
2.0	a	0.659	0.620	0.468	0.445	0.287	0.264	0.113	0.105
	b	—	—	—	—	—	—	—	—
	c	0.662	0.593	0.488	—	0.280	0.241	0.115	—
3.0	a	0.697	0.637	0.524	0.486	0.261	0.231	0.104	0.093
	b	—	—	—	—	—	—	—	—
	c	0.700	0.598	0.558	—	0.258	—	0.112	—

注:对每一离子强度考虑三种模型:a形,特殊相互作用模型计算所得之值;b形,只考虑相反电荷离子间相互作用,用簇积分展开理论的公式计算所得之值;c形,用完全的簇积分展开方程式计算所得之值

计算海水中微量组分活度系数的方法主要是特殊相互作用的 Brϕnsted-Guggenheim 公式和 Pitzer 公式，计算中假设海水组成如表9.6所示。表9.7所示的离子相互作用是计算表 9.8 和表 9.9 所考虑的。由表 9.8 和表 9.9 可见计算结果基本一致。个别稍有差别，但尚未找到固定规律。

表 9.6　在 $I=0.70\ mol\cdot dm^{-3}$ 时，溶质活度系数计算中假设海水的组成

离　子	物质的量 (mol)	离　子	物质的量 (mol)	离　子	物质的量 (mol)
Na^+	0.469 9	Cu^{2+}	1.0×10^{-7}	Br^-	8.5×10^{-4}
K^+	0.010 1	Pb^{2+}	1.9×10^{-8}	I^-	4.7×10^{-7}
NH_4^+	1.4×10^{-6}	Fe^{2+}	5.4×10^{-8}	$H_2PO_4^-$	2.3×10^{-8}
Be^{2+}	1.0×10^{-8}	Co^{2+}	1.3×10^{-9}	NO_2^-	2.3×10^{-8}
Mg^{2+}	0.053 6	Ni^{2+}	3.4×10^{-8}	NO_3^-	1.0×10^{-7}
Ca^{2+}	0.010 4	Mn^{2+}	3.6×10^{-8}	SO_4^{2-}	0.028 1
Sr^{2+}	9.7×10^{-5}	UO_2^{2+}	1.0×10^{-7}	HPO_4^{2-}	2.3×10^{-6}
Ba^{2+}	2.2×10^{-7}	F^-	7.4×10^{-5}	CO_3^{2-}	3.0×10^{-4}
Zn^{2+}	7.6×10^{-8}	Cl^-	0.551 8	PO_4^{3-}	2.3×10^{-8}

表 9.7　在计算表 9.8 和表 9.9 所列的活度系数中考虑的离子相互作用

离子	F^-	Cl^-	Br^-	I^-	OH^-	$H_2PO_4^-$	NO_2^-	NO_3^-	SO_4^{2-}	HPO_4^{2-}	CO_3^{2-}	PO_4^{3-}
H^+		*	*	*				*				
Na^+	*	*	*	*	*	*	*	*	*	*	*	*
K^+	*	*	*	*	*	*	*	*	*	*	*	*
NH_4^+		*	*	*					*			
Be^{2+}									*			
Mg^{2+}		*	*	*				*	*			
Ca^{2+}		*	*	*				*	+			
Sr^{2+}		*	*	*				*	+			
Ba^{2+}		*	*	*				*	+			
Zn^{2+}		*	*	*				*	*			
Cu^{2+}		*						*	+			
Pb^{2+}								*	+			
Fe^{2+}		*							+			
Co^{2+}		*	*	*				*	*			
Ni^{2+}		*							*			
Mn^{2+}		*							*			
UO_2^{2+}		*						*	*			

注：①与 * 相应的相互作用参数见表 9.3；②＋假定 $\gamma^*_{\pm MgSO_4}=\gamma^*_{\pm CaSO_4}$

表 9.8　在公式(9.109)～(9.111)中计算的总的单离子活度系数

离子强度	0.2	0.4	0.6	0.7	0.8	1.0	2.0	3.0
H^+	0.746	0.720	0.717	0.719	0.723	0.734	0.846	1.022
Na^+	0.726	0.681	0.657	0.649	0.643	0.634	0.626	0649
K^+	0.712	0.658	0.628	0.616	0.607	0.592	0.553	0.542
NH_4^+	0.710	0.655	0.624	0.613	0.603	0.588	0.548	0.532
Be^{2+}	0.211	0.136	0.102	0.090	0.081	0.068	0.037	0.026
Mg^{2+}	0.301	0.247	0.224	0.217	0.213	0.207	0.219	0.271
Ca^{2+}	0.289	0.232	0.207	0.199	0.193	0.185	0.180	0.206
Sr^{2+}	0.289	0.231	0.204	0.196	0.189	0.180	0.166	0.180
Ba^{2+}	0.279	0.218	0.190	0.180	0.173	0.162	0.140	0.145
Zn^{2+}	0.289	0.228	0.198	0.188	0.179	0.166	0.129	0.106
Cu^{2+}	0.279	0.219	0.191	0.182	0.175	0.165	0.147	0.148
Pb^{2+}	0.204	0.131	0.097	0.087	0.078	0.065	0.035	0.024
Fe^{2+}	0.287	0.230	0.206	0.198	0.192	0.184	0.182	0.210
Co^{2+}	0.292	0.235	0.211	0.204	0.198	0.192	0.195	0.231
Ni^{2+}	0.294	0.238	0.213	0.206	0.201	0.194	0.198	0.236
Mn^{2+}	0.297	0.238	0.212	0.204	0.198	0.189	0.182	0.200
UO_2^{2+}	0.308	0.256	0.235	0.229	0.225	0.222	0.244	0.302
F^-	0.695	0.631	0.592	0.578	0.565	0.543	0.480	0.447
Cl^-	0.741	0.705	0.688	0.684	0.680	0.677	0.698	0.753
Br^-	0.750	0.720	0.710	0.708	0.708	0.711	0.764	0.859
I^-	0.763	0.743	0.741	0.743	0.747	0.757	0.854	1.005
OH^-	0.712	0.660	0.632	0.623	0.615	0.604	0.592	0.616
$H_2PO_4^-$	0.666	0.585	0.535	0.515	0.498	0.469	0.378	0.329
NO_2^-	0.693	0.0631	0.595	0.582	0.571	0.553	0.506	0.485
NO_3^-	0.717	0.663	0.632	0.620	0.610	0.593	0.545	0.524
SO_4^{2-}	0.244	0.174	0.140	0.128	0.118	0.103	0.064	0.047
HPO_4^{2-}	0.243	0.165	0.126	0.113	0.102	0.085	0.045	0.030
CO_3^{2-}	0.238	0.165	0.130	0.119	0.109	0.095	0.061	0.047
PO_4^{3-}	0.046	0.021	0.012	0.008	0.008	0.006	0.002	0.001

表 9.9 按公式(9.112)～(9.116)计算的总和单离子活度系数

离子强度	0.2	0.4	0.6	0.7	0.8	1.0	2.0	3.0
H^+	0.744	0.716	0.710	0.711	0.714	0.724	0.826	0.995
Na^+	0.724	0.677	0.652	0.643	0.637	0.626	0.614	0.634
K^+	0.709	0.653	0.620	0.607	0.597	0.581	0.537	0.528
NH_4^+	0.707	0.649	0.615	0.603	0.592	0.575	0.531	0.517
Be^{2+}	0.206	0.128	0.092	0.081	0.071	0.058	0.029	0.019
Mg^{2+}	0.299	0.248	0.228	0.222	0.219	0.214	0.238	0.306
Ca^{2+}	0.284	0.230	0.206	0.199	0.194	0.188	0.190	0.224
Sr^{2+}	0.284	0.229	0.205	0.197	0.191	0.183	0.178	0.201
Ba^{2+}	0.273	0.215	0.188	0.179	0.172	0.162	0.144	0.148
Zn^{2+}	0.288	0.229	0.201	0.192	0.184	0.173	0.142	0.125
Cu^{2+}	0.273	0.215	0.188	0.180	0.173	0.164	0.149	0.156
Pb^{2+}	0.193	0.119	0.086	0.075	0.066	0.054	0.026	0.017
Fe^{2+}	0.281	0.227	0.204	0.197	0.192	0.186	0.189	0.225
Co^{2+}	0.289	0.234	0.211	0.205	0.200	0.194	0.204	0.248
Ni^{2+}	0.290	0.237	0.215	0.208	0.204	0.198	0.210	0.259
Mn^{2+}	0.300	0.243	0.218	0.210	0.205	0.197	0.197	0.225
UO_2^{2+}	0.312	0.261	0.242	0.237	0.234	0.233	0.267	0.345
F^-	0.694	0.628	0.587	0.571	0.558	0.535	0.468	0.435
Cl^-	0.744	0.710	0.695	0.691	0.689	0.687	0.712	0.778
Br^-	0.753	0.726	0.718	0.717	0.718	0.723	0.786	0.892
I^-	0.768	0.751	0.753	0.757	0.762	0.777	0.889	1.059
OH^-	0.711	0.658	0.628	0.618	0.609	0.597	0.578	0.059 6
$H_2PO_4^-$	0.662	0.577	0.523	0.502	0.483	0.451	0.353	0.299
NO_2^-	0.690	0.624	0.585	0.571	0.559	0.539	0.488	0.469
NO_3^-	0.718	0.665	0.634	0.622	0.612	0.596	0.551	0.533
SO_4^{2-}	0.236	0.169	0.136	0.125	0.116	0.101	0.064	0.050
HPO_4^{2-}	0.245	0.167	0.128	0.115	0.104	0.087	0.046	0.031
CO_3^{2-}	0.237	0.162	0.127	0.115	0.105	0.091	0.057	0.043
PO_4^{3-}	0.050	0.024	0.015	0.012	0.010	0.008	0.003	0.001

综上所述，海水体系的活度系数计算问题已基本解决。

9.7 Broecker 双箱模型

Broecker 提出的双箱模型是海洋化学为数极少的真正的自己的理论之一，双箱模型不久就不限于“双箱”，而推广成“三箱”、“四箱”乃至“多箱”，所以在许多书上称为“箱式模型”或“Broecker(箱式)模型”。

箱式模型在 20 世纪 70 年代已成功地用于碳循环(其中包括大气 CO_2 和“温室效应”的研究)计算，并在海洋环境化学的污染物扩散、海洋中发生物质交换、海-气通量等研究中都得到日益广泛的应用。

前面提到海洋中的若干生物制约元素(例如 C，N，P，Si，S 等)垂直分布断面——其组成或深度的变化，亦即它们在海洋中内循环和物质通量，也都可以用 Broecker 的双箱模型的动力学模式处理。

Broecker 模型——双箱模型如图 9.5 所示。假设海洋划分为两个箱子，上层约为数百米深，下层约为3 200 m 深。隔开上下层的是密度跃层或温跃层，上、下两层水体组成了两个箱子。在双箱模型中我们还假设：①研究的元素进入海洋的途径是由大陆径流注入，而忽略诸如海底火山、地下水和城市污水等由陆地注入海洋等；②从海洋中除去的途径是由生物产生的颗粒沉降到海底，然后就永久地埋藏在沉积物中，但是也有一部分无机化后回到海水中。

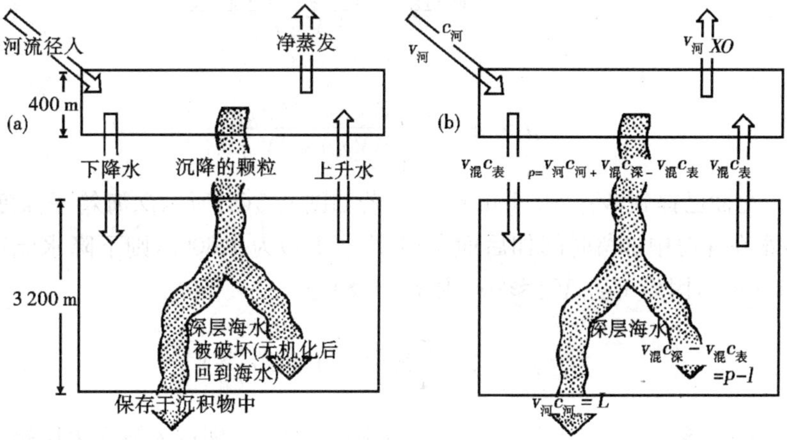

(a)表示海水中生物活性元素主要通量的双箱模型直箭头——水通量；波浪箭头——颗粒物通量　(b)与本书所规定的若干参量一致的物质通量标明的同一个模型

图 9.5　Broecker 模型——双箱模型

海洋及其两个箱子的运动处于稳态，即输入和迁出恰好相等，任何元素都在稳定地更新着，但其含量不变，亦即其浓度不变。例如上层箱子中给定元素有两个来源:①河流输入;②下层箱子与上层箱子一直进行交换。同时上层箱子有两个输出:①下降流;②颗粒物沉降。在稳态时进和出完全相等。应用双箱模型可对有关的物质通量作简单估算,如图 9.5(b)所示。图中,$V_{河}$ 为每年进入海洋的河水容积(以每单位海洋面积分得的容积 $m^3 \cdot m^{-2} \cdot a^{-1}$)表示,其值例如为 $0.1\ m^3 \cdot m^{-2} \cdot a^{-1}$ 或 $m \cdot a^{-1}$;$c_{河}$ 为河水中元素的平均浓度($mol \cdot m^{-3}$);$c_{深}$ 为深水层箱子中元素的平均浓度($mol \cdot m^{-3}$);$V_{混合}$ 为沉入下层深水箱的水容积($m^3 \cdot m^{-2} \cdot a^{-1}$),$V_{混合}$ = 上升入上层水箱的水容积($m^3 \cdot m^{-2} \cdot a^{-1}$) = 20($m \cdot a^{-1}$)。给定元素进入上层箱子的总量 $= V_{河}\ c_{河} + V_{混}\ c_{深}$,下降流带离上层箱子的量 $= V_{混}\ c_{表}$,$c_{表}$ 为上层表面箱子中元素的平均浓度。

按物料平衡,沉降颗粒带离上层箱子的量 P 为

$$P = (V_{河}\ c_{河} + V_{混}\ c_{深}) - V_{混}\ c_{表} \tag{9.126}$$

我们把某给定元素进入表层箱子后,又以颗粒形式迁到深层箱子中去的通量部分定义为 g

$$g = \frac{某元素进入深层箱子的颗粒通量(P)}{\sum 某给定元素进入上层箱子的通量} = \frac{(V_{河}\ c_{河} + V_{混}\ c_{深}) - V_{混}\ c_{表}}{V_{河}\ c_{河} + V_{混}\ c_{深}} \tag{9.127}$$

或

$$g = 1 - \left[\frac{V_{混}\ c_{表} / V_{河}\ c_{河}}{1 + V_{混}\ c_{深} / V_{河}\ c_{河}}\right] \tag{9.128}$$

上面已提到,$V_{河} \approx 0.1\ m \cdot a^{-1}$。若如图 9.5(a)所示深海箱子深度约3 200 m,水在深海中逗留时间如后面所述 T_{mix}($T_{混}$)为 1 600a,则下降水流速度约为 $2\ m \cdot a^{-1}$,因而 $V_{混} / V_{河} \approx 20$。则(9.128)为

$$g = 1 - \left[20\frac{c_{表}}{c_{河}} / (1 + 20\frac{c_{深}}{c_{河}})\right] \tag{9.129}$$

对于磷,$c_{深}/c_{河} \approx 5$,$c_{表}/c_{河} \approx 0.25$,则 $g = 0.95$,即进入海洋表层箱子中的磷有 95%被沉降颗粒带走。

在稳态时,给定元素离开海洋的量 L,必与河流加入的量相同,即

$$L = V_{河}\ c_{河} \tag{9.130}$$

这样,如果元素的迁出是由未被破坏的颗粒物进入沉积物来完成的,则给定元素由颗粒通量 P 带入深海后,定义 f 为:

$$f=\frac{\text{进入沉积物而由深层箱子中离开的量}(L)}{\text{进入深层箱子的颗粒物输入量}(P)} \tag{9.131}$$

则得

$$\begin{aligned} f &= \frac{L}{P} = \frac{V_{河}\ c_{河}}{(V_{河}\ c_{河} + V_{混}\ c_{深}) - V_{混}\ c_{表}} \\ &= \frac{1}{1+\frac{V_{混}}{V_{河}}\left(\frac{c_{深}}{c_{河}} - \frac{c_{表}}{c_{河}}\right)} = \frac{1}{1+20\left(\frac{c_{深}}{c_{河}} - \frac{c_{表}}{c_{河}}\right)} \end{aligned} \tag{9.132}$$

由 f 定义式，可得

$$fP = L = V_{河}\ c_{河} \tag{9.133}$$

仍以磷酸盐为例，$f=0.01$，表明进入海洋深层中的颗粒物态磷 99%被氧化为无机的磷酸盐并进行再循环，只有 1%被埋藏在海底沉积物中。

现在我们将参数(fg)来考察其意义，由 g 和 f 的定义有

$$\begin{aligned} fg &= \frac{\text{某元素进入深海箱子的颗粒通量}(P)}{\sum \text{某给定元素进入上层箱子的通量}} \times \\ &\quad \frac{\text{进入沉积物自深层箱子中离开的量}(L)}{\text{某元素进入深海箱子的颗粒物通量}(P)} \\ &= \frac{\text{某元素自深海箱子中离开、进入沉积物的量}(L)}{\sum \text{某给定元素进入上层箱子的通量}} \\ &= \text{某元素每次海洋混合循环中离开海洋被迁出的分数} \\ &= \frac{V_{河}\ c_{河}}{V_{河}\ c_{河} + V_{混}\ c_{深}} + \frac{1}{1+\frac{V_{混}}{V_{河}} - \frac{c_{深}}{c_{河}}} = \frac{1}{1+20\ \frac{c_{深}}{c_{深}}} \end{aligned} \tag{9.134}$$

对磷酸盐，$fg=0.01\times 0.95\approx 0.01$。这就是说，每一次混合循环时，海洋中有约 1%的磷酸盐损失到沉积物中去。

τ 是某元素的逗留时间，是元素在海洋中一次混合循环所需的时间，即 $T_{混}$，被每次混合循环中除去的分数 fg 除之。由 $\tau=A/Q'$，每次在海洋中迁出 Q'，要计算海洋中该元素贮存总量 A 迁出所需的时间，遂有

$$\tau = \frac{T_{混}}{fg} = \frac{1\ 600}{fg} = 16\times 10^4\,(\mathrm{a})$$

对海洋中磷的混合循环和通量，Broecker 描述如下：有一磷原子，自沉积岩经浸蚀释出，由河川入海，经历了大约 100 次海洋混合循环，每次回上层箱子前，在深层箱子中待约 1 600 a。经 100 次循环后，带有未破坏磷原子的颗粒进

入沉积物中。也就是说，磷原子停留于海洋期间要作 100 次循环，每次混合循环 1 600 a。它在沉积岩石中渡过"一生"的 99.9%的时间，约 9×10^8 a。在每 2×10^8 a 当中逗留在海洋中约 16×10^4 a。每1 600 a 混合循环一次，在上表层水中仅呆 4 a。

表 9.10 列出一些元素有关参数的计算结果。对生物制约元素，g 值接近 1，而 $f<0.1$；对生物非制约元素，g 值很小（$g<0.01$，表中未列出具体数值）。

表 9.10 磷、硅、钡、钙、硫、钠等元素各种参数的计算一览表（引自 Broecker，1974）

类 别	元素	$\frac{c_{表}}{c_{河}}$	$\frac{c_{深}}{c_{河}}$	g	f	fg	τ(a)
生物制约元素	P	0.25	5	0.95	0.01	$\frac{1}{100}$	2×10^5
	Si	0.05	1.6	0.97	0.03	$\frac{1}{300}$	6×10^5
生物中等制约元素	Ba	0.20	0.60	0.70	0.11	$\frac{1}{13}$	3×10^4
	Ca	30.0	30.3	0.01	0.16	$\frac{1}{500}$	1×10^6
生物非制约元素	S	5 000	5 000	—	—	$\frac{1}{10\,000}$	2×10^7
	Na	50 000	50 000	—	—	$\frac{1}{100\,000}$	2×10^8

改写公式(9.132)，可得

$$\frac{c_{深}}{c_{河}}=\frac{1-fg}{fg}\cdot\frac{V_{河}}{V_{混合}} \tag{9.135}$$

或对生物制约元素

$$\frac{c_{深}}{c_{河}}\approx\frac{V_{河}}{fV_{混合}}\approx\frac{1}{20f} \tag{9.136}$$

对生物非制约元素，则有

$$\frac{c_{深}}{c_{河}}\approx\frac{1}{fg}\frac{V_{河}}{V_{混合}} \tag{9.137}$$

和

$$\frac{c_{表}}{c_{深}}\approx1 \tag{9.138}$$

公式(9.136)表示海水中溶解磷浓度受以下因素控制：①深海水的上升流速；②沉降到深层箱子中颗粒免于氧化（无机化）的部分分数；③$c_{河(磷)}$值；④$V_{河}$

或陆地径流速度等。

用箱式模型研究碳循环可以有很多方法，例如 Broecker，Eriksson，Craig，Welander Munk，Oeschger，Björkström 等，选择三者列于表 9.11 中。

表 9.11　几种模型计算 CO_2（%）分布的比较

作　者	大　气	生物圈＋土壤	表层（海洋）	中层＋深层（海洋）
Broecker	50～65	0	5～7	28～45
Oeschger	54～55	12	5	28～29
Björkström	40～45	30～40	～5	10～20

由表 9.11 可见：①人类活动所产生的 CO_2 大约 50％留在大气中；②海洋在现在和将来都是过量 CO_2 的主要容器，但对中层和深层的作用，看法尚不一致；③关于生物圈和土壤的作用尚有很大争论，但愈来愈受人们的重视，搞清其影响对全球碳循环研究是十分重要的。

思考题

1. 何谓海洋中的 Marcet－Dittman 恒比定律？它的应用条件是什么？在什么条件下其应用受到较大影响？如何估价它在海洋化学上的地位？

2. 何谓状态方程式？何谓海水状态方程式？UNESCO 状态方程式的实验基础是什么？海水状态方程式应用条件有哪些？为什么 UNESCO 状态方程式在 20 世纪 70 年代出现？能否为当时的中国首创？为什么？

3. Sverdrup 的移流－扩散方程的要点是什么？公式中 R_1，R_2 和 R_3 的含义是什么？解此方程的难点是什么？它有什么重要应用？试举一二例说明之。

4. 化学平衡原理的基本关系是如何表达的？反应的平衡常数 K 和反应熵 Q 有何差别？$\Delta G = RT\ln\dfrac{Q}{K}$ 的物理意义是什么？它可否作为反应不可逆程度的量度？

5. 在化学平衡和稳态时，主要区别何在？如何用公式来表述这种差别？稳态的主要标志条件是什么？

6. 海洋是平衡的吗？海洋是稳态的吗？对此你有何见解？

7. 海洋化学上应用化学平衡原理和稳态原理的 21 世纪研究方向，你预计可能是什么？

8. 何谓活度系数？你怎样评价海洋学上使用的“model”？

9. 为什么说 Debye－Hückel“离子氛概念”是电解质溶液理论的重大突破

性进展？它的学术上的原创性主要有哪些？

10. Debye－Hückel 极限公式如何表达？它有何应用？试举例说明之。

11. 何谓活度系数理论中的远程力和近程力？何谓上述两者的综合理论？

12. Pitzer 理论的要点是什么？目前的发展和应用概况如何？它是否是一种"完善"的理论？

13. 何谓 Broecker 箱式模型？它在海洋化学上的应用，试举例说明之。

14. Broecker 箱式模型应用时要特别注意哪些条件？

参考文献

1 傅献彩．物理化学．第4版．北京：高等教育出版社，1987

2 佩特种维茨(Pytkowlcz)著．平衡、非平衡和天然水．张正斌，刘莲生，等译．北京：海洋出版社，1994

3 张正斌，陈镇东，刘莲生，等．海洋化学原理和应用——中国近海的海洋化学．北京：海洋出版社，1999

4 张正斌，顾宏堪，刘莲生，等著．海洋化学(上卷)．上海：上海科技出版社，1984

5 张正斌，刘莲生著．海洋物理化学．北京：科学出版社，1989

6 中国大百科全书·大气科学、海洋科学、水文科学卷．北京：中国大百科全书出版社，1987

7 Broecker W S. Chemical Oceanography. New York: Harcourt Brace Jovanovich, 1974

8 Broecker W S, Peng T H. Tracers in the Sea. New York: Eldigio Press, 1982

第10章 海洋化学模型和海水中元素的物种化学存在形式

海水化学模型是研究海水中元素(常量元素、微量元素和痕量元素)的物种化学存在形式。许多书中海水化学模型专指海水中常量元素的存在形式(Species,Chemical speciation)。海水中元素的存在形式既是元素海洋地球化学的一个研究内容,又是影响海水中元素迁移变化规律的重要因素。它对海水分析、海水中元素的提取和综合利用、海水中微量元素与悬浮粒子的相互作用、海水中“金属-有机物-固体粒子”液-固界面三元络合物的生成等,均是需要考虑的前提。

海水化学模型研究,开始于 L. G. Sillén 教授(1961)。在 1962 年 Garrels 和 Thompson 正式以海水化学模型为题研究海水中常量元素的存在形式,提出了离子对模型,引起海洋学界的重视。40 多年来他们的论文成为海洋化学上被引用最多的论文,海水中元素存在形式的研究至今长盛不衰。

10.1 海水化学模型计算方法——化学平衡计算法

目前海水化学模型计算方法有两种:①化学平衡计算法,这种方法在书刊上报道较多;②结构参数计算法。在此讨论化学平衡计算法。

10.1.1 控制海水中元素化学模型或存在形式的主要因素

1. 海水的 Eh

它控制海水中金属离子的氧化-还原状态。详细介绍见张正斌、刘莲生著的《海洋物理化学》。

2. 海水的 pH

海水的 pH 值在 8.1 左右。当海水的 pH 值发生变化时产生的主要影响是:①直接影响金属与水的作用,例如影响金属的水解平衡:

$$\left.\begin{array}{l} M^{2+}+H_2O \rightleftharpoons M(OH)^{+}+H^{+} \\ \cdots \\ M^{2+}+nH_2O \rightleftharpoons M(OH)_n^{n-2}+nH^{+} \end{array}\right\} \qquad (10.1)$$

②影响配位的溶存形式。

(A)例如碳酸盐体系：

$$HCO_3^- \rightleftharpoons H^+ + CO_3^{2-}$$

(B)有机配体，例如氨基酸体系：

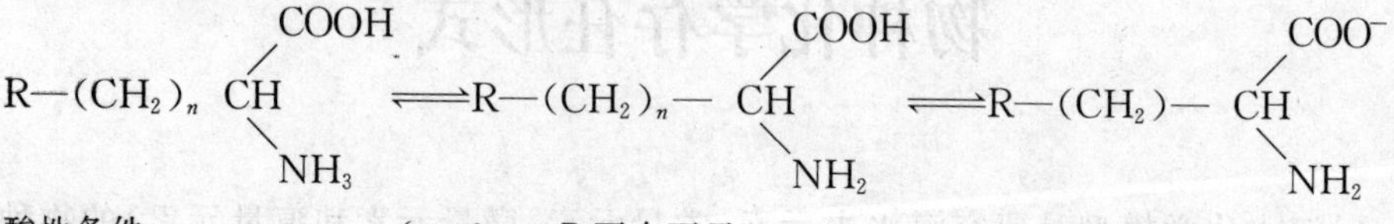

酸性条件 (n=0～n，R可有可无) 碱性条件

上述(A)，(B)两例的图示见图 10.1 和图 10.2。

(C)固体配位体，例如水合金属氧化物体系：

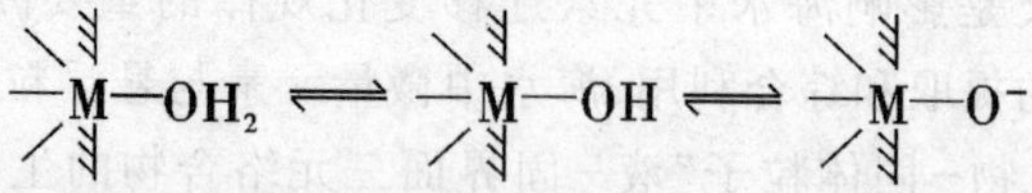

酸性条件 碱性条件

上述氨基酸和水合氧化物都是两性化合物，但属于本质不尽相同的两类两性化合物，在海水体系中都是常见的配体。

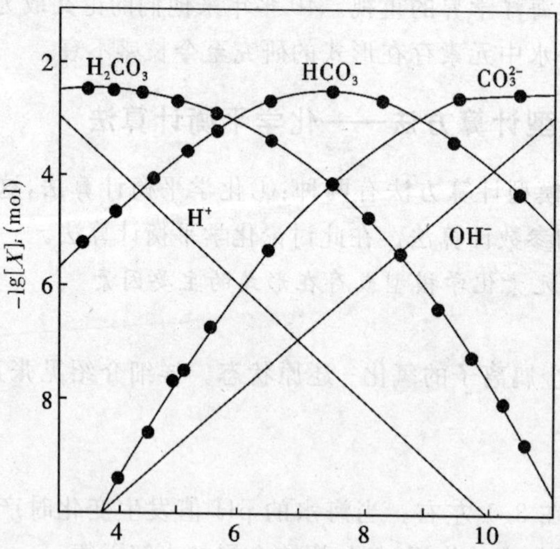

图 10.1 在温度为 25 ℃，气压为 0.1 MPa，盐度为 35 时的二氧化碳体系 (H_2CO_3，HCO_3^-，CO_3^{2-})各组分总浓度及其离子缔合模型计算值与实验值的比较

(引自 Duursma 等，1981)

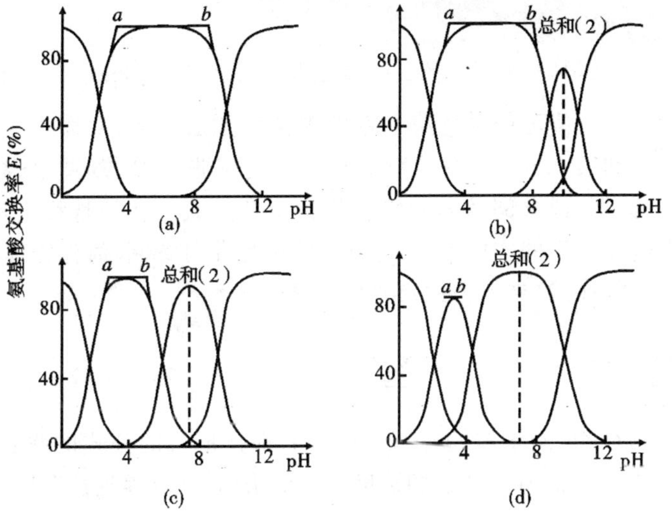

(a)丙氨酸、甘氨酸、苏氨酸、丝氨酸和其他中性氨基酸　(b)赖氨酸

(c)组氨酸　(d)天冬氨酸、谷氨酸等其他酸性氨基酸

图 10.2　若干氨基酸的存在形式分配与 pH 值的关系图

3. 海水中的配位体的种类和数量

(1)无机配位体：主要有 H_2O,OH^-,Cl^-,SO_4^{2-},CO_3^{2-},HCO_3^-,F^-,Br^-,$B(OH)_4^-$,HPO_4^{2-} 等，在海水化学模型具体计算中，将进一步讨论。

(2)有机配位体：主要有无氮有机物的有机羧酸等；含氮有机物的各种氨基酸、脂肪酸等；复杂的有机物如 HA,FA 等。以上所列有机配位体，在微量元素有机络合存在形式中，还将作较详细的讨论。

(3)固体和微生物配体：这是近年来海水中配位体研究的发展前沿，它们与微量元素的作用可能是络合作用、界面作用和生化作用的综合，将在本节的最后介绍。

10.1.2 常压下海水化学模型计算的方法和步骤

1. 方法：离子对和络合物化学平衡计算法。

2. 主要计算步骤。

(1)根据质量守恒定律，海水中各主要组分 M，其总浓度 Σ(M)等于其各种可能存在形式之总和，即为

$$\sum(\mathrm{M}) = (\mathrm{M}) + \sum_{n=1}^{N}\sum_{j=1}^{J}[\mathrm{ML}(j)_n] \tag{10.2}$$

(2)把每一种可能的存在形式用热力学稳定常数和活度系数加以表达，例

如

$$[ML(j)_n]=\beta_{ML(j)_n}[M][L(j)]^n\gamma_M\gamma_{L(j)}^n/\gamma_{ML(j)_n} \quad (10.3)$$

式中 $\gamma_M,\gamma_L,\gamma_{ML(j)_n}$ 值可用本书第 9 章的理论和方法计算，对海水化学模型，其值参见表 9.4 和表 9.5。式中的稳定常数可使用张正斌、刘莲生《海洋物理化学》中的有关数据，或参阅著名的络合物稳定常数表。在精选稳定常数值时要谨慎地考虑研究体系的实验条件，详细方法和操作可参阅《海洋物理化学》。

(3)把公式(10.3)带入公式(10.4)则得

$$\sum(M)=[M]\left\{1+\sum_{n=1}^{N}\sum_{j=1}^{J}\beta_{ML(j)_n}[L(j)]^n\gamma_M\gamma_{L(j)}^n/\gamma_{ML(j)_n}\right\} \quad (10.4)$$

设正负离子共 Q 个，则求解 Q 个像式(10.4)那样形式的公式的联立方程式，即可求得 Q 个未缔合的游离离子的浓度。一般采用"循环逼近法"计算，近十几年来在化学平衡计算中已应用计算机，在速度和精度上均已不成问题。

(4)把 Q 个循环逼近法计算的 Q 个游离离子浓度再代入 Q 个像式(10.4)那样的关系式中，即可求得例如海水化学模型中常量组分化学存在形式的各种分配(%)。其中未缔合(游离)的金属离子[M]和离子对或络合物[$ML_{(j)n}$]的百分比(%)，分别用公式(10.5)和(10.6)计算：

$$[M]\%=\frac{100}{1+\sum_{n=1}^{N}\sum_{j=1}^{J}\beta_{ML(j)_n}[L(j)]^n\gamma_M\gamma_{L(j)}^n/\gamma_{ML(j)_n}} \quad (10.5)$$

$$[ML(j)_n]\%=\frac{100\beta_{ML(j)_n}[L(j)]^n\gamma_M\gamma_{L(j)}^n/\gamma_{ML(j)_n}}{1+\sum_{n=1}^{N}\sum_{j=1}^{J}\beta_{ML(j)_n}[L(j)]^n\gamma_M\gamma_{L(j)}^n/\gamma_{ML(j)_n}} \quad (10.6)$$

在此我们要转引在《海洋物理化学》中强调的"负载电解质方法"。溶液化学的许多规律和公式，把"无限稀释溶液"作为理想状态。但理想状态实际上往往并非是最简单的状态。例如液态水的结构至今尚未真正确定，因此"水分子-离子"相互作用不一定比"离子-离子"相互作用简单，理想溶液是否是最简单的状态还值得探讨。再加上不同稀溶液的离子强度各不相同，因此稀溶液中某一研究离子所处的负载(或支持)电解质而产生的"背景场"，往往不比离子强度恒定的海水体系的"背景场"简单。结果物理化学上的一些规律和公式，应用在海水体系时，往往比一般人想像要好。例如活度系数计算、稳定常数值的测定、化学平衡在海水体系中应用、液-固界面等温式等。海水化学模型计算的成功是"负载(支持)电解质方法"在海洋化学上应用的最早成功典范。

10.2 海水化学模型——海水中常量组分的物种化学存在形式

Garrels 和 Thompson 的海水化学模型基于 Bjerrum 离子缔合(参阅《海洋物理化学》中第 5 章)假设。计算方法和公式如 10.1 所述，具体分为两部分阐述。

10.2.1 准备工作

(1)海水的化学组成。表 10.1 中列出海水的主要组分和浓度。

表 10.1　标准海水的主要离子组分及其浓度

(S=35, Cl=19.374($\times10^{-3}$), d=1.023 36 g · cm^{-3}, 25 ℃)

组分和离子强度	M_w (mol · kg^{-1})	M (mol · dm^{-3})	(mg · kg^{-1})	组分和离了强度	M_w (mol · kg^{-1})	M (mol · dm^{-3})	(mg · kg^{-1})
Na^+	0.468 38	0.479 32	10 768	SO_4^{2-}	0.028 23	0.028 89	2 712
K^+	0.010 21	0.010 45	339.1	碱度	0.002 38	0.002 44	—
Mg^{2+}	0.053 15	0.054 39	1 291.8	总碳酸盐	0.002 30	0.002 35	27.6
Ca^{2+}	0.010 29	0.010 53	412.3	HCO_3^-	0.001 88	0.001 92	
Sr^{2+}	0.000 093	0.000 095	8.14	CO_3^{2-}	0.000 23	0.000 24	
Cl^-	0.545 87	0.558 62	19 353	总硼	0.000 412	0.000 421	4.45
Br^-	0.000 84	0.000 86	67.3	$B(OH)_4^-$	0.605 66	0.619 81	
F^-	0.000 073 4	0.000 075 1	1.39	$I=\frac{1}{2}\sum n^2[X^{n\pm}]$	0.697 65	0.713 95	

(2)稳定常数，如表 10.2 所列。对此表作说明如下：

①在一般文献上不列 NaCl，KCl，$CaCl^+$，$MgCl_2$ 的稳定常数，因为许多学者认为这些离子对的缔合作用很弱，可忽略不计。然而本书列出了它们的稳定常数，这是因为著者同意 Pytkowicz 等和 Nurnberg 认为这些离子对的缔合在有些场合下应当计及的观点，故将它们的稳定常数也列出，以供读者参考。②因海水的 pH＝8.1，金属羟基络合物的稳定常数，例如 $\lg K_{NaOH}\approx0.70$，$\lg K_{CaOH^+}\approx0.8$，$\lg K_{MgOH^+}=1.5$ 和 $\lg K_{KOH}$ 数值很小等，故在此条件下 NaOH，$CaOH^+$，$MgOH^+$，KOH 的浓度都很小，可不考虑。③假设 K^+ 与 HCO_3^-，CO_3^{2-} 间不缔合。④此模型中 K_a 通过 K_c 和 K_γ 换算后计算。

表 10.2 海水中离子缔合模型用的稳定常数

正离子	HCO_3^- I	HCO_3^- 温度(℃)	HCO_3^- $\lg K_1$	CO_3^{2-} I	CO_3^{2-} 温度(℃)	CO_3^{2-} $\lg K_1$
Na^+	→0	25	−0.25	→0	25	1.27
	→sw	25	−0.585	→sw	25	0.62
	0.5(NaCl)	25	−0.41	0.5(NaCl)	25	0.14
	1(NaCl)	25	−0.67	1(NaCl)	25	0.27
	→0	25	−0.08	3(NaCl)	25	0.37
			−0.30	→0	25	0.77
	0.72→*sw*	25	−0.55	0.72	25	0.97
K^+						
Mg^{2+}	→0	25	1.16	→0	25	3.40
	sw	25	0.017	→sw	25	2.20
	→0	25	0.95	*sw*	25	1.512
	→*sw*	25	0.72			
	0.72→*sw*	25	0.21			
Ca^{2+}	→0	25	1.26	→0	25	3.2
	→*sw*	25	0.71	→sw	25	1.89
	0.72→*sw*	25	0.29			
H^+	→0	25	6.35	→0	25	10.32
	sw	5	5.89	sw	5	9.33
			588			9.35
		25	6.00		25	9.09
			6.035			9.09
	sw	25	5.857		25	8.947

（续表）

正离子	SO_4^{2-}			F^-			Cl^-		
	I	温度（℃）	$\lg K_1$	I	温度（℃）	$\lg K_1$	I	温度（℃）	$\lg K_1$
Na^+	→0	25	0.72				→sw 0.72	25	−0.462
	sw	25	0.34						
	sw	2.4	0.53						
	sw	1.5	0.55						
	sw	25	0.305						
	→sw 0.72	25	0.993						
K^+	→0	25	0.96				→sw 0.72	25	−0.320
	0.72	25	1.077						
	sw		0.13						
	sw	25	0.013						
Mg^{2+}	→0	25	2.36	0.7NaCl	25	1.274	→sw 0.72	25	0.281
	0.72	25	1.62	→sw		1.27			
	sw		1.01						
	sw	1.7	1.18						
	sw	25	1.009						
	sw	25	0.845						
Ca^{2+}	0.2	25	1.53	0.7NaCl	25	0.625	→sw 0.72	25	0.366
	sw	25	1.033						
	sw	25	1.68						
	(0.72)								
H^+	→sw	25	1.38	1($NaNO_3$)	25	2.9			
	sw	5	1.064	sw	25	2.6			
	sw	25	1.511						
	′sw	25	1.090						

因不同作者对以上假设的侧重点不同，故相应的 K 值亦差异不小。对计算结果产生的影响是所意料的。

(3)活度系数：在 Garrels 和 Thompson 提出的海水化学模型中活度系数的计算使用了 Macinnes 规定。但用 Macinnes 方法估算虽曾在当时起过作用，但至今已被上节的海水活度系数计算方法所替代，已无人问津，故本书不再赘述。

作好准备工作，应用上节计算方法和步骤可进行计算。

10.2.2 计算结果

基于离子缔合概念的若干类似的计算，结果见表 10.3。由此表可见：

(1)海水中主要正离子大多数以非缔合的形式存在，其离子存在量(%)的顺序为

$$\underset{(99.7\sim99)}{Na^+} > \underset{(99.7\sim99)}{K^+} > \underset{(86.1\sim91.5)}{Ca^{2+}} > \underset{(85.3\sim89.9)}{Mg^{2+}}$$

海水中负离子除 Cl^- 尚有争议外，都能与正离子或强或弱地形成离子对或络合物。生成离子对或络合物的顺序(按百分比大小)为

$$\underset{(88.8\sim92.0)}{CO_3^{2-}} > \underset{(49.0\sim52.0)}{F^-} > \underset{(37.1\sim61.0)}{SO_4^{2-}} > \underset{(28.7\sim47.0)}{HCO_3^-} > \underset{(0\sim21.3)}{Cl^-}$$

或海水化学模型中负离子的存在量(%)为

$$\underset{(78.7\sim100)}{Cl^-} > \underset{(53\sim81)}{HCO_3^-} > \underset{(39.0\sim62.9)}{SO_4^{2-}} > \underset{(48.0\sim51.0)}{F^-} > \underset{(8.0\sim10.2)}{CO_3^{2-}}$$

(2)Garrels－Thompson 模型基本上是成功的。理由如下：①海洋化学上曾经有个难题，即海水中 $\gamma_{CO_3^{2-}}=0.019$，$\gamma_{HCO_3^-}=0.36$；但传统的强电解质理论很难解释海水中它们为何如此之小！不仅物理化学家束手无策，海洋学家更是深感迷惑。海水化学模型揭开了这一难题的迷人面纱。由表 9.4 的静电模型(Kielland 公式)$\gamma_{CO_3^{2-}}=0.22$，和表 10.1 中总碳酸盐量中 CO_3^{2-} 和 HCO_3^- 存在的百分数和表 10.3 中 MCO_3 存在形式的百分数可得

$$\frac{[CO_3^{2-}]}{\{[CO_3^{2-}]+[NaCO_3^-]+[CaCO_3]+[MgCO_3]+[H_2CO_3]\}}=0.09$$

则可计算得

$$\begin{aligned}\gamma_{CO_3^{2-}}(\text{海水})&=\frac{\gamma_{CO_3^{2-}}[CO_3^{2-}]}{\{[CO_3^{2-}]+[NaCO_3^-]+[CaCO_3]+[MgCO_3]+[H_2CO_3]\}}\\&=0.22\times0.09=0.019\end{aligned}\qquad(10.7)$$

可见是因为[CO_3^{2-}]仅占总量的 0.09，结果使 $\gamma_{CO_3^{2-}}$(海水)＝0.019。
同理，对 $\gamma_{CO_3^{2-}}$(海水)得

$$\gamma_{HCO_3^-}(\text{海水})=\gamma_{HCO_3^-}\left[\frac{[HCO_3^-]}{[HCO_3^-]+[NaHCO_3]+[CaHCO_3^+]+[MgHCO_3^+]}\right]$$
$$=0.69\times0.53=0.365 \qquad (10.8)$$

可见与表 9.4 和文献结果基本一致。总之，$\gamma_{CO_3^{2-}}$(海水)和 $\gamma_{HCO_3^-}$(海水)之所以异常小的原因是 CO_3^{2-} 和 HCO_3^- 在海水中存在离子缔合作用之故。②根据 Garrels－Thompson 模型计算石膏(无水硫酸钙)的溶度积是 2.0×10^{-5}，与文献中的数据 2.4×10^{-5} 也较好地吻合。③实验证明：(A)用 Na 敏电极和 K 敏电极测得 $a_{Na^+}=0.35$，$a_{K^+}=0.006$，与表 9.4 的数据较为一致；(B)已有多种实验方法证明离子对的存在，例如用电势法测定 $NaSO_4^-$，$MgSO_4$，$CaSO_4$ 的稳定性，Raman 光谱提供 $NaSO_4^-$ 和 $MgSO_4$ 的存在证据，超声吸收测定 $MgSO_4$ 的稳定性等。

(3)Garrels－Thompson 模型的进一步改进：①离子对的稳定常数的实测值各家相差很大。但对海水体系通过实验测得精确的稳定常数数据至今并非易事。例如在表 10.2 中，$NaCO_3^-$，$MgCO_3$，$MgHCO_3^+$ 等各家的数据，相差好几倍，表 10.3 中各家的结果相差不小也就不足为奇了。许多"新"的海水化学模型，即是以此作改进的。②温度和压力对海水化学模型的影响：具体影响的结果见表 10.4，可见影响不可忽视。

表 10.3　海水化学模型(25 ℃，0.1 MPa，$Cl(\times10^{-3})=19.00(\times10^{-3})$，pH＝8.1)

物种存在形式(%)	Na				Mg			
	Garrels-Thompson	Hanor	尾方昇等	Pytkowicz-Hawley	Garrels-Thompson	Hanor	尾方昇等	Pytkowicz-Hawley
游离离子	99	99	98.5	97.7	87	89.9	85.3	89.2
MSO_4	1.0	1.2	1.4	2.2	11	9.2	13.6	10.3
$MHCO_3$	0	0.01	0.01	0.1	1	0.6	0.6	0.1
MCO_3	0	—	0	0	0.3	0.3	0.4	0.1
MCl	—	—	—	—	—	—	—	0
Mg_2CO_3	—	—	—	—	—	—	—	0
$MgCaCO_3$	—	—	—	—	—	—	—	0

(续表)

物种存在形式(%)	Ca				K				Sr
	Garrels-Thompson	Hanor	尾方昇等	Pytkowicz-Hawley	Garrels-Thompson	Hanor	尾方昇等	Pytkowicz-Hawley	Kester等
游离离子	91	91.5	86.1	88.5	99	98.5	97.7	98.9	86
MSO_4	8	7.6	12.9	10.8	1	1.5	2.2	1.1	12
$MHCO_3$	1*	0.7	0.7	0.3	—	0	—	—	0.4
MCO_3	0.2	0.2	0.3	0.3	—	0	—	—	—
MCl	—	—	—	—	—	—		—	—
Mg_2CO_3	—	—	—	—	—	—	—	—	—
$MgCaCO_3$	—	—	—	0.1	—	—	—	—	—

物种存在形式(%)	SO_4				HCO_3			
	Garrels-Thompson	Hanor	尾方昇等	Pytkowicz-Hawley	Garrels-Thompson	Hanor	尾方昇等	Pytkowicz-Hawley
游离离子	54	62.9	40.0	39.0	69	74.1	53.0*	81.3
NaL	21	16.4	22.9	37.1	8	8.3	10.2*	10.7
MgL	21.5	17.4	25.9	19.5	19	14.4	6.3*	6.5
CaL	3	2.8	4.7	4.0	4	3.2	3.6*	4.0
KL	1	0.5	0.8	0.4	—	0		0.4
Mg_2CO_3	—	—	—	—	—	—		—
$MgCaCO_3$	—	—	—	—	—	—		—

物种存在形式(%)	CO_3				Cl			F		
	Garrels-Thompson	Hanor	尾方昇等	Pytkowicz-Hawley	Kester等	张正斌等	Pytkowicz-Hawley	Kester等	张正斌等	Pytkowicz-Hawley
游离离子	9	10.2	1.3*	8.0	100	78.7	83.19	48～50	50	51.0
NaL	17	19.4	2.6*	16.0	—	18.0	11.45	1		
MgL	67	63.2	10.0*	43.9	—	1.70	4.16	47～49	49.4	47.0
CaL	7	71.1	1.5*	21.0	—	1.40	0.88	2		2.0
KL	—	0	—	—	—	0.2	0.33			
Mg_2CO_3	—	—	—	7.4	—	—				
$MgCaCO_3$	—	—	—	3.8	—	—				

* 尾方昇等把 HCO_3^- 和 CO_3^{2-} 两者加在一起计算分配(%)

表 10.4　温度和压力对海水化学模型的影响(离子对(%))

温度(K)		273					
压力(0.1 MPa)		1		400		1 000	
化学模型		张正斌等*	Kester—Pytkowicz	张正斌等*	张正斌等*	Kester—Pytkowicz	Millero
SO_4^{2-}	$NaSO_4^-$	26.5	47	20.9	14.5	32	35
	KSO_4^-	0.4	—	0.3	0.2	—	—
	$MgSO_4^0$	15.4	21	15.3	14.5	24	19
	$CaSO_4^0$	3.0	4	2.4	1.7	5	4
	游离的	54.7	28	61.1	69.1	39	42
CO_3^{2-}	$NaCO_3^-$	5.7		5.2	4.7		
	$MgCO_3^0$	79.1		75.9	69.0		
	$CaCO_3^0$	3.5		3.4	3.1		
	游离的	11.7		15.5	23.2		
HCO_3^-	$NaHCO_3^0$	8.3		6.6	4.2		
	$MgHCO_3^+$	2.6		1.9	1.2		
	$CaHCO_3^+$	1.5		1.1	0.7		
	游离的	87.6		90.2	93.7		

（续表）

温度(K)		298				333
压力(0.1 MPa)		1		400	1 000	1
化学模型		张正斌等*	Kester－Pytkowicz	张正斌等*	张正斌等*	张正斌等*
SO_4^{2-}	$NaSO_4^-$	36.4	38	30.5	22.3	48.4
	KSO_4^-	0.4	—	0.4	0.3	0.4
	$MgSO_4^0$	20.6	19	21.1	21.0	26.2
	$CaSO_4^0$	2.7	4	2.2	1.7	2.0
	游离的	39.9	39	45.8	54.7	23.0
CO_3^{2-}	$NaCO_3^-$	17.5		16.9	15.5	52.7
	$MgCO_3^0$	67.1		64.4	59.0	36.3
	$CaCO_3^0$	4.8		4.7	4.4	5.0
	游离的	10.6		14.0	21.1	6.0
HCO_3^-	$NaHCO_3^0$	7.9		6.1	4.0	4.9
	$MgHCO_3^+$	10.1		7.7	5.0	41.8
	$CaHCO_3^+$	3.3		2.6	1.7	6.5
	游离的	78.7		83.6	89.3	46.8

*“张正斌等”是指参阅张正斌等《海洋化学》上卷，上海科技出版社，1984

10.3 海水中微(痕)量元素的物种无机存在形式

10.3.1 一般规律

(1)海水中非金属元素的主要存在形式:①游离离子:例如 Cl^-,Br^- 等;②酸根离子:例如 HCO_3^-,CO_3^{2-},SO_4^{2-},HPO_4^{2-},MoO_4^{2-} 等;③形成络离子或络合物:例如 MgF^+,$UO_2(OH)_3^-$,$UO_2(CO_3)_3^{4-}$,$CdCl_2$,HgOHCl 等;④液-固界面络合物。它们包括:(A)固体配位体络合物,例如 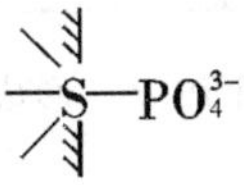 等,其实是阴离子交换吸附的产物等;(B)液-固界面三元络合物,例如 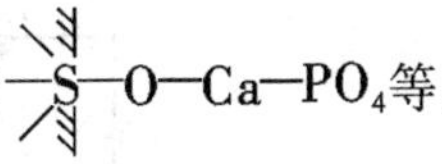 等。

(2)海水中金属元素的主要化学存在形式:①游离离子:例如 K^+,Na^+,Cu^{2+},Cd^{2+} 等;②酸根离子:例如 SiO_3^{2-},CrO_4^{2-},WO_4^{2-} 等;③形成络离子或络合物:例如 $CdCl_4{}^{2-}$,$Cu(OH)_2$ 等;④液-固界面络合物,它们包括:(A)固体配位体络合物,例如 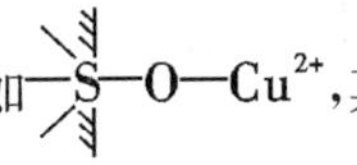,其实是阳离子交换吸附的产物等。(B)液-固界面三元络合物:例如 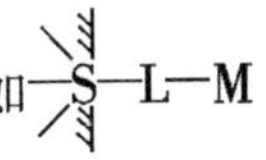, 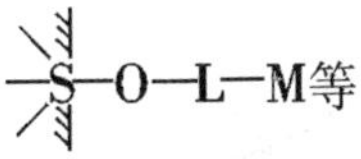 等,具体内容将在 10.6 节中述及。

上述元素在周期表中的分布如图 10.3 所示。它说明:①S 区:如海水化学模型所列,碱金属在天然水(包括天然海水)中,基本上不络合。碱土金属形成络离子的比例不超过 15%,主要与 SO_4^{2-},CO_3^{2-} 等形成络离子。②d 区:Sc 和 Y 可能与 OH^- 形成络离子。ⅣB～Ⅷ过渡元素主要与羟基形成络离子。③f 区:稀土元素主要与 SO_4^{2-} 形成络离子,此外可能与 CO_3^{2-},OH^-,HPO_4^{2-} 等形成络合物。④dS 区:主要与卤素形成络合物。例如 IB 的 $AgCl_3^{2-}$,$AgCl_2^-$,$AuCl_2^-$ 等;ⅡB 的 $CdCl^+$,$CdCl_4^{2-}$,$HgCl_3^-$,$HgCl_4^{2-}$ 等;也可能形成硫酸根络合物,如 $CuSO_4$,$ZnSO_4$ 等。⑤p 区:Al,Ga,In,Ge,Sn,Pb,Sb,Bi 等,可能与羟基形成络离子,例如 Pb 等主要与碳酸根形成络离子。

(3)介质条件的影响在已出版的专著《海洋中化学过程的介质效应》(Zhang Zhengbin,Liu Liansheng,1994)中已作系统论述。主要的介质条件变化是络合效应、pH 效应和盐度(或离子强度)效应。图10.4表示河口无机汞的存在形式随 pH 值或盐度变化的状况。可见在河水条件下汞主要以 $Hg(OH)_2$ 的形式存在,[Hg^{2+}]较大,而在海水条件下汞主要以氯的络离子存在,[Hg^{2+}]较小,盐度效应或 pH 效应明显。

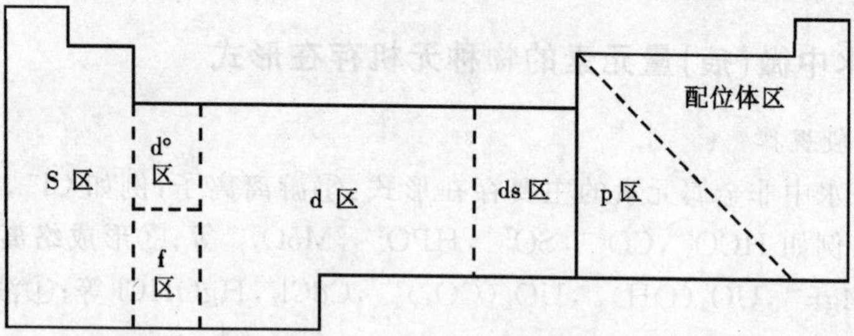

图 10.3　形成络离子的元素在周期表中位置示意图

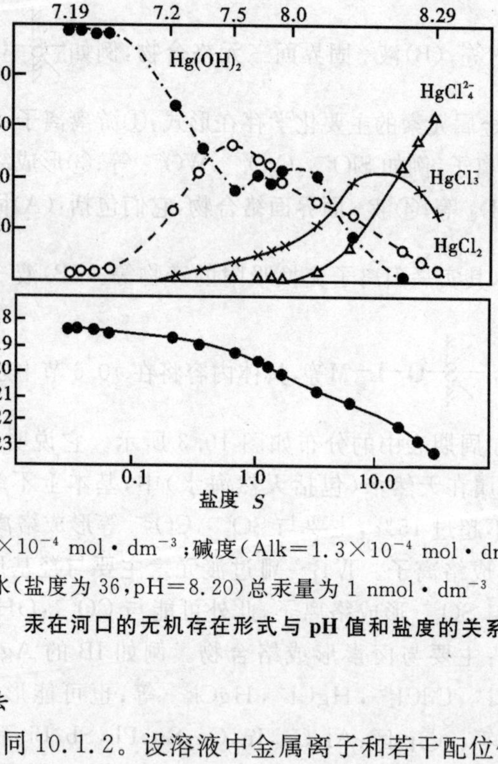

此例是河水($[Cl]=5\times10^{-4}\ mol\cdot dm^{-3}$;碱度($Alk=1.3\times10^{-4}\ mol\cdot dm^{-3}$;$pH=7.2$)和海水(盐度为 36,$pH=8.20$)总汞量为 $1\ nmol\cdot dm^{-3}$

图 10.4　汞在河口的无机存在形式与 pH 值和盐度的关系

10.3.2 定量推算方法

原则上推算方法同 10.1.2。设溶液中金属离子和若干配位体 P_i 形成络合物 Q_j,达成如下平衡:

$$\sum_i \nu_{ij} P_i = Q_j \qquad (10.9)$$

其中 ν_{ij} 为相应的化学计算系数。在一定温度和离子强度下,络合物的累积稳定常数为 β_j:

$$\beta_j = \frac{[Q_j]}{\prod_i [P_i]_{ij}^{\nu}} \quad (10.10)$$

其中方括号表示浓度，对 A 种物质，总浓度为 T_{P_k}，由质量平衡得

$$T_{P_k} = [P_k] + \sum \nu_{kj}[Q_j] \quad (10.12)$$

由上述两式得

$$T_{P_k} = [P_k] + \sum_i \nu_{kj}\beta_j \prod_i [P_i]_{ij}^{\nu} \quad (10.12)$$

$$\sigma_j = \beta_j \prod_i [P_i]_{ij}^{\nu} \quad (10.13)$$

引入支反应系数
则

$$T_{P_k} = [P_k](1 + \sum_j \sigma_j) = [P_k]\bar{\alpha}_k \quad (10.14)$$

式中 $\overline{a_k}$ 代表总支反应系数，对组分 P_k 应用下述简单关系即可解线性方程(10.13)和(10.14)

$$[P_k]/T_{P_k} = 1/\bar{\alpha}_k \quad (10.15)$$

$$[Q_j]/T_{P_k} = \sigma/\bar{\alpha}_k \quad (10.16)$$

应用公式(10.14)～(10.16)即可计算海水中微量元素的无机存在形式。

如果引入络合物稳定常数 β_j 与离子强度 I 的关系

$$\lg\beta_j = \lg\beta_j^0 + \frac{S\Delta z^2 I^{1/2}}{(1 + BI^{1/2})} + CI + DI^{1/2} \quad (10.17)$$

式中 S 是 Debye－Hückel 斜率(25 ℃和气压在 0.1 MPa 时为 0.511 $mol^{-1/2}(dm^{-3})^{1/2}$)；$\Delta z^2 = \sum z^2$(产物)$- \sum z^2$(反应物)$= z_j^2 - \sum \nu_{ij} z_{iy}^2$，B,C,D 是 3 个可调参数。

对水解反应为

$$M^{z+} + \nu H_2O - \nu H^+ \rightleftharpoons M(OH)_\nu^{(z-\nu)+} \quad (10.18)$$

及相应的水解常数为

$$\lg\beta_i^* = \lg\beta_i^0 + \frac{S\Delta z^2 I^{1/2}}{(1 + I^{1/2)}} + bI \quad (10.19)$$

式中 $\Delta z^2 = (z-\nu)^2 + \nu - z^2$；$b$ 为可调参数，亦与 I 有关。海水化学模型计算中使用 58 种痕量元素及其各种络合物的 $\lg\beta_i$ 值列在本书的附表之中。

计算中所用游离离子浓度列在表 10.5。对模拟海水(pH＝8.2)和模拟河水(pH＝6.0)中微量元素的存在形式的计算结果见表 10.6。

表 10.5 典型天然水主要组分的化学计算的总浓度和游离离子的浓度

	总浓度				游离浓度		
典型天然水	海水	淡水		典型天然水	海水	淡水	
碱度	2.65	3.68	2.85	I	0.65	0.000 9	0.002
B	3.37	6.05		pH	8.20	6.00	9.00
Br	3.07	6.70		$B(OH)_4$	4.29	9.25	6.46
C	2.71	3.19	2.89	Br	3.07	6.70	6.70
Ca	1.98	7.00	3.47	HCO_3^-	2.89	3.68	2.92
Cl	0.25	3.66		CO_3^{2-}	4.50	7.95	4.17
F	4.16	5.30		Ca^{2+}	2.07	7.01	3.47
K	1.98	4.23		Cl^-	0.25	3.66	3.66
Mg	1.27	3.77		F^-	4.48	5.31	5.31
Na	0.32	3.56		K^+	1.99	4.23	4.23
S	1.54	3.93		Mg^{2+}	1.36	3.78	3.80
Sr	4.04	6.10		Na^+	0.33	3.56	3.56
				HSO_4^-	8.72	8.02	11.07
				SO_4^{2-}	2.02	3.94	3.96
				Sr^{2+}	4.20	6.11	6.12

表 10.6 模拟海水(pH=8.2)和模拟淡水(pH=6.0)中正离子的溶存形式

正离子	海水(pH=8.2)							淡水(pH=6.0)						
	游离的	OH	F	Cl	SO_4	CO_3	$\lg\bar{\alpha}$	游离的	OH	F	Cl	SO_4	CO_3	$\lg\bar{\alpha}$
Ag^+	*	*	*	100	*	*	5.26	72	*	*	28	*	*	0.15
Al^{3+}	*	100	*	—	—	*	9.22	*	90	10	—	—	*	3.14
Au^+	*	—	—	100	—	—	12.86	*	—	—	100	—	—	6.08
Au^{3+}	*	100	—	*	—	—	27.30	*	100	—	*	—	—	21.98
Ba^{2+}	86	*	*	9	5	*	0.07	99	*	*	*	1	*	0.01
Be^{2+}	*	99	1	*	*	*	2.74	15	57	28	*	*	*	0.82
Bi^{3+}	*	100	*	*	*	—	14.79	*	100	*	*	*	—	9.08
Cd^{2+}	3	*	*	97	*	*	1.57	96	*	*	2	2	*	0.02
Ce^{3+}	21	5	1	12	10	51	0.68	72	*	3	*	22	3	0.14
Co^{2+}	58	1	*	30	5	6	0.24	98	*	*	*	2	*	0.01
Cr^{3+}	*	100	*	*	*	—	5.82	*	98	*	*	1	—	2.41
Cs^+	93	—	—	7	—	—	0.03	100	—	—	*	—	—	0.00

（续表）

正离子	海水（pH=8.2）							淡水（pH=6.0）						
	游离的	OH	F	Cl	SO_4	CO_3	lg$\bar{\alpha}$	游离的	OH	F	Cl	SO_4	CO_3	lg$\bar{\alpha}$
Cu^+	*	—	—	100	—	—	5.18	95	—	—	5	—	—	0.02
Cu^{2+}	9	8	*	3	1	79	1.03	93	1	*	*	2	4	0.03
Dy^{3+}	11	8	1	5	6	68	0.94	65	1	6	*	21	7	0.19
Er^{3+}	8	12	1	4	4	70	1.08	63	1	7	*	19	10	0.20
Eu^{3+}	18	13	1	10	9	50	0.74	71	1	3	*	21	4	0.15
Fe^{2+}	69	2	*	20	4	5	0.16	99	*	*	*	1	*	0.01
Fe^{3+}	*	100	*	*	*	*	11.98	*	100	*	*	*	*	6.41
Ga^{3+}	*	100	*	*	—	*	15.35	*	100	*	*	—	*	7.80
Gd^{3+}	9	5	1	4	6	74	1.02	63	1	5	*	22	9	0.20
Hf^{4+}	*	100	*	*	*	—	22.77	*	100	*	*	*	—	13.28
Hg^{2+}	*	*	*	100	*	*	14.24	*	8	*	92	*	*	6.88
Ho^{3+}	10	8	1	5	5	70	0.99	65	1	7	*	19	8	0.19
In^{3+}	*	100	*	*	*	*	11.48	*	100	*	*	*	*	5.53
La^{3+}	38	5	1	18	16	22	0.42	73	*	1	*	25	1	0.14
Li^+	99	*	—	—	1	—	0.00	100	*	—	—	*	—	0.00
Lu^{3+}	5	21	1	1	1	71	1.32	59	1	8	*	15	17	0.23
Mn^{2+}	58	*	*	37	4	1	0.23	98	*	*	*	2	*	0.01
Nd^{3+}	22	9	1	10	12	46	0.66	70	1	3	*	24	3	0.15
Ni^{2+}	47	1	*	34	4	14	0.33	98	*	*	*	2	*	0.01
Pb^{2+}	3	9	*	47	1	41	1.51	86	2	*	1	4	7	0.06
Pr^{3+}	25	8	1	12	13	41	0.61	72	1	2	*	23	2	0.14
Rb^+	95	—	—	5	—	—	0.02	100	—	—	*	—	—	0.00
Sc^{3+}	*	100	*	*	*	*	7.41	*	43	41	*	*	15	2.80
Sm^{3+}	18	10	1	8	11	52	0.75	68	1	3	*	25	4	0.17
Sn^{4+}	*	100	—	—	—	—	32.05	*	100	—	—	—	—	24.35
Tb^{3+}	16	11	1	8	9	55	0.80	67	1	6	*	22	4	0.18
Th^{4+}	*	100	*	*	*	*	15.64	*	100	*	*	*	*	7.94
TiO^{2+}	*	100	—	—	*	—	11.14	*	100	—	—	*	—	7.17
Tl^+	53	*	*	45	2	—	0.28	100	*	*	*	*	—	0.00
Tl^{3+}	*	100	—	*	*	—	20.94	*	100	—	*	*	—	14.62

（续表）

正离子	海水（pH=8.2）							淡水（pH=6.0）						
	游离的	OH	F	Cl	SO_4	CO_3	$\lg\bar{\alpha}$	游离的	OH	F	Cl	SO_4	CO_3	$\lg\bar{\alpha}$
Tm^{3+}	11	21	1	5	6	55	0.94	66	1	8	*	20	6	0.18
U^{4+}	*	100	*	*	*	—	23.65	*	100	*	*	*	—	14.02
UO_2^{2+}	*	51	*	*	*	49	6.83	12	18	8	*	1	60	0.91
Y^{3+}	15	14	3	7	6	54	0.81	63	1	17	*	14	4	0.20
Yb^{3+}	5	9	1	2	3	81	1.30	58	1	7	*	17	17	0.24
Zn^{2+}	46	12	*	35	4	3	0.34	98	*	*	*	2	*	0.01
Zr^{4+}	*	100	*	*	*	—	23.96	*	100	*	*	*	—	14.33

注：表内负号表示忽略不计；* 表示计算存在量小于1%

在本书附表中明确指出：

A：常量元素（>50 mmol·kg^{-1}）；
B：常量元素（0.05～50mmol·kg^{-1}）；｝常量元素。

C：微量元素（0.05～50 μmol·kg^{-1}）；
D：痕量元素（0.05～50 nmol·kg^{-1}）；
E：痕量元素（<50 pmol·kg^{-1}）。｝本书和若干著作中，将C,D,E称微量元素，是不严格的称谓。

故此节中的微量元素，即包括C,D,E，不是严格称谓。

10.3.3 典型计算例举

1. 海水中铀的存在形式

关于海水中铀的存在形式，一种推测主要存在形式为$[UO_2(CO_3)_3]^{4-}$；另一种推测主要存在形式为$UO_2(OH)_3^-$。一般海洋化学著作较多采用前一种，但有如下几点值得商榷。

(1)通过电离子交换法、电泳法等实验，得出海水中铀(Ⅵ)以负离子形式存在的可能性各家似乎无分歧，但进而推测为$[UO_2(CO_3)_3]^{4-}$的根据似不足。在我们实验室的工作中，海水中铀的物理-化学性质可证明：①铀(Ⅵ)以负离子形式存在；②负离子所带的电荷不高。由此可推测：铀(Ⅵ)也可能以$UO_2(OH)_3^-$的形式存在。

(2)在不同外界条件下，络合物稳定常数往往相差很大。因此，选值时要注意到离子强度效应、温度效应、压力效应等，通过内插法和外推法选用较合适的数值。例如对$[UO_2(CO_3)_3^{4-}]$，各家选用相差4～5个数量级，使计算所得结果到底是$UO_2(OH)_3^-$还是$[UO_2(CO_3)_3]^{4-}$无法断定，甚至尾

方昇等报道的先是 $UO_2(OH)_3^-$ 后是 $[UO_2(CO_3)_3]^{4-}$，其结果令人无法适从。按照我们上述要注意的三种效应和外推法，选择 $\lg\beta[UO_2(CO_3)_3]^{4-}$ 为 21.8，此值与几年后文献报道的 21.54 和 21.70 等很一致。

(3)活度系数。前人计算中使用的活度系数不太合适。本书选用表 9.8 和表 9.9 中的值，比用 Davies 公式的值 0.32 稍小。

在上述准备工作之后，计算所得的 UO_2^{2+} 和铀的各种络离子所占的百分率与 pH 值关系见图 10.5。可以得出：在海水条件下铀主要以 $UO_2(OH)_3^-$ (52%)和 $[UO_2(CO_3)_3]^{4-}$ (48%)的形式存在。这一结果，不仅与上述铀在海水中各种物理-化学特性一致，例如铀的存在形式应是负离子但不带高的负电荷等，而且对用水合氧化钛为提铀剂的研究有重要价值，例如可合理解释铀(Ⅵ)与水合氧化钛的作用机理。

2. 海水中重金属的无机存在形式

海水中重金属，例如 Cu，Pb，Zn，Cd，Hg 等的存在形式，对海水污染、生态环境以及海洋保护的研究是十分重要的。为此，Stumm - Brauner，Dyrssen，Kester，Long，Turner - Whitfield 和作者等，都作了较系统的综述。在此只作简单说明。

(1)计算方法和公式与上述类同，在此不赘述。

(2)海水中重金属元素存在形式的计算中，稳定常数的选择同样十分重要。若不注意，所得结果会很不一致，如图 10.6 所示，可见两者有明显的差别。这一情况也反映在表 10.7 中。

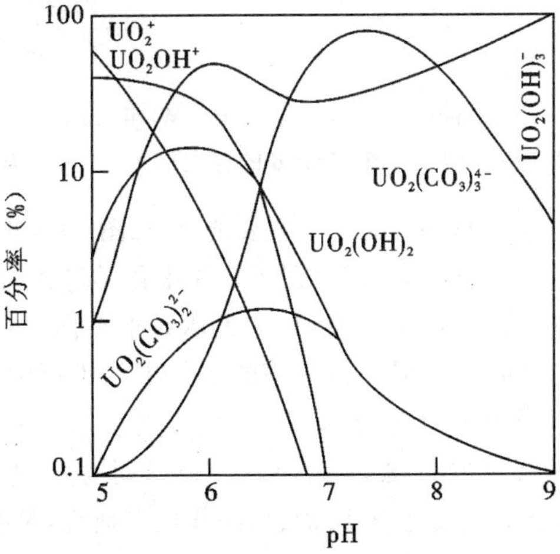

图 10.5　UO_2^{2+} 和各种络离子所占百分率与 pH 值的关系

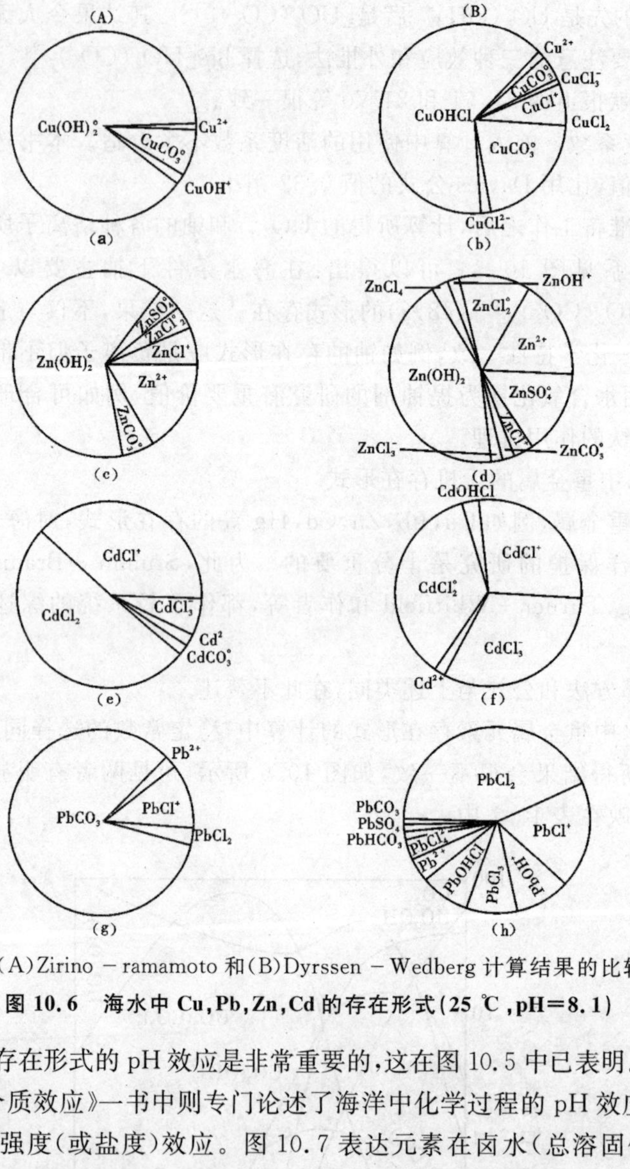

与(A)Zirino－ramamoto 和(B)Dyrssen－Wedberg 计算结果的比较

图 10.6　海水中 Cu,Pb,Zn,Cd 的存在形式(25 ℃,pH=8.1)

(3)元素存在形式的 pH 效应是非常重要的,这在图 10.5 中已表明。在《海洋中化学过程的介质效应》一书中则专门论述了海洋中化学过程的 pH 效应。

(4)离子强度(或盐度)效应。图 10.7 表达元素在卤水(总溶固体 10-1)、海水和淡水,以及它们之间不同混合百分率的条件下的不同的存在形式。图 10.7 是综合 pH 效应和离子强度两种效应。图 10.8 则表达了海水中 Cu,Pb,Zn,Cd 存在形式(%)与离子强度的直接关系。以上各图,对海水中元素的存在形式、分布及运移变化研究,对重金属污染、防护、自净作用等研究,都有重要参考价值。

(5)海水中元素混合配位体无机络合物的生成例子,如表 10.8 所示。有机配位混合配位络合物将另外在后面讨论。

表 10.7　海水中 Cu, Pb, Zn, Cd 的溶存形式(%)(25 ℃, pH=8.1)

溶存形式	Cu^{2+}				Zn^{2+}			
	Zirino − Yamamoto	Florence − Batley	Dyrssen − Wedborg	Ahrland	Zirino − Yamamoto	Florence − Batley	Dyrssen − Wedborg	Ahrland
M^{2+}	1.0	0.3	0.7	17	17.0	22.1	16.1	55
MOH^{+}	1.0	1.2	3.7	22	—	—	—	—
$M(OH)_2^0$	90	93.9	—	—	62	—	44.3	—
MCl^{+}	—	0.4	5.8	10	6.4	38.8	3.3	6
MCl_2^0	—	0.1	1.6	—	4.0	21.2	12.5	31
MCl_3^-	—	—	0.7	—	—	—	—	—
MCl_4^{2-}	—	—	0.5	—	—	5.8	—	—
MCO_3^0	8.7	3.9	21.6	49	5.8	—	1.9	—
$MOHCl^0$	—	—	65.2	—	—	—	—	—
MSO_4^0	—	0.1	—	2	4.0	7.8	1.9	6
$MHCO_3^+$	—	—	—	—	—	4.0	—	—
MBr^{+}	—	—	—	—	—	—	—	—

（续表）

溶存形式	Cd²⁺					Pb²⁺					
	Zirino－Yamam-oto	Florence－Batley	Dyrssen－Wedborg	Ahrland	Sipos等	Zirino－Yamam-oto	Florence－Batley	Dyrssen－Wedborg	Sipos等	Stumm－Brauner	Whitfield－Turner
M^{2+}	2.5	1.6	1.7	3.0	1.89	2.0	1.0	4.5	1.77	4	2
MOH^{+}	—	4.0	—	0.1		—	67.8	10.2	29.99	30	4
$M(OH)_2^0$	—	—	—	—		—	—	—		2	—
MCl^{+}	39.0	27.7	27.2	34	29.11	11.0	8.8	18.9	8.57	13	7
MCl_2^0	51.0	30.3	35.1	51	37.9	3.0	—	42.3	7.645	8	10
MCl_3	6.0	26	32.7	12		—	—	9.2		3	4
MCl_4						—	—	3.6		—	2
MCO_3^0	1.0	0.7	0.2	0.4	0.087	80	12.2	0.4	42.99		
$MOHCl^0$	—	—	2.7	—		—	—	8.8			
MSO_4^0	—	0.3	0.2	0.3	0.663	—	—	0.5			
$MHCO_3$	—	0.1	—	—		—	1.3	1.4			
MBr	—	—	0.1			—	—	0.1			

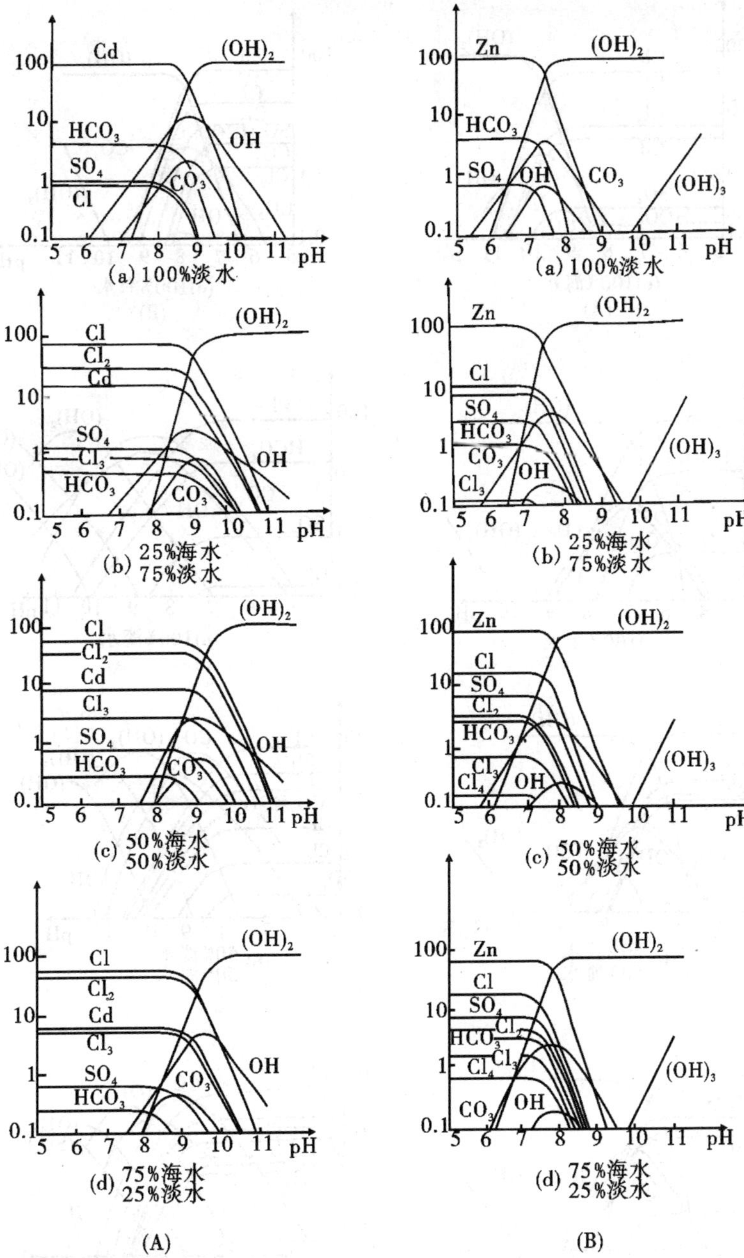

海水－淡水混合体系：(A)Zn　(B)Cd　(C)Cu　(D)Pb

卤水－淡水混合体系：(E)Zn　(F)Cd　(G)Cu　(H)Pb

图 10.7　海水－卤水－淡水混合体系中 Cu, Pb, Zn, Cd 的存在形式

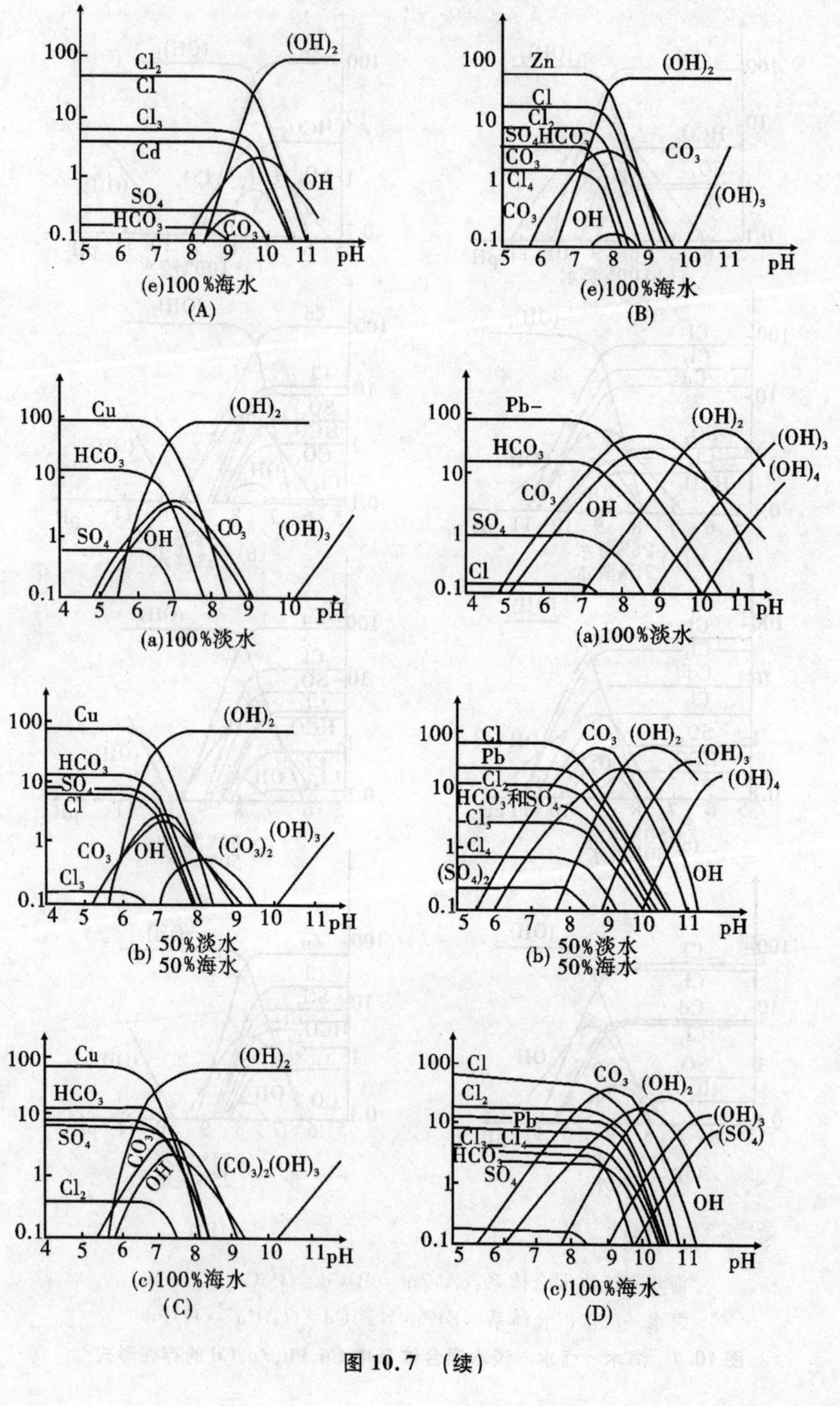
100
Cl2
Cl
10
Cl3
Cd
1
SO4
HCO3
0.1
CO3
(OH)2
OH
5 6 7 8 9 10 11 pH
(e)100%海水
(A)
100
Zn
Cl
10
Cl2
SO4HCO3
CO3
1
Cl4
CO3
OH
0.1
(OH)2
CO3
(OH)3
5 6 7 8 9 10 11 pH
(e)100%海水
(B)
100
Cu
HCO3
10
1
SO4
OH
0.1
(OH)2
CO3
(OH)3
4 5 6 7 8 9 10 pH
(a)100%淡水
100
Pb-
HCO3
10
CO3
OH
1
SO4
Cl
0.1
(OH)2
(OH)3
(OH)4
4 5 6 7 8 9 10 11 pH
(a)100%淡水
100
Cu
HCO3
10
SO4
Cl
1
CO3
OH
Cl3
0.1
(OH)2
(CO3)2
(OH)3
4 5 6 7 8 9 10 11 pH
(b) 50%淡水
50%海水
100
Cl
Pb
10
Cl2
HCO3和SO4
Cl3
1
Cl4
(SO4)2
0.1
CO3
(OH)2
(OH)3
(OH)4
OH
5 6 7 8 9 10 11 pH
(b) 50%淡水
50%海水
100
Cu
HCO3
10
SO4
CO3
OH
1
Cl2
0.1
(OH)2
(CO3)2(OH)3
4 5 6 7 8 9 10 11 pH
(c)100%海水
(C)
100
Cl
Cl2
10
Pb
Cl3
Cl4
HCO3
1
SO4
0.1
CO3
(OH)2
(OH)3
(SO4)
OH
5 6 7 8 9 10 11 pH
(c)100%海水
(D)

图 10.7 （续）

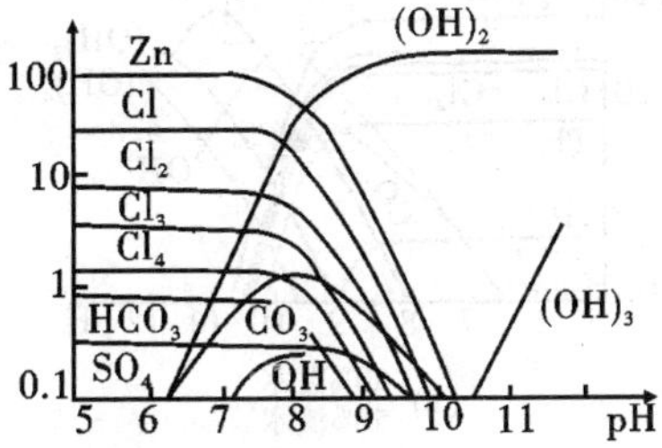

(a) 25%卤水
75%淡水

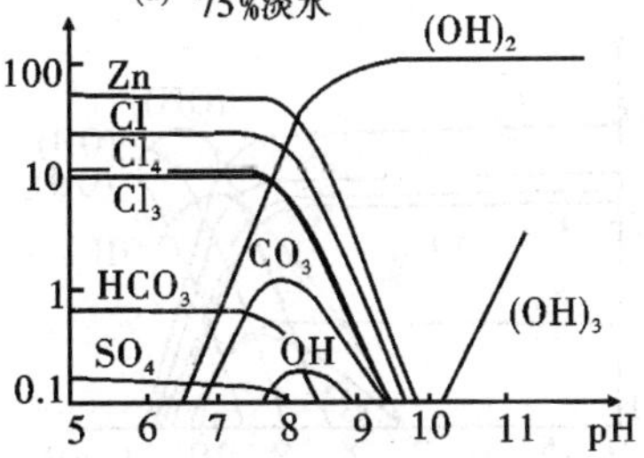

(b) 50%淡水
50%卤水

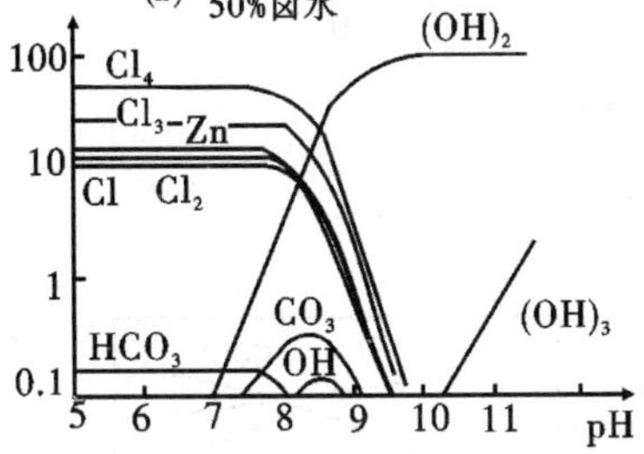

(c) 100%卤水

(E)

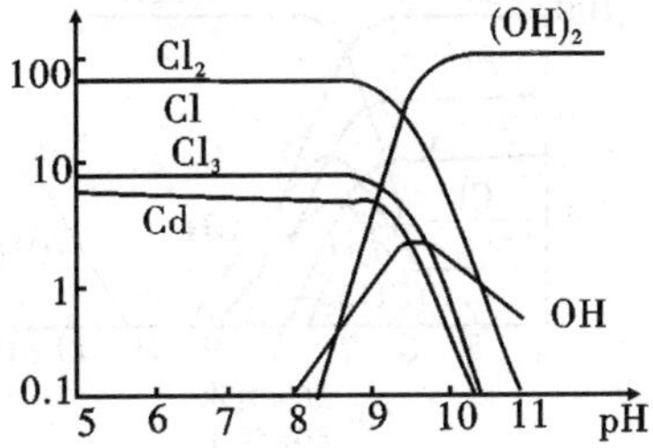

(a) 25%卤水
75%淡水

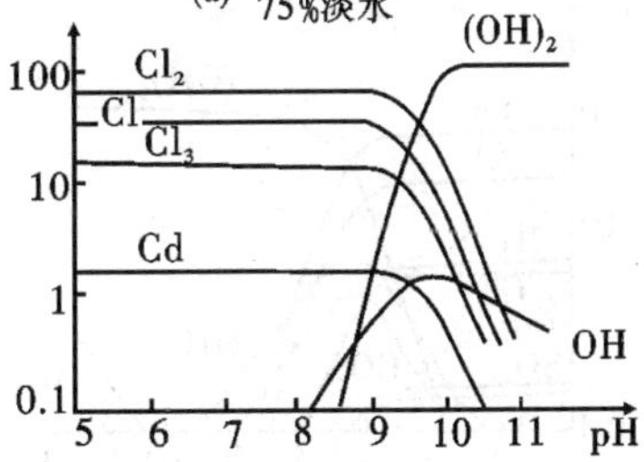

(b) 50%淡水
50%卤水

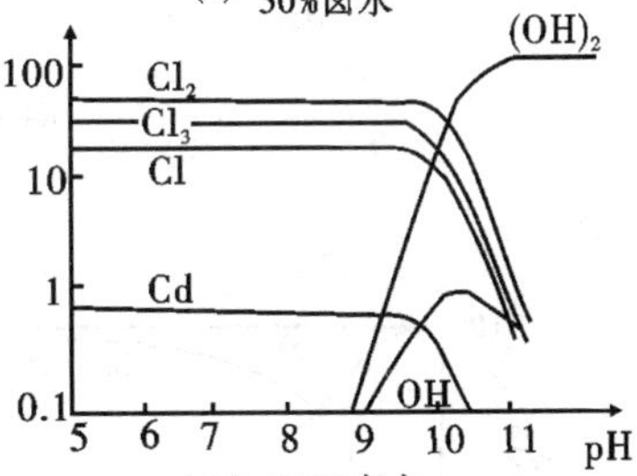

(c) 100%卤水

(F)

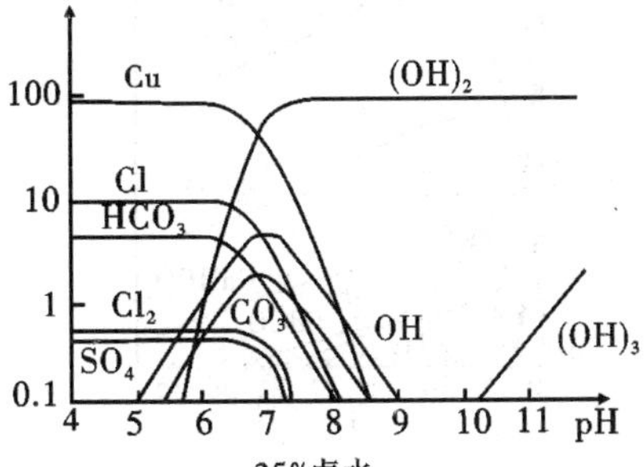

(a) 25%卤水
75%淡水

(G)

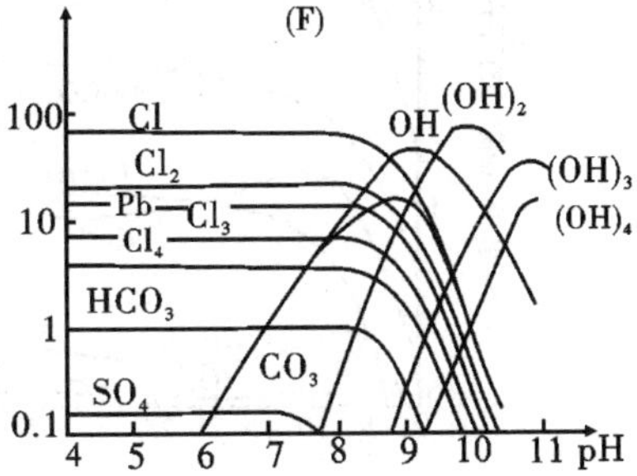

(a) 25%卤水
75%淡水

(H)

图 10.7 （续）

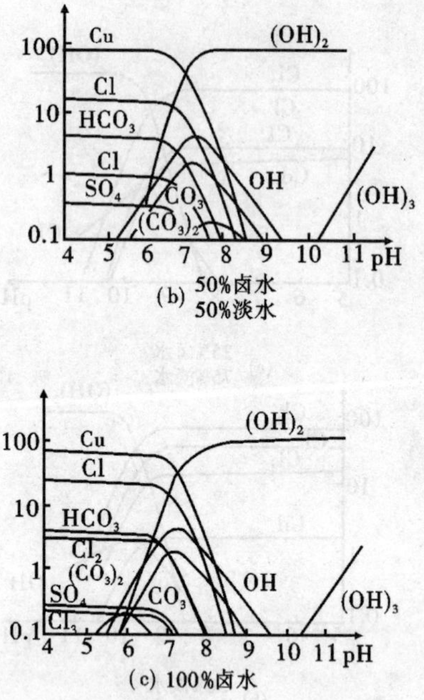

(G)

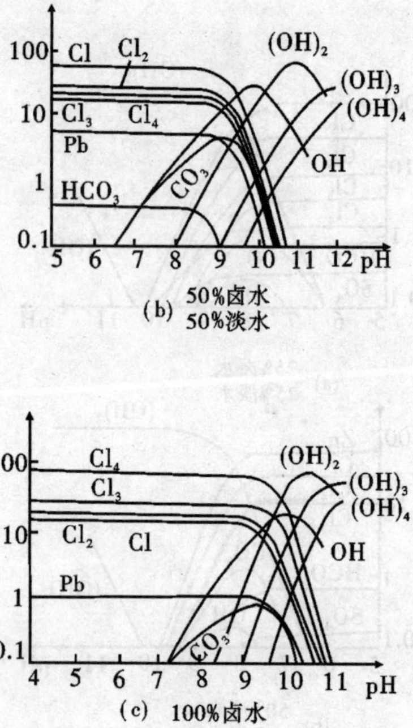

(H)

图 10.7 （续）

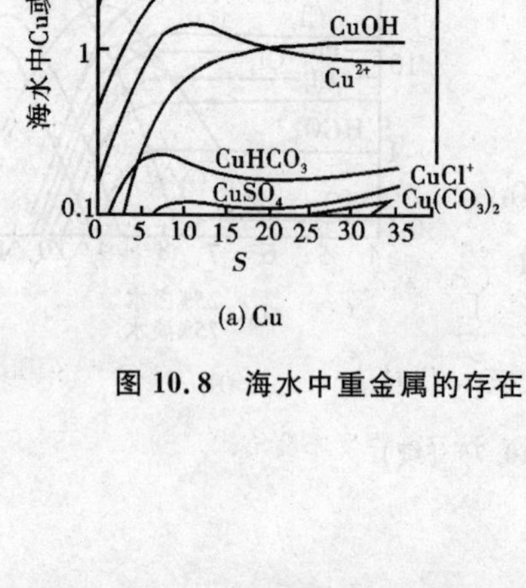

(a) Cu

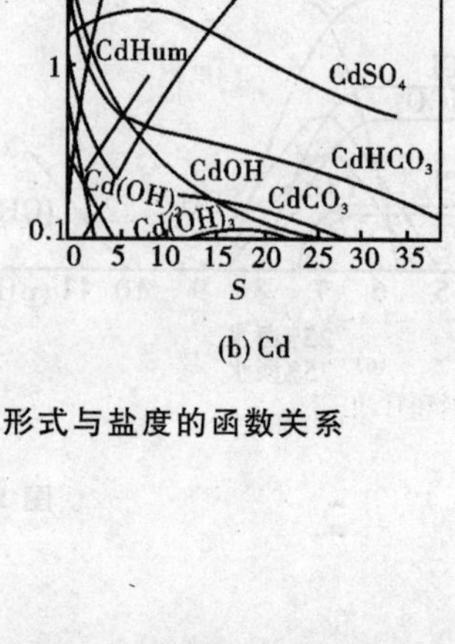

(b) Cd

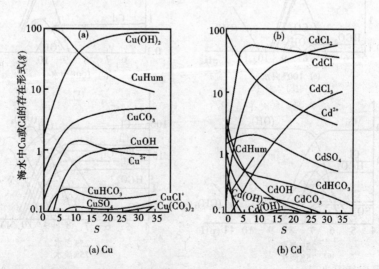

图 10.8 海水中重金属的存在形式与盐度的函数关系

10.4 海水中元素的物种有机存在形式

天然水中溶解有机碳(DOC)一般为 1～100 mg·dm^{-1}。淡水(雨水等)为 1 mg·dm^{-1},河水和湖水是 2～10 mg·dm^{-1},沼泽为 10～50 mg·dm^{-1},大洋水自深层水变更到表面水 DOC 的变化范围为 1～10 mg·dm^{-1}。因最近 DOC 分析方法的发展,这些数值略有变更。

10.4.1 海洋中的有机物和有机配位体

(1)无氮有机物:此类中最重要的是碳水化合物及其分解产物:(海洋植物)→(木质素)→纤维素→淀粉→葡萄糖→有机羧酸。在分解过程中,微生物的酶催化起着重要作用。无氮有机物中具有芳香族结构的是低分子量的酚类和酮类,它们是由死亡的海洋植物中释放出来,在维生素和抗生素的形成过程中很重要。

(2)含氮有机物:主要是海洋植物和动物蛋白质及其分解产物:

蛋白质 → 胨 → 多肽 → 氨基酸 → NH_3

CH_4、CO_2、H_2O } 脂肪酸 ⟶ 多肽

多肽 ⟶ { 脱羧作用→胺; 脱氨基作用→脲 } ⟶ { 酚、对甲酚、吲哚; ⟶粪臭素; ⟶H_2S,硫醇(无氧条件下); CO_2 }

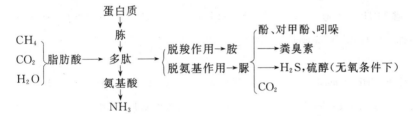

分解作用一般是在微生物酶作用下进行的,且有多种分解反应。

(3)类脂化合物:常为脂肪酸的酯。水解时产生原来的酸和甘油、脂族醇、碳水化合物、含氮碱及固醇。与其他有机物相比,类脂化合物的总量较小,但因较难分解,所以常能在海水中检出。

(4)复杂有机物:主要指 HA 和 FA 等的腐殖质。Harvey 等提出由多不饱和甘油三酯被紫外光和过渡金属催化而氧化交联成海洋腐殖质的途径见图 10.9。

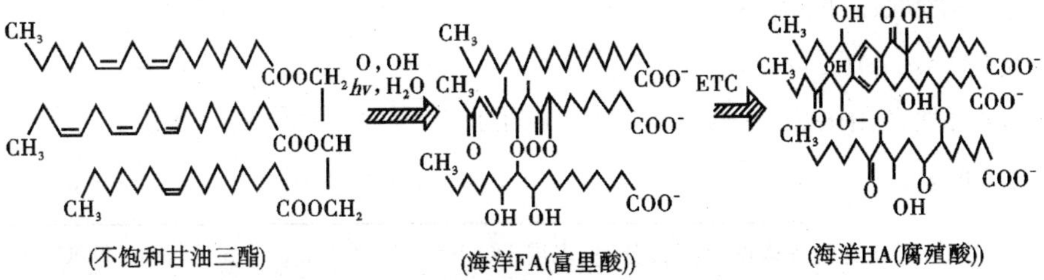

图 10.9 海洋中 FA 和 HA 的生成及结构

由表 10.8 可见，占 DOC－C(%)较大的有机物或与金属作用的有机配体是:氨基酸、单糖、脂肪酸等，未鉴定化合物主要包括 FA，HA 等。限于篇幅，本节只介绍氨基酸和腐殖质。

表 10.8 表面和深层大洋中溶解有机物的组成(引自 Buffle，1988)

化合物分类(单位)	大洋表层		大洋深层	
	浓度	DOC－C(%)*	浓度	DOC－C(%)*
DOC(μg·dm^{-3})	400～2 500		400～1 600	
总游离氨基酸(TFAA)(nmol)	50～500	0.4～1.8	25～40	0.3～0.4
总水解氨基酸(THAA)(nmol)	50～1 600	0.4～5.9	50～200	0.6～2.4
己糖胺(Hexosamines)(nmol)	10～30	0.1～0.2		
尿素(Urea，脲；NH_2CONH_2)(nmol)	30～1 700	0.05～1.4	<70	<0.17
总游离单糖(TFMS)(nmol)	90～1 700	1.0～8.7	51～120	0.8～1.8
总水解单糖(THMS)(nmol)	600～4 700	6.5～24	1 000～1 400	15～21
复合糖醛酸(Combined Uronic acids)(nmol)	75～260	0.8～1.3		
总水解脂肪酸(THFA)(nmol)	19～190	0.5～2.5	37～80	1.4～3.0
叶绿素(Chlorophyll)(ng·dm^{-3})	10～2 000	0.001～0.1	<100	<0.02
吲哚(Indoles)(μg·dm^{-3})	1	0.1		
甘氨酸(Glycollic acid)(nmol)	260～520	0.9		
苯酚(Phenols)(μg·dm^{-3})	1～2	0.2		
核酸(nucleic acid)(μg·dm^{-3})	13～80	1.8～5.0		
甾醇(Sterols)(μg·dm^{-3})	0.2～0.4	0.02		
烃(Hydrocarbon)(μg·dm^{-3})	0.3～30	0.04～2.0	0～4	0～0.8
维生素 B_{12}(Vilamin B_{12})(ng·dm^{-3})	0.1～6.0		1	
硫胺素(Thiamine)(ng·dm^{-3})	8.0～100			
维生素 H(Biotin H)(ng·dm^{-3})	1.6～4.6			
未鉴定化合物		46～87**		70～82**

* 对 DOC 化合物中碳的分配百分率，表层 DOC＝0.7～1.5 mg·dm^{-3}，深层 DOC＝0.5 mg·dm^{-3}；** 基于对本表中其他值之差而计算

10.4.2 氨基酸

蛋白质是海洋生物中 3 类有机质(蛋白质、碳水化合物和类脂合物)之一，它的质量组成为：碳 50%～55%，氢 6%～7%，氧 20%～23%和氮 12%～19%。氮的存在是蛋白质的特征。当蛋白质水解时(用水温热)，分解成氨基酸。氨基酸的通式为

$$R—CH(NH_2)COOH$$

肽是通过肽链连接在一起的氨基酸聚合物：

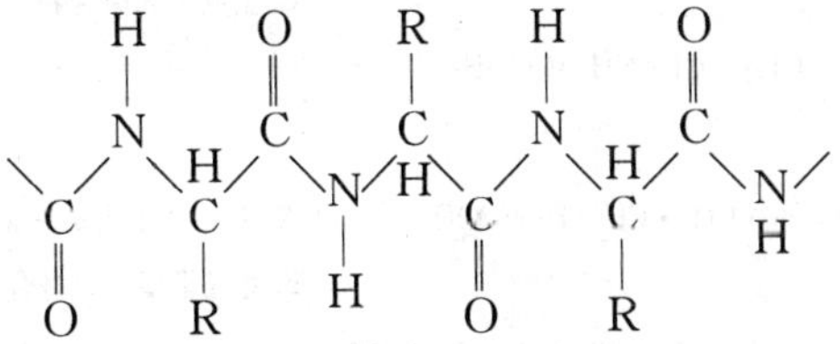

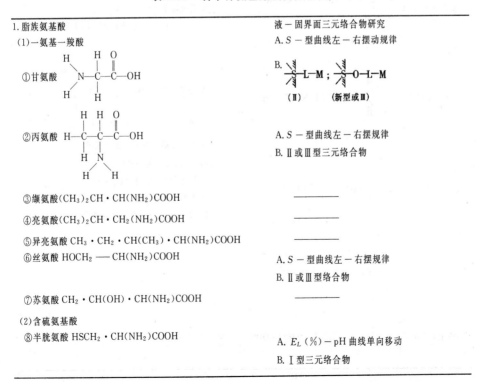

从蛋白质分解得的几种氨基酸的分子式见表 10.9。

表 10.9　若干种氨基酸及其分子式

1. 脂族氨基酸	液－固界面三元络合物研究
(1)一氨基一羧酸	A. S－型曲线左－右摆动规律
①甘氨酸 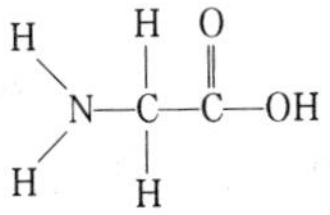	B. 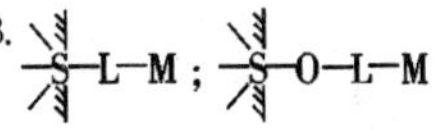 (Ⅱ)　(新型或Ⅲ)
②丙氨酸 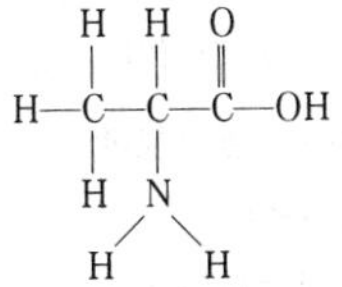	A. S－型曲线左－右摆规律 B. Ⅱ或Ⅲ型三元络合物
③缬氨酸 $(CH_3)_2CH \cdot CH(NH_2)COOH$	——
④亮氨酸 $(CH_3)_2CH \cdot CH_2(NH_2)COOH$	——
⑤异亮氨酸 $CH_3 \cdot CH_2 \cdot CH(CH_3) \cdot CH(NH_2)COOH$	——
⑥丝氨酸 $HOCH_2 — CH(NH_2)COOH$	A. S－型曲线左－右摆规律 B. Ⅱ或Ⅲ型络合物
⑦苏氨酸 $CH_2 \cdot CH(OH) \cdot CH(NH_2)COOH$	——
(2)含硫氨基酸	
⑧半胱氨酸 $HSCH_2 \cdot CH(NH_2)COOH$	A. E_L (%)－pH 曲线单向移动 B. Ⅰ型三元络合物

（续表）

⑨甲硫氨酸 $CH_3SCH_2 \cdot CH_2CH(NH_2)COOH$	
(3)一氨基二羧酸及其酰胺	
⑩天冬酰氨 $NH_2CO \cdot CH_2CH(NH_2)COOH$	————
⑪天冬氨酸 $HOOC \cdot CH_2 \cdot CH(NH_2)COOH$	A. S－型曲线左－右摆动规律Ⅱ或Ⅲ型三元络合物 B. E_L（%）－pH 曲线单向移动Ⅰ型三元络合物
⑫谷氨酸 $HOOC \cdot CH_2 \cdot CH_2 \cdot CH(NH_2)COOH$	A. S－型曲线左－右摆动规律Ⅱ或Ⅲ型三元络合物 B. E_L（%）－pH 曲线单向移动Ⅰ型三元络合物 C. 生成三元络合物倾向相似
⑬谷氨酰胺 $NH_2CO \cdot CH_2 \cdot CH_2 \cdot CH(NH_2)COOH$	————
(4)碱性氨基酸	
⑭赖氨酸 $NH_2 \cdot CH_2 \cdot CH_2 \cdot CH_2 \cdot CH_2 \cdot CH(NH_2)COOH$	A. S－型曲线左－右摆动规律 B. Ⅱ或Ⅲ型三元络合物
⑮羟基赖氨酸 $NH_2 \cdot CH_2 \cdot CH(OH) \cdot CH_2 \cdot CH_2CH(NH_2)COOH$	————
⑯ 精氨酸 $NH_2 \cdot C(\cdot NH) \cdot NH \cdot CH_2 \cdot CH_2 \cdot CH(NH_2)COOH$	
⑰ 组氨酸 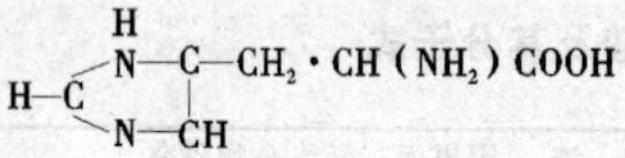	A. S－型曲线左－右摆动规律 B. Ⅱ或Ⅲ型三元络合物 C. E_L（%）－pH 曲线单向移动，Ⅰ类三元络合物
2. 芳香氨基酸	
⑱苯丙氨酸 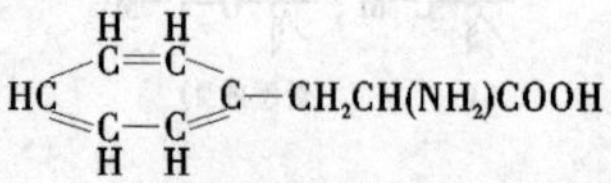	A. 与酪氨酸 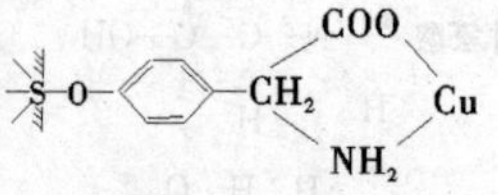 （Ⅱ型）相比，则不易与固体作用生成三元络合物
⑲酪氨酸 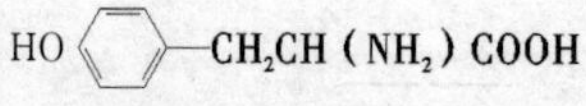	A. S－型曲线左－右摆动规律 B. Ⅱ或Ⅲ类三元络合物 C. X－型 E_L（%）－pH 曲线 D. Ⅰ型三元络合物 E. E_L（%）－pH 曲线单向移动 F. Ⅰ型三元络合物
⑳二碘酪氨酸 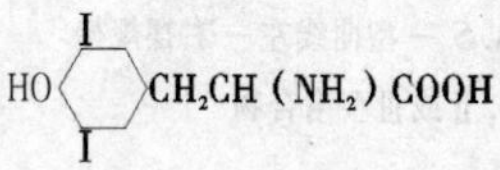	————
㉑甲状腺素 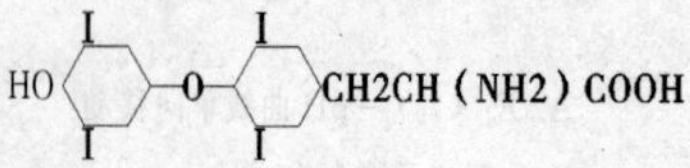	————

（续表）

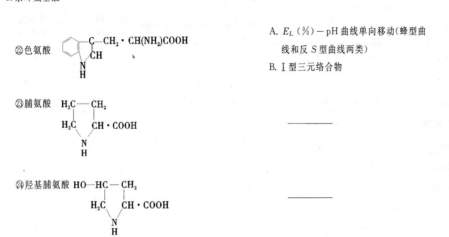

3.杂环氨基酸	
㉒色氨酸 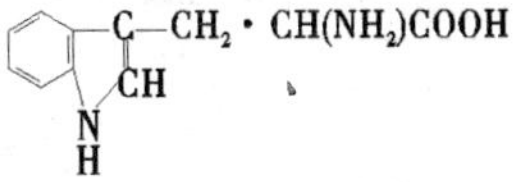	A. E_L（%）－pH 曲线单向移动（蜂型曲线和反 S 型曲线两类） B. Ⅰ型三元络合物
㉓脯氨酸 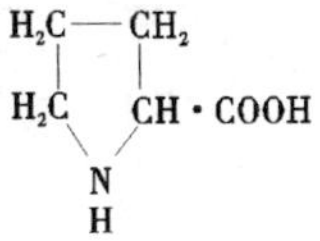	——
㉔羟基脯氨酸 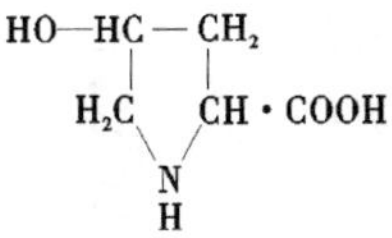	——
㉕组氨酸（见本表 ⑰）	

表 10.10 列出海水中可溶性氨基酸浓度。可见含量较大的是甘氨酸、谷氨酸、赖氨酸、丝氨酸、天冬氨酸、丙氨酸等。随深度分布大体上是均匀的。在表 10.9 中还列出了“金属－有机物－固体粒子”液－固界面三元络合物的研究状况。

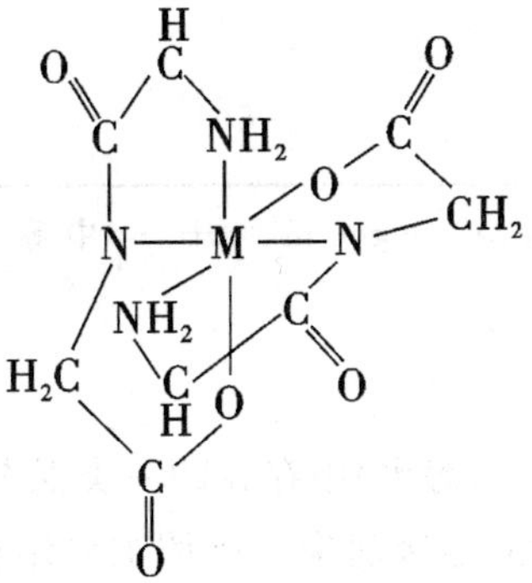

图 10.10 甘氨酸络合物

金属离子与氨基酸的键合，是通过羰基和氨基或其他特性基团作用的（例如半胱氨酸中 SH，赖氨酸中 NH_2，组氨酸中咪唑，丝氨酸中 OH 等）进行的，如图 10.10 所示。

表 10.10 海水中可溶性氨基酸

氨基酸	Park 等						波罗的海	
	10 m	500 m	900 m	1 500 m	3 000 m	3 500 m	基尔海峡 6 m 深水样(nmol·dm^{-3})	平均度系分数
谷氨酸	+++	+++	+++	+++	+++	+++	36	6.0
赖氨酸	+++	+++	+++	+++	+++	+++	12	7.9
甘氨酸	+++	+++	+++	+++	+++	+++	100	21
天冬氨酸	++	+++	+++	+++	++	+++	34.4	5.3
丝氨酸	++	+++	+++	+++	+	++	88	18.2
丙氨酸	++	++	++	++	++	++	56	9.6
亮氨酸	++	++	++	++	++	++	12	1.8
缬氨酸+胱氨酸	++	++	++	++	+	++	20	5.4
异亮氨酸	++	++	+	++	+	+	9.6	1.0
鸟氨酸	+	++	+	+	+	+	44	5.8
甲硫氨酸亚砜	+	+	+	+	+	+	—	—
苏氨酸	+	+	+	+	+	+	23.2	4.2
酪氨酸 苯丙氨酸	+	+	+	+	+	+	14	2.8
组氨酸	+	+	+	+	+	+	7.2	2.2
精氨酸	+	+	+	+	+	+	9.6	2.3
脯氨酸	+		+	+	+	+	痕量	痕量
甲硫氨酸	+	+		+	+	+	—	—

丰度顺序：+++，高，>1 mg·m^{-3}；++，中等，0.5～1 mg·m^{-3}；+，低，<0.5 mg·m^{-3}

10.4.3 腐殖酸

腐殖酸是天然水体(包括海水)中存在的一类混杂的缩聚物，其中主要的结构单元彼此以各种不同的链连接起来。所谓主要结构单元是指醌羟基多芳香酸，其中带有侧链或某些官能团的杂环，O，N 和 S 在这些侧链或杂环上，还有缩合环和甲氧基。此外还有带着侧链的，由非芳香性环节(可能是氧桥、环烷环、杂环等)连接起来，缩合程度不高的芳香核等。

腐殖酸一般分成：①腐殖酸(Humic acid，简写为 HA，又名黑腐酸)，它是一种从海洋沉积物、土壤、煤炭等中提取的不溶于稀酸而溶于碱的深色有机物；②富里酸(Fulvic acid，简写为 FA，又名黄腐酸)，是用酸化除去 HA 后留在溶液中的有色物质；③吉马多美朗酸（Hymatomelanic acid，简写为 BHA，又名棕腐酸），它是 HA 的可溶于醇的部分。

我国不同地区和海域的腐殖质的元素分析，灰分（%）和官能团，红外光谱、色谱/质谱、核磁共振、ESR 和差热分析和测定分子量的方法和 HA，FA 分子量测定结果，均已作过较系统的研究。结果是海水中的 FA 的分子量为 700～1 000，它是大分子化合物。

腐殖酸的结构很难用单一的结构来表达。一是因为其本身为一类复杂分子的混合物，二是因为不同来源的腐殖酸分子量不同，结果当然不可能有单一的结构。但是我们已注意到，HA 与 FA 有明显的不同：①FA 比 HA 有较多的氧和较少的 C；②FA 比 HA 有较多的 COOH 官能团；③FA 中的氧可以用 COOH，OH，C＝O 等官能团来解释，HA 中大部分氧是以核环的一种结构成分出现（以醚或酯键合等）。除图10.9外，本书还介绍 3 种结构。图10.11为“典型 HA”的假设结构，它包括游离和结合的酚式 OH 基、酮结构、N 和 O 作为桥单位以及在芳香环上的各种 COOH 基。图10.12是 FA 结构的 Schnitz－Kham 模型，其特点是通过氢键将部分酚式酸和苯羧酸结合成一种稳定的聚合结构。图10.13中的 Murray－Linder 模型是根据实验分析数据和波谱资料，按预定的反应官能团的种类和数量，由计算机模拟而成。总之，HA 和 FA 的结构目前因其分子量等参数不能断定而亦不能定论。但科学家们在这样一个令人生畏的科学难题的艰难探索中已迈出了令人鼓舞的一步。

在文献中已详细介绍了腐殖酸与金属的结合位置和金属－腐殖酸络合作用的本质。Gamble 和 Schnitzer 认为金属与 FA 之间最重要的是酚式羟基和 COOH 基的作用，可能有两类反应：

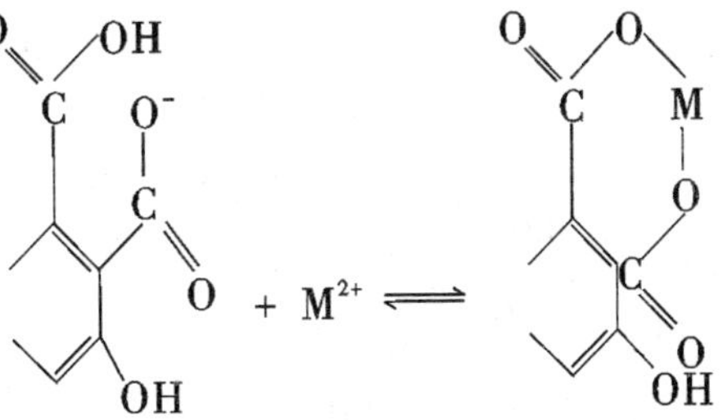

用红外光谱（IR）可确定腐殖酸中金属羧酸盐键是离子性的，因为在1 720 cm^{-1}处 COOH 基的 C＝O 吸收带与金属离子反应后消失，而新出现1 600 cm^{-1}和1 380 cm^{-1}波数吸收带，这分别是 COO^- 结构的对称和反对称运动引起的。

最近，Piotrowicz 等根据微分脉动阳极溶出伏安法（DPASV）、紫外分光光度法和核磁共振实验数据，以及 Harvey 的图 10.9HA 和 FA 结构模型，提出图 10.14 的金属-腐殖酸络合模型。

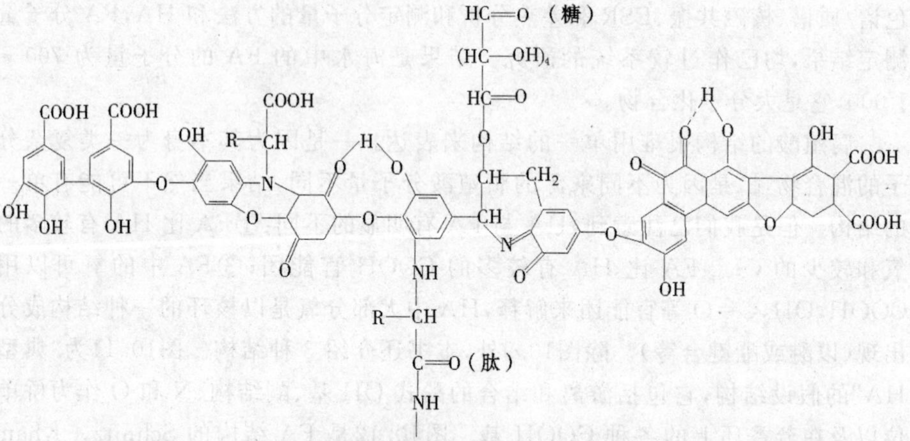

图 10.11 "典型 HA"的假设结构

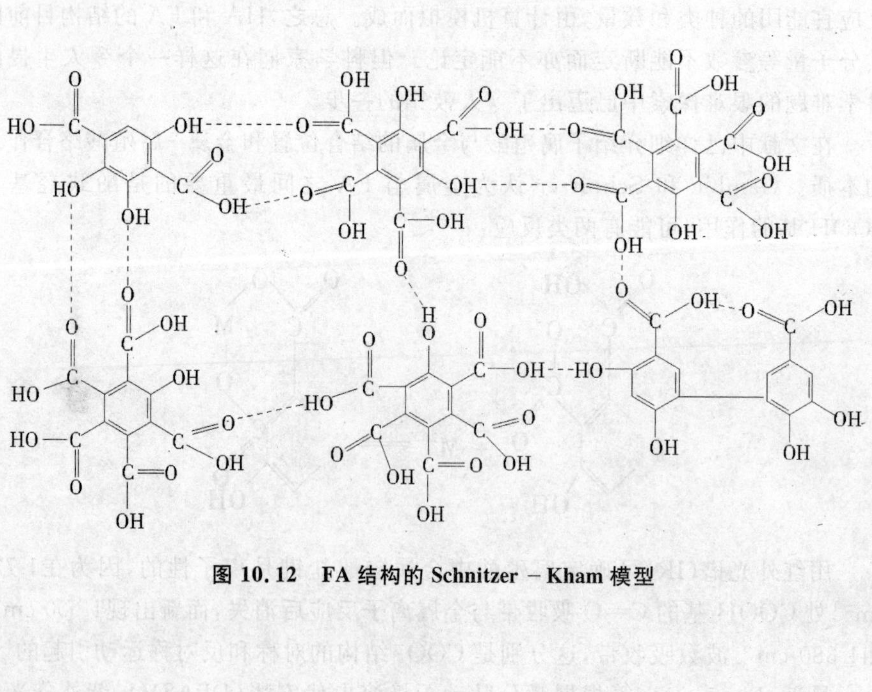

图 10.12 FA 结构的 Schnitzer - Kham 模型

模型 I

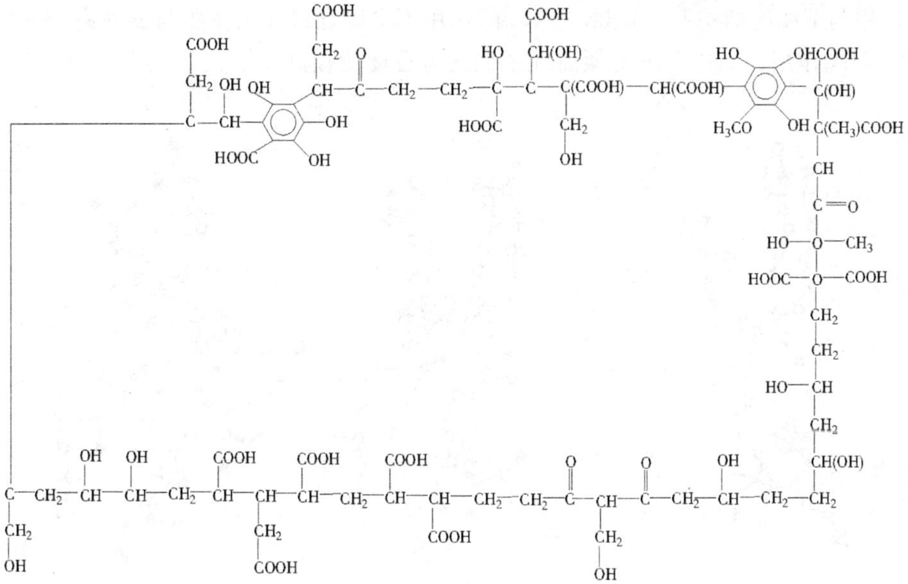

模型 II

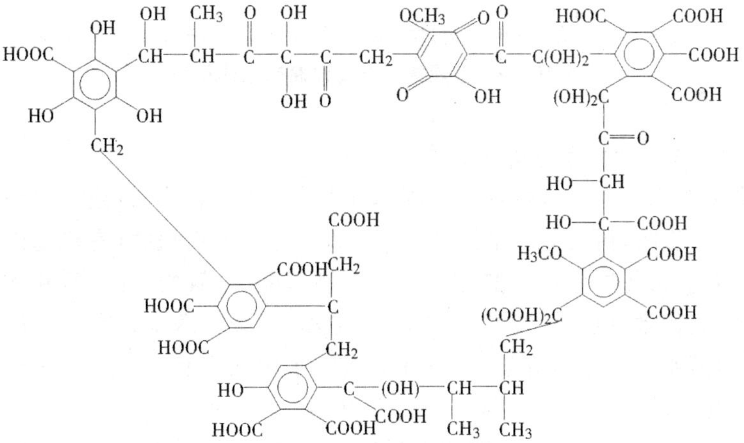

模型Ⅰ,芳香度 15%;模型Ⅱ,芳香度 45%

图 10.13　FA 结构随机分子模型

对多数微量元素,单一氨基酸浓度高达 100 $\mu g \cdot dm^{-3}$时,尚不足以对原无机存在形式产生明显影响。图 10.14 表示金属－腐殖酸络合作用有 3 种途径。实际上金属－配体相互作用是金属离子(大小和电荷)、链长、氧原子和羧基以及揉曲性等的函数。就 Zn,Cu,Cd 而言,Zn 明显地与 HA 和 FA 作用,FA 与 Cu 作用与 FA 的结构有关,HA 与 Cd 的作用不必顾此;Cd 则主要与成熟高交联度的 HA 作用。其中 FA 的揉曲性主要为芳香度所控制。

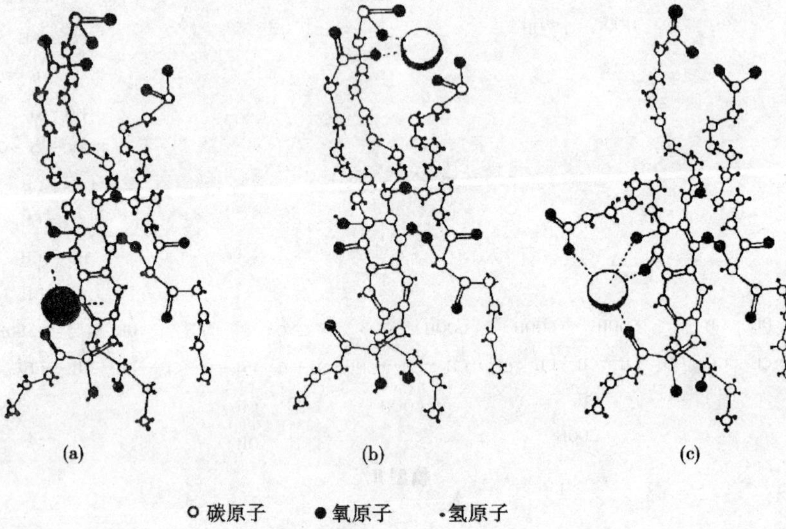

(a)只通过内部氧原子作用　(b)只通过羧基作用　(c)通过内部氧原子和羧基联合作用

图 10.14　金属离子与海洋腐殖酸的作用

10.4.4 海水中元素的物种有机存在形式

为研究海水中有机络合物的生成对海水中元素存在形式(或无机络合物的分配(%))的影响,可设计一个假想实验。即定量研究有机物(有机物近似组成为 $C_{13}H_{17}O_{12}$,由等摩尔数的醋酸、柠檬酸、酒石酸、甘氨酸、谷氨酸和邻苯二酸混合而成,它们含有羟基、羧基、氨基等官能团,代表了海水中有机物的络合性能)与无机海水相互作用情况,来研究无机海水中加入有机物后元素存在形式(%)的变化。结果见图 10.15(a,b)和表 10.11,可以得出:

(1)海水中有机配体络合物的形成,对海水中金属元素存在形式的影响大体上可分成两类:①如图 10.15(a)中 Cd 等元素,有机配体对元素存在形式影响不大;②如图 10.15(b)中的 Cu 等元素,则对其存在形式有明显影响。

(2)约 1/3 的有机配体与 Ca 和 Mg 形成有机络合物。

(3)对多数微量元素,单一氨基酸浓度高达 100 $\mu g \cdot dm^{-3}$ 时,尚不足以对原无机存在形式产生明显影响。

表 10.11 有机络合物生成对金属元素存在形式分配的影响

无机海水							无机海水中加入可溶性在机物质(2.3 mg · dm^{-3})										
25℃,pH=8.0 自由配位浓度:ρ_{SO_4} 1.95;ρ_{HCO_3} 2.76;ρ_{CO_3} 4.86;ρ_{Cl} 0.25							25℃,pH=8.0 自由配位浓度: ρ_{SO_4} 1.95;ρ_{HCO_3} 2.76;ρ_{CO_3} 4.86;ρ_{Cl} 0.25					有机配位体络合物					
M	M_T	游离金属 M	主要存在形式				游离金属 M	主要存在形式				游离的配位体	醋酸 5.21	柠檬酸 14.7	酒石酸 5.41	甘氨酸 6.96	谷氨酸 6.89	邻苯二酸 5.2
Ca	1.97	2.03	$CaSO_4$	2.94	$CaCO_3$	3.50	2.03	$CaSO_4$	2.94	$CaCO_3$	3.5		7.41	5.90	6.41	9.06	8.19	6.28
Mg	1.26	1.31	$MgSO_4$	2.25	$MgCO_3$	3.3	1.31	$MgSO_4$	2.25	$MgCO_3$	3.3		6.06	5.25	5.56	7.31	6.34	—
Na	0.32	0.33	$NaSO_4$	1.97	$NaHCO_3$	3.3	0.33	$NaSO_4$	1.97	$NaHCO_3$	3.3		—	—	—	—	—	—
K	1.97	1.98	KSO_4	3.93	—	—	1.98	KSO_4	3.93	—	—		—	—	—	—	—	—
Fe(Ⅲ)	8.0	18.9	$Fe(OH)_2$	3.93	—	—	1.98	KSO_4	3.93	—	—		—	—	—	—	—	—
Mn(Ⅱ)	7.5	8.1	MnCl	7.5[5)]	$MnCl_2$	8.3	8.1	MnCl	7.8	$MnCl_2$	8.3		12.8	11.4	—	13.1	12.2	—
Cu(Ⅱ)	7.7	9.2	$CuCO_3$	7.7	$Cu(CO_3)_2$	9.1	10.8	$CuCO_3$	9.4	$Cu(CO_3)_2$	10.5		14.3	7.7	16.7	9.6	10.6	13.0
Cd	8.5	10.9	$CdCl_2$	8.7	CdCl	9.2	10.9	$CdCl_2$	8.7	CdCl	8.7		15.1	13.1	13.5	13.5	13.4	13.6
Ni	7.7	7.9	NiCl	8.3	$NiSO_4$	8.7	8.0	NiCl	8.5	$NiSO_4$	8.8		12.5	8.4	—	9.2	9.4	11.1
Pb	8.2	9.9	$PbCO_3$	8.6	PbOH	8.7	9.9	$PbCO_3$	8.6	PbOH	8.7		13.2	11.34	11.5	11.8	—	11.7
Co(Ⅱ)	8.3	8.5	CoCl	9.0	$CoSO_4$	9.1	8.5	CoCl	9.0	$CoSO_4$	9.1		12.7	26.5	11.9	10.8	10.8	14.9
Ag	8.7	13.1	$AgCl_2$	8.7	AgCl	10.0	8.7	AgCl	8.7	AgCl	10.0		17.9	26.5	—	16.7	—	—
Zn	7.2	7.8	ZnOH	7.4	ZnOH	8.0	7.8	ZnON	7.4	ZnCl	8.0		11.7	11.3	10.9	8.8	9.7	10.9
												有机配位体的络合百分率	13.0	98.6	44.9	0.7	6.6	7.5

* 表中所有浓度是$-\lg(mol^{-1})$,存在形式的电荷略去不写

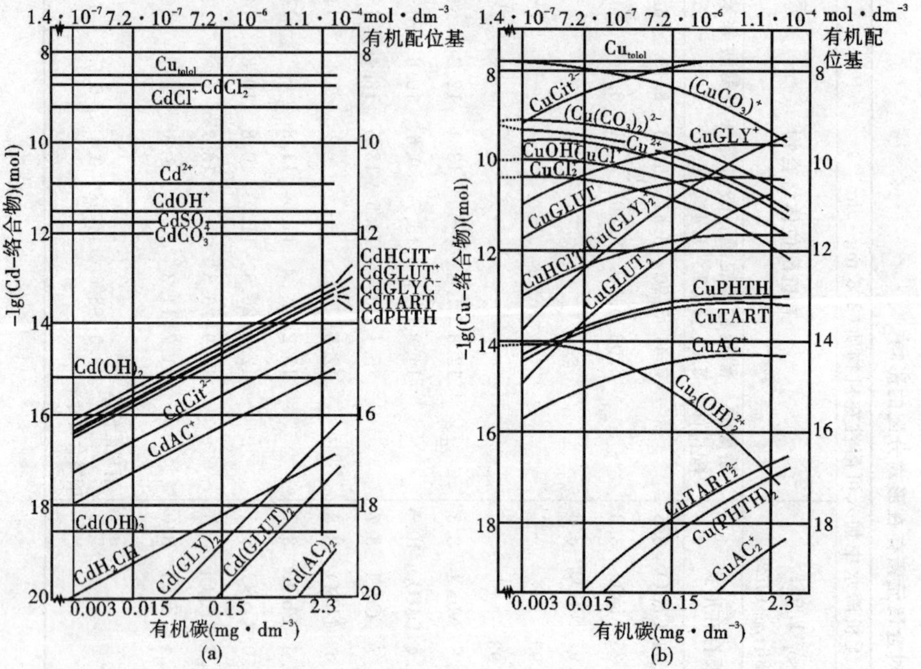

(a)有机络合物的形成对 Cd 的无机存在形式的影响较小;(b)有机络合物的形成对 Cu 的无机存在形式的影响较大。两图的横坐标为有机碳含量

图 10.15 Cd(Ⅱ)和 Cu(Ⅱ)存在形式的分配与加入络合物形成的有机碳间函数关系

(4)海水中无机和有机配体络合物的生成是互相依赖和制约的。总体上由络合竞争原理控制。

因为海水中有机配体的存在对 Cu 的无机存在形式(%)的影响很大,故近年来对这一体系进行了较多的研究,不同方法的研究结果如表 10.12 所示。由表中数据可以看出:海水中有机配体的存在对 Cu 的有机存在形式影响很大。Hirose 和 Van den Berg 的结果分别为 97 和 94～98,可见 Cu 已是以有机配位体络合物为主。表 10.13 中列出更新的文献值,它表明:①铜的有机配位体络合物高达近 100%;②还列出了 Zn,Pb,Hg,Al,Cd,Mn 等其他微量元素的有机配位体络合物的形成状况,可见有很大的不同。生成有机络合物的倾向序列为:Cu＞Zn＞Pb＞Hg＞Al＞Cd≈Mn,并可得出:电化学方法测得的有机络合物的百分率较高,放射示踪剂加入法和色谱法测得的百分率则较低。

表 10.12　海水中铜有机存在形式(%)的文献中不同方法测得的结果比较

有机分数	方　法	参考文献
30～50	放射标记,DPASV,Chelex	Batley, *et al*, 1976
80	DPASV	Duinker, *et al*,1977
50～75	超滤 DPASV	Hasle, *et al*,1981
97	XAD－2 和配位体交换	Hirose, *et al*,1982
3～5	XAD－2 萃取	Kremling, *et al*,1981
50	反相液体色谱	Mills, *et al*,1981
<50	过滤,DPASV	Nilsen, *et al*,1982
>80	XAD－2 萃取	Sugimura, *et al*,1978
6～30	用气泡将表面活性有机分子分离	Wallace, *et al*,1982
94～98	MnO_2 离子交换法	Van den Berg, *et al*,1984

表 10.13　表层水中金属的有机络合的范围

金属	有机配位体的络合百分率	水型	研究方法	参考文献
Cu	100	大洋水	电化学方法	Coale, *et al*,1988
	>99	沿岸水	电化学方法	Hering, *et al*,1987
			电化学方法	Huizenga, *et al*,1983
			配位体竞争法	Sunda, *et al*,1987
			配位体竞争	Moffett, *et al*,1987
			生物鉴定法	Sunda, *et al*,1983
Zn	>98	大洋水	电化学方法	Bruland,1989
	>95	沿岸水	电化学方法	Donat, *et al*,1990
	60～95	河口	电化学方法	Van den Berg, *et al*,1987
	14	河水	吸着法	Van den Berg, *et al*,1984
Pb	50～70	大洋水	电化学方法	Capodaglio, *et al*,1990
Hg	2～89*	淡水	原子萤光法	Gill, *et al*,1990
Al	≈40	淡水	离子交换色谱	Driscoll, Briker, 1984

（续表）

金属	有机配位体的络合百分率	水型	研究方法	参考文献
Cd	0	大洋水	电化学方法	Duinker, *et al*, 1977
	0		放射示踪剂加入法和色谱法	Sunda, 1984
	70		电化学方法	Burland, 1991
Mn	0	大洋水	放射示踪剂加入法和色谱法	Sunda, 1984

* Hg"有机络合"包括汞有机化合物（参阅表 10.15）

有机金属化合物亦属有机配位体络合物中之一种，较广泛地存在于环境之中，如表 10.14 所示。其中有机汞和有机锡因它们的毒性而引起了环境污染问题，或因生物富集，或因杀虫剂的使用而导入环境，使环境问题日益严重。有机金属化合物的存在和反应在生物地球化学循环和天然水中若干金属的质量平衡研究上是十分重要的，例如某些水体可使 Hg, Sn, As, Se 通过蒸发而到大气中。

表 10.14 环境中存在的有机金属化合物

元素	化合物	浓度（$mol \cdot dm^{-3}$）	采样地点	参考文献
Hg	一甲基汞	$<0.5\times10^{-13}\sim2.8\times10^{-13}$	赤道太平洋（副温跃层）	(1) Mason, *et al*, 1990
		$<0.02\times10^{-12}\sim3.2\times10^{-12}$	淡水	(2) Bloom, *et al*, 1989
		8.0×10^{-14}	沿岸海水	同上(2)
	二甲基汞	$0.3\times10^{-13}\sim6.7\times10^{-13}$	赤道太平洋	同上(1)
Sn	一丁基锡	上至 1.4×10^{-8}	淡水	(3) Maguire, *et al*, 1986
	二丁基锡	上至 7.8×10^{-9}		
	三丁基锡	上至 1.4×10^{-8}		
	"有机锡"（包括二丁基、三丁基存在形式）	$(2.8\sim6.7)\times10^{-10}$	河水	(4) Cleary, *et al*, 1987
		$(0.25\sim4.7)\times10^{-9}$	港口	(5) Alzieu, *et al*, 1986
		$(1.3\sim7.6)\times10^{-9}$		
As	甲基砷	4×10^{-10}	Baltic（波罗的）海	(6) Andrea, *et al*, 1984
		$(<0.1\sim8.6)\times10^{-9}$	湖水	(7) Anderson, *et al*, 1991
	二甲基砷	$(0.7\sim6.15)\times10^{-9}$	Baltic 海	同(6)
		$(0.4\sim33)\times10^{-9}$	湖水	同(7)

10.5 海水中固体配位体的存在形式

海水中元素固体配位体的存在形式，因其实质是液-固界面化学作用，将在第 11 章中论述。在本节中主要讨论因固体配位体的存在对元素存在形式之影响。影响元素存在形式的固体配位体主要有两种，兹分述如下。

10.5.1 非生物固体配位体

海洋中固体粒子和非生物固体配位体主要以悬浮物和沉积物存在。它们主要由金属水合氧化物和黏土矿物所组成。由它们的结构可知，固体表面具有可交换吸附或配位结合的羟基和其他化学官能团。因此，可与金属发生交换或配位作用而形成元素固体配位体络合物。

图 10.15～10.18 描绘黄河口水体中 Cu，Pb，Zn，Cd 的"无机配位体络合物-有机配位体络合物-固体配位体络合物(液-固界面络合物)"复合模型。可见黄河口水体中，固体配位体络合物占 3/4 以上，起着十分重要的作用。

近年来，对超微粒子的研究和切向流超滤技术的发展，使传统的以连续分布为特征的天然水体中颗粒物，以人为的 0.45 μm 作为划分颗粒态和溶解态的标准，引起了人们的争论，胶体粒子大小在 1 nm～0.1 μm 之间，被划归为"溶解态"。这在物理化学/界面化学上是不可想像的，因为它们与金属和非金属元素的作用被热力学规定为液-固界面作用。因此，天然水中"胶体-元素(包括金属)"相互作用形成液-固界面络合物，它们对天然水中元素存在形式的影响和重要性，必然随着海洋胶体("纳米"粒子)研究的开展而形成海洋化学在 21 世纪的一个新生长点。

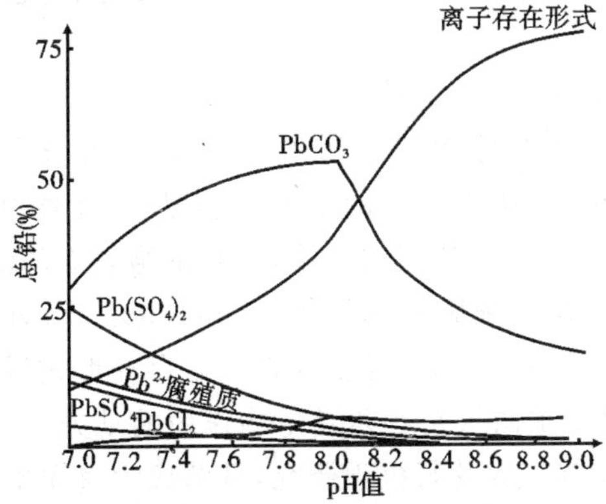

图 10.16　在 25 ℃，0.1 MPa，$S\approx 26.10$ 的条件下，Pb(Ⅱ)的化学存在形式随 pH 值的分配

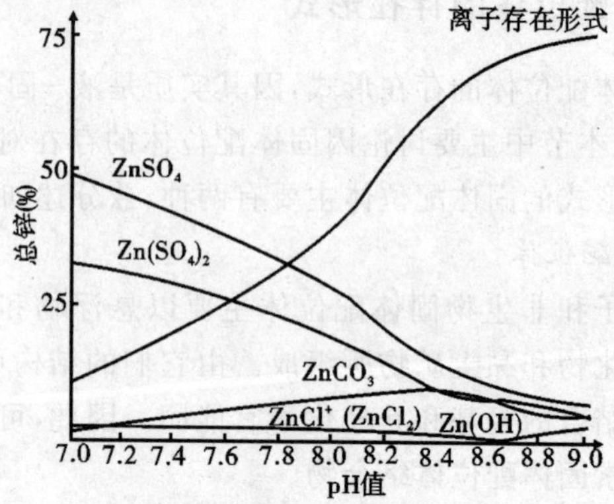

图 10.17　在 25 ℃,0.1 MPa,$S \approx 26.10$ 的条件下,Zn(Ⅱ)的化学存在形式随 pH 值的分配

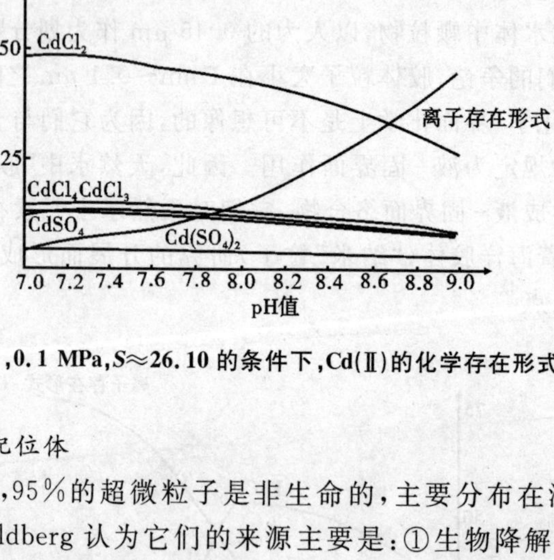

图 10.18　在 25 ℃,0.1 MPa,$S \approx 26.10$ 的条件下,Cd(Ⅱ)的化学存在形式随 pH 值的分配

10.5.2 生物固体配位体

Koike 等发现,95%的超微粒子是非生命的,主要分布在海水上层(50 m内)。Wells 和 Goldberg 认为它们的来源主要是:①生物降解;②流质食物颗粒,原生动物或大型浮游动物的代谢产物,或是细胞表面的溢出物;③细菌或浮游生物在破裂时释放出的细胞质物质等。Gonzalez－Davila 等研究了 Cu,Pb等与浮游生物的相互作用,证明海洋生物在元素存在形式研究中也是一个重要因素。Morel 等还讨论了微量元素和微生物作用的动力学。总之,海洋中生物固体配位体的络合物的生成及其机理研究,日渐成为海洋生物地球化学中的一个人们注目的学科方向之一。

10.6 海水中液－固界面“金属－有机物－固体粒子”三元络合物的存在形式

关于“液－固界面三元络合物”将在第11章中讨论。在10.4中海水中元素有机配位体存在形式和10.5中海水中固体有机配体存在形式的基础上，其发展的必然趋势是“金属－有机物－固体粒子”“液－固界面三元络合物”的生成。

液－固界面三元络合物及其分类最早由P. W. Schindler等提出，认为可将三元络合物分成两种：

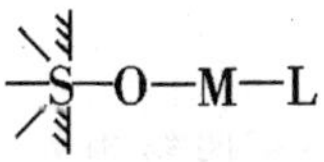
和
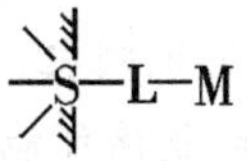

（Ⅰ型）　（Ⅱ型）

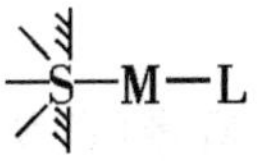
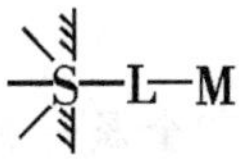
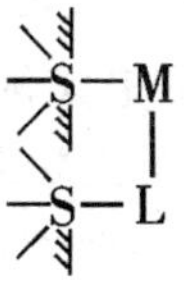

(A)　(B)　(C)

Lackie等提出可能生成如下三种：

其中Ⅱ型等于B型；I型不同于A型，后者不可能生成；C型目前还没有实验证明存在。

张正斌等认为还可能生成新型三元络合物：

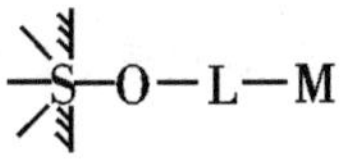
（新型或Ⅱ型）

张正斌等对海水中液－固界面络合物进行系列研究，提出用$E(\%)$－pH曲线法研究三元络合物的类型，测定其稳定常数和进行波谱研究。

综上所述，综合考虑天然水中无机配体、有机配体、固体配体和液－固界面三元络合物的生成等，元素的存在形式是十分复杂的。

思考题

1. 简述海水中元素的物种化学存在形式在海洋化学上的重要意义。
2. Form和Chemical speciation(或species)的区别。
3. 控制海水中元素的物种化学存在形式的主要因素是什么？
4. 何谓两性化合物？两性化合物有几类？试举例说明之。

5. 综述海水 pH 条件的变化，如何影响元素的物种化学存在形式？

6. 海水中元素的物种化学存在形式和海水化学模型的计算方法和计算步骤主要是什么？

7. 海水化学模型化学平衡计算的准备工作主要有哪些？

8. 海水化学模型的主要结果是什么？它解释了什么海洋学的难题至今历经 40 年而不衰？

9. 海水中微量元素的物种化学存在形式计算中，遇到的新难题是什么？它们是如何被解决的？

10. 为何要进一步考虑海水中元素的有机存在形式？目前研究中的最新“亮点”有哪些？试举例说明之。

11. 请写出 FA 与金属可能的反应式，其空间结构如何表达？

12. 试以海水中 Cu 为例，叙述它的物种化学存在形式的无机配体、有机配体、固体配体的概况及几种存在形式之间的对比。

13. 试述海水中胶体粒子的研究概况，并估计胶体配位在元素的物种化学存在形式研究中的重要性。

14. 试述海水中“液-固界面”“金属-有机物-固体(或胶体)粒子”三元络合物研究，在海水中元素的物种化学存在形式研究中的重要性。

参考文献

1　张正斌，陈镇东，刘莲生，等. 海洋化学原理和应用——中国近海的海洋化学. 北京：海洋出版社，1999

2　张正斌，顾宏堪，刘莲生，等著. 海洋化学(上卷). 上海：上海科技出版社，1984

3　张正斌，刘莲生著. 海洋物理化学. 北京：科学出版社，1989

4　Buffle J. Complexation Reactions in Aquatic Systems. Chichester, Ellis Horwood, 1988

5　Duursma E K, Dawson R. Marine Organic Chemistry—Evolution, composition, In Taraction and Chemistry of Organic Matter in Seawater. Elsevier Oceanogr Ser. New York: Elsevier, 1981

6　Sillén L G. The Physical Chemistry of Sea Water. Sears M, ed. Oceanographly, AAAS Publ. 1961, 67: 549～582

7　Zhang Zhengbin, Liu Liansheng. Medium Effect on Chemical Processes in Ocean. Beijing: China Ocean Press, 1994

第11章　海洋界面化学概论*

著名海洋学家 Kocay 曾说过，海洋里的化学反应主要是由界面上发生的现象决定的，海水被地球上两个最广泛的界面（一个是其上部与大气接触，另一个是其下部与沉积物混在一起）所限制。因此，海洋界面化学的重要性早已定论。近年来随着海洋科学的发展，海洋界面化学的重要性更是与日俱增。

海洋界面化学的界面主要有四类：①液－固界面，例如海水－沉积物界面、海洋悬浮粒子－海水界面等；②液－气界面，例如海水－大气界面、海－气相互作用等；③液－液界面，例如海水－河水、海水－海底热泉等的界面化学；④海水－海洋生物界面，例如海洋生物表面过程和作用以及生物的"膜过程"研究等。

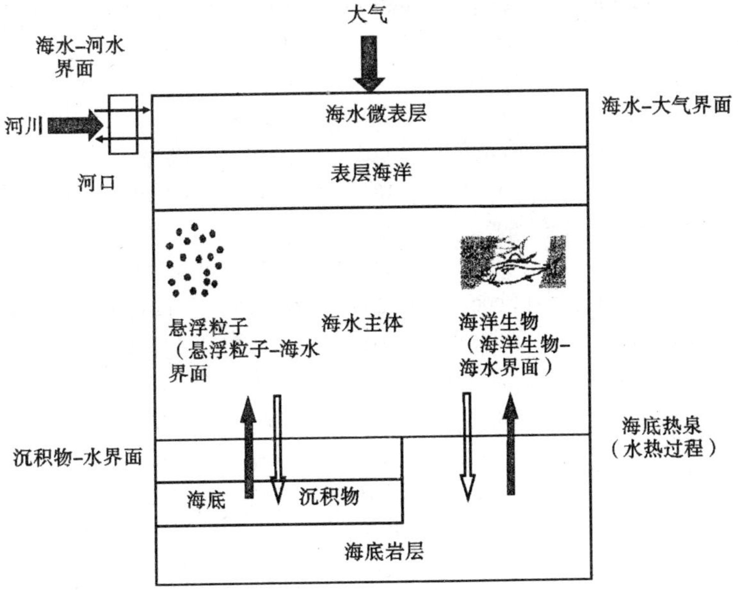

图11.1　海洋中存在的主要界面示意图

---

*　本章中所有图表均引自《海洋化学原理和应用——中国近海的海洋化学》(张正斌等，1999)。

11.1 海洋中的液-固界面作用

在海洋界面化学中，最多最重要的自然现象都与液-固界面作用密切相关。

11.1.1 海水的化学组成与液-固界面作用

如表 11.1 所示，海水中有的元素如 U，Mg，Na，Sr，Cl，K，Ca，Br，B 等的含量比河水高几千倍，但有的元素如 Al，Si，Fe，Mn，Ti 等的含量又比河水低。有的元素如 Zr，Re，Sc，Ti，V，Cr，Ga，Ge 等在海水中含量很低，但它们在海底沉积物（或海产动植物）中却有相当富集。海水的化学组成为何这样奇妙？是什么控制了海水的组成？本书中已述的海水中的络合作用、沉淀-溶解作用、酸-碱作用、氧化-还原作用都起着重要作用，但是液-固界面作用或海水中胶体微粒的吸着作用可能起了关键作用，致使海水中一些元素残留量很低（参阅表 11.2），表明它们和一些重金属因此而迁移到海底。

表 11.1 海洋的水和沉积物，河水中溶解的和颗粒的物质，大陆的岩石和土壤三者的元素组成

元素	大陆		河川		海洋	
	岩石 ($\mu g \cdot g^{-1}$)	土壤 ($\mu g \cdot g^{-1}$)	溶解物 ($\mu g \cdot dm^{-3}$)	颗粒物 ($\mu g \cdot dm^{-3}$)	水 ($\mu g \cdot dm^{-3}$)	深海黏土 ($\mu g \cdot dm^{-3}$)
Ag	0.07	0.05	0.3	0.07	0.04	0.1
Al	69 300	71 000	50	94 000	0.5	95 000
As	7.9	6	1.7	5	1.5	13
Au	0.01	0.001	0.002	0.05	0.004	0.003
B	65	10	18	70	4 400	220
Ba	445	500	60	600	20	1 500
Br	4	10	20	5	67 000	100
Ca	45 000	15 000	13 300	21 500	412 000	10 000
Cd	0.2	0.35	0.02	1	0.01	0.23
Ce	86	50	0.08	95	0.001	100
Co	13	8	0.2	20	0.05	55
Cr	71	70	1	100	0.3	100
Cs	3.6	4	0.035	6	0.4	5
Cu	32	30	1.5	100	0.1	200
Er	3.7	2	0.004	3	0.000 8	2.7
Eu	1.2	1	0.001	1.5	0.000 1	1.5
Fe	35 900	40 000	40	48 000	2	60 000
Ca	16	20	0.09	25	0.03	20

（续表）

元　素	大　陆		河　川		海　洋	
	岩石 (μg·g^{-1})	土壤 (μg·g^{-1})	溶解物 (μg·dm^{-3})	颗粒物 (μg·dm^{-3})	水 (μg·dm^{-3})	深海黏土 (μg·dm^{-3})
Gd	6.5	4	0.008	5	0.0 007	7.8
Hf	5	—	0.01	6	0.007	4.5
Ho	1.6	0.6	0.001	1	0.000 2	1
K	24 400	14 000	1 500	20 000	380 000	28 000
La	41	40	0.05	45	0.003	45
Li	42	25	12	25	180	45
Lu	0.45	0.4	0.001	0.5	0.000 2	0.5
Mg	16 400	5 000	3 100	11 800	1.29×16^{6}	18 000
Mn	720	1 000	8.2	1 050	0.2	6 000
Mo	1.7	1.2	0.5	3	10	8
Na	14 200	5 000	5 300	7 100	1.077×10^{7}	20 000
Nd	37	35	0.04	35	0.003	40
Ni	49	50	0.5	90	0.2	200
P	610	800	115	1 150	60	1 400
Pb	16	35	0.1	100	0.003	200
Pr	9.6	—	0.007	8	0.000 6	9
Rb	112	150	1.5	100	120	110
Sb	0.9	1	1	2.5	0.24	0.8
Sc	10.3	7	0.004	18	0.000 6	20
Si	275 000	330 000	5 000	285 000	2 000	283 000
Sm	7.1	4.5	0.008	7	0.000 5	7.0
Sr	278	250	60	150	8 000	250
Ta	0.8	2	<0.002	1.25	0.002	1.0
Tb	1.05	0.7	0.001	1.0	0.000 1	1.0
Th	9.3	9	0.1	14	0.01	10
Ti	3 800	5 000	10	5 600	1	5 700
Tm	0.5	0.6	0.001	0.4	0.000 2	0.4
U	3	2	0.24	3	3.2	2.0
V	97	90	1	170	2.5	150
Y	33	40	—	30	0.001 3	32
Yb	3.5	—	0.004	3.5	0.000 8	3
Zn	127	90	30	250	0.1	120

表11.2 某些微量元素从海水中除去的情况

金属	在地质时期内供给海水的计算量(mg·kg⁻¹)	目前海水(盐度35)中的含量(mg·kg⁻¹)	留在海水中的百分数(%)
Ag	0.06	0.000 15～0.000 3	0.25～0.5
Bi	0.12	0.000 2	0.2
Mo	0.6～9	0.000 3～0.000 7 (0.012～0.016)	0.003～0.12 (0.1～2.7)
Cd	0.09	0.000 032～0.000 075	0.04～0.08
Pb	0.6	0.003～0.005	0.03～0.08
Hg	0.046～0.3	0.000 03	0.001～0.07
Cu	42	0.001～0.005	0.002～0.04
Zn	79	0.005～0.021	0.006～0.03
W	0.9～41	0.000 09～0.000 2	0.000 2～0.01
Co	14	0.000 1	0.000 7
Ni	48	0.000 1～0.000 5 (0.001 5～0.006)	0.000 2～0.001 (0.003～0.012)
V	90	0.000 3 (0.002 4～0.006)	0.000 2～0.001 (0.003～0.012)
Cr	120	0.000 04～0.000 07 (0.001～0.002 5)	0.000 03～0.000 06 (0.000 8～0.002)
Y	19	0.000 3	0.002
La	11	0.000 3	0.003
As	3	0.02	0.7
Sc	3	0.000 04	0.001

海洋中固体粒子的无机组分主要是黏土矿物、金属氧化物和$CaCO_3$等，有机组分主要是腐殖质和海洋浮游生物、细菌和微藻等及其分解物和排泄物等。天然水中悬浮粒子浓度自深海的0.01 mg·dm^{-3}到河口的50 000 mg·dm^{-3}，相差7个数量级。粒子大小范围从胶体氧化物和腐殖质的纳米级到浮游生物和它的排泄凝结物的厘米级。粒子大小分布通常遵循幂律函数形式：

$$n(r)=\frac{\mathrm{d}N}{\mathrm{d}r}=Ar^{-p} \tag{11.1}$$

其中A和p是常数，$\mathrm{d}N$是单位体积海水中的粒子数。粒径在r至$r+\mathrm{d}r$之间。总粒子数则积分得

$$N=\int_{r_{最小}}^{r_{最大}} n\mathrm{d}r \tag{11.2}$$

水体中 p 值的范围为 2～5，在粒子大小在 1～100 μm 范围内接近 4。图 11.2 是太平洋中粒子浓度的垂直断面分布，和 dN/dr 与粒径的关系，可见皆有一定的定量规律。

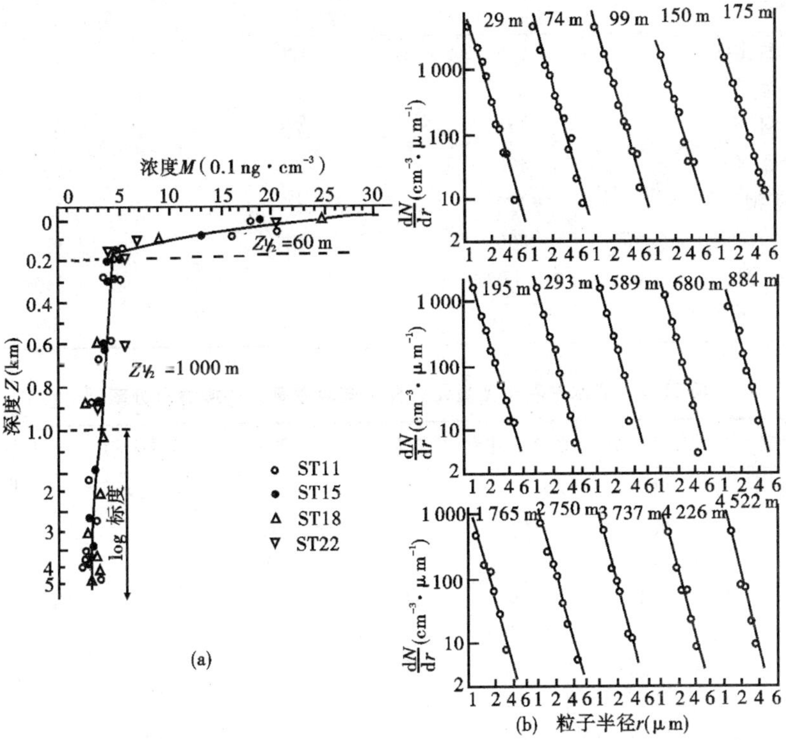

(a)与粒子大小分布的关系　(b)与太平洋深度的函数关系

图 11.2　粒子浓度的垂直断面图

一般认为，元素(及其盐)是和河流中固体粒子一起进入海洋的。表 11.3 是世界主要河流排入海洋的盐和固体粒子的量。对海洋中的固体粒子与海水中的微量元素之间的吸着作用，Krauskop 仿照天然过程进行研究，结果见表 11.4。

表 11.3　世界主要河川排放的水、盐和固体的数量

河　川	年　排　放　量		
	水(10^9 m^3)	盐(10^6 t)	固体(10^6 t)
亚马孙河	5 676	296	930
刚果河	1 325	44	110
奥利诺科河	1 070	38	86
长　江	690	131	280
雅鲁藏布江	605	85	720

（续表）

河　川	年排放量		
	水(10^9 m^3)	盐(10^6 t)	固体(10^6 t)
密西西比河	554	120	310
叶尼塞河	554	65	13
勒拿河	514	70	15
巴拉那河	470	32	130
湄公河	470	46	345
恒　河	366	61	1 450
黄　河	47		1 780
总　计	37 400	3 800	15 500

表 11.4　海水中若干微量元素在一些吸着剂上的吸着百分率(%)

金　属	水合氧化碳	水合氧化锰	磷灰石	黏土	浮游生物	泥炭土
Zn	95		86	99	40(48)	99
Cu	96	96	77	94	54	
Pb	86		96	＞96		＞96
Ni	33(94)	96	8(69)	10	8	
Co	35(91)	93(94)	15(82)	18	8	
Hg	50(＞95)		＜5(25)	96	98	99
Ag	22(20)	(8)	23(6)	20	49(96)	54
Cr	10(49)	94	12	8	10	
Mo	25(56)	25(74)	10	35	15	537
W	80	99	5		8	
V	95		17	33	＜3	

11.1.2 海水中固体微粒表面电荷的研究

20 世纪 70 年代，海洋化学得出的大量实验结果都是化学家不能解释和无法理解的。这就是 Neihof 和 Loeb 实验首次报道认为海水中大多数固体吸着剂粒子都带负电。Hunter 和 Liss 对波刘(Beaulieu)河、康威(Conwy)河、阿德(Alde)河和奥韦尔(Orwell)河 4 个河口的固体粒子进行电泳淌度与盐度关系的研究，结果见图 11.3。研究得出：电泳淌度的平均值为$-(0.89\pm0.12)\times10^{-8}$ $m^2\cdot s^{-1}\cdot V^{-1}$（注意：在$-0.75\times10^{-8}\sim-1.96\times10^{-8}$ $m^2\cdot s^{-1}\cdot V^{-1}$之间非线关系)，北海海水之值为$(-0.85\pm0.03)\times10^{-8}$ $m^2\cdot s^{-1}\cdot V^{-1}$，可见均是负值。为什么固体粒子会带负电荷？海洋化学家认为是固体粒子吸着了有机物之故。图 11.4(a)，(b)，(c)间接说明固体表面带负电与海水中溶解有机物密切相关。

至于被吸着的有机物中何者起决定性作用？国际上部分学者，例如 Liss 等认为可能是氨基酸。本书著者的实验室结果证明：腐殖酸起了决定性的关键作

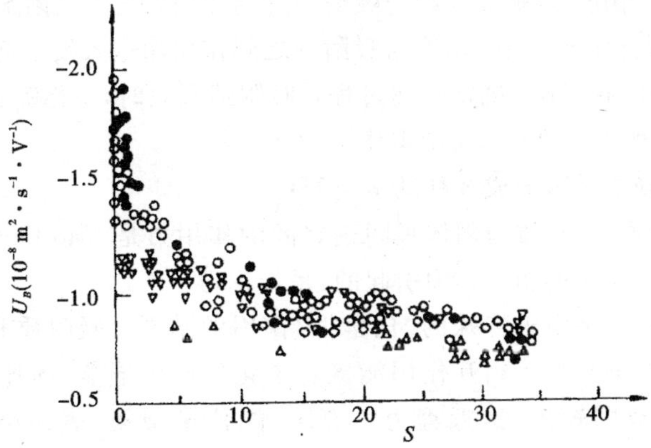

○波刘河　●康威河　▽阿德河　△奥韦尔河

图 11.3　4 个河口的电泳淌度与盐度的关系

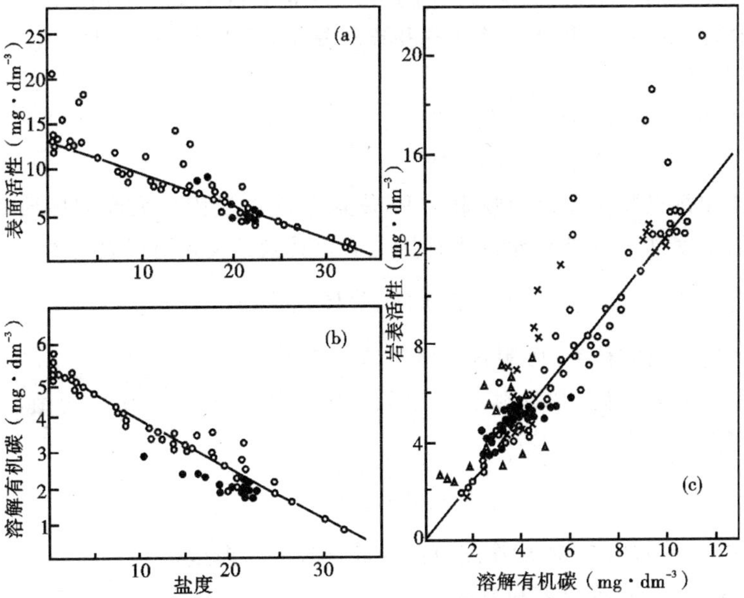

(a)表面活性　(b)溶解有机碳　(c)表面活性与溶解有机碳的关系

△阿德河　●康威河　×奥韦尔河　○波刘河

图 11.4　波刘河水的表面活性及溶解有机碳与盐度的关系图

用。目前这个结论已被海洋化学家们普遍接受。

11.1.3 吸附等温线和等温式

11.1.3.1 吸着、吸附和吸收

吸附(Adsorption):被吸附物与吸附剂之间作用发生在吸附剂表面。

吸收(Absorption):被吸附物与吸附剂之间作用而进入吸收剂内。

吸着(Sorption):不能确定界面过程是吸附或吸收时,统称吸着。

11.1.3.2 吸着现象的物理-化学本质

可以把吸着或吸附分成3种基本类型:

(1)物理吸附:吸附质与固体吸附剂之间的作用力是 Van der Waals 力,是两者的全部电子壳层的相互作用引起的,是长程力。

(2)化学吸着:是由于特殊的"化学力"作用的结果。吸附质和吸附剂之间有电子转移或电子共享。相互作用能接近于化学键生成能,远比物理吸附能大。其作用力范围较短,是近程力。离子/配位子交换,表面络合等均属此类。

(3)静电吸附:是由于吸附剂带电表面与作为吸附质的相反电荷粒子之间的库仑力作用的结果,是长程力。离子交换通常是静电交换吸附。

但是,溶液中液-固界面作用往往比较复杂,是上述3种物理-化学过程的综合作用的结果。

11.1.3.3 吸附等温式和等温线

1. 气-固吸附等温式和等温线

气体在每克固体表面的吸附量 V,依赖于气体及固体表面的性质和量、吸附平衡的温度 T 以及吸附量的平衡压力 P。其函数关系可以表达为:

$$V=f(T,P,\text{气体},\text{固体}) \qquad (11.3)$$

对某一给定的研究体系,吸附剂和吸附质属于非变量,这时 $V=f(T,P)$。若再给定吸附平衡温度后,则吸附量 V 就只是吸附质的平衡压力 P 的函数。所得公式称等温式,即

$$V=f(P)_{T,\text{气体},\text{固体}} \qquad (11.4)$$

按照公式(11.4),由 V 对 P 作图得到的曲线称为等温线。

2. 液-固吸附等温式和等温线

对液-固吸附体系,例如海水体系,与式11.3对应的公式要考虑溶液体系的特点,即溶液的pH值这一变量。故对海水体系的吸附公式为:

$$V=f(T,P,\text{pH},\text{液体},\text{固体}) \qquad (11.5)$$

对某一给定的研究体系，吸附剂和吸附质属于非变量，但仍有变量浓度 P 或 C，pH 值和 T，即对海水体系有：

$$V = f(T, C, \mathrm{pH}) \tag{11.6}$$

若体系的 T 和 pH 固定，则 V 只是 C 的函数，所得公式为海水体系等温式：

$$V = f(C)_{T,\mathrm{pH},\text{固体},\text{液体}} \tag{11.7}$$

按照式 11.7 作图所得的曲线称为液－固吸附等温线。

若体系的 T 和 C 固定，则吸附量 V 是体系 pH 值的函数，即

$$V = f(\mathrm{pH})_{\text{固体},\text{液体}T,C} \tag{11.8}$$

本书后面即将写到，这时吸附量通常用交换－吸附百分率 $E(\%)$ 来表达，$E(\%)$ 和体系 pH 值的关系也有相应的公式表达之。

11.1.3.4 海水体系中液－固界面作用等温线的分类和普遍等温式

图 11.5 是张正斌和刘莲生提出的海水体系中液－固界面作用等温线分类图——5 类 23 种等温线分类图。这是迄今为止最普遍的等温线分类图，它包括了 Giles 的 4 类 18 种等温线分类图，兹对之简单讨论如下。

(1)张正斌－刘莲生的 5 类 23 种等温线分类图比 Giles 的多“L”类，这只在海洋体系中才发现的——在被吸附质浓度很低时(例如被吸附质浓度小于 10^{-8} $\mathrm{mol \cdot dm^{-3}}$，在海洋中重金属浓度大都较低)才产生此类等温线。这是海洋化学的特殊现象。

(2)实验新发现：①“台阶型等温线”(图中 L，S，L －F，H 四等)；②“交换吸附-沉淀型等温线”(图中 L，S，L －F 三等)；③L 类等温线——海水中微量元素/痕量元素特有的吸附等温线。即使 Giles 4 类 18 种等温线中，其中 4 种“台阶型”等温线之例也只有我们实验室提供的海水体系的实验结果。

(3)与图 11.5 相应的等温线例举参阅表 11.5。

(4)为定量地解释图 11.5 的各类种的等温线，张正斌和刘莲生提出“海水中液－固界面分级离子/配位子交换理论”(参阅《海洋物理化学》)，并进而推导出能表达图 11.5 中各类各种等温线的等温式如下：

$$\theta = \frac{\sum_{i=1}^{N} i\mathcal{K}_i a_{\mathrm{M}}^{i}}{1 + \sum_{i=1}^{N} \mathcal{K}_i a_{\mathrm{M}}^{i} - \mathcal{K}_s a_{\mathrm{M}}^{i}}(s) \tag{11.9}$$

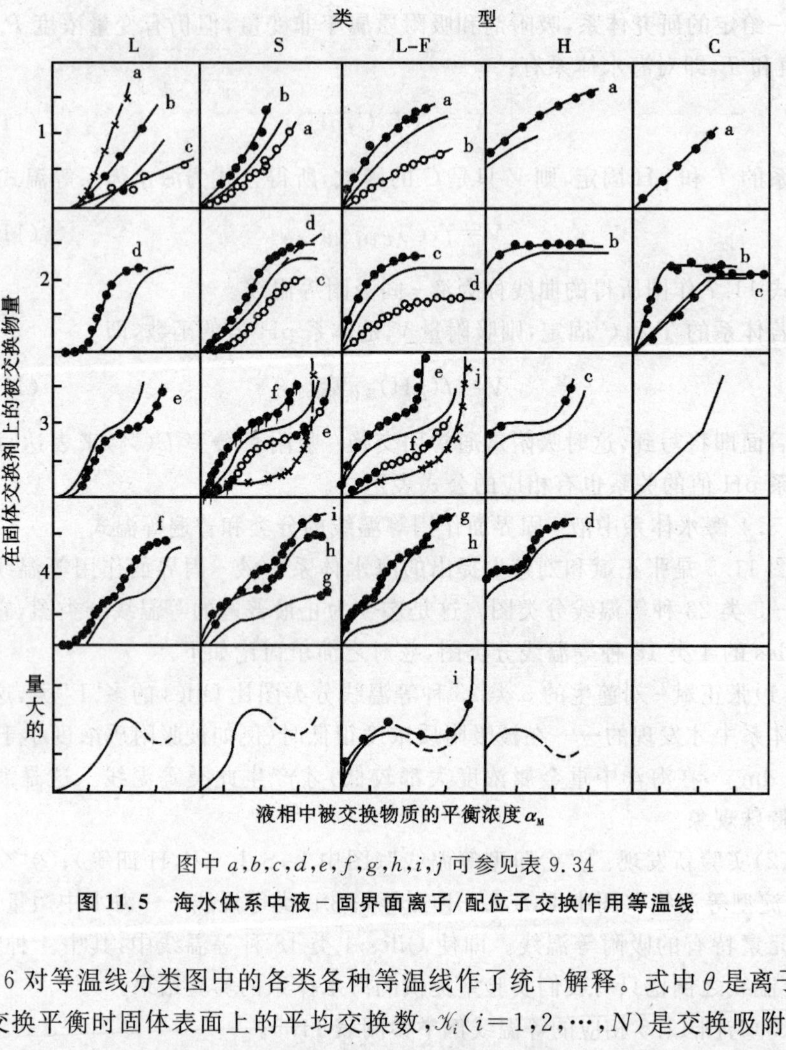

图中 a,b,c,d,e,f,g,h,i,j 可参见表 9.34

图 11.5　海水体系中液－固界面离子/配位子交换作用等温线

表 11.6 对等温线分类图中的各类各种等温线作了统一解释。式中 θ 是离子/配位子交换平衡时固体表面上的平均交换数，$\mathscr{K}_i(i=1,2,\cdots,N)$ 是交换吸附产物的生成常数，$\mathscr{K}_s a^i_M$ 是考虑溶解度平衡的校正项，(s) 是考虑溶胀作用的校正项。公式(11.9)普遍等温式是目前国际国内流行的液－固界面吸附作用的三大理论中惟一能解释或模拟“台阶型等温线”和“交换吸附－沉淀型等温线”的数学表达式。

表 11.5 作者实验室测定的海水中液-固吸着各类等温线例举

类型	曲线	体系	标度	
			横坐标	纵坐标
S－型曲线	*a*	海水中Cr(Ⅲ)在水合氧化钛上(pH=4.5，水合氧化钛0.100 0g)	$(0\sim60)\times10^{-6}$ $(Cr)_{平衡}$	$0\sim0.6(\mu g\cdot mg^{-1})$
	b	海水中Cu在水合氧化钛上(pH=4.75，水合氧化钛0.100 0g)	$(0\sim200)\times10^{-6}$	$0\sim3(\mu g\cdot mg^{-1})$
	c	海水中Cd在针铁矿上(pH=6.5，针铁矿0.100 0g)	$(0\sim25)\times10^{-6}$	$0\sim400(\mu g\cdot mg^{-1})$
	d	海水中Zn在γ-MnOOH上(pH=4.3，γ-MnOOH 0.100 0g)	$(0\sim28)\times10^{-6}$	$0\sim500(\mu g\cdot mg^{-1})$
	e	同*c*	$(0\sim40)\times10^{-6}$	$0\sim550(\mu g\cdot mg^{-1})$
	f	同*d*	$(0\sim60)\times10^{-6}$	$0\sim1\ 000(\mu g\cdot mg^{-1})$
	g	海水中Cd在赤铁矿上离子交换(pH=8.3，赤铁矿0.100 0g)	$(0\sim60)\times10^{-6}$	$0\sim800(\mu g\cdot mg^{-1})$
	h	海水中U(Ⅵ)在水合氧化钛上离子交换(pH=3.5，25℃，水合氧化钛0.100 0g)	$(0\sim3)\times10^{-6}$	$0\sim150(\mu g\cdot mg^{-1})$
	i	同*f*	$(0\sim80)\times10^{-6}$	$0\sim1\ 600(\mu g\cdot mg^{-1})$
	j	海水中Pb在蒙脱石上(pH=8.1，蒙脱石0.100 0g)	$(0\sim2.0)\times10^{-6}$	$0\sim4.0(mg\cdot g^{-1})$
L－F型曲线	*a*	海水中Cu在无定形水合氧化铁上(pH=5，交换剂0.100 0g)	$(0\sim30)\times10^{-6}$	$0\sim400(\mu g\cdot mg^{-1})$
	b	海水中Cu在针铁矿上(pH=5，交换剂0.100 0g)	$(0\sim25)\times10^{-6}$	$0\sim400(\mu g\cdot mg^{-1})$
	c	海水中Cu在δ-MnO_2上(pH=2.2，交换剂0.100 0g)	$(0\sim110)\times10^{-6}$	$0\sim2\ 300(mg\cdot g^{-1})$
	d	海水中Cu在无定形水合氧化铁上(pH=5，交换剂0.100 0g)	$(0\sim42)\times10^{-6}$	$0\sim1\ 000(\mu g\cdot mg^{-1})$
	e	同c	$(0\sim140)\times10^{-6}$	$0\sim2\ 400(\mu g\cdot mg^{-1})$
	f	海水中Zn在δ-MnO_2上(pH=4.3，交换剂0.100 0g)	$(0\sim90)\times10^{-6}$	$0\sim1\ 600(\mu g\cdot mg^{-1})$
	g	同*c*，*e*	$(0\sim400)\times10^{-6}$	$0\sim4\ 000(\mu g\cdot mg^{-1})$

(续表)

类 型	曲线	体系	标度 横坐标	标度 纵坐标
	h	海水中 Cu 在 γ-MnOOH 上(pH=3.5,交换剂 0.100 0g)	$(0\sim400)\times10^{-6}$	$0\sim4\,000(\mu g\cdot mg^{-1})$
	i	0.1×10^{-6} 赖氨酸存在时 Cu 在伊利石上(pH=8.0,伊利石 0.100 0g)	$(0\sim1.0)\times10^{-6}$	$0\sim1.0(\mu g\cdot mg^{-1})$
	j	海水中 Cu 在伊利石上(pH=8.1,伊利石 0.100 0g)	$(0\sim1.2)\times10^{-6}$	$0\sim2.0(mg\cdot g^{-1})$
H 型曲线	*a*	海水中 Cu 在无定形水合氧化铁上,天然海水 pH 值(余同 L－F－*a*)	(同 L－F－*a*)	(同 L－F－*a*)
	b	海水中 Cu 在 δ-MnO_2 上,天然海水 pH 值(余同 L－F－*c*)	(同 L－F－*c*)	(同 L－F－c)
	c	海水中 Zn 在 δ-MnO_2 上,天然海水 pH 值(余同 L－F－*f*)	(同 L－F－*f*)	(同 L－F－f)
	d	海水中 Cu 在 δ-MnO_2 上,天然海水 pH 值(余同 H－*b*)	(同 L－F－*g*)	(同 L－F－*g*)
C 型曲线	*a*	海水中 U 在水合氧化钛上,天然海水条件下	$(0\sim3)\times10^{-6}$	$0\sim8(\mu g\cdot mg^{-1})$
	b	海水中 Cu 在膨润土上,pH=8.0*	$(0\sim50)\times10^{-7}$ $mol\cdot dm^{-3}$	$0\sim120\times10^{-6}$ $(mol\cdot g^{-1})$
	c	海水中 Cd 在膨润土上,pH=8.0*	$(0\sim50)\times10^{-7}$ $mol\cdot dm^{-3}$	$0\sim120\times10^{-6}$ $(mol\cdot g^{-1})$
L 型曲线	*a*	海水中活性硅在 $Al(OH)_3$ 上(pH=8.2～8.4,$13.0Cl\times10^{-3}$)	$(0\sim16)\times10^{-6}$	$0\sim2.5(mg\cdot mg^{-1})$ (SiO_2/Al)
	b	海水中活性硅在 $Al(OH)_3$ 上(pH=8.2～8.4,$6.5Cl\times10^{-3}$)	$(0\sim16)\times10^{-6}$	$0\sim2.5(mg\cdot mg^{-1})$ (SiO_2/Al)
	c	海水中活性硅在 $Al(OH)_3$ 上(pH=7.2,$6.5Cl\times10^{-3}$)	$(0\sim16)\times10^{-6}$	$0\sim2.5(mg\cdot mg^{-1})$ (SiO_2/Al)
	d	海水中 U(Ⅵ)在水合氧化钛上(pH=4.0,10℃余同 S－*h*)	$(0\sim1.5)\times10^{-6}$	$0\sim80(\mu g\cdot mg^{-1})$
	e	同 *d*(但与交换物,平衡浓度增大)	$(0\sim2.2)\times10^{-6}$	$0\sim110(\mu g\cdot mg^{-1})$
	f	同 *d*(但交换物平衡浓度比 *e* 更大)	$(0\sim3)\times10^{-6}$	$0\sim150(\mu g\cdot mg^{-1})$

* 这两个例子选自 Oakley 等的文献,我们亦做过此类实验,结果大致相同

表 11.6　图 11.5 中 5 类 23 种等温线的统一解释

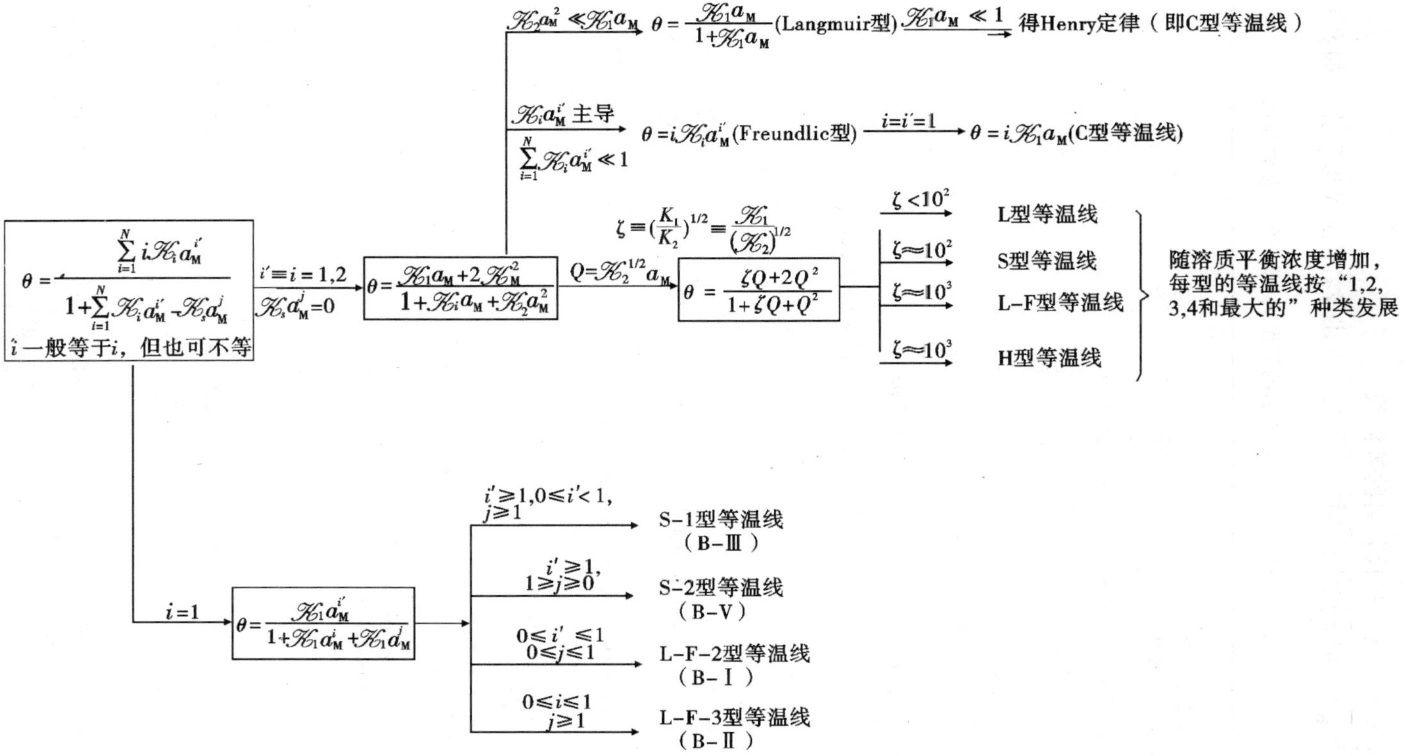

$\theta = \dfrac{\sum_{i=1}^{N} i\mathscr{K}_i a_M^{i'}}{1+\sum_{i=1}^{N}\mathscr{K}_i a_M^{i'} - \mathscr{K}_s a_M^{j}}$
i'一般等于i，但也可不等
$i' \equiv i = 1,2$
$\mathscr{K}_s a_M^j = 0$
$\theta = \dfrac{\mathscr{K}_1 a_M + 2\mathscr{K}_M^2}{1+\mathscr{K}_i a_M + \mathscr{K}_2 a_M^2}$
$\mathscr{K}_2 a_M^2 \ll \mathscr{K}_1 a_M$
$\theta = \dfrac{\mathscr{K}_1 a_M}{1+\mathscr{K}_1 a_M}$(Langmuir型)
$\mathscr{K}_1 a_M \ll 1$
得Henry定律（即C型等温线）
$\mathscr{K}_i a_M^{i'}$ 主导
$\sum_{i=1}^{N}\mathscr{K}_i a_M^{i'} \ll 1$
$\theta = i\mathscr{K}_i a_M^{i'}$(Freundlic型)
$i=i'=1$
$\theta = i\mathscr{K}_1 a_M$(C型等温线)
$Q=\mathscr{K}_2^{1/2} a_M$
$\zeta \equiv (\frac{K_1}{K_2})^{1/2} \equiv \frac{\mathscr{K}_1}{(\mathscr{K}_2)^{1/2}}$
$\theta = \dfrac{\zeta Q+2Q^2}{1+\zeta Q+Q^2}$
$\zeta < 10^2$
L型等温线
$\zeta \approx 10^2$
S型等温线
$\zeta \approx 10^3$
L–F型等温线
$\zeta \approx 10^3$
H型等温线
随溶质平衡浓度增加，每型的等温线按“1,2,3,4和最大的”种类发展
$i=1$
$\theta = \dfrac{\mathscr{K}_1 a_M^{i'}}{1+\mathscr{K}_1 a_M^{i} + \mathscr{K}_1 a_M^{j}}$
$i' \geq 1, 0 \leq i' < 1, j \geq 1$
S–1型等温线（B–Ⅲ）
$i' \geq 1, 1 \geq j \geq 0$
S–2型等温线（B–Ⅴ）
$0 \leq i' \leq 1$, $0 \leq j \leq 1$
L–F–2型等温线（B–Ⅰ）
$0 \leq i \leq 1$, $j \geq 1$
L–F–3型等温线（B–Ⅱ）

11.1.3.5 其他一些较著名的等温线

图 11.5 的等温线分类图中，包括了下述著名等温线和等温式，如表 11.7 所列。

表 11.7 一些较著名的等温式（单一气体吸附作用）

名 称	方 程 式	注
1. Freundlich 类型； Freundlich 等温式	$\Gamma = a p^{\beta}$	
普遍的 Freundlich 等温式	$\theta = (\frac{\alpha p}{1+\alpha p})^{\beta}$	
2. Langmuir 类型； Langmuir 等温式	$\theta = \frac{V}{V_m} = \frac{bp}{1+bp}$	
Langmuir 衍生公式(一)－1 （Tóth 公式）	$\theta = \frac{Kp}{[1+(Kp)^m]^{1/m}}$	$K = K_0 e^{q/RT}$，$K_0 = mb$
———(一)－2 （Radke-Prausnitz 公式）	$\theta = \frac{Kp}{1+(Kp)^m}$	
———(一)－3 （Sips 公式）	$\theta = \frac{(Kp)^m}{[1+(Kp)]^m}$ 即上述普遍的 Freundlich 公式	
———(二)－1 （Temkin 公式）	$\theta = a \lg bp$	
———(一)－2 （Dubinin-Radushkevich 公式）	$\theta = \exp[B_2 \ln^2(p/p_m)]$ $p \leqslant p_m, B_2 < 0$	p_m 是与最小吸附能有关的参数，p_m 与 K 有联系
———(二)－3 （Dubinin-Astakhow 公式）	$\theta = \exp[\beta_j \ln^j(p_m/p)]$ $p \leqslant p_m, B_j < 0$	j 与上(一)类中的 m 类似
———(二)－4	$\theta = 1 - \exp[-b'p]$	b' 与 b 类似
3. Freundlich －Langmuir 类型： （Sips 公式）	$\theta = \frac{\alpha p^{\beta}}{1+\alpha p^{\beta}}$	
Tóth 公式	$\theta = \frac{p^{m}_{Ra}}{1+p^{m}_{Ra}-p^{m}_{Rk}}$	
4. Fowler －Guggenheim 类型： Fowler －Guggenheim 等温式	$b_{F_p} = \frac{\theta}{1-\theta}\exp(\frac{2\theta\omega}{k_B T})$	$b_F = (2\pi m)^{3/2} K_B T^{3/2} \frac{f(g)T}{h^3 f(a)T} \times \exp(\frac{-\varepsilon_0}{k_B T})$ ω 为吸附粒子间相互作用
Kiselev 公式	$b_{Fp} = \frac{\theta}{1-\theta} \frac{4}{[(1+4D\theta)^{1/2}+1]^2} \times \exp(-\alpha\theta)$	$\alpha\theta$ 是作用在吸附分子上的平均力场，D 是生成表面缔合物的平衡常数
Jaroniec 公式	$b_{Fp} = [\frac{\theta}{1-\theta}]^{1/m} \frac{4}{[(1+4D\theta)^{1/2}+1]^2} \times \exp(-\alpha\theta)$	
5. de Boer －Zwikker 等温式	$\lg\lg\frac{p}{p_o} = \frac{V}{V_M}\lg K_1 + \lg K_2$	K_1 和 K_2 为常数
6. BET 公式	$\frac{x}{V(1-x)} = \frac{1}{V_m C} + (\frac{C-1}{V_m C})x$	

(1)Freundlich 等温线——图 11.5 中 L-F 类 1 种

Freundlich 等温式——$\Gamma=\alpha p^{\beta}$　(11.10)

(2)Langmuir 等温线——图 11.5 中 L-F 类 2 种

Langmuir 等温式——$\theta=\dfrac{bp}{1+bp}$　(11.11)

(3)Sips 公式,是兼具 Freundlich－Langmuir 特点的等温线。其等温式为

$$\theta=\frac{\alpha p^{\beta}}{1+\alpha p^{\beta}} \tag{11.12}$$

(4)Tóth 公式

$$\theta=\frac{p^{\beta}}{1+p^{\beta}-p^{\gamma}} \tag{11.13}$$

上面各式中,p 为压力,α,β,b,γ 等都是特定系数。

(5)BET 等温式

$$\frac{x}{V(1-x)}=\frac{1}{V_mC}+(\frac{C-1}{V_mC})x \tag{11.14}$$

式中,$x=p/p_s$,p_s 是饱和压力。V_m 和 C 是单分子层饱和吸附量和常数 C。对应的等温线为图 11.5 中 L-F 类 2 种、3 种,S 类 1 种、2 种、4 种共 5 种等温线,即 BET 分类等温线。

以上等温线均在海洋体系中发现,以上等温式亦是海洋体系中海洋化学家经常使用的等温式。在《海洋物理化学》第 10 章中已有详述,本书不再赘述。

关于普通等温式中 $\mathscr{K}_i$ 的求算方法一般有两种:①作图法,《海洋物理化学》第 10 章中提出 3 种方法;②计算机模拟法,对此有兴趣者可阅原文献。

11.1.4 影响液－固界面吸着作用的主要因素

影响液－固界面吸着作用有三大效应,即 pH 效应、有机物络合效应和盐度效应,分别简述如下。

11.1.4.1 pH 效应

体系的 pH 效应是液－固界面吸着作用最重要的影响因素之一,也是气－固界面吸着并不具有而是液－固界面所特有的效应。其原因是:①海水中大多数元素的存在形式如上节所述是强烈地依赖于体系 pH 的。不同存在形式的元素,其吸着能力常常很不相同。②体系 pH 能极大地影响吸着剂的表面电荷。例如水合氧化物在低 pH 时表面带正电荷,高 pH 时表面带负电荷。同时还会影响吸着剂表面的组成和性质,从而影响对元素的交换吸着作用。pH 效应不仅对静电吸附是至关紧要的,而且对“离子交换－络合”吸附同样是十分重

要的。③H_3O^+或OH^-在离子交换或吸附时能与微量元素等竞争，竞争能力与H_3O^+或OH^-的活度有关。

以上各种效应经常复合在一起，使体系pH对吸着作用的影响比较复杂。具体状况要作具体分析和解释。

在《海洋物理化学》、《海洋化学原理和应用》等著作中都介绍海水中液－固界面交换－吸附作用的pH效应，可以用3种方法表达：①Kurbatov作图法；②离子交换的pH范围作图法；③较普遍的$E(\%)$与pH关系公式和作图法。限于篇幅，在此仅简介③。

考虑海水中微量元素M与固体交换－吸附剂RBm有如下交换－吸附反应：

$$\left.\begin{aligned} n\mathrm{M}+\mathrm{RB}_m &\rightleftharpoons \mathrm{RM}_n+m\mathrm{B} \\ K_{\mathrm{A}(n)} &= \frac{[\mathrm{RM}_n]a_{\mathrm{B}}^m}{a_{\mathrm{M}}^n[\mathrm{RB}_m]} \end{aligned}\right\} \tag{11.15}$$

上式中电荷略去不写以求简洁，这时M的总浓度T_{M}为

$$T_M = a_M\left(\frac{1}{g_M}+\sum_i \frac{K_i a_i}{g_i}+\sum_{n=1}^{N}\frac{K_{A(n)}[\mathrm{RB}_m]a_{\mathrm{M}}^{n-1}}{a_{\mathrm{B}}^m}\right) \tag{11.16}$$

其中g_{M}是不同于总活度系数M之游离的(未络合的)活度系数，$\sum_i K_i a_i/g_i$代表所有可能的配位体OH^-，Cl^-，HCO_3^-，CO_3^{2-}，SO_4^{2-}等形成的络合物的总和，$(\sum_i K_i a_i/g_i+1/g_m)$代表M的溶解形式，$a_i$表示活度。公式(11.16)的具体形式是

$$\begin{aligned} T_{\mathrm{M}} &= [\mathrm{M}]+[\mathrm{RM}_n]+[\mathrm{M(OH)}_x]+[\mathrm{MCl}_p]+[\mathrm{M(SO_4)}_q]+[\mathrm{M(CO_3)}_r]+\cdots \\ &= \frac{a_{\mathrm{M}}}{g_{\mathrm{M}}}+[\mathrm{RM}_n]+\frac{a_{\mathrm{M(OH)}_x}}{g_{\mathrm{M(OH)}_x}}+\frac{a_{\mathrm{MCl}_p}}{g_{\mathrm{MCl}_p}}+\frac{a_{\mathrm{M(SO_4)}_q}}{g_{\mathrm{M(SO_4)}_q}}+\frac{a_{\mathrm{M(CO_3)}_r}}{g_{\mathrm{M(CO_3)}_r}}+\cdots \\ &= \frac{a_{\mathrm{M}}}{g_{\mathrm{M}}}+\frac{K_{\mathrm{M(OH)}_x}a_{\mathrm{M}}a_{\mathrm{OH}}^x}{g_{\mathrm{M(OH)}_x}}+\frac{K_{\mathrm{MCl}_p}a_{\mathrm{M}}a_{\mathrm{Cl}}^p}{g_{\mathrm{MCl}_p}}+\frac{K_{\mathrm{M(SO_4)}_q}a_{\mathrm{M}}a_{\mathrm{SO_4}}^q}{g_{\mathrm{M(SO_4)}_q}} \\ &\quad+\frac{K_{\mathrm{M(CO_3)}_r}a_{\mathrm{M}}a_{\mathrm{CO_3}}^r}{g_{\mathrm{M(CO_3)}_r}}+\sum_{n=1}^{N}\frac{K_{A(n)}[\mathrm{RB}_m]a_{\mathrm{M}}^{n-1}}{a_{\mathrm{B}}^m} \end{aligned} \tag{11.17}$$

若S_i代表M的溶解形式$(\sum_i K_i a_i/g_i+1/g_{\mathrm{M}})$，它可由已知的稳定常数和活度系数计算而得，于是式(11.16)变成

$$T_{\mathrm{M}} = a_{\mathrm{M}}\left(S_i+\sum_{n=1}^{N}\frac{K_{\mathrm{A}(n)}[\mathrm{RB}_m]a_{\mathrm{M}}^{n-1}}{a_{\mathrm{B}}^m}\right) \tag{11.18}$$

如果假设离子交换反应式(11.15)分成两步进行，则有

$$\begin{array}{ll} RB_m \rightleftharpoons R + mB & K'_1 \\ nM + R \rightleftharpoons RM_n & K'_2 \\ \hline nM + RB_m \rightleftharpoons RM_n + mB & K_{A(n)} = K'_1 K'_2 \end{array} \tag{11.19}$$

对海水中的微量元素，一般 $T_R > T_M$，故

$$T_R = [RB_m] + [R] \tag{11.20}$$

于是式(11.18)变成

$$\begin{aligned} T_M &= a_M\left[S_i + \sum_{n=1}^{N}\frac{KA(n)[RB_m]a_M^{n-1}T_R}{a_B^m T_R}\right] \\ &= a_M\left[S_i + \sum_{n=1}^{N}\frac{K_{A(n)}T_R}{a_B^m}\left(\frac{[RB_m]a_M^{n-1}}{[RB_m]+[R]}\right)\right] \\ &= a_M\left[S_i + \sum_{n=1}^{N}\frac{K_{A(n)}T_R}{a_B^m}\left(\frac{a_M^{n-1}}{\frac{[RB_m]+[R]}{[RB_m]}}\right)\right] \\ &= a_M\left[S_i + \sum_{n=1}^{N}\frac{K_{A(n)}T_R a_M^{n-1}}{\left(a_B^m + \frac{a_B^m[R]}{[RB_m]}\right)}\right] \\ &= a_M\left[S_i + \sum_{n=1}^{N}\frac{K_{A(n)}T_R a_M^{n-1}}{[a_B^m + K'_1]}\right] \end{aligned} \tag{11.21}$$

同时根据上述假定，有

$$[K_{A(n)}, T_R] = 常数 = C \tag{11.22}$$

令

$$E(\%) = \frac{100D}{D+1} = \frac{[M]_{交换的}}{T_M} \times 100 \tag{11.23}$$

将式(11.21)和式(11.22)代入式(11.23)，得

$$E(\%) = \frac{a_M\left(\sum_{n=1}^{N}\frac{K_{A(n)}T_R a_M^{n-1}}{(a_B^m + K'_1)}\right)}{a_M\left(S_i + \sum_{n=1}^{N}\frac{K_{A(n)}T_R a_M^{n-1}}{(a_B^m + K'_1)}\right)} = \frac{\sum_{n=1}^{N}\frac{Ca_M^{n-1}}{(a_B^m + K'_1)}}{S_i + \sum_{n=1}^{N}\frac{Ca_M^{n-1}}{(a_B^m + K'_1)}} \tag{11.24}$$

无机离子的交换作用一般来说由两者组成：①离子交换剂的界面化学反应(离子/配位子交换作用、表面络合作用等)；②表面静电交换作用。以上推导只考虑前者，如果同时考虑后者则应加入修正项 D_i，结果为

$$E(\%) = \frac{\sum_{n=1}^{N}\frac{Ca_M^{n-1}}{(a_B^m + K'_1)}}{S_i + \sum_{n=1}^{N}\frac{Ca_M^{n-1}}{(a_B^m + K'_1)}} + D_i \tag{11.25}$$

如果实际过程是阳离子交换，则 $B=H^+$，上式变成

$$E(\%)=\frac{\sum_{n=1}^{N}\frac{Ca_{M}^{n-1}}{(a_{H}^{m}+K'_{1})}}{S_i+\sum_{n=1}^{N}\frac{Ca_{M}^{n-1}}{(a_{H}^{m}+K'_{1})}}+D_i \tag{11.26}$$

如果在实验 pH 范围内 $K_1{}'<a_H{}^m$，则上式简化成

$$E(\%)=\frac{\sum_{n=1}^{N}\frac{Ca_{M}^{n-1}}{a_{H}^{m}}}{S_i+\sum_{n=1}^{N}\frac{Ca_{M}^{n-1}}{a_{H}^{m}}}+D_i \tag{11.27}$$

如果再特殊化为 $m=1$，$n=1$，则上式简化成

$$E(\%)=\frac{\frac{C}{a_H}}{S_i+\frac{C}{a_H}}+D_i \tag{11.28}$$

此即 O'Connor 和 Kester 著名论文中的公式，在具体处理中，令

$$D_i=0.2[1-E(\%)]$$

但在许多海水体系中，D_i 远小于此值，有时 $D_i=0$。图 11.6 的(a)和(b)是海水和人工河水中 Cu 和 Co⁻伊利石体系的 $E(\%)$-pH 关系图。可见计算曲线与实验测定点较好的一致。

若在实验范围内，$K'_1>a_H{}^m$，则式(11.26)简化成

$$E(\%)=\frac{\sum_{n=1}^{N}\frac{Ca_{M}^{n-1}}{K'_{1}}}{S_i+\sum_{n=1}^{N}\frac{Ca_{M}^{n-1}}{K'_{1}}}+D_i \tag{11.29}$$

和

$$E(\%)=\frac{C/K'_1}{S_i+C/K'_1}+D_i\quad (n=1\text{ 时}) \tag{11.30}$$

如果此过程是阴离子交换，则式(11.25)中 B=OH，并注意到 $a_{OH}=K_{WaH}$，则得

$$E(\%)=\frac{\sum_{n=1}^{N}\frac{Ca_{M}^{n-1}a_{H}^{m}}{(K_{W}^{m}+K'_{1}a_{H}^{m})}}{S_i+\sum_{n=1}^{N}\frac{Ca_{M}^{n-1}a_{H}^{m}}{(K_{W}^{m}+K'_{1}a_{H}^{m})}}+D_i \tag{11.31}$$

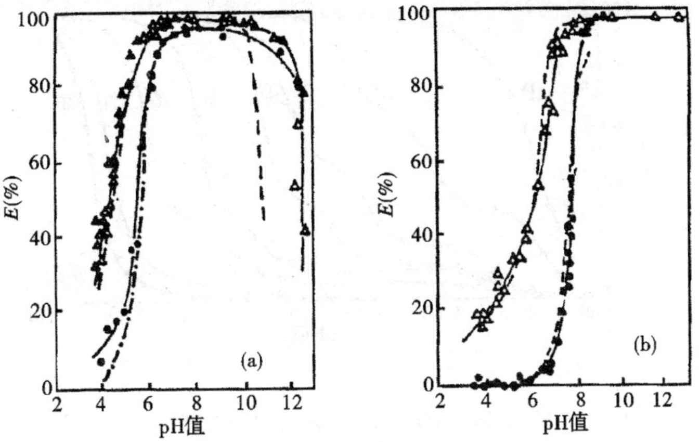

图中●为海水　△为人工河水实验值

虚线是根据公式(11.28)计算的结果。(a)Cu　(b)Co

图 11.6　海水和人工河水中 Cu 和 Co 在1 000×10⁻⁶ 伊利石上离子交换的 E(%)与 pH 关系图

因为 $K_W{}^m > K_1{}' a_H{}^m$，故由上式计算得的 $E(\%)$ 与 pH 关系呈反 S 型。

在"台阶型等温线"(图 11.5 和表 11.5)之后，通过实验又发现"台阶型" $E(\%)$-pH 关系曲线，如图 11.7、图 11.8 所示。两者都是后面所述的"海水中液-固界面分级离子/配位子交换理论"的主要实验基础。由上述两图可见，"台阶型" $E(\%)$-pH 曲线只在一定条件下产生，这个条件在普通实验中往往不是轻易受人注意的，结果只在本实验室中刻意设计下才被发现。

由图 11.7～图 11.8，可建立下述理论模式解释和公式模拟计算：

$$E(\%) = \frac{\dfrac{\sum_{n=1}^{N} n\mathscr{K}_n T_R a_M^{n-1} e^{-nF\Psi_M/RT}}{a_H\left[1+\sum_{n=1}^{N}\dfrac{\mathscr{K}_n a_M^{n-1} e^{-nF\mathscr{K}_M/RT}}{a_H^n}+\sum_{j=1}^{J}\dfrac{\mathscr{K}_j a_{M'} e^{-F\Psi_M/RT}}{a_H^j}\right]}}{S_i+\dfrac{\sum_{n=1}^{N} n\mathscr{K}_n T_R a_M^{n-1} e^{-nF\Psi_M/RT}}{a_H\left[1+\sum_{n=1}^{N}\dfrac{\mathscr{K}_n a_M^{n-1} e^{-nF\Psi_M/RT}}{a_H^n}+\sum_{j=1}^{J}\dfrac{\mathscr{K}_j a_{M'} e^{-nF\Psi_{M'}/RT}}{a_H^j}\right]}} \tag{11.32}$$

式中

$$K_n = \mathscr{K}_n^{\text{exch}} \times K_n^{\text{coul}} = \mathscr{K}_n e^{-nF\Psi_M/RT} \tag{11.33}$$

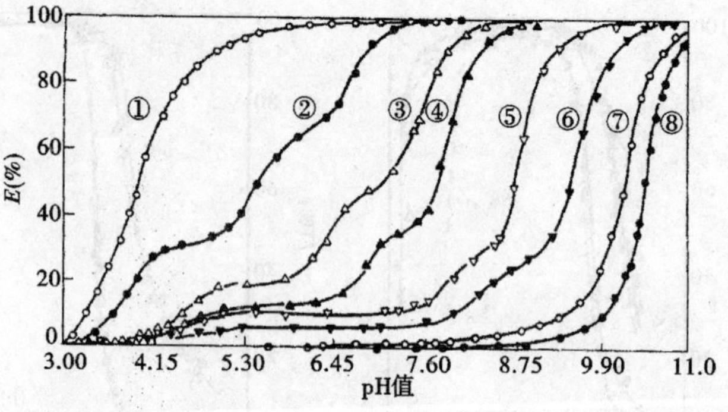

R_4：①2；②5；③7.5；④10；⑤12.5；⑥15；⑦150；⑧1 000

（$K_1=900, K_2=200, K_3=0.05, K_5=100, K_6=10$）

图 11.7 海水中 Zn(Ⅱ)－针铁矿体系的台阶型 $E(\%)-pH$ 关系曲线的实验测定点及其在不同 R_4 值下模拟曲线的对比图

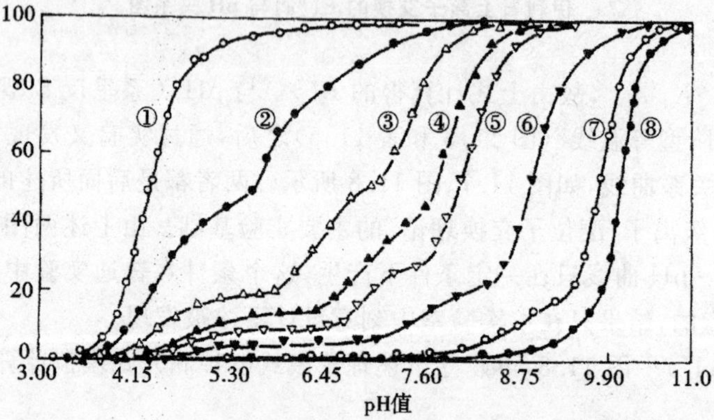

R_4：①2；②5；③7.5；④10；⑤12.5；⑥20；⑦150；⑧1 000

（$K_1=5000, K_2=1000, K_3=1, K_5=100, K_6=10$）

图 11.8 海水中 Zn(Ⅱ)－γ－MnOOH 体系，与图 9.37 相似的图

表示交换作用通过两种方式进行：①界面分级离子/配位子交换；②静电交换。

假定离子强度恒定和因络合作用引起的介质效应亦可忽略不计，则 R_4 是影响台阶型 $E(\%)-pH$ 曲线中台阶生成的关键因素，$R_4=1/(T_R a_M^{n-1})$。R_4 是表达 R 和 M 两者相对含量的数量。结果公式(11.32)简化成

$$E(\%) = \frac{\sum_{n=1}^{3} \frac{n\mathcal{K}_n e^{-nF\Psi_M/RT}}{a_H^n}}{[S_iR_4 + \sum_{n=1}^{3} \frac{n\mathcal{K}_n e^{-nF\Psi_M/RT}}{a_H^n}]} = \frac{\sum_{n=1}^{3} nK_n/a_H^n}{[S_iR_4 + \sum_{n=1}^{3} nK_n/a_H^n]} \tag{11.34}$$

11.1.4.2 其他因素

影响海水中液-固界面交换-吸附作用的其他因素还有有机物络合效应和盐度(离子强度)效应。对阴离子交换-吸附,则因阴离子的物种化学存在形式随体系 pH 和其他配位体的共存而变化,情况更为复杂。结果它们的等温线和 $E(\%)$-pH 关系曲线呈现出多样性。例如海水中各种氨基酸-水合金属氧化物体系的 $E(\%)$-pH 曲线出现“双峰”现象等。

11.1.5 液-固界面化学交换-吸附理论——海水中液-固界面分级离子/配位子交换理论

目前国际上流行的液-固界面交换-吸附理论主要有三种:①化学吸附理论或双电层理论;②液-固界面络合理论;③液-固界面分级离子/配位子交换理论。其实这三种理论在描述化学吸附上是一致的,只是描述的角度有所不同。双电层理论和界面络合理论都基于 Stern 扩散双电层理论,不过前者强调静电作用,后者强调配位作用;分级离子/配位子交换理论则强调静电作用和配位作用同时共存。至于应强调哪种作用,则要按具体研究体系具体分析。又例如界面分级离子/配位子交换理论和界面络合理论在界面作用官能团、界面反应产物、界面反应表达(离子/配位子交换与配位作用),它们的热力学基础、统计力学基础等方面都是类同的。当然三者也各有所长,在分析某些具体体系时,三者各有自己的特有亮点,对实验现象的解释更易于理解。基于上述看法,本书主要介绍海水中液-固界面分级离子/配位子交换理论。讨论这个理论,首先从海水中常见的交换-吸附剂谈起。

11.1.5.1 水合氧化物和黏土矿物

天然水中的固体粒子主要由金属水合氧化物、黏土矿物、HA 和 FA 等有机物所组成,其中前两类物质一般称为“无机交换剂”。

1. 水合氧化物

(1)概况:水合氧化物是无机离子交换剂中最重要的一类物质,两价金属的水合氧化物主要包括 $BeO \cdot 17H_2O$,$Hg(OH)_2$,水合氧化锌及碱式碳酸锌。这些水合氧化物已用于水溶液中金属离子的富集和分离，碱式碳酸锌还可用于海水提铀。

三价金属的水合氧化物主要包括：水合氧化铁（赤铁矿、针铁矿、无定形水合氧化铁，以及 γ-FeOOH，γ-Fe_2O_3，$Fe_5HO_8\cdot 4H_2O$ 或 $Fe_5(O_4H_3)_3$ 等），水合氧化铝（α-AlOOH，γ-AlOOH，$Al(OH)_3$ 等），MnOOH，$La(OH)_3$，$Sb_2O_3\cdot 3H_2O$，$In_4O_3\cdot 3.5H_2O$，Ca_2O_3，Bi_2O_3，$Cr(OH)_3$ 等。其中铁、铝、锰的水合氧化物，既是海水中的主要胶体物质，也是河口海域中研究重金属元素转移规律的主要"载体"。在海水分析中它们又是用于富集分离的主要无机离子交换剂。在海水提铀研究中，它们则是提取剂的主要研究对象或可用作复合提取剂的主要成分。四价金属的水合氧化物主要包括：SiO_2，$TiO_2[TiO_{(2-x)}(OH)_{2x}\cdot yH_2O]$，δ-$MnO_2$，$ThO_2[ThO(OH)_n\cdot nH_2O]$，ZrO[$Zr(OH)_4$ 或 $ZrO(OH)_2$] 等。其中 SiO_2 和 MnO_2 是海水中主要胶态物质，TiO_2 是当前海水提铀研究中最主要的无机离子交换剂。

(2)结构：物质的结构与其界面性质密切相关。例如图 11.9 是针铁矿结构的示意图，a，b，c 为其三轴。图 11.10 是水合氧化物表面层的断面示意图。图 11.10(a)是表面离子配位未饱和的情况，有水时，表面金属离子就配位水分子，如图 11.10(b)所示。进而水分子解离而导致表面羟基化，如 10.11(c)所示。水合氧化物表面存在着羟基，这已由多种实验所证实，例如红外光谱、加热失重、水蒸气吸附的 BET 处理、D_2O 交换，以及与诸如 $HClO_4$，H_3PO_4，NaOH 和 CH_3MgI 等各试剂的反应，可估算出表面羟基的浓度。由表 11.8 可看出，典型的氧化物 $1nm^2$ 表面上有 4～10 个羟基。由图 11.10 可看出，表面可具有图图 11.10(a)，(b)，(c)所示的 3 种羟基，它们分别与 1，2 和 3 个金属离子键合，因此具有不同的特征，这已被红外光谱实验证明，表 11.9 的数据则可作为辅证。这也是"台阶型"等温线的"表面结构"的反映。

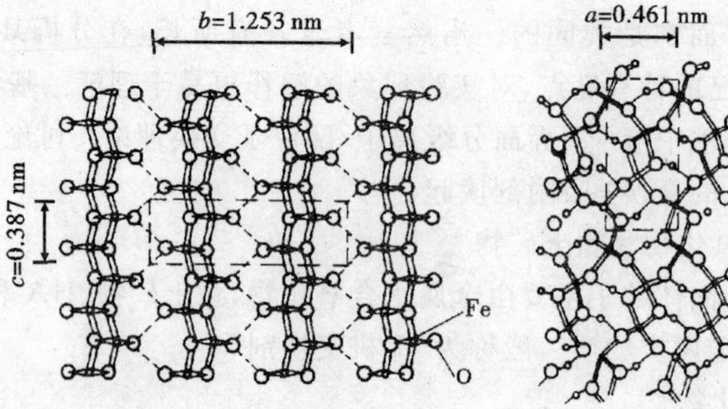

图 11.9 针铁矿的结构(沿 c 轴)

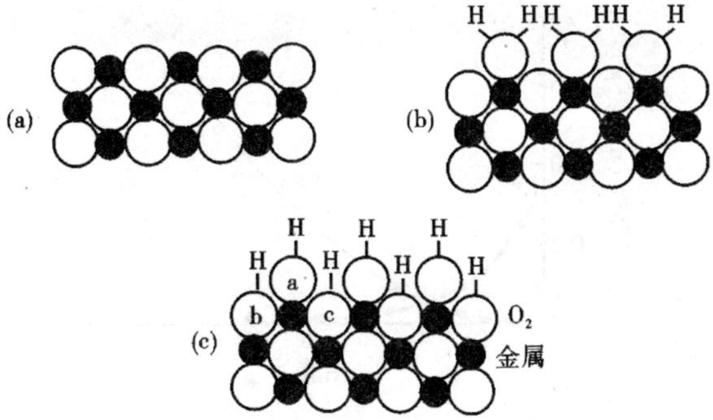

图 11.10　水合氧化物表面层的断面图

表 11.8　一些水合氧化物的表面羟基浓度

氧化物	1 nm^2 上 OH 的数目	方法	氧化物	1 nm^2 上 OH 的数目	方法
SiO_2，无定形	4.8	D_2O	η-Al_2O_3	4.8	CH_3MgI
	5.1	NaOH	γ-Al_2O_3	10	失重分析
TiO_2 锐铁矿	4.5	NaOH	α-Fe_2O_3	5.5	BET
	4.9	D_2O		9.1	CH_2N_2
	2.8	H_3PO_4			
CeO_2	4.3	CH_2N_2	ZnO	6.8～7.5	BET
SnO_2	2.0	CH_2N_2			

(3)表面羟基的“两性”离子交换特性：水合氧化物的一个显著特性是表面羟基的“两性”离子交换作用，即在不同 pH 值条件下，既可能是阳离子交换剂，又可能是阴离子交换剂：

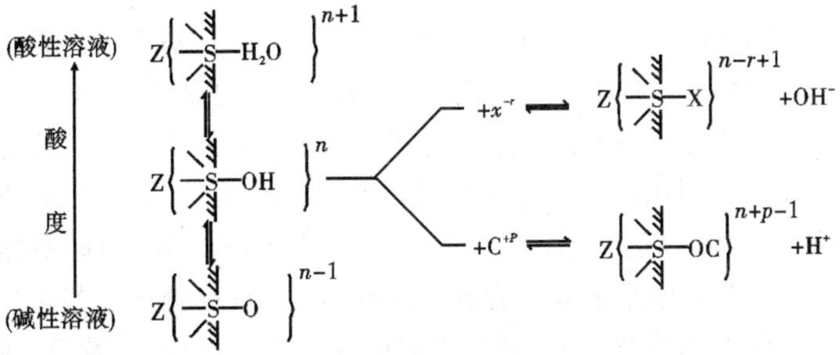

图 11.11 表示海水提铀剂水合氧化钛的低 pH 值下阴离子交换高 pH 值下阳离子交换的状况。

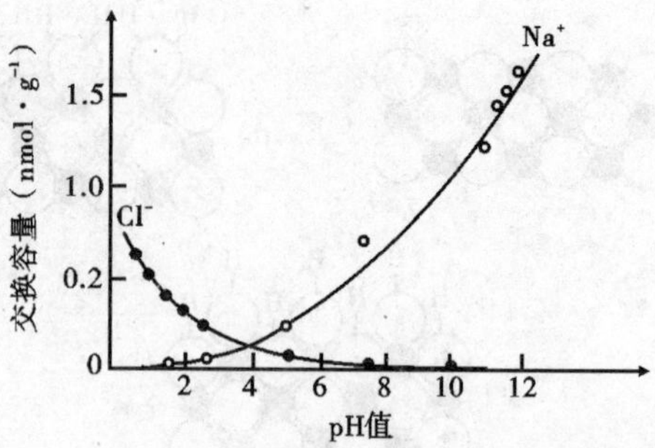

图 11.11 水合氧化钛的阴离子交换和阳离子交换图

2. 黏土矿物

(1)概况：黏土是一类具有复杂的铝硅酸盐结构的天然矿物，是一种重要的无机离子交换剂，也是海洋沉积物和海水悬浮物的主要组分。黏土矿物的主要成员有：伊利石、高岭石、蒙脱石、绿泥石(Chlorite)和蒙皂石(Smeetite)等。表11.9是我国某些海域和河口的状况。

表 11.9 东海(包括长江口)和黄河口及其邻近海域黏土矿物的分配

海 区	伊利石(%)		高岭石(%)		绿泥石(%)		蒙皂石(%)	
	1	2	1	2	1	2	1	2
东海(包括长江口)	49～74	62	0～15	7	14～49	28	0～9	3
东海邻近海域	7～71	53	2～18	7	10～48	25	0～62	15
黄河口	55～62		14.7～16.5		17.3～22.0		5.6～8.2	
黄河口邻近海域	61.8		14.0		17.7		6.5	

(2)结构：图 11.12 是蒙脱石的结构示意图。它的基本单位是硅氧四面体(T)和铝氧八面体(O)，如图中(b)和(d)所示。由它们组成了双层和三层硅酸盐薄层，如图中(c)和(a)所示。各层之间嵌入 1～4 层水分子。若低价离子置换了四面体或八面体中的高价离子，形成类质同晶结构(V)或(W)参阅图11.13。例如 Mg(Ⅱ)置换 Al(Ⅲ)，Al(Ⅲ)置换 Si(Ⅳ)等，则硅酸盐层就带负电，因此，水层中有一些金属离子存在与之中和，并具有静电交换的特性。由于水层中 M^{n+} 的种类和价数不同，薄层由双层还是三层组成，以及(V)和(W)置换情况的不同，就形成了各种各样的黏土。黏土矿物的鉴定一般用 X-射线衍射分析法。图 11.13 表示了高岭石、伊利石、蒙脱石三者结构的差异。

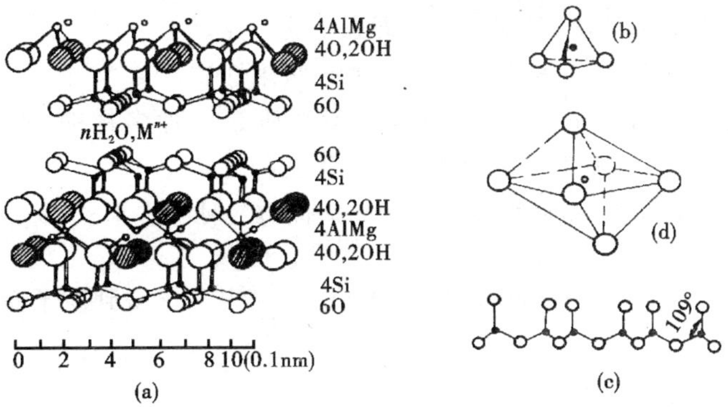

图 11.12　蒙脱石结构及其中的四面体、八面体

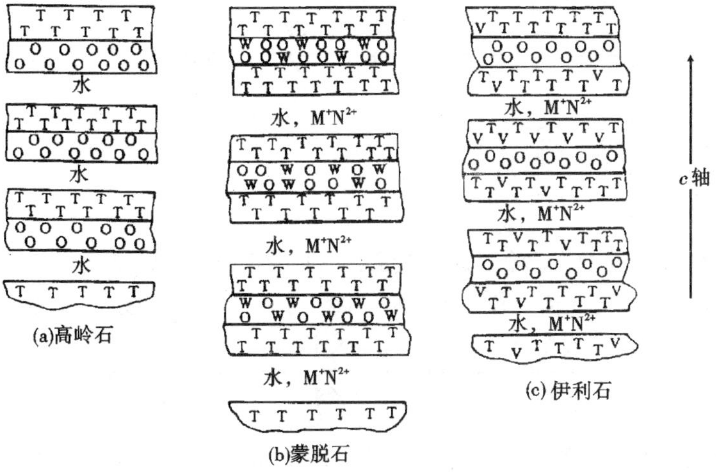

O 为八面体铅酸盐层；T 为四面体硅酸盐层；V 为在四面体位置上同晶取代；W 为在八面体位置上同晶取代

图 11.13　高岭石、伊利石、蒙脱石结构差异示意图

(3)界面官能团的特性：一般认为，黏土的主要特性是阳离子和阴离子的交换性质。由图 11.12 和图 11.13 可见，主要交换基团是羟基和夹层中的金属离子。对此，我们用同位置示踪实验作了验证。如上已再三强调的，黏土矿物除具有分级离子/配位子交换作用外，同时还可能具有因库仑作用而发生的静电交换。黏土的这一特性，是在“液－固界面”三元络合物研究，$E(\%)$－pH 关系

曲线的 Ñ – 型曲线,介质的离子强度效应等研究中之所以与水合氧化物有截然不同的实验现象和规律,其根本原因即在于这一点。

11.1.5.2 液–固界面的离子/配位子交换–吸附性质

液–固界面的离子/配位子交换吸附性质是多种多样的,具体反应如图 11.14 所示。由图可见主要表面作用有以下几种。

(1)表面羟基酸–碱两性反应。固体表面有三种存在形式:①中性存在形式 $\equiv S\!-\!OH$ 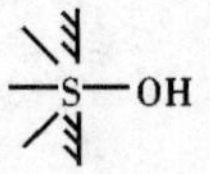;②失去质子带负电的存在形式 $\equiv S\!-\!O^-$ ;③得到质子而带正电的存在形式 $\equiv S\!-\!OH_2^+$。 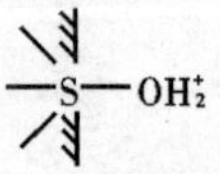

(2)阳离子交换(B)和(D)。(B)产物为单齿结合;(D)产物为双齿结合。

(3)阴离子(配位体)交换(E)。其实表面存在形式还不是单一的,例如单齿结合为 $\equiv S\!-\!O\!-\!PO_3H_2^0$,$\equiv S\!-\!O\!-\!PO_3H^-$,$\equiv S\!-\!O\!-\!PO_3H^{2-}$ 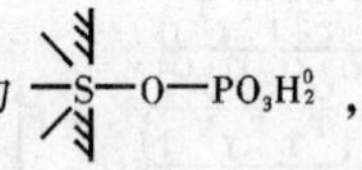 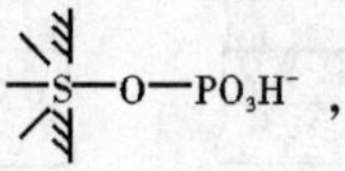 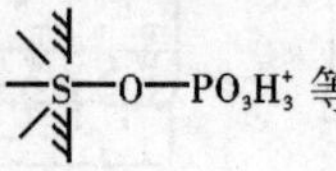 等,双齿结合为 $\left[\begin{array}{c}\equiv S\!-\!O\\\equiv S\!-\!O\end{array}P\begin{array}{c}OH\\O\end{array}\right]^0$,$\left[\begin{array}{c}\equiv S\!-\!O\\\equiv S\!-\!O\end{array}P\begin{array}{c}OH\\O\end{array}\right]^{-1}$ 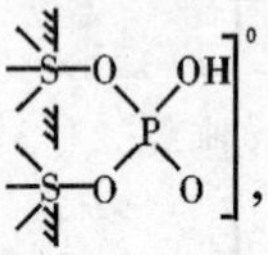 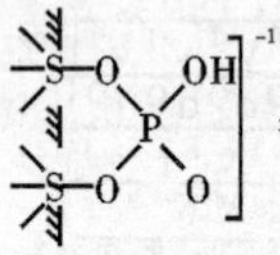 等。

(4)络离子交换(C)。它既包括正电荷络离子交换和负络离子交换(图 11.14),还包括各级络离子的逐级交换,例如 $\left[\equiv S\!-\!O\!-\!CuCl\right]^0$,$\left[\equiv S\!-\!O\!-\!CuCl_2\right]^{-1}$,$\left[\equiv S\!-\!O\!-\!CuCl_n\right]^{-(n-1)}$ 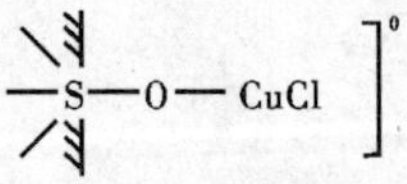 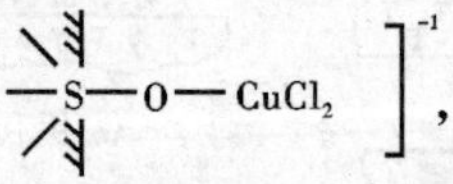 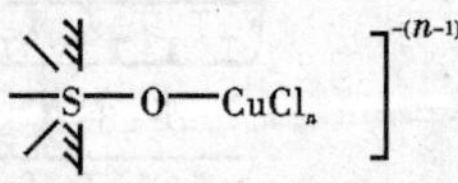 等。

(5)三元络合物的生成。对液–固界面的离子/配位子交换吸附性质进一步作如下说明:

1)目前文献上"离子交换"、"表面络合"和"化学吸附"三个概念常交叉使用,这是由于它们在意义或过程本质上有相同亦有相异之处。让我们从离子交换角度来考察界面反应。它可以分成:①简单的(静电的)离子交换过程。例如碱金属在磺酸型阳离子交换剂上与 H^+ 的交换或卤族离子在阴离子交换剂上交换。此种交换过程的特征是一种可逆的库仑作用的静电交换。②伴随(快速)化学反应的离子交换过程。例如:(ⅰ)羧酸离子交换剂(如 Amberlite IRC – 50)的钠–氢离子交换:

$$RCOONa + H^+ \rightleftharpoons RCOOH + Na^+$$

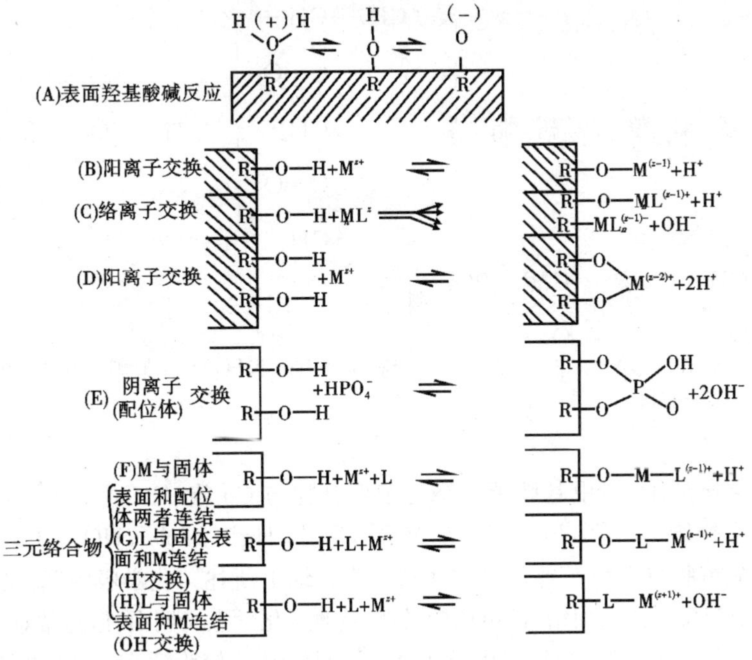

图 11.14　液-固界面的离子/配位子交换现象

(ⅱ) Amberlite IRA －401 强碱性阴离子交换剂上氯钯酸盐－氧化物交换：

$$2R-N^{+}(CH_3)_3Cl^{-}+(PdCl_4)^{2-} \rightleftharpoons [R-N^{+}(CH_3)_3]_2PdCl_4^{2-}+Cl^{-}$$

结果在带正电的胺和$(PdCl_2)^{2-}$之间形成强离子对。(ⅲ)图 11.14 中水合金属氧化物与金属离子作用，例如 U(Ⅵ)与水合氧化钛作用：

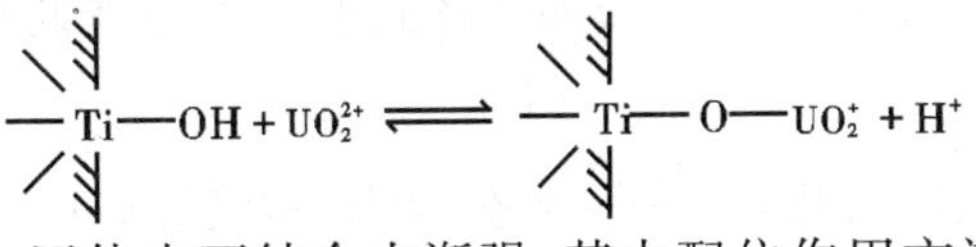

由(ⅰ)→(ⅲ)，固体表面结合力渐强，其中配位作用亦渐强。③伴随络合(或螯合)作用的离子交换过程。例如含有亚氨二醋酸配体的 Dowew A －1 树脂与 Cu 的交换反应

$$2R-CH_2N-(CH_2COONa)_2+Cu^{2+} \rightleftharpoons [R-CH_2N-(CH_2COO)_2Cu]+2Na^{+}$$

其他诸如螯合树脂 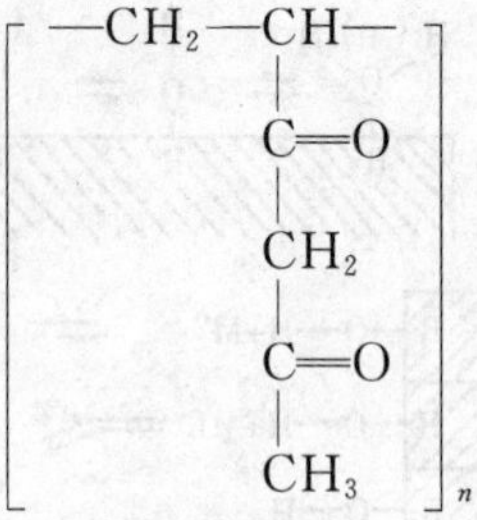 与 UO_2^+ 和 Cu^{2+}；

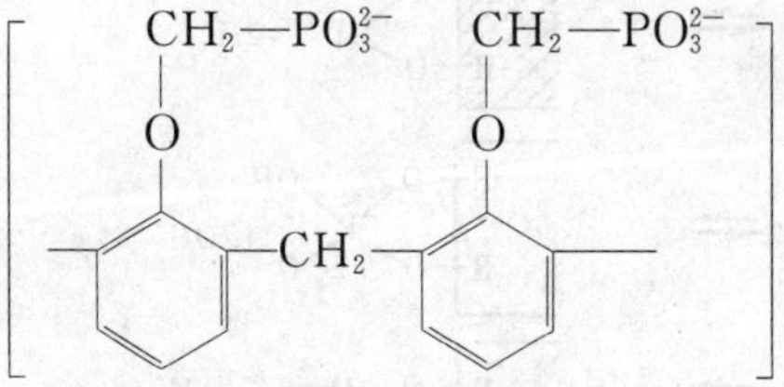 与 $Ba^{2+}Cu(NH_3)_4^{2+}$；苯酚-甲醛型共聚物与过渡金属离子；二甲基胺苄叉绕丹宁聚合物与 Cu 族，OsO_4^{2-}，Pt^{4+}，Pd^{2+}；氧肟酸螯合树脂与 V^{5+}，Fe^{2+}，Fe^{3+}，Mo^{6+}，Ti^{4+}，Hg^{2+}，Cu^{2+}，UO_2^{2+}，Ca^{2+}；间苯二酚胂酸树脂与 UO_2^{2+} 等反应都属这一类。综上所述，"化学吸附"意义比较笼统，"离子交换"与"表面络合"虽比较具体，物理-化学意义明白，但经常难以区分，互相交叉和渗透。故我们用"离子/配位子交换吸附"较为适宜。其中"配位子交换"包括中心(金属)离子、阴离子或配位体和络离子等的交换，以上三种统称为"配位子"。

2)从理论上分析，$\Delta G_{吸着}=\Delta G_{化学(配位)}+\Delta G_{静电}$。当 $\Delta G_{静电}$ 为主时，界面反应以离子交换为主；当 $\Delta G_{化学(配位)}$ 为主时，界面反应以配位键生成为特征的配位子交换为主。如上所述配位子包括金属离子、配位体、无机络离子和有机络离子等。配位子与固体表面以配位键结合为主。但是在通常情况下，$\Delta G_{化学(配位)}$ 和 $\Delta G_{静电}$ 都不为零或都不为 100%，而如下图式所示大小彼此可按具体体系而增长：

$$始态(固体+被吸着物)\xrightarrow{\Delta G_{吸着}}终态(固体\text{-}被吸着物)$$

$$模型\quad \xrightarrow{\Delta G_{静电}\quad \Delta G_{化学(配位)}}(离子(静电)交换为主)$$

$$模型\quad \xrightarrow{\Delta G_{静电}\qquad \Delta G_{化学(配位)(配位子交换为主)}}(配位子交换为主)$$

因此，本书中使用"离子/配位子交换"这一专用名词。海水中液-固界面离子/配位子交换性质是海水中固体最主要的界面特性。11.1.5.3 液-固界面化学交换-吸附理论——分级离子/配位子交换理论

前面已述的实验上发现的"台阶型等温线"、"台阶型 pH 曲线"和"台阶型化学动力学曲线"以及与它们相应的 FT 红外光谱验证等，也只有分级离子/配

位子交换理论可以解释和模拟。因此，本书在此只介绍海水中液－固界面分级离子/配位子交换理论。

1. 基本假设

(1)海水中固体粒子的液－固界面上可发生离子/配位子交换作用，具体形式如图 11.14 所示。其化学结合力的本质是“离子/配位子”交换或“静电/配位键”作用。

(2)海水中含有 H^+，OH^-，F^-，SO_4^{2-}，HCO_3^-，CO_3^{2-}，F^- 等无机配位体以及氨基酸，HA，FA，脂肪酸等有机配位体，故液－固界面作用的一般热力学描述为：①阳离子交换

$$a\mathrm{SOH(s)}+p\mathrm{M}^{m+}\mathrm{(aq)}+q\mathrm{L}^{l-}\mathrm{(aq)}+n\mathrm{H}^{+}\mathrm{(aq)}+r\mathrm{(OH)(aq)} \rightleftharpoons \mathrm{(SO)}_a\mathrm{M}_p\mathrm{(OH)}_r\mathrm{H}_n\mathrm{L}_q^{\delta}\mathrm{(s)}+a\mathrm{H}^{+}\mathrm{(aq)} \tag{11.34}$$

$$K_{\mathrm{ex}}=\frac{[\mathrm{(SO)}_a\mathrm{M}_p\mathrm{(OH)}_r\mathrm{H}_n\mathrm{L}_q^{\delta}\mathrm{(S)}][\mathrm{H}^+]^{a-n}}{[\mathrm{SOH(s)}]^a[\mathrm{M}^{m+}]^p[\mathrm{L}^{l-}]^q[\mathrm{OH}]^r} \tag{11.35}$$

式中 δ 为固体交换产物的价数，受电中性要求限制，$\delta+a=pm+n-ql-r$。②若界面发生阴离子交换，则有价数

$$a\mathrm{SOH(s)}+p\mathrm{M}^{m+}\mathrm{(aq)}+q\mathrm{L}^{l-}\mathrm{(aq)}+n\mathrm{H}^{+}\mathrm{(aq)}+r\mathrm{(OH)^{-}(aq)} \rightleftharpoons \mathrm{S}_a\mathrm{H}_n\mathrm{L}_q\mathrm{M}_p\mathrm{(OH)}_r^{\gamma}\mathrm{(s)}+a\mathrm{OH}^{-}\mathrm{(aq)} \tag{11.36}$$

$$K=\frac{[\mathrm{S}_a\mathrm{H}_n\mathrm{L}_q\mathrm{M}_p\mathrm{(OH)}_r^{\gamma}\mathrm{(s)}][\mathrm{OH}]^{a-r}}{[\mathrm{SOH(s)}]^a[\mathrm{M}^{m+}]^p[\mathrm{L}^{l-}]^q[\mathrm{H}^+]^n} \tag{11.37}$$

方程式(11.34)和式(11.36)的一些重要反应列于表 11.10。

表 11.10　方程式(11.34)和式(11.3)的若干重要反应

编号	a	p	M^{m+}	q	L^{l-}	n	r	反应
1	1	1	Na^+	0	—	0	0	$SOH(s)+Na^+(aq)=SONa(s)+H^+(aq)$
2	1	1	Pb^{2+}	0	—	0	0	$SOH(s)+Pb^{2+}(aq)=SOPb^+(s)+H^+(aq)$
3	1	0	—	1	Cl^-	2	0	$SOH(s)+Cl^-(aq)+H^+(aq)=SOH_2Cl(s)$
4	1	1	Cd^{2+}	0	—	0	1	$SOH(s)+Cd^{2+}(aq)+OH^-(aq)=SOCdOH(s)+H^+(aq)$
5	2	1	Cd^{2+}	0	—	0	0	$2SOH(s)+Cd^{2+}(aq)=(SO)_2Cd(s)+2H^+(aq)$
6	1	0	—	1	谷氨酸根	2	0	$SOH(s)+glut^-(aq)+H^+(aq)=SOH_2glut(s)$
7	2	0	—	1	$S_eO_4^{2-}$	4	0	$2SOH(s)+SeO_4^{2-}(aq)+2H^+(aq)=(SO)_2H_4SeO_4(s)$

(续表)

编号	a	p	M^{m+}	q	L^{l-}	n	r	反应
8	1	1	Ag^+	1	$S_2O_3^{2-}$	0	0	$SOH(s)+Ag^+(aq)+S_2O_3^{2-}(aq)=SOAgS_2O_3^{2-}(s)+H^+(aq)$
9	1	1	Cu^{2+}	1	en	0	0	$SOH(s)+Cu^{2+}(aq)+en(aq)=SOCuen^+(s)+H^+(aq)$
10	1	0	—	1	PO_4^{3-}	2	0	$SOH(s)+2H^+(aq)+PO_4^{3-}(aq)=SH_2PO_4(s)+OH^-(aq)$
11	1	0	—	1	Sal^{2-}	1	0	$SOH(s)+H^+(aq)+Sal^{2-}(aq)=SHSal(s)+OH^-(aq)$
12	1	0	—	1	Cl^-			$SOH(s)+Cl^-(aq)+H_2O=SOH_2Cl(s)+OH^-$
13	{1, 2	0	—	1	{$glut^-$, SeO_4^{2-}			{$SOH(s)+glut^-(aq)+H_2O=SOH_2glut(s)+OH^-$; $2SOH(s)+SeO_4^{2-}(aq)+2H_2O=(SO)_2H_4SeO_4(s)+2OH^-$

表中反应 1 和 3 是描述固体上羟基与背景电解质之间的作用；反应 2,4,5 是描述微量元素与羟基之间的作用；反应 8,9 是生成“微量元素－配位体－固体粒子”三元络合物。上述反应皆属于界面羟基 H 交换反应。反应 10～13 属于界面羟基 OH^- 交换反应，其中反应 3,6,7 与反应 12,13 相当，但有差异，即 $H_2O(l)$的电离反应在最后三个反应中出现，使原来的反应变成了交换反应。由上述一般热力学描述可见：从交换吸附产物看都生成离子/配位子交换产物。但从反应方程式看，又都是离子交换方程式。这也是我们把界面液－固作用称作“离子/配位子交换”的原因。

(3)我们进一步假定界面离子/配位子交换产物是分级形成的，即：$a=1,2,\cdots,A$；$p=1,2,\cdots,P$；$n=0,1,2,\cdots,N$；$r=1,2,\cdots,R$；$q=0,1,2,\cdots,Q$ 等。这一假设的实验基础是前述的“台阶型等温线”、“台阶型 $E(\%)$－pH 曲线”以及“台阶型化学动力学曲线”和相应红外光谱图（参阅张正斌等《海洋化学原理和应用》）。例如“台阶型等温线”即是按图 11.10 固体界面上有(a),(b),(c)等多种羟基，它们相邻的金属离子数不同因而具有的能量是不均等的，故分级交换。即使每种界面羟基都有 Langmuir 等温线或 S－型等温线，加合而成的总结果是“台阶型等温线”。所以“分级离子/配位子交换”理论可以解释台阶型等温线，见图 11.15。

(4)界面上除分级离子/配位子交换外，还应考虑：①静电交换（详见前述）；②活度系数效应；③界面 ROH 或 ROC 之间的横向相互作用。这是 ROH 与 ROH，ROC 与 ROC 和 ROH 与 ROC 之间，或通过分子间作用力，或通过化学键力，或是空间位阻作用等显现出来的一类作用。

2. 界面分级离子/配位子交换等温式：把分布在溶液中的固体粒子 R 作为子系，包括微量金属离子或络离子 ML_q（水化的 H_2O 略去）和其他盐类的海水

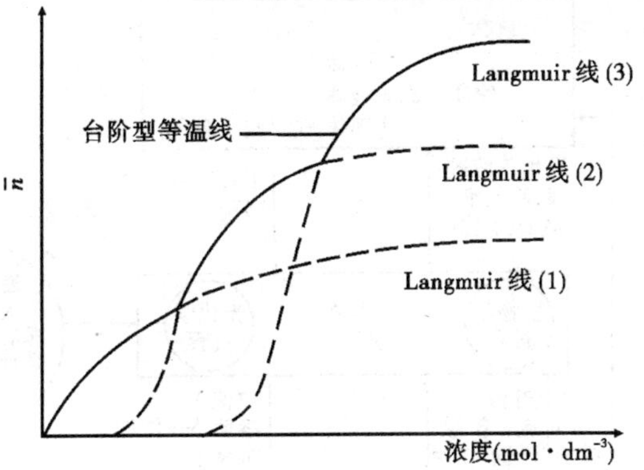

图 11.15　因三种羟基的 Langmuir 吸附而产生的台阶型等温线

介质。按上述基本假设，微量元素、络离子等可分配到这些子系中去，每个相格可容纳 i 个 M(i=1,2,…,N)，N 是最高配位数。按统计力学 Fermi－Dirac 统计分布，在《海洋物理化学》一书中最后也可推导出前面分级离子/配位子交换等温式(11.9)。

关于海水中液－固界面作用中的阴离子交换－吸附理论、液－固界面"金属－有机配位体－固体粒子"三元络合物的形成等描述，也可参阅《海洋物理化学》一书。

11.2 海洋中海－气界面和海水微表层

关于海洋中海－气界面作用，已在本书第 2 章海洋的起源和海水化学组成中从大气对海水组成的影响，自"源"和"汇"的角度作过一些叙述，也在第 4 章海水中气体和中国近海碳化学中，重点对海水中氧、CO_2、其他非活性气体和温室气体等的海－气界面作用作了简单介绍。限于篇幅，本书主要介绍海水微表层化学。

11.2.1 海水微表层在大陆－大气－海洋相互作用中的关键作用

海洋约占地球表面的 71%，在全球物质循环中起着关键的作用；而这种关键作用是通过海洋微表层体现的，如图 11.16 所示。

11.2.2 海水微表层 Gibbs 吸附定理

物理化学、表面化学的经典著作上，关于海－气界面吸附都一致公认用 Gibbs 吸附定理来表达。

11.2.2.1 海洋微表层 Gibbs 吸附研究的正常现象

张正斌等在《南沙群岛海区化学过程研究》专著中首先明确指出：海洋微表

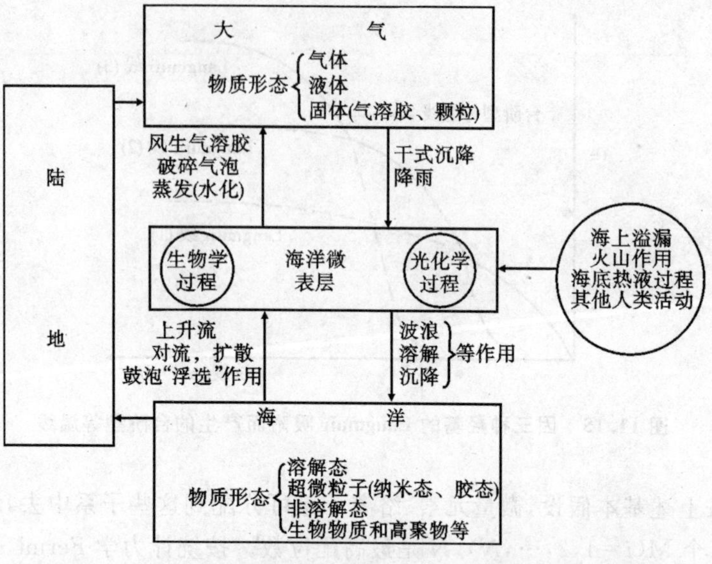

图 11.16　海洋微表层在大陆－大气－海洋互相作用中之关键作用

层中 DOC,POC,类脂,糖类,蛋白质,氨基酸,HA 和 FA 等有机物,以及叶绿素-a 等,其富集因数大于 1,与 Gibbs 吸附定律一致。

(1)有机物质:由于目前只有 10%～20%的海洋有机物能确定其组分。因此,一般笼统地用有机碳(分成 DOC 和 POC)和有机氮、磷(DON,PON 和 DOP 等)来表达。由表 11.11 可见:①微表层中 DOC,DON,DOP 的浓度都高于次表层,平均富集 1.1～2.9 倍。这是一种普遍现象,甚至在不存在可见膜层和膜压力可能低于 $1\times10^{-3}\ N\cdot m^{-2}$时,也能使有机物在海水微表层中富集。②颗粒有机物(POC)在海水微表层中比相应的溶解有机物(DOC)的富集因数更大。可见固体微粒在有机物富集中起了重要作用。③转鼓法取样和平板玻璃取样的富集因数比筛网法高。这可能是取得的海水微表层的厚度不同之故。④对类脂、氨基酸、蛋白质、烃类、糖类等有机物在海水微表层中的富集因数测定的结果都与 DOC 的结果一致。

(2)叶绿素-a,在海水微表层中富集。但富集机制比较复杂,尚待进一步研究。

(3)结论:有机物和叶绿素等在海洋微表层中的分布规律正常地遵循 Gibbs 吸附定律,即:①有机物和叶绿素等在海洋微表层中富集,发生在溶液表面是正吸附;②海洋微表层中有机物的$\left(\frac{\partial\gamma}{\partial c_i}\right)_T$是负值,与 Gibbs 溶液吸附定律一致。

表 11.11 微表层中有机物的平均富集因数

研究者	位 置	取样器 *	DOC	DON	DOP	POC	PON	叶绿素-a
Williams(1967)	秘鲁近海和南加利福尼亚	筛网(15～20)	2.9	2.4	1.9	7.0	9.3	—
			2.0	1.5	1.4	—	—	—
Sieburth 等(1967)	北大西洋	筛网	1.6	—	—	—	—	
Nishizawa(1971)	太平洋赤道附近	筛网(10)	1.5	—	—	8.4	5.6	—
Taguchi 和 Nakajima(1971)	日本海沿岸港	筛网(10,50)	—	—	—	4.6	—	1.3
Dietz 等(1976)	北地中海的布鲁斯克	筛网	—	—	—	1.6	1.3	
		转鼓	—	—	—	2.7	2.3	
	马赛、贝勒湖	筛网	—	—	—	5.4	3.0	
	严重污染区	转鼓	—	—	—	280.4	15.0	
Williams 等(1986)	加利福尼亚海湾	筛网(10)	1.5	1.6	—	5.3	3.0	1.2
	加利福尼亚、贝加西	筛网(10)	1.3	1.5	—	2.2	2.2	1.3
	海岸	筛网(10)	1.5	1.6	—	2.6	2.6	1.4
De Souza − Lima 和 Romano(1983)	马赛海湾	转鼓(50)		8.0				2.2
洪华生和林杰(1988)	厦门港(九龙江口)	筛网(15)	1.3	—	—	1.2	1.4	1.2
张正斌等(1996)	南沙群岛海域(1993.12)和(1994.9 和 10 月)两个航次取样近 200 个	平板,筛网(玻璃)	1.14～1.83			10.8～21.9	5.0～7.7	1.6～4.09(平均 2.10)

* 括号内数值代表以 cm 为深度单位的次表深水

11.2.2.2 海洋微表层中无机物 Gibbs 吸附的反常现象

1876 年 Gibbs 用热力学导出界面化学基本公式,即表面张力 γ、溶液主体活度 a_i 和表面吸附量 $\Gamma_i^{(1)}$ 三者关系为

$$d\gamma = -\sum_i \Gamma_i^{(1)} RT \, d\ln a_i; \qquad (11.38)$$

对溶质 i,在低浓度下则简化成

$$\Gamma_i^{(1)} = -\frac{c_i}{2.303RT}\left(\frac{\partial \gamma}{\partial c_i}\right)_T \qquad (11.39)$$

溶液表面浓度(c_{microl})与溶液本体浓度(c_b 或次表层浓度 c_{sub})不同的现象叫做溶液表面吸附。溶液中物质 i 的表面吸附量 $\Gamma_i^{(1)}$ 通常由表面张力 γ 的测定来推算。公式(11.39)表明$\left(\frac{\partial \gamma}{\partial c_i}\right)_T$ 为负值,吸附量 $\Gamma_i^{(1)}$ 为正值是正吸附,表面活性物质具有此特点;$(\frac{\partial \gamma}{\partial c_i})_T$ 为正值,为负吸附,无机盐等非表面活性物质则属于此类。对溶液表面吸附,Gibbs 公式一直沿用至今,上节有机物和叶绿素是正吸附,结果正常。

但是,我们在研究南沙海区海洋微表层时,首次测定其表面张力(γ)、Γ_i 和 C_i,在测得几十个站位数据后发现:①海水微表层中无机物与有机物一样发生正吸附,即它们在海洋微表层中都富集,即($c_{microl}-c_{sub}$)都是正值,这是与 Gibbs 吸附定律表观上"反常"的现象之一;②海洋中无机物和有机物$(\frac{\partial \gamma}{\partial c_i})_T$ 都是负值,不是 Gibbs 吸附定律预示的出现正和负两种符号的数值,这是表观上"反常"现象之二。故称海洋微表层中无机物 Gibbs 吸附的"反常",具体实例见表 11.12。以上结果,目前已为胶州湾、大亚湾、台湾高雄近海等处越来越多的实测数据所证实。

表 11.12 南沙群岛海区海水微表层的表面张力($mN \cdot m^{-1}$)、磷酸盐、硅酸盐、硝酸盐、亚硝酸盐、铜、铅、锌

28 个站位的数据	表面张力	磷酸盐	硅酸盐	硝酸盐
表面张力 dγ(平均值) (dγ=次层-表层)	0.25～1.18 平均:0.51			
EF(富集因数) (平均值)		2.9(筛网) 7.26(平板)	2.48(筛网) 3.71(平板)	1.5～100

28 个站位的数据	亚硝酸盐	铜	铅	锌	悬浮物
表面张力 dγ 平均值 (dγ=次层-表层)					
EF(富集因数) (平均值)	1.1～5.0	1.54(筛网) 7.17(平板)	2.25(筛网) 11.42(平板)	3.04(筛网) 74.7(平板)	7.03～8.34

引起海洋微表层无机物 Gibbs 反常的原因是复杂的,一般认为是:①海洋中化学过程的有机物的络合作用;②固体粒子(例如超微"纳米"胶粒)的界面分级离子/配位子交换吸附作用;③由上述①和②进而形成液-固界面三元络合物;④鼓泡作用;⑤由以上 4 种作用可能引起的"浮选作用";⑥大气作用(例如

工业烟尘、沙土和其他金属或非金属污染物的降落)等。其中,①～⑤种作用互相影响,可能是富集机制研究中的关键。

11.2.3 *海洋微表层的多层模型*

按 Gibbs 溶液吸附定理,溶液微表层是图 11.17 所示的三层模型。但是大量的实验证明海洋微表层是多层模型(图 11.18),即:①在海洋微表层 σ 与液相本体之间,还有海洋次表层存在;②在海洋微表层 δ 与海洋次表层之间($b_1b'_1$ 与 $b_2b'_2$ 之间)发现有一“物理化学性质突变层”,物理化学性质例如金属离子浓度、磷酸盐(等营养盐)浓度、表面张力 γ、pH 值等近 20 种。这为我们实验上划分海洋微表层的表观实测厚度提供科学依据。据此,实验测定的海水微表层的表观厚度即 δ 值为(50±10)μm。此值与同位素测定的厚度恰巧都是 50 μm(Peng ,*et al*,1979),两者完全相同。

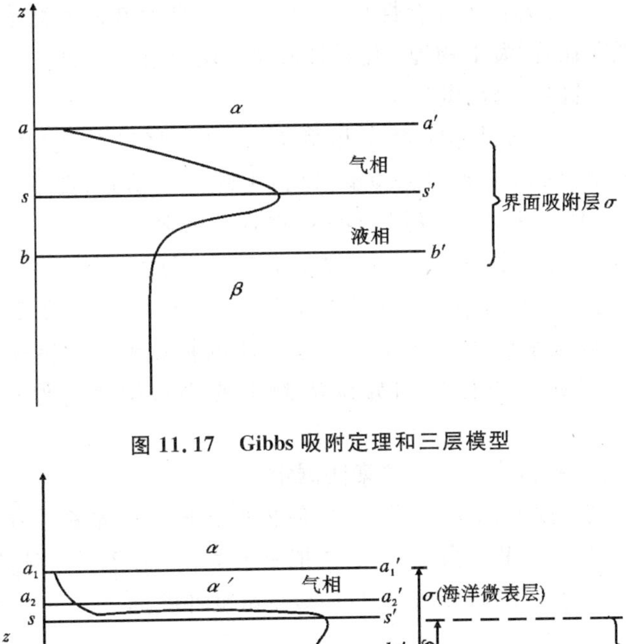

图 11.17　Gibbs 吸附定理和三层模型

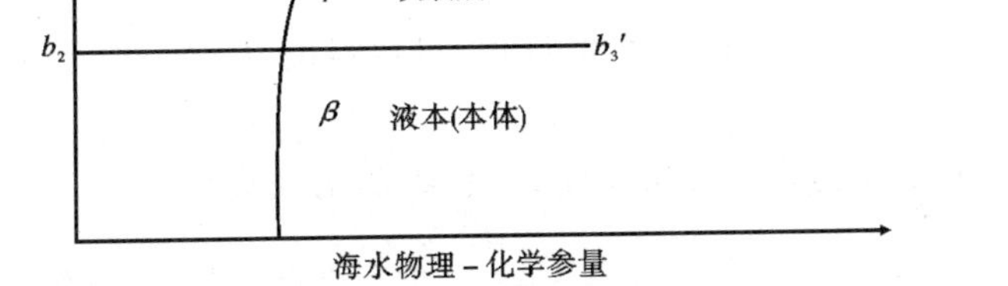

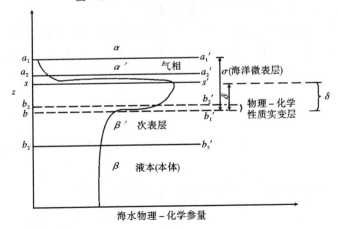

图 11.18　Gibbs 吸附定理和多层模型

11.2.4 海水微表层的厚度 Z

海水微表层厚度 Z 或图 11.18 中的 δ 的主要测定方法如下。

1. δ 的实验测定

基于“海水物理-化学性质突变层”的测定，即是图 11.18 中的实验测定。Δ 值可以用异位法和原位法来测定。

(1)异位法是用玻璃板、玻璃转筒、筛网和其他方法把海水微表层水样采集后，异位放置到另一玻璃瓶中，立即测定其“物理化学性质”。以采样厚度为纵坐标，海水物理-化学性质为横坐标，绘出两者的关系曲线。可以看到在图 11.18的水深 $Z(b_1, b_2)$处，曲线出现“物理-化学性质突变层”。海水物理-化学性质包括海水营养盐(NO_3-N，NO_2-N，NH_4-N，PO_4-P，硅酸盐等)、痕量金属(Cu，Pb，Zn，Cd 等)等无机物；DOC，POC，DON 等有机物；表面张力，黏度，BOD，COD，络合容量等综合性质共约 20 种。证明在海水微表层与海水次表层之间客观存在着“海水物理-化学性质突变层”，它在水面下为(50±10)μm处，厚度为 δ 水层称为海水微表层。

(2)原位法。它借助 pH 微电极和超微游标移动装置(游标滑尺长 6 cm，用一组齿轮控制，共走24 000步，每格走距 2.5 μm)，把 pH 微电极由下而上，由海水本体→海水次表层→海水物理-化学突变层→海水微表层→海水-大气界面，定量测定水体 pH 值。作海水深度-pH 关系图，应用直线相交法，可得在(50±10)μm 处存在“海水物理-化学性质突变层”，并由此直线相交点求得海水微表层的厚度。原位法的特点没有把欲测水样移出海水体系而原位测定。原位法和异位法测定的海水微表层厚度相同，都是(50±10)μm。

2. 应用 Fick 扩散定律和同位素法测定

(1)基本原理：按 Fick 扩散定律，任何扩散物质的通量都正比于浓度梯度(比例常数称为分子扩散系数 D)。如果把海水微表层顶部的气体浓度[气体]$_{顶}$减去底部气体浓度，并除以界面层厚度 Z，得浓度梯度，即

$$F = D\frac{[\text{气体}]_{\text{顶}} - [\text{气体}]_{\text{底}}}{Z} \tag{11.40}$$

表 11.13 列出水中各种气体的 D 值，可以得出：D 值随分子量的增大而减小。

(2)^{14}C 方法：求海水微表层厚度 Z 膜(或 δ)的公式是

$$Z_{膜} = \frac{D[CO_2]_{表面}}{\lambda h[\sum CO_2]_{海水本体}} \frac{1 - \frac{(c^*/c)_{表面}\alpha_{^{14}CO_2}}{(c^*/c)_{大气}\alpha_{CO_2}}}{\frac{(c^*/c)_{海水本体}\alpha_{^{14}CO_2}}{(c^*/c)_{大气}\alpha_{CO_2}}} \quad (11.41)$$

式中 D 平均值为 $5\times10^{-2}\ m^2\cdot a^{-1}$，海水本体平均深度 h=3 800 m，^{14}C 蜕变常数倒数 $1/\lambda$ 为8 200a，海水表面水中 CO_2 气体的平均浓度为 0.012 $mol\cdot m^{-3}$，海洋中 $\sum CO_2$ 的平均含量为 2.2 $mol\cdot m^{-3}$，$\alpha_{^{14}CO_2}/\alpha_{CO_2}$ 比值为 0.83。平均说来表层海水中 $^{14}C/C$ 比大气中 $^{14}C/C$ 低 4.0%。利用上述数据计算的 $Z_{膜}$=40 μm，估计误差可达 15%。

表 11.13　水中各种气体的分子扩散系数

气体	分子量($g\cdot mol^{-1}$)	扩散系数($\times10^{-3}\ cm^2\cdot s^{-1}$)	
		0℃	24℃
H_2	2	2.0	4.9
He	4	3.0	5.8
Ne	20	1.4	2.8
N_2	28	1.1	2.1
O_2	32	1.2	2.3
Ar	40	0.8	1.5
CO_2	44	1.0	1.9
Rn	222	0.7	1.4
N_2O	44	1.0	2.0

(3)Rn 法：著名海洋化学家 Broecker 和 Peng(彭)提出用 Rn 法求 Z，公式是

$$Z = \frac{D_{^{222}Rn}}{\lambda_{^{222}Rn} h}\left[\frac{1}{\alpha_{^{226}Ra}/\alpha_{^{222}Rn} - 1}\right] \quad (11.42)$$

注意式中 Rn(氡)和 Ra(镭)之不同，其他符号及其具体数值参阅他们的原著 *Tracers in the sea*(Broecker，Peng，1982)。对世界各大洋测得的 Z 值，大西洋的南北温带 Z=20～60 μm，赤道带 Z=20～80 μm，南极 Z=10～40 μm。结果与太平洋的值类似，具体结果参阅图 11.19。

综上所述，3 种方法测得的海水微表层的厚度都是一致的，Z(或 δ)值为(50±10)μm。

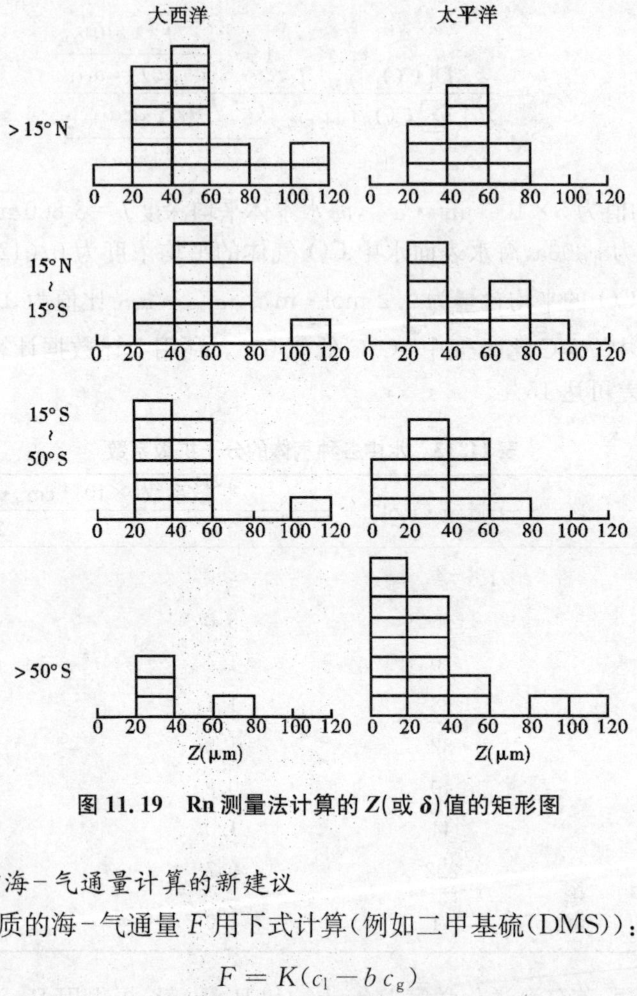

图 11.19 Rn 测量法计算的 Z(或 δ)值的矩形图

11.2.5 物质海-气通量计算的新建议

一般物质的海-气通量 F 用下式计算(例如二甲基硫(DMS)):

$$F = K(c_1 - b\,c_g) \tag{11.43}$$

式中,K 为 DMS 透过海-气界面的交换系数或"质量迁移系数";b 为 Bunsen 系数;c_g 和 c_1 分别是气体 DMS 在大气中和海水中的浓度。

由于 $c_1 \gg c_g$ 总是成立,因此上式简化为

$$F = Kc_1 \tag{11.44}$$

式中,K 一般通过风速 v 和 Schmidt 数 $S_c = \mu/D$(μ 为海水动力黏度,D 为 DMS 的分子扩散系数)来计算。K 值的计算方法很多,在此介绍下述关系式进行计算:

$$K \propto S_c^{-1/2} = \sqrt{\frac{D}{\mu}} \tag{11.45}$$

对 DMS 和氡(Rn)，则

$$K_{DMS}=K_{Rn}\frac{\sqrt{D_{DMS}}}{\sqrt{D_{Rn}}} \tag{11.46}$$

已知：①K_{Rn}与风速关系的经验式为

$$K_{Rn}=0.66(v-3) \tag{11.47}$$

②D_{Rn}与 T 的关系式为

$$\lg D_{Rn}=-1\,010/T-1.475 \tag{11.48}$$

③通过 Stock－Einsterin 方程式求 D_{DMS}

$$\mu D_{DMS}/T=\text{常数} \tag{11.49}$$

公式(11.43)和(11.44)的理论模型是“双膜模型”，即假设液－气界面由气膜和液膜组成。每一种流体的主体部分都是充分混合的，气体(DMS)交换的吸力主要来自气－液界面。气体按分子扩散通过界面双膜进行交换迁移，是稳态过程，气体交换遵循 Henry 定律。因此，按双膜模型，公式(11.43)和(11.44)中“气体在液相中浓度”，不是本体水中的(平均)浓度 c_l，而应是“液膜”——即海水微表层中的平均浓度 c_l (Microl)。结果公式变成

$$F=Kc_{l(Microl)} \tag{11.50}$$

这就是物质海－气通量计算新建议的公式。用公式(11.44)计算的结果偏低，计算 DMS 的结果见表 11.14。

表 11.14　计算 DMS 通量的数据资料和计算结果

时间	地点	微表层海水温度(℃)	海面平均风速($m \cdot s^{-1}$)	K_{DMS}($m \cdot d^{-1}$)
1993 年冬	南沙海域	28.50	7.6	2.71
1994 年秋	南沙海域	28.62	6.8	2.24

时间	地点	微表层中 DMS 平均浓度 $c_{l(microl)}$($n\,mol \cdot dm^{-3}$)	F_{DMS}($\mu mol \cdot m^{-2} \cdot d^{-1}$)
1993 年冬	南沙海域	4.20	11.38
1994 年秋	南沙海域	3.63	8.13

本文 F_{DMS}(平均值)＝9.76 $\mu mol \cdot m^{-2} \cdot d^{-1}$，高于全球平均值 F_{DMS}(全球)＝8.6 $\mu mol \cdot m^{-2} \cdot d^{-1}$

11.3 海洋中液-液界面

在第2章图2.7中表明,海中两个最重要的液-液界面过程是海水-河口界面和海水-海底热泉界面。本书选择这两种液-液界面中的某些问题作简短介绍,以见海洋中液-液界面作用之一斑。

11.3.1 河口化学物质的通量和质量平衡

1. 通量

在物质全球循环(IGBP)和全球海洋通量联合研究(JGOFS)中,河口物质通量研究是关键环节之一。对一给定元素 x 来说,每年排入海洋的通量,可通过现场观测和理论计算两种方法求出。

(1)理论通量 Φ_{theory},计算公式为

$$\Phi_{\text{theory}(x)} = [x]_{\text{fr}} M_{\text{pm}} [\text{Al}]_{\text{pm}} / [\text{Al}]_{\text{fr}} \tag{11.51}$$

式中,$[x]_{\text{fr}}$ 为表层初生岩中元素 x 的平均含量;M_{pm} 为每年排入海洋的河川颗粒物量;$[\text{Al}]_{\text{pm}}$ 为河川颗粒物中平均铝含量;$[\text{Al}]_{\text{fr}}$ 为表层初生岩中平均铝含量。如表11.3所示,M_{pm} 约为15 500×10^6 t·a^{-1};如表11.1所示,$[\text{Al}]_{\text{pm}}/[\text{Al}]_{\text{fr}} \approx 9.40/6.93 \approx 1.36$。$\Phi_{\text{theory}}$ 计算建立在元素 x 在悬浮物和地表岩中含量之比上,因此液-固界面吸着作用起着重要作用。式(11.51)中为何以铝作为比较标准?这是因铝的溶解性差,未受污染影响,可认为是保守元素,即假设铝在大陆表面达到稳定状态之故。

(2)实测通量 $\Phi_{\text{obs(x)}}$。计算公式为

$$\Phi_{\text{obs(X)}} = [\text{x}]_{\text{sol}} Q + [\text{x}]_{\text{pm}} M_{\text{pm}} \tag{11.52}$$

式中,$[x]_{\text{sol}}$ 为河川中元素 x 的平均溶解含量;Q 为每年排入海洋的河水量,如表11.3所示约为37 400 $\text{km}^3 \cdot \text{a}^{-1}$。因此,上述两种通量比 FR 为

$$FR = \frac{\Phi_{\text{obs}(X)}}{\Phi_{\text{theory}(X)}} = \frac{\{[x]_{\text{sol}} Q + [x]_{\text{pm}} M_{\text{pm}}\}}{\{[x]_{\text{fr}} M_{\text{pm}} [\text{Al}]_{\text{pm}} / [\text{Al}]_{\text{fr}}\}} \tag{11.53}$$

如化学元素按它们的 FR 值高低排列起来,则如图11.20所示。可见对大多数元素 FR 是 $0.7 < FR < 1.5$,即观测通量与理论通量大体相当。对Br,Pb,Sb,Cu,Mo,Zn等,则 $FR > 1.5$。如假设处于稳态,就要有一附加通量。这些元素一般也富集在大气和海洋悬浮物中,其高 FR 值是与全球污染、在海洋和大气悬浮物或火山尘埃中富集以及大气海洋再循环等天然过程有关,所以有一附加通量是可以理解的。

2. 河口质量平衡

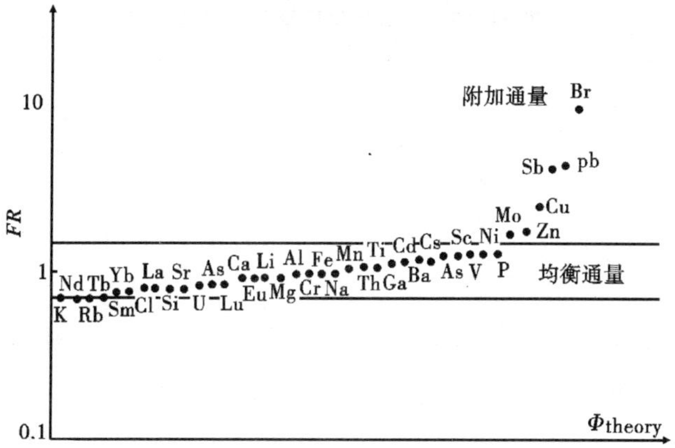

$$FR=\frac{\text{世界河川中测量的实际元素通量(溶解的和颗粒的)}}{\text{由平均母岩和风化物总量中元素含量计算得的理论元素通量}}$$

图 11.20　化学元素按其通量比 *FR* 的排列

所谓河口质量平衡主要是研究河口化学物质(例如 Si,N,P,Mg,Ca,Fe,Mn,F 和若干重金属)是否有转移的问题。若有转移,是以生物吸收转移为主或以无机的化学转移为主。表 11.15 总结了 1953～1984 年间的河口化学物质的质量平衡研究的概况,可见十分复杂,至今尚无一致结论。

对河口物质的质量平衡问题作如下注释和讨论:

(1)对表 11.15 中各例之讨论,可参阅《海洋物理化学》。

(2)河口"活性硅含量(或铁含量等)与盐度的关系曲线"若为直线是属"保守的",如为曲线是有转移。在《海洋物理化学》已应用本书中的移流-扩散方程作了理论讨论,可以定量地模拟各种各样的实验曲线。

(3)河口元素转移的机理十分复杂。长江口重金属的转移机理可能是江水中重金属大部分吸着在悬浮粒子上,其中水合金属氧化物、黏土矿物和有机物都各自起着吸着作用、络合作用等。当江水和海水在河口混合时,由于盐度和其他物理-化学性质发生大的变化,使悬浮粒子聚沉,重金属也随之转移到沉积物中去。

(4)由上述机理,河川悬浮物与深海黏土中化学元素浓度之间应当存在一定的关系。图 11.21 即说明了这一点,可见有很好的线性关系。

近年来"纳米"(胶体)粒子研究的再兴,素有"胶体王国"之称的河口海域必将迎来新的研究高潮。

表 11.15 河口化学质量平衡研究概况

作者	河口	研究的化学元素	主要结果
Maeda(1952,1953)	日本几个河口(规定盐度范围)	Si	保守
Makimoto 等(1955)			
Maeda 等(1959)			
Maeda 等(1961)			
Bien,Contois,Thomas(1958)	密西西比河(美)	Si	无机转移
Stefansson 和 Richards	哥伦比亚河(美)	Si,N,P	冬季保守
Park 等(1970)			夏季少量生物转移
李法西、吴瑜瑞、王隆发、陈泽夏、庄栋法、许木析(1964,1974)	九龙江(中国)	Si	无机转移
Kobayashi(1967)	木曾川,长良川(日本)	Si,N	保守
Burton 等(1970)	南阿波通河(英)	Si	保守
	汉伯河(英)	Si	10%转移
Burton(1970)	韦拉尔河(印度)	Si	10%活性硅转移
Liss 和 Spencer(1970)	康威河(英)	Si	10%～20%无机转移
Hosokawa 等(1970)	筑后川(日本)	S,B,Mg,Ca,F	保守
		Si,Al	化学过程重要
Coonley,Beker,Holland(1971)	穆利卡河	Fe	大批转移
Wollast 和 DeBroeu(1971)	斯凯尔特(比利时)	Si	硅藻转移
Windom,Beck,Smith(1971)	美国流入大西洋的三个东南部河口	Zn,Cu,Ni	保守或未解决
		Mn	可能不保守
		Fe	大批转移
Stephens 和 Oppenheimer(1972)	圣·马卡河(美)	Si	20%～30%转移
Liss 和 Pointon(1973)	阿德河(英)	Si	25%～30%转移
Dengler(1973)	新英格兰几个河口(美)	Si	保守
Fanning 和 Pilson(1973)	奥里诺科河(委)	Si	少量无机转移,但数据不足,难以下结论
	萨凡纳河(美)	Si	保守或无大的转移
	密西西比河(美)	Si	7%转移,基本上保守
Boyle 等(1974)	梅里麦克河(美)	Si	保守 } 提出数学模式
		Fe	不保守 } 提出数学模式
Sholkovitz(1976)	苏格兰几条河(英)	Si	保守

（续表）

作 者	河 口	研究的化学元素	主要结果
		Fe, Al, Mn, P	非保守
Smith 和 Bulter(1979)	亚拉河(南维多利亚)	I^-, IO_3^-	
Brewer 等(1975)			提出数学模式
Peterson 等(1978)			提出数学模式
李法西(1980)	九龙江		提出数学模式
孙秉一、于圣睿			提出数学模式
张正斌(1981～1984)	长江 黄河	Si 等(Fe，重金属) Cu, Pb, Zn, Cd, Si, P, N(夏季)	保守(不保守) 有转移 保守 同时提出数学模式

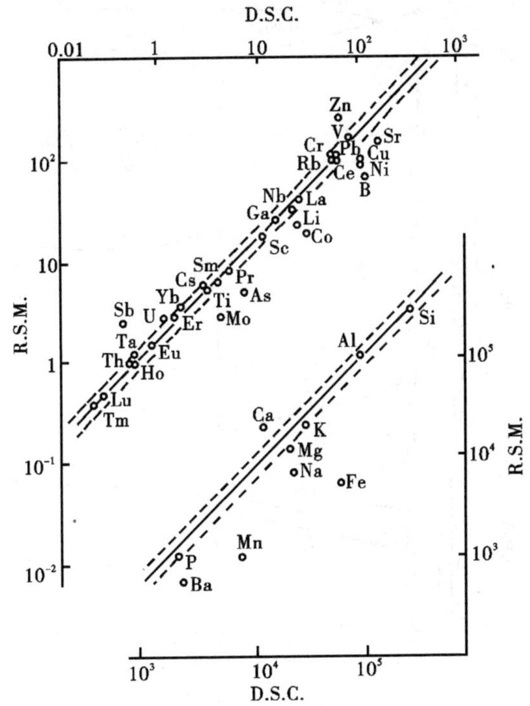

图 11.21 深海黏土(D.S.C.)和河川悬浮物(R.S.M.)中化学元素浓度($\times 10^{-6}$)的比较

11.3.2 洋中脊水热流与海水的界面混合

在表 2.16 中已列出洋中脊水热流与海水的组成有很大不同。因此，洋中脊水热流与海水的界面混合过程就显示出海水组成的逐渐变化；特别是在洋底水热流喷出后，在与海水界面接触和混合过程中，氧化－还原性质（例如 pe）和 pH 值的变化，已引起广大海洋化学家的兴趣。

为使水热流与海水的液－液界面过程问题易于处理，假设界面混合过程在 25 ℃下进行，离子强度 $I=0.5\ mol \cdot kg^{-1}$，不考虑 Na^+，Mg^{2+}，Ca^{2+}，K^+，Cl^- 和 H_2SiO_3 的化学变化。定义 h 为混合水中水热流性质，并将体系的组成考虑为 h 值由 1（水热流）到 0（海水）。本书中下述研究的目标是：①找出 pH－h 和 pe－h 关系；②计算出水热流与海水界面混合过程中有特色 S，Fe，Mn 的平衡化学性质与 h 的关系，结果见图 11.22。由图可见，因水热流的负碱度和高硫化物含量，在 h 值较大时，体系的 pe 和 pH 值很低，此时 H^+，$H_2CO_3{}^*$，H_2S，Fe^{2+} 和 Mn^{2+} 是体系中较相对组分的主要物种存在形式。随着 h 的变化，lgC，pH 值和 pe 的变化具体如下。

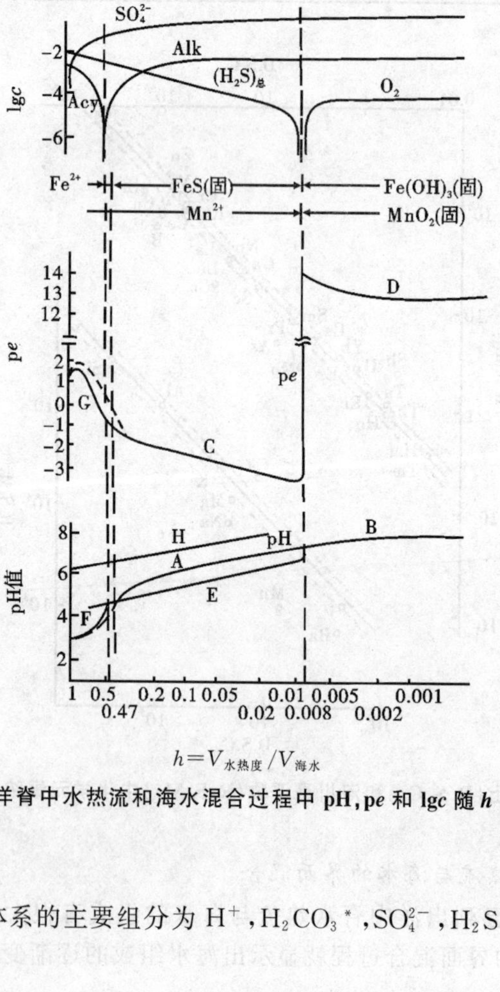

图 11.22　海洋脊中水热流和海水混合过程中 pH，pe 和 lgc 随 h 变化的关系图

1. pH 值

在 $h\approx1$ 时，体系的主要组分为 H^+，$H_2CO_3{}^*$，SO_4^{2-}，H_2S，Fe^{2+} 和 Mn^{2+}，摩

尔平衡方程可写成：

$$T_H=[H^+]-[OH^-]-[HCO_3^-]-2[CO_3^{2-}]+[O_2]-[HS^-]-2[S^{2-}]$$
$$+2[Fe^{2+}]+\frac{13}{4}[Fe^{3+}]+[\frac{13}{4}-x][Fe(OH)_x^{(3-x)+}]$$
$$=h(2+0.6)\times10^{-3}+(1-h)(-2.45+0.12)\times10^{-3}$$
$$=(4.93h-2.33)\times10^{-3} \quad (11.54)$$

$$T_{H_2CO_3}=[H_2CO_3{}^*]+[HCO_3^-]+[CO_3^{2-}]$$
$$=9h\times10^{-3}+(1-h)2.3\times10^{-3}$$
$$=(6.62h+2.38)\times10^{-3} \quad (11.55)$$

$$T_{SO_4}=\frac{1}{2}[O_2]+[SO_4^{2-}]+\frac{1}{8}[Fe^{3+}]+\frac{1}{8}[Fe(OH)_x^{(3-x)+}]$$
$$=(1-h)(0.6\times10^{-4}+2.89\times10^{-2})$$
$$=(2.9-2.9h)\times10^{-2} \quad (11.56)$$

$$T_{H_2S}=-\frac{1}{2}[O_2]+[H_2S]+[HS^-]+[S^{2-}]-[Fe^{2+}]-\frac{9}{8}[Fe^{3+}]$$
$$-\frac{9}{8}[Fe(OH)_x^{(3-x)+}]$$
$$=h(8-0.3)\times10^{-3}-(1-h)0.6\times10^{-4}$$
$$=(7.76h-0.06)\times10^{-3} \quad (11.57)$$

$$T_{FeS}=[FeS]+[Fe^{2+}]+[Fe^{3+}]+[Fe(OH)_x^{(3-x)+}]$$
$$=3h\times10^{-4} \quad (11.58)$$

$$T_{Mn}=[M^{2+}]=2h\times10^{-3} \quad (11.59)$$

对前面 4 个方程忽略铁和氧项，应用通常对低 pH 体系的近似，用表观海水常数展开，得简化方程：

$$T_H=[H^+]-[HCO_3]-[HS^-]=(4.93h-2.33)\times10^{-3} \quad (11.60)$$

$$T_{H_2CO_3}=(H_2CO_3{}^*)+(HCO_3^-)=(HCO_3^-)(1+10^{6.0}[H^+])$$
$$=(6.62h+2.38)\times10^{-3} \quad (11.61)$$

$$T_{SO_4}=[SO_4^{2-}]=[2.9-2.9h]\times10^{-2} \quad (11.62)$$

$$T_{H_2S}=[H_2S]+[HS^-]=[HS^-](1+10^{6.9}[H^+])$$
$$=(7.76h-0.06)\times10^{-3} \quad (11.63)$$

将公式(11.61)和(11.63)代入公式(11.60)即得$[H^+]$为 h 的函数的表达

式

$$[H^+]-\frac{(6.62h+2.38)\times10^{-3}}{1+10^{6.0}[H^+]}-\frac{(7.76h-0.06)\times10^{-3}}{1+10^{6.9}[H^+]}=(4.93h-2.33)\times10^{-3} \tag{11.64}$$

按此表达式作图得图 11.22 中的线 A，它只假设 FeS 沉淀（而无 MnS 沉淀）和氧的浓度比硫化物浓度小。图中线 E 为 FeS(s)饱和的 pH 直线；线 H 是 MnS(s)饱和的 pH 直线。

$[O_2]$和$[H_2S]$的关系对 $pe-h$ 关系图和 $\lg C-h$ 关系图的讨论十分重要。这可由对应的氧化-还原反应得到

$$\frac{1}{4}O_2(aq)+e+H^+=\frac{1}{2}H_2O;\quad pe^\circ=21.45 \tag{11.65}$$

$$\frac{1}{8}SO_4^{2-}+e+\frac{5}{4}H^+=\frac{1}{8}H_2S(aq)+\frac{1}{2}H_2O;\quad pe^\circ=5.12 \tag{11.66}$$

因而得

$$\left.\begin{aligned}&O_2(aq)+\frac{1}{2}H_2S(aq)=\frac{1}{2}SO_4^{2-}+H^+;\quad \lg K=+65.3\\&[O_2]=10^{-65.3}[H^+][SO_4^{2-}]^{1/2}[H_2S]^{-1/2}\end{aligned}\right\} \tag{11.67}$$

在 $0.1>h>0.01$ 范围内 $pH\approx6.5$（参看图 11.22），$[SO_4^{2-}]\approx10^{-1.5}$［参考公式(11.62)］，则得

$$[O_2][H_2S]^{1/2}\approx10^{-7.3} \tag{11.68}$$

这是十分小的$[O_2]$和$[H_2S]$浓度积，只能两者中之一是重要的。对公式(11.57)中右边任一负值，$[O_2]$是支配项；对任一正值，$[H_2S]$是支配项。

$$T_{H_2S}=-\frac{1}{2}[O_2]+[H_2S]+[HS^-]=(7.76h-0.06)\times10^{-3} \tag{11.69}$$

当稀释参数 h 值为

$$\left.\begin{aligned}&h=\frac{0.06}{7.76}\approx0.008\\&T_{H_2S}=0\end{aligned}\right\} \tag{11.70}$$

当 $h\approx1\rightarrow0.008\rightarrow h\approx0$，体系由缺氧转为富氧。在 $h<0.008$ 时，H^+，HCO_3^-，O_2，SO_4^{2-}，$Fe(OH)_3$（固）和 Mn^{2+} 为主要组分的 T_H，公式为

$$T_H=[H^+]-[OH^-]+[H_2CO_3^*]-[CO_3^{2-}]+2[H_2S]+[HS^-]$$

$$+2[Fe^{2+}]+3[Fe^{3+}]+(3-x)[Fe(OH)_x^{(3-x)+}]$$
$$=h(2+9+16+0.6)\times10^{-3}+(1-h)(-2.45+2.38)\times10^{-3}$$
$$=(27.67h-0.07)\times10^{-3} \tag{11.71}$$

当碳酸盐的存在形式大于其他存在形式时，得到简化式

$$T_H=[H_2CO_3^*]-[CO_3^{2-}]=(27.67h-0.07)\times10^{-3} \tag{11.72}$$

由公式(11.55)和(11.72)得

$$\frac{10^{6.0}[H^+]-10^{-8.9}/[H^+]}{1+10^{6.0}[H^+]+10^{-8.9}/[H^+]}(6.62h+2.38)=27.67h-0.07 \tag{11.73}$$

由此作$[H^+]$对 h 的曲线为图 11.22 中的曲线 B。在 $h=0.008$ 时，因硫化物和铁的氧化作用，pH 值变化很小(约 0.03)，A 线和 B 线不可区分。在高稀释时，虽有 MnO_2 生成，但因 h 值小，故这一效应可以忽略不计。在上述计算中最后海水的 pH 值偏低，这是因为忽略了硼酸盐等存在形式之故，而这在海水的酸-碱性质上却是重要的。

2. p*e*

在缺氧范围内，p*e* 可按式(11.65)之硫酸盐和硫化物比率决定

$$pe=5.12-\frac{5}{4}pH+\frac{1}{8}\lg\frac{[SO_4^{2-}]}{[H_2S]} \tag{11.74}$$

将式(11.62)和式(11.63)代入得

$$pe=5.12-\frac{5}{4}pH+\frac{1}{8}\lg(1-h)10^{-1.94}-\frac{1}{8}\lg\frac{7.76h-0.06}{1+10^{-6.9}/[H^+]}\times10^{-3}$$

则

$$pe=5.12-\frac{5}{4}pH+\frac{1}{8}\lg\frac{(1-h)(1+10^{-6.9}/[H^+])}{h-0.008} \tag{11.75}$$

参看图 11.22 中的曲线 C。在富氧范围中，按公式(11.65)由氧浓度控制 p*e*

$$pe=21.45-pH+\frac{1}{4}\lg[O_2]$$

忽略公式(11.69)中硫化物存在形式可得氧浓度

$$pe=20.7-pH+\frac{1}{4}\lg(0.12-15.52h) \tag{11.76}$$

参看图 11.22 中的曲线 D。在 $h=0.008$ 时，C 和 D 线突然弯曲，相应的氧化-

还原反应由硫化物浓度控制变成由氧浓度控制。

3. Fe

由反应

$$Fe^{2+}+H_2S+FeS(s)+2H^+;\lg K=-2.8 \quad (11.77)$$

得 FeS 的溶解度

$$[Fe^{2+}]=10^{2.8}[H^+]^2[H_2S]^{-1}$$

由公式(11.63)和(11.58)得 FeS 沉淀的 pH 值方程

$$[Fe^{2+}]=10^{2.8}[H^+]^2[H_2S]^{-1}=T_{Fe} \quad (11.78)$$

则

$$\frac{10^{2.8}[H^+]^2(1+10^{-6.9}/[H^+])}{(7.76h-0.06)\times10^{-3}} \quad (11.79)$$

对数值较小的 h 值,pH 值则低,$[HS^-]$可忽略不计($10^{-6.9}/[H^+]<1$),则得简化公式

$$pH=4.66-\frac{1}{2}\lg(7.76h^2-0.06h) \quad (11.80)$$

由此方程作图得图 11.22 中的曲线 E。它与 pH 值直线的交点提供了沉淀的条件:

$$h_{crit}\approx0.42,以\ pH\approx4.64$$

低于临界稀释值($h>0.42$),Fe 的主要存在形式为 Fe^{2+},这将使 3 个摩尔平衡方程受到影响:

(1)FeS(s)在平衡式中消去,则式(11.58)简化成

$$T_{Fe}=[Fe^{2+}]=3h\times10^{-4} \quad (11.81)$$

(2)T_H 方程中消去$[Fe^{2+}]$,简化成

$$T_H=[H^+]-[HCO_3^-]-[HS^-]=(4.33h-2.33)\times10^{-3} \quad (11.82)$$

(3)硫化物的摩尔平衡变成

$$T_{H_2S}=[H_2S]+[HS^-]=(8.06h-0.06)\times10^{-3} \quad (11.83)$$

因此在 $h>0.42$ 时,公式(11.83)(图 11.22 中的曲线 A)要修正,即将其中对应的项用上述公式代之。此外,因 pH 低,相应的 HCO_3^- 和 HS^- 浓度可忽略不计,则得

$$[H^+]-\frac{(6.62h+2.38)\times10^{-3}}{10^{6.0}[H^+]}-\frac{(8.06h-0.06)\times10^{-3}}{10^{6.9}[H^+]}=(4.33h-2.33)\times10^{-3} \tag{11.84}$$

作图得图 11.22 中的 F 线。同样 pe 的公式(11.85)亦简化成

$$pe=5.25-\frac{5}{4}\mathrm{pH}+\frac{1}{8}\lg\frac{2.9-2.9h}{8.06h-0.06} \tag{11.85}$$

作图得图 11.22 中的 G 线。线 F 和 G 与线 A 和 C 只有小的不同。

总之，$h>0.42$ 时，Fe 的主要存在形式为 Fe^{2+}；$0.42>h>0.008$ 范围内，Fe 的主要存在形式为 FeS；$h<0.008$ 范围内，已是富氧环境，Fe 主要以 $Fe(OH)_3$ 的形式存在。

4. Mn

现在我们改变不产生 MnS 沉淀的假设，而与 Fe 一样处理，即

$$\left.\begin{aligned}&Mn^{2+}+H_2S=MnS(s)+2H^+;\lg K=-7.4\\&[Mn^{2+}]=10^{7.4}[H^+]^2[H_2S]^{-1}=[Mn(\text{Ⅱ})]_{总}\end{aligned}\right\} \tag{11.86}$$

则得

$$\left.\begin{aligned}&\frac{10^{7.4}[H^+]^2}{(7.76h-0.06)\times10^{-3}=2h\times10^{-4}}\\&\mathrm{pH}=6.55-\frac{1}{2}\lg(5.76h^2-0.06h)\end{aligned}\right\} \tag{11.87}$$

用此方程作图得图 11.22 中的曲线 H，此线不与 pH 图相交，故 MnS 不生成沉淀。当 $h<0.008$ 后，MnO_2 成为 Mn 的主要存在形式。

综上所述，由图 11.22 可见，随稀释因子的变化，水热流和海水混合物的化学性质大体上分成三个领域，它们由下述两个临界稀释因子所分开

$$\left.\begin{aligned}&Alk=0(h\approx0.47)\\&[O_2]_{总}\approx2[S(\text{Ⅱ})]_{总}(h=0.008)\end{aligned}\right\} \tag{11.88}$$

在 $h>0.47$ 范围内，混合物的酸-碱性质和氧化-还原性质被水热流所支配，水的碱度是负的，体系属还原性的，Fe 和 Mn 的主要存在形式为 Fe^{2+} 和 Mn^{2+}。在 $0.47>h>0.008$ 范围内，混合物的 pH 接近中性并被海水碳酸盐体系所支配；pe 仍很负并为水热流的硫化物所支配。进一步解释时，海水中的氧，氧化了水热流中硫化物，pH 增加，随后电子活度也增加。在此范围内，FeS 沉淀，但 MnS 不沉淀。当 $h<0.008$ 后，海水的氧完全氧化了水热流中硫化物，混合物的化学性质与海水相似。在 $h=0.008$ 时的转变十分急剧，电子活度减少 17 个数

量级，FeS溶解和 $Fe(OH)_3$ 沉淀生成，MnO_2 开始饱和。在缺氧－富氧转变时（$h=0.008$）化学性质的变化远较零碱度转变时（$h=0.47$）的化学性质变化更剧烈，这是水体中氧化－还原反应与酸－碱反应之间差别的很好例证。

11.4 海水－海洋生物界面

海水－海洋生物界面是海洋界面化学不可缺少的一类界面过程，近10年来，至少有4个诺贝尔化学奖和生物化学奖与此相关。但本书只是大学本科的教材书，不很成熟的内容不是必须包含其中。又加上篇幅所限，故本书中不再介绍。其实，这一方面的内容很可能是今后海洋界面化学发展的前沿。有兴趣者可自行阅读张正斌、刘莲生著的《海洋化学》（化学工业出版社，2004）。

思考题

1. 液－固界面作用在海洋化学上的重要意义，试举10个例子说明之。
2. 吸附、吸收和吸着三者的主要差别是什么？试各举2个例子说明之。
3. 何谓吸附等温线和吸附等温式？试述目前最普通的等温线分类图是什么？它有何特征？与其相应的普通等温式如何表达？界面化学史上有哪些著名的等温线及其相应的等温式？
4. 海水中液－固交换吸附与气－固交换对比最大的差别是什么？
5. 液－固界面吸附的pH效应主要特点是什么（有哪些）？
6. $E(\%)$－pH曲线有何应用？
7. 水合氧化物和黏土矿物的结构特点是什么？
8. 水合氧化物和黏土矿物的交换－吸附特点有哪些？
9. 目前国际上流行的液－固界面交换－吸附理论有哪些？试作对比讨论。
10. 如何解释台阶型等温线？
11. 试述海水微表层在物质全球循环中的重要性。
12. 何谓海水微表层Gibbs吸附定理？何谓正吸附？何谓负吸附？
13. 正常的Gibbs吸附现象是什么？何谓Gibbs吸附的反常？为什么会发生海水中Gibbs吸附的反常现象？这种现象在海洋化学上有何重要意义？
14. 海水微表层多层模型如何表达？其主要的创新在哪处？这个多层模型有何重要应用？试举例说明之。
15. 海水微表层厚度可用哪些实验方法测定？海水微表层的厚度 Z（或 δ）大约有多大？哪些因素影响海水微表层的厚度？
16. 海水微表层化学与物质海－气通量计算有何重要关联？
17. 综述当前河口化学物质通量和质量平衡研究的概况。

18. 概述洋中脊水热流与海水界面混合的主要特点是什么？

参考文献

1　佩特种维茨著. 平衡、非平衡和天然水. 张正斌，刘莲生，等译. 北京：海洋出版社，1994

2　张正斌，陈镇东，刘莲生，等. 海洋化学原理和应用——中国近海的海洋化学. 北京：海洋出版社，1999

3　张正斌，刘莲生著. 海洋物理化学. 北京：科学出版社，1989

4　Broecker W S，Peng T H. Tracers in the Sea. New York：Eldigio Press，1982

5　Carter H H，Okubo A. Chesapeake Bay Institute. Johns，Hopkins University，1965. 150

6　Defant A. Physical Oceanography，Vol 1. Pergamon Press，1961

7　Koczy F F. Proc. 2nd U N International Conference Peaceful Uses Atomic Energy. 1958，18：336～343

8　Morel F M M，Hering J G. Principles and Applications of Aquatic Chemistry. New York：John wiley，Sonsinc，1993. 588

9　Riley P，Skirrow G，eds. Chemical Oceanography，Vol 1. London：Academic Press，1975

10　Stumm W，Morgan J . Aquatic Chemistry. 2nd ed. New York：Wiley，1981

11　Zhang Zhengbin，Liu Liansheng. The Medium Effect on Chemical Processes in Ocean. Beijing：China Ocean Press，1994

第12章 海洋生物地球化学循环和全球变化

在人类社会现代化的进程中，人类活动对地球环境的无情冲击加速了，全球生态环境正经历着重大变化。海洋在全球环境变化中的作用，主要体现在两个方面：①海洋生态环境问题；②海洋在长期气候变化中的作用。因此，海洋化学的作用在于：首先从元素全球生物地球循环的角度，了解元素在海洋、大陆岩石圈、沉积物圈、生物圈和大气圈四个储圈中的分布，以及各储圈之间的元素通量和迁移；其次对全球变化进行模拟计算。

12.1 元素的全球生物地球化学循环

图 12.1 是代表总的元素全球海洋生物地球化学循环，图 12.2 是水循环。这两个循环与个别元素的全球生物地球化学循环都是相关的，而且是讨论的基础。如此两图所示，讨论的水和元素循环涉及海洋、大气、生物、岩石四大层圈，主要研究它们的作用或反应、过程和地球化学反应以及它们的迁移变化规律和通量，即称为元素的全球生物地球化学循环。理论研究模型为箱式模型。

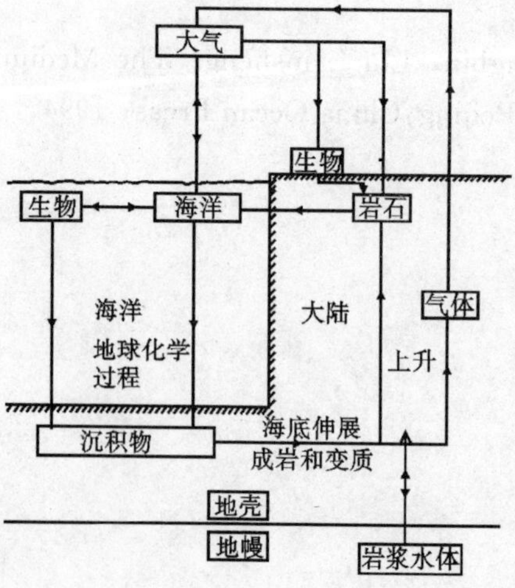

图 12.1 全球海洋生物地球化学循环示意图

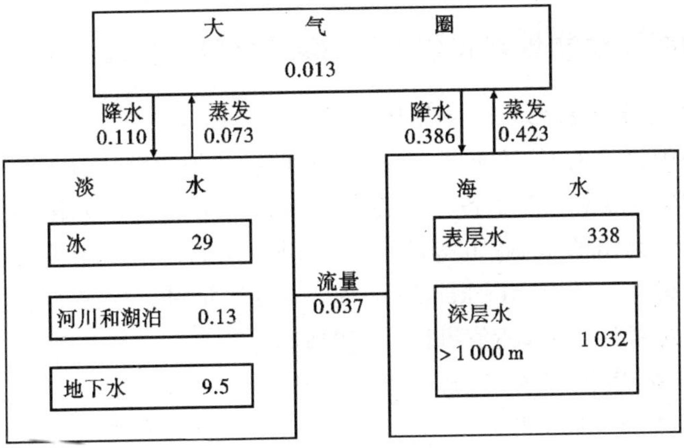

水在大气、淡水、海水之间分配和流通量($10^6\ km^3 \cdot a^{-1}$)

图 12.2　水循环示意图

12.2 碳、氮、硫、磷

C,N,P,S 的地球化学循环与生物过程相联系,与生产力密切相关。陆地、海洋和其他水圈中的有机物主要由 6 个元素组成,即 C,H,O,N,P,S 以及许多痕量元素等。生产力代表了它们的耦合结果。

在陆地和水圈植物中,C,N,P,S 含量的关系如下:海洋浮游生物为C∶N∶S∶P=106∶16∶1.7∶1;海洋底栖生物为 C∶N∶P=550∶30∶1;陆地植物为 C∶N∶S∶P=882∶9∶0.6∶1 或 510∶4.0∶0.8∶1。

4 种元素的氧化无机态是 CO_2,溶解碳酸盐(HCO_3^- 和 CO_3^{2-}),硝酸盐(NO_3^-),氧化氮,SO_4^{2-},PO_4^{3-} 等。还原无机态是 CH_4,NH_3,H_2S,PH_3 等。

产生有机物的光合反应在水中和陆地上表达不同。在水中(对浮游生物或底栖生物)为:

$$106CO_2+16HNO_3+2H_2SO_4+H_3PO_4+120H_2O \Leftrightarrow C_{106}H_{263}O_{110}N_{16}S_2P+141O_2 \quad (12.1)$$

在陆地上为:

$$882CO_2+9HNO_3+H_2SO_4+H_3PO_4+890H_2O \Leftrightarrow C_{882}H_{1794}O_{886}N_9SP+901O_2 \quad (12.2)$$

在光合作用中,海洋硫的比率从 1.7 上升到 2;对陆上硫的比率下降到 1。在上述两式中,有机物的氢、氧含量比为 2∶1,因此有机物的化学符号通常写成 CH_2O。

12.3 碳的海洋生物地球化学循环、碳的全球变化及 CO_2 温室效应

12.3.1 碳的海洋生物地球化学循环

在本书中讨论的C,N,P,S循环,我们推荐两种模型:①Bolin等的模型;②Mackenzie等的模型。至于各种书刊上介绍的其他各种模型,限于篇幅,不再介绍。在本书中列出的是Bolin等的模型,因其C,N,P,S都用箱式模型描述,并且易于对比研究。但是Mackenzie的模型较新,并附有较多的表格资料,除了在本书中的简要讨论外,还值得读者细阅研讨。

图12.3是Bolin等的C循环图。由图可见,大气中C的通量,因大气 CO_2 的所谓"温室效应"而受世人关注。大气中 CO_2 的通量主要受光合作用、呼吸作用、大气与水圈交换,特别是矿物燃料的燃烧、森林砍伐等人类活动的影响,而逐年稳定上升,结果导致全球变暖。然而由图可见,大气中和通过大气圈的 CO_2 通量在全球分配中是微不足道的,仅占全球总碳的0.001%。实质上对C以及N,P,S,岩石圈是主要储圈。对图12.3,我们要作如下补充和讨论:

(1)大气中,C的主要存在形式是 CO_2,其含量超过99%,与其他主要存在形式的比率约为 $CO_2:CO:CH_4=61\,000:19:292$。大气中 CO_2 的质量只是海洋中无机碳的2%,如上已述只占全球总碳的0.001%。因此,海洋和沉积物岩石圈中C的微小变化对大气 CO_2 都有大的影响。

(2)大气圈中,甲烷(CH_4)是十分重要的角色,但其总量尚是一个争论的问题。据估计,大气中 CH_4 中的C总通量为 $34\times10^{12}\ mol\cdot a^{-1}$。从1978年到1987年全球 CH_4 浓度上升11%。沉积物中细菌反应使有机物 CH_2O 变成 CH_4 和 CO_2:

$$2CH_2O \longrightarrow CO_2 + CH_4 \tag{12.3}$$

和 CO_2 还原为 CH_4:

$$CO_2 + 4H_2 \longrightarrow CH_4 + 2H_2O \tag{12.4}$$

(3)在大气中 CH_4 主要的汇(sink)是被OH游离基氧化成CO,进而氧化成 CO_2,总反应为:

$$CH_4 + 2OH \longrightarrow CO_2 + H_2 \tag{12.5}$$

这一反应估计会破坏79%的甲烷通量。

在大气中CO的下一级循环,如同 CH_4 一样至今尚有争议。矿物燃烧释放的CO约 $28\times10^{12}\ mol\cdot a^{-1}$。土壤中有机物分解和海洋中细菌和藻类产生的CO,按下述方式提供给大气:

$$2CH_2O + O_2 \longrightarrow 2CO + 2H_2O \qquad (12.6)$$

CO 在大气中的逗留时间很短，很快能变成 CO_2，结果大多数的 CH_4 和 CO 进入对流层后变为 CO_2。

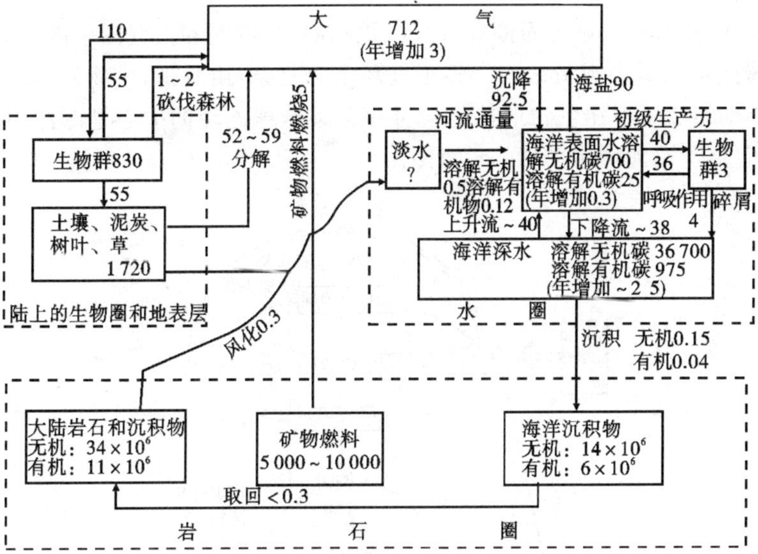

图中 C 单位为 10^{15} g，通量单位为 10^{15} g · a^{-1}，图中问号表示具体数量目前尚未确定，下同

图 12.3　C 的全球生物地球化学示意图

(4)C 的大储圈是陆地、沉积物和海洋等水圈，沉积物(C)：海洋(C)：陆地(C)：大气(C)的质量比率为106 600：53：4：1。沉积物中 C 储质量极大，主要是碳酸盐矿物，其中氧化性 C 与有机物中还原性 C 的比率约为 4.3。C 进入沉积物储圈的逗留时间是 150 Ma，其数量级大于溶解无机碳在海洋或陆上活和死的有机生物中的逗留时间。

(5)陆地活的生物量为海洋生物量的 200 倍。大陆和海洋储圈中，"死"的有机碳量大于活的，如被氧化，也是大气中 CO_2 的一大来源。

(6)大陆和海洋的交换主要通过河川，而沉积物与海洋和大陆的交换主要通过沉积作用和成岩作用。颗粒碳因风化作用自大陆向海洋迁移量为 2×10^{10} mol · a^{-1}，河流的 DIC 主要是 HCO_3^-（河水的平均 pH 值为 6.8）。

向海底沉积的无机碳的主要形式是 $CaCO_3$：

$$Ca^{2+} + 2HCO_3^- \longrightarrow CaCO_3 + CO_2 + H_2O \qquad (12.7)$$

CO_2 又返回海洋－大气体系。

全球气候模型模拟指出，21 世纪中期大气 CO_2 值将是公元1700年值（280×10^{-6}，体积比）的 2 倍，结果使地球表面温度升高 1.5～5.5 ℃，最大到 8 ℃，致使气候变暖。

12.3.2 *海洋碳循环*

碳在海洋圈、大陆岩石圈和海底沉积物圈、生物圈和大气圈中的循环，是物质全球循环的重要成员之一。整个循环十分复杂，由物理、生物、地质、化学等作用推动组成了海洋生物地球化学过程。碳全球循环的中心是海洋中的碳循环。图 12.4 是海洋碳循环的示意图。

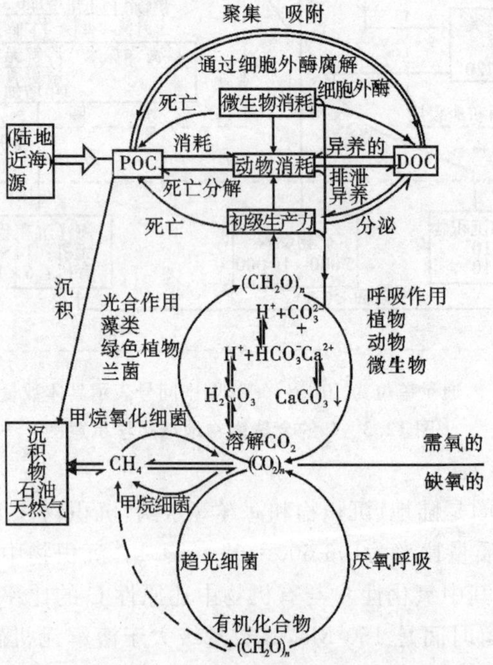

图 12.4　海洋碳循环示意图

由图 12.4 可见：二氧化碳是碳被氧化而产生的一种气体，主要存在于大气中，它能部分吸收从地球射向太空的长波辐射，能使地球保温，即具有温室作用，故称为温室气体。二氧化碳溶于海水，直到生成碳酸钙。碳酸钙的溶解和沉淀是个复杂过程，往往与生物作用相关，通常成岩碳酸钙为方解石和文石，许多贝壳和骨骼由文石形成，又重新结晶为方解石。当它们沉入海底，环境的碳酸根离子不足以形成碳酸钙时，文石和方解石形成的骨骼会溶解。

另一部分是有机碳及其海洋生物地球化学循环。有机碳存在于所有的生命体，也包括海底沉积物中的有机物质$(CH_2O)_n$和有机氯体（甲烷）。由图12.4可见，一方面通过光合作用，陆地上的植物和海洋中的藻类把无机的二氧化碳能变成无数种复杂的有机化合物。另一方面通过呼吸作用或细菌分解而形成CO_2再循环。而未被消耗的剩余部分经漫长的地质年代形成煤、石油、天然气等的有机物储层。这类的化石燃料被人类利用，导致大气中CO_2浓度增加，增强了温室效应，可能导致全球变暖。

海水中有机物，与海洋初级生产力、海洋动物、海洋微生物等生物群体，在海洋生态系中也形成循环，产生大量的溶解有机碳和颗粒碳。它们或参与在海洋中的碳循环，或储存在海洋沉积物中。

12.3.3 碳的全球变化与CO_2温室效应

一个多世纪以来，由于人类大量地燃烧化石燃料以及砍伐森林等，使得大气中CO_2浓度增加，如图 12.5 所示。20 世纪 80 年代的CO_2浓度与工业化以前的相比，有重大差别：①大气中CO_2浓度有明显增加；②海洋中，特别在表层海水中CO_2浓度有一定的增加；③化石燃料的作用日益明显；④陆地生物群退化等。图 12.6 是夏威夷 MaumaLoa 观测站CO_2浓度的年平均值的变化图。大气中CO_2浓度从 1955 年的315×10^{-6}g，增加到目前的360×10^{-6}g，并有进一步增大的趋势。1984 年美国召开全球海洋通量研究（GOFS）专题讨论会，1989 年国家科学联合会理事会（ICSU）的全球变化研究计划（IGBP），将全球海洋通量联合研究计划（JGOFS）正式启动。我国在 20 世纪最后 10 年已启动了同类计划。2003 年初在美国华盛顿对 JGOFS 计划作了小结汇报。但是，关于CO_2和温室效应的研究在 21 世纪初还继续进行着。

由图 12.4 可见，碳循环在调节大气CO_2含量中起了重要的作用。人类活动产生的CO_2，其中约 50％留在大气中，约 50％被海洋吸收，吸收速率约为20×10^8 $t\cdot a^{-1}$。

大气和海洋间CO_2流动和交换受海洋上升流和下降流的控制。高纬度水体水温低，会溶有较多CO_2；赤道处水体温度高，上升时会释放CO_2。前者往往是大气CO_2的“汇”，后者则是大气CO_2的“源”。吸收或释放碳(CO_2)的速率约为$(400\pm100)\times10^8$ $t\cdot a^{-1}$。控制或影响CO_2浓度的另一重要过程是光合作用，它不仅与陆地上的生物有密切关系（图 12.5(a)的（ⅰ）和（ⅱ）），而且如文献的有关图像所示海面的p_{CO_2}与叶绿素浓度之间成反比曲线关系。

由图 12.4 还可以看出：有机物通过生物呼吸作用在海洋中再循环产生CO_2，但目前没有方法区分“新的CO_2”与“再循环的CO_2”。然而 N 与 C 含量有 1∶7 的固定不变的关系，而且“新的 N”基本上是硝酸盐，“再生 N”基本上是氨

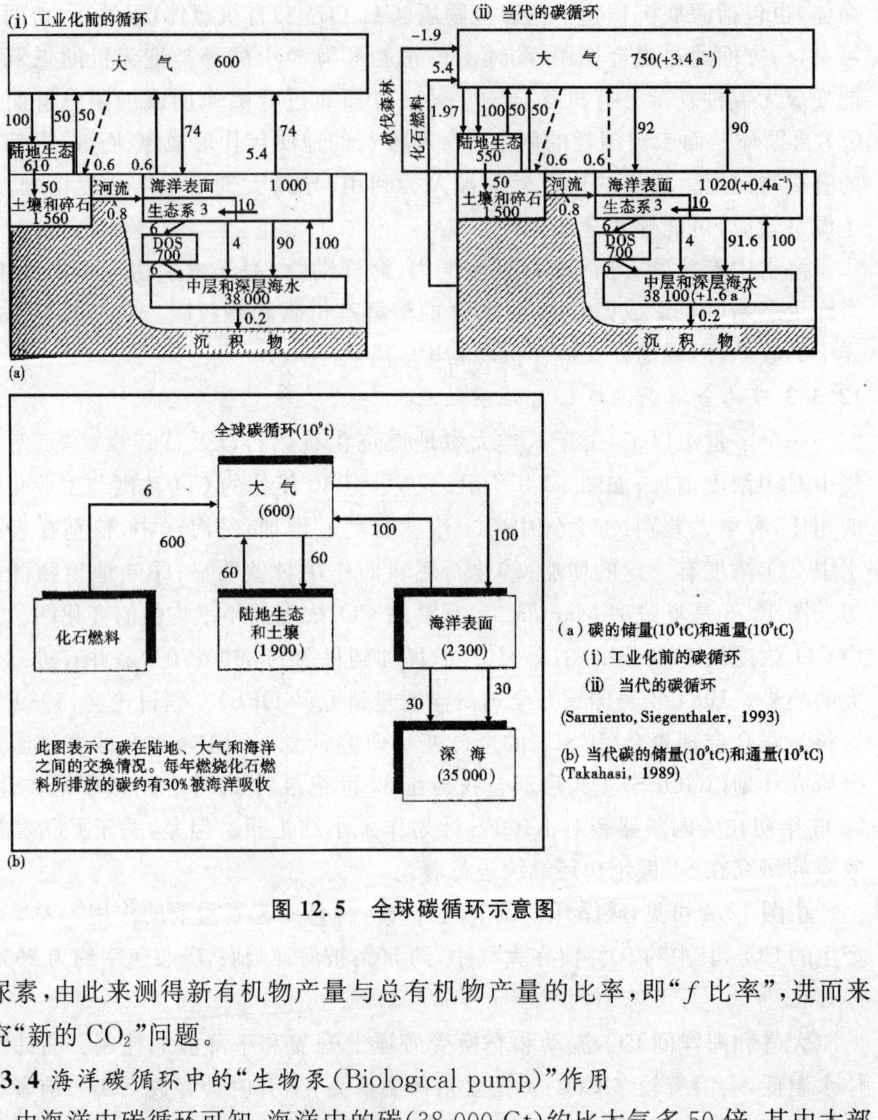

图 12.5 全球碳循环示意图

和尿素，由此来测得新有机物产量与总有机物产量的比率，即“f 比率”，进而来研究“新的 CO_2”问题。

12.3.4 海洋碳循环中的“生物泵(Biological pump)”作用

由海洋中碳循环可知，海洋中的碳(38 000 Gt)约比大气多 50 倍，其中大部分是以碳酸盐(CO_3^{2-})和碳酸氢盐(HCO_3^-)离子的形式存在。CO_2 在海水表面和大气圈之间交换的一个重要控制因子是 CO_2 在海水与大气间的分压差。其中海水 CO_2 分压的大小取决于多种因素，如植物光合作用、洋流涌升、温度、盐度和 pH 值等。就海－气间物质交换机制而论，海洋对大气 CO_2 的吸收容量以及在大气圈和海洋之间碳的净交换量在很大程度上决定于混合层碳酸盐化学、水中溶解碳的平流传输、CO_2 通过空气－海水界面的扩散、海洋植物的生产及所

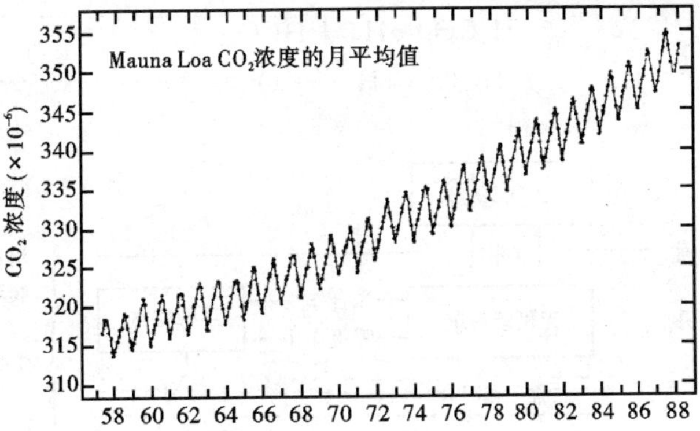

点为月平均值;平滑线为拟合线

季节变化的数据主要根据陆上生物对 CO_2 的吸收和释放(数据来源于张正斌,1999)。

图 12.6　夏威夷 Mauna Loa 地区在 1958～1988 期间大气中 CO_2 浓度的月平均值

产生的碎屑碳的沉降等。海洋吸收 CO_2 的化学能力取决于溶解的碳酸盐和硼酸盐 $B(OH)_4^-$ 的离子数量,其反应式:

$$H_2O + CO(aq) + CO_3^{2-} = 2HCO_3^- \tag{12.8}$$

$$CO_2(aq) + B(OH)_4^- = HCO_3^- + B(OH)_4 \tag{12.9}$$

这个能力大致等于所估计的传统矿物燃料的贮藏。

在海洋表层,浮游植物通过光合作用将海水中溶解的无机碳转化为有机碳,水中 CO_2 分压(P_{CO_2})降低。在其初级生产过程中,还需从海水中吸收溶解的营养盐,如硝酸盐和磷酸盐,这使得表层水的碱度升高,也将进一步降低水中的 P_{CO_2}。这两个过程造成海洋空气界面两侧的 CO_2 分压差(ΔP_{CO_2}),促使大气 CO_2 向海水扩散。藻类光合作用产生的有机碳通过直接沉降或经食物链转化后再沉降到海底形成沉积物,从而使碳得以从空气运移到海洋表面,再从表面运移到深海中。海洋深层的这一个由有机物生产、消费、传递、沉降和分解等一系列生物学过程构成的碳从表层向深层的转移被称之为"生物泵"(图 12.7)。

由图 12.7 的"生物泵"示意图可见,在海洋生态系的碳循环中,在海洋垂直方向上,由上而下有 3 个泵:①溶解泵(solubility pump),是大气中 CO_2 溶解在海水表面,即

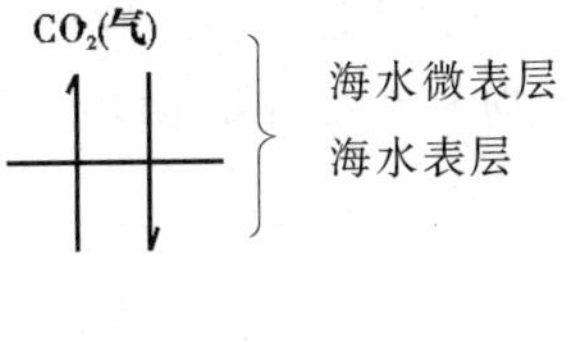

$$CO_2(aq) + H_2O \Leftrightarrow H_2CO_3$$
$$H_2CO_3 \Leftrightarrow H^+ + HCO_3^-$$
$$HCO_3^- \Leftrightarrow H^+ + CO_3^{2-} \quad (12.10)$$

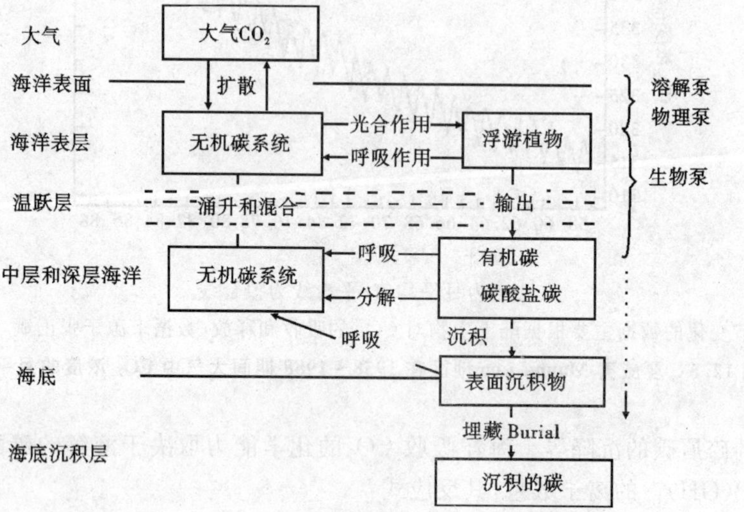

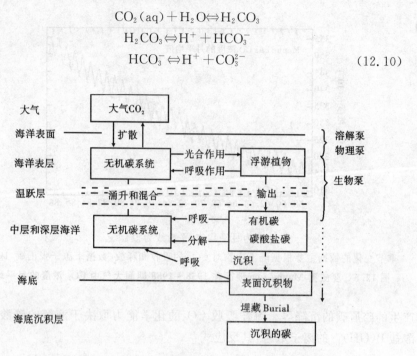

图 12.7 海洋生态系统的碳循环和"生物泵"示意图

②物理泵(physical pump),是海水表层中物理混合作用,使 HCO_3^- 向海洋中扩散和传递;③生物泵,是海洋生物在表层和真光层中通过光合作用和呼吸作用,使无机碳与有机碳相互转化。在海洋生物作用下,经过有机物的生产和消费、传递、分解和沉降等一系列过程,碳由表层向深层转移。这里以南极磷虾(*Euphausia superba*)为例说明生物泵的作用和规模。在夏季南极磷虾摄食大量浮游植物,同时产生大量粪便,体重为 1 g 的磷虾每天排粪 0.044 g(干重),其中含碳 9.35%。假定磷虾只在下半年摄食,总资源以 20×10^8 t 计,则磷虾粪构成在南大洋的垂直通量为 $15.06\times10^8\ t\cdot a^{-1}$ C。另外,磷虾每 20 天蜕皮一次,皮占体重的 7.5%(干重比),蜕皮(干重)中含碳 20%,蜕皮的沉降速度约 50~1 000 $m\cdot d^{-1}$。由此磷虾蜕皮在南大洋形成的垂直碳通量为 $1.08\times10^8\ t\cdot a^{-1}$ C,两者之和共 $16.14\times10^8\ t\cdot a^{-1}$ C。由图 12.3 和图 12.5 可知,当前由化石燃料的燃烧等人类影响因素而进入大气的 CO_2(以 C 计)为 $50\times10^8\ t\cdot a^{-1}$ C,$16.14\times10^8\ t\cdot a^{-1}$C 这个数值就有相当的分量了。而这仅仅是生物泵的一个侧面,只是磷虾一个物种,但可见生物泵在海洋碳循环中的重要作用之一斑了。

12.4 氮的海洋生物地球化学循环

12.4.1 氮的全球循环

图12.8是Bolin的氮循环。本书结合Mackenzie模型对之略加讨论。总的来说,目前对N的生物地球化学动力学和它的生物化学循环,了解是不够的。

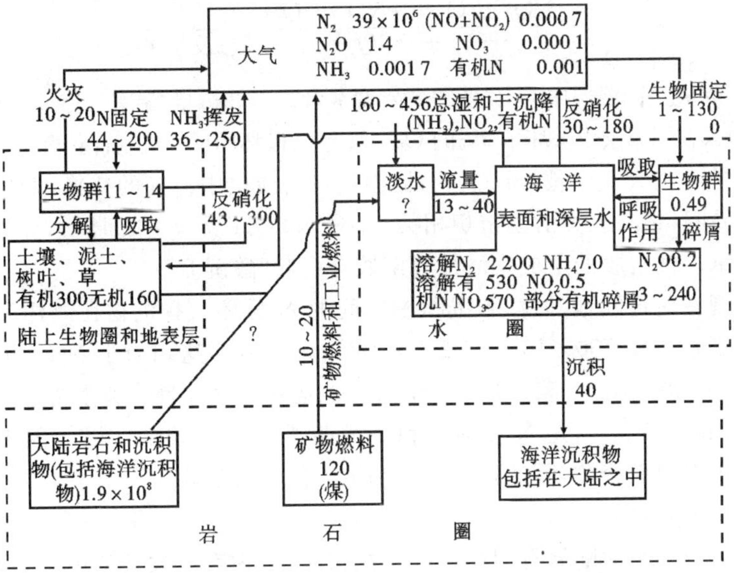

(单位:N通量 10^{12} g·a^{-1},图中N以 10^{15} g表示)

图12.8 氮的全球生物地球化学循环示意图(引自Bolin等,1983)

(1)大气氮有6种主要存在形式:NH_3(气),NH_4(气溶胶),N_2(气),N_2O(气),NO_x($NO+NO_2$)和NO_3(气溶胶)。地球表面和大气之间交换的主要过程是生物固氮和脱氮。

NH_3是由有机物分解和挥发而被释放到大气中,与水蒸气接触而水解成NH_4^+:

$$NH_3 + H_2O \longrightarrow NH_4^+ + OH^-$$

NH_4^+主要以$(NH_4)_2SO_4$和$(NH_4)NO_3$气溶胶的形式除去。与S循环中氧化的S在大气中以H_2SO_4和$(NH_4)_2SO_4$除去。$(NH_4)_2SO_4$又迁移到大陆和海洋圈。

(2)N_2O是生物脱氮的天然产物。N_2O在对流层中是化学惰性的,但在同温层则通过光化学反应转变为NO,它催化地破坏同温层中臭氧(O_3),反应结果为NO的生成(20~30 km):

$$\left.\begin{array}{l} N_2O + h\nu \longrightarrow NO + N(<250\ nm) \\ N_2O + O \longrightarrow 2\ NO \end{array}\right\} \quad (12.12)$$

臭氧破坏：

$$\begin{array}{l} NO + O_3 \longrightarrow NO_2 + O_2 \\ O_3 + h\nu \longrightarrow O_2 + O(<650\ nm) \\ NO_2 + O \longrightarrow NO + O_2 \\ \hline 2O_3 + h\nu \longrightarrow 3O_2 \quad \text{(总反应)} \end{array} \quad (12.13)$$

这一系列反应是同温层中 O_3 浓度的主要调节者之一。微量"温室气体"N_2O 的积累，1850 年以来在同温层中破坏了 9%的 O_3。以上 O_3 破坏的反应机制曾获得诺贝尔奖。

(3)NH_3 在大气中被 OH 氧化，同温层和对流层中氮气的交换，产生对流层的 NO_x 储圈，它与人类活动密切相关。NO_x 和 OH 反应生成 H_2O，导致 HNO_3 和 NH_4NO_3 气溶胶的生成。酸性气溶胶会引起"酸沉淀"。

(4)现在讨论陆地、海洋和沉积圈之间的 N 循环。有机物在海洋和陆上净生产力(碳)约为 $3\ 750\times10^{12}\sim5\ 250\times10^{12}\ mol\cdot a^{-1}$，这相当于 N 为 $566\times10^{12}\ mol\cdot a^{-1}$ 和 $40\times10^{12}\sim54\times10^{12}\ mol\cdot a^{-1}$。运用化学计量学和生物生产力反应式(12.1)和式(12.2)，是 N 在陆上和海洋储圈中 N 循环的"源"。因光合作用而固定，因腐败而释放，其通量比大气和地表的交换值要大得多。

12.4.2 海洋氮循环

氮在海洋圈、大陆岩石圈和海底沉积物圈、生物圈和大气圈中的循环，是物质全球循环的重要成员之一。整个循环十分复杂，由物理、生物、地质、化学等作用推动组成了海洋生物地球化学过程。从海洋角度，海洋氮循环是氮全球循环的中心。图 12.9 是海洋氮循环的示意图。由图可见，海洋中氮的可能存在形式有：NO_3^-(＋Ⅴ)，NO_2^-(＋Ⅲ)，N_2O(＋Ⅰ)，NO(＋Ⅱ)，N_2(0)，NH_3(－Ⅲ)，NH_4(－Ⅲ)和有机氮 RNH_2(－Ⅲ)。它们之间的交换如图中心"开放海域"所示。在表面水域则如图 12.10 所示(详见图 12.9 和图 12.10 的说明)。氮循环由一系列的氧化-还原反应组成，其中很多反应通过微生物作用、特殊酶和基因作用。例如 N_2 固定作用，通过基因是固氮酶的一种特殊结构因子；硝酸盐同化作用通过同化 NO_3^- 的还原酶基因；脱氮作用通过 N_2O，NO 还原酶基因；有机氮的新陈代谢作用通过脲酶基因等。在图 12.9 和图 12.10 的氮循环中，由 DIN 的同化作用与有机氮的氨再生(有机物通过降解释放 NH_3 的过程称为氨化)、氧化的硝化作用与还原的脱氮作用、N_2 固定(把氮气还原为氨的过程)、N 限制、细菌对 NH_3 和 NH_4^+ 的竞争、浮游生物与 DON 的关联、深水中硝酸盐的扩散等一系列过程和反应所组成。

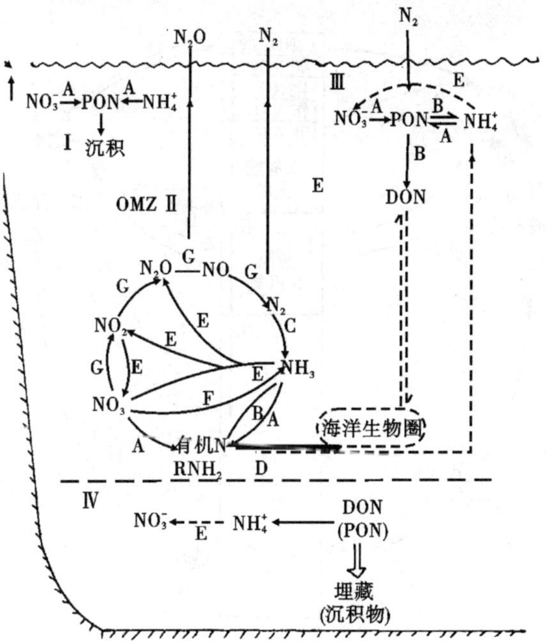

Ⅰ沿海和上升流；Ⅱ氧最小层(OMZ)，开放海域；Ⅲ表面水；Ⅳ深水区

A—DIN 同化作用；B—氨再生；C—固氮；D—深水中硝酸盐扩散和流动；

E—硝化作用；F—异化，硝酸盐还原；G—脱氮作用

图 12.9　海洋中氮循环示意图

由图 12.9 和图 12.10 所示，海洋有机氮包括溶解有机氮(DON)和颗粒有机氮(POP)。DON 包括大小不同的系列有机化合物，从游离氨基酸、肽到蛋白质。它们参与新陈代谢过程和由图 12.10 中细菌浮游生物的蛋白水解酶，能消化肽和蛋白质，但其过程和反应十分复杂。DON 和 PON 的区分至今其实仍是人为的，有机分子从小的溶解分子，到聚合物、胶体和颗粒的 PON，是经过相互作用、重排聚凝，结果生成大分子凝胶结构或网状结构的 PON。

由图 12.9 和图 12.10 还可以看出，无机氮被浮游生物吸收，又经异养生物或大的食植动物摄食，或腐败分解或微生物分解，释放出的 N 的形态一般是 DON，称为再生的 N。现在普遍认为细菌和浮游生物吸收硝酸盐，在 NO_3^-，NO_2^- 还原酶同化硝酸盐的过程中起着重要作用。海洋中浮游生物的腐败分解或排泄，则是 PON 的一种重要来源。

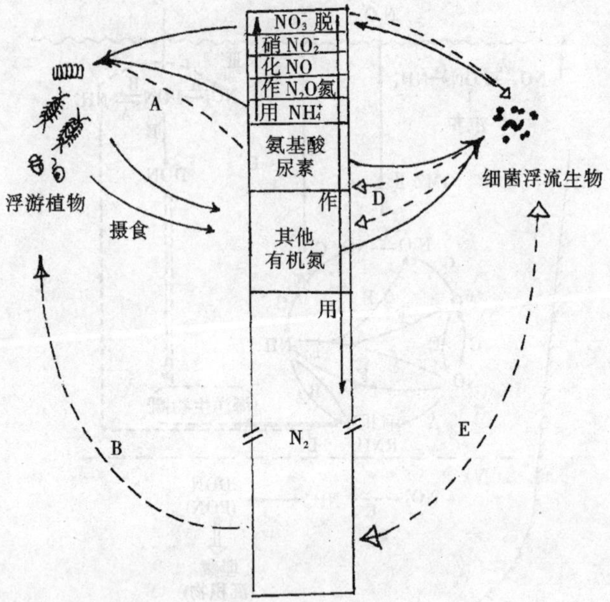

图中实线表示经典观点；虚线表示新的观点。

A. 若干浮游植物使用简单有机物作为氮源　B. 固氮　C. 细菌对硝酸盐和氨等的竞争

D. 细菌排泄尿素和高分子量 DON 之源　E. 若干海洋细菌浮游生物呈现固 N_2

图 12.10　寡营养海洋表面水中氮循环示意图

12.5 磷的海洋生物地球化学循环

12.5.1 磷的全球循环

图 12.11 是 Boin 的磷的全球循环。关于磷的全球循环，还可参阅其他文献。

12.5.2 海洋磷循环

磷在海洋圈、大陆岩石圈和海底沉积物圈、生物圈和大气圈中的循环，是物质全球循环的重要成员之一。整个循环十分复杂，由物理、生物、地质、化学等作用推动组成了海洋生物地球化学过程。从海洋角度，海洋磷循环是磷全球循环的中心。图 12.12 是海洋磷循环的示意图。

磷在海水中以活的生物体(LOP)、溶解无机磷(DIP)、溶解有机磷和颗粒磷(POP)四种形态存在。在岩石-沉积物圈中主要指磷占主体成分的矿物或沉积物。在表面水体中，由于初级生产力的吸收，LOP 高，而 DIP 低。这种吸取有

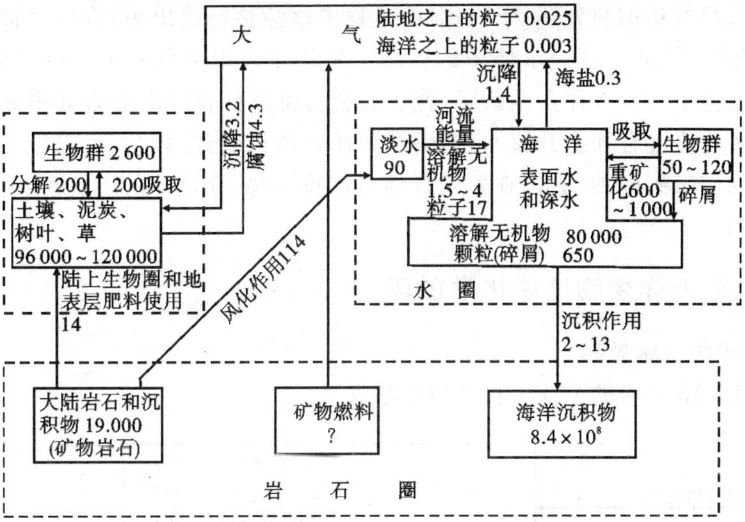

(P 通量单位为 10^{12} g · a^{-1}，图中 P 以 10^{12} g 计)

图 12.11　P 的全球生物地球化学循环示意图(引自 Bolin 等，1983)

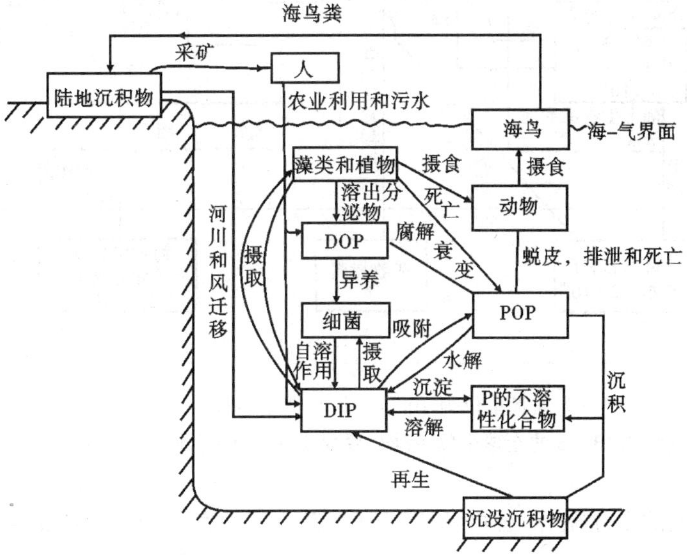

图 12.12　海洋磷循环示意图

明显季节性的循环，在藻类水华(algal blooms)期达最大值，一般在温带是春季。浮游动物摄取浮游植物，再生了被藻类固定的大量的磷。磷在浮游动物渗出、死亡、尸解和细菌分解(矿物化)的过程中逐渐被释放出来,最后又被浮游植物重新吸收,完成了这一水体中的循环。矿物化过程不仅发生在沉积物中,也发生在水体中。如果存在温跃层,就可能会阻碍来自表层水中的沉积P源。但沿岸水的垂直混合和上升流,将把磷带到浮游植物能到达的真光层中。海鸟能把可观的磷带到陆地,它们在繁殖群体时的排泄物(粪便)可以形成很有经济价值的肥料。

12.6 硫的海洋生物地球化学循环

12.6.1 硫的全球循环

图12.13是硫的全球生物地球化学循环。

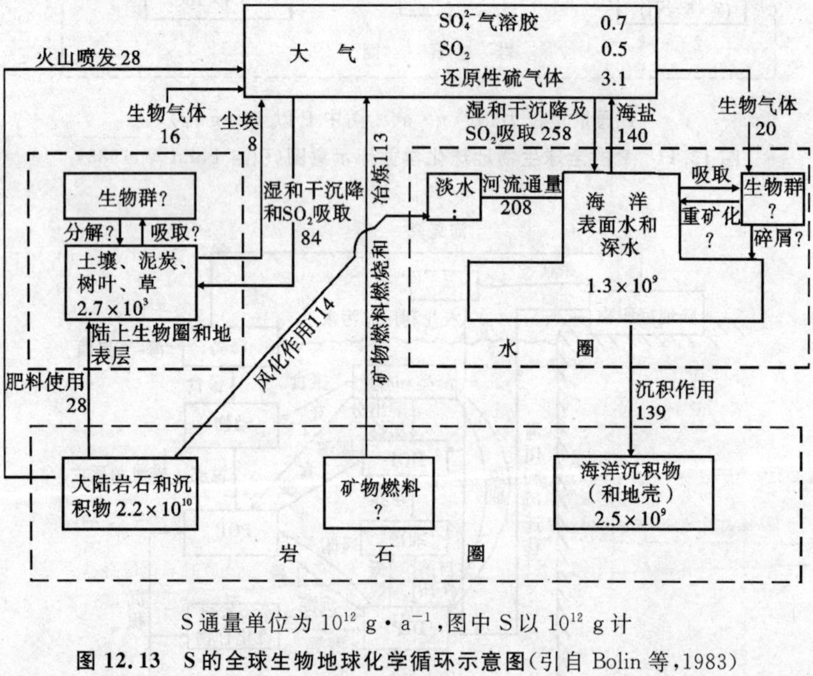

S通量单位为 10^{12} g·a^{-1},图中S以 10^{12} g计

图12.13 S的全球生物地球化学循环示意图(引自Bolin等,1983)

关于硫的全球循环,还可参阅其他文献。其中大气中硫化物的种类和浓度如表12.1所示。

12.6.2 海洋硫循环

硫在海洋圈、生物圈、岩石和海底沉积物圈和大气圈中的循环,是物质全球循环中的重要组成之一。其中海洋硫循环是海洋化学的研究中心,它包括了海洋物理、海洋生物、海洋地质和海洋化学等综合而成的海洋生物地球学过程。

图 12.14 是海洋硫循环的示意图。

表 12.1　大气硫化合物的浓度

硫的化学存在形式	浓度(体积比)	源	汇
SO_2	$(0\sim0.5)\times10^{-6}$(城市)	化石燃料(氧化)	氧化为 SO_4
	$(20\sim200)\times10^{-12}$(偏僻地)	生物的(DMS)	氧化为 SO_2
H_2S	$(0\sim40)\times10^{-12}$	生物的	氧化为 SO_2
CH_3SH	$>\times10^{-9}$	纸浆	氧化为 SO_2
CH_3CH_2SH	$>\times10^{-9}$	纸浆	氧化为 SO_2
OCS	500×10^{-12}		平流层中摧毁
CH_3SCH_3	$(20\sim200)\times10^{-12}$	海洋浮游生物	氧化为 SO_2
CH_3SSCH_3	痕量		氧化为 SO_2
CS_2	$(10\sim20)\times10^{-12}$		平流层中摧毁

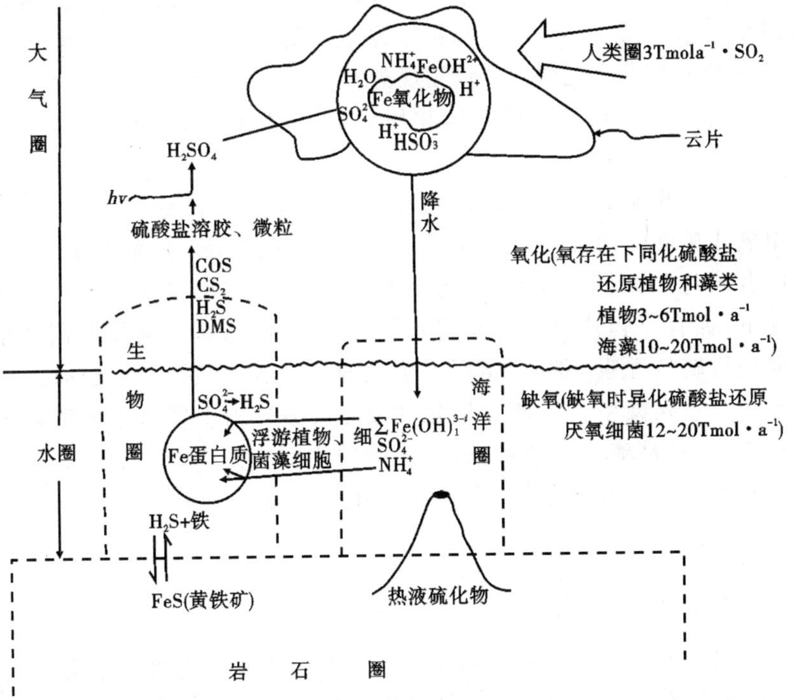

图 12.14　海洋硫循环的示意图

海洋硫循环有两个显著特点：①如图 12.14 所示，它由若干氧化-还原反应组成；②微生物和细菌在硫循环中起着重要的作用。H_2S 变成 SO_4^{2-} 的氧化作用，主要发生在富氧的大气圈和水圈中。

海水中硫的主要物种化学存在形式是 SO_4^{2-}，是继氯、钠、镁之后海水中最多的元素。它也被认为是营养盐，因为有生命的生物体需要它来合成有机大分子，如蛋白质。硫酸盐还原是指从硫酸盐变成硫化物，这个过程通过广泛存在的硫酸盐降解细菌来实现。同化和异化硫还原使硫酸盐还原为硫化物和有机物中的还原硫。在缺氧的条件下，厌氧细菌在有机物氧化时把硫酸盐作为电子变体，在电子沿着电子迁移系统移动时，ATP 被合成。这样的硫酸盐还原被称为异化硫酸盐还原。许多生物体包括植物、藻类、真菌和细菌，利用硫酸盐作为生物合成硫的来源，这是同化的硫酸盐还原。专属的厌氧硫酸盐还原细菌对厌氧性海洋生态系、沉积物、厌氧性峡湾和海盆中的有机物质的矿化作用起着关键作用。具有 S^{2-} 形式存在的阴离子硫化物，在高生产力地区中的沉积物中，孔隙水总的溶解氧很快消耗掉。通过细菌还原而生成的 H_2S 与 Fe^{2+} 反应生成硫化铁。这一沉淀使沉积物表面几毫米到几厘米为黑色层。在更深处黑色又消失，这是由于硫化铁转化为 FeS_2 或其他多硫化物之故，它们显现为灰色。在洋中脊热液口也产生硫化物沉淀，它们由 Fe，Ca，Cu 的硫化物组成，也含有 Co，Mn，Pb 和其他微量成分。

不同种类的细菌在硫化合的氧化过程中各自起着专门的作用，无色硫细菌用氧或硝酸盐将硫化合物氧化；趋光性的硫细菌，在光作用下，作为电子供应者同化 CO_2，用来还原硫化合物（缺氧光合作用）；一些氰化细菌在厌氧状况下，拥有一套缺氧光合作用系统。在暗处，这些生物体使用产生的元素硫来进行缺氧呼吸并将它还原到硫化氢。硫循环将空气、水和沉积物联系起来。一系列微生物协调的氧化和还原反应导致上覆水中硫酸盐与沉淀的硫化物（主要是硫化铁和黄铁矿）之间的主要交换。硫的自然循环被大规模的化石燃料的燃烧所干扰，它们排放出大量硫氧化物（SO_2，SO_3）到大气中，是工业污染和形成酸雨的重要原因。

12.7 金属的海洋生物地球化学循环

图 12.15 是 Garrels 和 Mackenzie 提出的元素全球生物地球化学循环图。图中考虑到海洋、大气、生物和岩石圈四大储圈，但把岩石圈分成古生岩和新生岩，元素在两者中的含量和逗留时间不同，是这个图的特点。

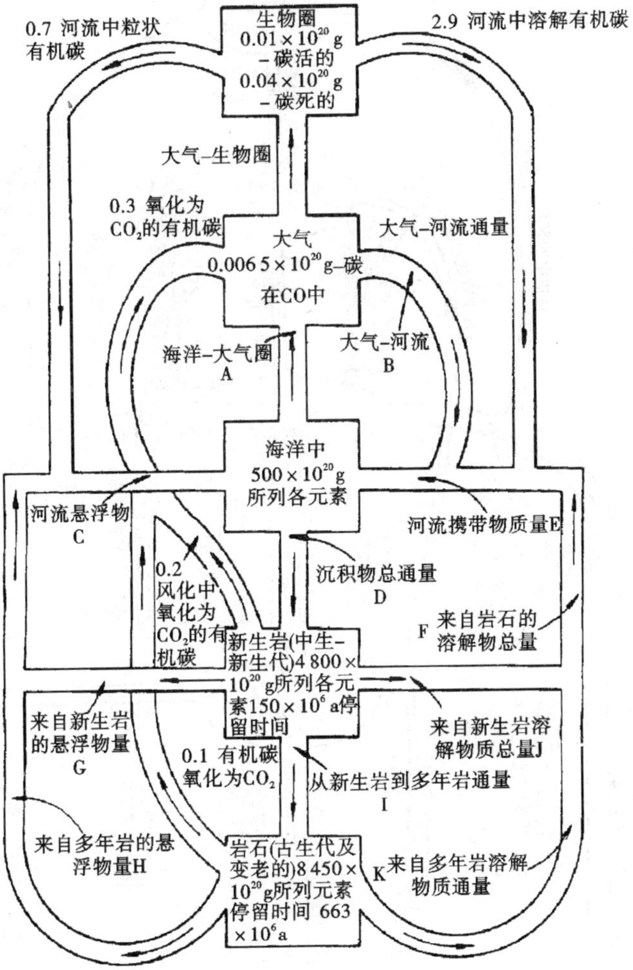

C 为有机碳，通量单位为 10^{11} g · a^{-1}

图 12.15　元素的地球化学循环示意图

（引自 Garrels，Mackenzie，1972）

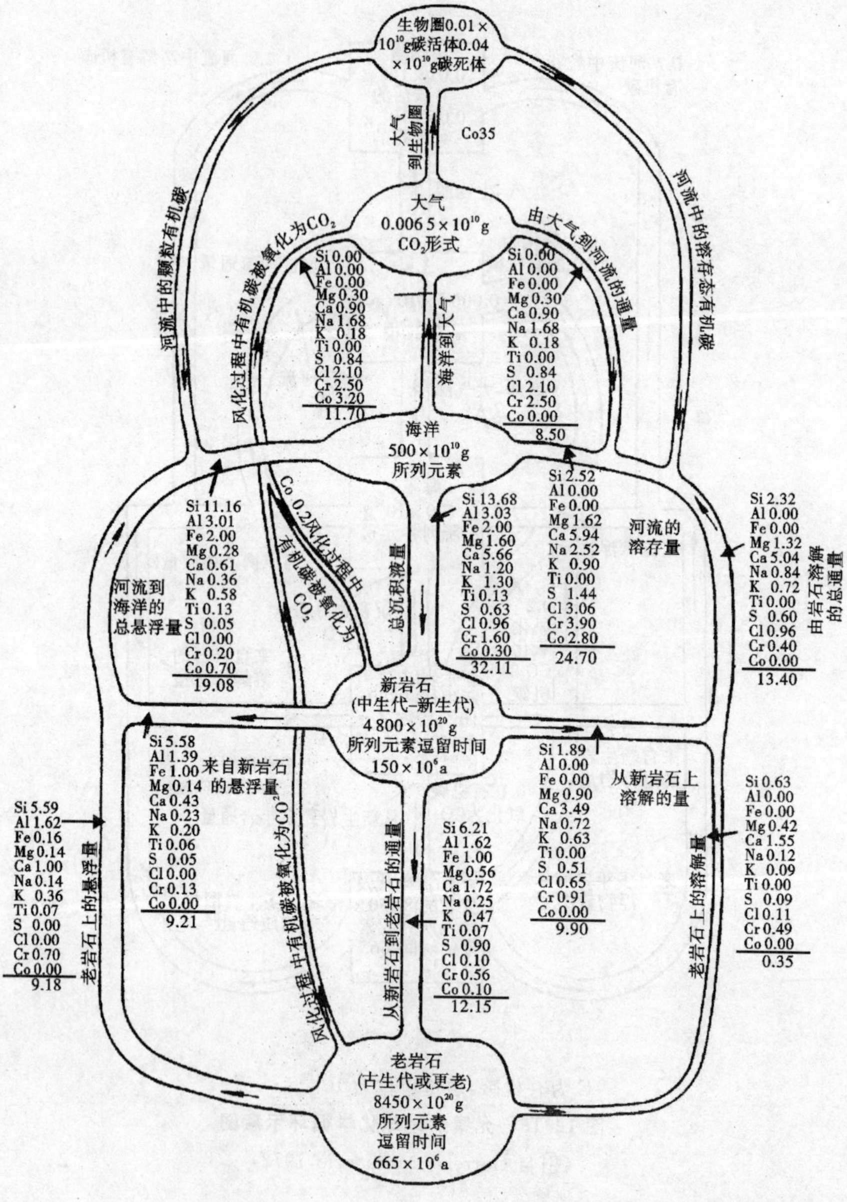

图 12.16 元素的地球化学循环的主要途径和通量

(引自 Garrels, Mackenzies, 1972)

图 12.16 也是 Garrels 和 Mackenzie 提出元素全球生物地球化学循环中的主要循环途径和通量。Mackenzie 等还提出金属元素向海洋的输入量，如表 12.2 所示，可见不同元素的各种不同输入方式起的作用大小是各不相同的。一般说来，河川载负而输入量较大，但 Hg，As，Se 等是例外；而工业和矿物燃烧而输入者，以 Pb 为首，Fe，Al 等亦较大；而大气降水中，Fe，Al 和重金属含量较高，尤其 As，Hg，Se 等为各种输入方式之首；而采矿量大的金属一般输入海洋量也大等。

表 12.2　金属元素输入海洋的量(10^9 g · a^{-1})(引自 Mackenzie，1979)

输入方式	采矿	大陆与火山灰尘通量	工业和矿物燃料放出	大气降水	河流载负
Cd	170	3	55	510	1 200
As	460	28	780	2 900	3 000
Hg	89	0.4	110	410	50
Se	12	7	120	200	180
Co	260	70	44	62	3 500
Ni	6 600	280	980	1 200	13 000
Zn	58 000	360	8 400	10 000	25 000
Cu	71 000	190	2 600	2 600	11 000
Sb	690	10	380	340	1 000
V	190	650	2 100	1 900	20 400
Mn	92 000	6 100	3 200	3 000	160 000
Cr	23 000	580	940	720	17 000
Mo	830	11	510	310	700
Ti	10 000	35 000	5 200	2 700	840 000
Fe	600 000	280 000	110 000	49 000	9 900 000
Al	12 000	490 000	72 000	33 000	17 000 000
Pb	35 000	59	20 000	5 700	4 700
Sm		41	12	3	900
Ag	92	0.6	50	10	130
Sn	2 400	52	430		2 900

一切理论模型的提出最终是要对研究的问题进行模拟计算，不仅解释其过去和现在，而且能预报未来。全球变化问题也是这样。全球变化计划(IGBP)中与海洋有关的全球海洋通量联合研究计划(JGOFS)、海岸带海陆相互作用计划(LOICZ)、全球海洋真光层计划(GOEZS)、全球海洋生态系动力学研究等也不例外。但是，这已不在本书撰写内容的范围内，好在文献中已提供了大量参考资料，例如在文献(Mackenzie, *et al*, 1993)中对C,N,P的计算程序和方案，稳态时的储圈质量和逗留时间、通量和速率常数，以及模拟计算的方程等均已有详细提供，对此有兴趣者参阅之后不难实施。

思考题

1. 何谓海洋生物地球化学，分述与其相关的书刊出版状况，试举数例说明之。
2. 综述海洋生物地球化学近年来的进展概况。
3. 简述水、碳、氮、磷、硫和金属的全球循环。
4. 简述水、碳、氮、磷、硫和金属的海洋生物地球化学循环。
5. 简述我国海洋生物地球化学研究的概况及与国际先进水平的对比。

参考文献

1 张正斌，陈镇东，刘莲生，等. 海洋化学原理和应用——中国近海的海洋化学. 北京：海洋出版社，1999

2 Bolin B, Cook R B, eds. The Major Biogeochemical Cycles and Their Interact SCOPE Report 21. New York: Wiley, 1983

3 Garrels R M, Mackenize F T. A Quantitative Model of the Sedimentary Rock Cycle. Mar Chem, 1972, 1:27～41

4 Mackenzie F T, Lantzy R J, Paterson V. Global Trace Metal Cycles and Predictions. Math Geol, 1979, 2:99～142

第13章　海洋资源的利用与国民经济可持续发展

近几十年来,海洋对人类的生存与发展起着愈来愈重要的作用。一方面从资源的角度,海洋作为地球上尚未开发的资源宝库,其开发的可能性和现实性,不断地取得了证明;它在解决人类面临的能源、水和食物以及空间利用等一系列迫切问题正在逐步地发挥作用,并占有越来越重要的地位。另一方面,随着国民经济现代化发展和工业化程度的提高,全球环境发生大的变化,特别是温室效应和全球变暖、大气组成变化和臭氧层破坏、土地退化、森林锐减和物种灭绝,以及水资源日益缺乏等问题的出现,不仅严重影响国民经济的正常发展,而且开始涉及地球的可居性的重大科学问题。社会要发展,一是要有源源不断的资源或再生资源,二是要有人类赖以生存的合格环境。这对于我国这样一个人口大国和经济发展中国家来说,同样具有重大的战略意义。因此,我们必须在综合利用海水资源的同时,把污染与损耗降至最低。

13.1 我国海洋资源的利用现状

目前,我国海洋经济继续保持快速发展势头,海洋经济总量迈上新的台阶。海洋区域经济布局不断优化,海洋产业结构日趋合理,海洋高新技术产业发展迅速,海洋生态环境逐步改善,海洋开发秩序进一步规范。海洋经济在我国国民经济和社会发展中的作用日益突出。所谓海洋经济是指人类在开发利用海洋资源全过程中的一切生产、经营、管理(含环境保护)等经济活动的总称。人们开发利用海洋资源、发展海洋经济所形成的生产事业则称为海洋产业。

2001年全国海洋产业总产值为7 233.80亿元,占全国国内生产总值的3.4%。2002年全国海洋产业总产值为9 050.29亿元,同比增长9.2%。与以往相比,2003年全国海洋产业总产值首次突破1万亿元大关,达到10 077.71亿元,海洋产业增加值为4 455.54亿元,按可比价格计算,比上年增长9.4%,继续保持高于同期国民经济的增长速度,相当于全国国内生产总值的3.8%。海洋三种产业结构比例为28∶29∶43。海洋第一产业增加值为1 302.80亿元,增长6.4%;第二产业增加值1 221.88亿元,增长46.5%;第三产业增加值1 930.86亿元,下降3.8%,其原因主要是“非典”造成了滨海旅游业的负增长。海洋区域经济持续快速发展，其中长江三角洲经济区的海洋产业总产值最高，首次超过3 000亿元。图 13.1 和图 13.2 为我国近 3 年全国海洋产业的产值以及 2003 年产值结构的比重。

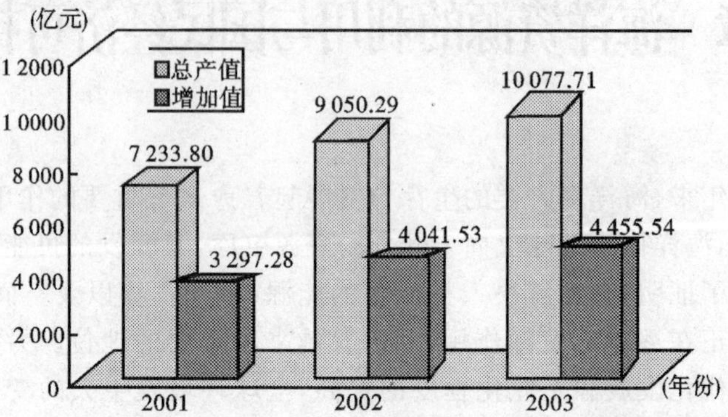

图 13.1 2001～2003 年全国海洋产业总产值和增加值(引自国家海洋局统计资料，2004)

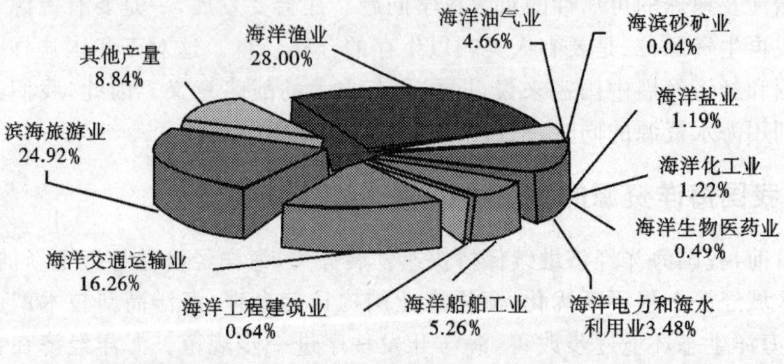

图 13.2 2003 年全国海洋产业总产值结构图(引自国家海洋局统计资料，2003)

我国海洋资源的利用情况为：

(1)海洋渔业包括海水养殖、海洋捕捞等活动。我国是世界渔业大国，海洋渔业产量连续多年保持世界第一。2001 年海洋水产业总产值2 256.56亿元，2003 年海洋渔业总产值2 821.66亿元，占全国海洋产业总产值的 28.0％，增加值比上年增长 6.4％，海水水产品产量增长 5.0％。山东省海洋渔业产值占全国海洋渔业产值的 25.3％，居全国首位。

(2)海洋交通运输业指海洋运输以及为海洋运输提供服务的活动。海洋交通运输业继续保持良好的发展态势，2001 年海洋货物周转量为 2.445×10^{12} t，比 2000 年增长 10.2％；沿海主要港口货物吞吐量 14.26×10^{8} t，比 2000 年增长

13.5%，2003 年营运收入达1 638.73亿元，占全国海洋产业总产值的16.3%，增加值比上年增长30.0%；沿海主要港口货物吞吐量比 2002 年增长17.9%，上海、宁波、广州、天津、青岛、大连、秦皇岛、深圳 8 个沿海港口的全年货物吞吐量超过亿 t。上海市海洋交通运输业营运收入占全国海洋交通运输业营运收入的 33.5%，继续保持全国第一。

(3)海洋油气业是指在海岸线向海一侧任何区域内进行的原油、天然气开采活动。我国海洋油气业是发展较快的海洋产业之一。2001 年油气工业总产值为320.68亿元，2002 年海洋油气业恢复增长趋势，油气工业总产值为360.53 亿元，比上年增长 11.6%。原油产量为 24.06×10^6 t，比 2001 年增长12.3%；海洋天然气产量 46.47×10^8 m^3，比 2001 年增长 1.6%；海洋原油出口量也增加 71.67×10^4 t，创汇额增加17 026万美元。2003 年我国海洋油气业总产值 469.37亿元，占全国海洋产业总产值的 4.7%，增加值比上年增长 28.4%；海洋原油产量 24.37×10^6 t，增长 1.3%；海洋天然气产量 43.69×10^8 m^3，下降 6.0%。其中广东省海洋油气业产值占全国海洋油气业产值的 49.0%，居全国首位。

(4)滨海旅游业指以海岸带、海岛及海洋各种自然景观、人文景观为依托的旅游经营、服务活动。我国国内滨海旅游业的蓬勃发展，已初具规模。因此，从 2001 年起在原基础上增加了沿海国内旅游收入的内容，其新增的国内旅游收入为1 796亿元，远远大于国际旅游收入；2003 年滨海旅游业由于受到“非典”的影响，出现了自改革开放以来的首次负增长，全年旅游收入为2 511.14亿元，占全国海洋产业总产值的 24.9%，比上年下降 12.0%。

(5)海洋船舶工业是指各种航海船舶(含渔轮)的制造和修理活动。我国造船业产量多年来一直稳居世界第三位。2001 年沿海造船业加大改革力度，取得显著成绩。在全行业机构改革减少 3 万余人的情况下，修造船完工量达 3.3 万艘，是 2000 年的 27 倍；沿海造船工业总产值达 292.72 亿元，比 2000 年增长 18.1%；2003 年我国造船业产量占全世界的份额首次超过 10%；海洋船舶工业全年总产值 529.97 亿元，占全国海洋产业总产值的 5.3%，增加值比上年增长 32.1%；全国修造船完工量为 3.65×10^6 t，增长 12.7%。上海市海洋船舶工业产值占全国海洋船舶工业产值的 24.0%，居全国首位。

(6)海盐和海洋化工业。海洋盐业指海水晒盐和海滨地下卤水晒盐等生产和以原盐为原料，经过卤化、蒸发、洗涤、粉碎、干燥、筛分等工序，或在其中添加碘酸钾及调味品等加工制成盐产品的生产活动。海洋化工业指以海盐、溴素、钾、镁及海洋藻类等直接从海水中提取的物质作为原料进行的一次加工产品的生产。我国海洋盐业产量近年来居世界第一。2001 年海盐产量 22.05×10^6 t，工业总产值为 90.99 亿元，比 2000 年增长 9.5%；2003 年海洋盐业总产值

119.71亿元，占全国海洋产业总产值的1.2%；海洋化工业全年总产值123.33亿元，占全国海洋产业总产值的1.2%，增加值比上年增长17.3%。天津市海洋化工业产值占全国海洋化工业产值的58.2%，居全国首位。

(7)海洋生物医药业指从海洋生物中提取有效成分，利用生物技术生产生物化学药品、保健品和基因工程药物的生产活动。目前海洋生物医药业发展势头良好，潜力巨大。2001年海洋生物制药和保健品业总产值为20.87亿元，增加值为6.63亿元；2003年总产值49.57亿元，增加值比2002年增长3.1%。浙江省海洋生物医药业产值占全国海洋生物医药业产值的58.5%，居全国首位。

(8)其他海洋产业是指中华人民共和国海洋行业标准《海洋经济统计分类与代码》HY/t052-1999中规定的(现有统计的主要海洋产业除外)所有海洋产业，如海洋石油化工、滩涂林业、海洋地质勘查业等。2001年其他海洋产业的总产值为428.51亿元，增加值为112.55亿元。

从全国的整体角度来看，近几年沿海各海洋经济区充分发挥区域优势，实行优势互补、联合开发，开始呈现海洋经济联合的趋势，区域海洋经济已初具规模。以2003年为例：①环渤海经济区海洋产业总产值的2 778.53亿元，占全国海洋产业总产值的27.6%。海洋渔业、滨海旅游业和海洋交通运输业三大支柱产业产值之和占本地区海洋产业总产值的66.0%。②长江三角洲经济区海洋产业总产值的3 398.87亿元，占全国海洋产业总产值的33.7%。滨海旅游业、海洋交通运输业、海洋渔业三大支柱产业产值之和占本地区海洋产业总产值的75.1%；同时，海洋生物医药业发展迅速，正在成为新兴的海洋产业。③珠江三角洲经济区海洋产业总产值2 112.00亿元，占全国海洋产业总产值的21.0%。滨海旅游业、海洋渔业、海洋油气业和海洋交通运输业四大支柱产业产值之和占本地区海洋产业总产值的65.3%。

13.2 海洋化学资源的综合利用

随着人类社会的发展，对水资源的需求将越来越大。高新技术的发展，使人类有能力从海水中获得包括淡水在内的一切资源。海水作为一种巨大的资源，将得到综合利用，将对未来人类的生产和生活带来深远影响。

海洋资源化学是应用前景诱人的研究领域。13.7×10^8 km^3 的海洋水体构成了地球上最大的连续矿体，覆盖着地球表面的71%，其总质量约为1.413×10^{17} t，平均深度约为3 800 m。其中，水的储量为1.318×10^{17} t左右，约为地球上总水量的97%；溶解的盐类，平均浓度可达3.5×10^{-2}($g\cdot g^{-1}$)，也就是说，1 km^3 的海水中即含有35×10^6万 t无机盐类物质。如果将海水中所有的盐类都提取出来，平铺在全部海洋的表面(约3.6×10^8 km^2)上，则此盐层的厚度将会超过 60 m；铺在地球的陆地表面(约 1.49×10^8 km^2)上，可增高 150 m。经监测并确认天然存在的元素已超过 80 种。海洋中有的元素或盐类对提供人类能源和发展近代农业等方面，有着潜在的重大战略意义。例如，用于国防和原子能发电的核燃料铀，海洋中的储量约 42×10^8 t，较陆地上的铀储量多 2 000倍；作为热核能源的锂和氘，海洋中分别含有 25×10^{10} t 和 23.7×10^{12} t；作为农业用钾肥资源的钾，海洋中储量达 500×10^{12} t 以上。另外，经过最近 30 年的探索，科学家在海洋中发现了一种新型能源——天然气(以甲烷为主)水合物。这是一种分布面积广、储量比地球上的石油天然气大得多的新能源，给在能源危机“山重水复疑无路”的人类带来了“柳暗花明又一村”的美好前景。海洋沉积相还产生着多金属结核和热液矿床，它们的巨额蕴量和拥有较高品位的锰、铁、铜、钴、镍、锌、银，具有很大的经济吸引力，它们的大规模开采和有效益的冶金分离，需要海洋地质学家、海洋工程学家和化学家共同作出努力。

总之，深入研究、开发和利用海洋中的化学物质和与之相关联的能源，对解决人类和社会发展中日益感到的能源不足、原料匮乏和淡水供应失调等紧迫问题，均有其现实和深远的意义。

13.2.1 海水淡化

海水淡化又称海水脱盐，是除去海水中盐分以获得淡水的工艺过程。其方法有两类：①从海水中取出水，例如蒸馏法、反渗透法、水合法、溶剂萃取法和冰冻法等；②除去海水中盐分，例如电渗析法、离子交换法和压渗法等。

1872 年，智利出现世界上第一台太阳能淡化装置，日产淡水 2 t。1898 年俄国巴库日产 1 230 t 的多效蒸发海水淡化工厂投入运转。第二次世界大战期间，由于舰艇和岛屿军事的用水需要，海水淡化的方法、规模和数量都有所发展。20 世纪 50 年代，因工农业发展、人口增长、城市缺水等原因，海水淡化作为开发新水源的一种途径被郑重提出，并获得迅速发展：1954 年电渗析海水淡化装置问世；1957 年，Silver 和 Frankel 发明了闪急蒸馏法，使海水淡化进入了大规模实际应用的新阶段；1960 年反渗透法从理想变成现实。据 1980 年统计，全世界淡化装置总造水量为 2.6554×10^8 $t\cdot a^{-1}$，其中 75.9％是通过蒸馏法，其余主要是通过电渗析法和反渗透法。近 10 年来，海水淡化技术已有突破性的进展，一些发达国家的沿海化工基地和火电基地，广泛与海水淡化企业相结合，组成联合企业，既解决了工业用水，又利用了工业余热。一些中东国家因缺乏淡水资源，如沙特阿拉伯和科威特就建有许多大型海水淡化厂，以满足一个城市或一个地区的供水，有的还能满足农业灌溉和美化城市的需要。在我国，海水淡化技术通过攻关也有了长足的进步，并在反渗透技术和电渗析技术的应用上取得突破性进展。

13.2.1.1 蒸馏法

海水淡化中蒸馏法是最为有效的，利用火电厂的余热作为海水淡化的能源，发电与海水淡化合为一体，使设备造价和基建费用大幅度降低，造水成本大约降低了50%。蒸馏法中最常用的为多级闪急蒸馏，它是在一定压力下，把经过预热的海水加温至某一温度，引入第一个闪蒸室，此室降压较低可使海水急速汽化，即闪急蒸发。产生的蒸汽在热交换管外冷凝成淡水，而留下的海水温度降到相应的饱和温度。温度降低所放出的湿热，供给为闪蒸所需的汽化潜热。依次将浓海水引入以后各闪蒸室逐级降压，使其再闪急蒸发，再冷凝而再得淡水。其原理如图13.3所示。闪蒸室的个数称为级数，一般装置要几十级。图13.4是循环式多级闪蒸流程图。

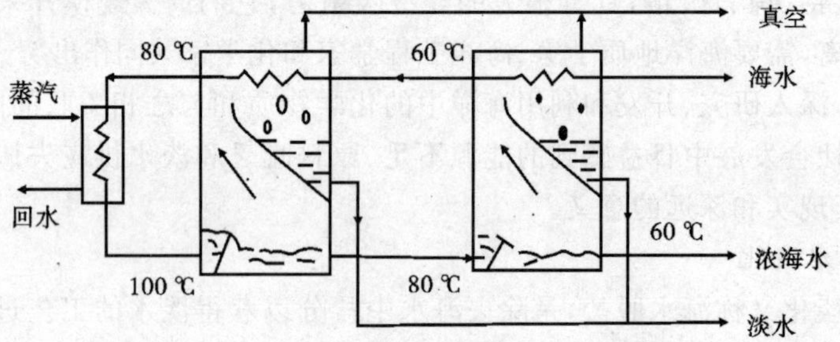

图 13.3 多级闪蒸原量(引自张正斌等，1999)

多级闪急蒸馏设备简单、操作方便，结垢危害小，不需要高压蒸汽为热源。缺点是海水循环量大，生产1t淡水需循环12～14 t海水，因而泵的动力消耗大。但多级闪急蒸馏不需要高压蒸气为热源，特别适用于与热电厂相结合的大型海水淡化工厂。从海水综合利用出发，若将“滨海核电厂—多级闪急蒸馏淡化厂—浓海水的无机盐化工厂”综合生产建厂，将是一种现实可行的较为经济的生产系统的方案。

13.2.1.2 反渗透法

该项技术由于膜技术的飞跃发展和经济上的明显效益而受到人们的重视。其装机容量已达到世界淡化装置的20%，仅次于蒸馏技术，占第二位。

反渗透法是用渗透过程的逆过程方法淡化海水。海水的渗透压约为2.5 MPa，要使海水反渗透，施于海水的压力必须高于此压力。通常采用的操作压力为海水渗透压的2～4倍。反渗透膜是反渗透淡化海水研究的核心，它要求透水率和脱盐率高，抗压性能好等。研究的比较成熟的渗透膜，主要包括醋酸纤维素膜和芳香聚酰胺膜以及由此发展的高性能复合膜、中空纤维膜等。反渗

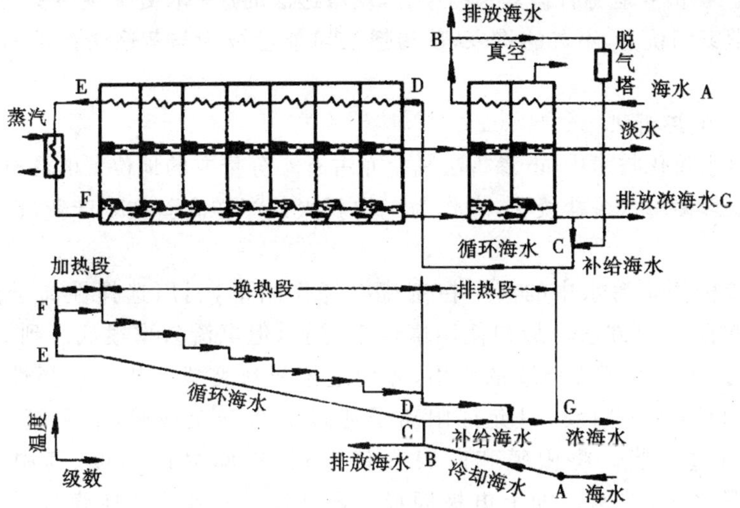

图 13.4　循环式多级闪蒸流程图(引自张正斌等,1984)

透装置有各种形式,例如图 13.5 中(a)内压管式、(b)外压管式和(c)中空纤维式,以及平板式、螺旋卷式等。

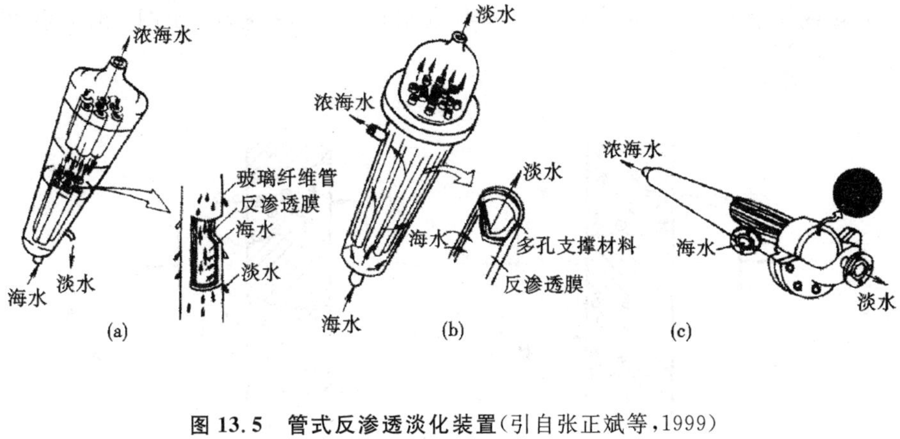

图 13.5　管式反渗透淡化装置(引自张正斌等,1999)

反渗透淡化法自 1953 年问世以来,在海水淡化工艺中发展非常快,到 20 世纪 90 年代初,全世界每天用这种方法生产的淡水已达到 4.11×10^6 t,仅次于用蒸馏法制取的淡水量。反渗透法的最大优点是节省能源。根据统计比较,淡化同等质量的海水,反渗透法的能源消耗量只有电渗析的一半左右,是蒸馏法的 1/40。在世界能源日益紧张的今天，反渗透法的这一长处无疑很受人们的青睐。科学家们认为，不久的将来，反渗透法可能会成为与蒸馏法并重的海水淡化方法。

13.2.1.3 电渗析法

在海水淡化技术中，电渗析法脱盐亦占有十分重要的地位。电渗析法是用电解的原理使海水脱盐淡化，它作为一种新兴的海洋高新技术产业，已经初步形成。

电渗析法是海水中的离子在直流电场作用下，利用选择性离子交换膜进行海水淡化的方法。最初使用惰性半透膜，但电流效率很低。到 20 世纪 50 年代选择性离子交换膜的应用，才使电渗析法变成实用。选择性离子交换膜有两种：即①阳膜，只允许阳离子通过的离子交换膜；②阴膜，只允许阴离子通过的膜。将阳膜和阴膜交替排列，中间衬以隔板（其中有水通过），夹紧之后，在两端加上电极即成。图 13.6 是离子交换膜选择性透过示意图。图 13.7 是电渗析法淡化海水原理图。在装置两端有两块极框（图 13.8）在电极附近，以引进或引出淡水和浓海水，并排出气体。图 13.9 是一种组装的电渗析淡化器图。当海水流经电渗析器时，在直流电的作用下，阴离子透过阴膜间阳极迁移，途中被阳膜挡住去路，被水流冲洗而出；阳离子通过阳膜向阴极方向迁移，途中被阴膜挡住去路，也被水流冲出。透过阳膜或阴膜的水为淡水，从另一半流出的水为浓海水，如图 13.7 和图 13.9 所示。

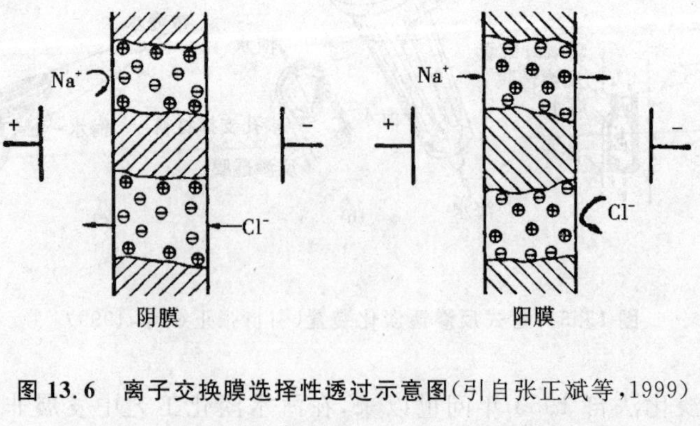

图 13.6　离子交换膜选择性透过示意图（引自张正斌等，1999）

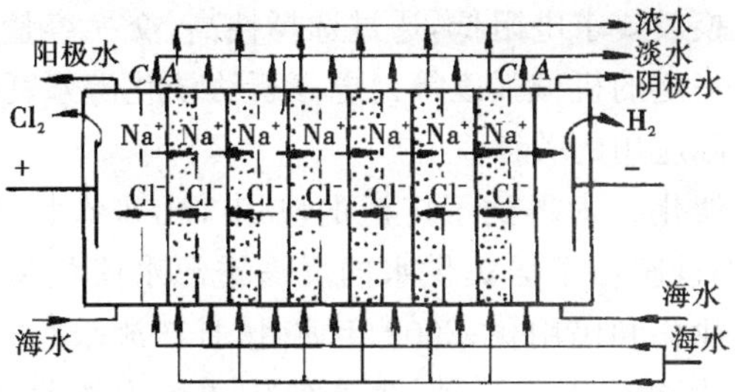

图 13.7　电渗析淡化海水原理示意图(引自张正斌等,1999)

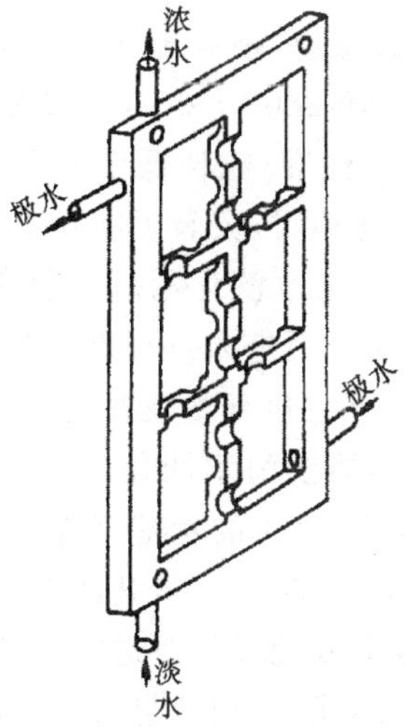

图 13.8　极框(引自张正斌等,1999)

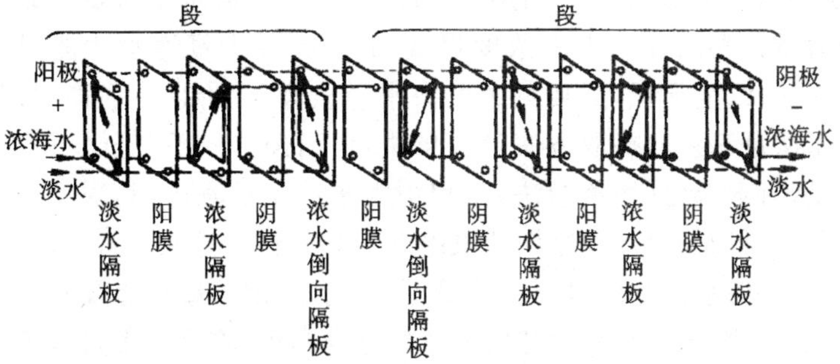

图 13.9　电渗析淡化器组装顺序(引自张正斌等,1999)

选择性离子交换膜要求电阻低，透过选择性高，交换容量大和水的电渗小，化学稳定性高和有一定的机械强度等。电渗析法淡化海水耗电量大，因此如何降低电耗是能否实际应用的关键。

目前我国海水淡化技术得到了广泛的应用。山东省长岛县日产千吨级海水淡化装置，是我国首座用于居民供水的反渗透海水淡化装置，使我国海水淡化事业开始走向产业化和民用化；2002 年 8 月，日产淡水3 000 t 的海水淡化示范工程在青岛黄岛发电厂正式启动，生产的优质纯净饮用水成本每吨低于 5 元，这标志着低温多效海水淡化这一高新技术已转入产业化生产阶段。而荣成市石岛万吨级海水淡化项目的投产，表明我国反渗透海水淡化的工程技术水平已达到了国际先进水平。“山东省荣成市万吨级反渗透海水淡化示范工程”一期工程于 2003 年 11 月调试成功，顺利出水。经测定，额定5 000 $t \cdot d^{-1}$单机(25 ℃)在 17 ℃时产水量已达5 280 $t \cdot d^{-1}$，出水含盐量仅为 160 $mg \cdot dm^{-3}$，优于国家 500 $mg \cdot dm^{-3}$的水质标准，能耗低于 3.8 度。该项目是目前国内首套最大的万吨级反渗透海水淡化项目，突破了国际上5 000 t 为单元的大规模海水淡化工程技术。万吨级反渗透海水淡化示范工程的建成，将大大提高我国的膜工程技术水平，使我国膜技术应用进入一个新的发展高潮。2004 年初，在天津海晶集团塘沽盐场建成了日产1 000 t 的反渗透海水淡化科技示范工程，产出优质淡化水，并且日产万吨的蒸馏法海水淡化工程也将投入实际应用，形成产业化。预计到 2007 年，日产 10×10^4 t 的示范工程将产生。万吨级反渗透海水淡化系统是目前国际上最具代表性的海水淡化系统，特别是5 000 $t \cdot d^{-1}$单机，它的研制成功将为建立日产数十万吨级反渗透海水淡化系统扫清了技术障碍，具备了竞争国际海水淡化市场的能力，构建起与国际接轨的技术平台。

13.2.2 盐化工

海水中化学资源的开发大致可分成三部分：①海水淡化——水资源开发利用；②海水中常量元素的开发利用——海盐工业；③海水中微量元素的开发利用。其中微量元素因在海水中浓度很低，必须处理大量海水才能得到少量产品。不言而喻，浓度愈低，需要处理的海水量愈大，代价也就愈高。因此，目前海水中若干微量元素的提取方法已经解决，但因经济效益甚低，不宜进行工业开发。但是，海水淡化(如蒸馏法)过程中需排放大量海水，其浓度比天然海水要高得多(约 2 倍左右)。以这样的浓缩海水为原料来提取无机产品，就有利得多了。所以，在海水淡化大规模发展之后，海水淡化—海水常量元素开发工业(即海盐工业)—海水微量元素开发工业的综合利用，将是一个具有吸引力的海水资源开发利用和工业化方案。我国海水和海水化学资源利用已形成了海盐生产、海水淡化、海水有用元素提取与海水直接利用四个开发领域。本小节主要介绍一下海水制盐和海水中钾、镁、溴的综合利用。

13.2.2.1 海盐工业——海水制盐

1. 海盐生产

我国海洋盐业主要集中在北部海区，如辽宁盐区、长芦盐区、山东盐区、江苏盐区都分布在长江口以北等。北部盐田的面积、产量、产值，分别占全国海盐生产的 85.09%，80.46%和 85%。我国海盐产量一直居于世界前列，最近几年年产量稳居世界第一位。从 1978 年以来，盐业生产的面积不断扩大，由 2.7×10^{11} m^2 增加到 1997 年的 3.0×10^{11} m^2，其中山东省占有率近 29%。在 20 世纪 50 年代至 60 年代中期，海盐产量年均 700 余万吨；20 世纪 60 年代中期至 20 世纪 70 年代末，年均产量约 10×10^6 t；在 20 世纪 80 年代，平均年产量提高到 13.0×10^6 t 左右；从 1991 年至 1997 年的 7 年里，年产量增加到 21.14×10^6 t，两者增加了近 40%。我国的海盐生产不仅解决了生产生活的需要，而且还有一定的剩余。表 13.1 是海水生产某些无机化学物质的产量。海水制盐一般采用蒸发法和电渗析法。

表 13.1　由海水生产的若干无机化学物质

产　品	世界年产总量 ($\times10^4$ t)	由海水年生产量 ($\times10^4$ t)	占总质量的百分比(%)	海水生产的年产值 (10^6 美元)
食　盐	13 887.4	3 910.0	29	280.0
金属镁	20.1	12.1	60	77.0
氧化镁	1 090.0	66.0	6	48.0
溴	13.2	3.6	27	20.0
淡　水	33 800.0	28 400.0	84	75.0

2. 蒸发法

利用太阳能为热源的浅池蒸发法是海水制盐的传统方法。随着海水的不断蒸发，各种溶解的盐类按溶解度的不同相继析出。

真空制盐是在减压下人工蒸发卤水制盐。此法主要用于浓缩地表或地下的天然卤水和水溶法开采矿盐所得的人工卤水。

3. 电渗析法

电渗析法是 20 世纪 70 年代工业化的制盐方法，目前年生产能力逾百万 t。电渗析制盐包括三步：海水预处理、电渗析浓缩和真空结晶。其中心是电渗析浓缩，具体装置如图 13.10 所示。它由多对离子交换膜组成，阴膜只让阴离子通过，阳膜只让阳离子通过。当在正、负极上把电位梯度施于电渗析膜堆时，在相间的隔室中离子浓度就分别增加或减少，浓缩水用于制盐。

图 13.11 是电渗析法制浓盐水的一种流程。典型的膜是二乙烯基苯交联的聚苯乙烯膜。浓盐水经真空结晶而得产品。

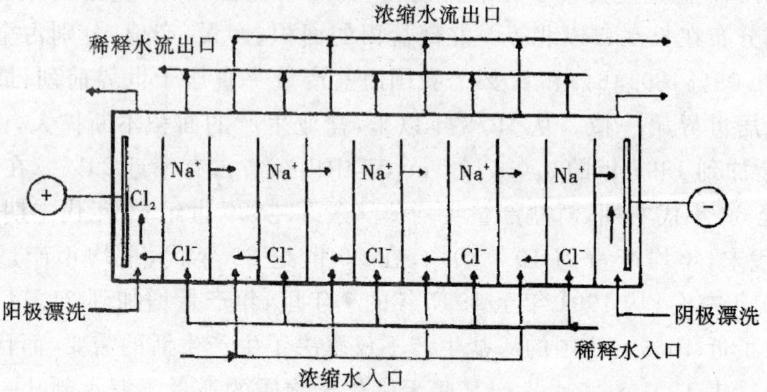

图 13.10 电渗析法制浓盐水装置的原理图(引自张正斌等，1999)

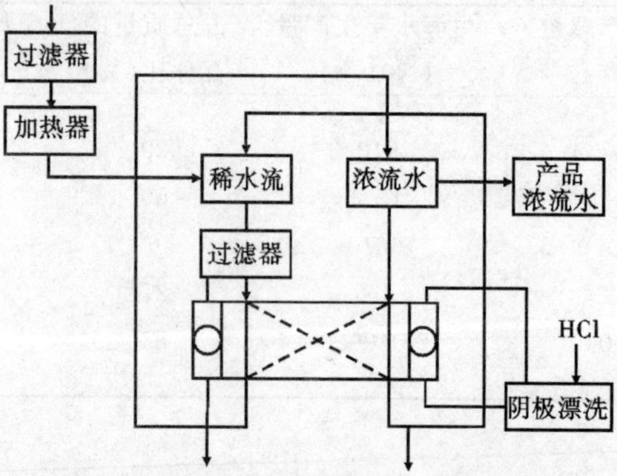

图 13.11 电渗析法制浓盐水的流程图(引自张正斌等，1999)

13.2.2.2 海水提钾

海水中含有大量的钾，总储量约 1.2×10^{15} t。海水提钾虽早在 1915 年已由盐田苦卤生产 KCl，但因种种原因，海水提钾尚未形成工业化，主要有以下原因。

(1)海水中 K^+ 的含量低于 Na^+，Mg^{2+}，Ca^{2+}，在四者总量中仅占 2%。因此不适合用沉淀法提钾。因沉淀剂都有一定溶解度，在提钾的同时造成沉淀剂不可忽视的流失。

(2)海水成分复杂，与 K^+ 共存的 Na^+ 的含量不仅高(Na^+ 含量是 K^+ 含量的

30 倍)，且离子交换性质又很相似，难以用一般的离子交换法将两者分离。

(3)因为 90%的钾用做肥料，提取过程必须相当经济，否则经济上不合算。

1. 由盐田苦卤生产 KCl

苦卤提钾包括兑卤、蒸发、保温沉降、冷却结晶、光卤石分解、粗钾洗涤等，流程如图 13.12 所示。后来，此法又经硫酸钙复盐法、高氯酸盐沉淀法、氨基三磺酸钠法、氟硅酸盐法等一系列改进，使之应用到浓缩海水和盐湖水提钾中。

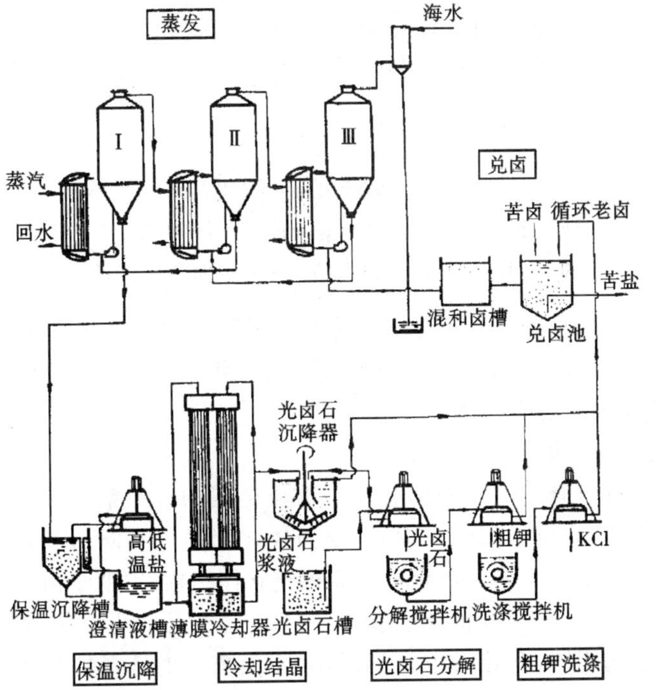

图 13.12　盐田卤水提钾流程图(引自张正斌等，1999)

2. 二苦胺法海水直接提钾

二苦胺法海水提钾法属沉淀法。二苦胺即六硝基二苯胺(缩写为 HDPA)，化学结构为

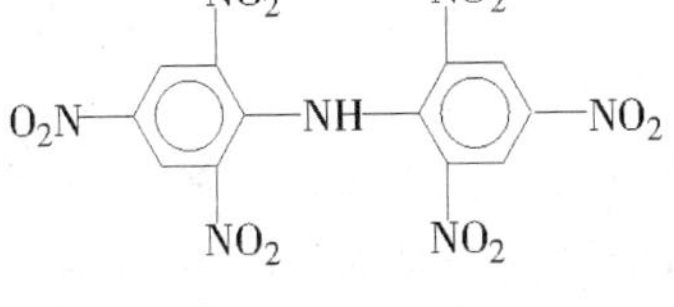

它的钾盐(KDPA)难溶于水,故可用于海水中钾的富集。此法的反应式如下:

(1)制备可溶性二苦胺盐

$$2HDPA + Mg^{2+} \longrightarrow Mg(DPA)_2 + 2H^+$$
$$2HDPA + Ca^{2+} \longrightarrow Ca(DPA)_2 + 2H^+$$

(2)可溶性二苦胺盐沉淀钾离子

$$Mg(DPA)_2 + 2K^+ \longrightarrow 2K(DPA)\downarrow + Mg^{2+}$$
$$Ca(DPA)_2 + 2K^+ \longrightarrow 2K(DPA)\downarrow + Ca^{2+}$$

(3)酸解二苦胺钾盐,使 HDPA 再生

$$K(DPA) + HNO_3 \longrightarrow KNO_3 + HDPA\downarrow$$
或 $$K(DPA) + HCl \longrightarrow KCl + HDPA\downarrow$$
或 $$2K(DPA) + H_2SO_4 \longrightarrow K_2SO_4 + 2HDPA\downarrow$$

二苦胺法海水提钾的优点是选择性好、提钾效率高,缺点是价格昂贵、有毒性污染。故在 1950～1953 年荷兰建厂后,1955 年 7 月停产。此法至今仍在不断改进中,尚未实现工业化生产。

3. 沸石法海水提钾

沸石是一种含有结晶水的碱金属和碱土金属的硅铝酸盐。沸石的基本结构是硅氧四面体,硅位于四面体中心,四面体之间通过共同顶点氧原子(氧桥)互相连接而成削角八面体。之后相互堆积成立体结构,它似乎由一个个环堆积而成,环中心是个孔洞。孔的半径由几个 10^{-10} m 至十几个 10^{-10} m 或更大。不同的沸石结构不同,孔腔大小也不同,对不同离子的选择性交换性能也就不同。

海水提钾用的沸石,例如我国的天然斜发沸石的化学组成为 $Ca(NaK)_4[(A1O_2)_6 \cdot (SiO_2)_{30} \cdot 24H_2O]$的骨架中,$Ca^{2+}$ 不易被交换,为了提高对 K^+ 的交换量,使用前先转成易于交换的 Na 基型:

$$Ca-[Z] + 2Na^+ \rightleftharpoons Na_2-[Z] + Ca^{2+}$$
$$Na-[Z] + K^+ \rightleftharpoons K-[Z] + Na^+$$

沸石吸钾后,用 95 ℃的饱和 NaCl 溶液洗脱。此方法流程反应能耗很大。

13.2.2.3 海水提镁

海水中镁的总储量约为 2.1×10^6 亿 t。海水中镁的质量分数为 0.13%,具有开发的经济价值。目前世界镁产量的 60%来自海水。除大规模的 NaCl 生产

外，Mg 和 Mg 的化合物是海洋化工产品中的主要品种。目前社会需要的镁和镁化合物大部分来自海水。我国 20 世纪 80 年代的氧化镁年产量约 20×10^4 t 多一点，进入 20 世纪 90 年代年产量浮动在 $(30\sim40)\times10^4$ t 之间，1997 年的产量为 37.6×10^4 t。

1. 金属镁

工业规模海水制镁方法是：由海水中沉淀 $Mg(OH)_2$，转化成 $MgCl_2$，再电解即得金属 Mg 和 Cl_2。图 13.13 是金属 Mg 电解槽的示意图。正(+)极(阳极)为石墨，负(—)极(阴极)为不锈钢板。为防止生成的 Cl_2 和 Mg(金属镁)发生二次反应生成 $MgCl_2$，两极间置有隔板。例如把石墨装在有微孔的陶管中，电解产生的氯如图所示排出，电解温度 700 ℃。为防止电解池上部熔融态镁被氧化，如图所示在其上缓慢地通入氢气流。电解质是无水 $MgCl_2$，故电解前把 $MgCl_2\cdot6H_2O$ 脱水得到无水 $MgCl_2$ 是生产 Mg 的关键。

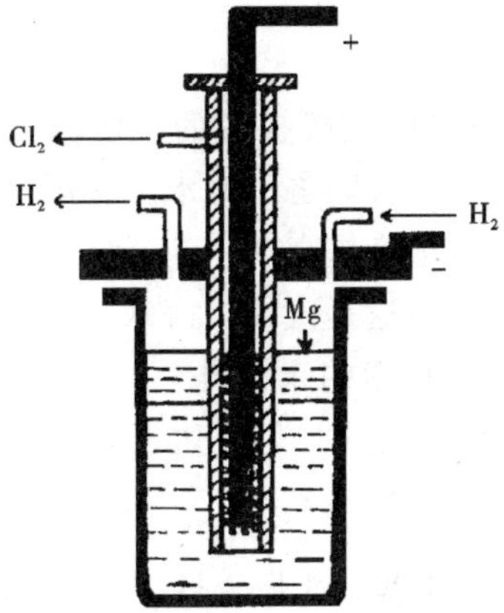

图 13.13 制镁电解图解(引自张正斌等，1999)

除电解法制镁外，还有热还原法，以碳或硅铁为还原剂。热碳还原法反应为

$$MgO+C \rightleftharpoons CO+Mg,\Delta H=156\times4.184\ kJ$$

另一个是硅铁还原法：

$$2MgO+2CaO+Si \rightleftharpoons Ca_2SiO_4+2Mg,\Delta H=131\times4.184\ kJ$$

热还原法的优点是工艺流程简单，缺点是设备操作复杂，成本不比电解法低。在我国都用电解法提取金属 Mg。

2. 海水镁砂

镁砂是有一定纯度、密度和强度的氧化镁晶粒。因其熔点高，在高温下仍能保持大的机械强度和耐熔渣侵蚀，故是炼钢和其他金属冶炼工业的重要耐火材料。纯度在98%以上的MgO经电解后，熔点可达2 800 ℃，是耐超高温的材料。MgO纯度达99.7%，更可满足某些冶金工艺的特殊需要。目前，海水镁砂生产已占全部镁砂生产的80%，年产量300多万吨。图13.14是海水镁砂生产流程示意图。海水镁砂生产中，降硼是个关键，硼会导致镁砂的耐高温性能的显著下降。

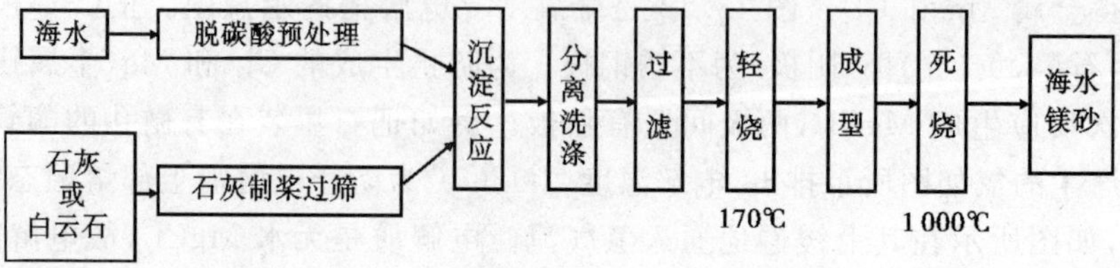

图13.14　海水镁砂生产程序示意图(引自张正斌等，1999)

13.2.2.4 海水提溴

Br是早在1825年自海水中直接提得的。地球上99%的Br存在于海水中，目前世界Br产量的60%左右取之于海水。我国Br的工业生产，曾以海盐或井盐的卤水为原料，比海水浓度提高30～50倍，方法是蒸汽蒸馏法和管塔制Br。但目前主要是空气吹出法，这是直接以海水为原料的"海水提溴"方法。图13.15是Ethyl-Dow法海水提溴的流程图。

空气吹出法的基本原理是：用Cl_2气氧化预先酸化的海水，使Br^-氧化成单质Br_2：

$$Cl_2 + H_2O \rightleftharpoons HOCl + Cl^- + H^+ \qquad K_1 = 5\times10^{14}$$

$$HOCl + Br^- \rightleftharpoons HOBr + Cl^- \qquad K_2 = 2.95\times10^{-3}$$

$$HOBr + H^+ + Br^- \rightleftharpoons Br_2 + H_2O$$

从第三步放出Br_2的反应看，加酸有利于反应进行。故通入Cl_2气前，海水必须先酸化。通常生产1 t Br_2要消耗2t浓硫酸。被空气吹出的Br_2一般用碱吸收法和酸吸收法吸收。例如在酸吸收法中，以SO_2为吸收剂：

$$Br_2 + SO_2 + 2H_2O \longrightarrow 2HBr + H_2SO_4$$

吸收液中HBr的质量分数接近20%，即已将海水中Br浓集3 076倍。然后再按图13.3.11流程，把它移入蒸出塔，用相当摩尔的氯由溶液中释放出Br_2，最后用水蒸气把溶液加热近沸腾，使Br_2全部逸出，冷凝后即得液态Br_2。流程图13.15中还与生产抗震燃料添加剂二溴乙烷结合在一起。

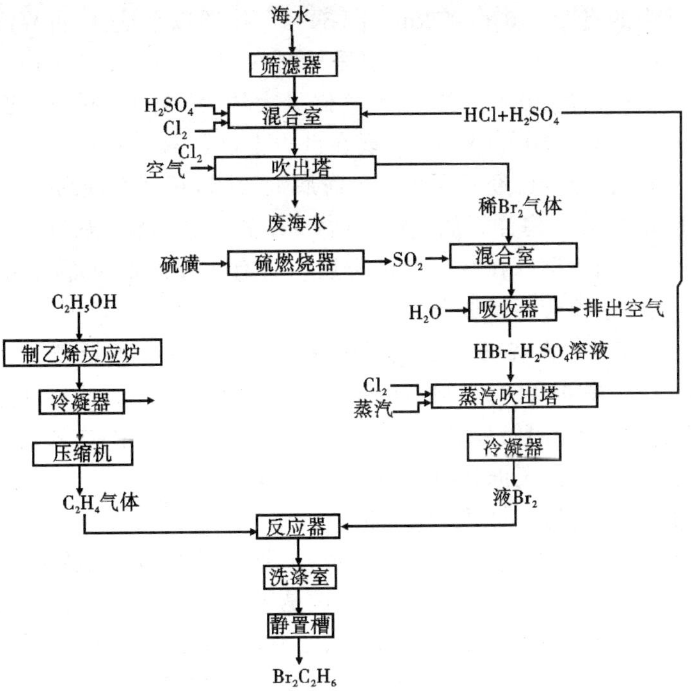

图 13.15　Ethyl－Dow 法海水提溴的流程图(引自张正斌等,1999)

13.2.3 海洋油气资源开发和生产

石油和天然气对国民经济的发展至关重要。就经济价值而言,石油和天然气占目前人类已开发矿产资源总价值的 48%。由于油气的需求量日益增长,世界各国在深入勘探陆地油气资源的同时,相继开展海域的油气勘探。毫无疑问,随着我国海洋油气的进一步勘探和开发,海洋油气的产量必将逐年增长,完全可以预计海洋油气定将在国家制定的"稳定东部、发展西部"的油气能源政策中占有更加重要的地位。

1. 世界海洋油气田储量

根据有关资料,总体来看,全世界可以开采的石油约有 27×10^{10} t,扣除已开采和经过勘探证实的,目前尚未找到的超过 10×10^{10} t,其中有 1/3～1/2 蕴藏在海底。但是,目前不同的专家和机构关于世界油气资源量的估计并不完全一致。据法国石油研究所估计,世界石油资源极限储量 10×10^{10} t,可采储量 30×10^{10} t,其中海上石油可采储量 13.5×10^{10}t;美国专家 L·D·威克斯认为,世界石油可采储量 31.5×10^{10} t,其中海上石油可采油气远景储量 11×10^{10} t。据美国M·T·Hailbouty 估计,世界油气远景沉积盆地面积 77.46×10^6 km^2,其

中位于海域中的有 $26.40\times10^6\ km^2$，占 34%。按照以上估计，世界海上海油资源量大约在$(30\sim40)\times10^{10}$ t 左右，可采储量在$(11.0\sim13.5)\times10^{10}$ t 之间，占世界石油可采储量的 40%左右；天然气储量大约为 $140\times10^{12}\ m^3$，已探明储量分别为 400×10^8t 和 $30\times10^{12}\ m^3$。现在世界上已经有 100 多个国家和地区从事海上油气开发，至今已经发现数百个海底油气田，年产石油约 9.5×10^8 t，占世界石油产量的 1/3，海洋天然气产量达4 420多亿立方米。从这一组数字可以明确看出：海洋油气资源在社会经济发展中具有重要的地位，随着陆地矿产资源的消耗，这种地位会不断加强。

从地区分布看，世界海上油气资源储量主要集中在波斯湾、黑海、几内亚湾、马拉开波湖、墨西哥湾、加利福尼亚海岸等几个地区。这些地区的油气资源总储量占全部海上探明储量的 80%。在未探明的油气区中，主要集中在北极地区、南极地区、非洲、南美洲和澳大利亚周围海域。

2. 中国近海油气田勘探开发现状

中国近海陆架区面积约 $1.3\times10^6\ m^2$，主要发育 10 个中、新生代沉积盆地，盆地总面积约 $83\times10^8\ m^2$。其中渤海海域是华北含油气盆地的组成部分之一，其油气成藏地质条件和周边地区的胜利、辽河、大港油田一样，有巨大的油气资源潜力，预测资源量可达 97×10^4 t。但渤海大油田的勘探开发在地质构造、环境条件等方面存在众多亟须解决的技术难点，要解决这些问题，亟须突破制约海域油气勘探、钻井、开发、工程建设及安全保障等方面的关键技术。目前在这些领域虽取得了一定进展，但油田勘探开发中存在的技术瓶颈，制约了海洋油气资源勘探开发的发展速度和技术水平的提高。

针对渤海大油田勘探开发中所遇到的技术难题，如何保障石油安全摆在了我们面前。我国在“十五”期间将投资 8.2 亿元，用于“渤海大油田勘探开发关键技术”的攻关，该技术可成为渤海大油田的年产石油能力由 2001 年的 5.6×10^6 t 上升到 2005 年的 21×10^6 t 的关键技术，也是我国“十五”期间 24 个国家高技术研究发展计划的重大专项之一。该重大专项旨在通过高精度勘探技术、三维轨迹闭环钻井技术和海上工程安全保障技术等关键技术的突破，形成具有我国自主知识产权的近海油气勘探开发成套技术，带动我国近海油气资源的高效开发和相关产业的发展。预计到 2005 年，中国海上石油年产量将达到40×10^6 t，其中渤海石油年产量将由目前的 3.58×10^6 t 提高到 20×10^6 t，成为海上第一大产油区。

2000 年，我国海洋油气田勘探取得重大进展：渤海发现有 4 个商业油气田；南海东部海域发现一批很有潜力的构造，发现的油气储量不断增加；南海西部海域是天然气勘探的主战场，天然气勘探展示出良好的勘探前景。

3. 渤海地区油气田分布

渤海是我国海上油气勘探开发最早的海区，渤海湾地区油气资源丰富，渤海海域周围陆地部分油气田叠加连片。东北部有辽河油田、北部有冀东油田、西部有大港油田、西南部有胜利油田。渤海海域的构造单元与周围地区紧密相连(大部分构造单元都是陆区构造单元的延伸)，海域面积相当于胜利、辽河、大港、冀东油田的总和，海域的资源潜力巨大，目前海域部分发现的油田如图13.16所示。

其中蓬莱 19－3 油田位于渤海南部海域 11/05 区块，如图 13.17 所示，距山东省龙口海岸以北约 80 km，于 1999 年 7 月发现，构造面积 67 km^2，地质储量 6×10^8 t，海域水深 20 m 左右，石油埋藏在 900～1 400 m 深度之间，是一个油藏埋藏较浅、油水系统复杂、原油密度及稠度较大、高丰度、高产能的大型海上油田，具有巨大的经济价值。蓬莱 19－3 油田是继大庆之后的中国最大整装油田，也是我国近 10 年来海陆新发现的最大单个油田。它的发现，成为渤海油田年产超千万吨原油的奠基石，为中国“稳定东部、发展西部”石油战略的推进，注入了新的动力。

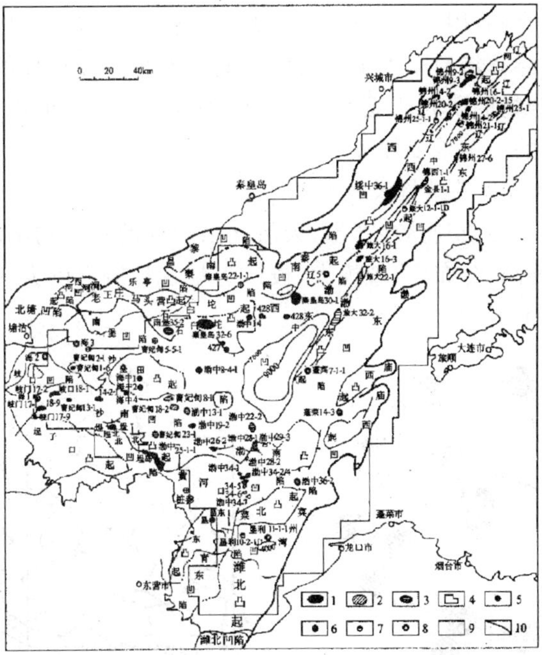

图 13.16　渤海海域主要油田分布(引自刘怀山等，2003)

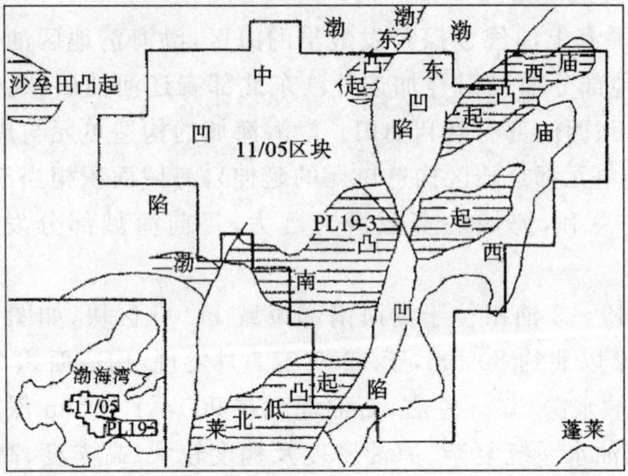

图 13.17　蓬莱 19－3 油田的位置(引自刘怀山等,2003)

13.2.4 天然气水合物——人类未来的新能源

人类一直在担心,地球上的石油天然气用完之后,用什么作为替代能源,是核能,太阳能,还是其他什么类型能源?1965 年科学家在西伯利亚油气田首次发现了天然气水合物(因为以甲烷为主,亦称甲烷水合物)。1979 年也发现在美国东海岸的大西洋海域与东太平洋的中美洲海槽也存在这样的天然气水合物。此后,天然气水合物的研究便成为受美国科学基金会控制的深海钻探计划和后续大洋钻探计划的一项重要任务。

1. 天然气水合物的结构及其分布

从物理与化学性质到储存产出,天然气水合物的特征均不同于传统油气矿藏,因其能量密度高、分布广、规模大,被认为是一种潜力巨大的新型能源,其分子结构如图 13.18 所示。

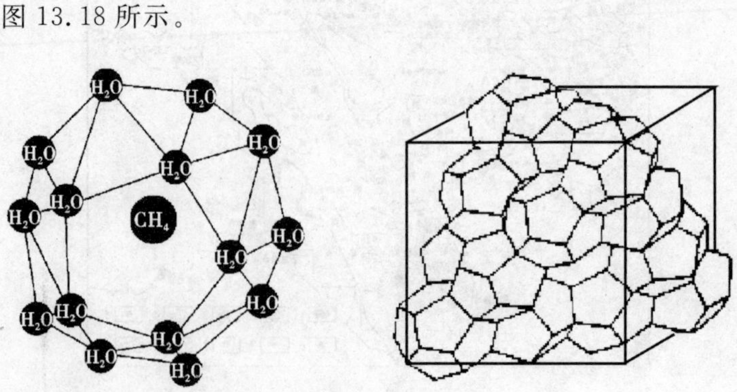

图 13.18　甲烷笼聚体的立体结构(引自 Sloan,1990)

天然气水合物是甲烷、乙烯等气体和水在低温(0～10 ℃)、高压(50 kPa 以上)下形成的固态物质。大家知道，海洋沉积物中含有许多有机物质，它们在细菌的降解作用下，会生成大量的甲烷、乙烯等可燃气体。这些气体和沉积物中的水混合，如果压力达到 5 MPa(水深大于 500 m)以上，它们会生成一种像冰一样的固态物质，保存在海底沉积物中，这就是天然气水合物。有人称它为“固体瓦斯”，还有人称它为“可燃冰”。

地球表面面积的 71％为海洋，水深大于 500 m 的海洋占海洋面积的 85％以上。因此，具有可生成天然气水合物条件的海洋面积是巨大的，这意味着其储量非常巨大。据估计，世界各大洋中天然气水合物的资源总量换算成甲烷气体约为$(1.8\sim2.1)\times10^{16}$ m^3，相当于全世界已知煤炭、石油和天然气等能源总储量的两倍。按1 000 m^3 天然气相当于 1 t 石油计算，其资源量为 2×10^{13} t 油当量。美国目前每年消耗 5×10^8 t 石油，其东海岸外大西洋中的布莱克海台的天然气水合物的储量足够美国用 100 年！

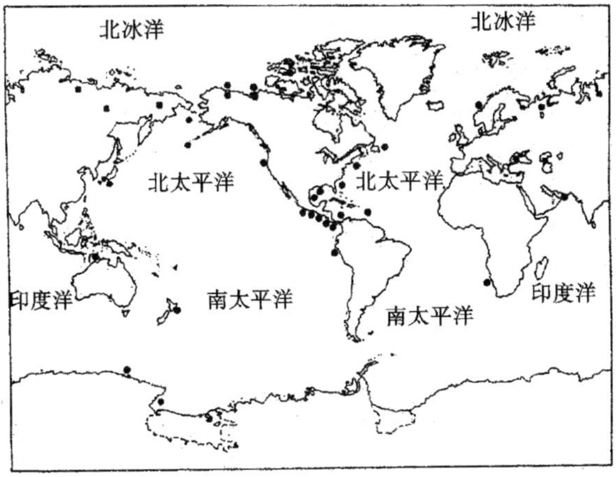

图 13.19　全球天然气水合物分布图(引自史斗等，1990)

图 13.19 是全球天然气水合物的分布图，图中黑点所标明的是可能或已经被证实的有天然气水合物存在的地点。

2. 天然气水合物的开发现状及其环境效应

由于天然气水合物的储量巨大，并且是一种洁净的能源，所以，美国、日本、俄罗斯、加拿大、英国、法国、澳大利亚、印度等国先后开展了调查和研究，21 个世纪初期将进入开发阶段。我国南海具有形成天然气水合物的地质构造条件，我们必须尽快加强调查和研究，为我国在21世纪寻找出这种新型的、洁净的能源。

实践证明，开发天然气水合物并不困难。西伯利亚气田甲烷的开采表明，目前的开发技术是可行的。但是从天然气水合物中开发大量的甲烷将对环境带来什么样的影响，已引起很多国家的政府和科学家的关注，关注的焦点集中在地质灾害和对气候的影响。

天然气水合物决定着沉积物的物理特性，因此影响着海底的稳定性。它在一定的压力和低温条件下是稳定的，如果压力减小或温度增加就可能造成甲烷水合物的离解，从而引起地质灾害。经调查研究证明，在美国大西洋大陆边缘发生的多次滑坡几乎都与天然气水合物矿层的断裂有关。关于由天然气水合物的形成过程和断裂引起的变化及其对海地沉积物物理特性的影响，科学家们普遍认为还有待于进一步研究。

人们对开发天然气水合物可能造成的环境影响的另一个关注点是对气候的影响。尽管目前大气中甲烷的含量还很少，但甲烷是一种温室效应极强的气体，它的温室效应比二氧化碳要大得多。一旦水合物中甲烷大量释放，将会引起全球气候迅速变暖，威胁人类生存环境。科学家们认为，这种矿藏哪怕受到最小的破坏，甚至是自然的破坏，就足以导致甲烷气的大量散失。而这种气体进入大气，无疑会增加温室效应，使地球升温更快，对气候产生极大的影响，进而给生态造成一系列严重问题。

13.2.5 海洋化学资源的综合利用

综合利用海水，应将生产淡水、海盐、溴素（和含溴精细化学品）、钾肥、镁肥（和氢氧化镁等）、发电以及微量元素的提取等工艺，进行有效链接联产，将可改变传统的产业、产品结构，降低土地、能源、淡水等的综合消耗，充分发挥出海水资源利用的潜力。建议海水资源综合利用流程，如图13.20所示。

据专家介绍，我国火力发电厂是用水大户，目前所用的淡水大部分是地下水或从远距离引水，除费用较高外还消耗了宝贵的淡水资源。在火力发电厂推广海水淡化具有优越的条件：可以利用气轮机的低温低压抽气作为热源，不需要再投资建设供热设施，可以利用电厂的可靠、优惠电力，降低成本，还可以为发电生产提供所需的大量淡水，降低发电成本，具有良好的投资效益和深远的社会效益。

在利用海水淡化技术解决沿海淡水紧缺的同时，也开辟了海水中的化学资源的综合利用领域：一方面可提取出我国紧缺的基础化学物资；另一方面可消除浓海水排入海洋对海洋的污染。这将有利于海水资源的有效利用，有利于企业综合效益的提高，有利于土地资源的优化配置。综合开发利用海水中化学资

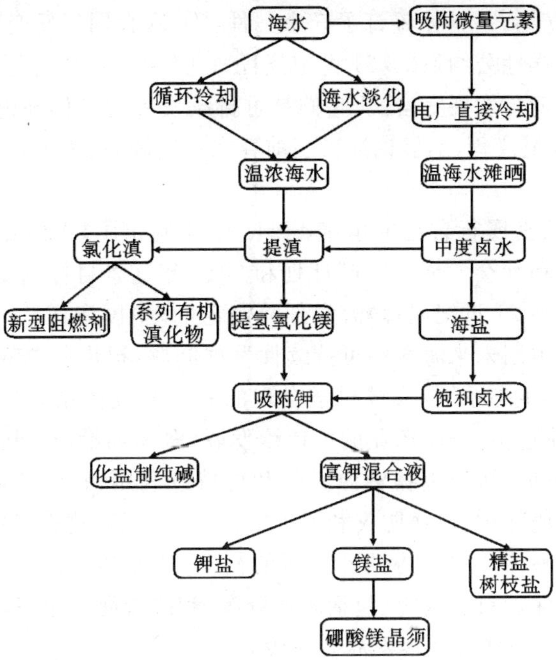

图 13.20　海水资源综合利用流程图(引自孙玉善,1991)

源,是解决我国人口众多、资源贫瘠、环境与发展等问题的重要途径和手段,是沿海省市国民经济可持续发展的重要支撑条件。

13.3 海洋经济的可持续性发展

无论联合国《21 世纪议程》还是《中国 21 世纪议程》都把海洋问题作为重要问题进行了探讨。1972 年联合国在瑞典斯德哥尔摩召开“人类环境会议”,包括中国代表在内的各国代表,指出地球在空气、水质、土壤、海洋和生态系等各方面处于严重破坏的危险态势,人类赖以生存的环境正在不断恶化。当时大会通过的“人类环境宣言”,成为防治环境工作的一个重要转折点。随着 20 世纪 70～80 年代人类科学技术和工农业的发展,气候变化、臭氧层破坏、能源短缺、生物多样性消失、城市缺水、森林破坏和沙漠化等一系列问题的出现都可以证明人类环境会议并非杞人忧天。因此在 1983 年底联合国第 38 届年会决定成立“世界环境和发展委员会(WECD)”专门研究环境与发展的关系,并首次提出“可持续性发展”的概念。简而言之,“可持续发展”就是寻求经济发展、社会改革和环境保护三者的共同路线,各方面平衡并重,互相支持,携手共进。在此基础上,1992 年 6 月在巴西里约热内卢联合国召开环境与发展大会,再次确认了可持续发展的立场，并具体签订了5个文件：①《联合国气候变化框架公约》；②《联合国生物多样性公约》；③《21世纪议程》；④《关于森林问题的原则声明》；⑤《里约热内卢环境与发展宣言》。它们是可持续发展的具体理论、目标和行动纲领。其中《21世纪议程》不但论述了当前存在的问题，也为下一世纪的挑战作好准备。

中国政府认真履行自己的承诺，于1994年制定了《中国21世纪议程》，它已在《国民经济和社会发展"九五"计划和2010年远景目标纲要》中得到具体的体现。依据《中国21世纪议程》海洋部分制定的《中国海洋21世纪议程》共11章，全面阐述了中国未来海洋的可持续性发展问题，提出的总战略目标是：建设良性循环的海洋生态系统，形成科学合理的海洋开发体系，促进海洋经济持续发展。议程具体包括：海洋产业的可持续发展、海洋和沿海地区的可持续发展、海岛的可持续发展、海洋生物资源保护和可持续利用、科学技术促进可持续发展；加强海洋环境保护；海洋防灾和减灾等。总之，只有遵循可持续性发展的战略思想，从国家整体高度上协调各方面的行动，才能达到国民经济既保持高速稳定的发展，又保护自然资源（包括海洋资源）和改善海洋生态环境。

13.3.1 影响我国海洋可持续发展的因素

影响我国海洋可持续发展的因素有很多，总的来说，主要包括海洋新资源的开发和海洋环境保护两个方面。

1. 海洋新资源的开发和利用

除了前面介绍的海洋化学资源以外，对于海洋还有许多其他的资源没有充分利用，这是今后经济的发展方向，下面分别进行介绍。

(1)新的海洋空间利用。海洋空间按其利用目的，可以分为：①生产场所，如海上火力发电厂、海水淡化厂、海上石油冶炼厂等；②贮藏场所，如海上或海底贮油库、海底仓库等；交通运输设施，如港口和系泊设施、海上机场、海底管道、海底隧道、海底电缆、跨海桥梁等；③居住及娱乐场所，如海上宾馆、海中公园、海底观光站及海上城市等；军事基地，如海底导弹基地、海底潜艇基地、海底兵工厂、水下武器试验场、水下指挥控制中心等。按照这些海洋工程的结构，又可以分为两大类：一类是建在海底、露出海面或潜于水中的固定式建筑物；一类是用索链锚泊在海上的漂浮式构筑物。

(2)开发海滨旅游胜地。广阔的海洋和风光绮丽的滨海地带令人流连忘返。充分利用大海的自然风光，开发海滨旅游，也是人们利用与开发海洋资源的一个重要方面。我国十分重视海滨风景区的开发和建设，像我们熟悉的渤海海滨的北戴河、秦皇岛，黄海海滨的大连、烟台、青岛和连云港，东海海滨的普陀山和厦门，南海海滨的深圳、北海和海南的天涯海角等都是重点开发的海滨旅游区，每年都有大批的海内外旅游者到这些地方旅游。

(3)建设海上农牧场。随着人口的增加和工业的发展，人均耕地面积正在逐渐缩小。全世界都在关心地球如何养活人类的问题，其着眼点不能只局限于进一步发展陆地上的农牧业，也要积极开发利用广阔的海洋。海洋中蕴藏着丰富的生物资源，不仅可以建立海上农牧场进行海水养殖，而且还有许多有待开发的用途。海上农牧厂自 20 世纪 80 年代起受到各国的重视。日本最早提出建设海上农牧场，1980 年起便开始实施一项为期 9 年“海洋腾飞计划”，大力发展海水养殖业，20 世纪 80 年代末养殖产量已超过 2×10^6 t，居世界首位。美国在 20 世纪 80 年代也投资 10 多亿美元建立了一个 10 万亩的海洋农牧场。前苏联虽以远洋渔业为主，但也不放松海水养殖业，在里海和亚速海投放鲟鱼幼体，长大后将其回捕，还在远东沿海建立牡蛎、扇贝等养殖场。其他国家在此期间也掀起发展海水养殖业热。我国近来也注意实施海水养殖，并已成为世界养虾大国。

除了进行品种改良外，还应把高技术用于建设海洋农牧场中。建立人工鱼礁便是一例。它为鱼类建立舒适的家，以吸引更多鱼类到这里来栖息繁衍。人工鱼礁就是把石块、水泥块、废旧车辆、废旧轮胎等以各种方式堆放在海底，以造成海洋生物喜欢的环境，微小的海洋生物和海藻会附着它上面，为鱼类提供丰富的饵料。另外，突出于海底的人工鱼礁，会使海水从底部流向上层，把海底营养丰富的海水带上来增加其肥性，以吸引鱼儿的到来。

(4)充分利用海洋能资源。海洋能包括潮流、海流、波浪、温差和盐差等，它是一种可再生的巨大能源。据估算，世界仅可利用的潮汐能一项就达 30 亿千瓦，其中可供发电约为 260 万亿度，沿岸各国尚未被利用的潮汐能要比目前世界全部的水力发电量大 1 倍。我国的潮汐能量也相当可观，蕴藏量为 1.1 亿千瓦，可开发利用量约2 100万千瓦，每年可发电 580 亿度。浙江、福建两省岸线曲折，潮差较大，那里的潮汐能占全国沿海的 80%。浙江省的潮汐能蕴藏量尤其丰富，约有1 000万千瓦，钱塘江口潮差达 8.9 m，是建设潮汐电站最理想的河口。如果将波浪的能量转换为可利用的能源，那也是一种理想的能源。据计算，波浪每秒钟在 1 km^2 海面上能产生 20 万千瓦的能量，全世界海洋中可开发利用的波浪能约为 27 亿～30 亿千瓦，而我国近海域波浪能的蕴藏量约为 1.5 亿千瓦，可开发利用量约3 000 万～3 500万千瓦。目前，一些发达国家已经开始建造小型的波浪发电站。对利用温差和盐差的能量转换为能源的技术正在研究开发中。

2. 海洋环境保护

随着工业的发展及人口的增加，每天陆地上产生的污水和污物也在大量增加。这些污水污物进入海洋后，也给海洋的生态环境造成了极大的危害。随着工业废水达标排放率的不断提高，生活污水在废水排放总量中所占的比重日益增加，目前生活污水所占比重已从20年前的30%～40%上升到70%以上。某些近岸海域水质污染比较严重。例如，目前绝大部分海上油田位于水深100 m以内，由于沿岸工业排污、石油开采和运输过程中流入海中的石油约4×10^6 t。这还没有包括时有所闻的石油巨轮漏油事件在内。大城市的发展除工业污水外，还有大量生活污水和垃圾倾注入海，全世界每年向沿海的倾废物达2×10^{10} t，其中包括了许多重金属和若干有害有机物质，造成近海水质污染，致使近海渔场资源的严重衰退，海洋健康状况恶化，海洋生态严重失衡。据统计，全国主要陆源入海排污口年排放入海的污水约87×10^8 t，其中排入渤海约28×10^8 t，黄海约6×10^8 t。污染物主要为无机氮、无机磷和油类。以黄、渤海为例，近岸海区无机氯超标率分别达到46%和45%，重金属污染超标率分别达到19%和42%，油污超标率分别达到6%和1%。此外，海滨城市生活污水的大量排放、海水养殖生产的自身污染等都对海洋环境造成了危害。

在珠江三角洲，珠江口是广东省中度污染和重度污染的主要海域，原因就在于珠江口处在人口众多、城市密集的珠江三角洲地区，生活污水的产生量巨大。据统计，仅2003年由珠江携带入海的污染物总量就多达190多万吨，珠江已经成为珠三角生活污水入海的主要载体，大量污染物日积月累，致使珠江口海域水质普遍超出Ⅲ类海水水质标准，小黄鱼、沙丁鱼等近10种鱼类产卵和发育受到严重影响。2003年，深圳市大鹏湾和深圳湾海区发生近10次赤潮，约占广东省发生赤潮次数的2/3。赤潮频发的重要原因就在于深圳湾是深圳生活污水的入海口，深圳市区上百万人产生的含磷生活污水大量排入深圳湾，加上深圳湾水体交换缓慢，磷在海水中迅速蓄积，成为诱发赤潮的"温床"。在渤海湾，环渤海地区共有地级城市26个，沿岸有大小港口近百个，黄河、小清河、海河、滦河、辽河等40余条河水流入渤海，年平均径流量约7.92×10^{10} m^3。此外，沿岸有217个排污口，不分昼夜地向渤海倾泻着污泥、浊水。在山东无棣县境内，德惠河、马颊河等11条干支流流入渤海。由于上游兴建了多家造纸厂和农药厂，多条河流开始泛起白沫，河水颜色有时如同酱油。其中，小青河口污染最为严重，当地特产的珍贵银鱼、紫蟹已经绝迹多年。辽宁营口西南部有一片美丽的海湾，12条带有污染源的河流直接排入，水域污染连年加重。十几年来，海岸线向陆地推进数10 m，不仅使当地耕地日益减少，美丽的海湾也名存实亡。

海洋环境保护，是影响经济发展乃至人类生存的重要问题。在本书的第5章中，我们初步讨论了海洋环境化学、富营养化和赤潮及其对策。在第6章中讨论了海洋重金属污染和对策。第7章中介绍了海洋有机物(重点是农药和石油）的污染和对策。第 8 章中略谈了放射性污染和对策。一般来说，海洋污染主要指上述四者，因此本章中不再赘述。

13.3.2 为实现可持续发展所采取的措施

作为一个发展中的沿海国家，我国一直十分重视海洋环境保护工作。国家海洋行政主管部门作为监督管理海洋环境保护的政府部门，为履行监督管理海洋环境保护的职责做了大量工作。特别是在"九五"期间，根据国家的环保政策和法律法规，专门制定了《海洋环境保护九五规划》，对海洋环境保护提出了明确的目标和管理措施并按照规划严格落实。其实，我国早在 20 世纪 80 年代初就颁布实施了《中华人民共和国海洋环境保护法》，海洋环保工作开始步入法制化的轨道。"九五"期间，全国人大根据社会经济发展和海洋环境保护的客观需要对原法进行了修订，新修订的《海洋环境保护法》于 2000 年 4 月 1 日生效实施。修订后的《海洋环境保护法》进一步明确了海洋行政主管部门监督管理海洋环境的职责，为今后开展海洋环境保护监督管理提供了强有力的法律依据。

2001 年，由国家环保总局联合国家海洋局、交通部、农业部和海军以及天津市、河北省、辽宁省、山东省共同编制并开始实施《渤海碧海行动计划》。《渤海碧海行动计划》总投资 555 亿元，实施项目 427 个，主要包括城市污水处理、海上污染应急、海岸生态建设、船舶污染治理等内容。实施区域包括天津、河北、辽宁、山东辖区内的 13 个沿海城市和渤海海域近 23×10^4 km²。今后 15 年将以每 5 年一个阶段实施。到 2015 年从根本上扭转目前渤海污染日益严重、生态环境不断恶化的状况。国务院明确指出《渤海碧海行动计划》（以下简称《计划》）是渤海和环渤海地区水环境保护、生态环境保护工作的重要依据，已经纳入国家"十五"计划，渤海和环渤海地区的各项生产建设必须严格按照《计划》要求。这是我国首次联合各省市各部门就海域编制海洋环保规划，也是我国首次将渤海作为国家环境保护重点。

截至 2003 年底，已完成投资 120.28 亿元，占总投资的 41%，已完成项目 88 个，占 30.7%；在建项目 104 个，占 36.4%。四省市的项目开工率都在 60% 以上，河北省的项目开工率达到 86.8%。"碧海行动计划"已建成的项目中，包括污水处理厂 21 座，占项目总数的 23.6%，形成每日处理能力 89.6×10^4 t 的规模，占总处理规模的 13.6%。"计划"实施区域内的污染物排放总量得到削减，2003 年进入渤海的陆源主要水污染物排放总量比 2000 年有所下降，COD 排放总量和磷和石油类的排放总量有所削减。环渤海的山东、辽宁、天津、河北 4 省市目前已全部实现禁止生产和销售含磷洗涤剂，对控制近岸海洋富营养化发挥了重要作用。

"渤海碧海行动"实施两年来，通过重点流域水污染防治和加强对企业排放废水的管理等措施，渤海近岸海域水质恶化的趋势初步得到控制，赤潮发生的频率和面积明显减少。据统计，2002 年黄、渤海赤潮面积为 600 km^2，较 2001 年的4 000 km^2 减少了 3 400 km^2。2003 年，辽宁盘锦、营口等河口附近海域生物种群明显增加。虽然“渤海碧海行动计划”取得了一定进展，但渤海的生态环境仍处在较重污染水平。有关监测数据表明，2003 年上半年，渤海近岸海域符合三类以上海水水质标准的面积为 63.8%，仍有 1/3 以上的海域水质处于四类和劣四类。因此，必须加快实施“渤海计划”中的项目。

另外，我国在多年综合管理基础上，依照自然属性和社会属性并重原则，制定了《全国海洋功能区划》、《全国海洋开发规划》、《海洋 21 世纪议程行动计划》、《全国海洋生态建设规划》、《海洋自然保护区管理办法》、《中国海洋生物多样性保护行动计划》、《渔业法》、《对外合作开采海洋石油资源条例》、《矿产资源法》、《海洋石油勘探开发环境保护条例》、《防止船舶污染管理条例》、《海洋倾废管理条例》、《港口的水域保护条例》以及《旅游业国家标准、行业标准》等，建立了消油剂使用核准制度、含油污水排放登记制度、溢油应急计划审批程序和溢油事故报告制度等一系列规章制度，使海洋石油开发区的海洋环境质量基本保持良好状态。我国还颁布了《海洋自然保护区管理办法》，目前已建立各种类型的海洋自然保护区 59 个，海洋特别保护区 2 个。国家级海洋自然保护区有：昌黎黄金海岸自然保护区、天津古海岸与湿地自然保护区、南麂列岛海洋自然保护区、深沪弯海底古森林遗迹自然保护区、山口红树林生态自然保护区、北仑河口自然保护区、大洲岛海洋生态自然保护区、三亚珊瑚礁自然保护区等。其中浙江南麂列岛和广西山口红树林两个国家级海洋自然保护区，已分别于 1999 年和 2000 年被联合国教科文组织人与生物圈国际协调理事会执行局正式批准为国际生物圈保护区成员。

我国是世界主要海洋国家之一，海岸线总长度约18 000多千米，200 海里专属经济区的管辖海域面积约 3×10^6 km^2。但由于海洋国土意识不强，加上其他原因，我国对这片广阔的“蓝色国土”资源的调查与开发落后于发达国家约 15～20 年。2003 年 5 月 9 日，国务院印发了《全国海洋经济发展规划纲要》，明确确定我国发展海洋经济的指导原则是：坚持发展速度和效益的统一，提高海洋经济的总体发展水平；坚持经济发展与资源、环境保护并举，保障海洋经济的可持续发展；坚持科技兴海，加强科技进步对海洋经济发展的带动作用；坚持有进有退，调整海洋经济结构；坚持突出重点，大力发展支柱产业；坚持海洋经济发展与国防建设统筹兼顾，保证国防安全。

为了使海洋资源得到持续发展，我国制定了海洋经济发展的总体目标，即：使海洋经济在国民经济中所占比重进一步提高，海洋经济结构和产业布局得到优化，海洋科学技术贡献率显著加大，海洋支柱产业、新兴产业快速发展，海洋产业国际竞争能力进一步加强，海洋生态环境质量明显改善；形成各具特色的海洋经济区域，使海洋经济成为国民经济新的增长点，逐步把我国建设成为海洋强国。

思考题

1. 简述海洋资源利用对我国现代化建设的意义。
2. 海水淡化有哪几种方法，其各自特点是什么？
3. 简述从海水中提取盐、钾、镁和溴的技术路线。
4. 请考虑如何最大限度地综合利用海洋资源？
5. 我国海洋资源开发面临哪些主要问题？
6. 保护海洋环境工作，我国已取得的成绩与不足各有哪些？

参考文献

1　陈学雷. 海洋资源开发与管理. 北京：科学出版社，2000

2　刘怀山，张进. 中国近海和滩浅海油气资源勘探开发初步研究. 中国海洋大学学报，2003，33(增刊)：1～7

3　马惠娣. 蓝色海洋的召唤. 北京：金盾出版社，1998

4　莫　杰，肖汉强. 我国的海洋石油天然气工业. 中国地质，1998，253(6)：3～5

5　邱中建. 龚再升. 中国油气勘探. 第四卷：近海油气区. 北京：地质出版社，1999

6　孙玉善. 海洋资源化学. 北京：海洋出版社，1991

7　史斗，孙成权，朱岳年编. 国外天然气水合物研究进展. 兰州：兰州大学出版社，1992. 144～152.

8　王世昌. 海水淡化工程. 北京：化学工业出版社，2003

9　张正斌，陈镇东，刘莲生，等著. 海洋化学原理和应用——中国近海的海洋化学. 北京：海洋出版社，1999

10　张正斌，顾宏堪，刘莲生，等著. 海洋化学(下册). 上海：上海科技出版社，1984

11　中国海洋年鉴编纂委员会，中国海洋年鉴编辑部编. 2000 年中国海洋年鉴. 北京：海洋出版社，2001

12　Sloan Jr E D. Natural Gas Hydrate Phase Equilibria and Kinetics. Understanding the State－of－the－ Art. Rev. Inst. Fr. 1990，45：245～266

第 14 章　结束语——21 世纪海洋化学的五大难题

教材与一般专著不同,它不仅给读者以知识,而且要给读者以智慧,培养学生的科学创新精神和能力。让学生听课后有绕梁九日之余音,读后有回味无穷的乐趣,还要让读者阅后有进一步思索和探讨的欲望,对科学发展充满信心和希望。为此,本书最后谈谈 21 世纪海洋化学的发展将面临的五大难题。

科学研究始于问题的提出,科学地论证和确认问题及最后解决问题是科学发展的真正动力。20 世纪最伟大的数学家 Hibert 在 1900 年提出 23 个数学难题,每个难题的解决就诞生一位世界级著名的数学家。对 21 世纪,世界数学家协会提出七个数学难题。21 世纪物理学难题五个,其中包括四种作用力场的统一问题、相对论和量子力学的统一问题等。21 世纪生物学的重大难题有四个,即后基因组学、蛋白质组学、脑科学和生命起源。21 世纪化学的四大难题是:①化学反应理论和定律是化学的第一根本定律,但至今是不彻底的半经验理论。人们希望建立真正的化学反应理论,即建立精确、有效而又普遍适用的化学反应的含时多体量子理论和统计理论,能预示反应是否发生、反应生成何种分子、如何控制化学反应、如何计算反应速率、如何确定化学反应途径等。②精确的预计结构和性能定量关系。这是解决分子设计和实用问题的关键。③纳米尺度分子和材料的结构和性能的基本规律问题。④人类和生物体内活分子(living molecules)运动的基本规律问题,即揭示生命现象的化学理论。后两个难题也是在海洋化学上具有共同之处而又各具特点的难题。

因为海洋化学过程涉及化学、生物学、地球科学和物理学等诸学科,所以碰到的难题就更多、更复杂一点。下面尝试提出 21 世纪五大海洋化学难题,供大家一起探讨。

1. 关于海洋化学反应的理论之探讨

20 世纪 60 年代,以 Sillén 教授为代表的物理化学家把化学平衡原理引入海洋,解决了一系列重大化学问题。但是海水体系十分复杂,又受生物的控制、人类的影响,海洋不是真正的热力学平衡体系。海洋中发生的过程可能是不可逆过程。如何建立在不可逆过程热力学基础上的化学过程理论已经提上日程。又例如海洋中的化学动力学理论的建立问题,以此来了解和解释海洋中发生的主要问题,例如光合作用、海洋中生物固氮等。海洋中的催化反应目前探讨极少,而海洋中酶的催化反应可能会引发许多重大海洋事件。因为酶对化学反应的加速可达 100 亿倍，专一性可达 100%。如何模拟海洋中天然酶，进而控制海洋中的酶反应，是海洋化学家面临的重大海洋生物地球化学难题。

2. 海洋中的"溶解态-纳米态或胶态-颗粒态"问题

这个问题也是如何揭示海洋中纳米尺度的基本规律，称为尺度效应。纳米尺度效应在海洋化学中至少包含两层含义：一是大小尺度，纳米处于量子尺度和经典尺度的模糊边界处，此时热运动和布朗运动将起重要作用。尺度的不同，常引起主要相互作用力的不同，导致体系性能及其运动规律和原理的质的区别。在传统的海洋化学上，通常用 0.45 μm 膜过滤来划分，这是一种人为的划分。过滤所得者称为"溶解态"，留在滤膜上的称为颗粒态。但是所谓的"溶解态"并非是真正的溶解态，其中含有不少胶态粒子或称纳米粒子，其中海洋中的金属水合氧化物和黏土矿物是早已知道的无机胶体，在溶解有机物中大约 50%是有机胶体。胶体在海洋生物地球化学循环中不仅起了所谓"胶体泵"的作用，而且还在"金属－有机配体－固体微粒"三元络合物生成等海洋化学过程研究中起了重要作用。海洋自古就被称为"胶体王国"，目前正处在现代的第二次发展浪潮之中。纳米尺度含义之二是浓度尺度。10^{-9} 浓度在生物化学上是一个微妙的浓度，许多物质在这个浓度上，"利""害"关系发生转变，例如重金属对海水中浮游植物生长的影响，NO 对赤潮藻引发海洋赤潮的影响等。

3. 海洋生物地球化学过程和循环理论

海洋生物地球化学是体现海洋中化学过程、生物过程和地学过程的一种综合过程。应当说，目前对它的一些理论研究仅处于初始阶段，尚不能对海洋中发生的十分复杂的化学过程进行描述。对这一难题研究的课题包括：①光合作用是海洋发生的最重要的化学反应，是海洋生产力的基础，要搞清楚光合作用和生物固氮的机制和反应途径。搞清楚浮游植物如何利用太阳能把稳定的 CO_2 和 H_2O 分子化学键打开，合成$(CH_2O)_n$，同时放出氧气的以及在这一过程中浮游植物的活分子(living molecules)是起了怎样的关键作用。②海洋中的若干植物的根瘤菌能打开非常稳定的 CO_2 和 H_2O 分子的化学键，先生成含氮小分子，再进一步合成蛋白质和核酸，甚至最后变成有"长生不老"功效的海洋高分子聚合物。在 21 世纪人们能否把过程的全部机制都搞清楚等。

4. 海洋中元素的物种化学存在形式的理论和实验测定

20 世纪 60 年代 Sillén 教授和 Garrels 教授把络合作用、酸－碱作用、沉淀－溶解作用、氧化－还原作用等化学平衡理论应用到海洋，解决了海水起源、海水的pH=8.1，海水的 pe 值、海水的活度系数等一系列重要问题，奠定了海洋化学理论体系的基础。海水化学模型(chemical model of sea water)和海洋中元素的物种化学存在形式(chemical speciation, species)研究的发展，由元素的无机配体存在→有机配体存在形式→胶体(固体配体)存在形式，不仅极大丰富了海洋化学内容，而且也变成环境水化学的基础之一。但是，迄今为止，海洋中元素的物种化学存在形式的研究主要是化学平衡法和结构参数等理论计算方法，没有从海洋中真正通过实验测定出其化学存在形式。实验测定海洋中元素的物种化学存在形式，关键还是海水分析的问题。一般来说，海水中多数元素的浓度已低于"纳米尺度"，要真正快速、准确、现场实验测定其化学存在形式，要求能做到：①在线化；②实时化(real time)；③原位化(in site)；④立体化(in vivo)和同时同步测定；⑤微型化、芯片化、仿生化；⑥智能化、信息化；⑦高灵敏化、高精确化；⑧高选择化；⑨单分子化、单原子化检测，并联合搬运和调控技术；⑩合成、分离和分析联用等。就目前而言，同时做到是不容易的。

5. 海洋在宇宙演化和生命起源中的地位——生命是否起源于海洋

宇宙演化和生命起源是自然界的两大奥秘。宇宙演化最先是佛里德曼(1922)提出宇宙膨胀模型；哈勃认为宇宙处于膨胀中，建立哈勃定律；1948年伽莫夫提出宇宙起源于热爆炸的学说，认为宇宙过去比现在小得多，最初可能是一个温度非常高、密度非常大的"原始大球"，通过大爆炸而迅速膨胀，温度迅速降低，逐渐形成现在的宇宙，直至今日的"大爆炸宇宙模型(the big bang model)"。宇宙的进化从大爆炸开始到现在已有150亿年，可分为8个层次结构和大约60个时期，如图14.1所示。这种演化，大体上和我国5 000年前伏羲氏的《河图》或八卦方位图的要义，即"太极生两仪，两仪生四象，四象生八卦，八卦生六十四爻"的二进位哲学观点相符合。海洋的生成处于8个层次结构的中间，涉及化学进化、天体演化、地质演变和生物进化诸层次，但海洋在其中的地位如何，因其涉及面极广，十分复杂，尚待深入探究。

生命起源处于宇宙演化的中间层次——生物进化，它又可分成11个时期：①微观生命开始时间(约38亿年前)，特点是地球大气缺氧，藻类微生物不需要氧；②蓝藻微生物时间(约25亿年前)，蓝藻微生物通过光合作用释放出氧气，慢慢形成富氧大气，这是生物进化中最重要的里程碑；③宏观生命开始形成(约10亿年前)；④动物开始出现的时间(约5.8亿年前)；⑤生物大爆炸时期(约5.4亿年前)，古生代寒武纪生物大爆炸开始出现；⑥陆生植物时期(约4.5亿年前)；⑦鱼类开始出现时期(约4亿年前)；⑧两栖动物开始出现时期(约3.5亿年前)；⑨针叶树和爬行动物时期(约2.3亿年前)；⑩哺乳动物和被子植物时期(约6 500万年前)；⑪人类(猿人)开始时期(约300万～400万年前)。目前已有不少报道认为，海洋在生命起源中起了重要作用，生命起始于海洋。例如上面发现原核藻类微生物和出现蓝藻微生物，直至目前在海底水热流口发现藻类微生物等都可为例。但生命起源问题还是21世纪生物学的重大难题，而确定生命是否真正起源于海洋，更是难中之难题。

经过21世纪的努力，如果解决了我们上面提出的五大难题，十分诱人的美好远景将呈现在我们眼前：在解决了海洋光合作用、固氮作用和酶反应等的机制之后，就可以实现海洋农牧化，并在人工控制下生产粮食和蛋白质，使人类生活向海洋迁移，

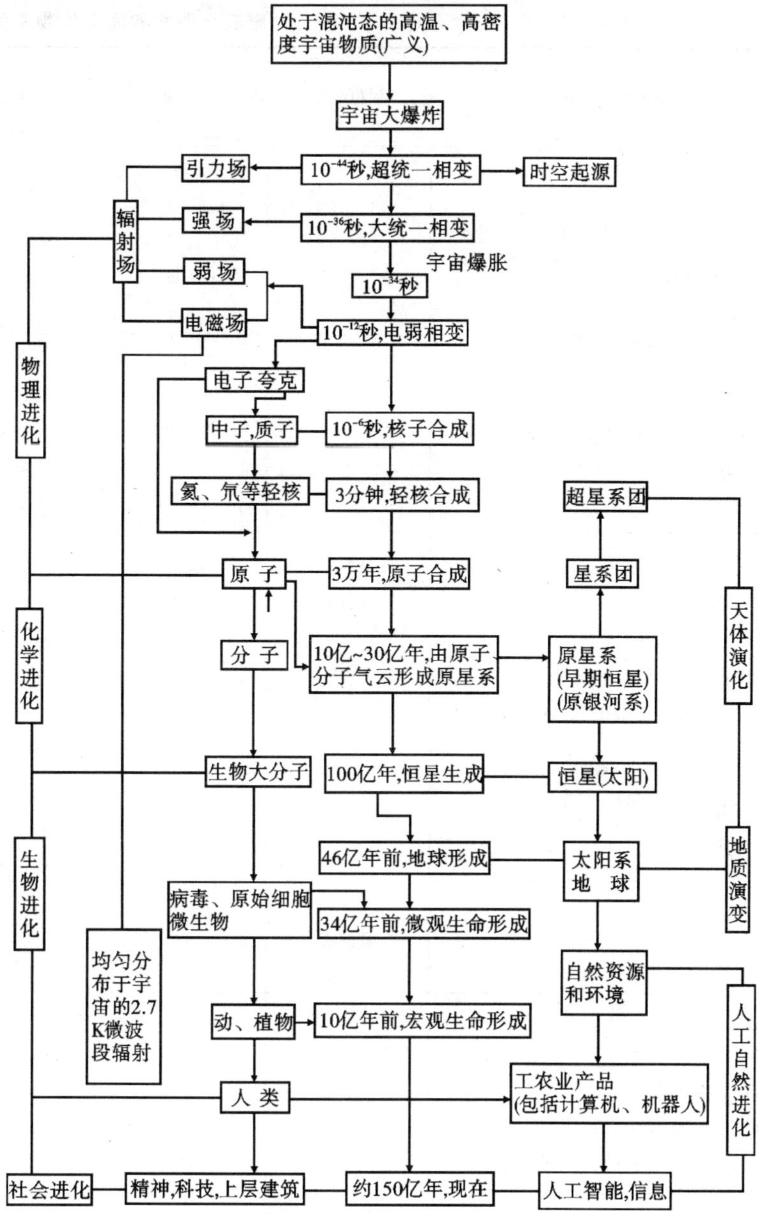

图 14.1　宇宙进化的 8 个层次结构图

地球可养活人口的数目将成倍增长。如果我们解决了控制海洋及其环境中发生的化学反应和循环,海洋将变成蓝色海洋。如果海水淡化已变成国家的重要工业,目前人类生存的最严重的挑战——淡水资源紧缺也将不复存在。让我们百年之后见分晓吧!

附表 海水和海洋生物中元素量、

元素	主要溶存形式	固相形式	海水中	
			浓度 ($mg\cdot dm^{-3}$)	元素总量 (t)
H	H_2O	—	10 800	
He	He(气)	—	6.9×10^{-6}	8×10^{6}
Li	Li^+	—	0.17	260×10^{9}
Be	$BeOH^+$, $Be(OH)_2^0$	—	6×10^{-7}	1×10^{6}
B	H_3BO_3		4.6	7.1×10^{12}
C	HCO_3^-, CO_3^{2-}, CO_2, 有机碳	$CaCO_3$, $CaMg(CO_3)_2$	28	4×10^{13}
N	NO_3^-, N_2(气), NO_2^-, NH_4^+, 有机氮	—	0.5	7.8×10^{11}
O	H_2O; O_2(气), SO_4^{2-}, CO_3^{2-} 等含氧负离子	—	857 000	
F	F^-, MgF^+	—	1.3	2×10^{12}
Ne	Ne(气)	—	0.000 14	1.5×10^{8}
Na	Na^+	硅酸盐	10 500	16.3×10^{15}
Mg	Mg^{2+}, $MgSO_4$	硅酸盐	1 350	2.1×10^{15}
Al	$Al(OH)_4^-$, $Al(OH)_3^0$	$Al_2Si_2O_3(OH)_4$	0.01	1.6×10^{10}
Si	$Si(OH)_4$, $SiO(OH)_3^-$	SiO	3.0	4.7×10^{12}
P	HPO_4^{2-}, $NaHPO_4^-$, $MgHPO_4^0$, PO_4^{3-}, $H_2PO_4^-$, $H_3PO_4^0$	$Ca(PO_4)_3(OH,F)$	0.07	1.1×10^{11}
S	SO_4^{2-}, $NaSO_4^-$, $MgSO_4^0$	—	885	1.4×10^{15}
Cl	Cl^-	—	19 000	29.3×10^{15}
Ar	Ar(气)	—	0.6	9.3×10^{11}
K	K^+	硅酸盐	380	0.6×10^{15}
Ca	Ca^{2+}	硅酸盐	400	0.6×10^{15}
Sc	$Sc(OH)_3$	$ScPO_4$(?)	4×10^{-5}	6.2×10^{7}
Ti	$Ti(OH)_4$	TiO_2	0.001	1.5×10^{9}
V	HVO_4^{2-}, $H_2VO_4^{2-}$, $NaHVO_4^-$	—	0.002	3×10^{9}
Cr	CrO_4^{2-}, $NaCrO_4^-$, $Cr(OH)_3$	—	5×10^{-5}	7.8×10^{7}
Mn	Mn^{2+}, $MnCl^+$, $MnSO_4$, $Mn(OH)_{3(4)}$	MnO_2	0.002	3×10^{9}
Fe	$Fe(OH)_3^0$; $Fe(OH)_2^+$; $Fe(OH)_4^-$	$FeOOH$; $Fe(OH)_3$	0.01	16×10^{9}
Co	Co^{2+}, $CoCO_3$, $CoSO_4$, $CoCl^+$	CoOOH	0.000 1	2×10^{8}
Ni	Ni^{2+}, $NiCO_3$, $NiCO_3$, $NiCl^+$	—	0.002	3×10^{9}
Cu	$CuCO_3^0$, $CuOH^+$, $Cu(OH)_2$, Cu^{2+}	$Cu(OH)_{1.5}Cl_{0.5}$	0.003	5×10^{9}
Zn	Zn^{2+}, $ZnOH^+$, $ZnCO_3$, $ZnCl^+$, $Zn(OH)_2$	—	0.01	1.6×10^{10}

元素的主要存在形式和分布类型

元素量 在盐度为35的海水中的范围或平均浓度*	海草中元素量(干体,$\times10^{-6}$)	海产动物中元素量(干体,$\times10^{-6}$)	海洋生物中元素的浓缩系数	海水中元素逗留时间(a)	海水中元素的分布类型**	元素类别**
	41 000	52 000				?
						?
25 μmol·kg^{-1}	5	1		2.0×10^{7}	保守的	C
4～30 pmol·kg^{-1};20 pmol·kg^{-1}	0.001			150	营养物型和清除型	E
0.416 mmol·kg^{-1}	120	20～50			保守的	B
2.0～2.5 mmol·kg^{-1};2.3 mmol·kg^{-1}	345 000	400 000	1.6×10^{4}		营养物型	B
<0.1～45 μmol·kg^{-1};30 μmol·kg^{-1}	15 000	75 000	1×10^{6}		营养物型	C
0～300 μmol·kg^{-1}	470 000	400 000			营养盐的镜像物	B
68 μmol·kg^{-1}	4.5	2	7×10^{3}		保守的	B
						?
0.468 mol·kg^{-1}	33 000	4 000～48 000		2.6×10^{8}	保守的	A
53.2 mmol·kg^{-1}	5 200	5 000	0.1～12.9	4.5×10^{7}	保守的	A
5～40 nmol·kg^{-1};20 nmol·kg^{-1}	60	10～50		100	中间深度最小	D
<1～180 μmol·kg^{-1};100 μmol·kg^{-1}	1 500～20 000	70～1 000	1×10^{5}	8.0×10^{3}	营养物型	B
<1～3.5 μmol·kg^{-1};2.3 μmol·kg^{-1}	3 500	4 000～18 000	2.5×10^{7}		营养物型	C
28.2 mmol·kg^{-1}	12 000	5 000～19 000			保守的	B
0.546 mol·kg^{-1}	4 700	5 000～90 000			保守的	A
						?
10.2 mmol·kg^{-1}	52 000	7 400		1.1×10^{7}	保守的	B
10.3 mmol·kg^{-1}	10 000	1 500～20 000	7～69	8.0×10^{6}	轻微表面耗竭	B
8～20 pmol·kg^{-1};15 pmol·kg^{-1}				5.6×10^{3}	表面耗竭	E
<20 nmol·kg^{-1}	12～80	0.2～20	>100 000	160		D
20～35 nmol·kg^{-1};30 nmol·kg^{-1}	2	0.14～2	>280 000	1.0×10^{4}	轻微表面耗竭	D
2～5 nmol·kg^{-1};4 nmol·kg^{-1}	1	0.2～1	1 400～3×10^{6}	350	营养物型	D
0.2～3 nmol·kg^{-1};0.5 nmol·kg^{-1}	53	1～60	1 000～30 000	1 400	深处耗竭	D
0.1～2.5 nmol·kg^{-1};1 nmol·kg^{-1}	700	400	86 000	140	表面耗竭,深处耗竭	D
0.01～0.1 nmol·kg^{-1};0.02 nmol·kg^{-1}	0.7	0.5～5	<100～16 000	1.8×10^{4}	表面耗竭,深处耗竭	E
2～12 nmol·kg^{-1};8 nmol·kg^{-1}	3	0.4～25	2 000～40 000	1.8×10^{4}	营养物型	D
0.5～6 nmol·kg^{-1};4 nmol·kg^{-1}	11	4～50	4 000～90 000	5.0×10^{4}	营养物型和清除型	D
0.05～9 nmol·kg^{-1};6 nmol·kg^{-1}	150	6～1 500	9×10^{3}～1×10^{5}	1.8×10^{4}	营养物型	D

元素	主要溶存形式	固相形式	海水中 浓度 (mg·dm^{-3})	元素总量 (t)
Ga	$Ca(OH)_4^-$	—	3×10^{-5}	4.6×10^7
Ge	H_4GeO_4, $H_3GeO_4^-$, $H_2GeO_4^{2-}$	—	6×10^{-5}	1.1×10^8
As	$HAsO_4^{2-}$, $H_2AsO_4^-$, $H_3AsO_4^0$	—	0.003	5×10^9
Se	SeO_3^{2-}, $HSeO_3^-$, SeO_4^{2-}	—	0.000 4	6×10^8
Br	Br^-	—	65	1×10^{14}
Kr	Kr(气)	—	2.5×10^{-4}	5×10^8
Rb	Rb^+	—	0.12	190×10^9
Sr	Sr^{2+}, $SrSO_4$	$SrCO_3$	8.0	12×10^{12}
Y	$Y(OH)_3$, YOH^{2+}, Y^{3+}, $Y(OH)_n^{3-n}$	YPO_4	3.0×10^{-4}	5×10^8
Zr	$Zr(OH)_4^0$, $Zr(OH)_n^{4-n}(n=5)$	—	2.2×10^{-5}	5×10^7
Nb	$Nb(OH)_6^-$, $Nb(OH)_5^0$	—	1.0×10^{-5}	1.5×10^6
Mo	MoO_4^{2-}	—	0.01	16×10^9
Tc	TcO_4	—		
Ru	?	?		
Rh	?	?	$(7\sim11)\times10^{-6}$	12×10^6
Pd	?	?		
Ag	$AgCl_2^-$, $AgCl_3^{2-}$	—	4×10^{-5}	6×10^7
Cd	$CdCl_2^0$, Cd^{2+}, $CdCl^+$, $CdCl_3^-$	—	1.1×10^{-4}	15×10^7
In	$In(OH)_3^0$, $In(OH)_2^+$	—	4×10^{-6}	6×10^6
Sn	$SnO(OH)_3^-$	SnO_2?	8×10^{-4}	1.2×10^9
Sb	$Sb(OH)_6^-$	—	5×10^{-4}	7×10^7
Te	$HTeO_3^-$, TeO_3^{2-}	—		
I	IO_3^-, I^-	—	0.06	3.1×10^{10}
Xe	Xe(气)	—		8×10^7
Cs	Cs^+	—		8×10^8
Ba	Ba^{2+}	$BaSO_4$	0.03	47×10^9
La	La^{3+}, $La(OH)_3$, $LaCO_3^+$, $LaCl^{2+}$	$LaPO_4$(?)	$3\times10^{-6}\sim1.2\times10^{-5}$	$<1.5\times10^7$
Ce	Ce^{3+}, $Ce(OH)_3$, $CeCO_3^+$, $CeCl^{2+}$	CeO_2(?)	$1\times10^{-6}\sim5\times10^{-8}$	$<7\times10^6$
Pr	Pr^{3+}, $Pr(OH)_3$, $PrCO_3^+$, $PrSO_4^+$	—	$6\times10^{-7}\sim2.6\times10^{-6}$	$<4\times10^6$
Nd	Nd^{3+}, $Nd(OH)_3$, $NdCO_3^+$, $NdSO_4^+$	—	$3\times10^{-6}\sim9.2\times10^{-8}$	$<1.2\times10^7$
Pm	Pm^{3+}, $Pm(OH)_3$, $PmCO_3$, $PmSO_4$	—		
Sm	Sm^{3+}, $Sm(OH)_3$, $SmCO_3$, $SmSO_4$	—	$5\times10^{-7}\sim1.7\times10^{-6}$	$<3\times10^6$
Eu	Eu^{3+}, $Eu(OH)_3$, $EuOH^{2+}$, $EuCO_3^+$	—	$1\times10^{-7}\sim4.6\times10^{-7}$	$<7\times10^5$
Gd	$Gd(OH)_3$, $GdCO_3^+$, Gd^{3+}	—	$7\times10^{-7}\sim2.4\times10^{-7}$	$<4\times10^6$
Tb	$Tb(OH)_3$, $TbCO_3^+$, Tb^{3+}, $TbOH^{2+}$	—	1.4×10^{-6}	3×10^6

续　表

元素量 在盐度为 35 的海水中的范围或平均浓度*	海草中元素量(干体，$\times10^{-6}$)	海产动物中元素量(干体，$\times10^{-6}$)	海洋生物中元素的浓缩系数	海水中元素逗留时间(a)	海水中元素的分布类型**	元素类别***
0.3 nmol·kg^{-1}	0.06	0.5	800	1.4×10^{3}	?	D
≤7～115 pmol·kg^{-1};70 pmol·kg^{-1}		0.3(?)	>7 600	7.0×10^{3}	营养物类	D
15～25 nmol·kg^{-1};23 nmol·kg^{-1}	30	0.005～0.3	3 300		营养物类	D
0.5～2.3 nmol·kg^{-1};1.7 nmol·kg^{-1}	0.8	～150			营养物类	D
0.84 mmol·kg^{-1}	740	60～1 000			保守的	B
					?	
1.4 μmol·kg^{-1}	704	20		2.7×10^{5}	保守的	C
90 μmol·kg^{-1}	260～1 400	20～500	8～92	1.9×10^{7}	轻微表面耗竭	B
0.15 nmol·kg^{-1}		0.1～0.2		7.5×10^{3}	?	D
0.3 nmol·kg^{-1}	≤20	0.1～1			?	D
≤50 pmol·kg^{-1}		<0.001		300	?	E
0.11 μmol·kg^{-1}	0.45	0.6～2.5	6 000	5.0×10^{5}	保守的	C
无稳定同位素					?	E
					?	?
					?	E
					?	?
0.5～35 pmol·kg^{-1};25 pmol·kg^{-1}	0.25	3～11	22 000	2.1×10^{6}	营养物类	E
0.001～11 nmol·kg^{-1};0.7 nmol·kg^{-1}	0.4	0.15～3	$(1～23)\times10^{5}$	5.0×10^{5}	营养物类	D
1 pmol·kg^{-1}					?	E
1～12,约 4 pmol·kg^{-1}	1	0.2～20	2 700	1.0×10^{5}	在表面水中高	E
1.2 nmol·kg^{-1}		0.2	>300	3.5×10^{5}	?	D
					?	?
0.2～0.5 μmol·kg^{-1};0.4 μmol·kg^{-1}	30～1 500	1～150	80		营养物类	C
					?	?
	0.07	0.07		4×10^{4}	保守的	D
32～150 nmol·kg^{-1};100 nmol·kg^{-1}	30	0.2～3	20	8.4×10^{4}	营养物类	C
13～37 nmol·kg^{-1};30 pmol·kg^{-1}	10	0.1			表面耗竭	E
16～26 pmol·kg^{-1};20 pmol·kg^{-1}				440	表面耗竭	E
4 pmol·kg^{-1}	5	0.5		80	表面耗竭	E
12～25 pmol·kg^{-1};20 pmol·kg^{-1}	5	0.5		320	表面耗竭	E
				270	?	E
2.7～4.8 pmol·kg^{-1};4 pmol·kg^{-1}		0.04～0.08		180	表面耗竭	E
0.6～1.0 pmol·kg^{-1};0.9 pmol·kg^{-1}		0.01～0.06		300	表面耗竭	E
3.4～7.2 pmol·kg^{-1};6 pmol·kg^{-1}		0.06		260	表面耗竭	E
0.9 pmol·kg^{-1}		0.006～0.01			表面耗竭	E

元素	主要溶存形式	固相形式	海水中 浓度 ($mg \cdot dm^{-3}$)	海水中 元素总量 (t)
Dy	$Dy(OH)_3$，$DyCO_3^+$，Dy^{3+}，$DyOH^{2+}$	—	$9\times10^{-7}\sim2.9\times10^{-6}$	$<4\times10^6$
Ho	$Ho(OH)_3$，$HoCO_3^+$，Ho^{3+}，$HoOH^{2+}$	—	$2\times10^{-7}\sim8.8\times10^{-7}$	$<1.2\times10^6$
Er	$Er(OH)_3$，$ErCO_3^+$，Er^{3+}，$Er(OH)^{2+}$	—	$9\times10^{-7}\sim2.4\times10^{-6}$	$<4\times10^6$
Tm	$Tm(OH)_3$，$TmCO_3^+$，$TmOH^{2+}$，Tm^{3+}	—	$2\times10^{-7}\sim5.2\times10^{-7}$	$<7\times10^5$
Yb	$Yb(OH)_3$，$YbCO_3$，$YbOH^{2+}$，Yb^{3+}	—	$8\times10^{-7}\sim2\times10^{-6}$	$<3\times10^6$
Lu	$Lu(OH)_3$，$LuCO_3$，$LuOH^{2+}$，Lu^{3+}	—	$1\times10^{-7}\sim4.8\times10^{-7}$	$<7\times10^5$
Hf	$Hf(OH)_4^0$，$Hf(OH)_5^-$	—	$<8\times10^{-6}$	$<1.2\times10^7$
Ta	$Ta(OH)_5^0$	—	$<2.5\times10^{-6}$	$<4\times10^6$
W	WO_4^{2-}	—	0.000 1	150×10^6
Re	ReO_4	—	8×10^{-6}	1.2×10^7
Os	?	—		
Ir	?	—		
Pt	?	—		
Au	$AuCl_2^-$	—	4×10^{-6}	6×10^6
Hg	$HgCl_4^{2-}$，$HgCl_3^-$，$HgCl_2^0$	—	3×10^{-5}	4.6×10^7
Tl	Tl^+，$Tl(OH)_3^0$，$TlCl^0$	—	$<1\times10^{-5}$	1.5×10^7
Pb	$PbCO_3^0$，$Pb(CO_3)_2^{2-}$，$PbCl^+$，$PbCl_2^0$，Pb^{2+}，$PbOH^+$，$PbCl_3^-$	PbO	3×10^{-5}	4.6×10^7
Bi	BiO^+，$Bi(OH)_2^+$，$Bi_6(OH)_{12}^{6+}$(?)	—	1.5×10^{-5}	2×10^7
Po		—		
At		—		
Rn	Rn(气)	—	6×10^{-16}	1×10^{-3}
Fr		—		
Ra		—	1×10^{-10}	150
Ac		—		
Th	$Th(OH)_4$，$Th(OH)_n^{4-n}Th(CO_3)_n^{4-2n}$(?)	—	5×10^{-5}	78×10^6
Pa	?	—	2×10^{-9}	3 000
U	$UO_2(OH)_3$，$UO_2(CO_3)_4^{2-}$	铀的水解产物	0.003	4.5×10^9

续　表

元素量 在盐度为35的海水中的范围或平均浓度*	海草中元素量(干体，×10^{-6})	海产动物中元素量(干体，×10^{-6})	海洋生物中元素的浓缩系数	海水中元素逗留时间(a)	海水中元素的分布类型**	元素类别***
4.8～6.1 pmol·kg^{-1};6 pmol·kg^{-1}				460	表面耗竭	E
1.9 pmol·kg^{-1}		0.005～0.1		530	表面耗竭	E
4.1～5.8 pmol·kg^{-1};5 pmol·kg^{-1}		0.02～0.04		690	表面耗竭	E
0.8 pmol·kg^{-1}				1 800	表面耗竭	E
3.5～5.4 pmol·kg^{-1};5 pmol·kg^{-1}		0.000 12		530	表面耗竭	E
0.9 pmol·kg^{-1}		0.003		450	表面耗竭	E
<40 pmol·kg^{-1}	<0.4				?	E
<14 pmol·kg 1			410(环虫类)		?	E
0.5 nmol·kg^{-1}	0.035	0.000 5～0.05		1 000	?	D
14～30 pmol·kg^{-1};20 pmol·kg^{-1}	0.014	0.000 5～0.006			?	E
					?	?
					?	?
					?	?
25 pmol·kg^{-1}	0.012	0.000 3～0.008	1 400	5.6×10^{5}	?	E
2～10 pmol·kg^{-1};5 pmol·kg^{-1}	0.03			4.2×10^{4}	?	E
60 pmol·kg^{-1}					保守的	D
5～175 pmol·kg^{-1};10 pmol·kg^{-1}	0.04	0.5	30～12 000	2.0×10^{3}	表层水中高，深处耗竭	E
≤0.015～0.24 pmol·kg^{-1}	75 dps·kg^{-1} (浮游生物)	0.04～0.3 15～50 dps·kg^{-1}	1 000	4.5×10^{4}	深处耗竭	E
						?
						?
						E
	9×10^{-8}	(0.5～15) ×10^{-8}				?
						E
						?
		0.003～0.03		350		E
						E
		0.004～3.2	4 000	改变20% 经10^{7}年	保守的(?)	D

说明：*　本表主要数据摘自张正斌等，海洋化学(下册)，上海科学技术出版社，1984，313～321

**　Bruland K W. Trace Elements in Sea Water. Chemical Oceanography, Vol 8. Riley Chesrer: Academic Press, 1983，172～173

***　A：常量元素(>50 mmol·kg^{-1})；B：常量元素(0.05～50 mmol·kg^{-1})；C：微量元素(0.05～50 μmol·kg^{-1})；D：痕量元素(0.05～50 nmol·kg^{-1})；E：痕量元素(<50 pmol·kg^{-1})